W0069514

Chemie für Ingenieure

Guido Kickelbick

Chemie für Ingenieure

ein Imprint von Pearson Education

München • Boston • San Francisco • Harlow, England
Don Mills, Ontario • Sydney • Mexico City
Madrid • Amsterdam

Bibliografische Information der Deutschen Nationalbibliothek

Die Deutsche Nationalbibliothek verzeichnet diese Publikation in der Deutschen National-
bibliografie; detaillierte bibliografische Daten sind im Internet über *http://dnb.d-nb.de* abrufbar.

Die Informationen in diesem Buch werden ohne Rücksicht auf einen
eventuellen Patentschutz veröffentlicht.
Warennamen werden ohne Gewährleistung der freien Verwendbarkeit benutzt.
Bei der Zusammenstellung von Texten und Abbildungen wurde mit größter
Sorgfalt vorgegangen. Trotzdem können Fehler nicht ausgeschlossen werden.
Verlag, Herausgeber und Autoren können für fehlerhafte Angaben
und deren Folgen weder eine juristische Verantwortung noch irgendeine Haftung übernehmen.
Für Verbesserungsvorschläge und Hinweise auf Fehler sind Verlag und Autor dankbar.

Es konnten nicht alle Rechteinhaber von Abbildungen ermittelt werden. Sollte dem Verlag
gegenüber der Nachweis der Rechtsinhaberschaft geführt werden, wird das branchenübliche
Honorar nachträglich gezahlt.

Alle Rechte vorbehalten, auch die der fotomechanischen Wiedergabe und der
Speicherung in elektronischen Medien.
Die gewerbliche Nutzung der in diesem Produkt gezeigten Modelle und Arbeiten
ist nicht zulässig.

Fast alle Produktbezeichnungen und weitere Stichworte und sonstige Angaben,
die in diesem Buch verwendet werden, sind als eingetragene Marken geschützt.
Da es nicht möglich ist, in allen Fällen zeitnah zu ermitteln, ob ein Markenschutz besteht,
wird das ®-Symbol in diesem Buch nicht verwendet.

Umwelthinweis:
Dieses Produkt wurde auf chlorfrei gebleichtem Papier gedruckt.
Die Einschrumpffolie – zum Schutz vor Verschmutzung – ist aus
umweltverträglichem und recyclingfähigem PE-Material.

10 9 8 7 6 5 4 3 2 1

10 09 08

ISBN 978-3-8273-7267-3

© 2008 Pearson Studium
ein Imprint der Pearson Education Deutschland GmbH,
Martin-Kollar-Straße 10-12, D-81829 München/Germany
Alle Rechte vorbehalten
www.pearson-studium.de
Lektorat: Dr. Stephan Dietrich, sdietrich@pearson.de
          Dr. Rainer Fuchs, rfuchs@pearson.de
Korrektorat: Marita Böhm, München
Einbandgestaltung: Thomas Arlt, tarlt@adesso21.net
Herstellung: Philipp Burkart, pburkart@pearson.de
Satz: mediaService, Siegen (www.media-service.tv)
Druck und Verarbeitung: Kösel, Krugzell (www.KoeselBuch.de)

Printed in Germany

Inhaltsübersicht

Vorwort   15

Kapitel 1   Einleitung und chemische Begriffsbestimmung   17

Kapitel 2   Atombau und Periodensystem   31

Kapitel 3   Chemische Bindung   67

Kapitel 4   Aggregatzustände   111

Kapitel 5   Chemische Reaktionen   141

Kapitel 6   Das chemische Gleichgewicht   183

Kapitel 7   Elektrochemie und Korrosion   219

Kapitel 8   Streifzug durch das Periodensystem:
             Wichtige chemische Elemente und Verbindungen   261

Kapitel 9   Grundlagen der organischen Chemie   303

Kapitel 10   Polymere   343

Kapitel 11   Ausgewählte Werkstoffklassen   365

Glossar   387

Namensregister   395

Sachregister   397

Inhaltsverzeichnis

Vorwort   15

     Die Companion Website (CWS) zum Buch 16

Kapitel 1   Einleitung und chemische Begriffsbestimmung   17

1.1   Was ist Chemie und warum ist sie wichtig? 19
1.2   Begriffsbestimmung: Elemente, Verbindungen, Gemische. 19
1.3   Aggregatzustände 21
1.4   Eigenschaften und Stofftrennung 21
1.5   Einheiten: SI-System 23
1.6   Naturkonstanten. 27
     Zusammenfassung 28
     Aufgaben 28

Kapitel 2   Atombau und Periodensystem   31

2.1   Elementarteilchen: Protonen, Elektronen, Neutronen 34
2.2   Die chemischen Elemente und ihre Bezeichnungen 35
2.3   Ordnungszahl und Massenzahl 40
2.4   Isotope 40
2.5   Atommasse 42
2.6   Aufbau der Elektronenhülle 43
     2.6.1   Bohr'sches Atommodell 44
     2.6.2   Vom Bohr'schen Modell zur Quantenmechanischen
             Betrachtungsweise 47
     2.6.3   Quantenzahlen und Orbitale 48
     2.6.4   Orbitalbesetzung und Hund'sche Regel. 51
2.7   Ordnung im Ganzen: Das Periodensystem der Elemente. 53
2.8   Trends im Periodensystem und ihre Ursachen. 57
     2.8.1   Atom- und Ionendurchmesser 57
     2.8.2   Ionisierungsenergien 59
     2.8.3   Elektronenaffinitäten 61
     2.8.4   Elektronegativität 61
     Zusammenfassung 63
     Aufgaben 64

Kapitel 3   Chemische Bindung   67

3.1   Die Basis aller Materialeigenschaften 68
3.2   Die kovalente Bindung. 69
3.3   Die Ionenbindung. 80
3.4   Metallische Bindung 83
     3.4.1   Das Elektronengasmodell. 84
     3.4.2   Das Energiebändermodell 87

3.5 Übergänge zwischen den einzelnen Bindungsarten 91
3.6 Räumliche Struktur von kovalent gebundenen Molekülen 94
3.7 Zwischenmolekulare Wechselwirkungen 97
3.8 Makroskopische Eigenschaften von Stoffen, die von den
Bindungsarten abgeleitet werden können 101
3.9 Summenformeln und Nomenklaturregeln. 103
3.10 Mol und molare Masse 105
Zusammenfassung 107
Aufgaben 108

Kapitel 4   Aggregatzustände   111

4.1 Gasgesetze und ihre Bedeutung im Alltag: ideale und reale Gase 113
    4.1.1   Ideale Gase. 113
    4.1.2   Reale Gase 116
4.2 Flüssigkeiten 119
4.3 Festkörper 121
    4.3.1   Kristalline Festkörper 121
    4.3.2   Amorphe Festkörper 127
4.4 Gemische. 127
    4.4.1   Homogene Gemische. 127
    4.4.2   Heterogene Gemische 128
4.5 Aggregatzustandsänderungen. 130
    4.5.1   Temperatur-Energie-Diagramme 130
    4.5.2   Phasendiagramme 131
    4.5.3   Destillation 134
    Zusammenfassung 138
    Aufgaben 139

Kapitel 5   Chemische Reaktionen   141

5.1 Chemische Gleichungen. 142
    5.1.1   Ausgleichen von chemischen Gleichungen. 143
5.2 Energieumsätze bei chemischen Reaktionen. 144
    5.2.1   Innere Energie 145
    5.2.2   Enthalpie 146
5.3 Chemische Reaktionskinetik 148
    5.3.1   Aktivierungsenergie 151
    5.3.2   Katalyse 152
5.4 Lösungen. 155
    5.4.1   Löslichkeit 158
    5.4.2   Lösungsenthalpie und Entropie 159
    5.4.3   Konzentrationsangaben. 161
    5.4.4   Kolligative Eigenschaften 163
    5.4.5   Kolloide 165
5.5 Säuren und Basen 167
    5.5.1   Säuren 167
    5.5.2   Basen 168

5.5.3 Ionenprodukt des Wassers 170
5.5.4 Messung des *pH*-Wertes 172
5.5.5 Säure-Base-Eigenschaften von Salzlösungen 172
5.6 Oxidationen und Reduktionen 173
5.6.1 Oxidationszahlen 174
5.6.2 Aufstellen von Redoxgleichungen 176
Zusammenfassung 180
Aufgaben 181

Kapitel 6   Das chemische Gleichgewicht   183

6.1 Reversible und irreversible chemische Reaktionen 185
6.2 Massenwirkungsgesetz 185
6.3 Aussagekraft der Gleichgewichtskonstanten 189
6.4 Heterogene Gleichgewichte 189
6.5 Das Prinzip von Le Chatelier 190
6.5.1 Änderung der Konzentration 191
6.5.2 Volumen- oder Druckänderungen 192
6.5.3 Temperaturänderungen 193
6.5.4 Wirkung von Katalysatoren 193
6.6 Säure-Base-Gleichgewichte 194
6.6.1 Elektrolytische Dissoziation 194
6.6.2 Säure-Base-Eigenschaften von Salzlösungen 196
6.6.3 Lewis-Säuren und -Basen 198
6.6.4 Pufferlösungen 200
6.7 Löslichkeitsprodukt 202
6.7.1 Abscheidung von Kesselstein und Wasserhärte 203
6.7.2 Ionenaustauscher 205
6.8 Komplexverbindungen 207
6.8.1 Benennung von Komplexverbindungen 209
6.8.2 Komplexgleichgewichte 210
6.9 Gasgleichgewichte 212
6.9.1 Homogene Gasgleichgewichte 212
6.9.2 Heterogene Gasgleichgewichte 213
Zusammenfassung 216
Aufgaben 217

Kapitel 7   Elektrochemie und Korrosion   219

7.1 Galvanische Zelle 220
7.2 Standard-Redoxpotentiale 223
7.2.1 Die elektrochemische Spannungsreihe 224
7.2.2 Abschätzung der Stärke von Reduktions- und Oxidationsmitteln . . 226
7.3 Die galvanische Zelle unter Nichtstandardbedingungen 228
7.4 Elektroden erster und zweiter Art 229
7.4.1 Silber/Silberchloridelektrode (Ag/AgCl-Elektrode) 230
7.4.2 *pH*-Elektrode 231

7.5   Elektrochemische Stromerzeugung 233
    7.5.1   Primärelemente 234
    7.5.2   Sekundärelemente. 237
    7.5.3   Brennstoffzellen 241
7.6   Elektrolyse. 243
    7.6.1   Elektrolyse von geschmolzenem Natriumchlorid 243
    7.6.2   Elektrolyse einer wässrigen Natriumchloridlösung. 244
    7.6.3   Weitere technische Verwendung von Elektrolyseverfahren 246
    7.6.4   Faraday'sche Gesetze 246
7.7   Korrosion. 247
    7.7.1   Korrosion von Eisen 247
    7.7.2   Allgemeine Fakten zur Korrosion von Metallen 249
    7.7.3   Korrosionsarten 250
    7.7.4   Korrosionsschutz. 253
    Zusammenfassung 257
    Aufgaben 258

Kapitel 8   Streifzug durch das Periodensystem: Wichtige chemische Elemente und Verbindungen   261

8.1   Metalle. 262
    8.1.1   Kristallstrukturen der Metalle 263
    8.1.2   Vorkommen. 265
    8.1.3   Metallurgische Prozesse 266
8.2   Metallische Elemente im Überblick. 271
    8.2.1   Alkalimetalle. 271
    8.2.2   Erdalkalimetalle 273
    8.2.3   Aluminium 275
8.3   Nichtmetalle 277
    8.3.1   Wasserstoff 278
    8.3.2   Kohlenstoff und Silicium 281
    8.3.3   Stickstoff und Phosphor 286
    8.3.4   Sauerstoff und Schwefel 290
    8.3.5   Halogene 294
    8.3.6   Edelgase. 297
    Zusammenfassung 299
    Aufgaben 299

Kapitel 9   Grundlagen der organischen Chemie   303

9.1   Eigenschaften organischer Verbindungen 305
    9.1.1   Hybridorbitale und Strukturen organischer Verbindungen 305
    9.1.2   Stabilität und Löslichkeit organischer Substanzen 308
9.2   Verbindungsklassen der organischen Chemie. 309
    9.2.1   Kohlenwasserstoffe 309
    9.2.2   Ungesättigte Kohlenwasserstoffe 317

9.3 Wichtige funktionelle Gruppen 321
    9.3.1 Alkohole (R-OH) 322
    9.3.2 Ether (R-O-R) 323
    9.3.3 Verbindungen mit einer Carbonylgruppe 324
    9.3.4 Amine und Amide 326
9.4 Erdöl, seine Verarbeitung und die Produkte 329
    9.4.1 Raffinierung 330
    9.4.2 Schmierstoffe 333
    9.4.3 Treibstoffe und Brennstoffe 336
    Zusammenfassung 340
    Aufgaben 341

Kapitel 10   Polymere   343

10.1 Allgemeine Begriffsbestimmung 344
10.2 Herstellung von Polymeren 347
    10.2.1 Radikalische Polymerisationen 347
    10.2.2 Strukturisomerien in Makromolekülen 350
    10.2.3 Ionische Polymerisationen 352
    10.2.4 Polykondensationen 353
10.3 Eigenschaften von Polymeren 356
    10.3.1 Molekulargewichtsverteilung 356
    10.3.2 Kristallinitätsgrad 357
    10.3.3 Temperaturabhängige Eigenschaften 358
    10.3.4 Klassifizierung von Polymeren nach ihren
           thermisch-mechanischen Eigenschaften 358
    Zusammenfassung 361
    Aufgaben 362

Kapitel 11   Ausgewählte Werkstoffklassen   365

11.1 Legierungen 366
    11.1.1 Mechanische Eigenschaften von Metallen und Legierungen 366
    11.1.2 Legierungsbildung 367
11.2 Keramische Werkstoffe 375
    11.2.1 Silicatkeramik 377
    11.2.2 Oxidkeramik 378
    11.2.3 Nichtoxidkeramik 380
    11.2.4 Nitridkeramik 381
11.3 Gläser 383
    Zusammenfassung 385
    Aufgaben 386

Glossar   387

Namensregister   395

Sachregister   397

Für Eva und Julia

Vorwort

Chemie ist eine wichtige Grundlage für viele Ingenieurwissenschaften. Leider wird sie häufig als Fremdkörper im Studium empfunden, und viele Studierende scheinen sich durch dieses Fach zu quälen. In meiner seit Jahren gehaltenen Vorlesung für Studierende des Maschinenbaus konnte ich die Erfahrung machen, dass, wenn man die Chemie in den richtigen Kontext zum Fachgebiet stellt, sie auch wieder interessant wird.

Jedem angehenden Ingenieur sollte klar sein, dass die Chemie die Grundlage für die richtige Werkstoffauswahl, für Fehler an Bauteilen, aber auch für neue Materialentwicklungen ist. Eine gute Grundlagenausbildung in der Chemie ist daher durch nichts zu ersetzen.

Bei der Suche nach Lehrbüchern in der Vorbereitung für meine Vorlesung bin ich immer wieder auf Bücher zur Chemie für Ingenieure gestoßen, die zwar versuchen, für den angehenden Ingenieur interessante Phänomene, wie z.B. Korrosion, darzustellen, die dahinter liegenden chemischen Grundlagen jedoch nur kurz abhandeln. Mein Ansatz in diesem Lehrbuch ist ein anderer: Hier sollen die chemischen Grundlagen genau erläutert und darauf aufbauend Phänomene und Materialien erklärt werden, die für den Ingenieur von Interesse sind. In den ersten Kapiteln werden daher die Grundlagen der Chemie erläutert. Für manche Studierende mag dies eine Wiederholung von Schulwissen sein, andere werden bereits in diesen Grundlagen neue Erkenntnisse gewinnen. Ich habe versucht, die Erklärungen so einfach wie möglich zu halten und durch Grafiken den Text so gut wie möglich zu unterstützen. Die höheren Kapitel des Buches bauen auf den ersten Kapiteln auf und behandeln eher anwendungsorientierte Themen, wie z.B. Polymere und andere Materialklassen.

Jedes Kapitel beginnt mit einer kurzen Einleitung, in der die Relevanz des folgenden Themas für alltägliche Phänomene erläutert wird. Am Kapitelende finden Sie eine Zusammenfassung der wichtigsten Begriffe und einen Aufgabenteil. Dieser gliedert sich in Verständnisfragen und Übungsaufgaben. Die Verständnisfragen sollen Ihnen ermöglichen zu kontrollieren, inwieweit Sie wichtige Begriffe und Definitionen des Kapitels beherrschen. In den Übungsaufgaben sollen Sie das gelernte Wissen umsetzen. Am Ende des Buchs finden Sie ein Glossar, in dem wichtige chemische Begriffe nochmals kurz erläutert werden.

Ich würde mich freuen, wenn dieses Buch bei Ihnen Spaß und Interesse an der Chemie erweckte, auch wenn sie für Sie nur ein Nebenfach ist. Sollten manche Erklärungen unverständlich sein oder Sie Anregungen haben, was an diesem Buch zu verbessern wäre, so schreiben Sie mir eine kurze Email. Ich bin an Ihrem Feedback stark interessiert.

Ohne die Mithilfe zahlreicher Menschen wäre dieses Buch in seiner vorliegenden Form nicht zustande gekommen. Ich möchte mich bei meinem Freund und Kollegen Dr. Matthias Weil für das Korrekturlesen und die vielen wichtigen Hinweise bedanken. Herrn Dr. Stephan Dietrich und Herrn Dr. Rainer Fuchs vom Verlag Pearson Studium sei für die intensive Unterstützung gedankt. Insbesondere möchte ich mich auch bei meiner Frau Eva für das Verständnis, das sie mir entgegengebracht hat, und ihre Unterstützung bedanken.

Die Companion Website (CWS) zum Buch

Die Website dieses Buchs steht unter *www.pearson-studium.de*. Am schnellsten gelangen Sie von dort zu den Online-Inhalten, wenn Sie in das Feld „Schnellsuche" die Titelnummer **7267** eingeben.

Auf der CWS finden Sie für Dozenten alle Buchabbildungen auf Folien zum Einsatz in Lehrveranstaltungen und für Studenten Lösungen zu den Übungsaufgaben im Buch sowie Onlinetests und weiteres Material.

Guido Kickelbick
(guido.kickelbick@tuwien.ac.at)

Einleitung und chemische Begriffsbestimmung

1

1.1	Was ist Chemie und warum ist sie wichtig?	19
1.2	Begriffsbestimmung: Elemente, Verbindungen, Gemische	19
1.3	Aggregatzustände	21
1.4	Eigenschaften und Stofftrennung	21
1.5	Einheiten: SI-System	23
1.6	Naturkonstanten	27
	Zusammenfassung	28
	Aufgaben	28

ÜBERBLICK

» Unser alltägliches Leben ist durch die Materie, die uns umgibt, geprägt. Über Generationen haben wir Technologien entwickelt, um die Materialien, die uns Mutter Natur zur Verfügung stellt, zu nutzen und uns mit ihrer Hilfe ein möglichst komfortables Leben zu ermöglichen. Wir haben gelernt, Bodenschätze wie Erze oder Rohöl oder andere Rohstoffe aus der belebten Natur so zu veredeln, dass neuartige Substanzen entstehen, die unsere Lebenserwartung erhöhen, unsere Mobilität erleichtern oder unsere Kommunikationstechnologie revolutioniert haben. Dinge, die unseren Eltern noch als unmögliche *Science Fiction* vorkamen, sind für uns schon selbstverständlich geworden. Der Komfort, den wir genießen können, ist zu einem guten Teil auf die Verwendung von Materialien zurückzuführen, von denen unsere Urahnen nicht einmal träumen konnten. Aber woraus besteht nun diese Materie überhaupt? Warum verhält sich Roheisen so anders als Rost, obwohl es doch so offensichtlich ist, dass in beidem Eisen enthalten sein muss? Wieso erhält man nach Zugabe von Kochsalz zu Wasser eine klare Flüssigkeit, ohne Feststoff darin, während bei der Zugabe von Sand zu Wasser scheinbar keine Veränderungen der beiden Substanzen festzustellen sind? Diese Phänomene sind mit der Zusammensetzung der Materie und der Mischung ihrer Bestandteile eng verbunden.

Die Erklärung dieser Phänomene soll Teil dieses Kapitels sein. Wir wollen uns aber auch mit der Veränderung von Materie und der Trennung in ihre Bestandteile beschäftigen. Auch die richtige Verwendung von Einheiten und die internationalen Regeln ihrer Festlegung sollen Gegenstand dieses Kapitels sein. «

Die „Chemie stimmt" – dies ist eine Phrase, die häufig im deutschen Sprachraum verwendet wird, um deutlich zu machen, dass Menschen gut miteinander auskommen. Wenn die Chemie stimmt, gehen wir davon aus, dass zwischen den handelnden Personen alles in Ordnung ist. Hier ist der Begriff „Chemie" positiv belegt. Ganz anders sieht es in unserem täglichen Leben aus, dort verbinden wir Chemie mehr mit Umweltverschmutzung, Giftmüll und Katastrophen als mit positiven Dingen, wie z.B. unserem Lebensstandard und unserer Gesundheit. Tatsache ist jedoch, dass ohne die Errungenschaften der Chemie unsere Lebenserwartung deutlich niedriger wäre, unser tägliches Wohlbefinden nicht das vorhandene Ausmaß erreicht hätte und schließlich viele technische Prozesse nicht vorstellbar wären. Gerade der letzte Punkt macht es notwendig, dass auch der Ingenieur – egal in welcher Branche – die grundlegenden chemischen Prozesse versteht. Nur dieses Wissen hilft ihm, Fehlern in der Materialauswahl vorzubeugen bzw. technische Prozesse und ihre Zusammenhänge besser zu erfassen.

1.1   Was ist Chemie und warum ist sie wichtig?

Chemie beschäftigt sich mit dem Aufbau und der Umsetzung der Materie im gesamten Universum. Im Prinzip sind alle Substanzen, die uns umgeben, aus chemischen Umsetzungen hervorgegangen. Ob dies die Tasse ist, aus der Sie gerade Ihren Kaffee schlürfen, das Buch, das Sie gerade in Händen halten, oder der Bleistift, mit dem Sie sich Notizen an den Rand dieses Buches schreiben – diese kleine Auswahl von Dingen, die wir täglich verwenden, zeigt Ihnen, dass die Chemie unseren Alltag völlig durchdringt. Leider hat die Chemie in der Bevölkerung ein relativ schlechtes Image, was auch darauf zurückzuführen ist, dass sie eine Sprache verwendet, die häufig sehr abgehoben erscheint, nicht zuletzt deswegen, weil sie eine Formelsprache entwickelt hat, die oftmals eher wie Hieroglyphen anmutet. Darüber hinaus fehlt den meisten Menschen das Gefühl für Chemie, weil viele Vorgänge – im Gegensatz zur Physik – häufig nicht im wahrsten Sinne des Wortes zu begreifen sind und sich unseren alltäglichen Beobachtungen auf wundersame Weise entziehen.

Gerade in der Technik spielt die Chemie eine entscheidende Rolle. Beispielsweise wäre der moderne Hoch- und Tiefbau nicht möglich, wenn die entsprechenden Rohstoffe, wie z.B. Beton, nicht mit einer Vielzahl von Chemikalien versetzt wären, die dafür sorgen, dass er schneller härtet oder besonders widerstandsfähig wird. Alle Volkswirtschaften der Erde leiden unter dem chemischen Prozess der Korrosion, durch den Billionen von Euro an Werten, insbesondere an metallischen Werkstoffen, jährlich vernichtet werden. Aber auch zukünftige Technologien, die viele unserer alltäglichen Bereiche verändern werden, sind hier zu nennen, z.B. neuartige Bildschirmtechnologien, welche Informationen überall zugänglich machen werden, oder Brennstoffzellen, die unsere mobile Zukunft revolutionieren. Diese Beispiele sollen zeigen, welche zentrale Rolle die Chemie für unser jetziges Leben und unsere Zukunft spielt und spielen wird.

Um die Sprache der Chemie zu verstehen, müssen wir am Anfang zunächst einige Grundbegriffe definieren, die im Laufe des Buches immer wieder auftauchen werden. Hierzu zählt zunächst die grundlegende Definition von Chemie:

Chemie ist die Naturwissenschaft, die sich mit der Eigenschaft, der Zusammensetzung und der Umwandlung der Elemente und ihrer Verbindungen sowie mit der daran beteiligten Energie beschäftigt.

1.2   Begriffsbestimmung: Elemente, Verbindungen, Gemische

Die Materie, die uns umgibt, kann in verschiedene Substanzklassen unterteilt werden. Um die Materie zu untersuchen und zu verstehen, müssen wir sie in die einfachsten *Stoffe*, durch die sie aufgebaut wird, zerlegen. Wir unterscheiden dabei Gemische und Reinstoffe. *Gemische* (auch als *Stoffgemische* oder *Stoffgemenge* bezeichnet) bestehen aus mindestens zwei reinen Stoffen. Die spezifischen physikalischen Eigenschaften solcher Gemische, wie z.B. Dichte, Schmelz- und Siedepunkt oder Farbe, hängen vom Mischungsverhältnis (Massenverhältnis) der einzelnen Stoffe in dem Gemisch ab.

Man unterscheidet heterogene Gemische, die keine feste Zusammensetzung besitzen, wie z.B. eine Mischung aus Sand und Eisenspänen, und homogene Gemische, z.B. eine Salz-Wasser-Lösung. Solche Gemische lassen sich prinzipiell durch physikalische Methoden in ihre Bestandteile, die reinen Stoffe, auftrennen. In unserem gewählten Beispiel könnte das heterogene Sand-Eisenspäne-Gemisch durch einen Magneten getrennt werden, während das Salz-Wasser-Gemisch durch das Abdampfen des Wassers getrennt werden könnte. Ein *Reinstoff* ist dagegen ein Stoff, der einheitlich zusammengesetzt ist, d.h., der nur aus einem Element oder einer chemischen Verbindung besteht. Reinstoffe besitzen definierte Eigenschaften und können üblicherweise mit physikalischen Trennmethoden nicht weiter aufgetrennt werden. Chemische Trennverfahren, d.h. chemische Reaktionen, können jedoch zur weiteren Auftrennung von Reinstoffen angewendet werden. Eine Reihe solcher chemischer Reaktionen werden wir im Verlauf dieses Buches kennen lernen. Wie schon erwähnt, können Reinstoffe aus Elementen oder Verbindungen aufgebaut sein.

Reinstoffe, die sich auch chemisch nicht weiter zerlegen lassen, bezeichnet man als chemische *Elemente*. Sie bestehen ausschließlich aus Atomen einer Art und treten auf der Erde und im Universum mit einer bestimmten Häufigkeit auf (▶Abbildung 1.1). *Verbindungen* sind Substanzen, die aus zwei oder mehreren Elementen aufgebaut sind. Auch Verbindungen besitzen, wie die Elemente, einheitliche Eigenschaften. Ein typisches Beispiel ist Wasser, das aus zwei Wasserstoffatomen und einem Sauerstoffatom aufgebaut ist.

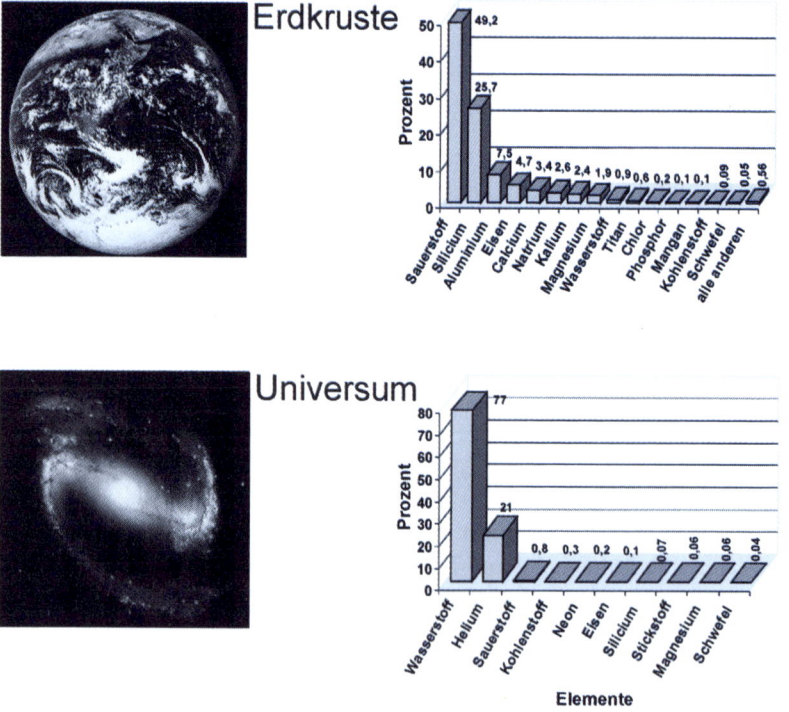

Abbildung 1.1: Elementhäufigkeiten in der Erdkruste und im Universum

1.3 Aggregatzustände

Materie kommt im Allgemeinen in drei unterschiedlichen physikalischen Zuständen in der Natur vor, nämlich *fest*, *flüssig* oder *gasförmig*. Diese drei Zustände werden als die klassischen Aggregatzustände bezeichnet. Neben diesen existieren die nichtklassischen Aggregatzustände, die zum Teil nur unter extremen Bedingungen auftreten. Diese sind das *Plasma* und das *Bose-Einstein-Kondensat*. Wegen der extremen Bedingungen, unter denen sie existieren, spielt die Chemie in diesen Zuständen keine Rolle und soll in diesem Buch auch nicht weiter betrachtet werden.

Die klassischen Zustände kann man im Wesentlichen daran erläutern, wie sie einen vorgegebenen Behälter füllen. Ein fester Stoff hat eine stabile äußere Form und ein definiertes Volumen und passt sich nicht der Form des Behälters an. Flüssige Stoffe besitzen keine stabile Form, passen sich also der Form des Behälters an, füllen diesen aber nur bis zum definierten Volumen, das die Flüssigkeit einnimmt. Gase hingegen passen sich der Form des Behälters an und verteilen sich in diesem gleichmäßig. In Abhängigkeit von Temperatur und Druck können fast alle Stoffe in jeder dieser drei Phasen vorkommen.

Als *Phase* bezeichnet man eine abgegrenzte Menge eines einheitlichen Stoffes. Heterogene Gemische bestehen aus mehreren Phasen mit Grenzflächen (Phasengrenzen). Z.B. besteht Granit aus Kristallen von Quarz, Feldspat und Glimmer, die deutlich voneinander unterschieden werden können. Aber auch ein reiner Stoff kann in unterschiedlichen Phasen vorkommen; so bilden etwa flüssiges Wasser und der über seiner Oberfläche befindliche Wasserdampf zwei Phasen.

1.4 Eigenschaften und Stofftrennung

Jede Substanz, egal ob Gemisch oder Reinstoff, besitzt für sie typische Eigenschaften, die sie von anderen Substanzen unterscheidbar macht. Diese Eigenschaften können physikalischer oder chemischer Natur sein. Physikalische Eigenschaften können gemessen werden, ohne die Substanz in ihrer Zusammensetzung zu ändern. Zu diesen Eigenschaften zählen beispielsweise Schmelz- und Siedepunkte, Dichte, Farbe oder elektrische Leitfähigkeit. Dagegen beschreiben die chemischen Eigenschaften, wie eine Substanz reagiert, d.h., wie sie sich bei einer chemischen Reaktion verändert. Hierzu zählt beispielsweise die Brennbarkeit eines Stoffes, seine Fähigkeit zu korrodieren oder seine Bereitschaft, mit Säuren zu reagieren.

Substanzen zeigen also chemische und physikalische Eigenschaften, aber auch die Veränderungen, denen Substanzen unterliegen, können in chemische und physikalische Umwandlungen getrennt werden. Eine *physikalische Umsetzung* ändert die physikalische Form eines Stoffes, nicht seine Zusammensetzung. Wenn Eis schmilzt, so liegt immer noch Wasser vor, und auch wenn wir die Flüssigkeit weiter bis in den Dampfzustand erhitzen, ändert sich an der chemischen Zusammensetzung H_2O nichts. Es handelt sich immer noch um Wasser. Alle diese Zustandsänderungen (fest → flüssig, flüssig → gasförmig) sind physikalische Umwandlungen.

Bei *chemischen Umsetzungen*, die auch *chemische Reaktionen* genannt werden, wird der Stoff hingegen in eine chemisch unterschiedliche Substanz umgewandelt. Ein Beispiel aus dem täglichen Leben ist die Verwendung von Erdgas zum Kochen. Hier wird in einer Verbrennung, die chemisch gesehen eine Oxidationsreaktion ist, Erdgas, das hauptsächlich aus Methan besteht, mit dem Sauerstoff, der in der Luft enthalten ist, zu Kohlenstoffdioxid und Wasserdampf umgesetzt. Die entstehenden Produkte haben nichts mehr mit dem Ausgangsstoff Methan gemein. Beispielsweise sind weder Kohlenstoffdioxid noch Wasser brennbar.

Sowohl physikalische als auch chemische Umsetzungen können zur Trennung von Gemischen herangezogen werden. Heterogene Gemische können häufig durch physikalische Methoden getrennt werden. Beispielsweise kann eine Mischung aus Sand und Eisenspänen entweder durch das optische Aussortieren des einen vom anderen anhand der unterschiedlichen Farbe und Beschaffenheit getrennt werden oder wir verwenden die unterschiedlichen magnetischen Eigenschaften. Zur Trennung eines solchen Gemisches können aber auch chemische Umsetzungen herangezogen werden. So löst sich Eisen in vielen Säuren relativ leicht auf, während Sand dies nur in bestimmten Säuren tut.

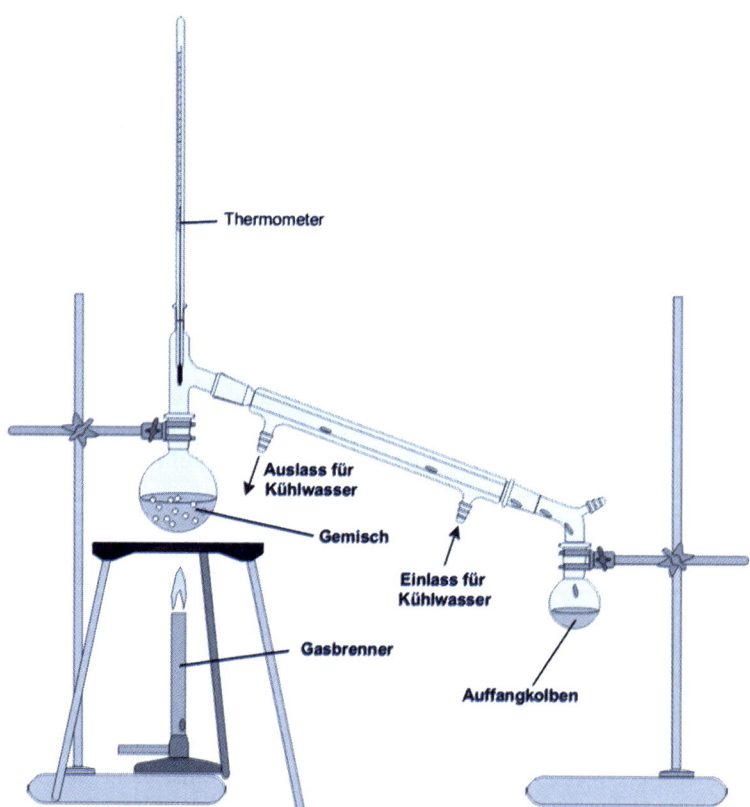

Abbildung 1.2: Einfache Destillationsvorrichtung zur Trennung von Gemischen aufgrund ihres unterschiedlichen Siedepunktes

Auch homogene Mischungen von Flüssigkeiten oder Lösungen eines Feststoffes in einer Flüssigkeit können relativ einfach aufgrund der unterschiedlichen Siedepunkte getrennt werden. Diesen Vorgang nennt man *Destillation* (▶Abbildung 1.2). Sie erlaubt die Trennung zweier Flüssigkeiten mit unterschiedlichem Siedepunkt, z.B. Wasser und Ethanol, oder eines Feststoffes von einer Flüssigkeit, beispielsweise Kochsalz in Wasser. Destillationen werden auch großtechnisch in der chemischen und Erdöl verarbeitenden Industrie verwendet, beispielsweise zur Abtrennung von Benzin und Diesel aus Rohöl.

Mittels der oben genannten Methoden können wir also Materie in ihre einfachsten Bestandteile zerlegen. Die Einführung der unterschiedlichen Trennmethoden ist ein notwendiger Schritt, um die Eigenschaften der einfachsten Stoffe, aus denen die Materie zusammengesetzt ist, der Elemente und Verbindungen, studieren zu können (▶Abbildung 1.3).

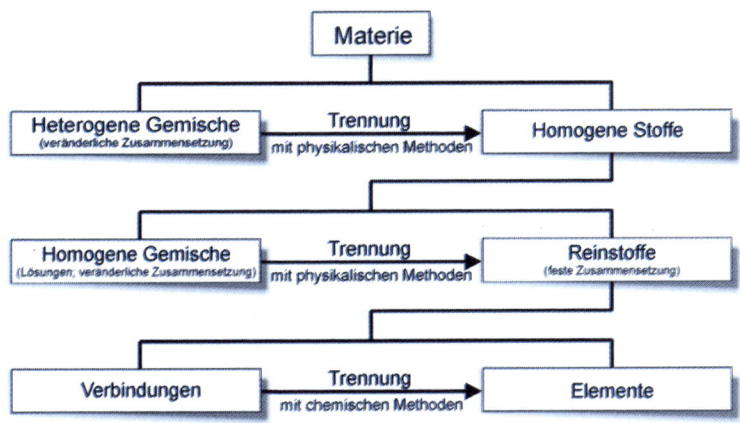

Abbildung 1.3: Einteilung der Materie in unterschiedliche Klassen und die verwendeten Trennmethoden, um sie in ihre einfachsten Bestandteile, Elemente und Verbindungen, zu zerlegen

1.5 Einheiten: SI-System

Naturwissenschaften und Ingenieurwissenschaften haben eines gemeinsam: Sie müssen beide natürliche Gesetzmäßigkeiten quantitativ erfassen und experimentell bzw. technisch umsetzen können. Eine Zahl allein hat keine Bedeutung, denn gemessene und messbare Größen benötigen noch eine Maßeinheit. Ein einheitliches System von *Maßeinheiten* bildet die Basis jeder Naturwissenschaft. Messbare Größen werden stets als Vielfaches einer Maßeinheit angegeben. In früheren Zeiten wurden Maßeinheiten meistens über Referenzkörper definiert, welche die gewünschte Eigenschaft hatten. So befindet sich auch heute noch das so genannte Urmeter, ein Platinstab von etwa einem Meter Länge, im französischen Nationalarchiv in Paris. Dieser Stab ist um 0,2 mm kürzer als ein Meter, weil es eine Ungenauigkeit bei der ursprünglichen Bestimmung des Meters gab. Heute werden die Einheiten meist über hochgenaue physikalische Messungen bestimmt. Dagegen wird das Urkilogramm als einzige Maßeinheit auch heute noch durch einen Vergleichsgegenstand festgelegt. Es wird beim *Bureau Inter-*

national des Poids et Mesures (Internationales Büro für Maß und Gewicht) in Sévres bei Paris aufbewahrt. Von diesem Prototyp existieren weltweit zurzeit etwa 40 Kopien. Allerdings gibt es Bestrebungen, das Kilogramm durch eine *Fundamentalkonstante* der Physik ebenfalls neu zu definieren. Sowohl das Meter als auch das Kilogramm sind Größen in Einheiten des metrischen Systems, welches gegenwärtig in vielen Ländern der Welt als Maßsystem verwendet wird.

Heutzutage findet das internationale Einheitensystem, auch einfach *SI* (*Système international d'unités*) genannt, in den Belangen der Naturwissenschaft und Technik, im Handel und der Wirtschaft Anwendung. In der Europäischen Union und den meisten anderen Staaten ist die Benutzung des SI im amtlichen oder geschäftlichen Schriftverkehr gesetzlich vorgeschrieben.

Das SI beruht heute auf sieben durch Konvention festgelegten Basiseinheiten (▶Tabelle 1.1), von denen alle anderen Einheiten abgeleitet werden können.

Physikalische Einheit	Name der Einheit	Symbol	Definition
Länge	Meter	m	Länge der Strecke, die das Licht im Vakuum während der Dauer von 1/299.792.458 Sekunden durchläuft
Masse	Kilogramm	kg	Masse des Urkilogramms, eines Platin-Iridium-Zylinders, der im Internationalen Büro für Maß und Gewicht in Sévres bei Paris aufbewahrt wird
Zeit	Sekunde	s	das 9.192.631.770-Fache der Periodendauer, der dem Übergang zwischen den beiden Hyperfeinstrukturniveaus des Grundzustandes von Atomen des Isotops ^{133}Cs entsprechenden Strahlung
Temperatur	Kelvin	K	273,16. Teil der absoluten Temperatur des Tripelpunktes des Wassers
Elektrischer Strom	Ampere	A	Stromstärke, die in zwei im Vakuum im Abstand von einem Meter angeordneten elektrischen Leitern pro Meter Leiterlänge eine Kraft von $2 \cdot 10^{-7}$ Newton hervorruft
Stoffmenge	Mol	Mol	Stoffmenge, die aus ebenso vielen Einzelteilchen besteht, wie Atome in 12 Gramm des Kohlenstoffisotops ^{12}C enthalten sind
Lichtintensität	Candela	Cd	die Lichtstärke in einer bestimmten Richtung einer Strahlungsquelle, die monochromatische Strahlung der Frequenz $540 \cdot 10^{12}$ Hz aussendet und deren Strahlstärke in dieser Richtung 1/683 Watt pro Steradiant beträgt

Tabelle 1.1: SI-Basiseinheiten

Im metrischen System werden *Präfixe* eingesetzt, um die umständliche Handhabung von sehr großen oder sehr kleinen Zahlenwerten zu vermeiden. Diese Präfixe werden der Maßeinheit vorangesetzt und kommen Zehnerpotenzen der entsprechenden Einheit gleich (▶Tabelle 1.2).

Präfix	Abkürzung	Faktor
exa-	E	10^{18}
peta-	P	10^{16}
tera-	T	10^{12}
giga-	G	10^{9}
mega-	M	10^{6}
kilo-	k	10^{3}
hecto-	h	10^{2}
deca-	da	10^{1}
deci-	d	10^{-1}
centi-	c	10^{-2}
milli-	m	10^{-3}
micro-	µ	10^{-6}
nano-	N	10^{-9}
pico-	P	10^{-12}
femto-	F	10^{-15}
atto-	A	10^{-18}

Tabelle 1.2: Ausgewählte Präfixe für SI-Einheiten

Aus den genannten SI-Basiseinheiten können Einheiten für andere Größen durch das Einsetzen in Definitionsgleichungen abgeleitet werden. Diese Einheiten sind ebenfalls SI-Einheiten und werden als abgeleitete SI-Einheiten bezeichnet. Es gibt dabei zwei Typen von abgeleiteten Einheiten, solche mit und solche ohne eigenen Namen (▶Tabelle 1.3 und ▶Tabelle 1.4).

Größe	Einheit	Symbol
Kraft	Newton $= kg \cdot m \cdot s^{-2}$	N
Energie	Joule $= N \cdot m = kg \cdot m^{2} \cdot s^{-2}$	J
Leistung	Watt $= J \cdot s^{-1} = kg \cdot m^{2} \cdot s^{-3}$	W
Druck	Pascal $= N \cdot m^{-2} = kg \cdot m^{-1} \cdot s^{-2}$	Pa
Elektrische Ladung	Coulomb $= A \cdot s$	C

Tabelle 1.3: Abgeleitete SI-Einheiten mit eigenem Namen

Größe	Einheit	Symbol
Elektrische Potentialdifferenz (Spannung)	Volt $= W \cdot A^{-1} = J \cdot C^{-1}$	V
Elektrischer Widerstand	Ohm $= V \cdot A^{-1}$	Ω
Elektrische Leitfähigkeit	Siemens $= \Omega^{-1} = V^{-1} \cdot A$	S
Elektrische Kapazität	Farad $= C \cdot V^{-1}$	F
Magnetischer Fluss	Weber $= V \cdot s$	Wb
Induktivität	Henry $= V \cdot s \cdot A^{-1}$	H
Magnetische Induktion	Tesla $= V \cdot s \cdot m^{-2}$	T
Frequenz	Hertz $= s^{-1}$	Hz
Radioaktivität	Becquerel $= s^{-1}$	Bq
Absorbierte Energiedosis	Gray $= J \cdot kg^{-1}$	Gy
Dosis-Äquivalent	Sievert $= J \cdot kg^{-1}$	Sv

Tabelle 1.3: Abgeleitete SI-Einheiten mit eigenem Namen (Forts.)

Größe	Einheit
Fläche	m^2
Volumen	m^3
Dichte	$kg \cdot m^{-3}$ gebräuchlicher: $g \cdot cm^{-3}$
Geschwindigkeit	$m \cdot s^{-1}$
Beschleunigung	$m \cdot s^{-2}$
Stoffmengenkonzentration	$mol \cdot dm^{-3}$
Strahlungsexposition	$bq \cdot kg^{-1}$

Tabelle 1.4: Abgeleitete SI-Einheiten ohne eigenen Namen

Während im Handelsverkehr die Verwendung von SI-Einheiten gesetzlich vorgeschrieben ist, bleibt die Verwendung des Grad Celsius (°C) für die Temperatur, der Minute und Stunde für die Zeit, des Liters für das Volumen und des Bars für den Druck in der Wissenschaft weiter erlaubt.

1.6 Naturkonstanten

In viele chemische Gesetzmäßigkeiten gehen *Naturkonstanten* ein. Dies sind physikalische Größen, deren numerischer Wert sich nicht verändert. Es wird hier, wie bei den Maßeinheiten, zwischen elementaren Grundkonstanten und abgeleiteten Konstanten unterschieden. Hier sollen lediglich einige, für die Chemie wichtige Konstanten aufgezeigt werden (▶Tabelle 1.5). Viele dieser Konstanten sind auf modernen naturwissenschaftlichen Taschenrechnern bereits fix eingespeichert und viele Studierende halten es daher nicht für nötig, sie auswendig zu lernen. Allerdings ist es ratsam, dies für häufig verwendete Konstanten doch zu tun. Denken Sie nur daran, Ihr Taschenrechner gibt den Geist auf und Sie müssen den Ihres Kollegen verwenden, der diese Konstanten nicht einprogrammiert hat.

In letzter Zeit gibt es unter Wissenschaftlern eine Diskussion, inwieweit physikalische Konstanten wirklich als konstant zu betrachten sind. Es gibt Anzeichen, dass die Naturkonstanten über astronomische Zeiträume hinweg veränderlich sein könnten. Aber keine Angst, während der Lebenserwartung Ihres Taschenrechners sollte sich nichts an den eingespeicherten Größen ändern.

Konstante	Symbol	Zahlenwert
Avogadro-Zahl	N_A	$6{,}022137 \cdot 10^{23}$ mol^{-1}
Bohr-Radius	a_0	$5{,}29177 \cdot 10^{-11}$ m
Elektron, Ruhemasse		$9{,}10939 \cdot 10^{-28}$ g $5{,}485799 \cdot 10^{-4}$ u
Elementarladung	e	$1{,}6021773 \cdot 10^{-19}$ C
Faraday-Konstante	$F = N_A \cdot e$	$9{,}648531 \cdot 10^4$ C $\cdot$ mol^{-1}
Ideale Gaskonstante	R	$8{,}31451$ J $\cdot$ mol^{-1} $\cdot$ K^{-1} $8{,}31451$ kPa $\cdot$ L $\cdot$ mol^{-1} $\cdot$ K^{-1}
Lichtgeschwindigkeit	c	$2{,}99792458 \cdot 10^8$ m $\cdot$ s^{-1}
Molares Volumen eines idealen Gases	V_m	$22{,}4141$ L $\cdot$ mol^{-1}
Neutron, Ruhemasse		$1{,}674929 \cdot 10^{-24}$ g $1{,}00866501$ u
Planck-Konstante	h	$6{,}626076 \cdot 10^{-34}$ J $\cdot$ s
Proton, Ruhemasse		$1{,}672623 \cdot 10^{-24}$ g $1{,}00727647$ u
Normal-Fallbeschleunigung	g_m	$9{,}80665$ m $\cdot$ s^{-2}

Tabelle 1.5: Wichtige Naturkonstanten

ZUSAMMENFASSUNG

Die *Chemie* beschäftigt sich mit der Zusammensetzung und den Eigenschaften der Materie und ihrer Umwandlung. Jede Substanz besitzt eindeutige physikalische und chemische Eigenschaften. Die *Materie,* die uns umgibt, kann in verschiedene Unterklassen unterteilt werden. *Homogene und heterogene Gemische* unterscheiden sich durch optisches Aussehen, Erstere wirken wie eine Substanz, während Letztere deutlich aus mehreren Substanzen aufgebaut sind. Beide Arten von Gemischen können durch *physikalische Trennmethoden* in *Verbindungen* und/oder *Elemente* aufgetrennt werden. Verbindungen wiederum sivnd aus zwei oder mehr Elementen aufgebaut und können nur durch *chemische Trennmethoden* (= chemische Reaktionen) voneinander getrennt werden. Die Elemente sind die kleinsten Bausteine der Materie, die sich durch chemische Reaktionen nicht weiter zerlegen lassen.

Eine Kommunikation in der Wissenschaft, aber auch im internationalen Handels- und Warenverkehr macht die Standardisierung von Maßeinheiten nötig. Diese Standardisierung ist unter dem *SI-Einheitensystem* festgelegt. Dieses basiert auf *sieben Basiseinheiten* und davon abgeleiteten *Einheiten.* Zusätzlich zu den Basiseinheiten werden in chemischen Rechnungen häufig auch die *Naturkonstanten* benötigt.

Aufgaben

Verständnisfragen

1. Wie unterscheiden sich chemische von physikalischen Eigenschaften und Trennungsmethoden?

2. Wie sind die Begriffe „Reinstoff" und „Gemisch" definiert?

3. Aus welchen kleineren Stoffen sind chemische Verbindungen aufgebaut?

4. Aus welchen Stoffklassen ist Materie aufgebaut?

5. Was definiert das SI-Einheitensystem und welche unterschiedlichen Arten von Einheiten gibt es?

Übungsaufgaben

1. Welche der folgenden Veränderungen sind chemischer, welche physikalischer Natur? Begründen Sie Ihre Antwort. a) Kochen von Suppe, b) Karamellisieren von Zucker, c) Spalten von Holz, d) Verbrennen von Holz, e) Korrosion von Aluminium

2. Sind folgende Stoffe Reinstoffe oder Gemische? Wenn es sich um ein Gemisch handelt, erklären Sie, ob es ein homogenes oder heterogenes Gemisch ist. a) Stahlbeton, b) Benzin, c) Erdgas, d) Meerwasser, e) Milch, f) Aluminium, g) Granit

3. Es folgt die Beschreibung der Eigenschaften des Elements Magnesium. Welche dieser Eigenschaften sind chemische, welche physikalische Eigenschaften? Magnesium ist ein silbrig glänzendes Metall mit einer Dichte von 1738 kg · m^{-3}, einem Schmelzpunkt von 923 K und einem Siedepunkt von 1380 K. Es überzieht sich an der Luft mit einer schützenden Oxidschicht und in Wasser mit einer schwerlöslichen Magnesiumhydroxidschicht. Frisch hergestelltes Magnesiumpulver erwärmt sich an der Luft bis zur Selbstentzündung. Es verbrennt mit einer grellweißen Flamme zu Magnesiumoxid.

4. Thrombozyten (rote Blutkörperchen) besitzen einen Durchmesser von ca. 4500 Nanometer. Was ist ihr Radius in Mikrometer ausgedrückt?

5. Der Radius eines Gold-Atoms beträgt 1,44 · 10^{-10} m. Was ist dessen Radius in Picometern?

6. Für welche Zehnerpotenz stehen die folgenden Abkürzungen? a) M, b) m, c) T, d) n, e) p, f) G, g) μ

7. Welche Masse ist die größte? a) 2,9 g, b) 0,000 0029 kg, c) 290 000 μg

8. Kann Kohlendioxid (CO_2) durch einen physikalischen Prozess gespalten werden oder benötigt man eine chemische Reaktion für diese Spaltung? Was sind die Produkte der Spaltung dieser Substanz?

Atombau und Periodensystem

2

2.1 Elementarteilchen: Protonen, Elektronen,
Neutronen.   34

2.2 Die chemischen Elemente und ihre
Bezeichnungen   35

2.3 Ordnungszahl und Massenzahl.   40

2.4 Isotope   40

2.5 Atommasse.   42

2.6 Aufbau der Elektronenhülle   43

2.7 Ordnung im Ganzen: das Periodensystem der
Elemente   53

2.8 Trends im Periodensystem und ihre Ursachen   57

Zusammenfassung   63

Aufgaben   64

ÜBERBLICK

>> Haben Sie sich auch schon einmal gefragt, warum die Dinge, die uns umgeben, eigentlich so viele unterschiedliche Eigenschaften haben? Warum sehen beispielsweise Kupfer und Silber unterschiedlich aus, obwohl wir sie beide zur Substanzklasse der Metalle zählen? Wieso verwendet man das relativ seltene Gas Neon in der Beleuchtungstechnik und warum nicht den viel häufiger auftretenden Sauerstoff? Die Antwort auf diese Fragen ist in den kleinsten Bausteinen der Materie – den Atomen – versteckt. Ihre Eigenschaften und ihre gegenseitige Verknüpfung bestimmen alle Vorgänge um uns herum, die lebende und die tote Materie. Wenn wir ihren genaueren Aufbau kennen, können wir viele Vorhersagen über ihre chemische Reaktivität treffen und komplexere Gebilde – so genannte Moleküle – durch ihre Verknüpfung schaffen.

Es verhält sich mit den Atomen wie mit den *LEGO*-Steinchen, mit denen viele von uns früher gern gespielt haben – und dies vielleicht heute noch tun. Um zu wissen, welche Steinchen zu einem komplexeren Gebilde vereinigt werden können, muss man wissen, wie die einzelnen Steinchen aussehen und wie viele Verknüpfungspunkte sie auf der Oberfläche besitzen. Nun fällt uns diese Aufgabe sicherlich mit Bausteinen, die wir sehen und fühlen können, leichter als mit Atomen, da diese so unendlich klein sind. Glücklicherweise werden wir von der Natur nicht ganz allein gelassen, und es gibt eine gewisse Systematik im Aufbau der Atome, die uns hilft, ihre Eigenschaften einzuschätzen. <<

Im vorangegangenen Kapitel haben wir uns mit dem Aufbau der Materie aus Verbindungen und Elementen beschäftigt. Nun müssen wir uns fragen was der kleinste Teil der Materie ist, der einen bestimmten Stoff ergibt. Elemente haben wir definiert als Reinstoffe, die sich chemisch in keine weiteren kleineren Bausteine aufspalten lassen und aus Atomen bestehen. Aber wie können wir uns diese kleinsten Baueinheiten der Elemente vorstellen? Diese Frage beschäftigte schon die Philosophen im antiken Griechenland. *Demokrit* (460-370 v. Chr.) war es, der Atome (von altgriechisch *átomos* – unteilbar) als die kleinsten, nicht weiter teilbaren Teilchen der Materie bezeichnete. Diese atomistische Sicht der Dinge geriet über Jahrhunderte in Vergessenheit, bis im 17. Jahrhundert in Europa die moderne Naturwissenschaft begründet wurde. Die grundlegenden Untersuchungen von *John Dalton* (1766-1844) führten zu einem Atommodell, das als Wegbereiter der modernen Chemie gilt. Daltons Modell enthält fünf Kernaussagen:

1. Materie besteht aus Atomen.

2. Ein Atom ist das kleinste Teilchen eines Elements, das an einer chemischen Reaktion teilnehmen kann.

3. Alle Atome eines Elements sind identisch. Damit gibt es genau so viele Arten von Atomen, wie es Elemente gibt.

4. Atome sind unzerstörbar. Sie können durch chemische Vorgänge weder vernichtet noch erzeugt werden.

5. Bei chemischen Reaktionen werden die Atome der Ausgangsstoffe neu angeordnet und in bestimmten Anzahlverhältnissen miteinander verknüpft.

Daltons Theorie sagt aus, dass Atome die kleinsten Teilchen eines Elementes sind, die noch die Identität dieses Elementes besitzen, d.h. z.B. dessen chemische Reaktivität. Das bedeutet, dass ein Element nur aus einer Sorte von Atomen bestehen kann. Isotope werden – wie wir in diesem Kapitel noch sehen werden – hierbei vernachlässigt. Zur Zeit Daltons wusste man noch nichts vom Auftreten von Isotopen.

Mit Hilfe von Daltons Atomtheorie ließen sich grundlegende Gesetzmäßigkeiten der Chemie erklären. Beispielsweise das von *Joseph-Louis Proust* (1754-1826) aufgestellte *Gesetz der konstanten Proportionen*, besagt dass die Elemente in einer chemischen Verbindung immer im gleichen Massenverhältnis vorkommen. So enthält Natriumchlorid (Kochsalz) immer 40 Massenprozent Natrium und 60 Massenprozent Chlor. Ein weiteres fundamentales Gesetz, das Dalton entdeckte, ist das *Gesetz von der Erhaltung der Masse*. Dies sagt aus, dass die Masse aller Stoffe, die nach einer chemischen Reaktion erhalten werden, gleich der Masse aller Stoffe sein muss, die vor Beginn der Umsetzung vorhanden waren. Dies erscheint uns als völlig logisch, da ja keine Materie verschwinden kann. Die Formulierung dieser Tatsache bedeutete aber damals einen großen Schritt für das Verständnis chemischer Reaktionen.

Dalton konnte mit Hilfe seiner Theorie das *Gesetz der multiplen Proportionen* ableiten. Wenn sich zwei Elemente, A und B, zu mehr als einer chemischen Verbindung zusammenschließen können, so unterscheiden sich die Massen von A, die sich mit einer bestimmten Masse von B zusammenschließen, nur um Faktoren, die im Verhältnis kleiner ganzer Zahlen stehen. Ein Beispiel für diesen Zusammenhang sind Kohlenstoffmonoxid und Kohlenstoffdioxid. Im Kohlenstoffmonoxid trifft ein Kohlenstoffatom auf ein Sauerstoffatom während im Kohlenstoffdioxid die doppelte Anzahl von Sauerstoffatomen vorhanden ist. Das Massenverhältnis von Sauerstoff zu Kohlenstoff im Kohlenstoffdioxid ist also doppelt so hoch wie im Kohlenstoffmonoxid.

	Kohlenstoffmonoxid	Kohlenstoffdioxid
Chemische Summenformel	CO	CO_2
Atommassenverhältnis C:O[*]	1:1,33	1:2,66

[*] Atommasse C: 12,01; Atommasse O: 16,00

Viele der grundlegenden chemischen Gesetzmäßigkeiten jener Zeit konnten durch Daltons Theorie erklärt werden. Allerdings wurde mit fortschreitender Entwicklung der beiden Naturwissenschaftsdisziplinen Chemie und Physik immer deutlicher, dass eine so einfache Theorie zur Beschreibung der Materie und von Atomen nicht ausreichte. Den Wissenschaftlern wurde klar, dass Atome eine innere Struktur besitzen, die aus noch kleineren Teilchen aufgebaut ist. Erst komplexere Untersuchungen mit durchdachten Experimenten Anfang des 20. Jahrhunderts erlaubten die Ableitung der inneren Struktur der Atome und das Wissen über die Elementarteilchen.

2.1   Elementarteilchen: Protonen, Elektronen, Neutronen

Heute weiß man, dass Atome nicht die kleinsten Baueinheiten der Materie sind, sondern selbst aus weiteren kleineren Bausteinen bestehen. Diese so genannten Elementarteilchen lassen sich in drei Teilchenarten untergliedern:

- die *Protonen*,
- die *Elektronen,*
- die *Neutronen.*

Dies ist zumindest die Sichtweise der Chemiker, da diese drei Teilchenarten ausreichen um den Elementbegriff auf atomarer Ebene festzulegen und die chemischen Eigenschaften von Elementen und Verbindungen zu erklären. Aus weiteren Untersuchungen der Physik ist jedoch bekannt, dass es weitaus mehr Teilchen gibt zu denen die *Quarks, Neutrinos* und *Myonen* zählen. Diese sollen allerdings nicht in diesem Buch behandelt werden, da sie zur Chemie der Materie, nach dem gegenwärtigen Wissensstand, nichts beitragen.

Atome bestehen aus dem *Atomkern* und der *Elektronenhülle*. Der Atomdurchmesser beträgt ca. 10^{-10} m, also 100 pm bzw. 0,1 nm. Der Atomkern ist noch viel kleiner, sein Durchmesser beträgt lediglich ca. 10^{-14} m, also 10 fm, d.h. der Durchmesser des Atoms ist ca. 10.000-mal größer als der des Atomkerns. Von seiner Raumaufteilung her besteht jedes Atom also zum überwiegenden Teil aus dem Raum um den Kern, der Elektronenhülle. Hülle und Kern beinhalten die zuvor genannten Elementarteilchen.

Der Atomkern enthält die elektrisch positiv geladenen Protonen und die elektrisch neutralen Neutronen. Er besitzt nahezu die gesamte Atommasse, da Protonen und Neutronen etwa die gleiche Masse haben und wesentlich schwerer sind als die Elektronen. Im Kern ist ebenfalls die gesamte positive Ladung vereint. Trotz der gegenseitigen Abstoßung der Protonen werden die Teilchen im Kern durch die *starke Kernkraft* (eine der vier Grundkräfte der Physik) zusammengehalten. Die Elektronen nehmen hingegen fast das gesamte Volumen des Atoms ein. Sie umkreisen den Atomkern in schneller Bewegung (▶Abbildung 2.1).

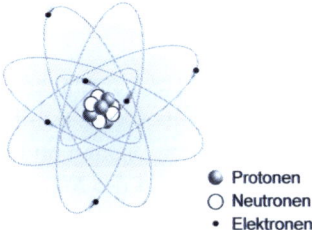

      ◖ Protonen
      ○ Neutronen
      • Elektronen

Abbildung 2.1: Aufbau eines Atoms

Die Elektronen sind die kleinsten Bestandteile des Atoms. Ihre Ladung beträgt $-1{,}6022 \cdot 10^{-19}$ C. Der Wert $1{,}6022 \cdot 10^{-19}$ C wird *Elementarladung* genannt. Ladungen von Elementarteilchen werden häufig nicht in Coulomb sondern in Vielfachen dieser Ladung angegeben. Ein Elektron besitzt also die Ladung $-e$. Die Masse eines Elektrons ist sehr gering, sie beträgt $9{,}1094 \cdot 10^{-28}$ g.

Der Atomkern enthält Protonen und Neutronen, die auch als *Nukleonen* (lat. *nucleus, Kern*) bezeichnet werden. Die Protonen besitzen eine positive Elementarladung ($+e$), von der die Elektronen in der Hülle angezogen werden. Jedes neutrale Atom besitzt daher gleich viele Elektronen wie Protonen. Die Masse eines Protons beträgt $1{,}66054 \cdot 10^{-24}$ g, womit sie 1836-mal größer ist als die Masse eines Elektrons.

Im Gegensatz zu Elektronen und Protonen besitzen die Neutronen keine Ladung. Ihre Masse ist allerdings annähernd gleich der Masse des Protons und beträgt $1{,}6749 \cdot 10^{-24}$ g. Damit man bei diesen Masseangaben nicht immer mit so unhandlichen Zahlen umgehen muss, wurde die *Atommasseneinheit* u eingeführt. Diese beträgt definitionsgemäß 1/12 der Masse eines Atoms ^{12}C (1 u $= 1{,}66053886 \cdot 10^{-24}$ g). Die Atommasseneinheit u ist im SI-Einheitensystem fixiert. Eine Übersicht der spezifischen Eigenschaften der Elementarteilchen ist in ▶ Tabelle 2.1 dargestellt.

Elementarteilchen	Elektron	Proton	Neutron
Symbol	e	p	n
Masse	$9{,}1094 \cdot 10^{-28}$ g	$1{,}66054 \cdot 10^{-24}$ g	$1{,}6749 \cdot 10^{-24}$ g
	$5{,}4859 \cdot 10^{-4}$ u	$1{,}007277$ u	$1{,}008665$ u
Ladung	$-e$	$+e$	0

Tabelle 2.1: Eigenschaften von Elektronen, Protonen und Neutronen

2.2 Die chemischen Elemente und ihre Bezeichnungen

Die chemischen Eigenschaften von Atomen werden entscheidend durch ihre äußersten Elektronen in der Elektronenhülle bestimmt. Da wie oben bereits erwähnt die Anzahl der Elektronen in einem ungeladenen Atom gleich der Anzahl der Protonen ist, ist letztere das maßgebliche Unterscheidungsmerkmal zwischen den Elementen. Warum man nicht die Elektronenanzahl nimmt, ist relativ leicht verständlich, wenn man bedenkt, dass in chemischen Reaktionen die Elektronen teilweise den Elementen entrissen werden, bzw. Elektronen in die vorhandene Elektronenhülle eingelagert werden. Bei solchen Reaktionen entstehen die so genannten *Ionen*. Natürlich ändert sich bei diesen Reaktionen nicht die Identität des Elements, daher muss ein Unterscheidungskriterium verwendet werden, welches den Einflüssen der meisten chemischen Reaktionen nicht unterliegt und das ist die Protonenzahl.

Derzeit sind 118 hinsichtlich ihrer Protonenzahl unterschiedliche Atomarten bekannt; diese werden *chemische Elemente* genannt. Zur Kennzeichnung der chemischen Elemente verwendet man einen Elementnamen und ein Symbol, das sich aus der Abkürzung des Elementnamens ergibt. Federführend für die Benennung von Elementen und generell für die internationale Standardisierung in chemischen Fragestellungen ist die

International Union of Pure and Applied Chemistry (*IUPAC*; Internationale Union für reine und angewandte Chemie). Diese wurde im Jahr 1919 von Chemikern aus Universitäten und der Industrie gegründet (▶Tabelle 2.2).

Elementname nach IUPAC[1]	Englischer Elementname	Symbol	Ordnungszahl	Atomare Masse
Actinium	Actinium	Ac	89	227,0278
Aluminium	Aluminium	Al	13	26,981538
Americium	Americium	Am	95	243,0614
Antimon	Antimony	Sb	51	121,760
Argon	Argon	Ar	18	39,948
Arsen	Arsenic	As	33	74,92160
Astat(in)	Astatine	At	85	209,9871
Barium	Barium	Ba	56	137,327
Berkelium	Berkelium	Bk	97	247,0703
Beryllium	Beryllium	Be	4	9,012182
Bismut	Bismuth	Bi	83	208,98038
Blei	Lead	Pb	82	207,2
Bohrium	Bohrium	Bh	107	262,1231
Bor	Boron	B	5	10,811
Brom	Bromine	Br	35	79,904
Cadmium	Cadmium	Cd	48	112,411
Calcium	Calcium	Ca	20	40,078
Californium	Californium	Cf	98	251,0796
Cäsium	Cäsium	Cs	55	132,90545
Cer	Cerium	Ce	58	141,116
Chlor	Chlorine	Cl	17	35,453
Chrom	Chromium	Cr	24	51,9961
Curium	Curium	Cm	96	247,0703
Darmstadtium	Darmstadtium	Ds	110	269
Dubnium	Dupnium	Db	105	262,1144
Dysprosium	Dysprosium	Dy	66	162,50
Einsteinium	Einsteinium	Es	99	252,0829
Eisen	Iron	Fe	26	55,845

[1] IUPAC: International Union of Pure and Applied Chemistry

Tabelle 2.2: Tabellarische Auflistung der chemischen Elemente nach Namen sortiert

Elementname nach IUPAC[1]	Englischer Elementname	Symbol	Ordnungszahl	Atomare Masse
Erbium	Erbium	Er	68	167,259
Europium	Europium	Eu	63	151,964
Fermium	Fermium	Fm	100	257,0951
Fluor	Fluorine	F	9	18,9984032
Francium	Francium	Fr	87	223,0197
Gadolinium	Gadolinium	Gd	64	157,25
Gallium	Gallium	Ga	31	69,723
Germanium	Germanium	Ge	32	72,64
Gold	Gold	Au	79	196,96654
Hafnium	Hafnium	Hf	72	178,49
Hassium	Hassium	Hs	108	265,1306
Helium	Helium	He	2	4,00260
Holmium	Holmium	Ho	67	164,93032
Indium	Indium	In	49	114,818
Iridium	Iridium	Ir	77	192,217
Jod(Iod)	Iodine	I	53	126,90447
Kalium	Potassium	K	19	39,0983
Kobalt	Cobalt	Co	27	58,933200
Kohlenstoff	Carbon	C	6	12,0107
Krypton	Krypton	Kr	36	83,80
Kupfer	Copper	Cu	29	63,546
Lanthan	Lanthanium	La	57	138,9055
Lawrentium	Lawrentium	Lr	103	262,11
Lithium	Lithium	Li	3	6,941
Lutetium	Lutetium	Lu	71	174,967
Magnesium	Magnesium	Mg	12	24,3050
Mangan	Manganese	Mn	25	54,938049
Meitnerium	Meitnerium	Mt	109	266,1378
Mendelevium	Mendelevium	Mv	101	258,0986
Molybdän	Molybdenum	Mo	42	95,94
Natrium	Sodium	Na	11	22,989770

[1] IUPAC: International Union of Pure and Applied Chemistry

Tabelle 2.2: Tabellarische Auflistung der chemischen Elemente nach Namen sortiert (Forts.)

Elementname nach IUPAC[1]	Englischer Element-name	Symbol	Ordnungszahl	Atomare Masse
Neodym	Neodymium	Nd	60	144,24
Neon	Neon	Ne	10	20,1797
Neptunium	Neptunium	Np	93	237,0482
Nickel	Nickel	Ni	28	58,6934
Niob	Niobium	Nb	41	92,90638
Nobelium	Nobelium	No	102	259,1009
Osmium	Osmium	Os	76	190,23
Palladium	Palladium	Pd	46	106,42
Phosphor	Phosphorus	P	15	30,973761
Platin	Platinum	Pt	78	195,078
Plutonium	Plutonium	Pu	94	244,0642
Polonium	Polonium	Po	84	208,9824
Praseodym	Praseodymium	Pr	59	140,90765
Promethium	Promethium	Pm	61	146,9151
Protactinium	Protactinium	Pa	91	231,03588
Quecksilber	Mercury	Hg	80	200,59
Radium	Radium	Ra	88	226,0254
Radon	Radon	Rn	86	222,0176
Rhenium	Rhenium	Re	75	186,207
Rhodium	Rhodium	Rh	45	102,9055
Röntgenium	Roentgenium	Rg	111	272
Rubidium	Rubidium	Rb	37	85,4678
Ruthenium	Ruthenium	Ru	44	101,07
Rutherfordium	Rutherfordium	Rf	104	261,1089
Samarium	Samarium	Sm	62	150,36
Sauerstoff	Oxygen	O	8	15,9994
Scandium	Scandium	Sc	21	44,955910
Schwefel	Sulfur	S	16	32,065
Seaborgium	Seaborgium	Sg	106	263,1186
Selen	Selenium	Se	34	78,96
Silber	Silver	Ag	47	107,8682

[1] IUPAC: International Union of Pure and Applied Chemistry

Tabelle 2.2: Tabellarische Auflistung der chemischen Elemente nach Namen sortiert (Forts.)

Elementname nach IUPAC[1]	Englischer Elementname	Symbol	Ordnungszahl	Atomare Masse
Silicium	Silicon	Si	14	28,0855
Stickstoff	Nitrogen	N	7	14,0067
Strontium	Strontium	Sr	38	87,62
Tantal	Tantalum	Ta	73	180,9479
Technetium	Technetium	Tc	43	98,9063
Tellur	Tellurium	Te	52	127,60
Terbium	Terbium	Tb	65	158,92534
Thallium	Thallium	Tl	81	204,3833
Thorium	Thorium	Th	90	232,0381
Thulium	Thulium	Tm	69	168,93421
Titan	Titanium	Ti	22	47,867
Ununbium	Ununbium	Uub	112	277
Ununhexium	Ununhexium	Uuh	116	289 [2]
Ununoctium	Ununoctium	Uuo	118	293
Ununpentium	Ununpentium	Uup	115	288 [2]
Ununquadium	Ununquadium	Uuq	114	289
Ununseptium	Ununseptium	Uus	117	291 [2]
Ununtrium	Ununtrium	Uut	113	287 [2]
Uran	Uranium	U	92	238,02891
Vanadium	Vanadium	V	23	50,9415
Wasserstoff	Hydrogen	H	1	1,00794
Wolfram	Tungsten	W	74	183,84
Xenon	Xenon	Xe	54	131,293
Ytterbium	Ytterbium	Yb	70	173,04
Yttrium	Yttrium	Y	39	88,90585
Zink	Zinc	Zn	30	65,39
Zinn	Tin	Sn	50	118,710
Zirkon(ium)	Zirconium	Zr	40	91,224

[1] IUPAC: International Union of Pure and Applied Chemistry
[2] Schätzung

Tabelle 2.2: Tabellarische Auflistung der chemischen Elemente nach Namen sortiert (Forts.)

2.3   Ordnungszahl und Massenzahl

Atome werden generell mit zwei Zahlen charakterisiert ihrer Protonenzahl und der *Massenzahl*. Wie oben bereits bemerkt, spielt die Protonenzahl im Atomkern eine wichtige Rolle für die Identifikation der Elemente, sie wird auch als *Ordnungszahl Z* bezeichnet. In einem neutralen Atom ist sie gleich der Zahl der Elektronen. Alle Atome eines chemischen Elements besitzen also die gleiche Ordnungszahl und zeigen somit das gleiche Verhalten in chemischen Reaktionen. Die Ordnungszahl bestimmt außerdem die Stellung des jeweiligen chemischen Elements im Periodensystem der Elemente, das später noch besprochen wird.

Die *Massenzahl A* beschreibt die Gesamtzahl aller Kernbestandteile (Protonen und Neutronen). Sie ist also die Summe der Protonen und Neutronen ($A = Z + N$). Die Massenzahl entspricht näherungsweise der Atommasse in Atommasseneinheiten u, bei der Protonen und Neutronen jeweils die Masse 1 u besitzen und die Elektronenmasse vernachlässigbar ist.

Einem chemischen Element kann also eine Ordnungs- und Massenzahl zugeordnet werden. Hierfür hat sich folgende allgemeine Schreibweise etabliert:

$$_{Z}^{A}\text{Symbol}$$

z.B. $_{17}^{35}\text{Cl}$: Man spricht „Chlor Fünfunddreißig"; diese Atomsorte enthält somit 17 Protonen und damit auch 17 Elektronen. Die Anzahl der Neutronen ist 18 ($A - Z = N$).

2.4   Isotope

Die chemischen Eigenschaften eines Atoms hängen von der Ordnungszahl ab, während seine Masse hierfür eine untergeordnete Rolle spielt. Alle Atome eines chemischen Elementes besitzen die gleiche Ordnungszahl, aber nicht alle Atome müssen die gleiche Masse besitzen.

Isotope sind Atome gleicher Ordnungszahl aber unterschiedlicher Massenzahl. Diese entsteht durch eine unterschiedliche Anzahl von Neutronen im Kern.

Beispiele für solche Isotope sind die Isotope des Wasserstoffs: $_{1}^{1}\text{H}$, $_{1}^{2}\text{H}$, $_{1}^{3}\text{H}$ oder in einer Kurzschreibweise ^{1}H, ^{2}H, ^{3}H. Die Isotope des Wasserstoffs besitzen auch spezielle Namen, so bezeichnet man ^{2}H als *Deuterium* und ^{3}H als *Tritium*. Auch Kohlenstoff besitzt eine Reihe von Isotopen, die unterschiedliche technologische Bedeutung besitzen, diese Isotope sind $_{6}^{12}\text{C}$, $_{6}^{13}\text{C}$, $_{6}^{14}\text{C}$ bzw. ^{12}C, ^{13}C und ^{14}C.

In der Natur liegen nur 21 Elemente *isotopenrein*, also in nur einem Isotop vor. Dazu zählen unter anderem Na, F, Al, P, und Au. Auch wenn diese Elemente isotopenrein vorkommen, können von ihnen durch *Kernreaktionen* Isotope künstlich erzeugt werden. Die Mehrzahl der Elemente in der Natur kommt allerdings als Isotopengemisch vor. Das Mischungsverhältnis zwischen den Isotopen ist auf der Erde nahezu konstant. Die Häufigkeitsverteilung der verschiedenen Wasserstoffisotope ist beispielsweise: ^{1}H: 99,985 %, ^{2}H: 0,015 %, ^{3}H: $1,00 \cdot 10^{-17}$ %.

Technische Anwendung von Isotopen

Isotope besitzen durchaus eine technologische Bedeutung, die sie für die unterschiedlichsten Anwendungen brauchbar macht. Hier sollen einige Beispiele erwähnt werden.

Radiokarbon-Methode

Lange Zeit war die Archäologie auf der Suche nach einer Methode um das Alter von Fundstücken aus biologischem Ursprung zu bestimmen. Der amerikanische Chemiker *Willard Frank Libby* (1908–1980) entwickelte 1949 eine Methode zur Altersbestimmung kohlenstoffhaltiger organischer Materialien mit einem Alter bis etwa 50000 Jahren. Die Methode basiert auf dem radioaktiven Zerfall des Kohlenstoff-Isotops ^{14}C und wird daher auch als ^{14}C-Methode oder Radiokarbon-Methode bezeichnet.

Kohlenstoff kommt in der Natur in drei Isotopen ^{12}C, ^{13}C und ^{14}C vor. In der Luft ist das Verhältnis dieser Isotope etwa folgendermaßen: ^{12}C: 98,89%, ^{13}C: 1,10%, ^{14}C: 10^{-10}%, d.h. auf 10^{12} ^{12}C-Kerne kommt statistisch nur ein einziger ^{14}C-Kern. Im Gegensatz zu ^{12}C und ^{13}C ist ^{14}C nicht stabil, sondern unterliegt dem radioaktiven Zerfall. Das Isotop weist dabei eine Halbwertszeit von 5730 Jahren auf, d.h. nach diesem Zeitraum wäre in einem isolierten System nur noch die Hälfte aller ursprünglichen ^{14}C-Atome vorhanden. In den oberen Schichten der Erdatmosphäre wird ^{14}C durch Kernreaktionen aufgrund der Wechselwirkung von kosmischer Strahlung mit Atomen ständig neu gebildet. Neubildung und Zerfall der ^{14}C-Kerne halten sich die Waage und damit bleibt der Anteil der ^{14}C-Kerne am Kohlenstoff in der Atmosphäre über die Zeit konstant. Der Kohlenstoff verbindet sich mit vorhandenem Sauerstoff zu Kohlendioxid, welches natürlich die gleiche relative Menge an ^{14}C enthält, und so in die Biosphäre gelangt, da im Stoffwechsel Kohlenstoff mit der Atmosphäre ausgetauscht wird. Das bedeutet, in jedem Organismus stellt sich das gleiche atmosphärische Verteilungsverhältnis der drei Kohlenstoff-Isotope ein. Kohlenstoff kann aus diesem Kreislauf entfernt werden, indem der Stoffaustausch mit der Atmosphäre endet, also der Tod des Lebewesens eintritt. Ab diesem Zeitpunkt wird kein neues ^{14}C mehr eingebaut und der radioaktive Zerfall lässt die Menge dieses Isotops in der organischen Substanz – dem *Fossil* – ständig kleiner werden. Das Verhältnis zwischen ^{14}C und ^{12}C eines organischen Materials ist also ein Maß für die Zeit, die seit dem Tod eines Lebewesens vergangen ist. Auch in nicht-organische Stoffe kann biogener Kohlenstoff gelangen, beispielsweise in geschmolzene Metalle aus der Holzkohle. Zur Bestimmung des Alters benötigt man dann noch einen Standard, der den Wert des $^{12}C/^{14}C$-Verhältnisses am Beginn des Alterungsprozesses repräsentiert. Durch physikalische Methoden kann nun die vorhandene Menge an ^{14}C bestimmt und damit das Alter, zum Teil sehr genau, ermittelt werden.

Weitere Nutzung von Isotopen

Zu den weiteren technologischen Anwendungen von Isotopen zählt beispielsweise die Isotopenmarkierung, die in der biologischen Forschung zur Aufklärung von Reaktionsmechanismen oder Metabolismen verwendet wird.

Der Herkunftsort von Lebensmitteln, wie Wein oder Käse, kann bestimmt werden, da die Isotopenzusammensetzung des Wassers an verschiedenen Orten der Welt verschieden und charakteristisch ist. Neben diesen Anwendungen spielen Isotope auch in der Kerntechnik, z.B. bei der Anreicherung von spaltfähigem Material als Brennstoff in Atomkraftwerken und in der Strahlenmedizin eine wichtige Rolle. ▶

Zur Trennung und Anreicherung von bestimmten Isotopen macht man sich die Tatsache zu Nutze, dass Isotope eines bestimmten Elementes und damit auch seine Verbindungen unterschiedliche Massen besitzen. So kann man mit massenabhängigen Trennmethoden eine bestimmte Isotopenart anreichern. Dazu zählt beispielsweise die Trennung von Verbindungen der Isotope durch Zentrifugieren. Mit dieser Methode wird das spaltfähigere Material ^{238}U durch die gasförmige Verbindung Uranhexafluorid (UF_6), die beide Uran-Isotope enthält, angereichert.

2.5 Atommasse

Die Masse eines Atoms spielt zwar für seine chemischen Reaktionen kaum eine Rolle, dennoch ist es wichtig, die Atommasse zu kennen um beispielsweise chemische Reaktionen zwischen der gleichen Anzahl von Teilchen durchzuführen. Damit dies möglich ist, müssen wir uns im Klaren sein, wie sich die Atommasse zusammensetzt. Die einfachste Betrachtungsweise ist die, dass alle Massen der vorhandenen Elementarteilchen addiert werden. Das bedeutet, man addiert alle Massen der Protonen, Neutronen und Elektronen.

Beispielsweise besteht das Isotop ^{12}C aus sechs Protonen, sechs Neutronen und sechs Elektronen. Rechnerisch ergibt die Summe der Massen der Atombausteine einen Wert von $6 \cdot 1,67261 \cdot 10^{-24}$ g $+ 6 \cdot 1,67492 \cdot 10^{-24}$ g $+ 6 \cdot 0,91096 \cdot 10^{-27}$ g $= 2.009 \cdot 10^{-23}$ g. Die tatsächliche Masse des Isotops beträgt allerdings $1,9924 \cdot 10^{-23}$ g. Die Masse eines Atoms entspricht also nicht genau der Summe der Massen der Elementarteilchen, sondern seine Masse ist etwas geringer. Dieser Masseverlust, der bei der Zusammenlagerung der Bausteine auftritt, wird als *Massendefekt* bezeichnet. Die Masse kann über die Einsteinsche Beziehung $E = mc^2$ in Energie umgewandelt werden. Der Massendefekt ist demnach identisch mit der *Kernbindungsenergie* der Nukleonen, die durch die so genannte starke Wechselwirkung (starke Kernkraft) beschrieben wird. Je höher in einem Atomkern der Massendefekt, also die Kernbindungsenergie pro Nukleon ist, desto stabiler ist der Atomkern, da umso mehr Energie zu seiner Zerlegung aufgewendet werden muss.

Für das Kohlenstoffisotop ^{12}C entspricht diese Masse einem Energiebetrag von $1.494 \cdot 10^{-11}$ J/Atom bzw. $7,5 \cdot 10^{11}$ J/g Kohlenstoff. Das entspricht der 22.000.000-fachen Energie, die bei der Verbrennung von 1 g Kohle frei wird.

Der Massendefekt erreicht seinen maximalen Betrag bei einem Isotop des Eisens, das 56 Nukleonen enthält (▶Abbildung 2.2). Elemente, deren Nukleonenzahl unterhalb oder oberhalb dieses Massendefekt-Maximums liegen, lassen sich zur Energiegewinnung durch *Kernfusion* (Kernverschmelzung, leichtere Kerne) oder *Kernspaltung* (schwerere Kerne) ausnutzen.

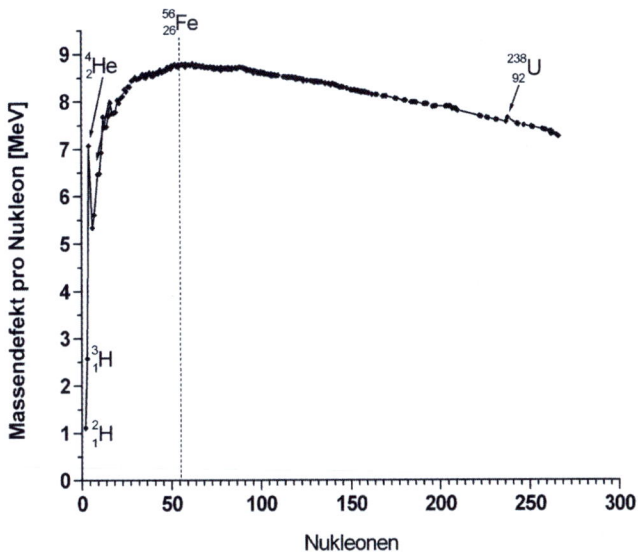

Abbildung 2.2: Auftragung des Massendefektes pro Nukleon

Wie bereits erwähnt kommen die meisten Elemente in der Natur als Gemische verschiedener Isotope vor. Diese Häufigkeitsverteilung muss bei der Berechnung der durchschnittlichen Atommasse eines Elementes berücksichtigt werden. Natürlich vorkommender Kohlenstoff besteht hauptsächlich aus zwei Isotopen ^{12}C (98,90%) und ^{13}C (1,10%) (^{14}C ist vom Anteil her vernachlässigbar klein). Die Massen dieser beiden Isotope betragen für ^{12}C exakt 12 u und für ^{13}C 13,003355 u. Die mittlere Atommasse kann aus der Häufigkeit der Isotope berechnet werden:

$$0,9890 \cdot 12 \text{ u} + 0,011 \cdot 13,003355 \text{ u} = 12,011 \text{ u}$$

Die mittlere Atommasse eines Elementes wird auch als dessen *Atomgewicht* bezeichnet. Die Werte sind beispielsweise im Periodensystem der Elemente aufgelistet.

2.6 Aufbau der Elektronenhülle

Der Aufbau der Elektronenhülle eines Atoms ist für die chemischen Eigenschaften des Elementes von entscheidender Bedeutung. Der dänische Physiker *Niels Bohr* (1885-1962) war der Erste, der ein brauchbares Modell für den Aufbau der Elektronenhülle lieferte. Dieses Modell wurde im Lauf des 20. Jahrhunderts durch das wellenmechanische Atommodell ersetzt. Auch wenn das *Bohr'sche Atommodell* bereits überholt ist, soll hier aus didaktischen Gründen ein kurzer Einblick in die Theorie dieses Modells gegeben werden.

2.6.1 Bohr'sches Atommodell

Niels Bohr schlug 1913 ein planetenartiges Atommodell vor, worin die Elektronen auf bestimmten konzentrischen Bahnen um den positiv geladenen Atomkern kreisen wie die Planeten um die Sonne (▸Abbildung 2.3). Die Bahnen, auf denen sich die Elektronen befinden, werden auch als Schalen bezeichnet.

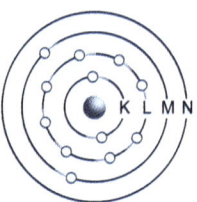

Abbildung 2.3: Aufbau eines Atoms nach dem Bohr'schen Atommodell

Das Bohr'sche Atommodell steht zwar im Widerspruch zur klassischen Elektrodynamik, da diese für ein System bewegter Ladungen die Abstrahlung von Energie voraussagt. Das sollte dazu führen, dass die Bewegungen der Elektronen langsamer und die Kreise enger werden. Innerhalb kürzester Zeit würde auf diese Weise ein kreisendes Elektron so weit abgebremst sein, dass es in den positiv geladenen Atomkern stürzt. Damit wären die Atome nicht stabil. Bohr löste sich teilweise von der unbeschränkten Gültigkeit der klassischen Mechanik. In seinem Modell sind nur Bahnen erlaubt, die bestimmte Bedingungen erfüllen und somit streng mathematischen Gesetzmäßigkeiten folgen. Diese Bahnen wurden als stabil und ohne Abstrahlung elektromagnetischer Strahlung postuliert. Erst beim Übergang zwischen zwei Bahnen gibt das Elektron Strahlung ab, die der Energiedifferenz zwischen den beiden Bahnen entspricht.

Mit diesem Modell ließen sich sowohl viele chemische Reaktionen erklären als auch die *Spektrallinien* des Wasserstoffs, die im Licht der Wasserstoffflamme zu finden sind und die ein Linienmuster ergeben, das für jedes Element charakteristisch ist.

Aus dem von Bohr aufgestellten Modell ließen sich folgende Sachverhalte ableiten:

1. Elektronen können sich nur auf bestimmten Kreisbahnen um den Kern aufhalten. Diese Bahnen werden mit einem Buchstaben (*K*, *L*, *M*, *N*, …) oder einer Zahl ($n = 1, 2, 3, 4, …$) bezeichnet. Für jede Bahn, auf der ein Elektron den Atomkern umkreist, hat dieses eine bestimmte Energie.

2. Die geringste Energie besitzt das Elektron auf der *K*-Schale ($n = 1$). Um ein Elektron auf eine weiter außen liegende Bahn zu bringen, muss Energie zugeführt (absorbiert) werden. Die Energie eines Elektrons darf keine Werte annehmen, die es auf einen Ort zwischen den erlaubten Bahnen bringen würde.

3. Wenn sich das Elektron auf der innersten Bahn befindet und die geringste Energie hat, so sagen wir, das Atom befindet sich im *Grundzustand*. Durch Zufuhr von Energie kann das Elektron auf vom Kern weiter entfernte Bahnen springen und einen höheren Energiezustand annehmen; dieser wird als *angeregter Zustand* bezeichnet.

4. Wenn ein Elektron von einem angeregten Zustand auf eine weiter innen liegende Bahn springt, wird ein definierter Energiebetrag freigesetzt und in Form eines Lichtquants emittiert. Der Energiebetrag entspricht dabei der Differenz der Energien des höheren und des niedrigeren Energiezustands. Dem Lichtquant entspricht eine bestimmte Frequenz (und Wellenlänge), es trägt zu einer charakteristischen *Spektrallinie* bei (▶Abbildung 2.4). Andere Spektrallinien gehören zu Elektronensprüngen zwischen anderen Energieniveaus.

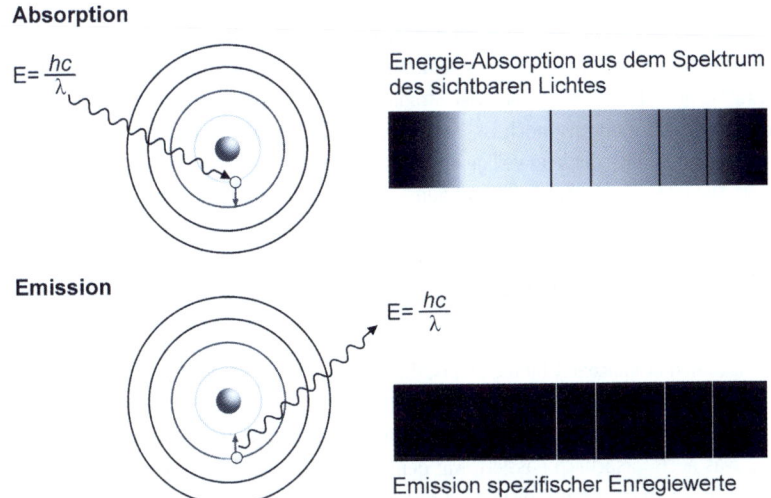

Absorption

$$E = \frac{hc}{\lambda}$$

Energie-Absorption aus dem Spektrum des sichtbaren Lichtes

Emission

$$E = \frac{hc}{\lambda}$$

Emission spezifischer Enregiewerte

Abbildung 2.4: Erklärung der Wasserstoff-Spektrallinien mit Hilfe des Bohr'schen Atommodells

Das Atommodell von Bohr steht in vielen Punkten im Widerspruch zur experimentellen Realität. Einige dieser Widersprüche waren bereits zur Zeit der Erstellung des Modells bekannt. Andere wurden später mit verbesserten Experimenten und der weiter ausgearbeiteten Theorie der *Quantenmechanik* offensichtlich. Einige wichtige Mängel von Bohrs Atommodell sind, dass die Postulate durch kein grundlegendes Prinzip, sondern allein durch die Übereinstimmung mit einigen Experimenten gerechtfertigt wurden. Sie widersprechen der klassischen Elektrodynamik und chemische Bindungen können mit dem Bohr-Modell nicht verstanden werden.

Eine grundsätzlich neue Betrachtungsweise des Aufbaus der Elektronenhülle brachte die Quantenmechanik, deren Berechnungen bis heute in allen Details mit den experimentellen Befunden übereinstimmen.

Es werde Licht: Glühbirne, Halogenlampe, LEDs

Zwischen Elektronenanregung und dem Leuchten verschiedener Gegenstände gibt es einen Zusammenhang, der in der atomaren Struktur der Materie begründet ist. Das Zurückfallen angeregter Elektronen in ihre ursprünglichen Bahnen, den so genannten Grundzustand, erzeugt Licht. Je nachdem wie groß der Energiebetrag ist und ob nur bestimmte Energieniveaus angeregt werden oder eine Vielzahl, kommt es zu verschiedenen Wellenlängen der emittierten Strahlung und damit Farben des entstehenden Lichtes. Eine der farbenprächtigsten Erscheinungen, die wir diesem Vorgang zu verdanken haben, sind die alljährlichen Silvester-Feuerwerke. Die chemische Zusammensetzung der Feuerwerkskörper, d.h. die Art der Elemente, die darin enthalten sind, bestimmt dabei die entstehenden Farben. Auch unsere alltäglichen Beleuchtungsmittel basieren auf dem gleichen Prinzip der Elektronenanregung.

Glühlampe

In einer Glühlampe wird ein elektrischer Leiter, der so genannte Glühfaden, durch Stromfluss so stark erhitzt, dass er glüht. Die aufgenommene elektrische Leistung wird in Form von elektromagnetischer Strahlung, die sowohl den Infrarot als auch den sichtbaren Bereich des Lichtes abdeckt, abgestrahlt. Das heißt, es entstehen bei diesem Prozess Wärme (Wellenlänge der Strahlung im infraroten Bereich des Spektrums) und Licht (Wellenlänge der Strahlung im sichtbaren Bereich des Spektrums). Damit die Ausbeute an Licht möglichst hoch ist, wird versucht das Strahlungsmaximum durch Temperaturerhöhung aus dem Bereich der langwelligen Infrarotstrahlung in den Bereich des sichtbaren Lichtes zu verschieben. Die maximale Temperatur wird durch das Material des Glühfadens begrenzt. In den heutigen Glühlampen besteht der Glühfaden normalerweise aus dem hochschmelzenden Metall Wolfram, das eine Schmelztemperatur von ca. 3420°C besitzt. Vereinfacht gesprochen werden die Elektronen in dem dünnen Metalldraht durch Wärmeenergie angeregt und senden beim Zurückfallen in den Grundzustand Lichtquanten aus.

Im Vergleich zu herkömmlichen Glühlampen ist die Temperatur des Glühfadens in *Halogenlampen* um einige hundert Grad höher, wodurch sich der Wirkungsgrad, d.h. die Helligkeit erhöht. Allerdings hätte eine solche Glühlampe eine niedrigere Lebensdauer, da der Wolframdraht mit der Zeit verdampfen würde, was auch tatsächlich passiert. Mit dem Zusatz von Halogenen (vor allem Brom und Jod) erreicht man einen chemischen Kreislauf im Lampengehäuse. Das Halogen verbindet sich mit verdampftem Wolfram zu einer chemischen Verbindung einem Wolframhalogenid, das bei Temperaturen von einigen hundert Grad Celsius gasförmig ist. Dieses zersetzt sich an der Glühwendel, die eine Temperatur von ca. 2600 bis 2900 °C hat, zu Wolfram, das sich an der Wendel abscheidet, und freies Halogen, das wieder in den Kreislaufprozess zurückkehren kann. Damit sich das Wolframhalogenid nicht am Glas absetzen kann, ist der Lampenkörper sehr klein gehalten, was dazu führt, dass das Glas sehr heiß wird und dadurch die Absetzung verhindert.

Leuchtstoffröhre

Bei Leuchtstoffröhren handelt es sich um Niederdruck-Gasentladungslampen, die an ihrer Innenseite mit einem Leuchtstoff beschichtet sind. Durch elektrische Entladung wird in der Gasfüllung ein *Plasma* (ionisiertes Gas) erzeugt, welches bei Rekombination der positiven und negativen Ladungsträger Energie in Form von Strahlung aussendet. Als Gasfüllung für Leuchtstoffröhren dient Quecksilberdampf und zusätzlich meist Argon. Das Plasma des Quecksilberdampfes erzeugt ultraviolette Strahlung, die durch einen Leuchtstoff in der Beschichtung des Glases in sichtbares Licht umgewandelt wird. ▶

Leuchtstoffröhren erzeugen im Unterschied zu Glühlampen kein kontinuierliches Farbspektrum. Der Leuchtstoff emittiert Licht mit einer spezifischen Wellenlängenverteilung mit meist nur geringem Infrarotanteil, wodurch uns das Licht von Leuchtstoffröhren meist kalt vorkommt. Durch die Kombination mehrerer Leuchtstoffe in modernen Lampen versucht man diesen Effekt zu vermindern.

Leuchtstoffröhren erreichen eine Lichtausbeute, die ein Vielfaches höher liegt als die von Glühlampen und besitzen somit eine höhere Energieeffizienz. Leuchtstofflampen sparen somit gegenüber Glühlampen 75 bis 80% Energie ein. Leuchtstofflampen erreichen erst einige Zeit nach dem Einschalten ihre volle Leuchtkraft. Sie besitzen eine wesentlich höhere Lebensdauer als Glühlampen. Sowohl das Quecksilber in Leuchtstoffröhren als auch die Beschichtung der Röhre ist giftig für Mensch und Umwelt. Leuchtstoffröhren sind somit Sondermüll und dürfen nicht über den Hausmüll oder den Altglas-Container entsorgt werden. Die verwendeten Elemente sind relativ teuer und können zurückgewonnen werden, weshalb ausgediente Leuchtstoffröhren unbedingt zu einem Händler gebracht werden sollten.

LEDs

Eine Leuchtdiode (*LED* für *Light Emitting Diode*) ist ein elektronisches Halbleiter-Bauelement. Fließt durch die Diode Strom in Durchlassrichtung, so strahlt sie Licht ab. Eine Leuchtdiode wandelt also elektrischen Strom direkt in Licht um und nicht in Hitze. In Abhängigkeit ihrer Bauart emittieren sie Licht in einem begrenzten Spektralbereich, das Licht ist nahezu monochrom (einfarbig). Die Farbe des emittierten Lichtes hängt vom Material der Leuchtdiode ab. Konventionelle LEDs werden aus Halbleitermaterialien wie z.B. Galliumnitrid, hergestellt. *Organische LEDs* (*OLEDs*) stellen die neueste Entwicklung auf diesem Gebiet dar. Bei ihnen besteht das Diodenmaterial aus einem organischen Halbleiter, der viel einfacher zu bearbeiten ist und auch mehr technologische Einsatzmöglichkeiten, z.B. für Displays, bietet.

2.6.2 Vom Bohr'schen Modell zur Quantenmechanischen Betrachtungsweise

Die Grundlage der quantenmechanischem Betrachtungsweise von Atomen ist die Tatsache, dass ein bewegtes Elektron sowohl als Welle als auch als Teilchen betrachtet werden kann. Dieser so genannte *Welle-Teilchen-Dualismus* wurde erstmals von *Louis-Victor de Broglie* (1897-1987) im Jahr 1923 formuliert. Beide Erscheinungsformen eines Elektrons können nicht gleichzeitig erfasst werden, d.h. je genauer man seine Wellenlänge bestimmt, umso ungenauer ist ihm ein bestimmter Ort zuzuschreiben. Wird umgekehrt eine genaue Ortsbestimmung durchgeführt, kann dem Elektron keine genaue Wellenlänge zugeschrieben werden. Diesen Sachverhalt nennt man die *Unschärferelation* und wurde von *Werner Heisenberg* (1901-1976) 1926 kurz zusammengefasst: Es ist unmöglich, den Impuls und den Aufenthaltsort eines Elektrons gleichzeitig zu bestimmen.

Nach Heisenberg ist die Unschärfe (Ungenauigkeit) bei der Bestimmung des Orts, Δx, mit der Unschärfe des Impulses, $\Delta(mv)$, verknüpft durch:

$$\Delta x \cdot \Delta(mv) \geq \frac{h}{4\pi}$$

Plancksches Wirkungsquantum: $h = 6{,}630 \cdot 10^{-34}$ J $\cdot$ s

Bei der hohen Masse gewöhnlicher Objekte, wie z.B. eines Menschen, ist die Unschärfe einer Messung ohne Bedeutung, bei kleinen Teilchen mit geringer Masse, wie z.B. Elektronen, ist diese Unschärfe jedoch erheblich. Aus diesen Ausführungen ergibt sich die Folgerung, dass Aussagen über den genauen Aufenthaltsort von Elektronen in Atomen und damit die Zuweisung von Elektronenbahnen hoffnungslos sind.

2.6.3 Quantenzahlen und Orbitale

Das Bohr'sche Atommodell wurde vom wellenmechanischen Atommodell abgelöst. Dieses betrachtet das Elektron als stehende Welle, die den Kern in bestimmter, berechenbarer Weise umgibt. *Erwin Schrödinger* (1887-1961) stellte 1926 die nach ihm benannte Schrödinger-Gleichung auf, die es erlaubt Wellenfunktionen für Elektronen in Atomen zu berechnen. Zu jeder Wellenfunktion gehören ein definierter Energiezustand und eine Aussage über die Ladungsverteilung, d.h. über Aufenthaltsbereiche des Elektrons. Die Wellenfunktion für ein Elektron ist der mathematische Ausdruck für etwas, das wir als *Orbital* bezeichnen. Allerdings ist die Schrödinger-Gleichung nur für Einelektronensysteme, wie z.B. das Wasserstoffatom exakt lösbar, für andere Atome und Moleküle sind nur Näherungslösungen möglich.

Orbitale sind Einzelelektronen-Wellenfunktionen, die meist mit Ψ abgekürzt werden. Das Betragsquadrat einer Wellenfunktion $|\Psi|^2$ wird als Aufenthaltswahrscheinlichkeit des Elektrons interpretiert. Im Orbitalmodell existieren keine Kreisbahnen wie im Atommodell von Bohr und auch keine anderen, definierten Bahnen. Vielmehr beschreibt die Quantenmechanik den genauen Aufenthaltsort der Elektronen nicht exakt, sondern nur ihre wahrscheinlichste Verteilung.

Da die Aufenthaltswahrscheinlichkeit der Elektronen mit zunehmendem Abstand vom Atomkern gegen null geht und sich bis ins Unendliche erstreckt, wählt man als Orbital den Raum, in dem sich das betrachtete Elektron mit einer hohen Wahrscheinlichkeit (ca. 90%) aufhält. Die Begrenzungsflächen sind Flächen gleicher Aufenthaltswahrscheinlichkeit (Isoflächen). Durch das Lösen der Schrödinger-Gleichung für das Wasserstoffelektron können die Orbitale berechnet werden. Die Gestalt der Orbitale für alle anderen Mehrelektronensysteme ist der Gestalt der Orbitale des Wasserstoffatoms gleichzusetzen.

Orbitale werden anhand der vier Quantenzahlen *n*, *l*, *m* und *s* klassifiziert, wobei gilt:

- Die *Hauptquantenzahl n* (Wertebereich: $n = 1, 2, 3, ...$) beschreibt das Hauptenergieniveau, welches ein Elektron besitzt. Sie entspricht der Schale *n* des Bohr'schen Atommodells. Die Hauptquantenzahl beschreibt einen Bereich, in dem die Aufenthaltswahrscheinlichkeit eines Elektrons sehr hoch ist. Je größer der Wert von *n* wird, desto weiter entfernt vom Atomkern bewegt sich das Elektron und desto größer ist dessen Energie. Die maximale Anzahl der Elektronen in einer Schale ist definiert als $2n^2$.

- Die *Nebenquantenzahl l* (Wertebereich: $l = 0, 1, ..., (n-1)$) beschreibt den Bahn-drehimpuls des Elektrons und damit die Gestalt des Orbitals. Häufig findet man auch die Buchstaben *s, p, d, f* als Bezeichnung für die Nebenquantenzahl. Diese sind abgeleitet aus den englischen Adjektiven für die korrespondierenden Spektral-linien: *sharp, principal, diffuse, fundamental*. Für Werte $l > 3$ werden die Buchsta-ben alphabetisch fortgesetzt.

Nebenquantenzahl	0	1	2	3	4
Buchstabenbezeichnung	*s*	*p*	*d*	*f*	*g*

Die Gesamtzahl der Werte für die Nebenquantenzahl (Anzahl der Unterschalen) ist gleich der Hauptquantenzahl. Für $n = 3$ sind also drei Unterschalen möglich: $l = 0, 1, 2$.

- Die *Magnetquantenzahl m* (Wertebereich: $m_l = -l, -(l-1), ...0, ...+(l-1), +l$) beschreibt die räumliche Ausrichtung, die das Orbital bezüglich eines äußeren Magnetfeldes einnimmt. Die resultierenden Orbitale sind energetisch gleich, nur wenn von außen ein Magnetfeld angelegt wird, lassen sie sich unterscheiden. Die Anzahl der Orbitale pro Unterschale ist auf $2l + 1$ begrenzt.

- Die *Spinquantenzahl s* ($s = +1/2$ oder $s = -1/2$) wird benötigt um ein Elektron voll-ständig zu beschreiben. Sie lässt sich so erklären, dass sich jedes Elektron wie ein kleiner Magnet verhält weil es eine ständige Drehung („Spin") um seine eigene Achse ausführt und eine kreisende Ladung ein Magnetfeld erzeugt. Diese Quanten-zahl kann nur zwei Werte annehmen: $+1/2$ oder $-1/2$.

Aus diesen Regeln ergibt sich eine Beziehung zwischen den Quantenzahlen und der Anzahl der Orbitale in den einzelnen Schalen (▶Tabelle 2.3).

n	Mögliche Werte für l	Bezeichnung der Unterschale	Mögliche Werte von m	Anzahl Orbitale in Unterschale	Gesamtzahl Orbitale in Schale
1	0	1*s*	0	1	1
2	0	2*s*	0	1	
	1	2*p*	1, 0, −1	3	4
3	0	3*s*	0	1	
	1	3*p*	1, 0, −1	3	
	2	3*d*	2, 1, 0, −1, −2	5	9
4	0	4*s*	0	1	
	1	4*p*	1, 0, −1	3	
	2	4*d*	2, 1, 0, −1, −2	5	
	3	4*f*	3, 2, 1, 0, −1, −2, −3	9	1
					6

Tabelle 2.3: Beziehung zwischen den Quantenzahlen n, l und m

Jedes Orbital in einem Atom wird durch einen Satz der drei Quantenzahlen n, l und m identifiziert. Für die genaue Beschreibung eines Elektrons ist zusätzlich noch die Spinquantenzahl notwendig. Die Wellenfunktion liefert auch Informationen über den räumlichen Aufenthaltsort der Elektronen und kann dreidimensional als Orbital dargestellt werden (▶Abbildung 2.5). Die Form der Orbitale ist abhängig von der Nebenquantenzahl, ihre Größe von der Hauptquantenzahl. s-Orbitale sind beispielsweise kugelförmig. Die drei p-Orbitale einer Unterschale sind energiegleich, oder wie man energiegleiche Zustände nennt, untereinander *entartet*. Ihre Gestalt ist nicht kugelförmig, sondern es ist eine ebene *Knotenfläche* vorhanden die durch den Atomkern läuft. An dieser Knotenfläche wechselt das Vorzeichen der Wellenfunktion. Die Gesamtgestalt des Orbitals ist hantelförmig. Jedes p-Orbital ist rotationssymmetrisch bezüglich einer Achse des Koordinatensystems, zur Unterscheidung der drei p-Orbitale gibt man die jeweilige Vorzugsachse an ($2p_x$, $2p_y$, $2p_z$). Die fünf d-Orbitale besitzen jeweils zwei Knotenflächen. Vier dieser d-Orbitale sind rosettenförmig und ihre Bezeichnung leitet sich, ähnlich wie bei den p-Orbitalen, von ihrer Vorzugrichtung im dreidimensionalen Raum ab: $d_{x^2-y^2}$ (Rosetten liegen auf der x- und y-Achse), d_{xy}, d_{xz}, d_{yz} (Rosetten liegen jeweils zwischen den genannten Achsen). Eine Ausnahme stellt hier das d_{z^2}-Orbital dar, welches rotationssymmetrisch auf der z-Achse liegt und ein etwas anderes Aussehen als die restlichen d-Orbitale besitzt. Die weiteren Orbitale (f, g, usw.) haben einen komplizierten räumlichen Aufbau und sollen im Rahmen dieser Einführung nicht weiter beschrieben werden.

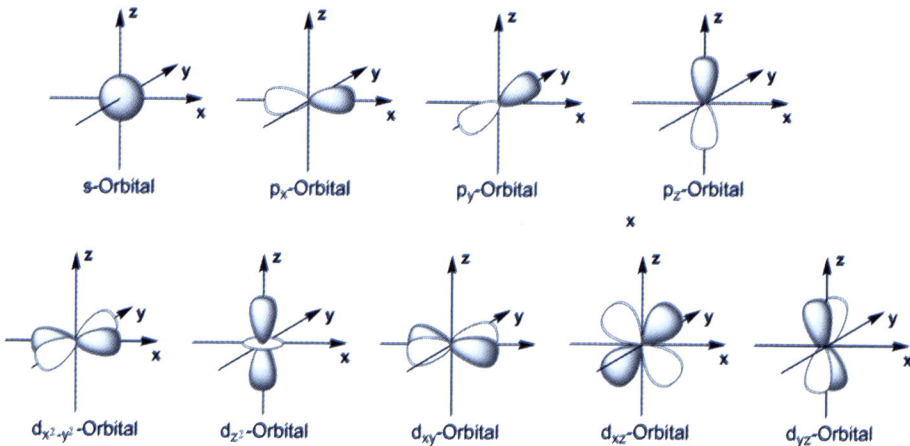

Abbildung 2.5: Konturendarstellungen der verschiedenen Orbitale. Unterschiedliche Schattierungen weisen auf verschiedene Vorzeichen der Wellenfunktion hin.

Da die Anzahl und Gestalt der Atomorbitale für die Bindungsbildung und die Struktur von Molekülen sehr wichtig ist, sollte man sich die in Abbildung 2.5 dargestellten Orbitalformen einprägen.

In jedem der dargestellten Orbitale können sich zwei Elektronen aufhalten, die sich in ihrer Spinquantenzahl unterscheiden. Dies ist nach dem von *Wolfgang Pauli* (1900-1958) entdeckten und nach ihm benannten *Pauli-Prinzip* (auch Paulisches Ausschlussprinzip genannt) notwendig. Die Aussage dieses Prinzips auf Elektronen übertragen lautet: *Es dürfen keine zwei Elektronen in einem Atom in allen vier Quantenzahlen übereinstimmen. Das bedeutet, wenn* zwei Elektronen in der Hauptquantenzahl *n*, der Nebenquantenzahl l und magnetischen Quantenzahl m übereinstimmen, d.h. das gleiche Orbital besetzten, müssen sie sich im Wert der Spinquantenzahl s unterscheiden. Aufgrund des entgegengesetzten Spins heben sich ihre magnetischen Eigenschaften auf und man bezeichnet sie als *gepaarte* Elektronen. Aus diesem Prinzip ergibt sich eine maximale Anzahl der Elektronen in einer Schale von $2n^2$ (▶Tabelle 2.4).

Hauptquanten- zahl	Orbitale pro Unterschale $(2l + 1)$	Elektronen pro Unterschale $2(2l + 1)$	Elektronen pro Schale $(2n^2)$
1	1	2	2
2	1	2	
	3	6	8
3	1	2	
	3	6	
	5	10	18
4	1	2	
	3	6	
	5	10	
	7	14	32

Tabelle 2.4: Maximale Anzahl der Elektronen in Abhängigkeit der Unterschalen

2.6.4 Orbitalbesetzung und Hund'sche Regel

Wie werden nun die Elektronen in einem Atom in den verschiedenen Atomorbitalen verteilt? Dies hängt zunächst von der energetischen Abfolge der einzelnen Orbitale ab. Die Natur ist im Allgemeinen bestrebt, den Zustand mit der geringsten Energie zu bevorzugen. Das bedeutet, dass zunächst die Atomorbitale mit der niedrigsten Energie besetzt werden, anschließend folgen sukzessive die Orbitale mit höherer Energie. Wie wir bereits wissen, nimmt die Energie der Orbitale mit der Hauptquantenzahl n zu. In einem Mehr-Elektronen-Atom nimmt bei gegebenem Wert n die Energie der Unterschalen mit steigendem Wert von l zu. Das bedeutet beispielsweise für $n = 3$ eine energetische Abfolge von $3s < 3p < 3d$. Die exakten Energien der Orbitale variieren von Element zu Element. In jeder Schale existiert ein s-Orbital, drei p-, fünf d-Orbitale usw. Die drei p-Orbitale besitzen alle die gleiche Energie, ebenso haben die fünf d-Orbitale die gleiche Energie, diese Orbitale sind also untereinander entartet. Damit lässt sich ein qualitatives Diagramm der Orbitalenergienieveaus aufstellen (▶Abbildung 2.6).

Die energetische Abfolge der Orbitale folgt nicht ganz dem zu erwartenden einfachen Trend, so folgt z.B. auf die $3p$-Orbitale das $4s$-Orbital und nicht wie zu erwarten wäre die $3d$-Orbitale. Über ein einfaches Schema (▶Abbildung 2.7) ist die Abfolge der Orbitale dennoch leicht zu merken. Man schreibt die Orbitale in einer dreieckförmigen Anordnung und folgt dann den parallelen Pfeilen immer vom Anfang bis zur Spitze. So lässt sich zwar die energetische Abfolge der Orbitale verfolgen, wie erfolgt aber die Besetzung von Orbitalen mit gleicher Energie? Im Prinzip sind zwei Möglichkeiten denkbar, entweder wird jedes Orbital zunächst mit zwei Elektronen besetzt und dann das nächste energiegleiche, oder alle Orbitale werden zunächst mit einem Elektron besetzt und anschließend jedes mit einem zweiten. Eine weitere Regel gibt hier näher Auskunft, die nach dem deutschen Physiker *Friedrich Hund* (1896-1997) benannte *Hund'sche Regel*. Sie besagt, dass bei der Besetzung von energiegleichen Orbitalen diese zuerst mit je einem Elektron besetzt werden und erst wenn alle Orbitale gleicher Energie mit jeweils einem Elektron gefüllt sind, sie auch mit einem zweiten Elektron besetzt werden. Das heißt, bei der Besetzung von energiegleichen Orbitalen mit Elektronen wird immer so vorgegangen, dass eine maximale Anzahl von ungepaarten Elektronen auftritt.

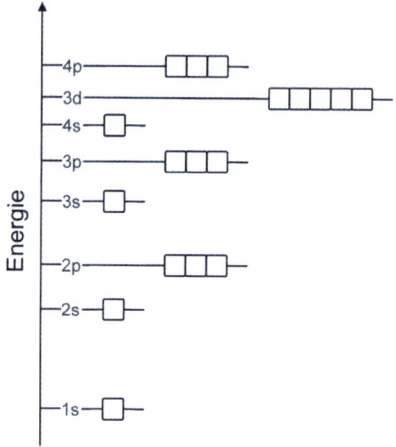

Abbildung 2.6: Energetische Abfolge der Orbitale

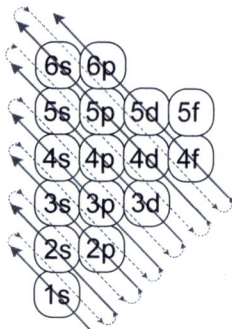

Abbildung 2.7: Merkschema zur energetischen Abfolge der Orbitale

Das Besetzungsschema der Orbitale für ein bestimmtes Element nennt man auch seine *Elektronenkonfiguration*. Die Elektronenkonfiguration für die ersten zehn Elemente des Periodensystems ist in ▶Tabelle 2.5 dargestellt. Die Pfeile repräsentieren hierbei Elektronen, wobei die Richtungen der Pfeile den unterschiedlichen Spin der Elektronen darstellen sollen. In ein Orbital können sich nur zwei Elektronen mit unterschiedlicher Spinquantenzahl befinden, daher zwei Pfeile mit entgegengesetzter Richtung. Neben der in der Tabelle gezeigten Schreibweise der Elektronenkonfiguration ist auch noch eine verkürzte gebräuchlich. Dabei wird die letzte abgeschlossene Schale, die durch das entsprechende Edelgas repräsentiert wird, durch dessen chemisches Symbol in eckigen Klammern dargestellt und nur die auf diese Edelgaskonfiguration folgenden äußersten Elektronen explizit angeschrieben. Beispielsweise würde die Schreibweise [Ne]$3s^1$ die Elektronenkonfiguration des Natriums wiedergeben. Das Symbol [Ne] steht dabei für die Elektronenkonfiguration des Neons ($1s^2 2s^2 2p^6$). Diese Schreibweise kann allgemein immer so angewendet werden, dass man die Elektronenkonfiguration des Edelgases mit der nächst niedrigeren Ordnungszahl verwendet und dessen chemisches Symbol in eckige Klammern schreibt. Da Edelgase, wie wir noch später sehen werden, immer eine abgeschlossene Schale besitzen und diese Elektronenkonfiguration sehr stabil ist, kommt ihr eine bedeutende Rolle zu, sie wird auch als *Edelgaskonfiguration* bezeichnet. Alle Elektronen, die auf die Edelgaskonfiguration folgen, werden äußere Elektronen, oder *Valenzelektronen* genannt. Diese sind hauptsächlich für die chemische Reaktivität der Elemente verantwortlich. Neben der besonders hohen Stabilität der Elektronenkonfiguration der Edelgase besitzen auch die Elektronenkonfigurationen in denen Unterschalen halb- oder vollbesetzt sind, z.B. ein gefülltes s-Orbital oder drei halbbesetzte p-Orbitale, noch eine besondere Stabilität. Dieser Sachverhalt besitzt hauptsächlich bei der Ausbildung bestimmter Oxidationszahlen eine wichtige Rolle.

Element	Gesamtzahl Elektronen	Orbitalbesetzung 1s	2s	2p	Elektronenkonfiguration
H	1	↑	☐	☐☐☐	$1s^1$
He	2	↑↓	☐	☐☐☐	$1s^2$
Li	3	↑↓	↑	☐☐☐	$1s^2 2s^1$
Be	4	↑↓	↑↓	☐☐☐	$1s^2 2s^2$
B	5	↑↓	↑↓	↑☐☐	$1s^2 2s^2 2p^1$
C	6	↑↓	↑↓	↑↑☐	$1s^2 2s^2 2p^2$
N	7	↑↓	↑↓	↑↑↑	$1s^2 2s^2 2p^3$
O	8	↑↓	↑↓	↑↓↑↑	$1s^2 2s^2 2p^4$
F	9	↑↓	↑↓	↑↓↑↓↑	$1s^2 2s^2 2p^5$
Ne	10	↑↓	↑↓	↑↓↑↓↑↓	$1s^2 2s^2 2p^6$

Tabelle 2.5: Elektronenkonfiguration der ersten zehn Elemente des Periodensystems

2.7 Ordnung im Ganzen: Das Periodensystem der Elemente

Durch die im letzten Kapitel beschriebenen Regeln können wir nun jedem der 118 bekannten Elemente eine Elektronenkonfiguration zuordnen. Dabei können wir bei Wasserstoff anfangen und von Element zu Element gehen. Jedesmal wird sich die Elektronenzahl in der Hülle um eins erhöhen. Gleichzeitig ändert sich natürlich auch die Protonenzahl, d.h. die Ordnungszahl und damit das Element. Die chemischen Eigenschaften eines Elementes sind entscheidend von der Anzahl der Valenzelektronen abhängig. Elemente mit der gleichen Anzahl von Valenzelektronen verhalten sich auch chemisch ähnlich. Diese Eigenschaft machte man sich zu Nutze um die Elemente in eine geordnete Reihenfolge zu bringen, diese nennt man das Periodensystem der Elemente. Das Periodensystem, wie es auch verkürzt genannt wird, ist aus Reihen, den so genannten *Perioden*, und Spalten, den so genannten *Gruppen*, aufgebaut. In den Perioden befinden sich jeweils die Elemente mit der gleichen Hauptquantenzahl n. Die Perioden werden von links nach rechts so aufgefüllt, dass die unter der entsprechenden Hauptquantenzahl vorhandenen Orbitale mit Elektronen besetzt werden (▶Abbildung 2.8). Die erste Periode besteht somit aus nur zwei Elementen, da die Hauptquantenzahl $n = 1$ nur ein s-Orbital enthält, das mit zwei Elektronen besetzt werden kann. Die zweite Periode enthält ein s und drei p-Orbitale und kann daher mit acht Elektronen besetzt werden, in ihr befinden sich also acht Elemente. In der dritten Periode kommen zwar formal die fünf 3d-Orbitale hinzu, diese werden aber erst mit Elektronen besetzt nachdem das 4s-Orbital voll besetzt ist, daher enthält die dritte Periode auch nur wieder acht Elemente. Erst in der vierten Periode werden dann die 4s-, die 3d- und die 4p-Orbitale besetzt. Diese Periode enthält somit 18 Elemente.

Alle Elemente bei denen die s- und p-Orbitale in der Valenzschale besetzt werden, nennt man *Hauptgruppenelemente*. Die Folge von Elementen bei denen die d-Orbitale besetzt werden, nennt man *Nebengruppenelemente*. *Lanthanoide* und *Actinoide* werden die Perioden genannt, in denen jeweils die 4f- bzw. 5f-Orbitale besetzt werden. Die fünfte und sechste Periode enthalten somit jeweils 32 Elemente. Die maximale Anzahl von Elektronen pro Periode ist aus der Hauptquantenzahl abzuleiten und beträgt $2n^2$.

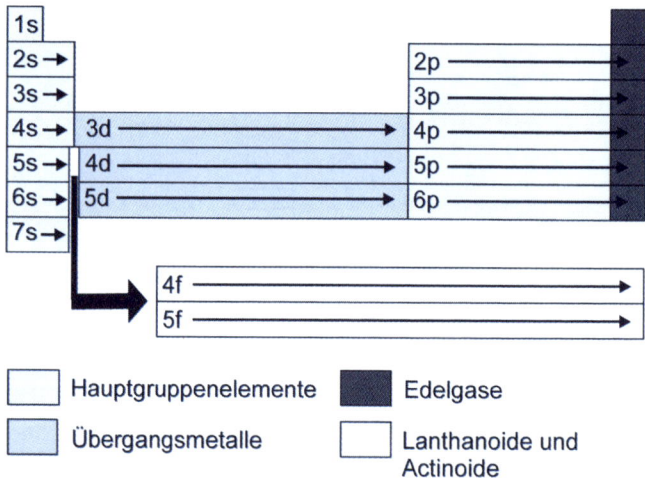

Abbildung 2.8: Abfolge der Besetzung der Perioden im Periodensystem

In den Perioden werden also die Orbitale ihrer energetischen Abfolge entsprechend unter Beachtung der Hund'schen Regel nacheinander mit Elektronen aufgefüllt. In den Gruppen, den senkrechten Spalten des Periodensystems (▶Abbildung 2.9), befinden sich immer Elemente untereinander, die die gleiche Anzahl von Außenelektronen aber in unterschiedlichen Schalen besitzen. Beispielsweise folgt dem Element Kohlenstoff mit der Elektronenkonfiguration $1s^2 2s^2 2p^2$ in der gleichen Gruppe das Element Silicium mit der Elektronenkonfiguration $1s^2 2s^2 2p^6 3s^2 3p^2$. Beide Elemente besitzen also die gleiche Anzahl an Valenzelektronen. Da diese die chemischen Eigenschaften eines Elementes bestimmt, besitzen die untereinander stehenden Elemente ähnliche chemische Eigenschaften. Man bezeichnet sie als Gruppen. Diese Gruppen tragen Nummern und teilweise auch Namen. Die Nummerierung der Gruppen kann über zwei Systematiken erfolgen. Die von der IUPAC empfohlene Nummerierung von 1 bis 18 soll zum Standard werden. Daneben behauptet sich immer noch die alte Nummerierung von 1 bis 8 und dem angefügten Symbol *A* für Hauptgruppenelemente und *B* für Nebengruppenelemente. Manche der Gruppen im Periodensystem tragen Namen. Die Elemente der ersten Gruppe – mit Ausnahme des Wasserstoffs – werden *Alkalimetalle* (*al kalja*, arabisch = die Pflanzenasche), die der zweiten Gruppe *Erdalkalimetalle* genannt. Elemente in der Gruppe 16 (6*A*) nennt man *Chalkogene* (*chalkos*, gr. = Erz, *gennan*, gr. = erzeugen; Chalkogene = Erzbildner), die in der Gruppe 17 (7A) *Halogene* (*halos* = gr. Salz; Halogene = Salzbildner) und die in Gruppe 18 (8*A*) *Edelgase*. Die anderen Gruppen besitzen teilweise auch noch Namen, die aber kaum noch in Verwendung sind, und werden meist nach dem ersten Element in der Gruppe benannt, z.B. Borgruppe, Kohlenstoffgruppe bzw. Stickstoffgruppe.

Periodensystem der Elemente

	Haupt-		Nebengruppen										-gruppen					
	1	2	3	4	5	6	7	8	9	10	11	12	13	14	15	16	17	18
	1A	2A	3B	4B	5B	6B	7B		8B		1B	2B	3A	4A	5A	6A	7A	8A
1 (K)	1 H 1.00794																	2 He 4.002602
2 (L)	3 Li 6.941	4 Be 9.012182											5 B 10.811	6 C 12.0107	7 N 14.00674	8 O 15.9994	9 F 18.9984	10 Ne 20.1797
3 (M)	11 Na 22.98977	12 Mg 24.305											13 Al 26.98154	14 Si 28.0855	15 P 30.97376	16 S 32.066	17 Cl 35.4527	18 Ar 39.948
4 (N)	19 K 39.0983	20 Ca 40.078	21 Sc 44.95591	22 Ti 47.867	23 V 50.9415	24 Cr 51.9961	25 Mn 54.93805	26 Fe 55.845	27 Co 58.9332	28 Ni 58.6934	29 Cu 63.546	30 Zn 65.409	31 Ga 69.723	32 Ge 72.61	33 As 74.9216	34 Se 78.96	35 Br 79.904	36 Kr 83.8
5 (O)	37 Rb 85.4678	38 Sr 87.62	39 Y 88.90585	40 Zr 91.224	41 Nb 92.90638	42 Mo 95.94	43 Tc [98]	44 Ru 101.07	45 Rh 102.9055	46 Pd 106.42	47 Ag 107.8682	48 Cd 112.411	49 In 114.818	50 Sn 118.71	51 Sb 121.76	52 Te 127.6	53 I 126.9045	54 Xe 131.29
6 (P)	55 Cs 132.9055	56 Ba 137.327	57 La 138.9055	72 Hf 178.49	73 Ta 180.9479	74 W 183.84	75 Re 186.207	76 Os 190.23	77 Ir 192.217	78 Pt 195.078	79 Au 196.9666	80 Hg 200.59	81 Tl 204.3833	82 Pb 207.2	83 Bi 208.9804	84 Po [209]	85 At [210]	86 Rn [222]
7 (Q)	87 Fr [223]	88 Ra [226]	89 Ac [227]	104 Rf [261]	105 Db [262]	106 Sg [263]	107 Bh [264]	108 Hs [265]	109 Mt [268]	110 Ds [269]	111 Rg [272]	112 Uub [277]	113 Uut [287]	114 Uuq [289]	115 Uup [288]	116 Uuh [292]	117 Uus	118 Uuo

Lanthanoide	58 Ce 140.116	59 Pr 140.9077	60 Nd 144.24	61 Pm [145]	62 Sm 150.36	63 Eu 151.964	64 Gd 157.25	65 Tb 158.9253	66 Dy 162.5	67 Ho 164.9303	68 Er 167.26	69 Tm 168.9342	70 Yb 173.04	71 Lu 174.967
Actinoide	90 Th [232]	91 Pa [231]	92 U [238]	93 Np [237]	94 Pu [244]	95 Am [243]	96 Cm [247]	97 Bk [247]	98 Cf [251]	99 Es [252]	100 Fm [257]	101 Md [258]	102 No [259]	103 Lr [262]

1 H 1.00794: Ordnungszahl, Elementsymbol, Atommasse

Metalle | Halbmetalle (Metalloide) | Nichtmetalle

[Atommasse] Element radioaktiv

Abbildung 2.9: Periodensystem der Elemente

Die Entwicklung des Periodensystems

Von der Entdeckung der Elemente bis zu ihrer Anordnung im Periodensystem war ein langer Weg der Erkenntnisgewinnung nötig. Viele der Eigenschaften der Elemente und die Anordnung wie sie uns das heutige Periodensystem gibt, erscheinen uns aus heutiger Sicht logisch. In den Anfängen der Chemie als Wissenschaft standen den damaligen Wissenschaftlern aber meist nur begrenzte experimentelle und analytische Methoden zur Verfügung. Zudem war die innere Struktur der Atome noch in keinster Weise bekannt. Daher muss man sich heute mit Respekt vor der geistigen Leistung der Wissenschaftler verneigen, auf deren Erkenntnisse das Periodensystem zurückgeht.

Triadensystem

Als Vordenker des Periodensystems gilt *Johann Wolfgang Döbereiner* (1780-1849), der Vergleiche zwischen den chemischen Elementen anstellte und daraus Dreierbeziehungen (Triaden) ableitete. Beispielsweise erkannte er, dass zwischen den Elementen Calcium, Strontium und Barium ein Zusammenhang herrschen musste. Alle drei Elemente hatten sehr ähnliche Eigenschaften und die Atommasse des mittleren Elementes war gerade der Mittelwert der Atommassen der beiden anderen Elemente. Im Jahr 1829 veröffentlichte Döbereiner eine Schrift mit dem Namen „Versuch zu einer Gruppierung der elementaren Stoffe nach ihrer Analogie" und somit das 1. wissenschaftlich fundierte Ordnungssystem der chemischen Elemente. Darin gelang es ihm 30 von damals 53 bekannten Elementen mit Hilfe des Triadensystems einzuordnen. Döbereiner stellte zum ersten Male einen Zusammenhang zwischen Atommasse und Eigenschaften eines Elementes her. Er konnte sogar Vorhersagen über noch nicht entdeckte Elemente machen, z.B. das Atomgewicht des Broms.

Gesetz der Oktaven

Eine Erweiterung dieses Gedankens entdeckte der englische Chemiker *John Alexander Reina Newlands* (1838-1898). Er fand 1864, dass sich bei der Anordnung der Elemente nach steigender Atommasse jeweils nach sieben Elementen jeweils eines folgt, das ähnliche chemische Eigenschaften besitzt wie das Anfangsglied der Reihe. Er verglich dies mit den Oktaven aus der Musik und nannte seine Entdeckung „Gesetz der Oktaven".

Das moderne Periodensystem

Es waren der russische Chemiker *Dimitri Mendelejew* (1834-1907) und der deutsche Chemiker *Lothar Meyer* (1830-1895), die 1869 fast zeitgleich unabhängig voneinander die ersten Periodensysteme vorstellten. In diesen befanden sich die Elemente nach steigender Atommasse in Intervallen angeordnet. In ihrem Periodensystem der Elemente blieben noch einige Stellen frei, da in den entsprechenden Gruppen mit ähnlichen chemischen Eigenschaften Elemente mit der erwarteten Atommasse fehlten, da sie noch nicht entdeckt waren. Die ersten Entdeckungen von Elementen, welche die fehlenden Lücken schlossen, verhalfen dem von Mendelejew und Meyer vorgeschlagenen Periodensystem zum Durchbruch. Die von beiden vorgeschlagene Anordnung wurde später durch die Entdeckung der atomaren Strukturen der Elemente untermauert. Durch das Orbitalmodell wurde auch endlich eine befriedigende Erklärung für die Periodizität geliefert. In Russland wird im Gedenken an Mendelejew auch heute noch das Periodensystem als *Tablica Mendelejewa* bezeichnet.

2.8 Trends im Periodensystem und ihre Ursachen

Das Periodensystem der Elemente ist das wichtigste Hilfsmittel in der Chemie, um chemische Eigenschaften zu ordnen. Wie wir weiter oben schon erfahren haben, stehen beispielsweise in den Gruppen alle Elemente, die ähnliche chemische Eigenschaften besitzen. In den Perioden ändern sich die Eigenschaften in bestimmten Mustern. Die Ableitung von relativen Eigenschaftsänderungen zwischen zwei Elementen kann somit bereits aus deren relative Stellung zueinander im Periodensystem erkannt werden. Wir wollen uns jetzt einige generelle Trends im Periodensystem ansehen, die auch in späteren Kapiteln eine wichtige Rolle spielen werden.

2.8.1 Atom- und Ionendurchmesser

Eine wichtige Eigenschaft von Atomen und Ionen ist ihre Größe. Im Gegensatz zum allgemeinen Bild, dass Atome, wie Kugeln, eine feste Schale besitzen, müssen wir nach der Besprechung des quantenmechanischen Modells der Atome davon ausgehen, dass es keine scharfe Grenzlinie gibt, an der die Elektronenverteilung in der Hülle auf Null absinkt. Das bedeutet, dass die Größe von einzelnen Atomen schwer messbar ist, stattdessen müssen wir uns Abstände von einem Atom zu seinen nächsten Nachbarn in verschiedenen Umgebungen ansehen und daraus Rückschlüsse auf die Größe des einzelnen Atoms ziehen.

Dadurch, dass die Umgebung eines Atoms durch verschiedene Wechselwirkungen, z.B. chemische Bindungen, beeinflusst wird, können unterschiedliche Atomradien angegeben werden. Wenn beispielsweise die Atome keine chemische Bindung zu Nachbaratomen eingehen und so eng zusammengedrückt werden, dass sich ihre Elektronenhüllen zwar berühren, aber nicht durchdringen, so nennt man den zu messenden Radius den *van-der-Waals-Radius*. Er ist benannt nach einer schwachen Wechselwirkung, die in diesem Zustand zwischen den Atomen oder Molekülen herrscht. Diese Wechselwirkung tritt beispielsweise zwischen den einzelnen Atomen und Molekülen auf, wenn eine Flüssigkeit gefriert und keine anderen stärkeren Kräfte zwischen diesen Teilchen auftreten. Wir werden die Art der Wechselwirkung in einem späteren Kapitel noch näher kennenlernen. Neben dieser schwachen Wechselwirkung gibt es auch die *chemische Bindung*, wie z.B. im Molekül Cl_2. Bei dieser Wechselwirkung durchdringen sich die Elektronenhüllen und wir nennen den zugehörigen Radius, der einfach die Hälfte der Distanz zwischen den zwei Atomkernen ist, den *Bindungsradius*. Der Bindungsradius, der auch *Kovalenzradius* genannt wird, ist immer kleiner als der van-der-Waals-Radius (▶Abbildung 2.10).

Die Größe der Elektronenhülle und damit auch die Größe von Atomen wird durch zwei Faktoren bestimmt, die Kernladungszahl und die Anzahl der vorhandenen Elektronen bzw. Elektronenschalen. Der Atomradius nimmt innerhalb einer Gruppe von oben nach unten zu, da sich die Hauptquantenzahl n erhöht. Innerhalb einer Periode nimmt der Atomradius von links nach rechts ab, da sich die Kernladung erhöht, wodurch die Anziehung der Elektronen durch den Kern vergrößert wird und damit die Elektronenhülle kontrahiert (▶Abbildung 2.11).

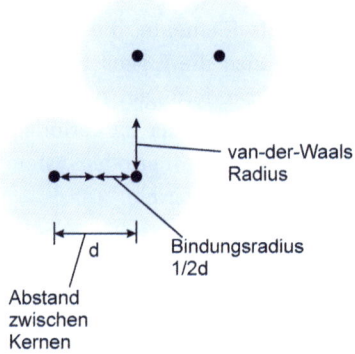

Abbildung 2.10: Bindungsradius und van-der-Waals-Radius

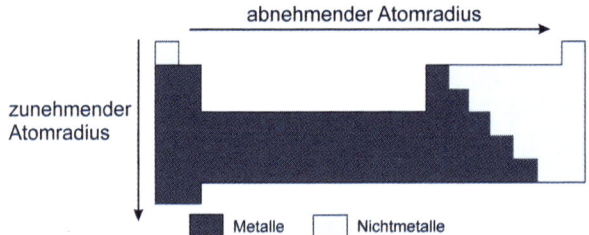

Abbildung 2.11: Tendenzen in der Änderung der Atomradien im Periodensystem

Als *Ionen* bezeichnet man Atome oder Moleküle, die eine elektrische Ladung tragen. Das Wort Ion leitet sich vom griechischen Begriff für „sich fortbewegend" ab, was darauf hindeutet, dass sich diese Teilchen im elektrischen Feld bewegen und zwar je nachdem, ob sie eine positive oder negative Ladung besitzen. Positiv geladene Ionen bezeichnet man als *Kationen*, da sie vom Minuspol einer elektrischen Spannungsquelle, der Kathode elektrostatisch angezogen werden. Kationen besitzen weniger Elektronen als für den Ausgleich der positiven Ladung aller Protonen im Kern (oder in den Kernen, sofern es sich um ein molekulares Kation handelt) benötigt werden. Sie entstehen also, wenn Atome oder Moleküle Elektronen abgeben. Typische Kationen sind das Proton H^+, Alkalimetall-Kationen, wie z.B. das Natrium-Kation Na^+, oder das Ammonium-Kation NH_4^+ als Beispiel für ein molekulares Kation. Im Gegensatz dazu stehen die *Anionen*, also Ionen, die von der Anode, dem positiven Pol einer Spannungsquelle angezogen werden. Sie besitzen eine negative Ladung, die durch einen Überschuss von Elektronen im Vergleich zur Anzahl der vorhandenen Protonen im Kern bedingt ist. Typische Anionen sind z.B. das Chlorid-Anion Cl^-, oder das molekulare Hydroxid-Anion OH^-. Wir werden später noch sehen, dass ionische Verbindungen immer aus Kationen und Anionen aufgebaut sind, die durch elektrostatische Anziehung zusammengehalten werden. Im festen Zustand bilden sie Kristalle, wie beispielsweise im Kochsalz, das chemisch als Natriumchlorid bezeichnet wird, in dem Na^+- und Cl^--Ionen im Verhältnis 1:1 vorliegen.

Ionenradien basieren auf den Abständen von Ionen in ionischen Verbindungen, z.B. im NaCl. Im Prinzip hängen Ionenradien von den gleichen Eigenschaften der Atome ab, wie die Atomradien, d.h. von der Höhe der Kernladung, der Zahl der Elektronen und von den Orbitalen. Wenn ein Kation gebildet wird, so ist dies immer kleiner als das Ausgangsatom, da die Kernladung auf eine geringere Anzahl von Elektronen wirkt. In Anionen werden Elektronen zu einem neutralen Atom hinzugefügt, die Elektronen benötigen mehr Raum, und damit ist das Anion größer als das Ausgangsatom. Betrachten wir den Verlauf der Ionenradien, so ist er ähnlich dem der Atomradien, d.h. innerhalb einer Gruppe nimmt bei gleicher Ladung der Radius von oben nach unten zu und in der Periode von links nach rechts ab.

2.8.2 Ionisierungsenergien

Wir wollen uns nun zunächst einmal die Frage stellen, welche Energie benötigt wird, um aus einem neutralen Atom ein Kation zu bilden. Dieser Vorgang wird durch die *Ionisierungsenergie* beschrieben. Das ist die aufzuwendende Energie, um einem Atom im Grundzustand das am schwächsten gebundene Elektron zu entreißen. Die allgemeine Gleichung dafür lautet

$$A(g) \rightarrow A^+(g) + e^- \qquad A(g): \text{Atom im Gaszustand}; e^-: \text{Elektron}$$

Das Elektron muss bei diesem Prozess gegen die elektrostatische Anziehungskraft, die es vom positiv geladenen Atomkern erfährt, aus der Hülle entfernt werden, d.h. es muss für diesen Prozess immer Energie zugeführt werden. Die Ionisierungsenergie wird meist in Elektronenvolt pro Atom (eV/Atom) oder für ein Mol Elektronen in kJ/mol angegeben. Es handelt sich immer um einen positiven Energiewert, da Energie aufgebracht werden muss.

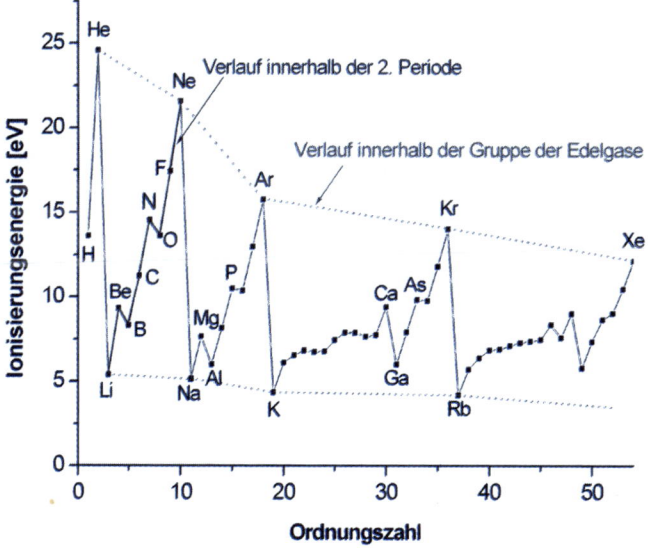

Abbildung 2.12: Ionisierungsenergien in Abhängigkeit der Ordnungszahl für die Elemente H bis Xe

Eine Auftragung der Ionisierungsenergie gegen die Ordnungszahl ist in ▶Abbildung 2.12 zu sehen. Der Verlauf innerhalb einer Periode ist dabei gut zu erkennen. Innerhalb der Periode nimmt die Ionisierungsenergie von links nach rechts zu, d.h. die Alkalimetalle besitzen jeweils die niedrigste Ionisierungsenergie und die Edelgase die höchste. Innerhalb einer Gruppe, z.B. der Edelgase, nimmt die Ionisierungsenergie von oben nach unten ab ▶Abbildung 2.13. Beide Effekte stehen in engem Zusammenhang mit der Größe der Atome, die wir uns später noch ansehen werden. Als Grundregel kann man formulieren, je näher ein Elektron dem Atomkern ist und je höher die Kernladung, desto schwieriger ist es, das Elektron aus der Elektronenhülle zu entfernen.

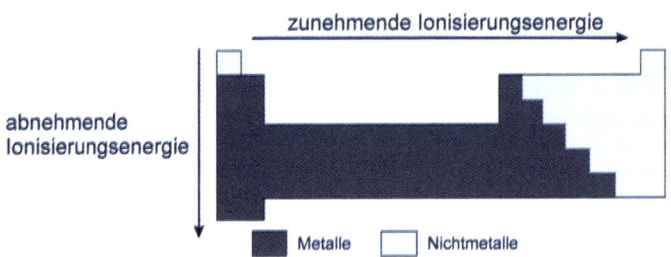

Abbildung 2.13: Tendenzen der Ionisierungsenergien im Periodensystem

Die Unregelmäßigkeiten der Änderungen der Ionisierungsenergie innerhalb einer Periode entstehen hauptsächlich durch die besondere Stabilität von halb oder ganz gefüllten Unterschalen. So ist beispielsweise im Fall des Berylliums das $2s$-Orbital voll besetzt. Es ist schwieriger, aus diesem vollbesetzten Orbital ein Elektron zu entfernen, als beim Bor, bei dem das $2p$-Orbital mit einem Elektron gefüllt ist. Ähnlich verhält es sich auch beim Stickstoff, bei dem alle $2p$-Orbitale ein ungepaartes Elektron enthalten.

In den Nebengruppen ändert sich die Ionisierungsenergie weniger stark als in den Hauptgruppen und bei den Lanthanoiden bleibt die Ionisierungsenergie annähernd konstant. Generell ist zu bemerken, dass die Metalle relativ niedrige Ionisierungsenergien besitzen, die unter denen der Nichtmetalle liegen.

Neben der ersten existiert auch noch eine zweite und höhere Ionisierungsenergien, bei denen die Abspaltung der Elektronen jeweils bereits von einem Kation ausgeht. Die zweite Ionisierungsenergie wird durch folgende Gleichung beschrieben:

$$A^+(g) \rightarrow A^{2+}(g) + e^-$$

Je höher die positive Ladung eines Ions ist, desto schwieriger wird es ein Elektron aus dessen Schale zu entfernen, da die elektrostatische Anziehung zwischen Kern und Schale bei bereits positiv geladenen Kationen höher ist. Die energetische Abfolge der Ionisierungsenergien nimmt daher folgenden Verlauf: erste < zweite < dritte, usw.

2.8.3 Elektronenaffinitäten

Auch die Aufnahme eines Elektrons durch ein neutrales Atom im Grundzustand ist mit einem Energiebetrag verbunden, der so genannten *Elektronenaffinität*.

$$A(g) + e^- \rightarrow A^-(g)$$

Bei diesem Prozess entsteht ein negativ geladenes Anion. In vielen Fällen wird bei dieser Reaktion Energie freigesetzt, wie z.B. bei der Aufnahme eines Elektrons durch ein Halogen. Das entstehende Anion zeigt dabei die sehr stabile Edelgaskonfiguration und der Vorgang ist energetisch begünstigt, daher wird Energie freigesetzt und der Energiewert erhält ein negatives Vorzeichen. Die Elektronenaffinität korreliert grob mit der Abnahme der Atomradien, d.h. ein kleineres Atom besitzt eine größere Tendenz ein Elektron aufzunehmen, als ein größeres, da das Elektron im ersteren Fall dem positiv geladenen Atomkern näher ist. Ähnlich bilden auch hier die halb- und vollbesetzten Unterschalen eine Ausnahme. In allen Perioden ist das Element mit der größten Tendenz zur Elektronenaufnahme, dasjenige der 7. Hauptgruppe, weil es damit die Edelgas-Elektronenkonfiguration erreicht.

Im Unterschied zur zweiten Ionisierungsenergie ist die zweite Elektronenaffinität nur für wenige Elemente experimentell bestimmt worden. Generell ist aber anzumerken, dass diese Energie immer positiv ist, da sich negativ geladene Ionen und die gleich geladen Elektronen gegenseitig abstoßen.

2.8.4 Elektronegativität

Die *Elektronegativität* (*EN*) ist ein empirisches Maß für die Fähigkeit eines Atoms, in einer chemischen Bindung die Bindungselektronen an sich zu ziehen. Sie wird unter anderem von der Kernladung und dem Atomradius bestimmt. Sie zeigt daher auch Tendenzen, die von diesen Parametern abgeleitet werden können. Die Elektronegativität kann mittels verschiedener empirischer Formeln berechnet werden, und es haben sich im Wesentlichen zwei unterschiedliche Skalen durchgesetzt (▶Abbildung 2.14). Die erste Skala wurde von *Linus Pauling* (1901-1994) entwickelt und beruht hauptsächlich auf der *Bindungsdissoziationsenergie* (Energie, die notwendig ist, eine Bindung zu spalten). Pauling setzte die Elektronegativität von Fluor mit 4,0 fest und bezog die Elektronegativitäten aller anderen Elemente auf diese. Fluor besitzt also die höchste Elektronegativität und damit die höchste Tendenz Elektronen in einer Bindung an sich zu ziehen. Generell sind die Elemente mit der höchsten *EN* diejenigen mit den kleinsten Radien und der höchsten effektiven Kernladung. Natürlich geben die anderen Skalen das gleiche Bild wieder, jedoch basieren sie auf anderen Größen. So beruht die Skala nach *Albert L. Allred* und *Eugene G. Rochow* auf der Überlegung, dass die Elektronegativität proportional zur elektrostatischen Anziehungskraft zwischen Kernladung und Bindungselektronen ist. Die *Allred-Rochow-Skala* lässt sich relativ leicht daran erkennen, dass in ihr dem Fluor eine *EN* von 4,1 zugewiesen ist. Egal, welches Verfahren angewendet wird, es werden immer die gleichen Tendenzen beobachtet. Bei der Betrachtung der Elektronegativität ist wichtig, dass niemals zwischen verschiedenen Skalen gewechselt wird.

H									He
	2,2								
	2,2								

Li		Be		B		C		N		O		F		Ne
	1,0		1,5		2,0		2,5		3,0		3,4		4,0	
	1,0		1,5		2,0		2,5		3,1		3,5		4,1	

Na		Mg		Al		Si		P		S		Cl		Ar
	0,9		1,3		1,6		1,9		2,2		2,6		3,2	
	1,0		1,2		1,5		1,7		2,1		2,4		2,8	

K		Ca		Ga		Ge		As		Sc		Br		Kr
	0,8		1,0		1,8		2,0		2,2		2,6		3,0	
	0,9		1,0		1,8		2,0		2,2		2,5		2,7	

Rb		Sr		In		Sn		Sb		Te		I		Xe
	0,8		1,0		1,8		1,8		2,1		2,1		2,7	
	0,9		1,0		1,5		1,7		1,8		2,0		2,2	

Cs		Ba		Tl		Pb		Bi		Po		At		Rn
	0,8		0,9		2,0		1,9		2,0		2,0		2,2	
	0,9		1,0		1,4		1,5		1,7		1,8		12,0	

Elektronegativität nach Pauling
Elektronegativität nach Allred-Rochow

Abbildung 2.14: Elektronegativitäten der Hauptgruppenelemente nach den Skalen von *Pauling* und *Allred-Rochow*

Die Tendenzen der Elektronegativität im Periodensystem gestalten sich so, dass sie von links nach rechts in einer Periode zunimmt und von oben nach unten in einer Gruppe abnimmt (▶Abbildung 2.15). Wie wir später noch sehen werden, ist die Elektronegativität eines Elementes ein wichtiges Hilfsmittel zur Bestimmung der Bindungspolarität.

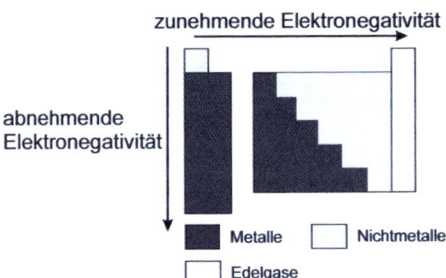

Abbildung 2.15: Tendenzen der Elektronegativitäten bei den Hauptgruppenelementen im Periodensystem

ZUSAMMENFASSUNG

Entscheidend für die Chemie der Elemente ist der innere Aufbau der Atome. Das erste *Atommodell* stammte von *John Dalton*. Durch sein Modell ließen sich grundlegende Gesetzmäßigkeiten in der Chemie, wie die *Gesetze der konstanten und der multiplen Proportionen*, erklären. Erst Anfang des zwanzigsten Jahrhunderts wurde experimentell bestätigt, dass Atome aus kleineren *Elementarteilchen*, den *Protonen* und *Neutronen*, die sich im Atomkern befinden, und den *Elektronen* in der Hülle zusammensetzen. Die Anzahl der Protonen im Kern wird als *Ordnungszahl* bezeichnet und bestimmt, um welches Element es sich bei einem spezifischen Atomkern handelt. Im Fall eines neutralen Elementes ist die Ordnungszahl gleich der Elektronenzahl in der Hülle.

Derzeit unterscheidet man zwischen 118 Elementen. Während die Protonenzahl bei einem Element immer die gleiche ist, kann sich die Neutronenzahl unterscheiden, entsprechende Atome mit gleicher Protonen- aber unterschiedlicher Neutronenzahl bezeichnet man als *Isotope*. Da Neutronen die gleiche Masse wie Protonen besitzen und diese wesentlich größer als die der Elektronen ist, muss die durchschnittliche Atommasse eines Elementes das natürliche Auftreten verschiedener Isotope berücksichtigen.

Der Aufbau der Elektronenhülle ist das entscheidende Kriterium für die chemische Reaktivität eines Elementes. Die erste Erklärung des Aufbaus erfolgte durch *Nils Bohr*, doch bald schon wurde sein zu einfaches Atommodell durch das quantenmechanische Atommodell ersetzt. Dieses beschreibt den Aufenthaltsort von Elektronen in *Orbitalen*, welche durch drei *Quantzahlen* – die *Hauptquantenzahl*, die *Nebenquantenzahl* und die *Magnetquantenzahl* – beschrieben werden. Um den Zustand eines einzelnen Elektrons zu beschreiben ist noch die *Spinquantenzahl* nötig.

Die Art der Besetzung der Orbitale – die so genannte *Elektronenkonfiguration* eines Elementes – erfolgt unter Beachtung des *Pauli-Prinzips* und der *Hund'schen Regel* mit zunehmender Energie der Orbitale. Folgt man diesen Prinzipien, so kann man die Elemente anordnen und muss dabei erkennen, dass viele ihrer Eigenschaften sich periodisch ändern. Daher können die Elemente im *Periodensystem der Elemente* angeordnet werden. In ihm stehen Elemente in denen Unterschalen mit Elektronen besetzt werden, immer in der gleichen *Periode*, während solche mit ähnlichen chemischen Eigenschaften in der gleichen *Gruppe* stehen. Vergleicht man die Eigenschaften von Elementen, wie z.B. deren *Atomdurchmesser*, *Ionisierungsenergien*, *Elektronenaffinitäten*, bzw. *Elektronegativitäten*, so können aus dem Periodensystem spezifische Tendenzen abgeleitet werden.

Aufgaben

Verständnisfragen

1. Welche Postulate waren die Basis von *Daltons* Atommodell?

2. Was sagen die Gesetze der konstanten und multiplen Proportionen aus?

3. Welche Elementarteilchen gibt es und wie unterscheiden sich diese?

4. Wie sind Ordnungs- und Massenzahl definiert und wie ist die Schreibweise eines Elementes unter Angabe beider Größen?

5. Wodurch unterscheiden sich die Isotope eines Elementes?

6. Was ist der Massendefekt?

7. Wie wird die mittlere Atommasse eines Elementes berechnet?

8. Was sind die Grundzüge des *Bohr'schen Atommodells* und was kann man damit erklären?

9. Durch wie viele Quantenzahlen ist ein Orbital eindeutig definiert?

10. Wie viele *s*-, *p*- und *d*-Orbitale gibt es unter einer Hauptquantenzahl *n*?

11. Wie werden *p*-Orbitale mit gleicher Hauptquantenzahl mit Elektronen unter Berücksichtigung der *Hund'schen Regel* besetzt?

12. Wie ändern sich die Atomdurchmesser in einer Gruppe und in einer Periode?

13. Was kann mit der Elektronegativität erklärt werden und wie ändert sich diese im Periodensystem?

Übungsaufgaben

1. Ergänzen Sie folgende Tabelle:

Symbol	Z	A	Protonen	Elektronen	Neutronen
Ca	20	40			
	53	127			
	26				30
F					9
Al^{3+}		27			
			8	10	8

2. Ein Element besteht zu 68,9% aus einem Isotop der Masse 62,93 u und zu 31,1% aus einem Isotop der Masse 64,928 u. Welche mittlere Atommasse besitzt das Element?

3. Wird bei den folgenden Übergängen im Wasserstoffatom laut dem Bohr'schen Atommodell Energie absorbiert oder emittiert? a) Übergang von K nach M; b) von einer Umlaufbahn mit dem Radius 52,9 pm nach 849 pm.

4. Wie viele mögliche Werte von l und m gibt es bei a) $n = 2$; b) $n = 4$?

5. Skizzieren Sie die Form folgender Orbitale: a) $2s$; b) $3p_x$; c) d_{xy}; d) $d_{x^2-y^2}$; e) d_{z^2}.

6. Geben Sie die Quantenzahlen für jedes Elektron in einem Kohlenstoffatom an.

7. Welche maximale Anzahl von Elektronen kann sich in den folgenden Unterschalen befinden? a) $2p$; b) $3s$; c) $3d$; e) $4f$.

8. Wie lautet die Elektronenkonfiguration folgender Elemente? a) He; b) S; c) Sr; d) Br

9. Wie lautet die Elektronenkonfiguration folgender Ionen? a) Mn^{2+}; b) I^-; c) P^{5+}; e) S^{2-}; f) Fe^{3+}

10. Ordnen Sie nur unter Verwendung des Periodensystems folgende Reihen von Atomen nach zunehmendem Atomradius: a) N, O, S; b) Li, Na, Mg; c) I, Sn, Pb

11. Sagen Sie vorher, ob die Ionisierungsenergie von Schwefel größer oder kleiner der von Phosphor ist, und erklären Sie, worauf dies beruht.

12. Die Elektronenaffinität von Lithium ist ein negativer Energiewert, die von Beryllium ein positiver. Erklären Sie dies unter Zuhilfenahme der Elektronenkonfiguration beider Elemente.

13. Ordnen Sie die Elemente C, H, F, O nach zunehmender Elektronegativität. Versuchen Sie es nur unter Verwendung der Trends im Periodensystem.

14. Teilen Sie die folgenden Elemente in Metalle, Nichtmetalle und Halbmetalle ein: Si, C, Na, S, Ga, B, Br, Rh, Zn, Pt.

Chemische Bindung

3

3.1 Die Basis aller Materialeigenschaften 68

3.2 Die kovalente Bindung 69

3.3 Die Ionenbindung 80

3.4 Metallische Bindung........................... 83

3.5 Übergänge zwischen den einzelnen
Bindungsarten 91

3.6 Räumliche Struktur von kovalent gebundenen
Molekülen.. 94

3.7 Zwischenmolekulare Wechselwirkungen 97

3.8 Makroskopische Eigenschaften von Stoffen,
die von den Bindungsarten abgeleitet
werden können 101

3.9 Summenformeln und Nomenklaturregeln 103

3.10 Mol und molare Masse 105

Zusammenfassung 107

Aufgaben 108

ÜBERBLICK

>> Manchmal spielt uns die Natur einen Streich. Ich nehme an, Sie haben auch
schon einmal vor zwei Gewürzdosen mit je einer weißen kristallinen Substanz
gestanden und wussten nicht, was Salz und Zucker ist. Salz- und Zuckerkristalle
scheinen in manchen ihrer Eigenschaften identisch zu sein; sie sind beide farblos,
haben eine kristalline Form und lösen sich gut in Wasser. Dennoch muss es – neben
dem unterschiedlichen Geschmack – auch weitere Unterschiede geben. Von Salz-
kristallen wissen wir, dass sie, wenn sie in einer Pfanne erwärmt werden, keine Veränderung zeigen. Zuckerkristalle hingegen fangen bei genügend hoher Temperatur das
Schmelzen an und wandeln sich in Karamell um, der völlig andere Eigenschaften als
der ursprüngliche Zucker besitzt. Ursache dafür sind die unterschiedlichen Wechselwirkungen der Bestandteile dieser Substanzen auf atomarer bzw. molekularer Ebene,
die so genannten chemischen Bindungen. Beide Substanzen zeigen auch eine unterschiedliche Leitfähigkeit, wenn sie in Wasser gelöst werden, was auf die gelösten
Bestandteile zurückzuführen ist.

Die unterschiedlichen physikalischen und chemischen Eigenschaften von Substanzen
können größtenteils durch die chemischen Bindungen zwischen ihren Bestandteilen
zurückgeführt werden. Diese hängen im Wesentlichen mit der Elektronenstruktur
der Atome zusammen, die wir im vorangegangenen Kapitel kennen gelernt haben. <<

3.1 Die Basis aller Materialeigenschaften

Es gibt nur sehr wenige Elemente, die als einzelne Atome existieren, ohne sich in einer
Verbindung zu befinden. Die bekanntesten dieser Elemente sind die Edelgase. Sie besitzen einen energetisch günstigen elektronischen Zustand, die geschlossene Elektronenschale. Diese äußerst stabile Elektronenkonfiguration wird auch als *Edelgaskonfiguration* bezeichnet. Sie ist der Grund dafür, dass Edelgase weitgehend chemisch unreaktiv
sind und nur selten chemische Bindungen zu anderen Atomen eingehen. Alle anderen
Elemente besitzen das Bestreben, die Elektronenkonfiguration des ihnen im Periodensystem am nächsten stehenden Edelgases zu erreichen. Diese allgemeine Regel wird als
Oktettregel bezeichnet, da die Edelgase in der äußersten Elektronenschale immer acht
Elektronen besitzen. Eine Ausnahme stellt die erste Periode dar, in der nur ein *s*-Orbital
mit zwei Elektronen zu besetzen ist und damit das Edelgas der ersten Periode, Helium,
in seiner Schale nur zwei Elektronen besitzt.

Das Phänomen, dass Elemente die Edelgaskonfiguration anstreben, konnten wir
bereits bei einigen der elektronischen Eigenschaften der Atome im vorigen Kapitel
beobachten. Beispielsweise sind die Elektronenaffinitäten der Halogene sehr hoch, da
sie nur ein Elektron aufnehmen müssen, um die Edelgaskonfiguration zu erreichen.
Am Anfang einer Periode des Periodensystems sieht das Bild dagegen anders aus; hier
sind die Ionisierungspotentiale der Alkalimetalle sehr niedrig, da durch Abgabe eines
Elektrons ebenfalls die Edelgaskonfiguration erreicht wird. Diese physikalischen
Werte zeigen also, wie sich einzelne gasförmige Atome verhalten.

Das Bestreben zum Erreichen stabiler Elektronenkonfigurationen ist auch die wesentliche treibende Kraft, aufgrund derer einzelne Atome in Wechselwirkung miteinander treten und so genannte chemische Bindungen ausbilden, bei denen die Valenzelektronen miteinander in Wechselwirkung treten. Dabei gehen die Bindungspartner verschiedene Bindungsszenarien miteinander ein: Entweder teilen sich die Partner in einer chemischen Bindung die Elektronen oder ein Partner stellt einem anderen Partner alle seine Elektronen zur Verfügung. Der Grad des Elektronenaustausches ist im Wesentlichen von der Elektronegativitätsdifferenz zwischen den beteiligten Elementen abhängig.

Man unterscheidet dabei drei Arten von Bindungen, die wir im Detail noch weiter behandeln werden:

1. *kovalente Bindungen*, in denen die beteiligten Atome eine kleine oder keine Elektronegativitätsdifferenz aufweisen; dies wird auch als Atombindung bezeichnet

2. *Ionenbindung* mit einer großen Elektronegativitätsdifferenz zwischen den Bindungspartnern

3. *metallische Bindung*, bei der die Elektronen über den gesamten Festkörper verteilt sind

3.2 Die kovalente Bindung

Bei Elementen, die keine oder nur eine geringe Elektronegativitätsdifferenz besitzen, hat jedes Element ein ähnliches Bestreben, Elektronen an sich zu binden. Diese Elemente erreichen die stabile Elektronenkonfiguration der Edelgase, indem sie ihre Außenelektronen gegenseitig ergänzen und bindende Elektronenpaare gemeinsam besitzen. Bei einer kovalenten Bindung teilen sich die Atome also die Elektronen in der Bindung. Die einfachste kovalente Bindung besteht aus einem Elektronenpaar, das zwei Elementen gemeinsam angehört. *Moleküle* bestehen aus Atomen, die über kovalente Bindungen miteinander verknüpft sind. Ziel jedes einzelnen Atoms im Molekül ist, die Edelgaskonfiguration zu erreichen. Eine Bindung, bei der sich zwei Atome genau ein Elektronenpaar teilen, wird als *Einfachbindung* bezeichnet.

Das einfachste Beispiel für ein Molekül mit einer Einfachbindung ist das Wasserstoffmolekül. Wasserstoff steht in der ersten Gruppe in der ersten Periode. Es besitzt nur ein Atomorbital, ein *s*-Orbital, in dem sich ein Elektron befindet. Um die Edelgaskonfiguration des nächsten Edelgases zu erreichen, d.h. die des Heliums, benötigt es ein Elektron. Wenn kein anderer Bindungspartner vorhanden ist, können zwei Wasserstoffatome durch eine kovalente Bindung eine Wechselwirkung eingehen. Sie bilden eine Einfachbindung und teilen sich das Elektronenpaar im H_2-Molekül. Aus Sicht der Orbitale kommt es zu einer Überlappung der beiden Atomorbitale und es entsteht ein so genanntes *Molekülorbital*, das mit zwei Elektronen besetzt ist. Das bedeutet: Die Elektronendichte zwischen den beiden Wasserstoffatomen erhöht sich, was einer Bindungsbildung gleichkommt. Für Molekülorbitale gilt auch das Pauli-Prinzip; die zwei Elektronen, die sich in diesem Orbital aufhalten, besitzen also einen entgegengesetzten Spin.

Halogene befinden sich in einer ähnlichen elektronischen Situation wie Wasserstoff; auch bei ihnen benötigt jedes Atom ein Elektron, um die Edelgaskonfiguration zu erreichen. Deswegen lagern auch sie sich bei Abwesenheit eines anderen Bindungspartners zu Molekülen zusammen, um durch das Teilen eines Elektronenpaars die Edelgaskonfiguration zu erlangen. Beispielsweise kommt es zwischen zwei Chloratomen zur Ausbildung einer Einfachbindung und der Entstehung eines Cl_2-Moleküls.

Die an Bindungen beteiligten Elektronen sind die äußersten Elektronen – die so genannten Valenzelektronen. Der amerikanische Chemiker *Gilbert N. Lewis* (1875–1946) schlug vor, einzelne Elektronen durch einen Punkt am Elementsymbol zu verdeutlichen, zwei Elektronen dementsprechend durch zwei Punkte. Kommt es zur Ausbildung einer kovalenten Bindung, so befinden sich die Elektronen zwischen den beiden Atomen und bilden ein so genanntes *bindendes Elektronenpaar*. Elektronenpaare können einfacher auch durch einen Strich gekennzeichnet werden (▶Abbildung 3.1). Neben den bindenden Elektronenpaaren gibt es in Molekülen auch solche, die nicht an Bindungen teilnehmen. Ein solches Elektronenpaar wird als nichtbindendes oder *freies Elektronenpaar* bezeichnet.

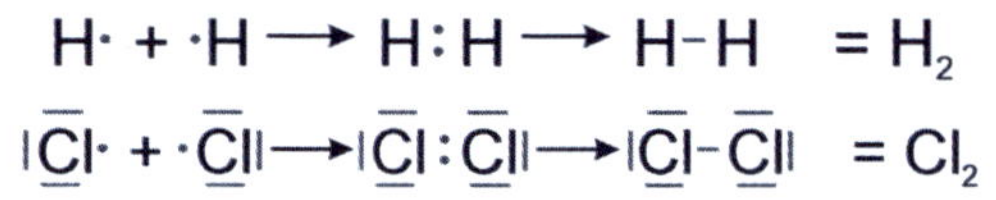

$$H\cdot + \cdot H \longrightarrow H\!:\!H \longrightarrow H\text{--}H \quad = H_2$$

$$|\underline{\overline{C}l}\cdot + \cdot\underline{\overline{C}l}| \longrightarrow |\underline{\overline{C}l}\!:\!\underline{\overline{C}l}| \longrightarrow |\underline{\overline{C}l}\text{--}\underline{\overline{C}l}| \quad = Cl_2$$

Abbildung 3.1: Lewis-Formeln für das Wasserstoff- und Chlormolekül

Weil diese Schreibweise nur die äußersten Elektronen, also die Valenzelektronen, in Molekülen wiedergibt, wird sie als *Valenzstrichformel* oder nach ihrem Entdecker als *Lewis-Formel* bezeichnet. Die Oktettregel sagt aus, dass jedes Atom bestrebt ist, die Elektronenkonfiguration des nächstgelegenen Edelgases zu erreichen. Wird diese über die Ausbildung von kovalenten Bindungen erreicht, so müssen um jedes Atom herum vier Elektronenpaare angeordnet sein; dies können freie Elektronenpaare, aber auch Elektronenpaare aus kovalenten Bindungen sein.

Neben den einfachen Fällen wie Wasserstoff oder Chlor gibt es auch solche Elemente, denen mehr als ein Elektron zur Edelgaskonfiguration fehlt. Auch bei diesen Atomen kann durch die Ausbildung kovalenter Bindungen eine stabile Elektronenkonfiguration erreicht werden. Dies kann entweder durch die Ausbildung mehrerer Einfachbindungen geschehen oder durch die Bildung von *Mehrfachbindungen*. Sauerstoff – als Element der sechsten Hauptgruppe – fehlen zwei Elektronen zum Erreichen der Edelgaskonfiguration. Ohne weiteren Bindungspartner können sich zwei Sauerstoffatome unter Ausbildung einer so genannten *Doppelbindung*, bei der zwei Elektronenpaare zwischen den Atomen geteilt werden, zusammenlagern, wodurch ein Sauerstoffmolekül O_2 entsteht. Stickstoff benötigt drei Elektronen, um die Edelgaskonfiguration zu erreichen, es müssen also im Fall des Stickstoffmoleküls N_2 drei Elektronenpaare geteilt werden (▶Abbildung 3.2).

$$\overline{\underline{O}}\!=\!\overline{\underline{O}} \qquad |N\!\equiv\!N|$$

Abbildung 3.2: Lewis-Formeln für das Sauerstoff- und Stickstoffmolekül

Im letzten Kapitel haben wir erfahren, dass einzelne Atome aus einem Atomkern mit positiv geladenen Protonen (und eventuell Neutronen) und einer Elektronenhülle mit negativ geladenen Elektronen bestehen. Was passiert nun, wenn sich Atome so nahe kommen, dass sie eine Bindung eingehen? Gleichartige Ladungen stoßen einander ab, also stoßen sich die beiden positiv geladenen Atomkerne und die negativ geladenen Elektronen der beiden Atome jeweils gegenseitig ab. Gleichzeitig kommt es zu einer elektrostatischen Anziehung zwischen den Atomkernen und den Elektronen in der Hülle. Wird ein stabiles Molekül gebildet, wie im Fall des H_2, müssen die anziehenden Wechselwirkungen überwiegen.

Im vorangegangenen Kapitel haben wir gesehen, dass sich die Elektronen in Atomorbitalen befinden. Wie kann diese Betrachtungsweise die Bindungsbildung erklären? Hier nehmen wir wieder den einfachsten Fall des Wasserstoffmoleküls an. Das Wasserstoffatom besitzt ein *s*-Orbital, das mit einem Elektron gefüllt ist. Kommt es zur Bindungsbildung, so müssen die beiden *s*-Orbitale überlappen. Die beiden Atomorbitale überlagern sich und bilden ein so genanntes Molekülorbital. In diesem Orbital befinden sich die zwei Elektronen (▶Abbildung 3.3). Auch Molekülorbitale erfüllen dabei das Pauli-Prinzip und die Hund'sche Regel.

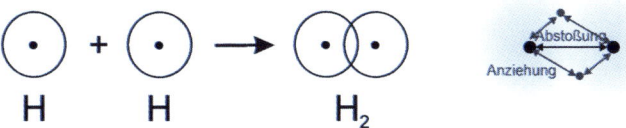

Abbildung 3.3: Die Überlappung der beiden s-Atomorbitale von Wasserstoffatomen führt zur Bildung des H_2-Molekülorbitals. Die beiden Atomkerne stoßen sich aufgrund ihrer positiven Ladungen ab, gleichzeitig herrscht eine elektrostatische Anziehung zwischen den Kernen und den Elektronen in der kovalenten Bindung.

Durch die Überlagerung zweier *s*-Orbitale entsteht eine so genannte σ-Bindung. Das entstehende Molekülorbital ist rotationssymmetrisch bezüglich der direkten Verbindungslinie zwischen den zwei Atomkernen. σ-Bindungen treten nicht nur zwischen *s*-Orbitalen auf, sondern können auch zwischen *s*- und *p*-Orbitalen oder zwischen *p*- und *p*-Orbitalen auftreten. Generell bedeutet der Begriff „σ-Bindung", dass eine Rotationssymmetrie bezüglich der Kern-Kern-Verbindungsachse vorliegt. Daher sind solche Bindungen auch zwischen entsprechend ausgerichteten *s*- und *d*-, *p*- und *d*- sowie *d*- und *d*-Orbitalen möglich.

Wichtig für eine bindende Überlappung ist neben der richtigen Symmetrie der miteinander in Wechselwirkung tretenden Atomorbitale auch das richtige Vorzeichen der Wellenfunktion. Nur wenn die Vorzeichen der Wellenfunktionen der Atomorbitale gleich sind, kann es zu einer bindenden Überlappung kommen. Das entstehende bindende Molekülorbital besitzt eine geringere Energie als die beiden ursprünglichen Atomorbitale, wodurch der gebundene Zustand stabilisiert wird. Sind die Vorzeichen der Wellenfunktionen dagegen verschieden, kommt es zu einer so genannten *antibindenden Wechselwirkung*, d.h., die beiden Wellenfunktionen besitzen eine so genannte *Knotenebene*. Der Chemiker sagt: Die Orbitale stoßen einander ab.

Dieser Zustand ist, energetisch gesehen, ungünstiger als die Ausgangssituation mit getrennten, nicht wechselwirkenden Atomorbitalen. Da bei einer bindenden Wechselwirkung zwischen Atomorbitalen immer auch die antibindenden Zustände berücksichtigt werden müssen, entstehen aus zwei Atomorbitalen immer zwei Molekülorbitale. Die Anzahl der Orbitale bei der Bildung von Molekülen bleibt daher gleich. Bei der kovalenten Bindungsbildung im Wasserstoffmolekül entsteht also ein bindendes Molekülorbital, das eine niedrigere Energie aufweist als die *s*-Orbitale, und ein antibindendes Molekülorbital, das eine höhere Energie aufweist.

Die Besetzung der Molekülorbitale erfolgt, wie im Fall der Atomorbitale, unter Berücksichtigung des Pauli-Prinzips und der Hund'schen Regel von niedrigster zu höchster Energie. In ▶Abbildung 3.4 ist das entsprechende Energieschema der Wasserstoffbindung zu sehen; die blauen Pfeile stellen dabei die Elektronen dar. Die Ausrichtung der Pfeilspitzen in unterschiedliche Richtungen soll andeuten, dass die Elektronen verschiedene Spinquantenzahlen ($s = +1/2$ und $s = -1/2$) besitzen. Die tatsächliche dreidimensionale Struktur der entstehenden bindenden und antibindenden Molekülorbitale ist in ▶Abbildung 3.5 zu sehen.

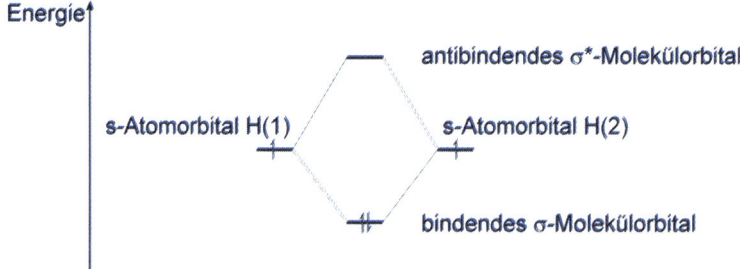

Abbildung 3.4: Energieschema zur Bindungsbildung im Wasserstoffmolekül

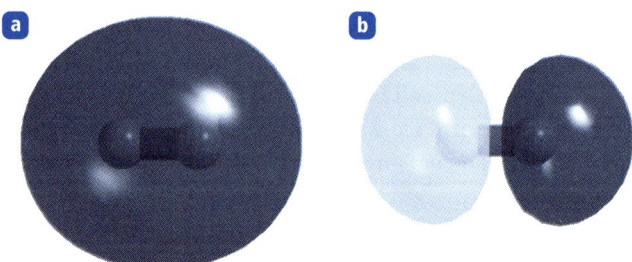

Abbildung 3.5: Dreidimensionale Darstellung des bindenden (a) und antibindenden (b) Molekülorbitals des Wasserstoffs. Unterschiedliche Farbtönungen zeigen unterschiedliche Vorzeichen der Wellenfunktionen an.

Die Zahl der kovalenten Bindungen, an denen ein Atom in einem Molekül beteiligt ist, ergibt sich aus der Anzahl der Elektronen, die zum Erreichen der stabilen Edelgaskonfiguration fehlen. Die Zahl der Valenzelektronen entspricht bei Nichtmetallen der Nummer der Hauptgruppe (alte Nomenklatur im Periodensystem). Es werden also $8-N$ Elektronen zum Erreichen des Elektronenoktetts benötigt, d.h., es müssen $8-N$ Bindungen ausgebildet werden.

Dies soll hier am Beispiel der Verbindung *Ammoniak* erläutert werden. Das Molekül Ammoniak NH_3 enthält ein Stickstoffatom und drei Wasserstoffatome. Der Stickstoff steht in der fünften Hauptgruppe, ihm fehlen also noch $8 - 5 = 3$ Elektronen zum Erreichen des Elektronenoktetts. Diese drei Elektronen erhält der Stickstoff durch Ausbildung von drei kovalenten Bindungen zu den drei Wasserstoffatomen (▶Abbildung 3.6).

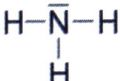

Abbildung 3.6: Lewis-Formel für das Ammoniakmolekül

Beim Fehlen von weiteren Reaktionspartnern besteht auch die Möglichkeit, das Elektronenoktett durch die Ausbildung von Mehrfachbindungen zwischen zwei Atomen des gleichen Elements zu erreichen. Zu dieser Art von Bindung müssen allerdings zusätzliche Atomorbitale herangezogen werden. Diese liegen räumlich nicht auf der direkten Verbindungsachse zwischen den zwei Atomkernen. Neben einer σ-Bindung müssen also Überlappungen von weiteren Atomorbitalen noch zu einem anderen Bindungstyp führen. Dies soll hier am Beispiel des Stickstoffmoleküls erläutert werden. Dazu betrachten wir zunächst die Energien und die elektronische Besetzung der Atomorbitale im Stickstoffatom (▶Abbildung 3.7). Mit seiner Elektronenkonfiguration $1s^2 2s^2 2p^3$ besitzt Stickstoff zwei gefüllte s-Orbitale, die nicht zu einer weiteren Bindungsbildung herangezogen werden, da sie bereits mit zwei Elektronen besetzt sind. Stattdessen muss das Stickstoffatom seine drei halb gefüllten p-Orbitale für die kovalente Bindung zum zweiten Stickstoffatom heranziehen, um das Stickstoffmolekül N_2 zu bilden (▶Abbildung 3.8).

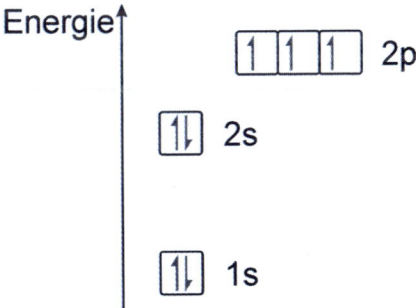

Abbildung 3.7: Besetzung der Atomorbitale im Stickstoffatom

$$|\dot{\underset{..}{N}}\cdot + |\dot{\underset{..}{N}}\cdot \longrightarrow |N\equiv N|$$

Abbildung 3.8: Bindungsbildung im Stickstoffmolekül N_2

Die Bindungsbildung im Fall des Stickstoffmoleküls erfolgt über die Wechselwirkung von drei p-Orbitalen. Diese Orbitale können unterschiedliche Wechselwirkungen miteinander eingehen. Jedes Stickstoffatom besitzt ein p-Orbital, das bei der Bindungsbildung in Richtung des zweiten Stickstoffatoms zeigt. Diese zwei p-Orbitale können eine π-Bindung miteinander eingehen. Dabei müssen die beiden Bereiche der p-Wellenfunktion, die miteinander eine Wechselwirkung eingehen, jeweils das gleiche Vorzeichen der Wellenfunktion besitzen. Die entstehende Bindung ist rotationssymmetrisch bezüglich der Kern-Kern-Verbindungsachse und damit handelt es sich um eine σ-Bindung (▶Abbildung 3.9 und ▶Abbildung 3.10).

Bei der Betrachtung zweiatomiger Moleküle wird in der Chemie per Konvention die Kern-Kern-Verbindungsachse als z-Achse festgelegt, d.h., im vorgestellten Beispiel treten die zwei p_z-Orbitale miteinander in Wechselwirkung. Es bleiben noch die zwei p-Orbitale p_x und p_y übrig, um durch eine Wechselwirkung mit den entsprechenden p-Orbitalen des zweiten Stickstoffatoms das Elektronenoktett zu erreichen. Diese p-Orbitale weisen nicht in Richtung des zweiten Atoms in der Bindung, sondern stehen jeweils senkrecht zur σ-Bindung. Dennoch können auch diese Atomorbitale miteinander überlappen und eine Bindung eingehen. Die entstehende Bindung ist nicht mehr rotationssymmetrisch bezüglich der Kern-Kern-Verbindungsachse und wird als π-Bindung bezeichnet (Abbildung 3.9 und Abbildung 3.10). Die höchste Elektronendichte ist also nicht auf der Achse zu finden, wie im Fall der σ-Bindung, sondern ober- und unterhalb der Achse. Da zwei einfach besetzte p-Orbitale pro Stickstoffatom vorhanden sind, können zwei π-Bindungen ausgebildet werden.

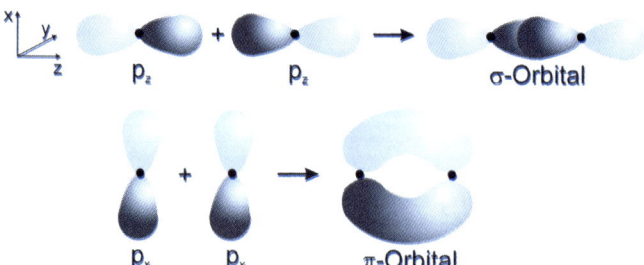

Abbildung 3.9: : σ- und π-Molekülorbitale aus der Wechselwirkung zweier p-Orbitale

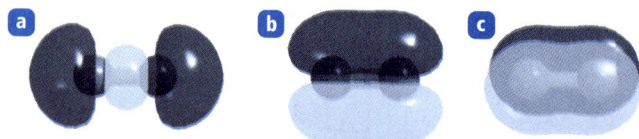

Abbildung 3.10: Dreidimensionale Darstellung des σ-Molekülorbitals (a) und der zwei (b+c) π-Molekülorbitale des Stickstoffmoleküls N_2. Zusammen ergeben sie eine Dreifachbindung. Unterschiedliche Farben zeigen unterschiedliche Vorzeichen der Wellenfunktionen an.

Wenn zwei Atome über mehr als ein gemeinsames Elektronenpaar verfügen, werden so genannte *Mehrfachbindungen* ausgebildet. Doppelbindungen besitzen zwei (siehe O_2-Molekül) und *Dreifachbindungen* (siehe N_2-Molekül) drei gemeinsame Elektronenpaare. Die Ausbildung von Mehrfachbindungen ist ein häufig zu beobachtendes Phänomen in chemischen Verbindungen; so besitzen Moleküle wie Kohlenstoffdioxid, Ethen oder Ethin (Acetylen) ebenfalls Mehrfachbindungen (▶Abbildung 3.11).

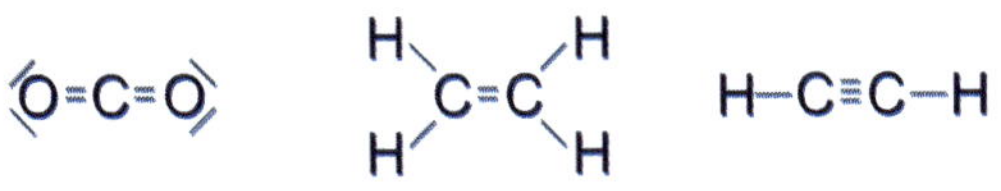

$$\overset{..}{O}=C=\overset{..}{O} \qquad \begin{matrix} H \\ \ \\ H \end{matrix}\!\!\!\!\diagdown \!\!\!\!\underset{\diagup}{\overset{\diagup}{C}}\!=\!\underset{\diagdown}{\overset{\diagdown}{C}}\!\!\!\!\begin{matrix} H \\ \ \\ H \end{matrix} \qquad H-C\equiv C-H$$

| Kohlenstoffdioxid | Ethen | Ethin |

Abbildung 3.11: Lewis-Formeln von Kohlenstoffdioxid, Ethen und Ethin

Generell ist die Überlappung der Atomorbitale von π-Bindungen geringer als die von σ-Bindungen. Dies bedeutet, dass der Energiegewinn bei der Bindungsbildung kleiner ist und damit die Bindungen auch etwas instabiler sind als σ-Bindungen. Für die Chemie dieser Verbindungen folgt daraus, dass sie meist eine höhere Reaktivität in chemischen Reaktionen besitzen. Diese allgemeine Formulierung kennt aber auch Ausnahmen; so ist molekularer Stickstoff N_2 chemisch sehr stabil.

Kovalente Bindungen können zu diskreten molekularen Verbindungen – wie wir sie gerade besprochen haben – führen oder zu dreidimensionalen Atomgittern, wie z.B. im Fall von Diamant oder von Siliciumdioxid SiO_2, die wir uns später noch genauer ansehen werden.

Zeichnen von Lewis-Formeln

Lewis-Formeln sind ein wichtiges Instrument, um die elektronische Struktur von Molekülen schnell zu erfassen. Sie erlauben in vielen Fällen, direkt Rückschlüsse auf die Struktur und Reaktivität von Molekülen zu treffen. Die Beherrschung des Zeichnens von Lewis-Formeln stellt also eine wichtige Fertigkeit dar. Im Folgenden soll eine Anleitung zum Zeichnen von Lewis-Strukturformeln vorgegeben werden:

1. Addieren aller Valenzelektronen der Atome in einem Molekül. Die Anzahl der Valenzelektronen eines Atoms kann aus der Gruppennummer (alte Nomenklatur) im Periodensystem abgeleitet werden. Für jede negative Ladung in einem Ion muss ein Elektron addiert, für jede positive Ladung ein Elektron subtrahiert werden.

2. Alle Atome eines Moleküls müssen aufgeschrieben werden. Um zu verdeutlichen, welche Atome mit welchen eine Bindung eingehen, werden diese zunächst mit einer Einfachbindung (einem Strich) verbunden. Häufig besteht hierbei die Schwierigkeit, herauszufinden, welches Atom mit welchen anderen Atomen verbunden ist. Die Summenformel gibt hier oft einen Hinweis. So gibt es Verbindungen, deren Summenformel die Struktur schon vorgibt, z.B. in HCN steht das

Kohlenstoffatom in der Mitte und an dieses sind ein Wasserstoffatom und ein Stickstoffatom nach zwei unterschiedlichen Seiten hin gebunden. In anderen Molekülen und Ionen wird das zentrale Atom im Allgemeinen zuerst geschrieben, z.B. CH_4, CO_3^{2-}, PCl_3. In vielen Fällen ist es auch so, dass das zentrale Atom das weniger elektronegative ist, das von den elektronegativeren Atomen umgeben ist.

3. In der Mehrzahl der Fälle steht die Lewis-Formel im Einklang mit der Oktettregel, d.h., neben den aus Schritt 2 schon vorhandenen Einfachbindungen müssen die Elektronen jetzt so verteilt werden, dass jedes Atom das Elektronenoktett aus Bindungselektronenpaaren oder freien Elektronenpaaren erhält. Beachten Sie dabei, dass das Wasserstoffatom nur ein einziges Elektronenpaar aus der Bindungsbildung bezieht. Bei Molekülen, deren Zentralatom in der dritten oder in höheren Perioden steht, kann das Zentralatom auch mehr als ein Elektronenoktett erhalten.

4. Wenn nicht genügend Elektronen vorhanden sind, um dem Zentralatom ein Elektronenoktett zu geben, dann versuchen Sie dies unter Ausbildung von Mehrfachbindungen zu erreichen.

Übungsbeispiele:

1. HCN

Summe der Valenzelektronen: H: 1, C: 4, N: 5, Summe: 10

Bindungsbildung: C-Atom in der Mitte

$$H-C-N$$

Ergänzen der Elektronenoktetts: H-Atom erfüllt bereits Edelgaskonfiguration, C-Atom fehlen noch 4 Elektronen zum Oktett, N-Atom fehlen noch 6 Elektronen zum Oktett, d.h., die fehlenden Elektronen können nur diesen zwei Atomen zugewiesen werden. Die einzige Möglichkeit, wie dies erfolgen kann, ist:

$$H-C\equiv N|$$

2. PCl_3

Summe der Valenzelektronen: P: 5, Cl: 7, Summe: 26

Bindungsbildung: P-Atom zentrales Atom, umgeben von Cl-Atomen

$$Cl-P-Cl$$
$$|$$
$$Cl$$

Ergänzen der Elektronenoktetts: P-Atom fehlen noch 2 Elektronen und Cl-Atomen noch 6 Elektronen; da Phosphor 5 Valenzelektronen besitzt, kann er durch ein freies Elektronenpaar zum Elektronenoktett gelangen, die Cl-Atome jeweils durch 3 freie Elektronenpaare

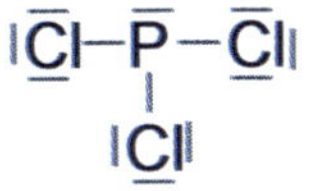

$$|\overline{\underline{Cl}}-\overline{P}-\overline{\underline{Cl}}|$$
$$\underset{|\underline{\overline{Cl}}|}{|}$$

Es gibt Verbindungen, in denen mehrere Möglichkeiten bestehen, die Elektronen in einer Lewis-Formel zu verteilen. Wie können wir entscheiden, welche davon die richtige ist? Hierzu müssen wir zunächst das Konzept der *Formalladungen* einführen. Eine Formalladung ist die Ladung eines Atoms in einem Molekül, wenn jedes Atom die gleiche Elektronegativität besitzen würde, d.h., die Bindungselektronenpaare wären gleich zwischen den Atomen verteilt. Um die Formalladung zu bestimmen, müssen zunächst zwei Zuordnungen erfolgen:

- Alle freien Elektronen werden dem Atom zugeordnet, von dem sie stammen.
- In jeder kovalenten Bindung werden die Elektronen zwischen beiden Bindungspartnern gleichmäßig aufgeteilt, d.h., jedes Atom erhält aus einer Einfachbindung, an der es beteiligt ist, ein Elektron, aus einer Doppelbindung zwei und aus einer Dreifachbindung drei Elektronen.

Die Formalladung entsteht durch Subtraktion der Anzahl der Valenzelektronen des jeweiligen Atoms von der Anzahl der zugeordneten Elektronen.

Als Beispiel soll hier das Kohlenstoffdioxidmolekül diskutiert werden, bei dem zwei Möglichkeiten bestehen, die Lewis-Formel zu schreiben. In beiden Fällen ist die Summe der Formalladungen null, aber in einem Fall besitzen die Sauerstoffatome Formalladungen, im anderen Fall nicht (▶Abbildung 3.12).

	$\langle O=C=O \rangle$			$|\overline{O}-C\equiv O|$		
Valenzelektronen:	6	4	6	6	4	6
- dem Atom zugeordnete Elektronen:	6	4	6	7	4	5
Formalladung:	0	0	0	-1	0	+1

Abbildung 3.12: Verteilung der Formalladungen in zwei unterschiedlichen Lewis-Formeln für das CO_2-Molekül

Um die richtige Lewis-Formel zuzuweisen, müssen folgende Richtlinien beachtet werden:

- Es wird die Lewis-Formel ausgewählt, in der die Formalladung der Atome am nächsten bei null liegt.
- Es wird die Lewis-Formel ausgewählt, in der sich die negativen Ladungen an den elektronegativsten Atomen befinden.

Für das CO_2-Molekül folgt daraus, dass die erste Lewis-Formel die richtige ist. Wichtig zu beachten ist, dass Formalladungen nur einen Formalismus darstellen und mit der tatsächlichen Ladungsverteilung im Molekül nur bedingt zu tun haben. Die tatsächlichen Ladungen werden vielmehr durch Elektronegativitätsunterschiede im Molekül bestimmt.

Resonanzstrukturformeln

Wie wir bereits gesehen haben, gibt es Moleküle, die durch mehrere Lewis-Formeln beschrieben werden können. Dabei kann man einer bestimmten Schreibweise durch Einhalten der oben genannten Regeln den Vorzug gegenüber einer anderen Schreibweise geben. Es sind jedoch auch Moleküle und Ionen bekannt, deren Lewis-Formeln durch die genannten Regeln nicht zuzuordnen sind. Als Beispiel soll hier das Molekül Ozon O_3 näher betrachtet werden. Ozon ist ein gewinkelt gebautes Molekül, welches drei Sauerstoffatome mit insgesamt 18 Valenzelektronen enthält. Wenn wir die Lewis-Formel schreiben, resultiert dies in jeweils einer Einfach- und einer Doppelbindung zwischen dem zentralen O-Atom und den zwei äußeren Atomen. Auf dem zentralen O-Atom sitzt dabei eine positive Formalladung und auf einem der äußeren eine negative Formalladung. Wo jedoch die Doppelbindung sitzt, rechts oder links, ist nicht zuzuordnen, da beide Beschreibungen gleichwertig sind. Die beiden Aufteilungen der Elektronen sind nicht zu unterscheiden. Lewis-Formeln mit einer solchen Elektronenaufteilung werden als Resonanzstrukturformeln bezeichnet und durch einen Doppelpfeil miteinander verbunden (▶Abbildung 3.13).

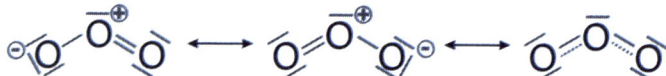

Abbildung 3.13: Resonanzstrukturformeln des Ozon-Moleküls. Die positiven und negativen Formalladungen kommen durch die Elektronenverteilung im Molekül zustande. Das Gesamtmolekül ist ungeladen. Eine weitere Schreibweise, die verdeutlichen soll, dass die tatsächliche Elektronenverteilung zwischen einer Einfach- und Doppelbindung liegt, sind gepunktete Linien (rechts).

Die tatsächliche Elektronenverteilung liegt zwischen diesen Lewis-Strukturformeln. Dies lässt sich auch experimentell durch Bestimmung der Bindungslängen zwischen den Sauerstoffatomen nachweisen. Die O-O-Abstände im Molekül sind gleich lang und der Abstand liegt jeweils zwischen dem einer Einfach- und einer Doppelbindung.

Ein ähnliches Bild stellt sich für das Carbonation CO_3^{2-} dar. Hier liegt das C-Atom in der Mitte des Ions, umgeben von drei O-Atomen, von denen eines über eine Doppelbindung und die anderen zwei über Einfachbindungen an das C-Atom gebunden sind. Zwei der O-Atome besitzen eine negative Formalladung, so dass jedes Atom die Oktettregel erfüllt. Die Position der Doppelbindung kann nicht genau bestimmt werden, da jeder C-O-Abstand genau gleich lang ist. Das CO_3^{2-}-Ion wird also über drei Resonanzstrukturformeln am besten beschrieben (▶Abbildung 3.14).

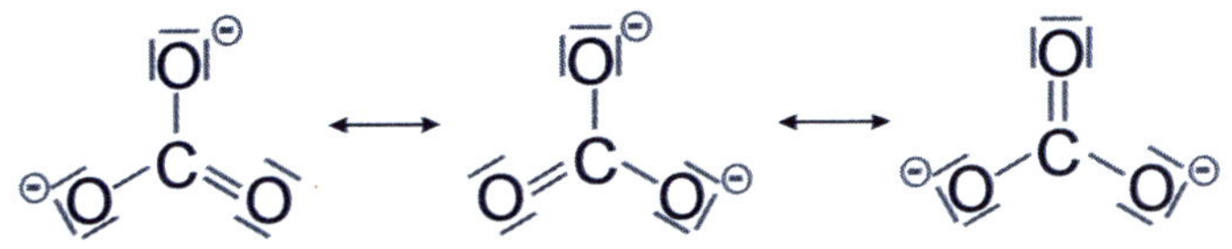

Abbildung 3.14: Resonanzstrukturformeln des CO_3^{2-}-Ions

Ausnahmen von der Oktettregel

Die Oktettregel stellt eine nützliche Hilfestellung bei der Erklärung der Elektronenkonfiguration in kovalent gebundenen Molekülen dar. Dennoch handelt es sich nur um ein Modell, das auch gewisse Einschränkungen und Ausnahmen kennt (▶Abbildung 3.15). Bei den Hauptgruppenelementen sind die wichtigsten Ausnahmen von dieser Regel:

1. Moleküle und mehratomige Ionen, die eine ungerade Anzahl an Elektronen besitzen

2. Moleküle und mehratomige Ionen, in denen ein Atom weniger als ein Elektronenoktett erreichen kann

3. Moleküle und mehratomige Ionen, in denen ein Atom mehr als ein Elektronenoktett besitzt

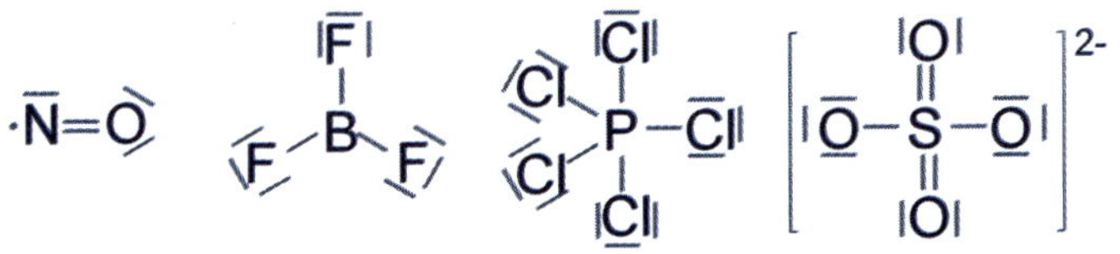

Abbildung 3.15: Ausnahmen von der Oktettregel

In manchen Fällen kann die Summe aller Elektronen in einem Molekül zu einer ungeraden Anzahl führen. Dies bedeutet, dass ein Atom ein einzelnes Elektron tragen muss. Dieses wird dem Atom zugeordnet, das die ungerade Gruppennummer besitzt, so hat z.B. NO ein einzelnes Elektron auf dem N-Atom.

Der zweite Fall tritt vor allem bei Verbindungen des Bors auf. Dieses Element besitzt drei Valenzelektronen und kann durch die Ausbildung von drei kovalenten Bindungen nur sechs Elektronen erhalten. Ein typisches Beispiel für eine Verbindung des Bors, die ein solches Verhalten zeigt, ist Bortrifluorid BF_3. Da diesen Verbindungen Elektronen bis zum Erreichen des Elektronenoktetts fehlen, werden sie auch *Elektronenmangelverbindungen* genannt.

Die dritte Klasse von Verbindungen sind Moleküle, deren Zentralatom mehr als ein Elektronenoktett besitzen. Diese Verbindungen kommen bei Elementen der dritten und höheren Perioden vor. Die Elemente der zweiten Periode können maximal ein Elektronenoktett in der Valenzschale ausbilden, da ihnen nur $2s$- und $2p$-Orbitale zur Besetzung zur Verfügung stehen. Die Erklärung des Auftretens von Verbindungen mit mehr als acht Valenzelektronen wurde früher mit dem Vorhandensein von freien d-Orbitalen erklärt; heute weiß man jedoch, dass diese einfache Erklärung nicht zutrifft, sondern die Bindungssituation nur durch komplexere Modelle erklärt werden kann. Nehmen Sie einfach zur Kenntnis, dass solche Verbindungen ab der dritten Periode existieren können. Beispielstrukturen sind Phosphorpentachlorid PCl_5 und Schwefelhexafluorid SF_6, aber auch Ionen wie das Phosphation PO_4^{3-} und das Sulfation SO_4^{2-}.

Polare Bindungen

Gehen zwei gleiche Atome eine kovalente Bindung ein, so ist der Elektronegativitätsunterschied null. Jedoch können die an einer kovalenten Bindung beteiligten Atome auch eine sehr unterschiedliche Elektronegativität besitzen, d.h., ein Bindungspartner hat eine höhere Tendenz, die Elektronen an sich zu ziehen, als der andere. Dadurch entsteht in der Bindung eine ungleiche Verteilung der Elektronendichte. Dies kann sogar dazu führen, dass ein Bindungspartner dem anderen Valenzelektronen entreißt, und es entsteht eine ionische Bindung, die wir im nächsten Kapitel behandeln wollen. Ist der Elektronegativitätsunterschied geringer, so spricht man von einer polaren Bindung.

Ein Beispiel für ein derartiges Molekül ist Fluorwasserstoff HF. In diesem Molekül ist Wasserstoff (Elektronegativität 2,2) mit Fluor (Elektronegativität 4,0) über eine kovalente Bindung verbunden. Fluor als elektronegativeres Element zieht die Elektronen an sich und die Bindung ist stark polar. Die Aufladung im Molekül wird durch so genannte *Partialladungen* δ^+ und δ^- deutlich gemacht. Die Polarität hängt von der Elektronegativitätsdifferenz ab. Die Polaritätsverteilung der Bindungen in einer Verbindung bestimmt entscheidend ihre physikalischen Eigenschaften. Stark polare Bindungen führen zu Molekülen mit einem positiv und einem negativ geladenen Ende. Solche Ladungsverteilungen bezeichnet man als *Dipole*. Dipole ziehen sich gegenseitig an, wodurch diese Moleküle in einer Flüssigkeit z.B. sehr stark aneinander gebunden sind.

$$\overset{\delta^+}{\text{H}}-\overset{\delta^-}{\underline{\text{F}}\,|}$$

3.3   Die Ionenbindung

In manchen Fällen kann die Differenz zwischen den Elektronegativitäten der an einer Bindung beteiligten Elemente so groß werden, dass die Elektronen nicht mehr in einer gemeinsamen Bindung geteilt werden. Stattdessen stellt das eine Element (mit der niedrigeren Elektronegativität) seine Valenzelektronen dem anderen Element (mit der höheren Elektronegativität) vollständig zur Verfügung. Aus dem Element, welches seine Valenzelektronen abgegeben hat, entsteht ein positiv geladenes Kation, aus dem Element, das die Elektronen aufgenommen hat, ein negativ geladenes Anion. Diese beiden entgegengesetzt geladenen Ionen ziehen sich aufgrund *elektrostatischer Kräfte* an, es bildet sich dadurch eine Ionenbindung aus.

Wir haben in Kapitel 2 bereits festgestellt, dass Metallatome aufgrund ihrer niedrigen Ionisierungsenergien bereitwilliger als andere Elemente ihre Valenzelektronen abgeben. Ihre Elektronegativität ist klein, sie bilden also durch Elektronenabgabe relativ leicht Kationen. Nichtmetalle hingegen zeigen höhere Ionisierungsenergien, sie geben daher Elektronen aus der Hülle nicht so bereitwillig ab wie die Metalle. Andererseits besitzen sie hohe Elektronenaffinitäten, d.h., sie nehmen also relativ bereitwillig Elektronen auf, wodurch sich Anionen bilden. Bei der Reaktion eines elektropositiven Metalls mit einem elektronegativen Nichtmetall wird das Metall Elektronen an das Nichtmetall abgeben und eine Ionenbindung ausbilden. Üblicherweise gibt das Metall dabei so viele Elektronen ab, dass es eine stabile Elektronenkonfiguration erreicht, die energetisch begünstigt ist. Normalerweise handelt es sich dabei um die Edelgaskonfiguration des Edelgases der vorherigen Periode. Gleichzeitig möchte natürlich ebenfalls das Nichtmetall die Elektronenkonfiguration des Edelgases in seiner Periode erreichen.

Dieser Sachverhalt soll an der Reaktion von Natrium mit Chlor verdeutlicht werden. Natrium ist ein Alkalimetall mit der Elektronenkonfiguration $1s^2 2s^2 2p^6 3s^1$. Als Metall besitzt es eine niedrige Elektronegativität und gibt dadurch gerne seine Valenzelektronen ab, wenn es einen entsprechenden Bindungspartner hat, der diese bereitwillig aufnimmt. Um die stabile Edelgaskonfiguration des Neons $1s^2 2s^2 2p^6$ zu erreichen, muss es ein Elektron abgeben und selbst zum einfach positiv geladenen Kation Na^+ werden. Chlor mit seiner Elektronenkonfiguration $1s^2 2s^2 2p^6 3s^2 3p^5$ hingegen zählt zu den elektronegativsten Elementen. Es kann durch Aufnahme von einem Elektron die Elektronenkonfiguration des Argons $1s^2 2s^2 2p^6 3s^2 3p^6$ erreichen. Bei der Reaktion von Natrium mit Chlor passiert genau dieses. Das Natrium gibt sein Valenzelektron an das Chlor ab. Natrium wird zum positiv geladenen Kation und erreicht die Edelgaskonfiguration, Chlor wird zum einfach negativ geladenen Anion und erreicht ebenfalls die Edelgaskonfiguration.

Die Reaktionsgleichung für diesen Prozess lautet:

$$Na + Cl \rightarrow Na^+ Cl^-$$

Die Ionen Na^+ und Cl^- ziehen sich elektrostatisch an und gehen eine Ionenbindung miteinander ein. Die entstehende chemische Verbindung NaCl wird chemisch als Natriumchlorid bezeichnet und ist jedem von uns unter ihrem Alltagsnamen *Kochsalz* bekannt. Die Formel NaCl bezeichnet man auch als *Summenformel*. Sie gibt die Summe aller Elemente an, die an dieser Verbindung oder an der Formeleinheit des Salzes beteiligt sind. Sie sagt allerdings nichts darüber aus, wie die Elemente miteinander verbunden sind. Auch die Ladungen der Ionen werden nicht extra angeführt.

Einatomige Anionen wie das Chlorid erhalten generell die Endung -id hinter dem Atomnamen. Weitere Beispiele hierfür sind die anderen Halogenidionen wie das Fluorid (F^-), Bromid (Br^-) oder das Iodid (I^-). Vertreter aus der sechsten Hauptgruppe des Periodensystems benötigen zwei Elektronen, um die Elektronenkonfiguration des entsprechenden Edelgases zu erreichen, und werden daher in den meisten Fällen zu zweifach negativ geladenen Anionen wie das Oxid (O^{2-}) und das Sulfid (S^{2-}).

Da Chlor nicht atomar, sondern nur in Form von Cl_2-Molekülen elementar vorkommt, ist die obige Gleichung nicht ganz korrekt, sondern muss folgendermaßen umformuliert werden:

$$2\,Na\ +\ Cl_2\ \rightarrow 2\,NaCl$$

Ionen kann man sich vereinfacht als geladene Kugeln vorstellen. Durch elektrostatische Kräfte ziehen sich negativ und positiv geladene Kugeln an. Im Unterschied zur kovalenten Bindung, die durch die Überlappung von Atomorbitalen entsteht und damit räumlich ausgerichtet ist, wirken elektrostatische Kräfte in allen Raumrichtungen. Das bedeutet, die Kationen versuchen sich mit möglichst vielen Anionen zu umgeben und umgekehrt. Es bilden sich daher keine einzelnen Moleküle, wie im Fall der kovalenten Bindung, sondern dreidimensionale Gitter aus, die abwechselnd Kationen und Anionen beinhalten. Diese Gitter bezeichnet man als *Kristallgitter*. Die Gitterbildung ist mit einem Energiegewinn verbunden.

Man spricht auch von einem *Ionenkristall*. Ein Ausschnitt aus dem Ionenkristall von Natriumchlorid ist in ▶Abbildung 3.16 zu sehen. In diesem Gitter ist jedes Natriumkation von sechs Chloridanionen umgeben und umgekehrt. Die Zahl von Gegenionen, welche ein bestimmtes Ion umgeben, bezeichnet man auch als *Koordinationszahl*. Im Fall des Natriumchlorids ist die Koordinationszahl für beide Ionen 6.

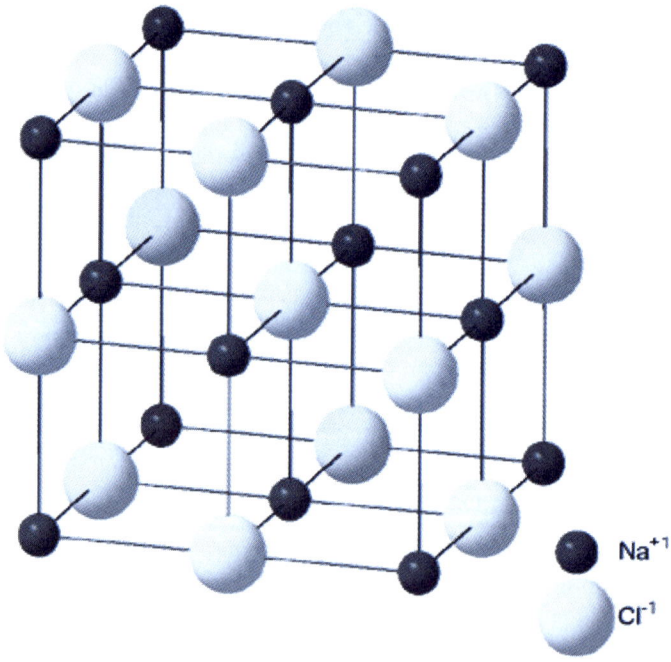

Abbildung 3.16: Ausschnitt aus dem Kristallgitter von Natriumchlorid

In den Kristallgittern liegen die Ionen an festen Positionen, d.h., ihre Bewegungsmöglichkeit ist eingeschränkt. Dies führt zu einigen besonderen Eigenschaften von Ionenkristallen. Sie schmelzen beispielsweise bei relativ hohen Temperaturen (Natriumchlorid schmilzt bei 800 °C). Bei dieser Temperatur werden die Ionen dann beweglich und können die Gitterplätze verlassen. Der Gitterzustand wird auch aufgehoben, wenn Kochsalz in Wasser gelöst wird. Na^+- und Cl^--Ionen liegen dann als voneinander getrennte, im Wasser bewegliche Teilchen vor.

Viele andere Metalle bilden mit Nichtmetallen Ionenverbindungen aus. Diese werden als *Salze* bezeichnet. Salze sind also Ionenverbindungen, die im Kristallgitter negativ geladene Anionen und positiv geladene Kationen enthalten.

Die Ionenladung hängt von der Stellung der Elemente im Periodensystem ab. Da sowohl das Metall als auch das Nichtmetall das Bestreben besitzen, die Edelgaskonfiguration zu erreichen, muss dies durch die Salzbildung gewährleistet werden. Wie am Beispiel des typischen Alkalimetalls Natrium gezeigt, muss dieses nur ein Elektron zum Erreichen der Edelgaskonfiguration abgeben. Sein Nachbar im Periodensystem, Magnesium aus der Gruppe der Erdalkalimetalle, besitzt die Elektronenkonfiguration $1s^2 2s^2 2p^6 3s^2$; es muss also zwei Elektronen abgeben, um die stabile Edelgaskonfiguration zu erreichen, und daher ein zweifach geladenes Mg^{2+}-Kation bilden. Wenn, wie beim Natrium, eine Reaktion mit Chlor erfolgt, so kann ein Chloratom nur ein Elektron aufnehmen, um als Chloridion seine Edelgaskonfiguration zu erreichen. Um die frei werdenden Elektronen vom Magnesium aufzunehmen, müssen also zwei Chloratome mit einem Magnesiumatom reagieren. Entsprechend entsteht bei dieser Reaktion die Verbindung Magnesiumchlorid $MgCl_2$.

Beim Eindampfen wässriger Salzlösungen werden häufig kristalline Substanzen erhalten, in denen Wassermoleküle im Kristallgitter eingebaut sind. Diese Verbindungen nennt man *Kristallhydrate*. Das eingelagerte Wasser wird als *Kristallwasser* bezeichnet. Die Anzahl der in den Kristall eingelagerten Wassermoleküle stellt man mit einem Multiplikationszeichen hinter die Summenformel der Ionenverbindung dar, z.B. $AlCl_3 \cdot 6H_2O$. Die Benennung solcher Kristallhydrate erfolgt so, dass dem Namen der Ionenverbindung das Kristallwasser in der Bezeichnung als Hydrat folgt und die Anzahl der Wassermoleküle als lateinisches Präfix vorangestellt wird, im gegebenen Beispiel also Aluminiumchlorid-Hexahydrat.

3.4 Metallische Bindung

Die Beschreibungen zur kovalenten und Ionenbindung haben gezeigt, dass der Bindungstyp auch mit den makroskopischen Eigenschaften der entsprechenden Verbindungen in Zusammenhang gebracht werden kann. Salze, die über ionische Wechselwirkungen miteinander verbunden sind und dreidimensionale Kristallgitter aufbauen, sind meist harte, spröde Feststoffe mit hohen Schmelzpunkten, während kovalente Bindungen in molekularen Verbindungen vorherrschen. Diese können bei gewöhnlichen Bedingungen fest, flüssig oder gasförmig sein.

Aus unserem alltäglichen Umgang kennen wir typische Eigenschaften der Metalle. Es handelt sich in den meisten Fällen um glänzende Feststoffe, die eine hohe Stromleitfähigkeit und eine hohe *Duktilität*, d.h. Verformbarkeit, besitzen. Können diese Eigenschaften mit der Bindungssituation im metallischen Festkörper zusammenhängen?

Aus der Beschreibung der Elemente wissen wir, dass Metalle eine niedrige Ionisierungsenergie besitzen und es sich um Elemente mit niedriger Elektronegativität handelt. Wenn Metallatome untereinander Bindungen eingehen, wie z.B. in einem Stück reinen Metalls, so greifen die Bindungsbeschreibungen der kovalenten Bindung und der ionischen Bindung nicht mehr. In der kovalenten Bindung sind die Elektronen in den Molekülorbitalen lokalisiert. Das entspricht aber nicht der Beobachtung, dass die Elektronen in Metallen eigentlich frei beweglich, d.h. delokalisiert sind. Aufgrund der gleichen Elektronegativität der Metalle im Festkörper kann es auch nicht zur Ausbildung einer ionischen Bindung kommen. Die Bindungsbildung im metallischen Festkörper muss daher einem anderen Prinzip folgen.

3.4.1 Das Elektronengasmodell

Die Valenzelektronen der Metalle sind nur schwach gebunden und lassen sich daher leicht vom Atom abtrennen. Im Metall bildet sich daher ein Gitter aus positiv geladenen Metallionen, den so genannten Atomrümpfen, aus, die von Elektronen umgeben sind, die keinem einzelnen Atom mehr zugeordnet werden können. Die Elektronen können sich daher innerhalb des Gitters frei bewegen. Die Atomrümpfe befinden sich also in einer Matrix aus frei beweglichen Elektronen, die daher auch als *Elektronengas* bezeichnet werden (▶Abbildung 3.17). Durch dieses Modell können die elektrische Leitfähigkeit und die mechanischen Eigenschaften von Metallen recht gut erklärt werden.

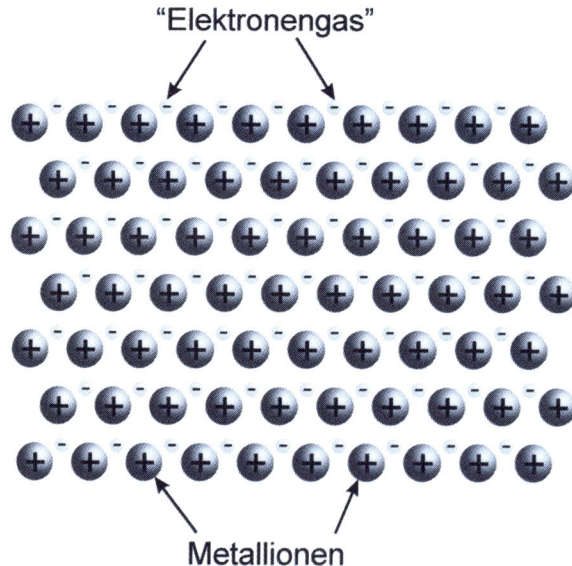

Abbildung 3.17: Elektronengasmodell der metallischen Bindung

Für die Erklärung der elektrischen Leitfähigkeit stelle man sich einen metallischen Körper vor, in dem durch eine Stromquelle Elektronen geschoben werden. Aufgrund des *Elektroneutralitätsprinzips*, das besagt, dass es keine Körper geben kann, die nur eine Art von Ladung aufbauen, die nicht durch eine andere Ladung ausgeglichen wird, müssen genauso viele Elektronen aus dem Körper austreten, wie hineingegeben werden. Dies ist mit dem frei beweglichen Elektronengas sehr gut vereinbar. Auch die mechanischen Eigenschaften der Metalle sind gut erklärbar. Die Atomrümpfe lassen sich in einem solchen Elektronengas relativ leicht gegeneinander verschieben, ohne dass die elektrostatische Bindung zwischen Atomrümpfen und Elektronengas verloren geht.

Die Metallatome bilden ein so genanntes Metallgitter, in dem analog zum Ionenkristall die einzelnen Atome dreidimensional regelmäßig angeordnet sind. Je nachdem, wie die Atome zueinander liegen, unterscheidet man den am häufigsten auftretenden *kubischen Gittertyp* mit einer würfelförmigen *Elementarzelle* und die *hexagonalen, orthorhombischen, tetragonalen, trigonalen, monoklinen* und *triklinen Gitter*. Die Elementarzellen stellen die kleinste Wiederholungseinheit im Kristallgitter dar, aus der man durch wiederholtes Aneinanderlegen in alle drei Dimensionen das gesamte Kristallgitter erzeugen kann (▶ Abbildung 3.18). Die drei Achsen dieses Koordinatensystems werden mit a, b und c gekennzeichnet und die Winkel zwischen den Achsen mit α, β und γ. Die Gitter unterscheiden sich in den Längenverhältnissen zwischen den Achsen und den Winkeln, die zwischen den Achsen liegen.

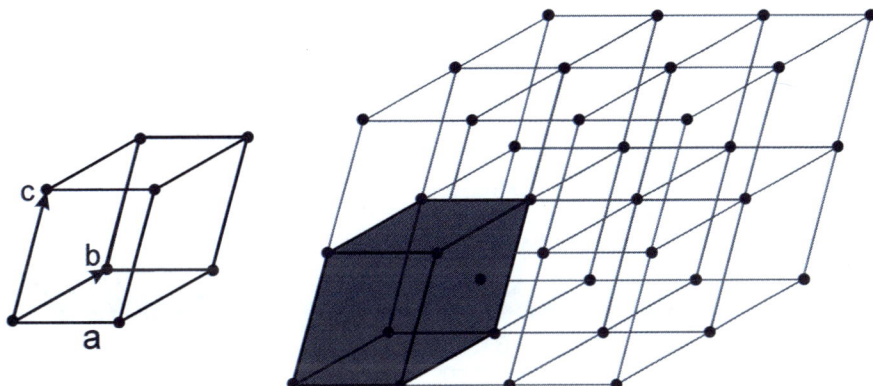

Abbildung 3.18: Elementarzelle in einem Kristallgitter

Bei Metallen findet man eine *dichte Kugelpackung*, von der es unterschiedliche Möglichkeiten gibt, die Metallatome in Schichten nacheinander anzuordnen. Allen gemeinsam ist, dass sie aus hexagonalen Atomlagen bestehen, d.h. die Atome in einer Schicht sind in regelmäßigen Sechsecken angeordnet. Die zwei wichtigsten Vertreter sind die *hexagonal dichteste Kugelpackung* und die *kubisch dichteste Kugelpackung* (▶ Abbildung 3.19). Um die einzelnen Atomschichten besser zu unterscheiden, werden sie mit A, B und C gekennzeichnet.

Atomlagen mit unterschiedlicher Bezeichnung besitzen nicht die gleichen räumlichen Lagen der Atome. Die kubisch dichteste Kugelpackung wird auch *kubisch flächenzentrierte Kugelpackung* genannt. Bei der kubisch dichtesten Packung folgt auf die erste Atomlage eine zweite, in der die Atome in den Lücken der ersten Lage liegen. Dies kann mit dem Stapeln von gleich großen Kugeln im makroskopischen Bereich verglichen werden. Die Positionen der Atome in der dritten Lage können nun unterschiedlich sein. Entweder liegen diese Atome an den gleichen Positionen wie die ersten Atome, dann lautet die Schichtabfolge *ABAB ...* usw. und es handelt sich um die hexagonal dichteste Packung. Sind die Atome der dritten Lage hingegen zur ersten Lage versetzt, so handelt es sich um die kubisch dichteste Kugelpackung *(ABCABC...)*. In einer dichtesten Kugelpackung hat jede Kugel zwölf nächste Nachbarn, sechs in der eigenen Schicht sowie drei je darüber und darunter. Der Raumfüllungsgrad einer dichtesten Kugelpackung beträgt 74 %.

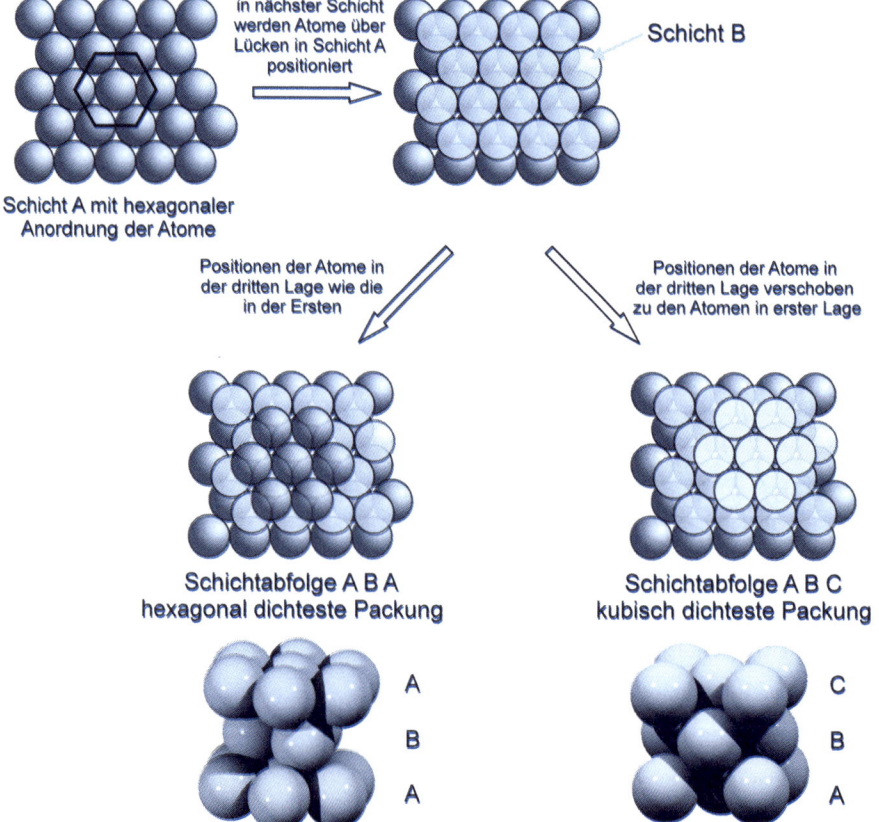

Abbildung 3.19: Die verschiedenen Kugelpackungen entstehen durch eine unterschiedliche Anordnung der Atomlagen.

3.4.2 Das Energiebändermodell

Das zweite Bindungsmodell für Metalle hat seinen Ursprung in der Atombindung. Aus dieser Theorie wissen wir, dass Atomorbitale miteinander wechselwirken können und dabei Molekülorbitale bilden. Wenn zwei Atomorbitale zweier benachbarter Atome miteinander wechselwirken, entstehen zwei Molekülorbitale, eines mit niedrigerer und eines mit höherer Energie als die ursprünglichen Atomorbitale, das bindende und antibindende Molekülorbital (Kapitel 3.1). Wechselwirken mehrere Atome miteinander, so ist die Zahl der Molekülorbitale immer gleich der Anzahl der ursprünglichen Atomorbitale. Wenn nun eine große Anzahl von Metallatomen miteinander wechselwirkt – wie im Fall eines Stücks Metall –, entstehen aus den ursprünglich noch unterscheidbaren Molekülorbitalen sehr viele eng benachbarte Energieniveaus, so genannte Bänder (▶Abbildung 3.20). Aus den mit Elektronen (den Valenzelektronen) besetzten Orbitalen bildet sich ein *Valenzband*, aus den unbesetzten Orbitalen ein *Leitungsband*. Zwischen beiden liegt die *verbotene Zone*, in der sich keine Elektronen aufhalten können.

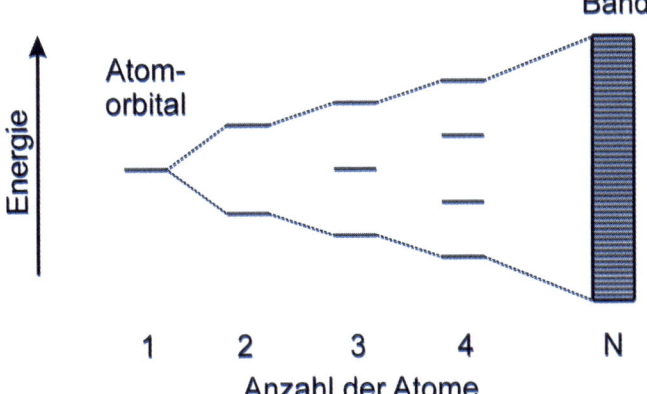

Abbildung 3.20: Zusammensetzung eines Bandes im Bändermodell aus den Orbitalen der Atome

Am Beispiel des leichtesten Metalls, Lithium, soll die Situation nochmals genauer beleuchtet werden (▶Abbildung 3.21). Das Element Lithium steht in der zweiten Periode und besitzt die Elektronenkonfiguration $1s^2 2s^1$. Lässt man eine große Anzahl von Lithiumatomen miteinander wechselwirken, so bilden sich ein 1s- sowie ein 2s- und 2p-Band aus. Das 1s-Band ist komplett mit Elektronen gefüllt. Zwischen ihm und dem 2s-Band liegt die *Bandlücke* bzw. *verbotene Zone*. Diese Energieniveaus können durch keine Elektronen besetzt werden. Das 2s-Band ist mit einem Elektron pro Lithiumatom gefüllt und überlappt aufgrund seiner energetischen Nähe mit dem 2p-Band. In diesem teilweise mit Elektronen gefüllten Band können sich die Elektronen frei bewegen und es entsteht eine elektrische Leitfähigkeit.

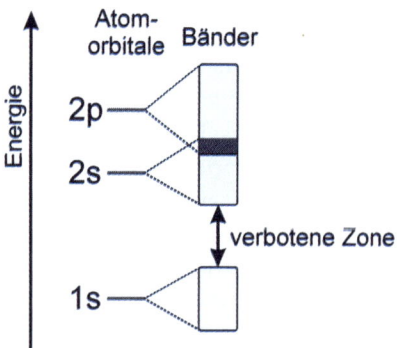

Abbildung 3.21: Anwendung des Bändermodells auf Lithiummetall

Prinzipiell hängt die elektrische Leitfähigkeit davon ab, ob sich die Elektronen in einem Band frei bewegen können. Liegt zwischen dem Valenz- und dem Leitungsband eine verbotene Zone, so lassen sich Halbleiter und Isolatoren unterscheiden (▶Abbildung 3.22). In Metallen liegen Valenz- und Leitungsband sehr dicht beieinander bzw. überlappen sich gegenseitig. Damit können Elektronen im Valenzband, das gefüllt ist und in dem es zu keiner Elektronenbewegung kommen kann, da alle Energieniveaus mit Elektronen belegt sind, sehr leicht ins Leitungsband übertreten, wo sie sich frei bewegen können. Es handelt sich also um *elektrische Leiter*. Gleichzeitig entstehen durch den Übergang der Elektronen im Valenzband Fehlstellen, so genannte Löcher, die nun auch eine Elektronenbewegung in diesem Band ermöglichen.

Bei *elektrischen Isolatoren* liegt zwischen dem voll besetzten Valenzband und dem unbesetzten Leitungsband die verbotene Zone. Diese ist so breit, dass ein Übertritt von Elektronen nicht möglich ist. Die Elektronen verbleiben also im Valenzband. Bei *Halbleitern* ist die verbotene Zone nicht so breit wie bei Isolatoren. Die Zuführung von Energie in Form von Wärme oder Licht kann schon ausreichen, um Elektronen vom Valenz- ins Leitungsband anzuregen, in dem sie sich dann frei bewegen können. Dieser Effekt kann noch verstärkt werden, indem man die Halbleiter mit Atomen einer anderen Sorte *dotiert*. Durch das Dotieren werden bewegliche Ladungsträger erzeugt. Im Fall des *Siliciums* als dem klassischen Halbleitermaterial bringt man beispielsweise eine geringe Menge von Boratomen ein, die ein Elektron weniger als das Silicium besitzen. Es entstehen dadurch positiv geladene Löcher im Valenzband, die nun eine Elektronenbewegung ermöglichen und für die elektrische Leitfähigkeit verantwortlich sind. Die entstehenden Materialien bezeichnet man als *p-Halbleiter* (*p* für positiv). Wenn Fremdatome in einen Halbleiter eingebracht werden, die ein Elektron mehr im Valenzband haben als das dotierte Material, so steht pro Fremdatom ein Elektron mehr zur Verfügung, als für die Bindung benötigt wird und damit im Gitter frei beweglich ist. Im Bänderschema liegt ein solches Elektron auf einem Energieniveau nahe unterhalb des Leitungsbands. Ein solcher Halbleiter besitzt überschüssige Elektronen und wird daher als *n-Halbleiter* bezeichnet (*n* für negativ). Silicium kann so beispielsweise mit Phosphor dotiert werden.

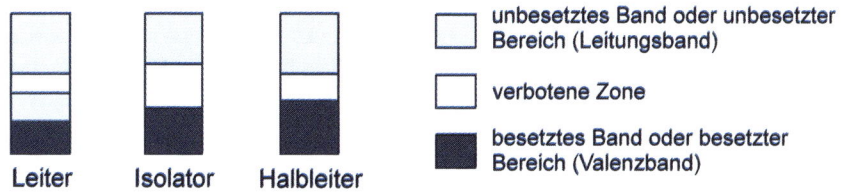

Abbildung 3.22: Unterscheidung zwischen Leiter, Isolator und Halbleiter auf Basis des Bändermodells

Moderne Materialien, so unterschiedlich wie ihre Bindungen

Die verschiedenen Bindungsarten haben einen direkten Einfluss auf die Eigenschaften der Substanzen. Neben den Eigenschaften, die sich aus der räumlichen Aufteilung der Elektronen zwischen den Bindungspartnern ergeben, spielt auch die Struktur der Moleküle und Feststoffe eine wichtige Rolle. Durch ein Verständnis von beiden Faktoren können wir uns die vielfältigen und häufig erstaunlichen Eigenschaften moderner Materialien erschließen. Hier soll kurz auf zwei Materialklassen eingegangen werden, die unser alltägliches Leben mehr und mehr beeinflussen.

Neue Keramiken

Keramiken verbindet die Mehrzahl der Menschen mit Geschirr in der Küche oder der schmucken Vase auf dem Wohnzimmertisch. Jedoch halten seit vielen Jahrzehnten technische Keramiken Einzug in unser Leben, ohne dass es den meisten von uns bewusst ist. Keramische Werkstoffe werden heute in Bereichen verwendet, in denen früher häufig Metalle zum Einsatz kamen. Bis vor einigen Jahrzehnten galten Anwendungen, die uns heute als selbstverständlich erscheinen, als nicht realisierbar. Bei Keramiken handelt es sich um Werkstoffe, die meist aus anorganischen feinkörnigen Rohstoffen unter Zugabe eines Bindemittels bei Raumtemperatur geformt werden und in einem anschließenden Brennprozess bei hohen Temperaturen (>900 °C) zu harten, dauerhafteren Gegenständen gesintert werden. Im Unterschied zu vielen anderen Werkstoffklassen, insbesondere den Metallen, erfolgt die Formgebung beim keramischen Produkt im Herstellprozess. Typische moderne Hochleistungskeramiken sind Bornitrid (BN), Siliciumcarbid (SiC) oder Aluminiumoxid (Al_2O_3) (siehe auch Kapitel 11).

Technische Keramiken sind so vielfältig wie ihre Rohstoffe; viele besitzen aber einige der folgenden Materialeigenschaften, aus denen sich auch ihre typischen Anwendungen ergeben:

- Hitzebeständigkeit
- elektrische Isolatoren
- hohe Verschleißfestigkeit
- große Härte
- Korrosionsbeständigkeit ▶

- gute Kompatibilität zu biologischem Gewebe
- geringe thermische Ausdehnung
- niedrige Dichte

Viele der Eigenschaften ergeben sich aus der Bindung und Struktur der Keramiken. Beispielsweise ist Bornitrid nach Diamant der zweithärteste Werkstoff. Grund hierfür ist, dass die Elektronen in starken kovalenten Bindungen zwischen den Elementen lokalisiert sind und das BN eine dem Diamanten sehr ähnliche Festkörperstruktur aufweist (▶Abbildung 3.23).

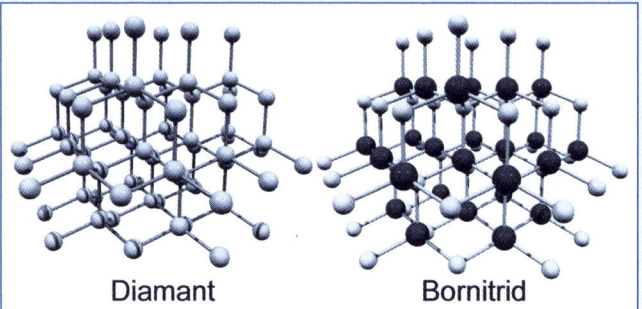

Diamant　　　Bornitrid

Abbildung 3.23: Vergleich der Strukturen von Diamant und Bornitrid

Durch die herausragenden Eigenschaften werden technische Keramiken in vielen verschiedenen Anwendungsgebieten eingesetzt. In der Medizintechnik werden sie als Ersatz für Knochen und Zähne verwendet, wobei ihre große mechanische Festigkeit und Verschleißfestigkeit sowie die hohe Korrosionsbeständigkeit und gute Verträglichkeit mit biologischem Gewebe eine wesentliche Bedeutung hat. Ein großes Einsatzgebiet sind thermische Anwendungen, z.B. im Ofenbau oder bei Heizelementen. Hohen Temperaturen halten keramische Werkstoffe häufig ohne Verzug oder Ermüdung stand, wodurch sie ideal im Motorenbau eingesetzt werden können.

Viele keramische Bauteile finden als elektrische Isolatormaterialien ihren Einsatz. Allerdings gibt es auch einige Keramiken, die Halbleiter oder *Supraleitereigenschaften* zeigen. In Zukunft werden keramische Werkstoffe sicher noch weitere Gebiete unseres täglichen Lebens erobern. Seien wir gespannt.

Metalle mit Gedächtnis

Stellen Sie sich vor, Sie verursachen einen kleinen Blechschaden an Ihrem Auto. Wäre es nicht toll, wenn Sie, statt in die Werkstatt zu fahren, einfach ein Heißluftgebläse aus der Garage holen und die Beule durch ein bisschen Erhitzen beseitigen könnten? Spinnerei!, sagen Sie. Nein, durchaus nicht. Im Prinzip ist dies dank *Formgedächtnis-Legierungen*, die auch als *Memorymetalle* bezeichnet werden, möglich. *Legierungen* sind nichts anderes als Mischungen von zwei oder mehr unterschiedlichen Metallen. Die bekannteste dieser Formgedächtnis-Legierungen wird *Nitinol* genannt. Es handelt sich um eine Nickel-Titan-Legierung. Der Effekt, dass sich Werkstücke dieser Legierungen auch bei starker Verformung scheinbar wieder an ihre ursprüngliche Gestalt „erinnern", beruht auf ihrer Festkörperstruktur. Die entsprechenden Legierungen besitzen verschiedene kristalline Anordnungen ihrer Atome, die sich durch Temperatur- oder Spannungsänderung ineinander umwandeln können. Um diesen Effekt zu erzielen, wird den Materialien bei einer bestimmten Temperatur – bei der ein bestimmter Gittertyp vorherrscht – eine Form gegeben, in die sie dann nach einer Verformung wieder zurückkehren.　▶

In einer Vielzahl von technologischen Anwendungen finden solche Materialien bereits Verwendung, so z.B. als medizinische Implantate wie *Stents*. Das sind kleine Strukturen zur Stabilisierung von Arterien. In der Weltraumtechnik werden Formgedächtnis-Materialien oft zum Entfalten der Sonnensegel verwendet. Weitere Anwendungen sind die Automobiltechnik, Luft- und Raumfahrttechnik usw.

Einige dieser Materialien zeigen auch eine erhöhte Elastizität, die sehr viel höher ist als bei herkömmlichen Metallen, so dass Körper aus diesen Legierungen sehr leicht wieder in ihre Ausgangsform zurückkehren. Diese so genannte Superelastizität wird beispielsweise bei Brillengestellen ausgenutzt.

3.5 Übergänge zwischen den einzelnen Bindungsarten

Die drei Bindungsarten Ionenbindung, Atombindung und metallische Bindung sind nicht strikt getrennt voneinander, stattdessen gibt es zwischen ihnen Übergangsformen. Die für viele Anwendungen bedeutendste Übergangsform ist die *polare Atombindung*. Bei ihr handelt es sich um eine kovalente Bindung zwischen zwei Bindungspartnern, deren Elektronegativitäten in größerem Maße voneinander abweichen (▶ Abbildung 3.24). Dabei reicht die Differenz jedoch noch nicht aus, eine Ionenbindung zu bilden.

Das Auftreten der zwei Extreme kovalente und Ionenbindung kann, wie bereits erwähnt, durch die Elektronegativitätsdifferenz zwischen beiden Bindungspartnern erklärt werden. Ist die Elektronegativität der Bindungspartner gleich, so werden die Bindungselektronen gleichmäßig durch beide Partner angezogen, in diesem Fall spricht man von einer rein kovalenten bzw. unpolaren Bindung.

Wenn dagegen die Elektronegativitäten zwischen den Bindungspartnern große Unterschiede aufweisen, so werden die Bindungselektronen vom elektropositiveren Partner an den elektronegativeren Partner vollständig übertragen. Es entstehen ein Kation und ein Anion, die über eine Ionenbindung miteinander wechselwirken. Hierbei handelt es sich um einen Idealfall, der eigentlich nur bei Bindungen mit einer Elektronegativitätsdifferenz von ≥ 2 auftritt. Beispiele für diesen Bindungstyp sind das schon besprochene Natriumchlorid NaCl oder Cäsiumfluorid CsF.

Wenn die Differenz zwischen den Elektronegativitäten geringer ausfällt, dann handelt es sich um eine Bindung mit ionischem Charakter, eine so genannte polare kovalente Bindung. Durch die Elektronegativitätsdifferenz kommt es zu einer Verzerrung der Elektronendichte zwischen den verbundenen Atomen (Abbildung 3.24). Die Bindungselektronen werden vom Element mit der höheren Elektronegativität stärker angezogen. Durch die Verzerrung der Elektronendichte entsteht an dem elektronegativeren Element ein leichter Elektronenüberschuss, dieser wird durch eine negative Partialladung δ^- gekennzeichnet. Dementsprechend wird vom Element mit der niedrigeren Elektronegativität Elektronendichte abgezogen und es erhält eine positive Partialladung δ^+. Es ist zu beachten, dass es sich bei diesen Ladungen nicht um wirkliche Ladungen wie bei den Ionen handelt, sondern lediglich um Verschiebungen in der Elektronendichte der kovalenten Bindung. Durch die Nachbarschaft dieser beiden entgegengesetzten Bindungen kommt es zur Entstehung eines *Dipolmoments*. Dieses wird insbesondere in zweiatomigen Molekülen mit einer entsprechend großen Elektronegativitätsdifferenz deutlich, z.B. in Chlorwasserstoff HCl.

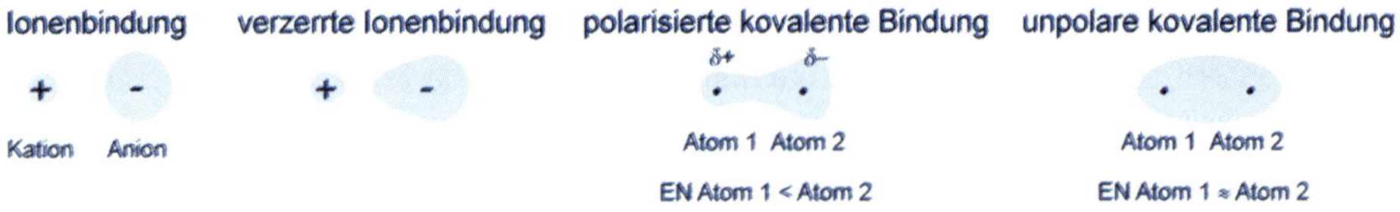

Abbildung 3.24: Verschiebung der Elektronendichte in Abhängigkeit von der Elektronegativitätsdifferenz (EN: Elektronegativität)

Auch in Ionenbindungen können sich die Elektronendichten verzerren. Dies ist insbesondere davon abhängig, wie leicht sich die Elektronenhüllen der beiden Ionen beeinflussen lassen. Im Allgemeinen gilt, dass sich die Elektronenhüllen von großen Anionen mit hoher negativer Ladung besonders leicht von kleinen Kationen verzerren lassen. Der Grund dafür ist, dass in großen Anionen die äußeren Valenzelektronen besonders weit vom positiv geladenen Kern entfernt sind und daher seine Anziehung viel schwächer spüren, als dies in kleineren Anionen der Fall ist. Beispielsweise lässt sich die Elektronenhülle des Iodidions mit einem Ionenradius $r(I^-) = 220$ pm wesentlich leichter verzerren als die des Fluoridions $r(F^-) = 133$ pm.

Inwieweit ein Kation die Elektronenhülle eines benachbarten Anions verzerren kann, hängt ebenfalls von dessen Ladung und Größe ab. Je kleiner und höher geladen das Kation ist, desto höher ist sein Einfluss auf die Elektronenhülle des Anions. Bei den Metallen neigen die kleinsten Kationen sogar eher zur Bildung von Bindungen mit kovalentem Charakter, z.B. Li^+.

Dipolmoment und Molekülsymmetrie

Sehr viele makroskopische Eigenschaften von Molekülen, insbesondere die Wechselwirkung zu anderen Stoffen, hängen vom Dipolmoment des Moleküls ab. An zweiatomigen Molekülen lässt sich dieses Dipolmoment relativ leicht durch die Differenz der Elektronegativität abschätzen. Dies ist am Beispiel der Wasserstoffverbindungen der Halogene relativ einfach zu sehen.

Name der Verbindung	Summenformel	Elektronegativitätsdifferenz	Abnahme der Polarität
Fluorwasserstoff	HF	1,9	
Chlorwasserstoff	HCl	0,9	
Bromwasserstoff	HBr	0,7	
Iodwasserstoff	HI	0,3	

Bei mehratomigen Molekülen wird die Sache etwas komplizierter. Hier kann jede Bindung ein Dipolmoment besitzen, für die Abschätzung der makroskopischen Eigenschaften ist aber das Dipolmoment des Gesamtmoleküls von entscheidender Bedeutung. Dieses kann aus den einzelnen Dipolmomenten der Bindungen abgeleitet werden. Dabei wird jede Bindung, die ein Dipolmoment besitzt, als Vektor behandelt und das gesamte Dipolmoment entsteht aus einer Vektoraddition der einzelnen Momente. Das bedeutet aber, dass die dreidimensionale Struktur der Moleküle bekannt sein muss, da die Vektoren entlang der Bindungen verlaufen. Eine Faustregel, die häufig verwendet werden kann, lautet: Je symmetrischer ein Molekül ist, desto weniger polar ist es. Hier soll anhand einiger Beispiele dieser Sachverhalt erläutert werden (▶Abbildung 3.25).

Das Molekül Kohlenstoffdioxid besitzt die Summenformel CO_2. Es handelt sich um ein lineares Molekül mit zwei polaren C-O-Doppelbindungen, die in entgegengesetzte Richtungen weisen. Da die Dipolmomente gleich stark sind und in entgegengesetzte Richtungen weisen, besitzt dieses Molekül also kein resultierendes Gesamtdipolmoment. Wasser hingegen ist ein planares Molekül mit zwei polaren O-H-Einfachbindungen, die einen Winkel von 104,5° miteinander eingehen. Die beiden Dipolmomente der Bindungen heben sich damit nicht auf und das Gesamtmolekül besitzt ein Dipolmoment mit einer negativen Partialladung, die am Sauerstoffatom lokalisiert ist. Das Molekül Bortrifluorid BF_3 besitzt drei polare B-F-Einfachbindungen, bei denen die negative Partialladung auf den Fluoratomen liegt, entsprechend sind die Dipolmomente entlang der B-F-Bindungen angeordnet. Da die drei Fluoratome im Molekül in die drei Ecken eines gleichseitigen Dreiecks weisen und alle Atome in einer Ebene liegen, heben sich die Dipolmomente gegenseitig auf. Ganz anders ist dies im Fall des Ammoniakmoleküls NH_3. Hier sitzt das Stickstoffatom über der Ebene der drei H-Atome, wie die Spitze einer Pyramide. Die N-H-Bindungen sind polar mit einer negativen Partialladung auf dem Stickstoffatom. Daher entsteht ein Gesamtdipolmoment dieser Struktur mit einer negativen Partialladung, die am Stickstoffatom lokalisiert ist. Tetrachlorkohlenstoff CCl_4 besitzt ein C-Atom, das in den Ecken eines gleichmäßigen Tetraeders von vier Chloratomen umgeben ist. Zwar sind die C-Cl-Bindungen stark polar, doch heben sich diese einzelnen Dipolmomente durch Vektoraddition gegenseitig auf. Chlormethan CH_3Cl, mit nur einem Chloratom und drei H-Atomen um das Kohlenstoffatom angeordnet, hat im Wesentlichen nur eine polare Bindung, die C-H-Bindungen sind nur schwach polar. Damit dominiert die C-Cl-Bindung auch das gesamte Dipolmoment des Moleküls.

Die Kenntnis des Dipolmoments und damit der Polarität von Molekülen ermöglicht es, z.B. die Bildung von Mischungen verschiedener Substanzen abzuschätzen. Normalerweise mischen sich beispielsweise Flüssigkeiten nur, wenn sie eine ähnliche Polarität besitzen. Aus dem täglichen Leben kennen wir dieses Phänomen, wenn wir versuchen, unpolares Olivenöl mit polarem Wasser zu mischen.

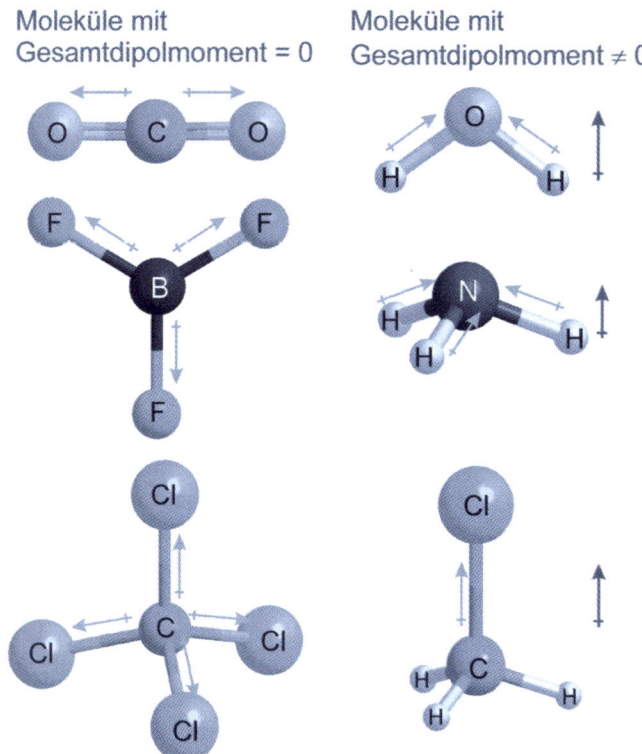

Moleküle mit
Gesamtdipolmoment = 0

Moleküle mit
Gesamtdipolmoment ≠ 0

Abbildung 3.25: Strukturen einiger einfacher Moleküle, die Dipolmomente ihrer Bindungen und das resultierende Gesamtdipolmoment

3.6 Räumliche Struktur von kovalent gebundenen Molekülen

In Ionenverbindungen wirken die elektrostatischen Anziehungskräfte in alle drei Raumrichtungen, was zur Bildung spezifischer Koordinationszahlen um die Ionen führt. Diese sind abhängig vom Platzbedarf der Kationen und Anionen und der entsprechenden Anziehung und Abstoßung zwischen ihnen. In metallischen Bindungen versuchen die Metallionen, sich in ähnlicher Weise möglichst eng anzuordnen, und bilden ein dreidimensionales Gitter aus. Ganz anders gestaltet sich die Struktur in diskreten Verbindungen, die rein kovalenter Natur sind (dreidimensionale kovalente Festkörperstrukturen ausgenommen). Die Bindungen weisen hier in bestimmte Raumrichtungen, die durch die räumliche Struktur der Atomorbitale begründet sind. Bei Molekülen mit mehr als zwei Bindungspartnern entstehen dadurch spezifische Bindungswinkel zwischen den Elementen, also eine räumliche Struktur. Mittels eines einfachen Modells, das lediglich auf dem Raumanspruch von bindenden und nichtbindenden Elektronenpaaren beruht, lassen sich so viele Strukturen von einfachen Molekülen vorhersagen. Gleich am Anfang dieser Betrachtungen sei bemerkt, dass dieses Modell nicht auf alle

Verbindungen mit kovalenten Bindungen angewendet werden kann, für viele Verbindungen zwischen Nichtmetallen jedoch sehr gute Ergebnisse liefert. Die räumliche Struktur von Verbindungen ist für einige ihrer makroskopischen Eigenschaften von entscheidender Bedeutung – wie im vorhergehenden Kapitel zu sehen war –, daher soll dieses Modell hier behandelt werden.

Das Modell beruht darauf, dass man bindenden und nichtbindenden Elektronenpaaren einen bestimmten Raumanspruch zugesteht (▶Abbildung 3.26). Der Raum, der von einer solchen Elektronenwolke eingenommen wird, kann nicht von einer zweiten Elektronenwolke besetzt sein. Prinzipiell gehen sich die Elektronenwolken dabei möglichst weit aus dem Weg, so dass sie ihre Abstände zueinander maximieren. Man stellt sich also das zentrale Atom von Elektronenwolken umgeben vor, die entweder freie Elektronen, Einfachbindungen oder Mehrfachbindungen zu anderen Bindungspartnern darstellen. Diese Elektronenwolken können sich nicht durchdringen und können auch als negative Ladungspunkte auf einer Kugel um das zentrale Atom beschrieben werden, die einen größtmöglichen Abstand zueinander eingehen. Durch die Anzahl der Elektronenwolken können somit die Winkel zueinander abgeschätzt werden. Wichtig ist dabei noch, dass die Elektronenwolken unterschiedliche Größen besitzen und damit unterschiedlichen Raum beanspruchen, was sich auf die anderen Elektronenwolken auswirkt. Die Abfolge des Raumanspruchs lautet: *freie Elektronenpaare > Doppelbindungen > Einfachbindungen*. Einen ersten Hinweis auf die Struktur sowie die bindenden und freien Elektronenpaare erhält man dabei aus der Lewis-Formel.

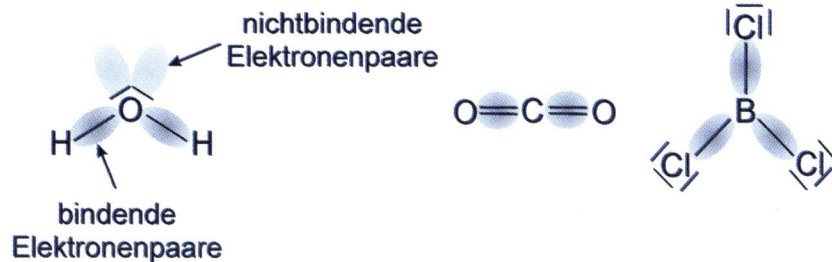

Abbildung 3.26: Raumanspruch von Elektronenpaaren und ihr Einfluss auf die Struktur von Molekülen

Durch die Betrachtungsweise eines Moleküls als Zentralatom, das von bindenden und nichtbindenden Elektronenpaarwolken umgeben ist, ergeben sich unterschiedliche dreidimensionale Strukturen für die entsprechenden Moleküle (▶Abbildung 3.27). Im Fall von zwei Elektronenpaaren um ein Zentralatom wäre die entstehende Struktur *linear*, bei drei *trigonal-planar* und bei vieren *tetraedrisch*. Wenn mehr als vier Elektronenpaare ein Zentralatom umgeben, gibt es mehrere Möglichkeiten der Ausbildung von dreidimensionalen Strukturen für die jeweilige Elektronenpaarzahl. Für fünf und sechs Elektronenpaarwolken sind die häufigsten Strukturtypen die *trigonalbipyramidale* und die *oktaedrische* Struktur.

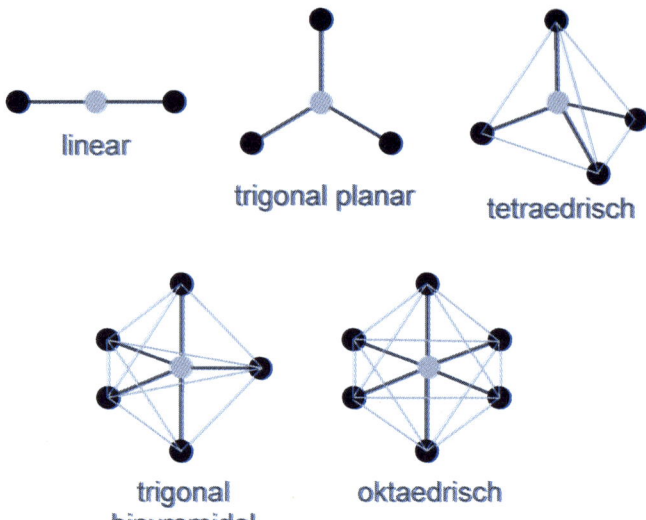

linear

trigonal planar

tetraedrisch

trigonal
bipyramidal

oktaedrisch

Abbildung 3.27: Dreidimensionale Strukturtypen in Abhängigkeit von der Anzahl der Elektronenpaarwolken um das Zentralatom (hell)

Name der Verbindung	Lewis-Struktur	Zentrales Atom	Bindende Elektronen/paare	Nichtbindende Elektronen-paare	Winkel
Wasser		O	2	2	H-O-H 104,5°
Kohlenstoffdioxid	$O=C=O$	C	2	0	O-C-O 180°
Bortrichlorid		B	3	0	Cl-B-Cl 120°
Formaldehyd		C	3	0	H-C-O 122° H-C-H 116°
Methan		C	4	0	H-C-H 109,5°
Ammoniak		N	3	1	H-N-H 107°

Tabelle 3.1: Einfluss der Elektronenpaare um ein Zentralatom in einem Molekül auf die Bindungswinkel

3.7 Zwischenmolekulare Wechselwirkungen

Neben den Wechselwirkungen zwischen Atomen, die zu Bindungen führen, treten auch Wechselwirkungen zwischen diskreten Molekülen auf, welche ebenfalls die makroskopischen Eigenschaften eines Stoffes beeinflussen. Diese Kräfte, die zwischen einzelnen Molekülen wirken, werden als zwischenmolekulare Wechselwirkungen bezeichnet.

Im Vergleich zu den verschiedenen Bindungsarten (kovalente Bindung, Ionenbindung und metallische Bindung) sind die Wechselwirkungskräfte zwischen einzelnen Molekülen oft sehr viel geringer. Jedoch muss es zwischen allen Atomen und Molekülen solche Wechselwirkungen geben, sonst ließen sich beispielsweise Gase nicht verflüssigen. Selbst Atome, die nur sehr widerwillig Wechselwirkungen eingehen, wie die Edelgase, lassen sich unter spezifischen Bedingungen (meist sehr tiefe Temperaturen) in Flüssigkeiten umwandeln. Wie wir später noch sehen werden, ist ein Kennzeichen einer Flüssigkeit die Wechselwirkung zwischen ihren einzelnen Bestandteilen. Viele physikalische Eigenschaften, wie beispielsweise Schmelz- und Siedepunkte, Viskositäten usw., hängen von der Stärke der zwischenmolekularen Wechselwirkungen ab.

Dabei lassen sich im Wesentlichen drei Arten von Wechselwirkungen unterscheiden:

- *Dipol-Wechselwirkungen*
- *Van-der-Waals-Wechselwirkungen*
- *Wasserstoffbrücken*

Bei Dipol-Wechselwirkungen handelt es sich um die elektrostatische Anziehung von Dipolmolekülen oder Ionen entgegengesetzter Ladung (▶Abbildung 3.28). Solche Wechselwirkungen spielen beispielsweise beim Mischen polarer Stoffe eine wichtige Rolle oder auch beim Lösen von Salzen, wie z.B. NaCl in Wasser. Dabei ziehen sich negative und positive Pole von Dipolen gegenseitig an. Die Dipol-Dipol-Wechselwirkungen sind im Allgemeinen sehr schwach und werden umso größer, je höher die Polaritäten der Dipole sind.

Ion-Dipol Wechselwirkungen
Dipol-Dipol Wechselwirkungen

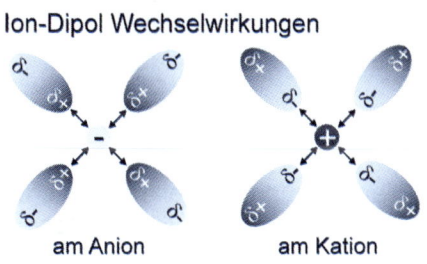

am Anion   am Kation

Abbildung 3.28: Dipol-Wechselwirkungen

Die nach dem niederländischen Physiker *Johannes Diderik van der Waals* (1837–1923) benannten Van-der-Waals-Wechselwirkungen sind in gewisser Weise mit Dipol-Wechselwirkungen verwandt, da sie auch auf einem Dipoleffekt beruhen (▶Abbildung 3.29). Sie stellen generell jedoch schwächere zwischenmolekulare Kräfte dar und wirken nur, wenn sich einzelne Atome oder Moleküle sehr nahe kommen. Sie spielen daher hauptsächlich in festen oder flüssigen Stoffen oder bei Gasen in Nähe des Kondensationspunktes eine Rolle. Van-der-Waals-Wechselwirkungen beruhen auf der elektrischen Polarisierung durch kurzzeitige Ladungsverschiebungen innerhalb von Molekülen. Diese Polarisierung induziert in der Elektronenhülle der benachbarten Moleküle eine Verschiebung, was zur Bildung eines Dipols führt. Resultat sind Dipol-Dipol-Wechselwirkungen zwischen dem induzierenden und dem induzierten Dipol.

Da alle Atome und Moleküle über polarisierbare Elektronen verfügen, treten Van-der-Waals-Kräfte immer auf. Bei unpolaren Molekülen stellen sie den einzigen Beitrag zur gegenseitigen Wechselwirkung dar. Ihre Stärke nimmt zu, je leichter Ladungen eines Atoms oder Moleküls polarisiert werden können. Als Beispiel für die Stärke von Van-der-Waals-Kräften sollen hier die Halogene dienen. Diese kommen im elementaren Zustand als X_2-Moleküle vor, in denen die zwei Halogenatome über eine Einfachbindung verbunden sind. Die Moleküle sind unpolar, jedoch nimmt die Polarisierbarkeit mit größer werdender Elektronenhülle, also in der Gruppe von oben nach unten, zu. Die kleinste Polarisierbarkeit besitzen die Fluormoleküle F_2. Bei ihnen treten kaum Van-der-Waals-Wechselwirkungen zwischen den einzelnen Molekülen auf und die Verbindung ist daher bei Raumtemperatur gasförmig; dies gilt auch für die Cl_2-Moleküle. Die Atome der Brommoleküle Br_2 besitzen hingegen bereits eine gute Polarisierbarkeit der Elektronenhülle. Brom ist daher bei Raumtemperatur flüssig und elementares Iod I_2 ist ein Feststoff.

Van der Waals-Wechselwirkungen

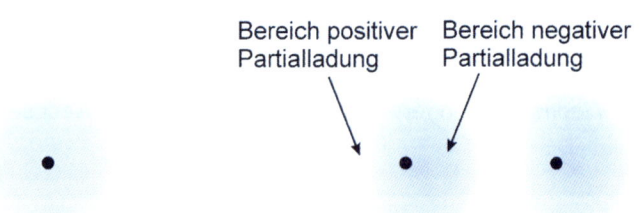

Bereich positiver Partialladung   Bereich negativer Partialladung

Elektronendichteverteilung in unbeeinflußtem Atom   Polarisierung der Elektronendichte Induktion eines Dipolmomentes

Abbildung 3.29: Wirkungsweise von Van-der-Waals-Wechselwirkungen

Wasserstoffbrückenbindungen treten zwischen einem stark polarisierten Wasserstoffatom und einem sehr elektronegativen Atom eines benachbarten Moleküls auf, insbesondere mit N-, O- und F-Atomen. Es handelt sich daher um einen Spezialfall einer besonders starken Dipol-Dipol-Wechselwirkung. Die beeindruckendsten Effekte für die Wirkung dieser Art der Bindung sind bei den Wasserstoffverbindungen der Elemente der zweiten Periode zu finden (▶Abbildung 3.30). Dies soll am Beispiel der Siedepunkte dieser Verbindungen erläutert werden.

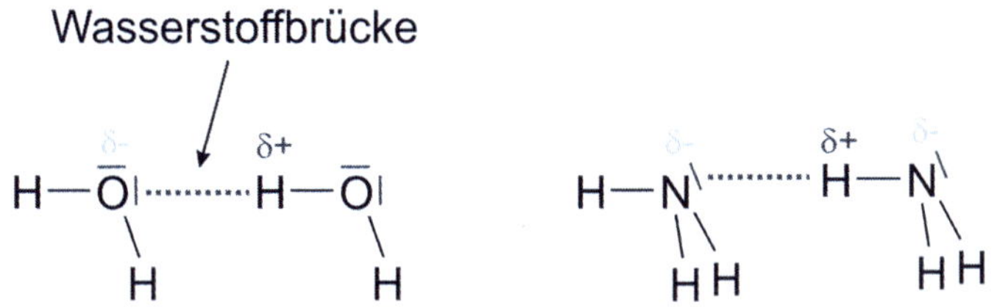

Abbildung 3.30: Prinzip der Wasserstoffbrückenbindung

Im Normalfall steigt der Siedepunkt von gleichartigen Verbindungen in einer Gruppe mit der Molekularmasse an. Dies ist beispielsweise bei den Wasserstoffverbindungen der 4. Hauptgruppe zu beobachten. Der Siedepunkt nimmt in der Reihenfolge CH_4, SiH_4, GeH_4, SnH_4 zu. In den entsprechenden Wasserstoffverbindungen der Gruppen 14 - 17 ist dies nicht der Fall (▶Abbildung 3.31). Hier zeigen die Verbindungen der zweiten Periode einen wesentlich höheren Siedepunkt, als aufgrund ihres Molekulargewichts zu erwarten wäre. Der Grund für diesen Unterschied liegt in den verschiedenen zwischenmolekularen Kräften. Bei den Elementen der 14. Gruppe treten nur Van-der-Waals-Kräfte zwischen den einzelnen Molekülen auf, da sie unpolar sind und keine einsamen Elektronenpaare besitzen. In den höheren Gruppen verhalten sich die Elemente der dritten und der höheren Perioden im Wesentlichen, wie es zu erwarten wäre. Bei den Elementen der zweiten Periode hingegen ist die Elektronegativitätsdifferenz zwischen Wasserstoff und dem jeweiligen Element so groß, dass der Wasserstoff stark positiv polarisiert ist. Es kann dadurch zur elektrostatischen Wechselwirkung mit freien Elektronenpaaren an benachbarten Molekülen kommen, welche eine negative Partialladung tragen.

Am beeindruckendsten ist dieser Effekt beim Wasser zu beobachten. Ausgehend von seinem Molekulargewicht unter Extrapolation der Siedepunkte der Wasserstoffverbindungen in dieser Gruppe, sollte Wasser einen Siedepunkt um ca. −100°C besitzen, tatsächlich liegt sein Siedepunkt unter Normaldruck − wie wir alle wissen − bei +100°C. Der Grund dafür sind die starken Wasserstoffbrückenbindungen. Nun könnte berechtigterweise der Einwand kommen, dass in Fluorwasserstoff HF die Polarisierung aufgrund der höheren Elektronegativitätsdifferenz zwischen Wasserstoff und Fluor viel stärker ist. Das ist richtig, allerdings kann im Fall des Wassers jedes Molekül mit zwei seiner Nachbarn über die zwei positiv polarisierten Wasserstoffatome wechselwirken, was zu einer weitaus besseren Wechselwirkung im Verbund führt. Die Wasserstoff-brückenbindungen bewirken, dass die einzelnen Moleküle in der Flüssigkeit fest-gehalten werden und beim Erhitzen wesentlich schwerer in die Gasphase übertreten.

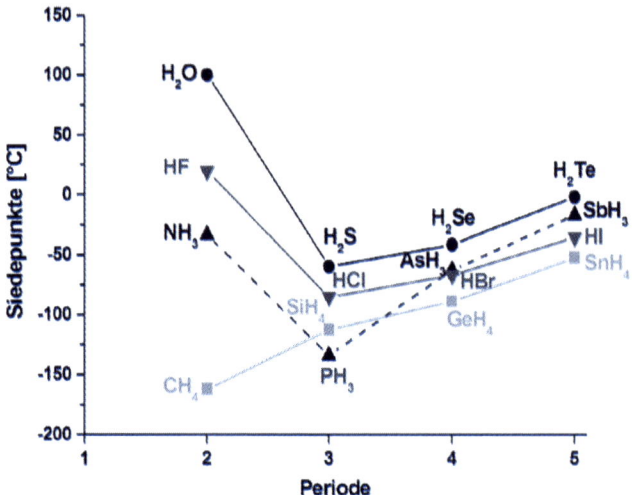

Abbildung 3.31: Siedepunkte der Wasserstoffverbindungen der Elemente der Gruppen 14–17 im Vergleich

Wasserstoffbrückenbindungen können auch zwischen unterschiedlichen Molekülen auftreten. Für ihr Auftreten muss das Molekül, das den Wasserstoff zur Verfügung stellt (der so genannte H-Donor), eine stark polare Bindung zum Wasserstoff aufwei-sen (das H-Atom muss eine hohe Partialladung δ^+ aufweisen), d.h., die Bindungs-stärke der H-Brückenbindung nimmt mit steigender Elektronegativität des Bindungs-partners zu (N < O < F). Gleichzeitig muss der Protonenakzeptor ein relativ kleines Atom mit freien Elektronenpaaren sein. Starke H-Brückenbindungen bilden sich daher nur bei F-, O- und N-Verbindungen aus.

Die Wasserstoffbrückenbindungen sind, wie oben bereits erwähnt, von entscheidendem Einfluss beim abnormen Verhalten des Wassers. Im Wasser treten im Mittel doppelt so viele H-Brücken wie z.B. beim HF auf. Dabei ist jedes O-Atom tetraedrisch von 4 H-Ato-men umgeben. Im gefrorenen Zustand, also im Eis, führt dies zur Bildung von sehr gro-ßen Hohlräumen und damit zu einer Verringerung der Dichte und einer Vergrößerung des Volumens. Daher besitzt Wasser seine höchste Dichte nicht, wie zu erwarten wäre, im festen Zustand, d.h. <0 °C, sondern bei ca. 4 °C (▶Abbildung 3.32).

Auch die hohe Löslichkeit einiger O- und N-Verbindungen in Wasser, wie z.B. Ammo-niak oder Methanol, ist auf die Ausbildung von Wasserstoffbrücken zurückzuführen.

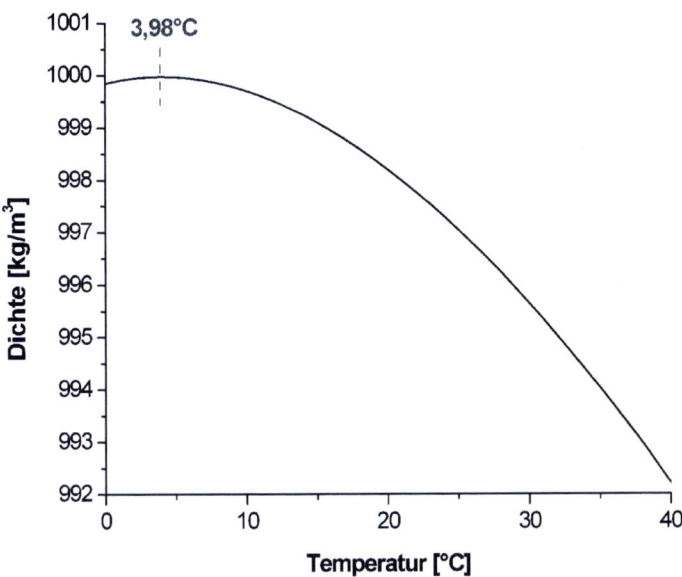

Abbildung 3.32: Dichte von Wasser in Abhängigkeit von seiner Temperatur. Das Dichtemaximum liegt bei 3,98 °C.

Neben ihrer Bedeutung für die Siedepunkte vieler einfacher Moleküle sind Wasserstoffbrücken auch von zentraler Bedeutung für fast alle Strukturen von biologischen Molekülen in der Natur, wie z.B. *Proteinen*, *DNA* usw.

3.8 Makroskopische Eigenschaften von Stoffen, die von den Bindungsarten abgeleitet werden können

Viele der chemischen Eigenschaften von Stoffen lassen sich auf deren Bindungssituation zurückführen. Kovalente Bindungen treten meist zwischen Nichtmetallen auf. Charakteristische Eigenschaften von Molekülen mit Atombindung sind ein niedriger Schmelz- und Siedepunkt, weil die Wechselwirkungskräfte zwischen den Molekülen wesentlich geringer als die im Molekül sind. Aufgrund der Fixierung der Elektronen in den kovalenten Bindungen können diese sich nicht frei bewegen, daher handelt es sich bei ihnen häufig um Nichtleiter. Auch die Ausbildung von dreidimensionalen Festkörpern, wie z.B. im *Diamant*, ist möglich. In diesem ist jedes Kohlenstoffatom von vier weiteren Kohlenstoffatomen regelmäßig umgeben und die Elektronen sind in kovalenten Bindungen fixiert. Die Struktur ist sehr stabil und der Festkörper besitzt hohe Schmelz- und Siedepunkte.

Auch Ionenkristalle besitzen hohe Schmelz- und Siedepunkte, da durch die ungerichteten elektrostatischen Wechselwirkungen in Kristallen ein relativ stabiler Verbund über den gesamten Kristall entsteht. Die Elektronen in Ionenkristallen sind an den entsprechenden Ionen lokalisiert, daher geschieht die Stromleitung nicht durch die Elektronen, sondern Lösungen bzw. Schmelzen von Salzen leiten den Strom aufgrund des Ladungstransports durch die Ionen. Ionenverbindungen sind hart und spröde. Beim Versuch, auf einen Kristall mechanische Kraft auszuüben, zerspringt dieser meist. Der Grund hierfür liegt wiederum in der Struktur der Bindung. Bei mechanischer Kraft werden im Kristall die Ladungen gegeneinander verschoben und gleich geladene Ionen treffen dadurch aufeinander, die sich gegenseitig abstoßen, wodurch die Bindung aufgelöst wird. In wässrigen Lösungen von Ionenverbindungen liegen die Salze als einzelne Ionen (dissoziiert) vor. Entzieht man diesen Lösungen das Wasser wieder, bilden sich in vielen Fällen wieder Feststoffe in kristalliner Form aus.

Die Farbigkeit von Verbindungen entsteht durch die Anregung von Elektronen aus ihren Bahnen durch Licht und das Zurückfallen der Elektronen in ihre ursprünglichen Bahnen. Die dabei frei werdende Energie wird als Lichtwelle einer spezifischen Wellenlänge (= Farbe) emittiert. Da in Ionenkristallen die Valenzelektronen meist stark gebunden sind und nur durch Photonen höherer Energie als die des sichtbaren Lichtes angeregt werden können, erscheinen Salze häufig farblos.

Im Unterschied dazu sind die Außenelektronen der Metalle nur schwach gebunden und daher leicht im Gitter beweglich, was zu hohen Leitfähigkeiten führt. Durch das Auftreffen von Licht können sie elektronisch auf höhere Energieniveaus angeregt werden, und beim Zurückfallen in die Ausgangsbahnen emittieren sie Strahlung, die als *metallischer Glanz* sichtbar wird. Die frei beweglichen Elektronen können die gesamte eingestrahlte Energie – also alle Wellenlängen – wieder unverändert emittieren. Daher tritt keine Farbigkeit auf, die durch Emission nur bestimmter Wellenlängen entsteht, sondern es kommt zu Glanz und Reflexionseffekten, weswegen Metalle als Spiegel eingesetzt werden können.

Revolution der Zwerge: Nanotechnologie

Das Wort „Nano", welches sich aus unserem alltäglichen Leben nicht mehr wegdenken lässt, ist das griechische Wort für Zwerg und in den Naturwissenschaften eine Vorsilbe für eine Maßeinheit, um deren milliardsten (10^{-9}) Teil zu bezeichnen. Wenn wir also von Nanoobjekten sprechen, dann handelt es sich um sehr, sehr kleine Dinge. Im Allgemeinen spricht man in den Naturwissenschaften von einem Nanoobjekt, wie z.B. einem Nanopartikel oder einer Nanoröhre, wenn sich deren Dimension im Bereich 1–100 Nanometer (nm) bewegt. Was ist nun das Besondere an Objekten in dieser Dimension? Sie befinden sich von ihrer Größe her zwischen Molekülen (<1 nm) und makroskopischen Materialien. In dieser Dimension kommt es in vielen Fällen zur Änderung einiger Eigenschaften der Materie, die darauf beruhen, dass häufig Oberflächeneigenschaften gegenüber den Volumeneigenschaften der Materialien eine immer größere Rolle spielen und zunehmend quantenphysikalische Effekte berücksichtigt werden müssen. Um diesen Sachverhalt besser zu verstehen, stellen Sie sich vor, Sie nehmen einen Würfel mit 1 cm Kantenlänge aus einem bestimmten Metall. Wenn Sie diesen Würfel in 10 kleinere Würfel mit jeweils 1 mm Kantenlänge teilen, so bleibt zwar die Gesamtanzahl der Atome, die Sie in den kleineren Würfeln haben, gleich, aber es sitzen wesentlich mehr Metallatome an der Oberfläche. Wenn Sie diese Prozedur bis in die Nanoebene wiederholen, dann werden Sie feststellen, dass Ihre Objekte nahezu nur noch aus Oberflächenatomen bestehen. ▶

Ein weiterer Effekt kann aus der bindungstheoretischen Betrachtung der Nanobausteine abgeleitet werden. Wir haben gelernt, dass ein metallischer Festkörper mit der Bändertheorie so erklärt werden kann, dass eine hohe Anzahl von Atomen miteinander kombiniert wird und sich dabei die Bänder ausbilden. Geht man davon aus, dass die beiden Extreme dieser Theorie auf der einen Seite die Moleküle sind, auf der anderen Seite die Energiebänder des Feststoffes, so liegen Nanoobjekte mit ihrer großen, aber dennoch begrenzten Anzahl an Atomen dazwischen. Ihre elektronischen Eigenschaften liegen damit zwischen denen der Moleküle und des makroskopischen Festkörpers. Diese Tatsache verdeutlicht sich in vielen Eigenschaften; so besitzen Nanopartikel beispielsweise eine andere Leitfähigkeit als die Festkörpermaterialien. Wir haben bei der Betrachtung der Atome gesehen, dass die Farbe mit der elektronischen Beschaffenheit von atomaren Systemen zusammenhängt. Daher ist es nicht verwunderlich, dass eine Größenreduktion in den Nanometerbereich auch Farbänderungen hervorrufen kann. So ändert beispielsweise Gold seine Farbe vom bekannten Goldgelb hin zu Blau bei Partikelgrößen um 500 nm hin zu Purpurrot bei Nanopartikeln um die 10 nm.

Auch andere Eigenschaften ändern sich auf der Nanoebene. So verändert sich beispielsweise das Benetzungsverhalten von Flüssigkeiten auf nanostrukturierten Oberflächen, was Anwendungen für Oberflächenbeschichtungen denkbar macht. Nanopartikel sind kleiner als die Wellenlängen des sichtbaren Lichtes, daher brechen sich die Lichtstrahlen nicht an ihnen und Materialien, die sie enthalten, erscheinen weiterhin transparent, was wiederum neue Materialien für optische Anwendungen zugänglich macht. Viele andere Anwendungen sind zurzeit angedacht oder bereits marktreif entwickelt. Also folgen Sie dem „Nano-Hype" und lassen Sie Ihren „Nano-Fantasien" freien Lauf.

3.9 Summenformeln und Nomenklaturregeln

Die Summenformel, die auch manchmal als Molekülformel bezeichnet wird, gibt an, wie viele Atome eines bestimmten Elements in einer chemischen Verbindung in welchem Verhältnis zu den anderen Atomen vorhanden sind. Die Summenformel einer Substanz besteht aus den Elementsymbolen der enthaltenen Elemente und tiefgestellten Ziffern, die deren Zahlen- bzw. Stoffmengenverhältnis in der Verbindung wiedergeben. Diese Anzahl der Atome steht als Index immer rechts unterhalb des Elementsymbols, wobei die Ziffer „1" nicht ausgeschrieben wird. Im Allgemeinen wird das Element höherer Elektronegativität in der Summenformel – wie auch im Namen des Stoffes – rechts von einem Element niedrigerer Elektronegativität geschrieben. Beispiele hierfür sind NaCl (Natriumchlorid) oder H_2O (Wasser, eigentlich Dihydrogenoxid).

Im Unterschied dazu wird in Datenbanken und Tabellenwerken häufig ein System bevorzugt, in dem die Elemente in ihrer alphabetischen Reihenfolge, gefolgt vom entsprechenden Index, vermerkt sind. Eine Ausnahme stellen hier die organischen Verbindungen dar (siehe Kapitel 9), bei denen zunächst der Kohlenstoff, gefolgt vom entsprechenden Index, dann der Wasserstoff und danach alle anderen in der Verbindung vorhandenen Atomsymbole streng alphabetisch sortiert sind. Bei einfachen molekularen Verbindungen mit wenigen Atomen kann aus der Summenformel direkt auf die Lewis-Strukturformel geschlossen werden, z.B. H_2O, NH_3, CH_4. Dies ist bei komplizierteren Verbindungen nicht mehr einfach möglich. Daher haben bei diesen

Verbindungen Summenformeln hauptsächlich eine Bedeutung bei der Molekülmassenberechnung (siehe unten).

Jede chemische Verbindung muss einen eindeutigen Namen besitzen, der zu einer einzigen Strukturformel führt. Für die Namensgebung, die so genannte *Nomenklatur*, gibt es sehr viele Regeln, die den Umfang dieser Einführung in die Chemie sprengen würden, daher sollen hier nur einige wesentliche besprochen werden.

Methanol bezeichnet beispielsweise nur die Verbindung CH_3-OH und keine andere. Umgekehrt können chemische Verbindungen mit vorgegebener Strukturformel aber unterschiedlich bezeichnet werden, z.B. kann man die Verbindung CH_3-OH nach verschiedenen Nomenklatursystemen sowohl als „Methanol" als auch als „Methylalkohol" bezeichnen.

Durch international verbindliche Richtlinien versucht die IUPAC, die Bezeichnungsweisen für chemische Verbindungen zu vereinheitlichen. Allerdings werden diese durch nationalsprachliche Eigenheiten häufig unterlaufen. Da die systematische Bezeichnung von chemischen Verbindungen nach diesen Regeln oft sehr kompliziert ist, wird von den Chemikern im Alltagsgebrauch weiterhin eine große Anzahl von so genannten *Trivialnamen* verwendet (z.B. Kohlendioxid statt Kohlenstoffdioxid).

Im Folgenden werden einige grundsätzliche Regeln zur Benennung chemischer Verbindungen vorgestellt.

Kommt eine Art von Atomen oder Atomgruppen in einem Molekül mehrfach vor, so wird die Anzahl durch ein entsprechendes Zahlenpräfix (Vorsilbe) angegeben, das von den griechischen Zahlwörtern abgeleitet ist und dem Namen des entsprechenden Atoms bzw. der entsprechenden Atomgruppe vorangestellt wird.

Anzahl	Vorsilbe (Präfix)
1	mono
2	di
3	tri
4	tetra
5	penta
6	hexa
7	hepta
8	octa
9	nona
10	deca
11	undeca
12	dodeca

Beispiele: SO_2: Schwefeldioxid, BCl_3: Bortrichlorid, $SiCl_4$: Siliciumtetrachlorid

Bleibt der Name einer Verbindung dadurch eindeutig, kann man die Zahlenpräfixe auch streichen. Beispielsweise gibt es nur ein einziges Oxid des Aluminiums, nämlich Al_2O_3, weshalb man statt *Dialuminiumtrioxid* auch einfach Aluminiumoxid schreiben kann.

Einfachen Anionen wird die Endung -id an den Elementnamen angehängt.

Beispiele: Fluorid (F^-), Chlorid (Cl^-), Bromid (Br^-), Iodid (I^-), Oxid (O^{2-}), Sulfid (S^{2-})

Weitere Nomenklaturregeln werden im Verlauf der Kapitel zu den einzelnen Verbindungsklassen eingeführt.

3.10 Mol und molare Masse

In Kapitel 3.8 konnten wir sehen, dass die Summenformel einer chemischen Verbindung auch eine quantitative Information enthält, nämlich den Anteil der jeweiligen Atome eines Elements an der Verbindung. Beispielsweise zeigt die Summenformel H_2O an, dass ein Wassermolekül genau zwei Wasserstoffatome und ein Sauerstoffatom enthält. Wie können wir nun von der Summenformel auf die Masse einer chemischen Verbindung schließen? Dies ist insbesondere wichtig, wenn wir von der atomaren Ebene auf Labor- oder großtechnische Produkte umdenken wollen. Wir können dazu nicht die Anzahl der einzelnen Atome heranziehen, da wir diese ja nicht zählen können. Dennoch können wir ihre Anzahl feststellen, wenn wir über die Zusammensetzung der chemischen Verbindung ihre Masse kennen. Bei der Berechnung der Masse einer chemischen Verbindung helfen uns die relativen Atommassen ihrer Bestandteile – der Atome –, die wir bereits in Kapitel 2.5 kennen gelernt haben. Aus diesen lässt sich die relative *Molekülmasse* M_r (oft kurz Molekülmasse genannt) einer chemischen Verbindung durch Addition der relativen Atommassen unter Berücksichtigung der Indices der Atomtypen in der Verbindung berechnen. Hier einige einfache Beispiele:

Berechnung der relativen Molekülmasse für H_2O:

$$2 \cdot A_r(H) = 2 \cdot 1{,}008 \text{ u} \qquad = 2{,}016 \text{ u}$$

$$1 \cdot A_r(O) \qquad\qquad\qquad = 15{,}999 \text{ u}$$

Relative Molekülmasse von

$$H_2O = M_r(H_2O) \qquad\qquad = 18{,}015 \text{ u}$$

Berechnung der relativen Molekülmasse für HNO_3

$$1 \cdot A_r(H) \qquad\qquad\qquad = 1{,}008 \text{ u}$$

$$1 \cdot A_r(N) \qquad\qquad\qquad = 14{,}007 \text{ u}$$

$$3 \cdot A_r(O) = 3 \cdot 15{,}999 \text{ u} \qquad = 47{,}997 \text{ u}$$

Relative Molekülmasse von

$$HNO_3 \qquad\qquad\qquad\qquad = 63{,}012 \text{ u}$$

Im Allgemeinen reicht es, die relative Molekülmasse auf die erste Nachkommastelle zu runden.

Im Fall von ionischen Substanzen wie Natriumchlorid (NaCl) ist es nicht angebracht, von Molekülen zu sprechen; daher verwendet man hier den Begriff „Formeleinheiten", die der chemischen Formel der Substanz entsprechen.

Da die Atommasse eines einzelnen Atoms extrem klein ist, sind selbst in kleinsten Massen, etwa einem Kaffeelöffel einer Substanz, riesige Zahlen von Atomen enthalten. Um das Rechnen zu erleichtern, haben sich die Chemiker eine Vereinfachung einfallen lassen. Immer wenn wir im täglichen Leben große Zahlen handhaben, gehen wir zu alternativen Zählweisen über, z.B. sprechen wir dann von einem Dutzend statt von 12 Stück. Das „Dutzend" des Chemikers ist das Mol. Die SI-Einheit Mol bezeichnet die Stoffmenge, die so viele Objekte (Atome oder Moleküle oder beliebige andere Objekte) enthält, wie Atome in genau 12 g des Kohlenstoffisotops ^{12}C vorhanden sind. Wissenschaftler konnten feststellen, dass diese Anzahl 6,022 · 10^{23} ist. Diese Zahl wird zu Ehren des italienischen Wissenschaftlers *Lorenzo Romano Amedeo Carlo Avogadro* (1776–1856) Avogadrozahl genannt und N_A abgekürzt. Ein Mol Heliumatome enthält also 6,022 · 10^{23} He-Atome, ein Mol Wasser enthält 6,022 · 10^{23} H$_2$O-Moleküle.

Da in chemischen Reaktionen immer eine bestimmte Anzahl von Atomen oder Molekülen der einen Sorte mit einer bestimmten Zahl von Atomen oder Molekülen einer anderen Sorte reagieren, ist es zweckmäßig, statt mit einzelnen Atomen oder Molekülen immer mit Molzahlen zu rechnen. Wie wir gesehen haben, hat ein Mol des Kohlenstoffisotops ^{12}C per Definition die Masse 12 g. Da Wasserstoff ungefähr zwölfmal leichter ist als ^{12}C, besitzt ein Mol Wasserstoffatome die Masse 1,0 g. Daraus lässt sich nun die allgemeine Regel aufstellen: Ein Mol eines Elements oder Moleküls ist diejenige Stoffmenge in Gramm, welche durch die relative Atommasse, die relative Molekülmasse oder durch die relative Formelmasse angegeben wird. Die molare Masse M (oder Molmasse) besitzt den gleichen Betrag wie die relative Molekülmasse oder Formelmasse und trägt die Einheit g/mol. Die molaren Massen für die oben berechneten Verbindungen betragen also $M(H_2O) = 18,015$ g/mol und $M(HNO_3) = 63,012$ g/mol.

Häufig ist es wichtig, von Masse in Stoffmenge umzurechnen und umgekehrt. Dies gelingt relativ einfach über folgende Beziehung:

$$n(X) = \frac{m(X)}{M(X)}$$

$n(X)$ bezeichnet dabei die Stoffmenge in Mol für einen Stoff mit der Formel X, $m(X)$ ist die tatsächliche Masse der Probe und $M(X)$ die molare Masse des Stoffes. D.h., die Stoffmenge von 6 g Wasser sind 6 g : 18,0 g/mol = 0,33 mol. Wie viel Gramm NaCl ($M(NaCl) = 58,43$ g/mol) entsprechen dagegen 2 Mol? Die Lösung lautet: $m(X) = 2$ Mol · 58,43 g/mol = 116,86 g.

ZUSAMMENFASSUNG

Atome können untereinander Wechselwirkungen eingehen, die zu unterschiedlichen *Bindungsarten* führen. Dabei unterscheidet man kovalente oder *Atombindungen*, *ionische Bindungen* und die *metallische Bindung*. In der Atombindung bzw. der *kovalenten Bindung* teilen sich die beteiligten Atome *Elektronenpaare* aus ihren äußersten Schalen und bilden dabei *Moleküle*. In ihnen sind die Atome also über kovalente Bindungen miteinander verknüpft. Jedes einzelne Atom verfolgt dabei das Ziel, die Elektronenkonfiguration zu erreichen, die das entsprechende Edelgas in seiner Periode oder in einer Periode darunter besitzt, d.h., es möchte die so genannte *Edelgaskonfiguration* erreichen. Kovalente Bindungen treten vor allem zwischen Nichtmetallen auf, da hier die Elektronegativitäten der einzelnen Elemente ähnlich sind. Ist dem nicht so und wird die Elektronegativitätsdifferenz der an der Bindung beteiligten Elemente sehr groß, so erhält man eine *Ionenbindung*. In dieser werden die Valenzelektronen vollständig von einem Atom auf seinen Bindungspartner mit der höheren Elektronegativität übertragen. Es entstehen positiv geladene *Kationen* und negativ geladene *Anionen,* die sich durch elektrostatische Anziehung zu einem Ionengitter verbinden. Ganz anders verhält es sich bei der metallischen Bindung. Hier bilden die Metalle Atomrümpfe, die von einem *Elektronengas* umgeben sind, durch das sich die Elektronen leicht bewegen lassen und aus dem die elektrische Leitfähigkeit hervorgeht. Eine auf den Molekülorbitalen beruhende Erklärung gibt das *Bändermodell* der metallischen Bindung. Hier geht man davon aus, dass durch die Wechselwirkung der Atomorbitale der in einem Festkörper vorhandenen Metallatome so genannte Energiebänder entstehen und die Lücke zwischen dem Valenz- und dem Leitungsband die Leitfähigkeit der Verbindung erklärt.

Zwischen diesen Bindungstheorien gibt es Übergänge. So kann die Elektronendichte einer Atombindung aufgrund des Elektronegativitätsunterschiedes zwischen den Bindungspartnern verzerrt sein, wodurch eine *polare Bindung* entsteht.

Neben den verschiedenen Bindungsarten existieren auch Wechselwirkungen zwischen Molekülen, nämlich *Dipol-Wechselwirkungen, Van-der-Waals-Wechselwirkungen* und *Wasserstoffbrückenbindungen*.

Durch die Angabe der Summenformel einer chemischen Verbindung kann man auch Aussagen über ihre relative Molekülmasse tätigen. Die Kenntnis der Mengenangaben ist dabei wichtig für das chemische Rechnen (*Stöchiometrie*). Die Verwendung des *Mols* und der *molaren Masse* ermöglicht, chemische Berechnungen auf atomarer Ebene auf den makroskopischen Bereich zu übertragen.

Aufgaben

Verständnisfragen

1. Erklären Sie die unterschiedliche räumliche Aufteilung der Elektronen zwischen den an der Bindung beteiligten Atomen bei den drei Bindungsarten.

2. Auf welchem Prinzip beruht das Bestreben zweier Atome, eine kovalente Bindung miteinander einzugehen?

3. Wie kann man sich die Bindungsbildung einer kovalenten Bindung unter Verwendung von Atomorbitalen vorstellen?

4. Wie unterscheiden sich σ- und π-Bindungen voneinander?

5. Was versteht man unter Resonanzstrukturformeln?

6. Beschreiben Sie den Typ und die Eigenschaften der Bindung, die zwischen einem elektropositiven Metall und einem elektronegativen Nichtmetall auftritt.

7. Warum zerspringt ein Salzkristall leicht bei einem Schlag mit dem Hammer, während Metalle sich nur verformen?

8. Warum bilden sich bei der Ionenbindung keine Moleküle aus, sondern dreidimensionale Festkörperstrukturen?

9. Welche zwei Theorien kann man zur Erklärung der metallischen Bindung heranziehen und wie unterscheiden sich die beiden?

10. Wie können sich Metallatome im Festkörper anordnen?

11. Was ist die Ursache dafür, dass sich alle Gase verflüssigen lassen?

Übungsaufgaben

1. Ordnen Sie die folgenden Bindungspaare nach zunehmender Polarität der Bindung an: a) B-Cl, I-F, S-O; b) Si-H, C-H, P-Br; c) B-H, N-O, S-Cl

2. Welche der folgenden Verbindungen gehorcht der Oktettregel? a) NF_3; b) SF_4; c) PCl_5; d) SF_6; e) BCl_3; f) CO_2

3. Zeichnen Sie die Lewis-Strukturformeln für folgende Verbindungen einschließlich ihrer Formalladungen: a) NH_4^+; b) SiH_4; c) HCN; d) PO_3^{2-}; e) SO_4^{2-}; f) NO_2; g) CO_3^{2-}

4. Welche Summenformeln haben a) Schwefeltetrafluorid; b) Xenontrioxid; c) Phosphorpentachlorid; d) Distickstoffmonoxid?

5. Benennen Sie folgende Verbindungen: a) NO; b) NF_3; c) SF_6; d) TiO_2

6. Wie viele Wassermoleküle sind in 0,025 mol Wasserdampf enthalten?

7. Wenn 0,87 mol eines Stoffes 5,30 g wiegen, wie groß ist dann die Molmasse des Stoffes?

8. Wie groß ist die relative Molekülmasse folgender Moleküle? a) Eisenoxid Fe_2O_3; b) Calciumfluorid CaF_2; c) Schwefelsäure H_2SO_4; d) Aluminiumoxid Al_2O_3; e) Ammoniak NH_3

9. Berechnen Sie jede der folgenden Größen: a) Masse in Gramm von 0,64 mol $MnSO_4$; b) Stoffmenge in Mol von 15,8 g $Fe(ClO_4)_2$; c) Anzahl der Stickstoffatome in 92,6 g von NH_4NO_2

Aggregatzustände

4.1 Gasgesetze und ihre Bedeutung im Alltag:
ideale und reale Gase 113

4.2 Flüssigkeiten 119

4.3 Festkörper.. 121

4.4 Gemische... 127

4.5 Aggregatzustandsänderungen 130

Zusammenfassung 138

Aufgaben 139

4

ÜBERBLICK

>> Jeden Tag nehmen wir sehr viele Umwandlungen eines Stoffes von einem Zustand in einen anderen vor – ob wir die Flüssigkeit in unserem Gasfeuerzeug durch Druck auf eine Taste in den gasförmigen Zustand expandieren lassen und entzünden oder uns im Winter auf unsere Schlittschuhe begeben, um ein bisschen Spaß auf dem Eis zu haben. Aber was hat das Letztere mit einer Änderung des Zustandes eines Stoffes zu tun? Durch den Druck, den wir auf die Kufen der Schlittschuhe ausüben, wird das Eis darunter zum Schmelzen gebracht. Da die Kufen nicht eben, sondern leicht gebogen geschliffen sind, bildet sich unter ihnen ein dünner Wasserfilm, auf dem wir elegant dahingleiten können. Wenn wir das Gleiche auf Trockeneis (gefrorenem Kohlenstoffdioxid) probieren würden, wäre die ganze Eleganz dahin. Da sich Kohlenstoffdioxid unter dem Druck eines Menschengewichts bei den im europäischen Winter vorherrschenden Temperaturen nicht in seinen flüssigen Zustand umwandelt, wäre ein Gleiten nicht möglich. Wie schön, dass wir in einer wasserbasierten Welt leben, auch wenn wir das Rutschen beim Autofahren nicht gerade gebrauchen können! So gibt es Hunderte von Phänomenen, die uns täglich begleiten und die auf der Änderung des so genannten Aggregatzustandes beruhen; Das fängt beim Schwitzen während unseres Dauerlaufs an und geht hin zur Technologie des Kühlschranks und der Klimaanlage. Lassen Sie uns im folgenden Kapitel in die Welt der Aggregatzustände eintauchen. <<

Alle Stoffe können in Abhängigkeit von Temperatur und Druck in verschiedenen Aggregatzuständen vorkommen. Diese bezeichnet man auch als Phasen.

Es gibt drei klassische Aggregatzustände, die wir uns in diesem Zusammenhang näher betrachten werden (▶Abbildung 4.1):

- **Fest.** In diesem Zustand behält ein Stoff im Allgemeinen sowohl Form als auch Volumen bei.

- **Flüssig.** In diesem Zustand wird das Volumen beibehalten, aber die Form ist unbeständig und passt sich dem umgebenden Raum an.

- **Gasförmig.** Hier entfällt auch die Volumenbeständigkeit, ein Gas füllt den zur Verfügung stehenden Raum vollständig aus.

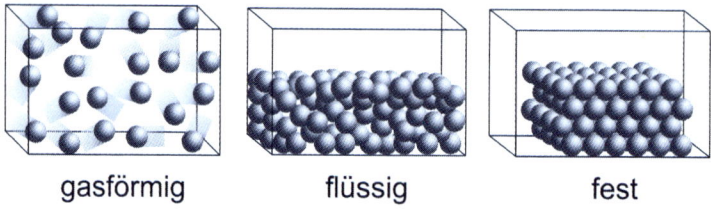

gasförmig   flüssig   fest

Abbildung 4.1: Die drei klassischen Aggregatzustände

Neben diesen drei klassischen Aggregatzuständen existieren auch noch nichtklassische, die allerdings für herkömmliche chemische Betrachtungen nur eine untergeordnete Rolle spielen, da sie teilweise nur unter extremen Bedingungen auftreten. Dazu zählen beispielsweise das *Bose-Einstein-Kondensat* (eine Menge extrem kalter Atome, die den gleichen quantenmechanischen Zustand einnehmen, dadurch ununterscheidbar werden), der überkritische Zustand, der beim Überschreiten des kritischen Punktes auftritt oder der *Plasmazustand*.

Entscheidend dafür, welcher Aggregatzustand unter welchen Bedingungen vorhanden ist, ist die Art der zwischenmolekularen Wechselwirkungen.

4.1 Gasgesetze und ihre Bedeutung im Alltag: ideale und reale Gase

Gase haben bei der Entdeckung vieler chemischer Gesetzmäßigkeiten eine entscheidende Rolle gespielt. Insbesondere bei der Identifikation von Mengenverhältnissen, die für das chemische Rechnen entscheidend sind, wurde mit Gasen Pionierarbeit geleistet. Die Verhältnisse innerhalb eines Gases und die Wechselwirkungen zwischen den Atomen und Molekülen eines Gases wurden erst weit später verstanden.

4.1.1 Ideale Gase

Für viele theoretische Betrachtungen war es nötig, zunächst ein Gas zu definieren, das einer idealisierten Modellvorstellung folgt. Gase, die diesem Modell strikt gehorchen, nennt man ideale Gase. Das Modell des idealen Gases enthält mehrere vereinfachende Annahmen. So werden die Gasteilchen als Massepunkte ohne räumliche Ausdehnung angenommen, welche sich frei durch das ihnen zur Verfügung stehende Volumen bewegen können. Dabei spüren die Teilchen keinerlei Wechselwirkungen mit anderen Gasteilchen. Allerdings dürfen sich die Teilchen untereinander und an der Wand des Volumens stoßen.

Ein solches ideales Gas kann man mit der allgemeinen *Zustandsgleichung* mit Hilfe seiner *Zustandsgrößen* Druck p, Volumen V, Temperatur T und Stoffmenge n beschreiben. Diese Zustandsgleichung eines idealen Gases wird auch als *allgemeine Gasgleichung* bezeichnet und lautet:

$$p \cdot V = n \cdot R \cdot T$$

p = Druck [Pa], n = Stoffmenge [mol], T = Temperatur [K],

R = ideale Gaskonstante = 8,31451 J $\cdot$ mol^{-1} $\cdot$ K^{-1}

Ein ideales Gas besitzt eine Reihe von besonderen Eigenschaften, die sich aus der allgemeinen Gasgleichung ergeben. Sie ist die kompakte Zusammenfassung folgender Gasgesetze, die als Spezialfälle der allgemeinen Gasgleichung angesehen werden können.

Das Gesetz von *Boyle-Mariotte* beschreibt den Zusammenhang zwischen Druck und Volumen eines idealen Gases. Es sagt aus, dass der Druck idealer Gase bei gleichbleibender Temperatur und gleichbleibender Stoffmenge umgekehrt proportional zum Volumen ist. Erhöht man den Druck auf ein Gas, wird durch den erhöhten Druck das

Volumen verkleinert. Verringert man den Druck, so dehnt es sich aus (▶Abbildung 4.2). Mit anderen Worten: Hält man Stoffmenge und Temperatur konstant, dann ist auch das Produkt aus Druck und Volumen konstant. Dieses Gesetz wurde kurz hintereinander und unabhängig von zwei Physikern, dem Engländer *Robert Boyle* (1627 –1691) und dem Franzosen *Edme Mariotte* (1620–1686), entdeckt.

Wenn T = konst. und n = konst., dann gelten folgende Zusammenhänge:

$$p \sim \frac{1}{V} \qquad\qquad p \cdot V = konst. \qquad\qquad \frac{p_1}{p_2} = \frac{V_2}{V_1}$$

Wenn man also den Druck auf ein Gas verdoppelt, geht das Volumen auf die Hälfte zurück.

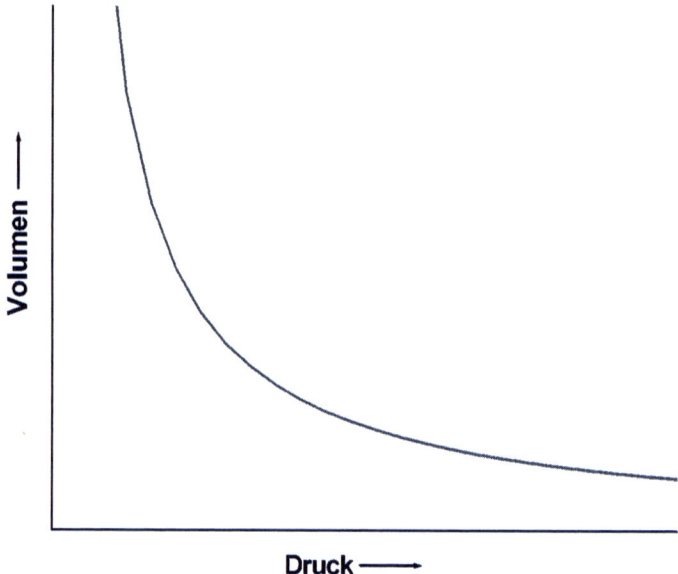

Abbildung 4.2: Grafische Darstellung des Gesetzes von Boyle-Mariotte

Das Gesetz von *Gay-Lussac* stellt den Zusammenhang zwischen der Temperatur und dem Volumen eines idealen Gases her. Es besagt, dass das Volumen idealer Gase bei gleichbleibendem Druck und gleichbleibender Stoffmenge direkt proportional zur Temperatur ist. Ein Gas dehnt sich also bei Erwärmung aus und zieht sich bei Abkühlung zusammen. Eine Temperaturerhöhung um 1 °C bewirkt dabei eine Ausdehnung um 1/273 des Volumens, das bei 0 °C eingenommen wird (▶Abbildung 4.3). Dieser Zusammenhang wurde bereits 1787 von dem französischen Physiker *Jacques Charles* (1746–1823) und 1802 von dem französischen Wissenschaftler *Joseph Louis Gay-Lussac* (1778–1850) erkannt.

Wenn n = konst. und p = konst., lautet die Gleichung also:

$$V = k \cdot T \text{ oder } V \sim T$$
$$\text{oder } V_1 \cdot T_2 = V_2 \cdot T_1$$

Das Phänomen lässt sich auch für den Druck formulieren, wenn das Volumen konstant gehalten wird. Wenn n = konst. und V = konst., gilt also

$$p = k' \cdot T \text{ oder } p \sim T$$

$$\text{oder } p_1 \cdot T_2 = p_2 \cdot T_1$$

In beiden Fällen sind k und k' Proportionalitätskonstanten.

Aus diesem Zusammenhang kann man folgern, dass es einen absoluten Temperaturnullpunkt geben muss, an dem das Volumen eines idealen Gases Null ist. Eine niedrigere Temperatur kann es nicht geben, da sonst das Volumen negativ würde. Damit ist dieser Zusammenhang auch eine Basis für die absolute Temperaturskala *Kelvins*, da man durch Extrapolation den Temperaturnullpunkt bestimmen kann.

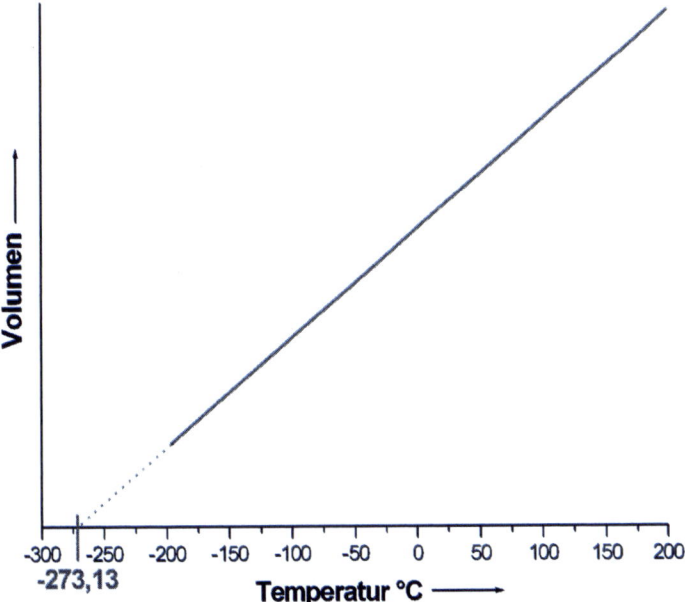

Abbildung 4.3: Grafische Darstellung des Gesetzes von Gay-Lussac

Das Gesetz von *Avogadro* setzt die Stoffmenge und das Volumen in Zusammenhang. Es sagt aus, dass zwei gleich große Gasvolumina, die unter demselben Druck stehen und dieselbe Temperatur haben, auch dieselbe Teilchenzahl einschließen. Das Gesetz ist sogar dann gültig, wenn die Volumina verschiedene Gase enthalten. Es gelten daher bei T = konst. und p = konst. folgende Zusammenhänge:

$$\frac{V}{n} = konst. \text{ oder } V \sim n$$

Darüber hinaus bedeutet dieses Gesetz, dass ein Gas in einem bestimmten Volumen auch eine bestimmte Anzahl von Teilchen hat, die unabhängig von der Art des Stoffes ist.

Das Gesetz von Avogadro wurde 1811 durch den italienischen Physiker *Amedeo Avogadro* (1776–1856) entdeckt. Aus der Gesetzmäßigkeit lässt sich auf ein molares Volumen schließen, das für alle idealen Gase identisch ist. Messungen haben ergeben, dass ein Mol eines idealen Gases unter Normbedingungen (bei 273,15 K und 1013,25 hPa) ein Volumen von 22,414 L einnimmt. Das Molvolumen ist also unabhängig von der chemischen Zusammensetzung des idealen Gases.

4.1.2 Reale Gase

Die Annahmen des idealen Gasgesetzes sind von keinem Gas erfüllbar. Es handelt sich, wie bereits erwähnt, lediglich um eine Modellvorstellung, bei der sowohl die zwischenmolekularen Anziehungskräfte als auch das Eigenvolumen der Gasmoleküle vernachlässigt werden. Allerdings erfüllt eine Reihe von realen Gasen das ideale Gasgesetz recht gut. Dies ist insbesondere unter Bedingungen der Fall, bei denen die Atome oder Moleküle des Gases kaum Wechselwirkungen zueinander ausbilden, d.h. bei niedrigen Drücken (<1013 hPa) und bei gewöhnlichen oder hohen Temperaturen. Bei niedrigen Temperaturen und/oder hohen Drücken kann es zu erheblichen Abweichungen vom idealen Gasgesetz kommen, die im Wesentlichen auf interatomare oder intermolekulare Wechselwirkungen zurückzuführen sind. Diese Abweichungen werden besonders deutlich bei Auftragung der *Kompressabilitätsfaktoren* (tatsächliches Verhältnis pV/RT) gegen den Druck (▶Abbildung 4.4). Während das Verhältnis pV/RT im Fall eines idealen Gases bei dieser Auftragung immer 1 ist, weichen reale Gase von diesem Wert in Abhängigkeit vom Druck teilweise stark ab. Insbesondere findet man erhebliche Unterschiede bei höheren Drücken und Temperaturen in der Nähe des Punktes, bei dem das Gas zu einer Flüssigkeit kondensiert.

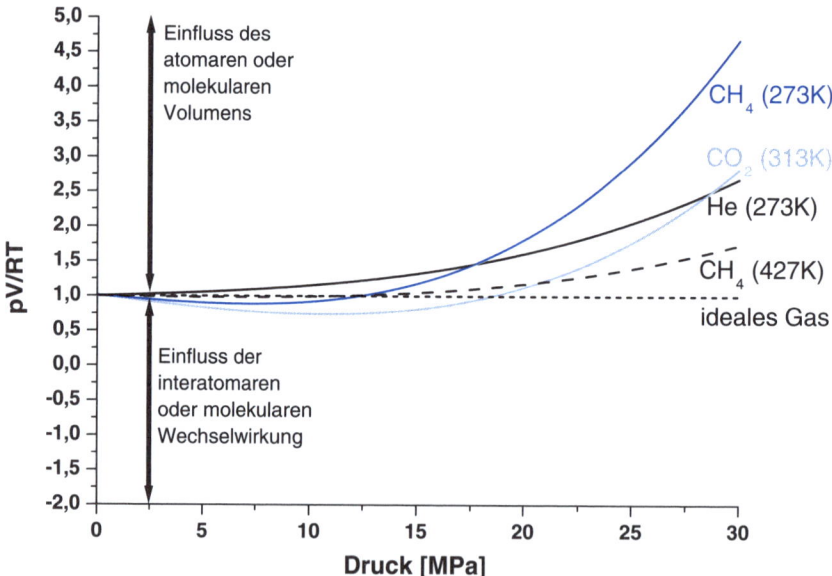

Abbildung 4.4: pV/RT verschiedener Gase bei unterschiedlichen Temperaturen

Aus unserem alltäglichen Leben wissen wir, dass intermolekulare Anziehungskräfte zwischen den Atomen oder Molekülen eines Gases existieren müssen, sonst wäre es nicht möglich, Gase zu verflüssigen. Ideale Gase hingegen könnten niemals in einen flüssigen oder festen Aggregatzustand übergehen, unabhängig davon, wie sehr sie gekühlt oder komprimiert werden. Intermolekulare Anziehungskräfte halten nämlich die Atome und Moleküle einer Flüssigkeit zusammen. Je höher der Druck ist, desto weniger Raum bleibt pro Molekül und desto mehr müssen die Moleküle zusammenrücken. Daher macht sich bei hohen Drücken die intermolekulare Wechselwirkung stärker bemerkbar. Auch das Eigenvolumen spielt bei realen Gasen eine wesentliche Rolle.

Für reale Gase sind also Modifikationen der Gasgesetze idealer Gase notwendig. Die *Van-der-Waals-Gleichung* beschreibt die Änderungen des idealen Gasgesetzes unter Berücksichtigung von gegenseitiger Anziehung und Eigenvolumen:

$$\left(p + \frac{a \cdot n^2}{V^2}\right) \cdot (V - n \cdot b) = n \cdot R \cdot T$$

Wobei a eine Konstante darstellt, die ein Maß für die anziehende Wechselwirkung ist und b eine Konstante für das Maß des Eigenvolumens. Der Grenzfall der Gleichung mit $a = 0$ und $b = 0$ stellt ein ideales Gas dar.

Verflüssigung von Gasen

Je höher der Druck eines Gases ist, d.h., wenn das Gas komprimiert ist, desto stärker sind die Wechselwirkungen zwischen den Molekülen. Ermöglicht man einem solchen Gas, sein Volumen wieder zu vergrößern, d.h. den Druck zu vermindern, so nimmt jedes Gasteilchen einen größeren Raum ein. Dies geschieht beispielsweise, nachdem ein Gas durch eine Düse gepresst wurde. Dabei müssen die einzelnen Teilchen nun Arbeit aufbringen, die gegen die schwachen gegenseitigen Wechselwirkungen gerichtet ist. Für diese Arbeit wird eine Energie benötigt, welche die Gasteilchen aus ihrer Bewegungsenergie abziehen, sie werden langsamer und ihre kinetische Energie sinkt damit. Da aber die Bewegungsenergie proportional zur Temperatur des Gases ist, sinkt dessen Temperatur. Dieser Effekt wurde nach den britischen Physikern *James Prescott Joule* (1818–1889) und *Sir William Thomson* (1824–1907) (dem späteren *Lord Kelvin*), benannt, die dieses Phänomen im Jahr 1852 beschrieben.

Die Methode hat eine erhebliche technische Bedeutung und wird beispielsweise bei der Verflüssigung von Luft nach dem *Linde-Verfahren* und in *Kompressorkühlmaschinen* verwendet.

Zwei wichtige Größen bei der Gasverflüssigung sind die *kritische Temperatur* und der *kritische Druck*. Die kritische Temperatur ist die Temperatur, oberhalb derer eine Verflüssigung eines Gases nicht mehr möglich ist, der kritische Druck ist der Mindestdruck, der zur Verflüssigung des Gases bei seiner kritischen Temperatur benötigt wird.

Linde-Verfahren

Beim Linde-Verfahren handelt es sich um einen technologischen Prozess, der die Verflüssigung von Gasen sowie – im Falle von Gasgemischen – deren anschließende Zerlegung durch Destillation in ihre Bestandteile ermöglicht. Die Luftverflüssigung wurde 1895 vom deutschen Ingenieur und Erfinder *Carl von Linde* (1842–1934) entwickelt. Das Linde-Verfahren basiert auf dem Joule-Thomson-Effekt, der aussagt, dass sich komprimierte Gase bei Expansion abkühlen. Heute wird das Verfahren zur Luftzerlegung angewendet, dabei werden großtechnisch bedeutsame Mengen an Flüssigsauerstoff, Flüssigstickstoff und Edelgasen produziert (▶Abbildung 4.5).

Dazu wird die Luft zunächst von Wasserdampf, Staub und Kohlenstoffdioxid gereinigt und anschließend mit einem Kompressor auf einen Druck von 200 bar verdichtet. Die verdichtete Luft wird vorgekühlt, um ihr weitere Wärme zu entziehen. Anschließend wird die Luft über ein Drosselventil entspannt, wobei sich ihre Temperatur erniedrigt. Diese abgekühlte Luft wird in einem Gegenstrom-Wärmetauscher in den Kompressor zurückgeleitet und dient somit zur Kühlung weiterer komprimierter Luft vor deren Entspannung. Durch diesen Prozess wird die Luft allmählich so tief gekühlt, dass die Verflüssigung eintritt.

Die erhaltene flüssige Luft kann mittels einer fraktionierten Destillation in ihre Bestandteile zerlegt werden. Dabei nutzt man die unterschiedlichen Siedepunkte der einzelnen Luftbestandteile zu ihrer Trennung aus.

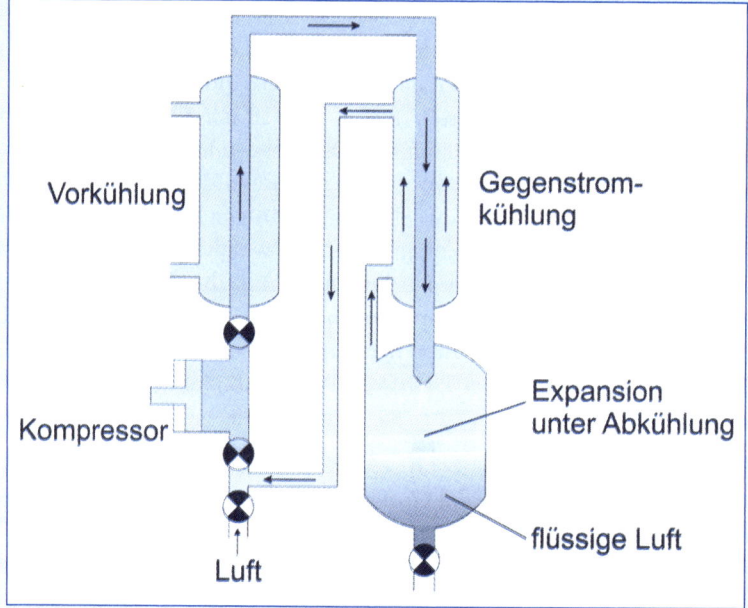

Abbildung 4.5: Schema des Linde-Verfahrens zur Luftverflüssigung

4.2 Flüssigkeiten

Zwischenmolekulare Wechselwirkungen sorgen im flüssigen Aggregatzustand dafür, dass die Teilchen (Atome und Moleküle), im Unterschied zu den Gasen, in einem bestimmten Volumen zusammengehalten werden. Während sich im gasförmigen Zustand die Teilchen frei bewegen können, sorgen die erwähnten intermolekularen Wechselwirkungen im flüssigen Zustand dafür, dass ihre gegenseitige Beweglichkeit eingeschränkt ist. Jedoch sind die Teilchen, im Unterschied zum Festkörper, nicht auf feste Plätze fixiert, sondern sie besitzen infolge der Wärmebewegung eine gewisse Beweglichkeit. Diese Beweglichkeit der Teilchen gegeneinander verursacht die makroskopische Beweglichkeit der Flüssigkeit. Durch die Wechselwirkung der Teilchen sind die Räume zwischen ihnen auch viel geringer, was dazu führt, dass die Volumina gleicher Teilchenzahlen wesentlich geringer sind als im Fall der Gase und Flüssigkeiten sich kaum komprimieren lassen.

Im zeitlichen Mittel besitzen die Teilchen einer Flüssigkeit, wie die Teilchen in einem Gas, eine Geschwindigkeitsverteilung. Es existieren langsame und schnellere Teilchen, alle Teilchen verfügen über eine spezifische *kinetische Energie* (Bewegungsenergie) und der Anteil sowie die Geschwindigkeit der schnelleren Teilchen nimmt mit steigender Temperatur zu. Ein gewisser Anteil von Teilchen besitzt immer eine so große Energie, dass es ausreicht, die gegenseitigen Anziehungskräfte in der Flüssigkeit zu überwinden. Die Teilchen verlassen den Verband der Flüssigkeit und gehen in den Gasraum über, d.h. sie verdampfen. Umgekehrt kehren ständig Teilchen aus der Gasphase wieder in die Flüssigkeit zurück, diesen Prozess bezeichnet man als *Kondensation*. Zwischen der Flüssigkeit und der Dampfphase besteht daher ein *dynamisches Gleichgewicht*, wenn pro Zeiteinheit genauso viele Moleküle verdampfen wie kondensieren. Ein dynamisches Gleichgewicht liegt stets dann vor, wenn in einem System zwei entgegengesetzt verlaufende Prozesse sich in ihrer Wirkung gerade aufheben. Über der Flüssigkeit stellt sich ein *Dampfdruck* ein, der stoff- und temperaturabhängig ist. Wenn der Dampfdruck so groß wie der äußere Druck ist, siedet die Flüssigkeit. An diesem Punkt steigt die Anzahl der in die Dampfphase übergehenden Moleküle sprunghaft an. Beispielsweise kocht in einem offenen Topf erhitztes Wasser dann, wenn sein Dampfdruck den Luftdruck der Umgebung übersteigt. Die *Siedetemperatur* des Wassers ändert sich damit mit dem Wetter (Luftdruck) und nimmt mit zunehmender Höhe ab. In 2000 m Höhe kocht Wasser bereits bei 93 °C, in 8000 m Höhe bei 74 °C.

Geht ein Stoff vom flüssigen in den gasförmigen Zustand über, ohne dass er siedet, spricht man von *Verdunstung*.

Der Übergang vom flüssigen in den gasförmigen Zustand ist vergleichbar mit dem Schmelzen eines Feststoffes. Beim Schmelzen von Festkörpern wird durch Wärmezufuhr die vorhandene Fernordnung aufgehoben und die Substanz geht über in eine Flüssigkeit, in der nur noch eine Nahordnung in Form einer Wechselwirkung mit den nächsten Nachbarn vorhanden ist.

Flüssig oder kristallin – die Welt der Flüssigkristalle

Unsere heutige Computer- und Kommunikationstechnik wäre ohne sie nicht möglich. Sie helfen uns immer und (fast) überall, aktuelle Informationen auf kleinsten Displays zu erhalten – die *Flüssigkristalle*. Flüssigkristalle sind Substanzen, die sowohl Eigenschaften von Flüssigkeit als auch von Kristallen aufweisen. Diese Verbindungen sind einerseits flüssig, teilweise hochviskos, zeigen aber auf der anderen Seite optische Eigenschaften, wie z.B. Doppelbrechung, die auf ein anisotropes (richtungsabhängiges) Verhalten hindeuten, wie es auch bei Kristallen zu beobachten ist. Sie besitzen also Eigenschaften, die zwischen denen der flüssigen und festen Phase liegen. Der Bereich, in dem sie dieses Verhalten zeigen, wird durch scharfe Übergangstemperaturen gekennzeichnet. Das flüssigkristalline Verhalten deutet auf eine bestehende molekulare Fernordnung hin. Flüssigkristalline Systeme erkennt man am leichtesten im polarisierten Licht, wo sie aufgrund der Doppelbrechung ganz bestimmte Muster, so genannte Texturen, ausbilden. Das flüssigkristalline Verhalten beruht auf schwachen intermolekularen Kräften, die durch Änderungen der Temperatur, des Drucks oder durch elektrische Felder beeinflusst werden. Daher rühren auch die vielfältigen Anwendungen, beispielsweise in *LCD*s *(liquid crystalline displays)*.

Für das flüssigkristalline Verhalten der Substanzen sind Wechselwirkungen auf molekularer Ebene zuständig, die zu einer gegenseitigen Anordnung der Moleküle bzw. Teilen von Molekülen führen. Diese molekulare Anordnung ist dabei im Wesentlichen von der Molekülgestalt abhängig. Viele flüssigkristalline Substanzen sind lange, stabartige Moleküle. Im flüssigen Zustand sind diese Moleküle rein zufällig angeordnet, während sie in der flüssigkristallinen Phase eine gewisse Ordnung aufweisen. Es bilden sich so genannte *Mesophasen* (Zwischenphasen zwischen der isotropen flüssigen und der kristallinen Phase) aus, die als *nematisch*, *smektisch* oder *cholesterisch* bezeichnet werden (▶Abbildung 4.6).

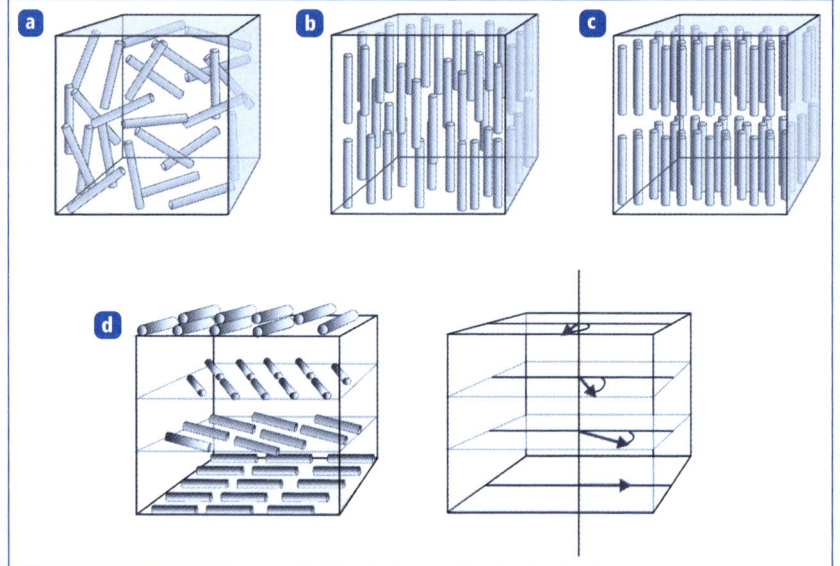

Abbildung 4.6: Ordnung in flüssigkristallinen Phasen: a) normale Flüssigkeit: keine Ordnung, b) nematische Mesophase, c) smektische Mesophase, d) cholesterische Mesophase

In der nematischen Phase weisen die Moleküle eine eindimensionale Anordnung auf, d.h., sie richten sich entlang ihrer langen Achse aus, es liegt jedoch keine Ordnung in Bezug auf die Kettenenden vor. In der smektischen Phase weisen die Moleküle eine zweidimensionale Ordnung auf, d.h., sie sind entlang ihrer langen Achsen und schichtweise ausgerichtet. In der cholesterischen Mesophase sind die Moleküle entlang ihrer langen Achse und schichtweise angeordnet, jedoch ist jede Ebene im Vergleich zu den Ebenen darüber und darunter leicht verdreht. Der Name ist von der Tatsache abgeleitet, dass Derivate des Cholesterins diese Struktur annehmen. Die spiralförmige Beschaffenheit der Molekülanordnung erzeugt ungewöhnliche Farbmuster im sichtbaren Licht.

Man unterscheidet zwischen *lyotropen, thermotropen* und *barotropen* Flüssigkristallen. Lyotrope Mesophasen bilden sich in Abhängigkeit von der Anwesenheit eines Lösungsmittels und der Konzentration in diesem Lösungsmittel aus. Bei thermotropen bzw. barotropen Flüssigkristallen beobachtet man die Ausbildung ihrer Mesophasen in Abhängigkeit von Temperatur oder Druck in der reinen Substanz.

4.3 Festkörper

Stoffe im festen Aggregatzustand können kristallin oder amorph sein.

4.3.1 Kristalline Festkörper

In einem kristallinen Festkörper befinden sich die Atome, Ionen oder Moleküle in regelmäßiger Anordnung auf festen Positionen. Die Anordnungsgesetze, denen die einzelnen Teilchen dabei unterliegen, bezeichnet man als *Kristallstruktur*.

Die Regelmäßigkeit im Inneren spiegelt sich mitunter auch in der makroskopischen Kristallgestalt wider. Vergleichbare Flächen ein und derselben Kristallart bilden stets gleiche Winkel untereinander aus. Dieses *Gesetz der Winkelkonstanz* findet man auch bei Bruchstücken größerer Kristalle wieder.

Häufig zeigen Kristalle ein anisotropes Verhalten, d.h., sie besitzen nicht in alle Richtungen gleiche Eigenschaften, z.B. Härte, Spaltbarkeit, Wärmeleitfähigkeit, Lichtabsorption, Lichtbrechung usw. Diese makroskopische Anisotropie findet sich auch im Kristallgitter wieder. Eine Ausnahme stellen hochsymmetrische Systeme dar, wie z.B. der Diamant. In diesen sind die Baueinheiten des Kristalls häufig in alle drei Raumrichtungen gleichmäßig angeordnet.

Die kleinste sich wiederholende Grundeinheit in einem Kristall wird als Elementarzelle bezeichnet. Durch ihre wiederholte Aneinanderreihung entsteht das Kristallgitter (siehe Kapitel 3).

Die Elementarzelle wird durch sechs *Gitterparameter* definiert (Abbildung 3.18): die Seitenlängen der Elementarzelle in die drei Raumrichtungen und die Winkel zwischen den Kanten der Zelle. Diese sechs Parameter werden mit a, b, c und α, β, γ bezeichnet. Drei davon, die Längen a, b, und c, beschreiben den Abstand zweier Gitterebenen, die mit den Seitenflächen der Elementarzellen zusammenfallen. Die anderen drei, α, β, γ, benennen die Winkel zwischen den Vektoren, die durch Translation der Elementarzelle die Kristallstruktur aufbauen. Im Gitter hat jeder Gitterpunkt eine identische Umgebung.

Im einfachsten Fall bestünde die Kristallstruktur aus identischen Atomen und jedes Atom wäre ein Gitterpunkt. Der Prototyp solcher Kristallstrukturen sind die Metalle.

Die Gitter aller Kristallsysteme lassen sich durch sieben Grundtypen von Elementarzellen beschreiben, die sich in ihren Achsenlängenverhältnissen und Winkeln der Achsen zueinander unterscheiden (▶Tabelle 4.1). Im einfachsten Fall ist jeder Gitterpunkt ein Atom und man bezeichnet diese Kristallsysteme als „primitiv". Die höchste Symmetrie besitzt dabei die kubische Elementarzelle, in der alle Seiten die gleiche Länge besitzen und alle Winkel 90° sind.

Von der kubischen Elementarzelle gibt es drei Arten, die sich darin unterscheiden, wie die Gitterpunkte angeordnet sind. Der einfachste Typ wird als *kubisch-primitiv* bezeichnet. Hier sitzen die Gitterpunkte nur an den Ecken. Liegt ein Gitterpunkt zusätzlich in der Mitte der Elementarzelle, ist die Zelle *kubisch-innenzentriert*. Hat die Zelle zusätzliche Gitterpunkte in der Mitte der Flächen, ist sie *kubisch-flächenzentriert* (▶Abbildung 4.7).

Kristallsystem	Achsenabschnitte	Winkel
Kubisch	$a = b = c$	$\alpha = \beta = \gamma = 90°$
Hexagonal	$a \neq c$	$\alpha = \beta = 90° \; \gamma = 120°$
Rhomboedrisch	$a = b = c$	$\alpha = \beta = \gamma \neq 90°$
Tetragonal	$a = b \neq c$	$\alpha = \beta = \gamma = 90°$
Rhombisch	$a \neq b \neq c$	$\alpha = \beta = \gamma = 90°$
Monoklin	$a \neq b \neq c$	$\alpha = \beta = 90° \; \gamma \neq 120°$
Triklin	$a \neq b \neq c$	$\alpha \neq \beta \neq \gamma \neq 90°$

Tabelle 4.1: Die sieben Kristallsysteme und ihre Parameter

  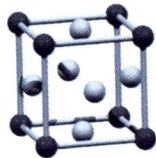

      kubisch-primitiv   kubisch-innenzentriert   kubisch-innenzentriert

Abbildung 4.7: Die drei Arten von Elementarzellen in kubischen Gittern

Die Teilchen im Gitter spannen ein so genanntes *Bravais-* oder *Raumgitter* (▶Abbildung 4.8) auf. Diese Gitter beschreiben die dreidimensionale Fernordnung einer Teilchensorte. Neben den bereits erwähnten sieben „primitiven" Kristallsystemen kommen weitere sieben „zentrierte" Gitter hinzu. Die Elementarzellen dieser Gitter besitzen auf den Flächen bzw. im Inneren zusätzliche Translationspunkte.

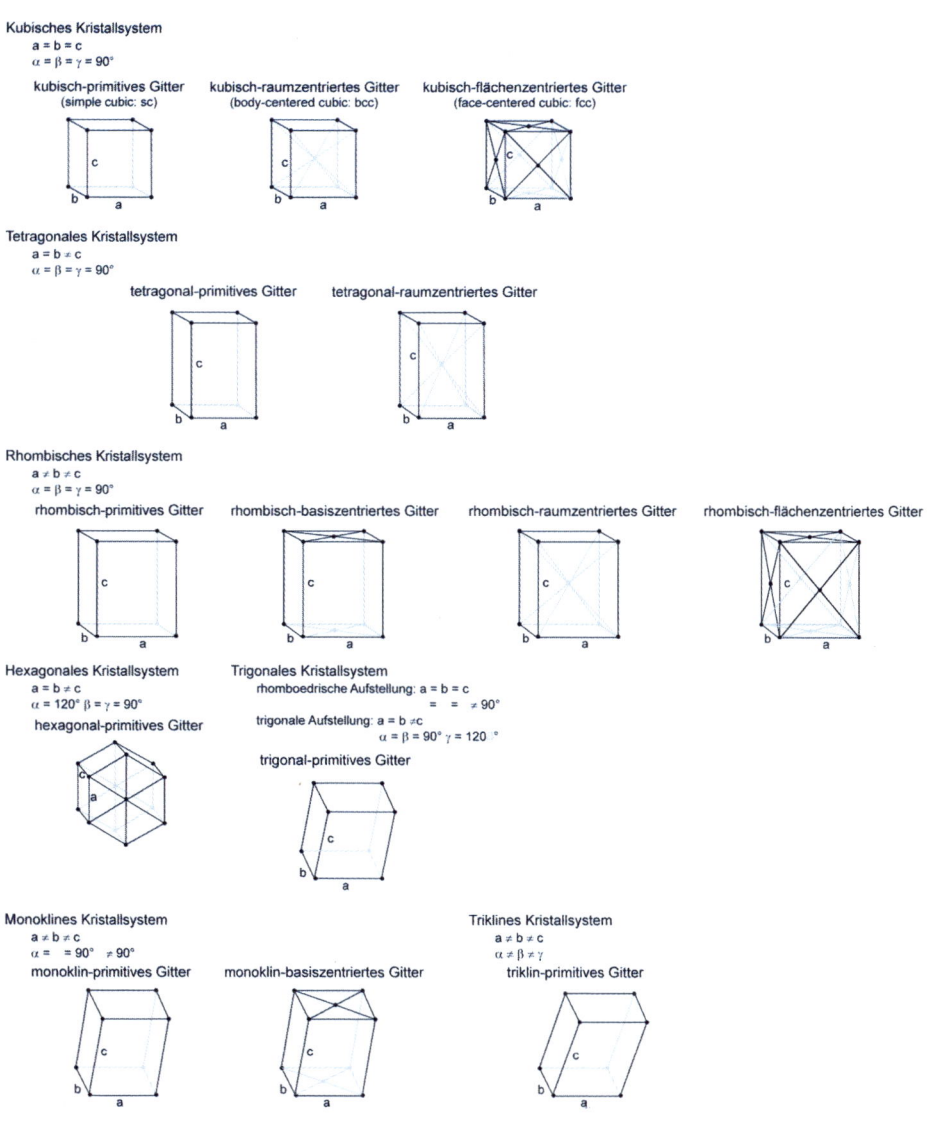

Abbildung 4.8: Die 14 verschiedenen Bravais-Gittertypen

Die Eigenschaften von Kristallen hängen im Wesentlichen von den chemischen Bindungen bzw. zwischenmolekularen Kräften unter den Teilchen, die den Kristall bilden, ab (▶Tabelle 4.2). Beispielsweise ist ein Salzkristall aus Ionen (Ionenkristall) aufgebaut, die sich elektrostatisch anziehen. Die Stärke der Anziehungskräfte zwischen den Ionen nennt man Gitterenergie. Die physikalischen Eigenschaften ändern sich in Abhängigkeit von der Gitterenergie; so nimmt mit abnehmender Gitterenergie

- die Höhe der Schmelz- und Siedepunkte ab,

- die thermischen Ausdehnungskoeffizienten und Kompressibilitätskoeffizienten zu,

- die Härte ab.

Strukturtyp	Teilchen	Bindungstyp	Typische Eigenschaften	Beispiele
Ionenkristall	positive und negative Ionen	elektrostatische Anziehung	hoher Schmelzpunkt, hart, spröde, elektrischer Isolator	$NaCl$, BaO, KNO_3
Molekülkristall	polare Moleküle	Van-der-Waals- und Dipol-Dipol-Anziehung	niedriger Schmelzpunkt, weich, elektrischer Isolator	H_2O, NH_3, SO_2
	unpolare Moleküle	Van-der-Waals-Anziehung		H_2, Cl_2, CH_4
Gerüststruktur (Raumnetzstruktur)	Atome	kovalente Bindungen	hoher Schmelzpunkt, sehr hart, elektrischer Isolator	Diamant, Quarz
Schichtenstruktur	Atome	kovalente Bindungen in zwei Dimensionen, London-Kräfte	hoher Schmelzpunkt, weich	Graphit, CdI_2, MoS_2
	Atome und Ionen	kovalente Bindungen in zwei Dimensionen, elektrostatische Anziehung	hoher Schmelzpunkt, zum Teil mit Wasser quellbar, elektrischer Isolator	Glimmer, Kaolinit (Ton)
Kettenstruktur	Atome	kovalente Bindungen in einer Dimension, London-Kräfte, evtl. Dipol-Dipol-Anziehung	faserig, zum Teil zu einer viskosen Flüssigkeit schmelzbar	SiS_2, Selen
	Atome und Ionen	kovalente Bindungen in einer Dimension, elektrostatische Anziehung	faserig, elektrischer Isolator	Asbest
Metallkristall	positive Ionen und bewegliche Elektronen	metallische Bindung	oft hoher Schmelzpunkt, verformbar, elektrisch leitend	Kupfer, Eisen

Tabelle 4.2: Eigenschaften von Kristallen in Abhängigkeit von ihren Bindungseigenschaften

Moleküle können auch kristalline Festkörper ausbilden, jedoch liegen hier nur schwache gegenseitige Anziehungskräfte zwischen den Molekülen vor, was zu niedrigen Schmelzpunkten und einem weicheren Aufbau als bei den Salzen führt. Ganz anders sieht es bei Verbindungen aus, die eine Gerüststruktur ausbilden. In diesen Feststoffen liegen kovalente Bindungen zwischen den Atomen vor, was zu hohen Schmelzpunkten und sehr harten Materialien führt. Der Diamant ist ein typisches Beispiel für diesen Strukturtyp. In ihm ist jedes Kohlenstoffatom mit vier weiteren Kohlenstoffatomen mittels gleich starker Atombindungen verbunden. Der Diamant stellt eine Modifikation des Kohlenstoffes dar. Die andere Modifikation ist der Graphit. Er besteht auch nur aus Kohlenstoffatomen, aber nun sind starke kovalente Bindungen nur in einer zweidimensionalen Schicht vorhanden und zwischen den Schichten sind schwächere Wechselwirkungen existent. Daher ist Graphit viel weicher als Diamant. Neben diesen Schichtstrukturen sind auch Kettenstrukturen mit kovalenten Bindungen bekannt, wie z.B. der Asbest.

Salze leiten im kristallinen Zustand im Allgemeinen den Strom nicht. Die elektrische Leitfähigkeit ist mit dem Transport von Ladungen verbunden. Salze können jedoch weder Elektronen leiten, da diese an den Ionen fixiert sind, noch können die Ionen im festen Zustand selbst als Ladungsträger fungieren, da sie ihre Plätze im Kristall nicht verlassen können. Auch einige kovalente Gitterstrukturen, wie z.B. Diamant, vermögen den Strom nicht zu leiten, da alle Elektronen in Bindungen lokalisiert sind. Dies ist bei den Metallen ganz anders, da sich hier die Elektronen in einem Elektronengas befinden. Daher kann man viele Eigenschaften von Kristallen auf die grundlegenden Bindungen im Kristall zurückführen.

Kristalle in unserem täglichen Leben

Kristalle faszinieren den Menschen seit jeher. Insbesondere sind es die kristallinen Materialien und Schmucksteine, die bei vielen ein ganz besonderes Interesse erzeugen. Neben ihrer Ästhetik besitzen sie allerdings auch eine enorme wirtschaftliche Bedeutung und sind aus unserem alltäglichen Leben nicht wegzudenken. Dies soll an zwei Beispielen verdeutlicht werden. Eine der größten Herausforderungen in der Technologie ist es, Kristalle hoher Reinheit defektfrei herzustellen. Dazu sind besondere Verfahren notwendig, bei denen z.B. riesige Kristalle mit mehreren hundert Kilogramm aus flüssigen Schmelzen ihrer Rohstoffe gezogen werden. Diese Verfahren sind aufwendig und teuer und daher besitzen die kristallinen Substanzen mit hoher Reinheit auch einen großen ökonomischen Wert.

Silicium-Einkristalle

Das Element Silicium ist ein Halbleiter und findet vielfältige Anwendung in der elektronischen Industrie als Basis für die Chipherstellung, aber auch in der ökologischen Stromerzeugung durch Photovoltaik. Silicium ist ein recht häufiges Element in der Erdkruste, dort kommt es aber nur in chemischen Verbindungen vor, aus denen es zunächst isoliert werden muss. Eine typische natürliche Verbindung von Silicium ist Siliciumdioxid SiO_2, das beispielsweise als Quarz oder Sand vorkommt. Aus dieser Verbindung lässt sich Rohsilicium durch Reduktion mit Kohlenstoff gewinnen. Das entstehende Produkt ist zwar für die Beimengung für Metalle wie Eisen geeignet, für die Verwendung in elektronischen Anwendungen müssen allerdings noch einige Nachreinigungsschritte erfolgen. Polykristallines Silicium hat eine ausreichende Reinheit für Solarpanels. Weit aufwendiger in der Herstellung ist einkristallines Silicium, welches in der Halbleiterindustrie benötigt wird. Ein sehr hoher Reinheitsgrad ist hier notwendig, da viele Verunreinigungen die Leitfähigkeit des Siliciums beeinflussen. Zwei Verfahren sind bei der Aufbereitung von Silicium von entscheidender Bedeutung: das Tiegelziehen (*Czochralski*-Verfahren) und das Zonenschmelzverfahren.

Beim Tiegelziehen wird bereits vorgereinigtes Silicium in Quarztiegeln geschmolzen. In die Schmelze wird ein Impfkristall aus hochreinem monokristallinem Silicium eingebracht und unter langsamem Drehen aus der Schmelze herausgezogen. Hochreines Silicium wächst in monokristalliner Form auf dem Impfkristall auf und fast alle Verunreinigungen verbleiben in der Schmelze.   ▶

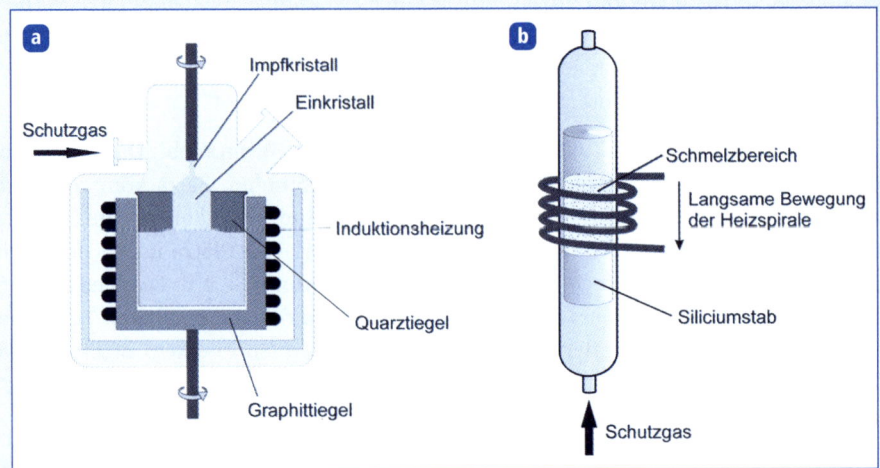

Abbildung 4.9: Herstellung hochreiner Kristalle mittels a) Tiegelziehen und b) Zonenschmelzen

Beim Zonenschmelzen wird mit Hilfe einer elektrischen Induktionsheizung eine Schmelzzone durch einen Siliciumstab gefahren, wobei sich ein Großteil der Verunreinigungen in der Schmelze löst und mit wandert.

Alle gängigen Computerchips, Speicher, Transistoren etc. verwenden hochreines Silicium als Ausgangsmaterial. Eine gezielte Einlagerung von Fremdatomen, die so genannte Dotierung, ermöglicht eine Veränderung der elektrischen Eigenschaften des Siliciums.

Piezokristalle

Egal ob Sie sich mit Ihrem Feuerzeug per Tastendruck eine Zigarette anzünden oder ob Sie auf Ihrer Quarzuhr die Zeit ablesen, in beiden Fällen wird die Funktion des Alltagsgegenstands durch den Piezoeffekt ermöglicht. Genauer müsste man eigentlich von der Piezoelektrizität sprechen. Sie beschreibt das Zusammenspiel von mechanischem Druck und elektrischer Spannung in Festkörpern. Der Effekt basiert auf dem Phänomen, dass bei Verformung bestimmter Materialien auf deren Oberfläche elektrische Ladungen auftreten (direkter Piezoeffekt). Umgekehrt verformen sich diese kristallinen Festkörper bei Anlegen einer elektrischen Spannung (inverser Piezoeffekt). Durch eine gerichtete Verformung in einem piezoelektrischen Material bilden sich mikroskopische Dipole innerhalb der Elementarzellen. Die Aufsummierung über alle Elementarzellen des Kristalls führt zu einer makroskopisch messbaren elektrischen Spannung.

Piezoelektrische Kristalle können elektrisch angeregt mechanische Schwingungen ausführen.

Der Piezoeffekt kann nur in Strukturen. denen ein bestimmtes Symmetriemerkmal in der Gitterstruktur, nämlich ein Inversionszentrum, fehlt, auftreten. Typische piezoelektrische Materialien sind Bariumtitanat ($BaTiO_3$) und Blei-Zirkonat-Titanat (PZT). Das bekannteste Material mit Piezoeigenschaften ist aber der Quarz (SiO_2), von dem Quarzuhren ihren Namen haben.

4.3.2 Amorphe Festkörper

Amorphe Festkörper zeigen im Aufbau Ähnlichkeiten zu Flüssigkeiten, nur besitzen die einzelnen Atome keine Bewegungsenergie, die es ihnen ermöglicht, ihre Plätze im Raum zu verlassen. Die Teilchen in einem amorphen Material bilden keine durchgehend geordneten dreidimensionalen Strukturen wie in kristallinen Systemen aus. Die Bedingung für die Ausbildung des amorphen Zustands ist, dass sich die Teilchen beim Erstarren nicht regelmäßig anordnen können. So können amorphe Materialien häufig durch schnelles Abkühlen einer Schmelze hergestellt werden.

Da die Atome eine geringere Packungsdichte aufweisen, haben amorphe Stoffe meist eine geringere Dichte als kristalline Stoffe. Sie sind häufig auch nicht so hart und weniger spröde.

Amorphe feste Stoffe können also als unterkühlte erstarrte Flüssigkeiten angesehen werden. Gläser sind typische amorphe Materialien.

4.4 Gemische

In Kapitel 1.2 haben wir uns bereits des Themas „Gemische" angenommen, hier möchten wir die verschiedenen Möglichkeiten für Gemische nochmals in Verbindung mit den Aggregatzuständen betrachten.

4.4.1 Homogene Gemische

Homogene Gemische erscheinen rein optisch wie ein Reinstoff. In den meisten Fällen sind homogene Gemische auf molekularer Ebene vermischte Reinstoffe. Eine wichtige Rolle für viele chemische Prozesse spielen die Lösungen, die im nächsten Kapitel ausführlich besprochen werden.

Im Unterschied zu Feststoffen und Flüssigkeiten, die durchaus in heterogenen Mischungen auftreten können, sind Gase in jedem Verhältnis miteinander mischbar und ergeben immer homogene Mischungen. Dies erscheint zumindest optisch so, dennoch können sich Gase auch entmischen, und zwar in Abhängigkeit von der molekularen Masse der Moleküle, aus denen die Gasmischung besteht, können schwerere Gase sich beispielsweise in Bodennähe anreichern. Die Luft, die wir einatmen, besteht aus ca. 78 % Stickstoff (N_2) und 21 % Sauerstoff (O_2), der Rest sind hauptsächlich Edelgase und Kohlenstoffdioxid. Wir können also die mittlere molekulare Masse von Luft aus den Teilgasen berechnen und nehmen zur Vereinfachung an, sie würde nur aus 80 % Stickstoff und 20 % Sauerstoff bestehen. Die durchschnittliche molare Masse beträgt also 0,8 (N_2 = 28 g/mol) + 0,2 (O_2 = 32 g/mol) = 28,8 g/mol. Gase mit höherer molarer Masse würden nach unten sinken, solche mit niedrigerer nach oben steigen. Helium mit einer molaren Masse von 4,0 g/mol steigt also nach oben, während Argon (40 g/mol) und Kohlenstoffdioxid (CO_2 = 44 g/mol) nach unten sinken.

Kohlenstoffdioxid entsteht beispielsweise bei der alkoholischen Gärung und sammelt sich am Boden von Weinkellern. Eine sehr einfache Methode, um zu testen, ob genügend Sauerstoff vorhanden ist, ist das Mitführen einer brennenden Kerze, deren Flamme den Sauerstoff zum Brennen benötigt. Sammelt sich nun am Boden des Kellers das schwerere und erstickend wirkende Kohlenstoffdioxid, erlischt die Kerze.

Neben Gasen können natürlich auch Flüssigkeiten untereinander homogene Mischungen bilden. Beispielsweise gehen Wasser und Ethanol in jedem Verhältnis zueinander eine Mischung ein. Die Angabe des Ethanolgehaltes in Lebensmitteln erfolgt dabei in Volumenprozent (Vol.-%). Metalle können ebenso homogene Mischungen bilden, diese bezeichnet man als Legierungen.

4.4.2   Heterogene Gemische

In heterogenen Gemischen bilden die unterschiedlichen Stoffe im Gemisch jeweils eine eigene Phase. Zwischen diesen Phasen befinden sich *Grenzflächen*, die auch als *Phasengrenzen* bezeichnet werden. Heterogene Gemische, die mehrere Phasen enthalten, werden auch häufig als Dispersionen bezeichnet. Dispersionen bestehen aus einem Dispersionsmittel, welches die kontinuierliche Phase darstellt, und einer dispergierten Phase. Es gibt einige besondere Arten von heterogenen flüssig-flüssigen bzw. fest-flüssigen Mischungen, die auch technologische Bedeutungen haben (▶Tabelle 4.3).

■ **Emulsionen**

Eine Emulsion ist ein fein verteiltes Gemisch zweier normalerweise nicht mischbarer Flüssigkeiten, z.B. Öl und Wasser. Dabei liegt die eine Flüssigkeit als dispergierte Phase in kleinen Tröpfchen verteilt in der kontinuierlichen Phase vor. Obwohl die beiden Flüssigkeiten normalerweise nicht mischbar sind, kommt es zu keiner sichtbaren Entmischung. In Abhängigkeit von der Größe der dispergierten Flüssigkeitströpfchen und von der Stabilität spricht man von *Makroemulsionen* (auch: grob-dispers) und *Mikroemulsionen* (auch: kolloid-dispers). Der Durchmesser der dispergierten Phase schwankt dabei zwischen 10 µm und 1 nm, die meisten Emulsionen zeigen eine breite Verteilung der Tröpfchengröße und sind polydispers. In Abhängigkeit von der Größe der dispergierten Teilchen sind Emulsionen milchig-trüb (Makroemulsion) bis klar (Mikroemulsion).

Die technologisch wichtigsten Emulsionen sind Mischungen von Wasser und einem Fett bzw. Öl. Dabei kann es zur Bildung von Wasser-in-Öl-Emulsionen (W/O-Emulsion: Wasser: dispergierte Phase, Öl: kontinuierliche Phase) oder Öl-in-Wasser-Emulsionen (O/W-Emulsion: Öl: dispergierte Phase, Wasser: kontinuierliche Phase) kommen. Emulsionen müssen meist stabilisiert werden, damit sich die Phasen nicht entmischen. Als Stabilisatoren wirken *Emulgatoren*, bei denen es sich üblicherweise um oberflächenaktive Substanzen oder so genannte *Tenside* handelt. Typische Beispiele für Emulsionen aus unserem täglichen Leben sind verschiedene Kosmetika oder Mayonnaise.

■ **Suspensionen**

Eine Suspension ist ein Gemisch von unlöslichen, fein verteilten Feststoffteilchen (dispergierte Phase) in einer Flüssigkeit (kontinuierliche Phase). Die Teilchen setzen sich ohne zusätzliche Stabilisierung normalerweise mit der Zeit ab. Diesen Vorgang bezeichnet man als *Sedimentation*. Die Stabilität von Suspensionen lässt sich durch Zugabe von grenzflächenaktiven Stoffen erhöhen. Diese wirken als Dispergiermittel und erhöhen die Benetzung der Oberfläche der suspendierten Teilchen mit dem Dispersionsmittel. Damit werden die Teilchen besser in der Schwebe gehalten und die Sedimentation herabgesetzt. Suspensionen haben eine große technische Bedeutung, z.B. in der Herstellung bestimmter Polymere, in der Metallurgie zur Verarbeitung von Erzen im *Flotationsverfahren* (physikalisches Trennverfahren zur Trennung feinkörniger Feststoffgemenge), in der Kosmetik, Pharmazie und auch im Haushalt.

■ **Kolloidale Systeme**

Sind die Teilchen in der dispergierten Phase klein genug, d.h., sie besitzen Durchmesser von 0,1 μm = 100 nm bis hinunter zu 1 nm, so spricht man von kolloidalen Systemen. Kolloidale Systeme befinden sich damit zwischen echten Lösungen (siehe nächstes Kapitel) und Suspensionen. Teilchen, die solche Systeme ausbilden können, sind Polymere, biologische Makromoleküle wie z.B. Proteine oder Nanopartikel. Die entstehenden Mischungen zeigen häufig Eigenschaften wie echte Lösungen und werden daher als kolloidale Lösungen bezeichnet. Kolloidale Lösungen sind stabil gegenüber Sedimentation. Durch den geringen Teilchendurchmesser erscheinen kolloidale Lösungen häufig klar. Sie weisen aber den *Tyndall-Effekt* auf, der nach seinem Entdecker, dem britischen Physiker *John Tyndall* (1820–1893), benannt ist. Licht wird an den kolloidalen Teilchen in einem kolloidalen System gestreut. Daher ist der Verlauf eines Lichtstrahls, der durch eine kolloidale Lösung geführt wird, von der Seite betrachtet deutlich zu erkennen, während dies bei „echten" Lösungen nicht der Fall ist.

Kontinuierliche Phase	Dispergierte Phase	Bezeichnung	Beispiel
Gas	Flüssigkeit	Aerosol	Wolken, Nebel, Haarspray
	Feststoff	Aerosol	Rauch
Flüssigkeit	Gas	Schaum	Schlagsahne, Bierschaum
	Flüssigkeit	Emulsion	Kosmetika, Mayonnaise
	Feststoff	Sol	Tinte, Dispersionsfarbe
Feststoff	Gas	poröse Materialien, Schaum	Styropor, Soufflé
	Flüssigkeit	feste Emulsion	Butter
	Feststoff	feste Suspension	Zement

Tabelle 4.3: Beispiele für Dispersionen. Mischungen aus einer gasförmigen kontinuierlichen Phase und einer gasförmigen dispergierten Phase existieren nicht.

4.5 Aggregatzustandsänderungen

Die drei Aggregatzustände können, wie wir gesehen haben, ineinander überführt werden. Sie unterscheiden sich im Wesentlichen durch die Bewegungsenergie der einzelnen Teilchen im jeweiligen Zustand und damit in ihrer Energie. Bei der Umwandlung der einzelnen Aggregatzustände handelt es sich also um energetische Prozesse. Dies soll anhand eines alltäglichen Beispiels, der Überführung von Wasser in seine unterschiedlichen Aggregatzustände, erläutert werden.

4.5.1 Temperatur-Energie-Diagramme

Die Überführung von einem Kilogramm Wasser von einem Aggregatzustand in einen anderen soll anhand eines Temperatur-Energie-Diagramms dargestellt werden. In diesem Diagramm tragen wir die Energiebeträge gegen die entsprechende Temperatur auf. Die Energie für Aggregatzustandsänderungen wird in Form von Wärmeenergie aufgebracht. Steigt die Temperatur einer Substanz, führen die Atome, Moleküle oder Ionen stärkere Eigenbewegungen durch. Die so genannte *Entropie* des Systems nimmt zu. „Entropie" ist ein Begriff aus der Thermodynamik, mit dem irreversible Prozesse sehr gut beschrieben werden können. Die Entropie ist eine sehr abstrakte Größe und soll im Rahmen dieses Buches als ein Maß für die Unordnung eines Systems beschrieben werden, auch wenn diese Definition den Begriff der Entropie nur unvollständig wiedergibt. Eine besonders starke Zunahme der Entropie kann bei Aggregatzustandsänderungen beobachtet werden. Bei diesen Vorgängen steigt die Temperatur so lange nicht, bis die gesamte Phase in eine andere umgewandelt ist. Die dabei nötigen Energien werden als Enthalpien bezeichnet. Die Enthalpie ist ein Maß für die Energie eines thermodynamischen Systems und setzt sich aus zwei Anteilen zusammen, der *inneren Energie U* und der *Volumenarbeit pV*. Die innere Energie besteht aus der thermischen Energie – welche mit der ungerichteten Bewegung der Moleküle gleichgesetzt werden kann (kinetische Energie, Rotationsenergie, Schwingungsenergie) –, der chemischen Bindungsenergie und der potentiellen Energie der Atomkerne. Dazu kommen noch Wechselwirkungen mit elektrischen und magnetischen Dipolen. Die innere Energie nimmt ungefähr proportional zur Temperatur des Systems zu. Die Volumenarbeit ist die Arbeit, die gegen den Druck p verrichtet werden muss, um das Volumen V zu erzeugen, das vom System im betrachteten Zustand eingenommen wird. Die Enthalpie setzt sich additiv aus den beiden Teilen zusammen und wird mit H abgekürzt: $H = U + pV$.

Die unterschiedlichen Aggregatzustandsänderungen können den jeweiligen Enthalpien zugeordnet werden. Die *Schmelzenthalpie* ΔH_S ist die bei konstantem Druck erforderliche Wärmemenge, um eine Substanz zu schmelzen. Während dieses Vorgangs verlassen die Teilchen den festen Verband, in dem sie durch die Wechselwirkungen im Festkörper gehalten werden, und können sich mit einer gewissen Bewegungsenergie gegeneinander bewegen. Die *Verdampfungsenthalpie* ΔH_V ist dementsprechend die bei konstantem Druck erforderliche Wärmemenge, um die Substanz zu verdampfen. Auf molekularer Ebene bedeutet dies, dass gegenseitige zwischenmolekulare Anziehungskräfte der Teilchen überwunden werden müssen. Dadurch wird klar, dass die Verdampfungsenthalpie meist wesentlich größer ist als die Schmelzenthalpie. Sie ist besonders groß bei Flüssigkeiten, bei denen Wasserstoffbrücken auftreten und während des Verdampfens überwunden werden müssen (z.B. Wasser).

Abbildung 4.10: Temperatur-Energie-Diagramm für 1 kg Wasser

Im Fall des Wassers ist der Energiebetrag, der aufgebracht werden muss, um Eis von −100 °C auf 0 °C aufzuwärmen, 201 kJ/kg. Für das Schmelzen sind dann 333,7 kJ/kg erforderlich, dieser Wert entspricht also der Schmelzenthalpie des Wassers. Bevor das Wasser verdampfen kann, muss es auf 100 °C erhitzt werden, wozu 419 kJ/kg benötigt werden. Zum Verdampfen von 1 kg Wasser benötigt man 2258,4 kJ. Dieser Wert ist die Verdampfungsenthalpie für 1 kg Wasser. Im Vergleich zum Schmelzen benötigt man zum Sieden also einen ca. 7-mal höheren Energiebetrag.

4.5.2 Phasendiagramme

Der Zusammenhang zwischen Druck und Temperatur und dem bei den jeweiligen Bedingungen vorhandenen Aggregatzustand lässt sich in einem so genannten Phasendiagramm wiedergeben. Als Phasendiagramm bezeichnet man allgemein eine Veranschaulichung von Zuständen und den dazugehörigen Phasen. Es muss sich hierbei nicht notwendigerweise um Aggregatzustände handeln, sondern es kann jede andere Art von Stoff oder Stoffgemisch in Abhängigkeit von seinen Zuständen aufgetragen sein, z.B. auch Lösungen und Legierungen. Es gibt verschiedenste Erscheinungsformen von Phasendiagrammen, je nachdem, wie viele Stoffe, Phasen und Variablen man betrachtet. Hier sollen jedoch nur einfache Druck-Temperatur(p-T)-Phasendiagramme eines Reinstoffes diskutiert werden, in denen Abhängigkeiten zwischen Druck und Temperatur und den auftretenden Aggregatzuständen – fest, flüssig und gasförmig – wiedergegeben werden.

Im Phasendiagramm für das System Wasser sind drei Phasen zu erkennen: der Feststoff, der beim Wasser das Eis darstellt, die Flüssigkeit und das Gas (Dampf) (▶Abbildung 4.11). Diese Gebiete eines Zustandes sind durch Kurven voneinander getrennt, die spezielle Namen besitzen. Die *Dampfdruckkurve (Siedekurve)* trennt den flüssigen vom gasförmigen Aggregatzustand. Jeder Punkt auf dieser Kurve erfasst eine Temperatur und einen Druck, bei dem Flüssigkeit und Dampf im Gleichgewicht miteinander existieren können. Die Siedekurve endet am *kritischen Punkt K*. Die *Sublimationskurve* trennt den Feststoff vom gasförmigen Zustand, auf jedem Punkt dieser Kurve befinden sich beide Zustände im Gleichgewicht. Im Fall des Wassers stellt der direkte Übergang vom festen in den gasförmigen Zustand bei tiefen Temperaturen und niedrigen Drücken die Basis einer wichtigen technologischen Anwendung dar, der Gefriertrocknung. Die Schmelzkurve stellt die Gleichgewichtsbedingungen zwischen Festkörper und Flüssigkeit dar. Alle drei Kurven treffen sich im so genannten *Tripelpunkt T*. Unter den entsprechenden Druck-Temperatur-Bedingungen (0,01 °C und 0,611 kPa für Wasser) sind alle drei Phasen, fest, flüssig und gasförmig, miteinander im Gleichgewicht. Aus dem Diagramm lässt sich also sofort ersehen, welche Phase unter gegebenen Druck-Temperatur-Bedingungen existieren kann. Beispielsweise können wir erkennen, dass Wasser beim Normaldruck von 101,3 kPa bei 100 °C vom flüssigen in den gasförmigen Zustand übergeht. Dies entspricht dem Siedepunkt des Wassers. Würden wir den Druck erhöhen, so würde auch der Siedepunkt steigen. Die Siedekurve endet am kritischen Punkt K. Der zum kritischen Punkt gehörende Druck heißt *kritischer Druck* p_K, die zugehörige Temperatur *kritische Temperatur* t_K. Oberhalb der kritischen Temperatur können Gase auch bei beliebig hohen Drücken nicht mehr verflüssigt werden. Den Bereich oberhalb des kritischen Punktes bezeichnet man als überkritisches Zustandsgebiet, in diesem Bereich des Phasendiagramms kann man Gas und Flüssigkeit nicht mehr unterscheiden. In der Technik hat der überkritische Zustand von Stoffen mittlerweile eine wichtige Bedeutung erlangt. Beispielsweise verwendet man überkritisches Kohlenstoffdioxid als Lösungsmittel für organische Substanzen, das den Vorteil hat, dass sein überkritischer Zustand ($t_K = 31,1°C$, $p_K = 7,375$ MPa) nur bei hohen Drücken existieren kann. Wird der Druck auf Normaldruck abgesenkt, geht Kohlenstoffdioxid in den gasförmigen Zustand über. Wurde das CO_2 als Lösungsmittel verwendet, kann es also rückstandsfrei entfernt werden. Dieses Prinzip nutzt man beispielsweise für die Extraktion von Koffein aus Kaffee zur Herstellung von koffeinfreiem Kaffee aus.

Eine Besonderheit im Phasendiagramm des Wassers liegt in der Neigung der Schmelzkurve. Sie ist nach links geneigt, was sich durch ein Absinken des Schmelzpunktes bei steigendem Druck bemerkbar macht. Die Neigung zeigt die seltene Situation, in der sich ein Stoff beim Gefrieren ausdehnt. Eine Druckerhöhung würde sich dem entgegensetzen, dementsprechend sinkt der Gefrierpunkt von Wasser bei Druckerhöhung. Diese Beobachtung nennt man die *Anomalie des Wassers*. Der Effekt zieht einige Konsequenzen nach sich, die unser tägliches Leben beeinflussen. So schwimmt Eis auf Wasser, weil ein Gefrieren des Wassers mit einer Volumenvergrößerung und damit einer Erniedrigung der Dichte einhergeht. Die größte Dichte besitzt Wasser bei ca. 4 °C. Druckerhöhungen setzen den Schmelzpunkt des Wassers herab. Dies ist der Grund dafür, dass wir auf Schlittschuhen eislaufen können. Unter unserem Gewicht schmilzt das Eis unter der Kufe und es bildet sich ein dünner Wasserfilm aus. Es sind nur sehr wenige Stoffe bekannt, die eine ähnliche Volumenverringerung beim Schmelzen zeigen (z.B. Si, Ge, Sb, Bi). Generell begünstigt bei vielen Stoffen Druckanlegung die Kristallisation.

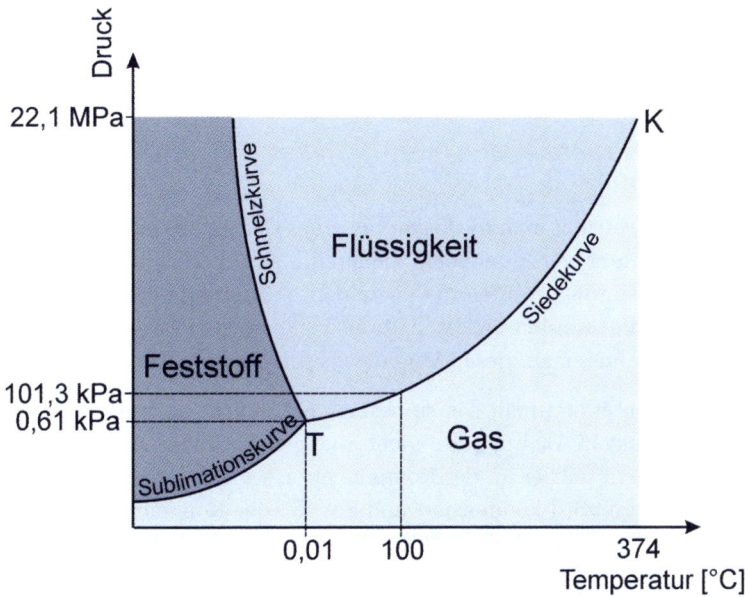

Abbildung 4.11: Schematische Darstellung des Phasendiagramms des Wassers: T: Tripelpunkt, K: kritischer Punkt

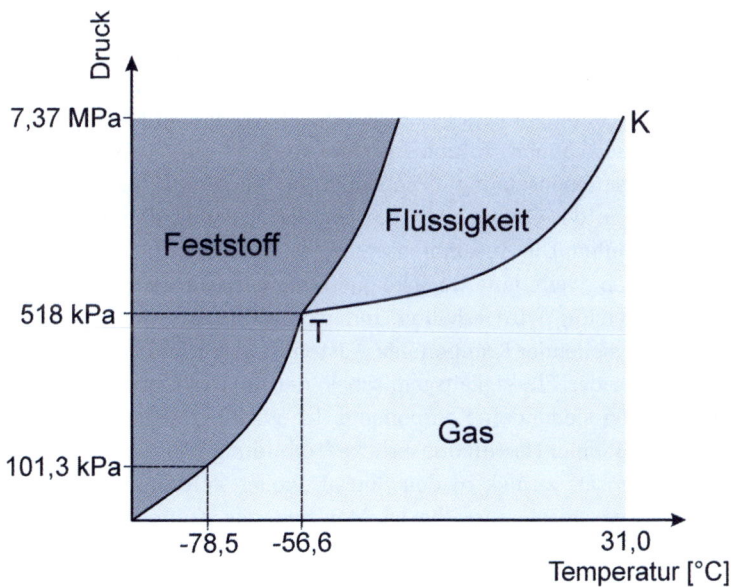

Abbildung 4.12: Schematische Darstellung des Phasendiagramms von Kohlenstoffdioxid: T: Tripelpunkt, K: kritischer Punkt

Im Unterschied zu Wasser neigt sich bei den meisten Stoffen die Schmelzkurve nach rechts, d.h., die Substanzen ziehen sich beim Gefrieren zusammen. Im Regelfall steigt also der Gefrierpunkt mit steigendem Druck. Als Beispiel für solche Stoffe soll hier das Phasendiagramm des Kohlenstoffdioxids abgebildet werden. Neben den bereits besprochenen Phasen und Phasenübergängen fällt beim Kohlenstoffdioxid auf, dass bei Normaldruck (101,3 kPa) bei −78,5 °C ein direkter Übergang vom festen in den gasförmigen Zustand erfolgt. Bei normalen Druckverhältnissen können wir also keine flüssige Phase des Kohlenstoffdioxids erhalten.

4.5.3 Destillation

Unter Destillation versteht man die Trennung eines Gemisches beliebig vieler Komponenten aufgrund ihrer verschiedenen Siedepunkte. Durch eine Kondensation des dabei gebildeten Dampfes können die einzelnen Bestandteile des Gemisches isoliert werden. Werden die Kondensate nach ihren verschiedenen Siedepunkten getrennt aufgefangen, bezeichnet man diesen Vorgang als *fraktionierte Destillation*.

In einer Destillation erhitzt man das zu trennende Gemisch so lange, bis es zu sieden beginnt. Dabei entsteht Dampf, der nicht die gleiche Zusammensetzung wie das Gemisch hat, sondern reicher an der Komponente ist, die den niedrigeren Siedepunkt besitzt. Dieser Dampf wird kondensiert und das flüssige Kondensat wird aufgefangen. Die Trennung des Gemisches basiert also auf der unterschiedlichen Zusammensetzung der siedenden Flüssigkeit und des gasförmigen Dampfes. Eine destillative Trennung kann anhand eines *Siedediagramms* erläutert werden (▶Abbildung 4.13). In diesem ist die Zusammensetzung des zu trennenden Gemisches gegen die Temperatur aufgetragen. Im Siedediagramm beschreibt die *Siedekurve* die Temperatur, bei der ein Gemisch bei einer bestimmten Zusammensetzung siedet. Die *Taukurve* beschreibt die Zusammensetzung des Kondensats in der Gasphase bei einer bestimmten Temperatur. Zwischen der Siedekurve und der Taukurve liegt ein 2-Phasen-Gebiet, in dem Flüssigkeit und Dampf gleichzeitig vorliegen können. Erhitzt man ein Gemisch aus zwei unterschiedlichen Substanzen der Zusammensetzung X, so steigt die Temperatur bis zum Erreichen der Siedekurve (Y) an. In der Gasphase ist die leichter siedende Komponente in höherer Konzentration enthalten. Die Zusammensetzung der Gasphase bei gleicher Temperatur zeigt die Taukurve an, wenn eine waagerechte Linie gezogen wird (Z). Eine Flüssigkeit dieser Zusammensetzung wird erhalten, indem die Gasphase kondensiert wird. Der Gehalt an niedriger siedender Komponente A ist in diesem Kondensat höher. Gleichzeitig verarmt der Rest des Flüssigkeitsgemisches, der als Destillationssumpf bezeichnet wird, an der niedrig siedenden Komponente. In einer herkömmlichen Destillationsvorrichtung, wie z.B. einer Destillationsbrücke (Abbildung 1.2), tropft immer ein gewisser Teil des Kondensats zurück in den Sumpf, wobei sich aufsteigender Dampf mit diesem Kondensat vermischt und die leichter siedende Komponente mit nach oben reißt. So kommt es langsam zu einer Anreicherung der leichter siedenden Komponente A, bis sie rein isoliert werden kann. Dies gilt allerdings nicht für Azeotrope, die weiter unten erläutert werden. Dieser Prozess ist im Siedediagramm durch die weiteren gestrichelten Stufen zwischen Siede- und Taukurve dargestellt.

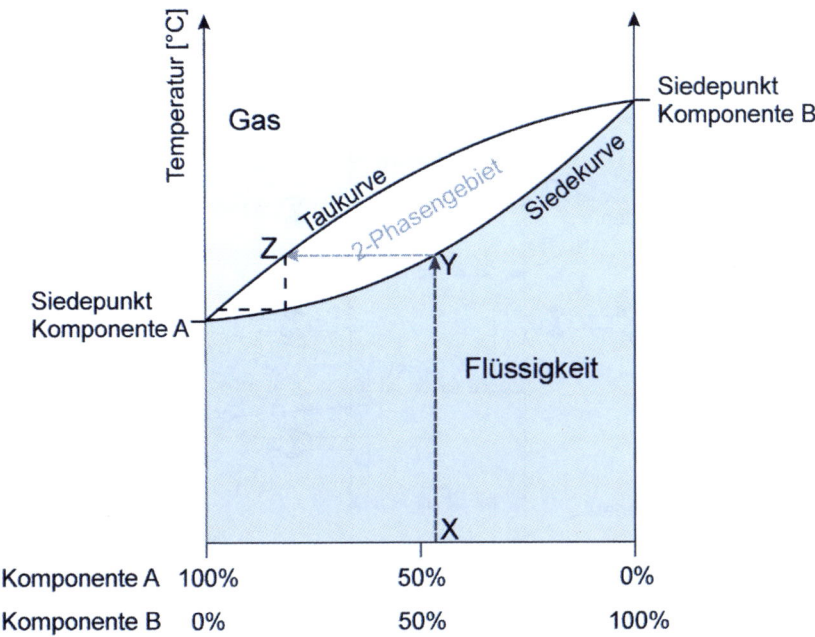

Abbildung 4.13: Siedediagramm für ein Stoffgemisch aus den Komponenten A und B

Bei einer *Kolonnendestillation*, die auch als *Rektifikation* bezeichnet wird, befinden sich zwischen der Verdampfungseinheit und der Kondensationseinheit Vorrichtungen, die es ermöglichen, eine gute Durchmischung von kondensierter Flüssigkeit und aufsteigenden Dämpfen zu erreichen. In der so genannten Kolonne findet ein Stoffaustausch zwischen den beiden Phasen statt; die leichter flüchtigen Anteile reichern sich in Richtung des Kolonnenkopfes im Dampf und die schwerer flüchtigen Komponenten zum Kolonnensumpf hin im Rücklauf an. Damit sich das Verdampfungsgleichgewicht einstellt, muss ein großer Teil des Dampfes am Kolonnenkopf kondensiert und als Rücklauf in die Kolonne zurückgeführt werden. Durch Überläufe fließt dauernd die schwerer siedende Komponente zurück auf darunter liegende Böden. Eine solche Destillation kann man als eine Vielzahl hintereinander ausgeführter einfacher Destillationen mit Rückfluss des Destillates auffassen. Diese Art der Destillation wird beispielsweise bei der Trennung von Rohöl angewendet. In den hohen Destillationstürmen in Raffinerien werden die verschiedenen Bestandteile des Erdöls gemäß ihrem unterschiedlichen Siedepunkt aufgetrennt. Diese Rektifikationskolonnen besitzen so genannte Glockenböden, auf denen der Stoffaustausch zwischen Dampf und Kondensat stattfindet (▶Abbildung 4.14). Man unterscheidet dabei die kontinuierliche Rektifikation, bei der Ausgangsgemisch und Endprodukte ständig zugeführt und entnommen werden, und die diskontinuierliche Rektifikation, bei der in einem Betriebsabschnitt jeweils eine begrenzte Menge des Ausgangsgemisches eingesetzt und zerlegt wird.

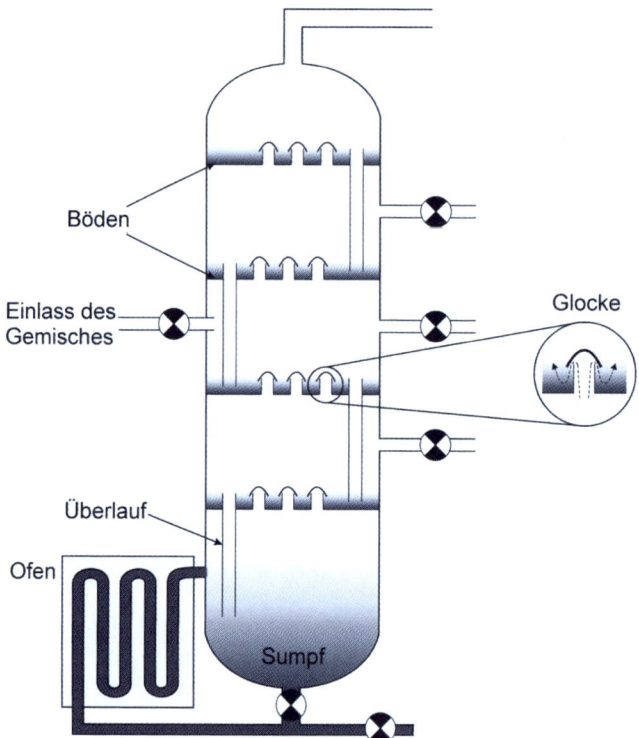

Abbildung 4.14: Rektifikationskolonne

Es gibt Stoffe, die bei bestimmten Mischungsverhältnissen Stoffgemische bilden, welche durch gewöhnliche Destillationen nicht mehr trennbar sind. In diesen Fällen ist die Zusammensetzung der Flüssigkeit und der Gasphase gleich und das Gemisch verhält sich wie ein Reinstoff. Solche Mischungen bezeichnet man als azeotrope Gemische oder einfacher als *Azeotrope*. Man unterscheidet zwei Arten von Azeotropen, so genannte Maximum- und Minimumazeotrope:

■ *Positive Azeotrope* besitzen im Siedediagramm (Temperaturauftragung gegen Zusammensetzung) ein Siedepunktsminimum, das unter den Siedepunkten der beteiligten Reinstoffe liegt (▶Abbildung 4.15(a)). Ein typisches Beispiel für ein solches System ist die Mischung Ethanol/Wasser.

■ *Negative Azeotrope* besitzen im Siedediagramm ein Maximum, das *über* den Siedepunkten der beteiligten Reinstoffe liegt (▶Abbildung 4.15(b)). Negative Azeotrope kommen weit seltener vor als positive Azeotrope. Ein Beispiel dafür ist das System Wasser/Salpetersäure.

Destilliert man ein Ethanol-Wasser-Gemisch mehrfach, so erhält man letztendlich ein Azeotrop aus 95,58 % Ethanol und 4,42 % Wasser. Dieses Gemisch lässt sich durch Destillieren nicht weiter trennen, da es einen Siedepunkt von 78,2 °C aufweist, der niedriger ist als die Siedepunkte der beiden Reinstoffe (100 °C bzw. 78,32 °C). Durch Zusatz einer dritten Komponente oder durch Destillation bei verändertem Druck kann dieses Azeotrop jedoch getrennt werden.

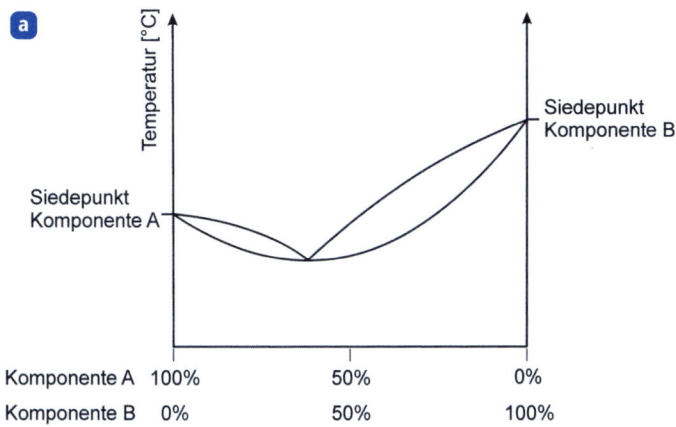

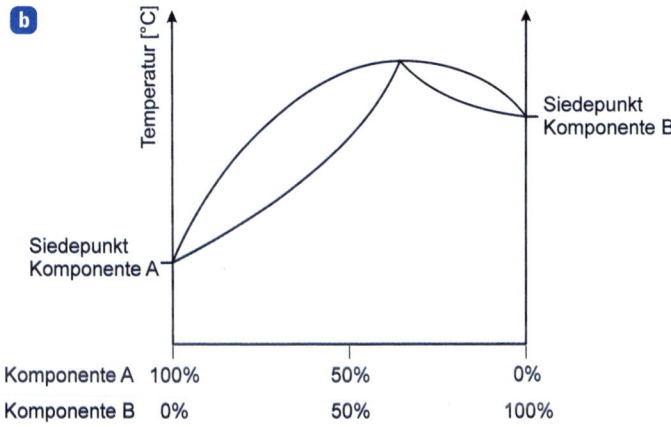

Abbildung 4.15: Azeotrope Mischungen können a) ein Siedepunktsminimum (positive Azeotrope) oder b) ein Siedepunktsmaximum (negative Azeotrope) besitzen

ZUSAMMENFASSUNG

Substanzen können in verschiedenen *Aggregatzuständen* existieren, die sich im Wesentlichen durch die gegenseitige Wechselwirkung der Elemente oder Verbindungen in ihnen unterscheiden. In Gasen bewegen sich die Teilchen sehr schnell und die gegenseitige Wechselwirkung ist relativ gering. Viele Gesetzmäßigkeiten, die etwas über den Zustand eines Gases aussagen, also über dessen Verhältnis zwischen Temperatur, Druck, Volumen und Stoffmenge, können mit Hilfe des *idealen Gasgesetzes* abgeleitet werden. Der Zustand des idealen Gases macht allerdings Annahmen, die *reale Gase* je nach ihrer Zusammensetzung und den Zustandsbedingungen nur angenähert erfüllen. Im Vergleich zu den Gasen existieren in Flüssigkeiten größere Wechselwirkungen zwischen den Teilchen, jedoch ist noch eine gegenseitige Beweglichkeit der Teilchen vorhanden, was dazu führt, dass Flüssigkeiten keine feste Form besitzen, aber ein definiertes Volumen. In *Festkörpern* sitzen die Teilchen auf fixierten Positionen. Je nachdem, ob dies in einer regelmäßigen dreidimensionalen Anordnung oder rein zufällig geschieht, unterscheidet man *kristalline* oder *amorphe Festkörper*. Die *Kristallstruktur* von kristallinen Festkörpern bestimmt viele ihrer Eigenschaften. Neben den Aggregatzuständen der Reinstoffe sind auch verschiedene Arten von Gemischen zwischen unterschiedlichen Aggregatzuständen bekannt. Die Änderung der Aggregatzustände untereinander lässt sich mittels *Phasendiagrammen* beschreiben. Ein technologisch wichtiger Phasenübergang ist dabei der zwischen der flüssigen und gasförmigen Phase, der zur Trennung von flüssigen Phasen mittels *Destillation* verwendet wird.

Aufgaben

Verständnisfragen

1. Wie unterscheiden sich die drei Aggregatzustände bzgl. ihrer chemischen Wechselwirkungen?

2. Warum sind Gase komprimierbar, während Flüssigkeiten und Feststoffe dies nicht sind?

3. Wie unterscheidet sich ein ideales von einem realen Gas?

4. Wieso herrscht über jeder Flüssigkeit ein Dampfdruck und von was ist dieser abhängig?

5. Welche Arten von Festkörpern gibt es und wie unterscheiden sich diese?

6. Mit welchen Parametern wird die Elementarzelle in einer kristallinen Substanz beschrieben?

7. Wie hängen chemische Wechselwirkungen in einem Kristall und dessen Eigenschaften miteinander zusammen?

8. Welche Arten von heterogenen Gemischen gibt es?

9. Was beschreibt ein Phasendiagramm eines Stoffes?

10. Welche Größen sind in einem Siedediagramm gegeneinander aufgetragen und was kann aus einem solchen Diagramm abgelesen werden?

Übungsaufgaben

1. Die Antriebsrakete eines Raumschiffs verbrennt Wasserstoff und Sauerstoff. Wasserstoff wird an die Rakete mit einem Druck von 111,4 kPa übergeben und 1500 L werden für dieses Manöver benötigt. Mit welchem Druck muss der Vorratstank gefüllt werden, wenn sein Volumen 40 L beträgt (konstante Temperatur vorausgesetzt)?

2. Ein Luftballon wird mit Helium bei 23 °C befüllt. Anschließend wird er in flüssigen Stickstoff bei 196 °C getaucht. Was ist das relative Volumen (Verhältnis des Volumens nach Abkühlen zu vor dem Abkühlen) des Ballons bei dieser niedrigen Temperatur unter der Annahme, dass sich der Druck nicht ändert?

3. Welche Molzahl Wasserstoffgas kann unter Normalbedingungen in einem 2-L-Kolben vorhanden sein?

4. Wie viel Mol Helium wird benötigt, um einen 90-L-Ballon bei 22 °C mit 1013 hPa zu füllen?

5. Ein Autoreifen wird bei 22 °C auf 182,3 kPa aufgepumpt. Nachdem mit dem Auto mehrere Stunden gefahren wurde, konnte festgestellt werden, dass sich das Volumen des Reifens von 7,2 auf 7,8 L und der Druck auf 192,5 kPa erhöht hatte. Welche Temperatur hat der Reifen?

6. Amorphes Siliciumdioxid hat eine Dichte von etwa 2,2 g/cm^3, während die Dichte von kristallinem Quarz bei 2,65 g/cm^3 liegt. Erklären Sie diesen Dichteunterschied.

7. Geschmolzene Salze besitzen eine gute Leitfähigkeit aufgrund ihrer Ionenleitung. Im Vergleich dazu ist die Leitfähigkeit von kovalenten Materialien eher gering. Welche der folgenden Verbindungen besitzt die beste Leitfähigkeit im geschmolzenen Zustand? Welche die schlechteste? Substanzen: HCl, NaCl, CCl_4, ICl.

8. Was ist die Koordinationszahl eines Metallatoms in einem kubisch-primitiven Gitter? Was ist dessen Koordinationszahl in einem kubisch-innenzentrierten Gitter?

9. Warum ist die Schmelzwärme eines Stoffes generell niedriger als seine Verdampfungswärme?

10. Welche Bedeutung hat der kritische Druck in einem Phasendiagramm? Warum endet die Linie, die die gasförmigen und flüssigen Phasen trennt, am kritischen Punkt?

Chemische Reaktionen

5.1 **Chemische Gleichungen** 142

5.2 **Energieumsätze bei chemischen Reaktionen** 144

5.3 **Chemische Reaktionskinetik** 148

5.4 **Lösungen** 155

5.5 **Säuren und Basen** 167

5.6 **Oxidationen und Reduktionen** 173

Zusammenfassung 180

Aufgaben 181

5

ÜBERBLICK

» Ob wir uns an den Küchenherd stellen, um zu kochen, einen zerbrochenen Gegenstand kleben, uns im Auto durch das Verbrennen des Benzin-Luft-Gemisches im Motor Antriebsenergie verschaffen oder uns über das Rosten unseres Autos ärgern – bei all diesen Vorgängen findet die Umsetzung von Ausgangsstoffen zu Substanzen statt, die nicht mehr viel mit den ursprünglichen Stoffen zu tun haben. Die ursprünglichen Substanzen verändern sich durch chemische Reaktionen. Allen diesen Reaktionen ist gemein, dass es sowohl einen Stoffumsatz als auch einen Energieumsatz gibt.

Der Stoffumsatz wird deutlich, wenn wir die Prozesse genauer betrachten. Beispielsweise wird im Motor ein flüssiger Treibstoff mit dem Sauerstoff der Luft in gasförmige Substanzen, die Abgase, umgewandelt. Im optimalen Fall sollten die Produkte nur Kohlenstoffdioxid und Wasser sein. Allerdings läuft die Verbrennung meist nicht optimal und es entstehen noch weitere Substanzen. Bei dieser kontrollierten Verbrennung kommt es ebenfalls zu einem Energieumsatz. Einen Teil dieser Energie nutzen wir aus, um damit das Fahrzeug anzutreiben, ein weiterer, nicht unerheblicher Teil wird als Abwärme ungenutzt an die Umgebung abgegeben. Im Fall der Verbrennung im Motorraum handelt es sich um eine sehr schnelle chemische Reaktion, die man mit einer Explosion gleichsetzen kann. Im Fall des Rostens eines Metallstücks ist der Reaktionsverlauf wesentlich langsamer und uns fällt der Stoff- und Energieumsatz nicht so sehr auf. Dennoch wissen wir, dass es sich um eine chemische Reaktion handeln muss, da der entstehende Rost nicht mehr die gleichen Eigenschaften aufweist wie das ursprüngliche Metall, denn Rost zeigt nicht mehr die Stabilität und das Aussehen des ursprünglichen Metalls.

Einige Grundtypen chemischer Reaktionen werden im folgenden Kapitel erläutert.

5.1 Chemische Gleichungen

Die Untersuchung und das Verständnis chemischer Umwandlungen stellt das wesentliche Gebiet der Chemie dar. In diesem Kapitel werden wir uns der Beschreibung chemischer Umwandlungen durch die Verwendung von chemischen Formeln und chemischen Gleichungen widmen. In beiden sind wichtige Informationen über die Mengen der beteiligten Substanzen enthalten. Chemische Gleichungen setzen die Mengen der Ausgangsstoffe mit den Mengen der Produkte in Relation. Das Gebiet der Chemie, das sich mit den Mengen der eingesetzten und gebildeten Stoffe chemischer Reaktionen beschäftigt, wird auch *Stöchiometrie* genannt. Die grundlegende Gesetzmäßigkeit, auf der alle quantitativen Betrachtungen von chemischen Reaktionen basieren, ist das Gesetz von der Erhaltung der Masse, welches bereits in Kapitel 2 vorgestellt wurde. Dieses sagt aus, dass im Verlauf einer chemischen Reaktion die Masse der Ausgangsstoffe gleich der Masse der Endstoffe sein muss. Aufgrund dieses einfach klingenden Gesetzes können wir chemische Gleichungen formulieren.

Eine chemische Reaktion kann mit einer chemischen Gleichung präzise beschrieben werden. Chemische Gleichungen bilden somit die Basis für die Stoff- und Energiebilanzen in der Chemie.

Eine stattfindende chemische Reaktion wird durch einen Reaktionspfeil verdeutlicht. Auf der linken Seite des Reaktionspfeils befinden sich die Ausgangsstoffe, während die entstehenden Stoffe auf der rechten Seite stehen. Die Ausgangsstoffe bezeichnet man auch als *Reaktanten* oder *Edukte*, die Endstoffe als *Produkte*. Als Beispiel soll hier die Reaktion zwischen Natrium und Chlor behandelt werden. Bei dieser Reaktion wird metallisches Natrium mit molekularem Chlor zu Natriumchlorid umgesetzt. Natrium und Chlor sind also die Edukte und Natriumchlorid ist das Produkt der Reaktion.

$$2\,Na + Cl_2 \rightarrow 2\,NaCl$$

Chlor kommt in seinem Grundzustand als gasförmiges molekulares Chlor Cl_2 vor, in dem zwei Chloratome über eine kovalente Bindung miteinander verknüpft sind. Da aber jeweils ein Chloratom mit einem Natriumatom zu einer Einheit Natriumchlorid reagiert, werden zwei Natriumatome für die Reaktion benötigt. Ergebnis der entsprechenden Reaktion sind dann folglich auch zwei Äquivalente Natriumchlorid (NaCl). Man schreibt die benötigten Äquivalente, die zu einer ausgeglichenen Gleichung führen, als *Koeffizienten* vor die Formeln der Edukte und Produkte. Der Koeffizient 1 wird dabei normalerweise nicht angegeben. Die Koeffizienten geben also die relative Anzahl der an der Reaktion beteiligten Atome oder Moleküle an. Wenn zwei Atome Natrium mit einem Molekül Chlor reagieren, so muss dies aber auch auf größere Mengen von Atomen übertragbar sein. Würde man die Koeffizienten mit der Avogadro-Zahl multiplizieren, erhält man direkt die molaren Stoffmengen. Die Koeffizienten entsprechen also den Stoffmengen der an der Reaktion beteiligten Substanzen. Obige Gleichung würde also bedeuten, dass zwei Mol Natrium mit einem Mol molekularem Chlor zu zwei Mol Natriumchlorid reagieren. Steht auf der linken und rechten Seite die gleiche Anzahl an Atomen, so bezeichnet man die Gleichung als ausgeglichen. Man kann den Reaktionspfeil dabei mit dem Gleichheitszeichen einer mathematischen Gleichung vergleichen, auch hier müssen die linke und rechte Seite der Gleichung übereinstimmen.

Bei einer chemischen Reaktion werden die Atome in den Verbindungen also lediglich umgruppiert und wechseln ihren Bindungspartner. Die Summe der Massen der Edukte und die Summe der Massen der Produkte bleiben jedoch gleich.

5.1.1 Ausgleichen von chemischen Gleichungen

Sind die Reaktanten und Produkte einer chemischen Reaktion bekannt, kann zunächst die unausgeglichene Reaktionsgleichung aufgestellt werden. Anschließend variiert man die Koeffizienten der Stoffe auf beiden Seiten der Gleichung so, dass auf beiden Seiten des Reaktionspfeils die Anzahl der Atome gleich ist. Dabei müssen die Indices in den chemischen Formeln mit berücksichtigt werden. Die Koeffizienten sollten so gewählt werden, dass die Bedingung der Gleichung mit den kleinsten ganzzahligen Koeffizienten möglich ist. Beim Ausgleichen der Gleichung dürfen nur die Koeffizienten vor den Atomen und Molekülen verändert werden und niemals die Indices in den molekularen Verbindungen, da sich damit die Identität der jeweiligen Verbindung ändern würde. Als Beispiel soll hier die Verbrennung von Methan (CH_4), dem Hauptbestandteil von Erdgas, mit Sauerstoff (O_2) herangezogen werden. Bei einer vollständig ablaufenden Reaktion entstehen Kohlenstoffdioxid (CO_2) und Wasser (H_2O). Die unausgeglichene Reaktionsgleichung würde also lauten:

$$CH_4 + O_2 \rightarrow CO_2 + H_2O$$

Es empfiehlt sich, zum Ausgleichen der Gleichung zunächst die Elemente zu betrachten, die links und rechts am wenigsten vorkommen. Das wären in dem Beispiel Kohlenstoff und Wasserstoff. Auf beiden Seiten der unausgeglichenen Gleichung steht jeweils ein Kohlenstoffatom in zwei unterschiedlichen Molekülen, Methan und Kohlenstoffdioxid. Die Anzahl der Kohlenstoffatome auf beiden Seiten ist also gleich. Auf der Seite der Produkte befinden sich beim Wasserstoff halb so viele Atome wie auf der Seite der Reaktanten. Dies können wir ändern, indem der Koeffizient 2 vor das Wassermolekül auf der rechten Seite geschrieben wird. Dabei ändert sich natürlich auch die Anzahl der Sauerstoffatome. Nun stehen doppelt so viele Sauerstoffatome rechts wie links. Durch den Koeffizienten 2 vor dem O_2 kann dieser Mangel ausgeglichen werden. Die ausgeglichene Reaktionsgleichung lautet also:

$$CH_4 + 2\,O_2 \rightarrow CO_2 + 2\,H_2O$$

Im vorangegangenen Kapitel haben wir gelernt, dass Substanzen in verschiedenen Aggregatzuständen vorkommen. Das Wissen, in welchem Aggregatzustand sich Reaktanten und Produkte befinden, kann auch in chemischen Reaktionsgleichungen wichtig sein. Diese zusätzliche Information schreibt man in Klammern hinter die jeweiligen Formeln. Die Symbole (g), (l) und (s) bedeuten dabei gasförmig, flüssig (engl.: *liquid*) und fest (engl.: *solid*). Bei Reaktionen, die in wässrigen Medien vorkommen, soll das Symbol (aq) verdeutlichen, dass die jeweilige Substanz in Wasser gelöst vorliegt.

Unsere oben erwähnte Beispielgleichung würde dann also vollständig lauten:

$$2\,Na(s) + Cl_2(g) \rightarrow 2\,NaCl(s)$$

Da wir die Stoffbilanz in Stoffmengen ausgedrückt haben, können wir auch eine Massenbilanz ziehen, wenn wir die relativen Atommassen bzw. molaren Massen der Verbindungen und die Koeffizienten berücksichtigen. Wenn also 2 Mol Natrium ($A_r = 23$) mit einem Mol Cl_2 ($M_r = 35,5$) zu zwei Mol NaCl ($M_r = 58,9$) reagieren, so heißt dies, dass 46 g Na mit 71 g Cl_2 zu 117 g NaCl reagieren.

5.2 Energieumsätze bei chemischen Reaktionen

Chemische Reaktionen besitzen nicht nur einen Stoff-, sondern gleichzeitig auch einen Energieumsatz. Um eine chemische Reaktion vollständig zu beschreiben, muss also auch der Energieumsatz betrachtet werden. Die Lehre der Energie und ihrer Umwandlungen wird als *Thermodynamik* bezeichnet. Energie ist, allgemein gesagt, das Vermögen zur Verrichtung von Arbeit oder zur Übertragung von Wärme. Diese beiden Aussagen können für chemische Reaktionen bestätigt werden. Z.B. kann sich während einer chemischen Reaktion das Volumen der Substanzen vergrößern und damit Volumenarbeit verrichten oder es kann Wärme freigesetzt werden.

Die SI-Einheit der Energie ist das nach dem englischen Physiker *James Prescott Joule* (1818–1889) benannte *Joule* (J). Ein Joule ist gleich der Energie, die benötigt wird, um über die Strecke von einem Meter die Kraft von einem Newton aufzuwenden oder für die Dauer einer Sekunde die Leistung von einem Watt aufzubringen. Ein Joule ist eine relativ kleine Energiemenge, daher werden Energien meist in Kilojoule (kJ) ausgedrückt. Eine ältere Nicht-SI-Einheit, die teilweise immer noch Verwendung findet, ist die *Kalorie* (cal). Sie ist als die Energiemenge definiert, die unter normalem atmosphärischem Druck (1013,25 hPa) benötigt wird, um ein Gramm Wasser von 14,5 auf 15,5 °C zu erwärmen. Der Umrechnungsfaktor von Kalorie zu Joule beträgt:

$$1 \text{ cal} = 4{,}1868 \text{ J}$$

Generell lassen sich verschiedene Energieformen ineinander überführen. Wenn wir beispielsweise von einem Sprungbrett im Schwimmbad ins Wasser springen, verwandeln wir die so genannte *potentielle Energie*, also die Energie, die durch die Erdanziehung auf unseren Köper wirkt, in *kinetische Energie*, also Bewegungsenergie. Ähnlich kann in chemischen Reaktionen die Energie, die in Verbindungen steckt, in eine andere Energieform umgewandelt werden. Beim Verbrennen von Methan (CH_4) (siehe Gleichung oben) wird die Energie, die in den Bindungen der Methan- und Sauerstoffmoleküle steckt, im Vergleich zur Energie der Bindungen der Produkte, Kohlenstoffdioxid und Wasser, freigesetzt. Wir können also Energieformen ineinander umwandeln, was wir aber nicht können, ist, Energie neu zu schaffen. Das ist auch die Aussage des *Ersten Hauptsatzes der Thermodynamik*: Energie bleibt erhalten, sie kann weder erschaffen noch vernichtet werden. Sämtliche Energie, die von einem System abgegeben wird, muss von seiner Umgebung aufgenommen werden.

Um chemische Reaktionen unter dem Energieaspekt betrachten zu können, müssen wir uns zunächst überlegen, wie die Energie eines bestimmten Systems definiert ist.

5.2.1 Innere Energie

Die innere Energie eines Systems ist die Summe aller kinetischen und potentiellen Energiewerte sämtlicher Bestandteile des Systems. Dazu zählen bei Elementen oder Verbindungen die Energien der Bewegungen der Teilchen, aber auch die Rotationen und inneren Schwingungen in den Molekülen. Auch die Energien der Kerne und Elektronen aller Atome zählen zur inneren Energie. Der Wert der inneren Energie wird mit U dargestellt. Ihr Absolutwert ist normalerweise nicht bekannt. Für viele chemische Umsetzungen reicht die Betrachtung der Änderung der inneren Energie ΔU, die mit der chemischen Reaktion einhergeht. Bei einer Reaktion mit einem Anfangs- und Endzustand ist also ΔU definiert als $\Delta U = U_{Ende} - U_{Anfang}$.

Häufig ist es nicht notwendig, die wirklichen Werte von U_{Ende} und U_{Anfang} zu kennen. Stattdessen betrachtet man den Differenzwert ΔU. Thermodynamische Größen bestehen immer aus drei Teilen, einer Zahl in Verbindung mit einer Einheit, die uns über den Betrag der Änderung Auskunft geben. Der dritte wichtige Wert ist das Vorzeichen, das die Richtung der Energieänderung angibt. Ein positiver Energiewert wird erhalten, wenn

$U_{Ende} > U_{Anfang}$ ist (▶Abbildung 5.1). In diesem Fall wird Energie aus der Umgebung aufgenommen. Umgekehrt wird im Fall eines negativen Wertes von ΔU, also wenn $U_{Ende} < U_{Anfang}$, Energie an die Umgebung abgegeben. Eine bestimmte Änderung der Energie eines Systems erzeugt also immer eine umgekehrte Änderung der Energie der Umgebung.

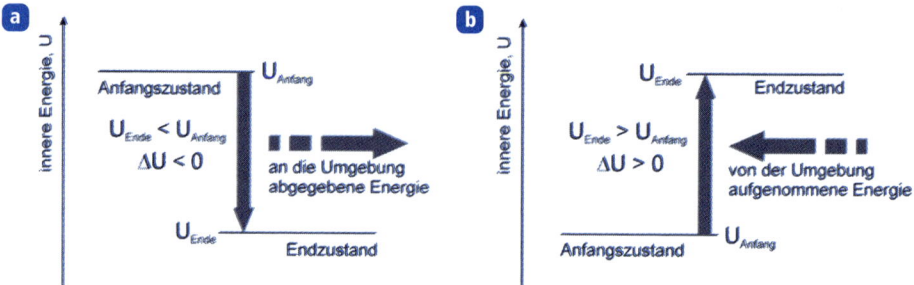

Abbildung 5.1: Änderung der inneren Energie eines Systems in Abhängigkeit von den Energien der Anfangs- und Endzustände: a) Energie wird an Umgebung abgegeben; b) Energie wird von Umgebung aufgenommen

Die Energie kann mit der Umgebung in Form von Wärme und Arbeit ausgetauscht werden. Betrag und Vorzeichen der Änderung der inneren Energie ergeben sich aus der Summe der Wärme Q, die dem System zugeführt oder aus diesem abgegeben wird, und der Arbeit W, die das System verrichtet.

$$\Delta U = Q + W$$

Häufig unterscheidet man in der Chemie Reaktionen, zu deren Ablauf Wärme aus der Umgebung aufgenommen oder an die Umgebung abgegeben wird. Ein Prozess, in dessen Verlauf Wärme aufgenommen wird, wird *endothermer Prozess* genannt. Ein typisches Beispiel sind die Aggregatzustandsänderungen wie z.B. das Schmelzen von Eis. Zu diesem Vorgang muss Wärme aus der Umgebung aufgenommen werden. Es handelt sich also um einen endothermen Prozess. Ein Prozess, bei dem Wärme an die Umgebung abgegeben wird, bezeichnet man als *exothermen Prozess*. Eine typische exotherme Reaktion ist die Verbrennung von Brennstoffen wie Erdgas oder Benzin, bei der Wärme an die Umgebung abgegeben wird.

5.2.2 Enthalpie

Viele chemische Reaktionen, die in unserer Umgebung ablaufen, finden bei nahezu konstantem atmosphärischem Druck statt. Diese Prozesse können mit einer Aufnahme oder Abgabe von Wärme oder mit Arbeit verbunden sein. Beispielsweise können bei chemischen Reaktionen Gase entstehen. Wird eine solche Reaktion in einem offenen Gefäß durchgeführt, so bemerken wir die Arbeit, die verrichtet wird, meist nicht, da sie gegen den Atmosphärendruck verrichtet wird. Das Gas dehnt sich gegen den Atmosphärendruck aus. Ganz anders ist dies, wenn wir einen Kolben mit einem beweglichen Stempel an den Reaktionsraum anschließen. Bei der Entstehung und der Ausdehnung eines Gases wird sich der Stempel bewegen. Es wird daher Druck-Volumenarbeit verrichtet (pV-Arbeit). Bei konstantem Druck lautet die Abhängigkeit:

$$W = -p\Delta V$$

wobei p der Druck und ΔV die Änderung des Volumens ($\Delta V = V_{Ende} - V_{Anfang}$) des Systems ist. Das negative Vorzeichen entsteht durch die Konvention, die bereits bei der inneren Energie besprochen wurde. Wenn Volumenarbeit verrichtet wird, ist ΔV positiv und W negativ, da Arbeit an der Umgebung des Systems verrichtet wird und umgekehrt.

Die thermodynamische Größe der Enthalpie betrachtet den Wärmefluss in Prozessen, die bei konstantem Druck ablaufen. In ihnen wird also außer der pV-Arbeit keine andere Form von Arbeit verrichtet. Die Enthalpie H ist also die Summe aus innerer Energie und dem Produkt aus Druck und Volumen des Systems:

$$H = U + pV$$

Wenn bei konstantem Druck eine Änderung der Enthalpie auftritt, so ist diese Änderung ΔH durch folgenden Ausdruck gegeben:

$$\Delta H = \Delta(U + pV) = \Delta U + p\Delta V$$

Das heißt also: Die Enthalpieänderung ist gleich der Änderung der inneren Energie und dem Produkt aus dem konstanten Druck und der Änderung des Volumens.

Weiter oben haben wir gesehen, dass $W = -p\Delta V$ und $\Delta U = Q + W$ ist. Wenn wir dies in die Gleichung für die innere Energie einsetzen unter der Bedingung, dass der Druck konstant gehalten wird, so erhalten wir

$$\Delta H = \Delta U + p\Delta V = (Q_p + W) - W = Q_p$$

Der tiefgestellte Index p soll hier verdeutlichen, dass es sich um Änderungen bei konstantem Druck handelt. Die Änderung der inneren Energie ist also gleich der bei konstantem Druck aufgenommenen oder abgegebenen Wärme. Die Größe Q_p kann viel leichter berechnet oder gemessen werden als die innere Energie und die meisten chemischen Reaktionen verlaufen bei konstantem Druck. Daher verwendet man zur Beschreibung energetischer Vorgänge in chemischen Reaktionen meistens die Enthalpie. Der Unterschied zwischen ΔH und ΔU ist meist gering, da der Wert $p\Delta V$ häufig sehr klein ist.

Wenn ΔH positiv ist ($\Delta H > 0$), handelt es sich um eine endotherme Reaktion, bei $\Delta H < 0$ um eine exotherme Reaktion.

Reaktionsenthalpien

Bei chemischen Reaktionen errechnet sich die Enthalpieänderung folgendermaßen:

$$\Delta H = H_{Produkte} - H_{Reaktanten}$$

Die Enthalpieänderung, die mit einer chemischen Reaktion verbunden ist, wird als Reaktionsenthalpie bezeichnet. Bei einer vollständigen chemischen Gleichung sollte dieser Energiewert immer angegeben werden. So würde die explosionsartige Umsetzung von Wasserstoff mit Sauerstoff durch folgende Reaktionsgleichung ausgedrückt werden:

$$2\,H_2(g) + O_2(g) \rightarrow 2\,H_2O(g) \qquad \Delta H = -438{,}6\ kJ$$

ΔH ist negativ, die Reaktion ist also exotherm. Eine ausgeglichene chemische Gleichung, bei der der Energiewert mit angegeben wird, nennt man *thermochemische*

Gleichung. Ähnlich wie bei der inneren Energie kann auch die Enthalpieänderung durch ein Enthalpiediagramm dargestellt werden (siehe auch ▶Abbildung 5.3).

Bei der Verwendung thermochemischer Gleichungen sind folgende Grundregeln zu beachten:

Der Betrag der Enthalpie ist direkt proportional zu den in der chemischen Reaktion verbrauchten Reaktanten. Wird also in einer Reaktion die doppelte Menge an Reaktanten eingesetzt, so verdoppelt sich auch der Enthalpiewert. Als Beispiel soll hier die Verbrennung von Methan (CH_4) dienen:

$$CH_4(g) + 2\,O_2(g) \rightarrow CO_2(g) + 2\,H_2O(l) \qquad \Delta H = -890\ \text{kJ}$$

Die exotherme Reaktion setzt 890 kJ an Energie frei. Die vollständige Verbrennung von 2 Mol Methan würde 1780 kJ freisetzen.

Die Enthalpieänderung einer Reaktion ist für die Umkehrreaktion betragsmäßig gleich, hat aber das umgekehrte Vorzeichen. Im obigen Fall würde das heißen, dass die Umsetzung von Kohlenstoffdioxid (CO_2) mit Wasser zu Methan und Sauerstoff eine endotherme Reaktion mit dem Energiewert 890 kJ wäre.

$$CO_2(g) + 2\,H_2O(l) \rightarrow CH_4(g) + 2\,O_2(g) \qquad \Delta H = +890\ \text{kJ}$$

Es lassen sich allerdings aus dieser Ableitung keine Rückschlüsse ziehen, ob diese Reaktion tatsächlich ablaufen würde.

Die Enthalpieänderung in einer Reaktion hängt vom Aggregatzustand ab, in dem sich Reaktanten und Produkte befinden. Beispielsweise würde die Reaktionsenthalpie bei der Verbrennung von Methan nur −802 kJ betragen, wenn das Wasser dampfförmig anfallen würde. Die Differenz von 88 kJ wird benötigt, um vom flüssigen in den gasförmigen Zustand zu gelangen. Daher ist es wichtig, bei thermochemischen Gleichungen die Aggregatzustände der Reaktanten und Produkte anzugeben. Sollte nichts anderes angegeben sein, so bezieht sich der Enthalpiewert auf den Standardzustand: 25 °C, 1013 hPa (= 1 atm). Die Schreibweise dieses normierten Wertes lautet ΔH^0.

5.3 Chemische Reaktionskinetik

Chemische Reaktionen laufen unterschiedlich schnell ab. Es gibt Reaktionen, die innerhalb von Sekundenbruchteilen beendet sind, z.B. Explosionen. Andere Prozesse benötigen einen viel längeren Zeitraum, wie z.B. die Bildung von Rost. Manche Reaktionen laufen über Zeiträume von Tausenden oder Millionen von Jahren, wie z.B. die Bildung von Mineralien in der Erdkruste. Das Teilgebiet der Chemie, das sich mit der Beschreibung von Reaktionsgeschwindigkeiten befasst, nennt man *chemische Kinetik*.

Die Geschwindigkeit eines Vorgangs drückt immer eine Änderung pro Zeiteinheit aus. Die Geschwindigkeit eines Fahrzeugs auf der Straße beschreibt die Wegstreckenänderung pro Zeiteinheit. Die Reaktionsgeschwindigkeit beschreibt, wie viele Teilchen pro Zeit in einer chemischen Reaktion umgesetzt werden. Die Teilchenzahl ist in der Chemie eng mit Begriffen wie Stoffmenge und Konzentration verbunden. Die Reaktionsgeschwindigkeit drückt also aus, wie sich die Konzentration der Substanzen pro Zeiteinheit im Verlauf der chemischen Reaktion ändert. Dabei gibt es vier wesentliche Faktoren, die einen Einfluss auf die Reaktionsgeschwindigkeit haben:

- **Aggregatzustand der Reaktanten.** Eine chemische Reaktion kann nur ablaufen, wenn sich die Reaktanten im Reaktionsgemisch treffen. Je öfter die Moleküle gegeneinanderstoßen, desto schneller reagieren sie miteinander. Die meisten chemischen Reaktionen sind homogen und die Reaktanten befinden sich in derselben Phase. Im Fall von heterogenen Reaktionen, z.B. Gas-Festkörper, erhöht sich die Reaktionsgeschwindigkeit, wenn das Gas mehr Angriffsfläche am Festkörper hat, also je größer dessen Oberfläche ist.

- **Konzentration der Reaktanten.** Mit steigender Konzentration nimmt die Häufigkeit, mit der die Reaktanten aufeinandertreffen, zu und die Geschwindigkeit erhöht sich.

- **Reaktionstemperatur.** Eine Erhöhung der Temperatur resultiert in einer höheren kinetischen Energie der Teilchen. Wenn sich die Teilchen aber schneller bewegen, treffen sie auch eher aufeinander.

- **Anwesenheit eines Katalysators.** Katalysatoren erhöhen die Reaktionsgeschwindigkeit, ohne selbst dabei verbraucht zu werden.

Auf Molekülebene hängen die Reaktionsgeschwindigkeiten mit Stoßereignissen zusammen. Je häufiger Stöße zwischen Molekülen auftreten, desto größer ist die Reaktionsgeschwindigkeit. Die Wahrscheinlichkeit, dass Stöße zwischen Molekülen erfolgen, nimmt mit der Konzentration der Teilchen zu. Gleichzeitig müssen die Teilchen aber auch genügend Energie besitzen, damit die Reaktion ablaufen kann. So lässt sich verstehen, warum die Konzentration und Reaktionstemperatur, die mit der Bewegungsenergie der Teilchen korreliert, einen großen Einfluss auf die Reaktionsgeschwindigkeit besitzen.

Betrachten wir die allgemeine Reaktion:

$$A_2(g) + X_2(g) \rightarrow 2\,AX(g)$$

Während dieser Reaktion werden die Substanzen A_2 und X_2 verbraucht, d.h., ihre Konzentrationen nehmen mit der Zeit ab. Gleichzeitig entsteht AX, dessen Konzentration somit laufend zunimmt. Die Reaktionsgeschwindigkeit in dieser Reaktion ist ein Maß dafür, wie schnell die Konzentrationsänderungen stattfinden. Dabei können wir die Reaktionsgeschwindigkeit sowohl von der Seite des Produktes als auch von Seiten der Reaktanten betrachten. Drückt man die Reaktionsgeschwindigkeit durch die Konzentrationszunahme von AX während der Reaktion aus, so lässt sich diese formulieren als:

$$v(AX) = \frac{\Delta c(AX)}{\Delta t}$$

wobei $v(AX)$ die Reaktionsgeschwindigkeit in Bezug auf die Konzentrationsänderung von AX, $\Delta c(AX)$ die Konzentrationsänderung des Produktes und Δt die zeitliche Änderung ist. Um die Geschwindigkeit möglichst exakt auszudrücken, macht man die Differenzen unendlich klein und drückt die Gleichung als Differentialgleichung aus:

$$v(AX) = \frac{dc(AX)}{dt}$$

Die Einheit der Reaktionsgeschwindigkeit ist für dieses Beispiel [mol · L^{-1} · s^{-1}]. Die Reaktionsgeschwindigkeit kann auch durch die Abnahme der Konzentrationen von A$_2$ und X$_2$ ausgedrückt werden. Das Vorzeichen der Differentialgleichung ist dann negativ:

$$v(A_2) = -\frac{dc(A_2)}{dt}$$

Die Änderung der entsprechenden Konzentrationen kann auch grafisch durch Auftragung der Konzentration eines Reaktanten bzw. des Produktes ausgedrückt werden (▶Abbildung 5.2). Während des Reaktionsverlaufs nimmt die Konzentration des Reaktanten beginnend vom Maximalwert zunächst schnell ab, da am Anfang die Konzentration der Reaktanten sehr hoch ist und damit sehr viele Stoßereignisse vorhanden sind. Im Verlauf der Reaktion nimmt die Konzentration der Reaktanten stetig ab und damit verringert sich die Reaktionsgeschwindigkeit. Auf der Seite des Produktes gestaltet sich der Konzentrationsverlauf so, dass am Beginn die Konzentration 0 ist und dieser schnell ansteigt, da viele Stoßereignisse zwischen den Reaktanten dazu führen, dass viel Produkt gebildet wird. Im Verlauf der Reaktion nimmt die Konzentration der Reaktanten ab. Damit geht eine langsamere Konzentrationssteigerung des Produktes einher.

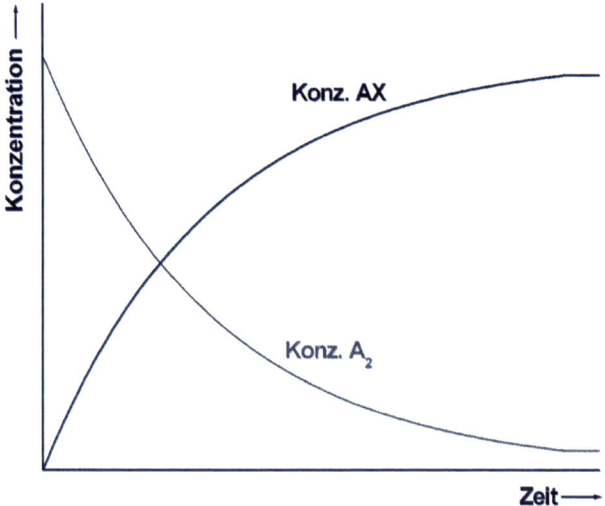

Abbildung 5.2: Veränderung der Konzentrationen eines Reaktanten A$_2$ und des Produktes AX in Abhängigkeit von der Zeit einer chemischen Reaktion A$_2(g)$ + X$_2(g)$ → 2 AX(g)

Für jede chemische Reaktion kann eine mathematische Gleichung, das so genannte *Geschwindigkeitsgesetz*, angegeben werden. Dieses setzt die Konzentrationen der Reaktanten mit der Reaktionsgeschwindigkeit in Beziehung. Diese Geschwindigkeitsgesetze sind im Wesentlichen von der Reaktionsordnung abhängig, die wiederum mit dem chemischen Mechanismus der Reaktion zusammenhängt. Die verschiedenen Arten von Geschwindigkeitsgesetzen und deren experimentelle Bestimmung soll allerdings nicht Thema dieser Einführung sein. Der interessierte Leser sei auf die einschlägigen Lehrbücher der allgemeinen Chemie verwiesen.

5.3.1 Aktivierungsenergie

Wir haben in Kapitel 5.2.1 gesehen, dass bei chemischen Reaktionen die Energien der Ausgangsstoffe und der Endstoffe eine wichtige Rolle spielen. Viele Reaktionen in der Natur laufen freiwillig ab, weil die Gesamtenergie der Produkte niedriger als die Energie der Reaktanten ist. Die Reaktion verläuft exotherm. Es gibt aber auch Reaktionen, die diese Bedingung erfüllen, die aber nicht freiwillig ablaufen, sondern bei denen zunächst Energie aufgebracht werden muss, damit die Reaktion beginnt. Der Energiewert, der aufgebracht werden muss, damit eine Reaktion abläuft, wird *Aktivierungsenergie* E_A genannt. Der Wert von E_A ist je nach Reaktion verschieden. Die Aktivierungsenergie ist davon abhängig, wie die Reaktanten miteinander zum Produkt reagieren, d.h., über welche Zwischenstufen die Reaktion abläuft. Reaktionsgleichungen zeigen uns lediglich die stöchiometrischen Beziehungen zwischen Reaktanten und Produkten einer chemischen Reaktion an. Die Reaktion kann allerdings über verschiedene Zwischenstufen ablaufen, die nicht in der Reaktionsgleichung erscheinen. Bei chemischen Reaktionen kommt es im Reaktionsverlauf zur Bildung von so genannten aktivierten Komplexen oder Übergangszuständen. Diese sind instabile Verbände von Atomen, welche nur für kurze Zeit existieren und damit nicht oder nur sehr schwierig isoliert werden können. Der Übergangszustand kann sich unter Bildung des Produktes oder Bildung der Ausgangsstoffe wieder zersetzen:

$$A_2 + X_2 \;\rightleftharpoons\; \{A_2X_2\} \;\rightleftharpoons\; 2\,AX$$

Reaktanten Übergangszustand Produkt

Eine solche Zwischenstufe besitzt eine höhere Energie als die Reaktanten. Die Aktivierungsenergie ist also die Differenz zwischen der Energie der Reaktanten und der Energie des Übergangszustands. Sie stellt eine Energiebarriere zwischen den Reaktanten und Reaktionsprodukten dar, die erst überwunden werden muss. In ▶Abbildung 5.3 ist die Aktivierungsenergie als Enthalpiewert für die beiden Fälle der exothermen bzw. endothermen Reaktion dargestellt.

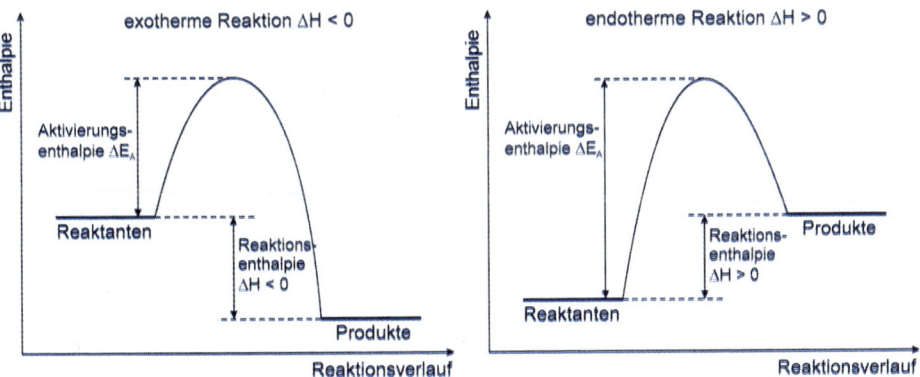

Abbildung 5.3: Enthalpiewerte für exotherme und endotherme Reaktionen

5.3.2 Katalyse

Chemischen Reaktionen, die eine hohe Aktivierungsenergie besitzen, muss viel Energie zugeführt werden, damit sie ablaufen. Selbst wenn diese Energie aufgebracht wird, kann es vorkommen, dass die Reaktion nur sehr langsam abläuft. Hier helfen *Katalysatoren*, die Reaktionsgeschwindigkeit zu erhöhen. Ein Katalysator ist definiert als eine Substanz, welche die Geschwindigkeit einer chemischen Reaktion erhöht, ohne während der Reaktion selbst verbraucht zu werden. D.h., der Katalysator liegt am Ende der chemischen Reaktion genauso vor wie am Beginn. Katalysatoren treten sehr häufig in Natur und Technik auf. In biologischen Kreisläufen spielen Enzyme die Rolle von Katalysatoren. Viele technologische Prozesse wären ohne die Anwesenheit eines Katalysators nicht möglich oder weit aufwendiger zu bewerkstelligen. Wir verwenden Katalysatoren bei der Reinigung von Autoabgasen, sie finden Anwendung bei der Raffination von Erdöl, bei der Herstellung von Polymeren und vielen Feinchemikalien.

Wie wirkt aber ein Katalysator? Der Katalysator greift ins Reaktionsgeschehen ein. Bei Beteiligung eines Katalysators läuft die Reaktion über einen anderen chemischen Mechanismus ab, z.B. über einen anderen Übergangszustand. Die Steigerung der Reaktionsgeschwindigkeit beruht auf der Herabsetzung der Aktivierungsenergie durch die Verwendung eines anderen Mechanismus (▶Abbildung 5.4).

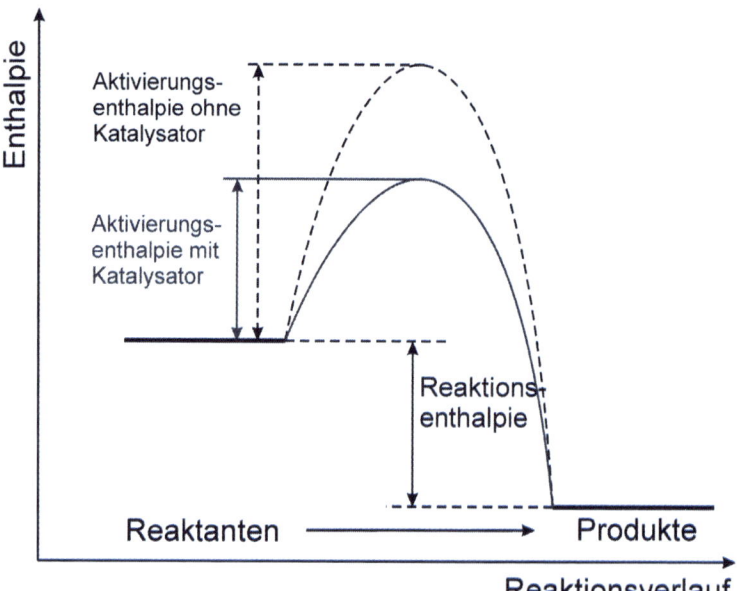

Abbildung 5.4: Wirkungsweise eines Katalysators

Wir werden in Kapitel 6 das chemische Gleichgewicht kennen lernen. Ein Katalysator beeinflusst eine Reaktion, die sich im chemischen Gleichgewicht befindet, nicht. Er erhöht die Geschwindigkeit bis zur Gleichgewichtseinstellung, aber er katalysiert sowohl die Hin- als auch die Rückreaktion. Auch die Reaktionsenthalpie der chemischen Reaktion wird durch einen Katalysator nicht geändert, d.h., Reaktionen, die aufgrund ihrer thermodynamischen Randbedingungen nicht ablaufen, werden auch bei Einsatz eines Katalysators nicht ablaufen.

Generell unterscheidet man zwei Arten der Katalyse: die homogene und die heterogene Katalyse.

Bei der *homogenen Katalyse* befindet sich der Katalysator in der gleichen Phase wie die reagierenden Moleküle, z.B. liegen beide Moleküle gelöst in dem gleichen Lösungsmittel vor oder es befinden sich beide Moleküle in der Gasphase. Bei der *heterogenen Katalyse* befinden sich Katalysator und Reaktanten in verschiedenen Phasen. In vielen Fällen sind die Katalysatoren in der festen Phase. Ein typisches Beispiel hierfür ist die Autoabgaskatalyse. Hier liegt der Katalysator fest vor und die Reaktanten befinden sich in der Gasphase. Die Effektivität des Katalysators in der heterogenen Katalyse hängt von der Größe der Oberfläche ab, die für die Reaktion zur Verfügung steht. Deswegen werden spezielle Verfahren verwendet, um Katalysatoren mit sehr hohen Oberflächen herzustellen.

Der erste Schritt in der heterogenen Katalyse ist die *Adsorption* der Reaktanten an der Oberfläche. Die Adsorption der Reaktanten erfolgt, weil die Oberflächenatome sehr reaktiv sind. Sie besitzen im Vergleich zu den Atomen im Inneren des Festkörpers freie Bindungsstellen, die durch Wechselwirkungen mit Molekülen abgesättigt werden können. So kommt es zur Ausbildung von Bindungen aus der Gasphase oder der Lösung an der Oberfläche des Festkörpers. Die Bildung dieser Bindungen aktiviert die Moleküle auf der Oberfläche und macht sie für bestimmte Reaktionswege zugänglicher.

Als Beispiel sei hier die *Hydrierung* von Ethen besprochen. Hydrierungen sind Umsetzungen, bei denen Wasserstoff H_2 an Bindungen addiert wird. Eine recht häufig verwendete Reaktion ist die Hydrierung von C=C-Doppelbindungen. Beispielsweise treten solche Doppelbindungen in pflanzlichen Ölen auf. Durch Hydrierung wird die Anzahl der Doppelbindungen erniedrigt, die Öle werden fest. Dieser Prozess wird bei der Herstellung von Margarine verwendet. Die Hydrierung von Ethen erfolgt nach folgender chemischer Gleichung:

$$C_2H_4(g) \; + \; H_2(g) \; \rightarrow \; C_2H_6(g) \qquad\qquad \Delta H = -137 \text{ kJ}$$

Obwohl die Reaktion exotherm ist, findet sie ohne Anwesenheit eines Katalysators sehr langsam statt. Bei Anwesenheit eines Metallpulvers, wie z.B. Nickel, Platin oder Palladium, findet die Reaktion bei Raumtemperatur leicht statt. Sowohl Wasserstoff als auch Ethen werden leicht an der Metalloberfläche adsorbiert (▶Abbildung 5.5). Bei der Adsorption spaltet sich die H-H-Bindung und es entstehen zwei einzelne H-Atome, die an der Metalloberfläche gebunden sind. Diese H-Atome sind relativ frei beweglich. Trifft ein solches H-Atom auf ein adsorbiertes Ethenmolekül, kann es eine σ-Bindung mit einem C-Atom eingehen, wobei aus der C=C-Doppelbindung eine C-C-Einfachbindung wird. An der Metalloberfläche sitzt nun eine Ethylgruppe (C_2H_5), die durch eine schwache σ-Bindung an die Oberfläche gebunden ist. Trifft auf diese schwache Bindung ein weiteres Wasserstoffatom, wird eine sechste C-H σ-Bindung ausgebildet. Das entstehende Ethanmolekül wechselwirkt wesentlich schlechter mit der Metalloberfläche und wird daher freigesetzt, es wird desorbiert.

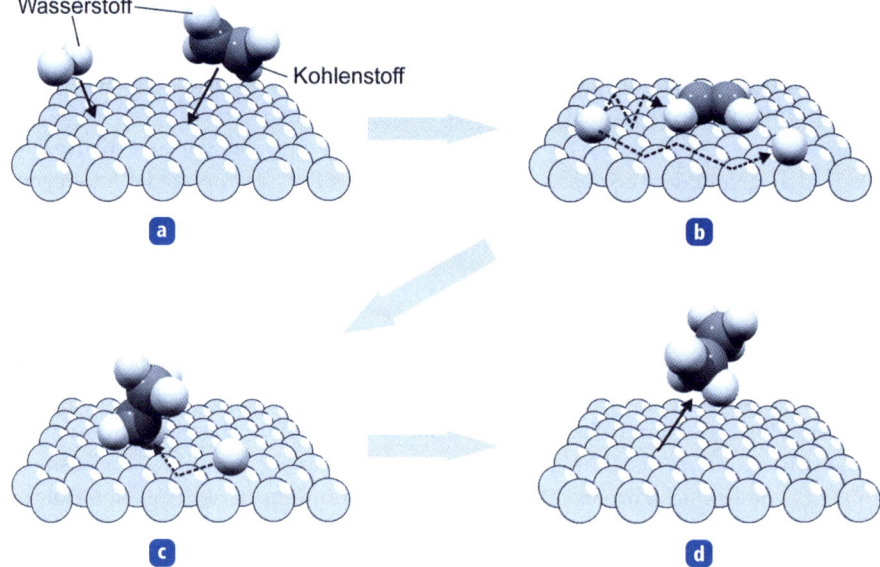

Abbildung 5.5: Mechanismus der Reaktion von Wasserstoff mit Ethen an einer Pt-Oberfläche. a) Wasserstoff und Ethen werden an der Metalloberfläche adsorbiert. b) Die H–H-Bindung wird gespalten und es werden adsorbierte Wasserstoffatome erhalten. Diese wandern zum Ethen und binden sich an die Kohlenstoffatome c). d) Das entstandene Ethan wechselwirkt wesentlich schlechter mit der Pd-Oberfläche und wird von dieser desorbiert.

Die Wirkung eines Katalysators kann durch verschiedene Substanzen dauerhaft verringert oder aufgehoben werden. Diese so genannten *Katalysatorgifte* gehen meist Bindungen mit den aktiven Bestandteilen des Katalysators ein und blockieren damit Positionen, an die die Reaktanten angreifen können, oder sie zerstören diese Zentren ganz. Dadurch werden die gewünschten chemischen Reaktionen gebremst bzw. vollkommen zum Erliegen gebracht. Ein Beispiel für ein Katalysatorgift sind Bleiverbindungen, die früher dem Benzin zugesetzt wurden, um das Klopfen des Motors zu verhindern. Blei ist ein Katalysatorgift für den Autoabgaskatalysator.

Abgaskatalysatoren

Katalysatoren wurden der breiten Öffentlichkeit vor allem durch die Fahrzeugkatalysatoren, die auch kurz als Katalysator oder umgangssprachlich *Kat* bezeichnet werden, bekannt. Sie dienen der Nachbehandlung der Abgase von Fahrzeugen mit Verbrennungsmotor. Es handelt sich dabei um eine heterogene Katalyse, durch welche Schadstoffe im Abgas deutlich reduziert werden. Im Wesentlichen dient der Katalysator der Verminderung von Stickstoffoxiden (auch oft als Stickoxide bezeichnet), unverbrannten Kohlenwasserstoffen (KWs) und Kohlenstoffmonoxid.

Der Katalysator muss zwei Funktionen erfüllen:

1. Oxidation von Kohlenstoffmonoxid (CO) und unverbrannten Kohlenwasserstoffen (C_xH_y) zu Kohlenstoffdioxid (CO_2) und Wasser

2. Reduktion von Stickstoffoxiden (NO_x) zu Stickstoffgas

Dabei treten folgende chemische Reaktionen auf:

Oxidation von CO: $\quad 2\,CO(g) + O_2(g) \rightarrow 2\,CO_2(g)$

Oxidation von KWs: $\quad 2\,C_8H_{12}(g) + 25\,O_2(g) \rightarrow 16\,CO_2(g) + 18\,H_2O(g)$ (hier exemplarisch die Oxidation von Oktan)

Reduktion von NO: $\quad 2\,NO(g) + 2\,CO(g) \rightarrow N_2(g) + 2\,CO_2(g)$

Eigentlich würden diese Reaktionen unterschiedliche Katalysatoren erfordern. Durch langwierige Forschungsarbeit wurden die heutigen Drei-Wege-Katalysatoren entwickelt, die alle drei Reaktionstypen über einen weiten Temperaturbereich hervorragend meistern. Die katalytisch aktiven Spezies in solchen Katalysatoren sind Metalloxide und/oder Edelmetalle wie Platin, Palladium oder Rhodium. Diese aktiven Zentren sind auf wabenförmigen Körpern aus Keramik oder Metallfolien aufgebracht, die viele dünnwandige Kanäle aufweisen und damit eine sehr hohe Oberfläche besitzen.

Wichtig für die Effektivität des Katalysators ist ein konstantes Luft-Kraftstoff-Gemisch. Der Lambdawert (λ-Wert) bezeichnet das Verhältnis Luft zu Brennstoff im Vergleich zu einem stöchiometrischen Gemisch. Beim stöchiometrischen Kraftstoffverhältnis ist genau die Luftmenge vorhanden, die benötigt wird, um den Kraftstoff vollständig zu Kohlenstoffdioxid und Wasser zu verbrennen. Bei einem λ-Wert von 1 arbeitet der Katalysator optimal, d.h., der Schadstoffausstoß ist minimal. Schon geringe Abweichungen des λ-Wertes bewirken einen sprunghaften Anstieg der Schadstoffe. Der λ-Wert wird vor dem Katalysator mit einer Lambdasonde bestimmt und das optimale Benzin-Luft-Gemisch über die Einspritzanlage geregelt.

5.4 Lösungen

Viele chemische Reaktionen laufen in flüssigen Medien ab, in denen die Reaktanten gelöst sind. Als *Lösungen* im chemischen Sinn bezeichnet man homogene Gemische aus zwei oder mehreren chemisch reinen Stoffen. Eine Lösung besteht aus einem oder mehreren gelösten Stoffen, die molekular-dispers in einem *Lösungsmittel* verteilt sind. Als Lösungsmittel wird dabei meist der Stoff bezeichnet, der in größerer Menge vorhanden ist, z.B. wenn eine Flüssigkeit in einer anderen gelöst wird. Eine Lösung kann fest, flüssig oder gasförmig sein. Jedoch wird mit dem Begriff „Lösung" in der Mehrzahl der Fälle ein flüssiges System beschrieben. Lösungen sind häufig rein optisch nicht als solche erkennbar.

Die Eigenschaften von Lösungen sind gleichermaßen von den gelösten Stoffen und vom Lösungsmittel abhängig. Die meisten Eigenschaften ändern sich in deutlicher Abhängigkeit von der Konzentration der gelösten Substanz.

Im Allgemeinen ist das Lösungsmittel flüssig, während der oder die gelösten Stoffe in ihrem ursprünglichen Aggregatzustand gasförmig (z.B. Mineralwasser: Kohlenstoffdioxid gelöst in Wasser), flüssig (z.B. Alkohol in Wasser) oder fest (Kochsalz in Wasser) sein können.

Lösungen können nur entstehen, wenn der zu lösende Stoff im Lösungsmittel löslich ist. Dies hängt von seiner *Löslichkeit* in dem entsprechenden Lösungsmittel ab. Qualitativ gilt für die Löslichkeit, dass Lösungsmittel und zu lösender Stoff ähnliche chemische Eigenschaften haben sollten, um eine gute Löslichkeit zu erreichen. So lösen polare Lösungsmittel überwiegend polare Substanzen, die in vielen Fällen auch *hydrophil* (wasseranziehend) sind, während unpolare Lösungsmittel überwiegend *hydrophobe* (wasserabstoßende) bzw. *lipophile* (fettanziehende) Substanzen lösen. Die chemische Ähnlichkeit muss vorhanden sein, weil das Lösungsmittel mit den zu lösenden Teilchen aus dem Feststoff (Ionen oder Moleküle) Wechselwirkungen eingehen muss, die stärker sind als die Wechselwirkungen, die zwischen den einzelnen Bestandteilen des zu lösenden Stoffes bestehen. Beispielsweise lösen sich die unpolaren Iodmoleküle gut in unpolaren Lösungsmitteln wie Toluol oder Hexan, aber kaum im polaren Lösungsmittel Wasser, während sich Ionenverbindungen gut in Wasser lösen, z.B. Kochsalz (NaCl). Anhand des Auflösungsprozesses von Natriumchlorid sollen die Wechselwirkungen, die hierbei entscheidend sind, diskutiert werden (▶Abbildung 5.6).

Wie wir in Kapitel 4 bereits gesehen haben, wird ein Salzkristall durch Ionen aufgebaut, die durch elektrostatische Wechselwirkung ein dreidimensionales Gitter aufbauen. An der Oberfläche dieser Kristalle ist die elektrostatische Anziehung der Ionen unausgeglichen, da die Anziehung nur durch die innen liegenden Ionen aufgebracht wird. Solche Kristalle gehen daher bereitwillig Wechselwirkungen mit Wassermolekülen, die aufgrund ihrer Ladungsverteilung Dipolcharakter besitzen, ein. Diese Ion-Dipol-Wechselwirkungen erlauben es dann, Ionen aus dem Kristallverband auszubrechen und in Lösung überzugehen. Dabei sind die einzelnen gelösten Ionen von Wassermolekülen umgeben, sie sind hydratisiert. Die Hülle an Wassermolekülen um das Ion herum bezeichnet man als Hydrathülle. Weil die Ionen und ihre Hülle sich im Wasser frei bewegen können, verteilen sie sich gleichmäßig in der Lösung.

Die Beweglichkeit der Ionen im Wasser hat noch einen anderen Effekt, durch sie wird die wässrige Lösung leitfähig. Reines Wasser ist ein schlechter elektrischer Leiter, die Anwesenheit von Ionen sorgt dafür, dass wässrige Lösungen zu guten Leitern werden. Im Gegensatz zu metallischen Leitern, in denen der Strom durch bewegliche Elektronen transportiert wird, begründet sich in Lösungen die *Leitfähigkeit* auf einer Ionenleitung. Die Ionen transportieren also die elektrische Ladung. Substanzen, die in Wasser Ionen bilden, bezeichnet man als *Elektrolyte*, solche, die keine Ionen bilden, wodurch die Leitfähigkeit nicht verändert wird, als *Nichtelektrolyte*.

Lösungsvorgänge sind nicht an Wasser als Lösungsmittel gebunden. Daher bezeichnet man den Prozess des Umgebens mit einer Hülle aus Molekülen des Lösungsmittels allgemeiner als *Solvatation* und die entsprechende Hülle als Solvathülle.

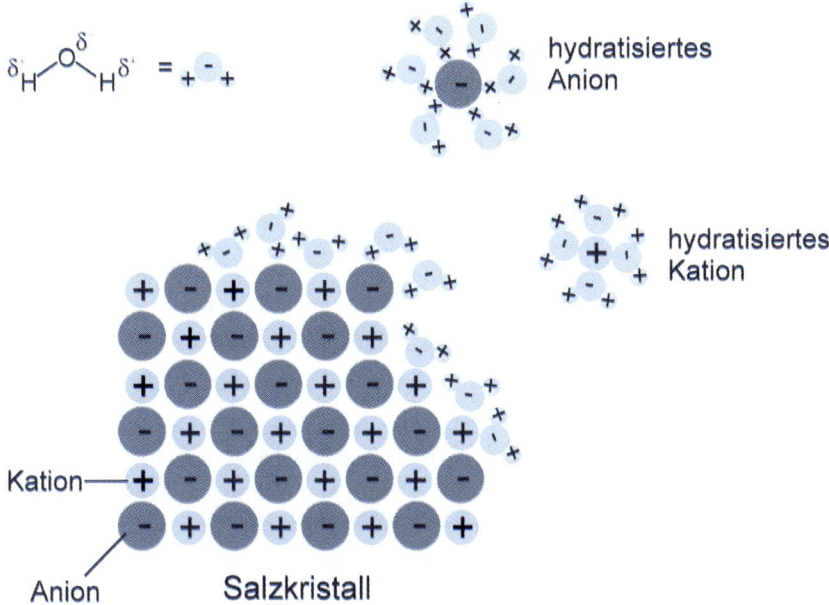

Abbildung 5.6: Auflösungsprozess eines Salzkristalls in Wasser

Neben einzelnen Ionen können sich auch ganze Moleküle in einem Lösungsmittel lösen. Im Fall des Wassers sei hier nur Ethanol erwähnt, welches sich sehr gut in Wasser löst. In diesem Fall liegen die intakten Moleküle verteilt in der Lösung vor. Die hervorragende Löslichkeit von Ethanol in Wasser ist auf zwei Tatsachen zurückzuführen. Zum einen ist Ethanol auch eine polare Verbindung, ebenso wie Wasser. Zum anderen ist Ethanol über seine OH-Gruppen in der Lage, Wasserstoffbrückenbindungen mit den Wassermolekülen auszubilden. Es gibt jedoch auch einige molekulare Verbindungen, die, sobald sie sich in Wasser befinden, Ionen ausbilden. Ein typisches Beispiel sind Säuren, wie z.B. Salzsäure (HCl). Diese Verbindung liegt in der Gasphase molekular vor, sobald sie in Wasser eingeleitet wird, dissoziiert sie in $H^+(aq)$- und Cl^- (aq)-Ionen. HCl verhält sich in Wasser also als Elektrolyt.

Elektrolyte werden in starke und schwache Elektrolyte kategorisiert. Starke Elektrolyte liegen in wässriger Lösung vollständig oder nahezu vollständig als Ionen vor, z.B. gehören hierzu viele leicht lösliche Salze wie NaCl, KCl usw. Schwache Elektrolyte liegen in wässriger Lösung überwiegend molekular vor und sind nur zu einem gewissen Prozentsatz in Ionen dissoziiert. Ein Beispiel hierfür ist Essigsäure (H_3CCOOH), welche nur zu etwa 1 % in seine Ionen, nämlich das Acetat Ion (H_3CCOO^-) und das Proton (H^+), dissoziiert vorliegt. Aber Vorsicht! Die Fähigkeit, in Ionen zu dissoziieren, hat nichts mit der Löslichkeit der entsprechenden Verbindung zu tun. Essigsäure ist sehr gut in Wasser löslich.

5.4.1 Löslichkeit

Beginnt sich ein Stoff in einem Lösungsmittel aufzulösen, nimmt die Konzentration der Teilchen des gelösten Stoffes stetig zu. Je höher die Konzentration in der Lösung ist, desto mehr besteht die Chance, dass sich Teilchen des gelösten Stoffes wieder an den Feststoff anlagern, sie kristallisieren. In Lösungen mit sehr hohen Konzentrationen des gelösten Stoffes, die auch noch einen Bodensatz von ungelöstem Feststoff besitzen, gibt es also zwei Phänomene: Feststoff geht dauernd in Lösung und gelöster Stoff kristallisiert wieder aus. Wenn der gelöste Stoff im Gleichgewicht mit dem ungelösten Stoff ist, so bezeichnet man die Lösung als gesättigt. Wenn wir zu einer solchen Lösung weiteren Feststoff geben, so wird sich dieser nicht auflösen. Die Menge an Stoff, die benötigt wird, um eine gesättigte Lösung bei einer bestimmten Temperatur in einer gegebenen Menge Lösungsmittel herzustellen, wird als dessen *Löslichkeit* bezeichnet (siehe weiter oben).

Die Löslichkeit von NaCl in Wasser liegt beispielsweise bei 20 °C bei 26,5 Gew-%, d.h., 26,5 g NaCl lösen sich in 73,5 g Wasser. Im Unterschied dazu liegt die Löslichkeit von Calciumsulfat ($CaSO_4$; Gips) bei der gleichen Temperatur lediglich bei 0,199 Gew-%. In Abhängigkeit von der Thermochemie des Lösungsprozesses lässt sich die Löslichkeit von Verbindungen durch Temperaturänderungen steigern. So erhöht sich die Löslichkeit der NaCl-Lösung bei 80 °C in Wasser auf 27,5 Gew-%. Die Löslichkeit kann mit steigender Temperatur allerdings auch abnehmen. Beispielsweise nimmt die Löslichkeit von Gips bei 80 °C auf 0,10 Gew-% ab. Die Ursache dafür liegt in der Thermochemie des Auflösungsprozesses, die uns noch weiter unten beschäftigen wird.

Solange die Lösung noch nicht gesättigt ist, bezeichnet man sie als untersättigt. Es gibt aber auch Lösungen, die übersättigt sind. Diese können beispielsweise aus gesättigten Lösungen entstehen, die bei hohen Temperaturen hergestellt wurden und dann langsam abgekühlt werden. Solche Lösungen sind sehr instabil und der Feststoff kristallisiert sofort aus, sobald eine Störung im System auftritt, z.B. wenn noch weitere Kristalle des Stoffes zugegeben werden.

Leider gibt es keine einfachen physikalischen Eigenschaften, anhand derer man die Löslichkeit einer bestimmten ionischen Verbindung vorhersagen könnte. Durch experimentelle Beobachtungen von Auflösungsprozessen konnten allerdings einige empirische Regeln der Löslichkeit ionischer Verbindungen aufgestellt werden. Solche Untersuchungen haben beispielsweise gezeigt, dass alle ionischen Verbindungen, die Nitrationen (NO_3^-) als Anionen beinhalten, in Wasser gut löslich sind. Auch alle gewöhnlichen Verbindungen mit Alkalimetall- (Li^+, Na^+, K^+, Rb^+, Cs^+) oder Ammoniumkationen (NH_4^+) sind in Wasser löslich. In ▶ Tabelle 5.1 sind einige Faustregeln zur Löslichkeit von ionischen Verbindungen zusammengefasst.

Lösliche Ionenverbindungen		Ausnahmen
Verbindungen mit	Nitrationen NO_3^-	keine
	Acetationen H_3CCOO^-	keine
	Chloridionen Cl^-	Verbindungen mit Ag^+, Hg_2^{2+}, Pb^{2+}
	Bromidionen Br^-	Verbindungen mit Ag^+, Hg_2^{2+}, Pb^{2+}
	Iodidionen I^-	Verbindungen mit Ag^+, Hg_2^{2+}, Pb^{2+}
	Sulfationen SO_4^{2-}	Verbindungen mit Sr^{2+}, Ba^{2+}, Hg_2^{2+}, Pb^{2+}
Unlösliche Ionenverbindungen		**Ausnahmen**
Verbindungen mit	Sulfidionen S^{2-}	Verbindungen mit NH_4^+, Alkalimetallkationen, Ca^{2+}, Sr^{2+}, Ba^{2+}
	Carbonationen CO_3^{2-}	Verbindungen mit NH_4^+, Alkalimetallkationen
	Phosphationen PO_4^{3-}	Verbindungen mit NH_4^+, Alkalimetallkationen
	Hydroxidionen OH^-	Verbindungen mit NH_4^+, Alkalimetallkationen, Ca^{2+}, Sr^{2+}, Ba^{2+}

Tabelle 5.1: Faustregeln zur Löslichkeit ausgewählter ionischer Verbindungen in Abhängigkeit von den Anionen

Die Chemie der Wärmekissen

Was machen gegen kalte Hände im Winter? Handschuhe anziehen ist eine Möglichkeit, Chemie ausnutzen die andere. So mancher Diskonter bietet am Beginn der Winterzeit nützliche Wärmekissen an, die aus einer Plastikummantelung bestehen, in der sich eine klare Flüssigkeit und ein kleines Metallplättchen befinden. Knickt man das Plättchen, so wird die Flüssigkeit fest. Man kann die Bildung von Kristallen beobachten und, das Wichtigste: das Kissen wird warm. Was steckt dahinter? Es handelt sich um einen chemischen Effekt, der mit der Lösung zusammenhängt, die in dem Kissen vorhanden ist. Das Kissen ist gefüllt mit Natriumacetat-Trihydrat, $Na(CH_3COO) \cdot 3H_2O$, dem Natriumsalz der Essigsäure. Dieses kristallisiert mit 3 Wassermolekülen Kristallwasser. Erhitzt man das Kissen auf 58 °C, so löst sich das Salz im eigenen Kristallwasser, es entsteht die klare Lösung im Kissen. Beim Abkühlen entsteht eine übersättigte Lösung. Diese Lösung ist metastabil und ein Kristallisationskeim genügt, um die Lösung wieder zu kristallisieren. Kristallisationskeime werden erzeugt, wenn das Metallplättchen geknickt wird. Bei der dann eintretenden Kristallisation des Natriumacetat-Trihydrats wird die Gitterenergie frei, die zur Wärmebildung ausgenutzt wird. Die Regeneration des auskristallisierten Kissens erfolgt im heißen Wasser > 58 °C.

5.4.2 Lösungsenthalpie und Entropie

Die Löslichkeit von Verbindungen kann auch unter dem energetischen Aspekt betrachtet werden. Damit ein fester Stoff in einer Flüssigkeit in Lösung geht, müssen drei Enthalpiebeiträge aufgebracht werden:

1. der Beitrag, der die Trennung der Teilchen des zu lösenden Stoffes darstellt: ΔH_1

2. der Beitrag, der für die Trennung der Moleküle im Lösungsmittel verantwortlich ist: ΔH_2

3. der Beitrag, der die Bildung von Wechselwirkungen zwischen gelöstem Stoff und Lösungsmittel beschreibt: ΔH_3

Die ersten zwei Enthalpiebeiträge sind immer ($\Delta H_1 > 0$, $\Delta H_2 > 0$), also endotherm, es muss sowohl zur Trennung der Teilchen im Festkörper als auch im Lösungsmittel Energie aufgewendet werden. Der dritte Beitrag entsteht aus den Anziehungskräften zwischen gelöstem Stoff und Lösungsmittel und ist exotherm ($\Delta H_3 < 0$). Die Summe der drei Therme ergibt die gesamte Lösungsenthalpie $\Delta H_{Lösung} = \Delta H_1 + \Delta H_2 + \Delta H_3$. Sie kann einen negativen oder positiven Wert annehmen. D.h., die Bildung einer Lösung kann endotherm oder exotherm verlaufen. Als Beispiel sei hier eine praktische Anwendung dieses Phänomens erwähnt, Schnellwärme oder Kühlkompressen. Das chemische Prinzip dahinter ist die unterschiedliche Thermochemie der Lösungsbildung von Salzen. Die Lösungsbildung von Magnesiumsulfat ($MgSO_4$) in Wasser ist eine exotherme Reaktion mit einer Lösungsenthalpie von −92,2 kJ/mol. Gibt man also Magnesiumsulfat zu Wasser, wird die Lösung warm. Im Unterschied dazu ist die Auflösung von Ammoniumnitrat (NH_4NO_3) eine endotherme Reaktion mit einer Lösungsenthalpie von 26,4 kJ/mol. Die Lösung wird also kalt. Wärme- bzw. Kältekompressen bestehen aus einem Wasserbeutel, in dem ein versiegelter Behälter mit dem jeweiligen Salz eingelassen ist. Wird die Versiegelung durch Druck zerstört, so kann sich die Lösung bilden und die Temperatur verändert sich.

Enthalpieänderungen in einem Prozess geben Auskunft darüber, in welchem Umfang der Prozess abläuft. Exotherme Prozesse neigen dazu, spontan abzulaufen. Für die Gesamtlösungsenthalpie bedeutet das, dass sie nicht zu endotherm sein darf, da es sonst nicht zur Lösungsbildung kommt.

Aber welcher Grund treibt endotherme Prozesse dazu, abzulaufen? Hier müssen wir wieder den Begriff der Entropie nennen (siehe Kapitel 4.5.1). Dazu ein kurzer gedanklicher Ausflug: Stellen Sie sich vor, Sie haben zwei Gefäße, die mit unterschiedlichen Gasen gefüllt sind, miteinander über einen Hahn verbunden. Sobald Sie den Hahn öffnen, vermischen sich die zwei Gase. Obwohl dieser Mischvorgang keinen Enthalpiegewinn bringt, läuft er freiwillig ab. Grund hierfür ist, dass natürliche Prozesse auch einen Zustand möglichst geringer Ordnung zustreben. Die thermodynamische Größe Entropie ist ein Maß für den Unordnungsgrad. Prozesse, die bei einer konstanten Temperatur ablaufen, in der die Unordnung (Entropie) des Systems zunimmt, treten spontan auf.

Das bedeutet, dass man für chemische Reaktionen immer Enthalpie und Entropie zusammen betrachten muss. Diese Tatsache wird in der *Gibbs'schen Gleichung* veranschaulicht, die nach dem US-amerikanischen Physiker *Josiah Willard Gibbs* (1839–1903) benannt wurde. Die *Gibbs-Energie* ΔG wird auch als freie Enthalpie bezeichnet:

$$\Delta G = \Delta H - T \cdot \Delta S$$

Dabei ist ΔH die bei einer chemischen Reaktion messbare Enthalpieänderung in [kJ], ΔS ist die bei der Reaktion messbare Entropieänderung [kJ/K], T die Temperatur in Kelvin. Der Term $T \cdot \Delta S$ hat also die Dimension einer Energie und drückt die in der ungeordneten Wärmebewegung der Moleküle gebundene Energie aus. Die Änderung der freien Enthalpie ist bei freiwillig ablaufenden Vorgängen stets negativ. Vorgänge mit negativem ΔG werden auch als *exergonisch*, solche mit positivem ΔG als *endergo-*

nisch bezeichnet. Endergonische Prozesse sind also solche, die nicht freiwillig ablaufen können, sondern durch Energieaufwand erzwungen werden müssen. Wenn $\Delta G = 0$ ist, so liegt ein *dynamisches Gleichgewicht* vor.

5.4.3 Konzentrationsangaben

Die Konzentrationsangabe ist für Lösungen eine wichtige Größe. Für ihre Angabe können verschiedene Methoden herangezogen werden.

Massenprozent, ppm, ppb

Eine der einfachsten Möglichkeiten ist die Angabe in Massenprozent:

$$\text{Massen} - \% \text{ des Bestandteils} = \frac{\text{Masse des Bestandteils in der Lösung}}{\text{Gesamtmasse der Lösung}} \cdot 100\%$$

Eine 25 Gew-%ige Lösung von NaCl enthält also 25 g NaCl auf 100 g Lösung.

Sehr verdünnte Lösungen werden in ppm oder ppb ausgedrückt. ppm ist dabei die Abkürzung für Teile pro Million (parts per million). Für die Massenangaben einer sehr verdünnten Lösung würde das bedeuten:

$$\text{ppm des Bestandteils} = \frac{\text{Masse des Bestandteils in der Lösung}}{\text{Gesamtmasse der Lösung}} \cdot 10^6$$

Entsprechendes gilt für die Angabe ppb, die Teile pro Milliarde (parts per billion) angibt. Hier verändert sich der Faktor nach dem Bruch auf 10^9.

Konzentrationsangaben basieren häufig auf der Molzahl eines Bestandteiles in der Lösung. Die drei am häufigsten verwendeten Angaben hierbei sind *Stoffmengengehalt*, *Molarität* und *Molalität*.

Der Stoffmengengehalt ist definiert als

$$\text{Stoffmengengehalt des Bestandteils} = \frac{\text{Molzahl des Bestandteils in der Lösung}}{\text{Gesamtmolzahl aller Bestandteile}}$$

Der Stoffmengengehalt wird meist mit dem Symbol X ausgedrückt. Ein Index zeigt dabei an, welcher Bestandteil der Lösung von Interesse ist. Will man beispielsweise den Stoffmengengehalt NaCl in einer wässrigen Lösung feststellen, so kann dies so geschehen:

$$X_{NaCl} = \frac{n_{NaCl}}{n_{NaCl} + n_{H_2O}}$$

Die gebräuchlichste Konzentrationsangabe bei Lösungen ist die Stoffmengenkonzentration, die auch als *Molarität* (*M*) bezeichnet wird. Sie gibt an, wie viel Stoffmenge in Mol des gelösten Stoffes pro Volumen Lösung vorhanden ist. Im Normalfall bezieht man das Volumen auf ein Liter Lösung.

$$\text{Molarität} = \frac{\text{Molzahl des gelösten Stoffes}}{\text{Liter Lösung}}$$

Aber Vorsicht: Die Angabe bezieht sich auf einen Liter Lösung und nicht auf einen Liter Lösungsmittel. Dies kann in der Praxis einen Unterschied ausmachen. Lösungen einer bestimmten Molarität werden daher in Gefäßen hergestellt, die auf ein Volumen geeicht wurden. Beispielsweise stellt man eine 1 M NaCl Lösung in Wasser so her, indem man 1 mol NaCl – 58,44 g in ein geeichtes Gefäß gibt und auf ein Liter mit Wasser auffüllt. Weiterhin muss auch beachtet werden, dass das Volumen des Lösungsmittels temperaturabhängig ist. Daher gilt die Eichung der Gefäße nur bei einer bestimmten Temperatur. Will man die Temperaturabhängigkeit der Konzentrationsangabe umgehen, so gibt man die Konzentration in Form der *Molalität* an. Die Konzentrationsangabe erfolgt hier durch die Angabe der Stoffmenge in Mol pro Kilogramm Lösungsmittel.

$$\text{Molalität} = \frac{\text{Molzahl des gelösten Stoffes}}{\text{Kilogramm Lösungsmittel}}$$

Im Fall unseres obigen Beispiels mit NaCl würde eine 1 molale Lösung bedeuten, dass man 58,44 g mit 1 kg Wasser mischt.

Häufig besteht der Bedarf, eine Lösung einer bestimmten Konzentration auf eine andere Konzentration zu verdünnen. Beispielsweise können viele Chemikalien kommerziell nur in hochkonzentrierter Form erhalten werden, während sie in chemischen Reaktionen jedoch verdünnt benötigt werden. Eine Verdünnung kann man sich relativ einfach anhand der Masse des gelösten Stoffes verdeutlichen. In einer Lösung der Konzentration c_1 und dem Volumen V_1 ist die Masse des gelösten Stoffes gegeben durch $m = c_1 \cdot V_1$. Verdünnt man diese Lösung mit reinem Wasser, nimmt das Volumen auf V_2 zu, während die darin gelöste Masse des Stoffes unverändert bleibt; die neue Konzentration der Lösung ist somit:

$$c_2 = \frac{m}{V_2} = \frac{c_1 \cdot V_1}{V_2}$$

oder $c_1 \cdot V_1 = c_2 \cdot V_2$

Beispielsweise sollen 230 ml NaCl-Lösung der Konzentration 150 g/L mit Wasser auf 50 g/L verdünnt werden. Welches Volumen an Wasser wird hierfür benötigt? Durch Einsetzen in die Gleichung kann V_2 berechnet werden:

$$V_2 = \frac{c_1 \cdot V_1}{c_2} = \frac{150 \cdot 230}{50}\,\text{mL} = 690\,\text{mL}$$

Damit müssen 460 mL Wasser zugegeben werden.

Wenn man eine Lösung bekannter Zusammensetzung, aber unbekannter Konzentration vor sich hat, so kann durch Dichtemessung die Konzentration bestimmt werden. Da die Dichteangabe durch den Quotienten Masse zu Volumen gegeben ist ($\rho = m/V$), kann über die Messung von Volumen und Dichte die Masse eines Stoffes in einem bestimmten Volumen ermittelt werden. Daher lassen sich bei bekannter Zusammensetzung der

Lösungen die Konzentrationen ermitteln. Dies wird beispielsweise praktisch durchgeführt beim Messen des Alkoholgehaltes von alkoholischen Getränken, bei der Bestimmung des Frostschutzmittels im Kühlwasser oder bei der Bestimmung des Ladezustands von Autobatterien. Die Dichtebestimmung kann mittels eines *Pyknometers* oder eines *Aräometers* erfolgen. Beim Pyknometer handelt es sich um ein volumengeeichtes Messgefäß, in dem die Lösung bei bestimmter Temperatur gewogen und so die Dichte bestimmt wird. Das Aräometer wird auch als Spindel- oder Senkwaage bezeichnet. Bei ihm ist die Eintauchtiefe ein Maß für die Dichte der Flüssigkeit.

5.4.4 Kolligative Eigenschaften

Einige physikalische Eigenschaften von Lösungen unterscheiden sich von denen des reinen Lösungsmittels. Dies wird beispielsweise am Gefrierpunkt deutlich. Reines Wasser gefriert bei 0 °C, wässrige Lösungen gefrieren bei niedrigeren Temperaturen. Dies wird bei der Zugabe von Ethylenglykol als Frostschutzmittel im Kühlwasser des Autos ausgenutzt. Gleichzeitig erhöht es den Siedepunkt von Wasser und ermöglicht dadurch den Betrieb von Motoren bei höheren Temperaturen.

Die *Gefrierpunktserniedrigung*, sowie die *Siedepunktserhöhung* sind physikalische Eigenschaften von Lösungen, die von der Teilchenzahl (Konzentration), aber nicht von der Art der Teilchen abhängig sind. Solche Eigenschaften bezeichnet man als kolligative Eigenschaften. Neben den genannten Eigenschaften zählen auch die *Dampfdruckerniedrigung* und die *Osmose* zu den kolligativen Eigenschaften.

Dampfdruckerniedrigung

Durch Zugabe eines nichtflüchtigen Stoffes zu einem Lösungsmittel wird der Dampfdruck immer erniedrigt. Beispielsweise geschieht dies bei der Zugabe von Kochsalz zu Wasser. Den gleichen Effekt erreicht man allerdings auch, wenn die dem Kochsalz entsprechende Stoffmenge Zucker in das Wasser gegeben wird.

Siedepunktserhöhung

Durch die Verknüpfung von Dampfdruck und Siedetemperatur wird klar, dass eine Dampfdruckerniedrigung mit einer Siedepunktserhöhung einhergehen muss. Der Siedepunkt ist dann erreicht, wenn der Dampfdruck gleich dem Atmosphärendruck ist. Wenn also der Dampfdruck erniedrigt wird, ist eine höhere Temperatur notwendig, um den Siedepunkt zu erreichen.

Ebenso kommt es zu einer Gefrierpunktserniedrigung einer Lösung.

Osmose

Sowohl in der Natur als auch in der Technik finden *semipermeable* (= halbdurchlässige) *Membranen* vielfältige Anwendungen. Diese Systeme lassen in der Regel kleine Lösungsmittelmoleküle durch, während sie größere gelöste Moleküle bzw. Ionen zurückhalten.

Setzt man eine solche Membran zwischen zwei Lösungen mit unterschiedlicher Konzentration an gelöstem Stoff, so ist die Konzentration des Lösungsmittels in der niedriger konzentrierten Lösung höher. Die Lösungsmittelmoleküle bewegen sich zwar von beiden Richtungen durch die Membran, jedoch ist die Geschwindigkeit, mit der das Lösungsmittel von der weniger konzentrierten Seite zur stärker konzentrierten Seite übergeht, größer als die Geschwindigkeit in die entgegengesetzte Richtung. Diesen Vorgang bezeichnet man als Osmose. Es erfolgt also eine Nettobewegung der Lösungsmittelmoleküle von der niedriger zur höher konzentrierten Seite. Das Volumen der höher konzentrierten Seite nimmt also zu.

Diesen Vorgang kann man gut anhand einer Apparatur veranschaulichen, in der eine Lösung hoher Konzentration in einem Gefäß vorhanden ist, das mit einer semipermeablen Membran bespannt ist und an dessen anderem Ende ein Glasrohr sitzt. Taucht man eine solche Vorrichtung in ein Gefäß mit reinem Lösungsmittel, so wird sich mit der Zeit das Volumen in dem Gefäß mit der höher konzentrierten Lösung erhöhen. Dies kann anhand des Flüssigkeitsspiegels in dem Steigrohr abgelesen werden. Das Flüssigkeitsvolumen wird so weit steigen, bis der Druck der Flüssigkeitssäule so groß geworden ist, dass der Nettofluss des Lösungsmittels angehalten wird, d.h. in beide Richtungen der Membran gleich viele Lösungsmittelmoleküle mit gleicher Geschwindigkeit diffundieren. Der Druck der durch die Flüssigkeitssäule erzeugt wird, wird als osmotischer Druck bezeichnet. Besitzen die Lösungen auf beiden Seiten der semipermeablen Membran den gleichen osmotischen Druck, so tritt keine Osmose auf. Die beiden Lösungen bezeichnet man als *isotonisch*. Wenn eine Lösung einen niedrigeren osmotischen Druck besitzt, ist sie *hypotonisch*, bei höherem osmotischem Druck *hypertonisch*.

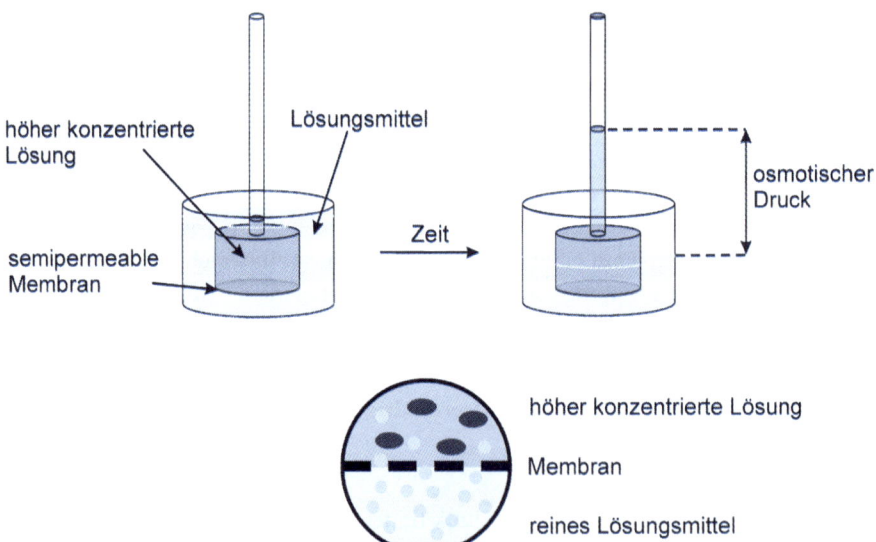

Abbildung 5.7: Messung des osmotischen Drucks mittels einer so genannten Pfeffer'schen Zelle

Osmose spielt in lebenden Systemen eine große Rolle, insbesondere bei der Regulation des Wasserhaushalts von Zellen. Ein Beispiel für die Wirkung der Osmose ist das Aufplatzen von reifen Kirschen nach Benetzung mit Regenwasser. Das Wasser auf der Oberfläche der Frucht enthält nur wenige gelöste Teilchen und dringt durch die äußere Haut in die Frucht ein, die einen hohen Zuckergehalt besitzt. Der durch den Einstrom steigende Innendruck führt zum Zerreißen der Fruchthaut.

Zur Trennung finden osmotische Verfahren Anwendung in der Medizin und der Verfahrenstechnik. So wird die Osmose beispielsweise bei der Hämodialyse, einem Verfahren zur Blutreinigung bei Patienten mit Nierenproblemen, eingesetzt. Bei dieser Methode wird das Blut an einer Filtermembran vorbeigeleitet. Diese lässt weder Blutkörperchen noch Eiweiße durchtreten allerdings die biologischen Abfallprodukte, die an eine Dialyselösung, die auf der anderen Seite der Membran vorbeigeführt wird, abgegeben werden.

Die *Umkehrosmose* nützt die Tatsache aus, dass man durch Anwendung von Druck die Osmose umkehren kann. Wendet man Druck an, um eine hochkonzentrierte Lösung durch eine semipermeable Membran zu pressen, die zwar Lösungsmittel, wie z.B. Wasser, durchlässt, aber keine gelösten Teilchen, so lässt sich das Lösungsmittel reinigen bzw. die Lösung aufkonzentrieren. Dieses Verfahren wird zur Wasseraufbereitung für Trink- und Prozesswasser sowie zur Abwasserbehandlung verwendet. Ein großes Einsatzgebiet der Umkehrosmose ist die *Meerwasserentsalzung* (▶Abbildung 5.8). Das Wasser, das aus dem Umkehrosmoseprozess stammt, ist sehr ionenarm und wird meist vor Einspeisung in das Trinkwassersystem wieder mit Salzen angereichert.

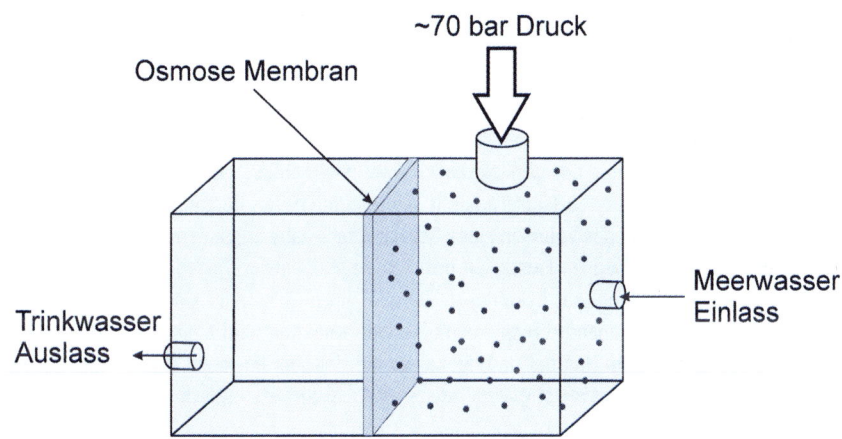

Abbildung 5.8: Prinzip der Meerwasserentsalzung durch Umkehrosmose

5.4.5 Kolloide

In echten Lösungen liegen die Teilchen auf molekularer Ebene im Lösungsmittel verteilt vor. Die Ionen oder Moleküle in solchen Lösungen bewegen sich meist einzeln von einer Hülle des Lösungsmittels umgeben, der so genannten *brownschen Molekularbewegung* folgend, durch die Lösung. Als brownsche Molekularbewegung wird die nach dem schottischen Botaniker *Robert Brown* (1773–1858) benannte thermisch getriebene Eigenbewegung von Teilchen bezeichnet. Ganz anders im Fall von *Suspensionen*. In diesem Fall sind Feststoffe in einem Lösungsmittel eingebettet, meist sind diese Suspensionen nicht stabil und der Feststoff setzt sich mit der Zeit als Bodensatz ab. Zwischen diesen zwei Systemen liegen die Kolloide, die auch als kolloidale Dispersionen bezeichnet werden. Es handelt sich dabei um Teilchen, die größer als Moleküle sind, sich aber nicht wie Suspensionen dem Einfluss der Schwerkraft folgend trennen. Kolloide befinden sich also an der Grenzlinie zwischen Lösungen und heterogenen Gemischen. Die Größe der Kolloidteilchen liegt dabei zwischen 5 und 1000 nm. Die Teilchen in einer Lösung sind kleiner. Kolloidteilchen können aus vielen Atomen, Ionen oder Molekülen bestehen, es kann sich aber auch um einzelne riesige Moleküle handeln. Beispielsweise verhalten sich gelöste Polymerketten wie Kolloide oder auch biologische Makromoleküle wie das Hämoglobin.

Obwohl Kolloidteilchen sehr klein sein können und daher die Dispersion sehr einheitlich aussieht, können sie Licht sehr effektiv streuen. Daher sind die meisten kolloidalen Dispersionen trüb oder undurchsichtig, wenn sie nicht sehr stark verdünnt sind. Diese Tatsache kann man ausnutzen, um eine kolloidale Dispersion von einer echten Lösung zu unterscheiden. Lässt man einen Lichtstrahl eine kolloidale Dispersion passieren, so ist die Abmessung des Lichtstrahles in der Dispersion deutlich zu sehen, da das Licht von den Teilchen der Dispersion gestreut wird. Diesen Effekt bezeichnet man als *Tyndall-Effekt* nach dem britischen Physiker *John Tyndall* (1820–1893). Lösungen zeigen diesen Effekt nicht, da das sichtbare Licht nicht an den gelösten Molekülen gestreut wird.

Flüssig oder fest?

Manche alltäglichen Stoffe zeigen ein seltsames Verhalten, was ihre Konsistenz angeht. Besonders erwähnenswert sind hier Gele, da sie mittlerweile in viele alltägliche Bereiche Einzug gefunden haben. Beispielsweise als Haargel, in Kugelschreibern, in Gel-Fahrradsätteln usw. Ein Gel ist ein kolloidales System, das aus einem porösen Netzwerk von miteinander verbundenen Nanopartikeln besteht, dessen Poren mit einer Flüssigkeit gefüllt sind. Beide Phasen durchdringen einander dabei vollständig. Das Gewicht und das Volumen eines Gels sind sehr nahe an den entsprechenden Größen einer Flüssigkeit. Im Unterschied zur Flüssigkeit besitzen sie aber eine vorgegebene Form ähnlich wie ein Festkörper. Gelatine ist wohl das bekannteste Beispiel eines Gels. In ihr sind Proteine enthalten, die in wässriger Lösung so genannte Hydrokolloide bilden. Gelatine wird beim Erhitzen flüssig und beim Abkühlen wieder fest. Im Haargel sind die kolloidalen Teilchen Polymere, die sich um das Haar legen, die Flüssigkomponente ist meist Wasser oder eine Wasser-Alkohol-Mischung.

Viele Gele zeigen ein thixotropes Verhalten, sie werden flüssig, wenn man sie bewegt, und fest, wenn sie in Ruhe gelassen werden. Ein typischer thixotroper Stoff ist Ketchup. Wir wissen sehr gut, dass er erst schön flüssig aus der Flasche kommt, wenn er geschüttelt wird.

5.5 Säuren und Basen

Säuren und Basen sind Substanzen, mit denen wir täglich umgehen und die auch in vielen technologischen Prozessen eine wichtige Rolle spielen. Im folgenden Kapitel sollen die Definitionen von Säuren und Basen besprochen und deren Chemie näher betrachtet werden. Wir beschränken uns dabei auf eine allgemeine Säuren- und Basendefinition. In der Chemie gibt es einige Modelle zu diesen Begriffen und der interessierte Leser sei auf Lehrbücher der allgemeinen Chemie verwiesen.

5.5.1 Säuren

Säuren sind Substanzen, die in wässriger Lösung unter Bildung von Wasserstoffionen ionisieren, also zu einer Erhöhung der H^+-Konzentration führen. Da ein Wasserstoffatom aus einem Proton im Kern und einem Elektron in der Hülle besteht, ist das H^+-Ion nichts anderes als ein nacktes Proton. Daher bezeichnet man Säuren auch als *Protonendonatoren* (lat.: *donare* – schenken). Beispiele typischer Säuren sind die Salzsäure (wässrige Lösung von Chlorwasserstoff, HCl), die Salpetersäure (HNO_3) oder die Essigsäure (H_3CCOOH). Protonen werden wie andere Ionen in wässrigen Lösungen solvatisiert, daher schreibt man sie als $H^+(aq)$. Eine weitere gebräuchliche Schreibweise ist das *Oxoniumion* (H_3O^+). Dieser Ausdruck leitet sich von der Protonierung von Wassermolekülen ab, d.h., er soll verdeutlichen, dass die Protonen an Wassermoleküle gebunden sind:

$$H^+ + H_2O \rightarrow H_3O^+$$

In diesem Buch wird die Schreibweise H^+ verwendet. In Abhängigkeit von der Art der Säure kann pro Säuremolekül eine unterschiedliche Anzahl von Protonen abgegeben werden. Entsprechend existieren einprotonige oder *mehrprotonige Säuren*. Typische Beispiele für einprotonige Säuren sind HCl und HNO_3. Jedes Molekül dieser Säuren ist in der Lage, in wässriger Lösung in ein Proton und ein Anion zu dissozieren. So spaltet sich Chlorwasserstoff vollständig in ein Proton und ein Chloridanion auf:

$$HCl(aq) \rightarrow H^+(aq) + Cl^-(aq)$$

Mehrprotonige Säuren besitzen das Vermögen, mehr als ein H^+-Ion in wässriger Lösung abzugeben. Schwefelsäure (H_2SO_4) dissoziiert beispielsweise in zwei Schritten und gibt dabei zwei Protonen ab. Im ersten Dissoziationsschritt entstehen ein Proton und das Hydrogensulfatanion (HSO_4^-) welches im zweiten Schritt ein weiteres Proton abgibt und das Sulfatanion (SO_4^{2-}) bildet.

$$1. \text{ Dissoziationsstufe: } H_2SO_4(aq) \rightarrow H^+(aq) + HSO_4^-(aq)$$

$$2. \text{ Dissoziationsstufe: } HSO_4^-(aq) \rightarrow H^+(aq) + SO_4^{2-}(aq)$$

Im Fall der Schwefelsäure verläuft nur der erste Dissoziationsschritt vollständig und der zweite nur teilweise. Dies ist bei mehrprotonigen Säuren häufig der Fall.

5.5.2 Basen

Basen sind Substanzen, die H^+-Ionen aufnehmen, also *Protonenakzeptoren*. Löst man Basen in Wasser, so bilden sich *Hydroxidionen* (OH^-). Typische starke Basen sind Natriumhydroxid (NaOH) oder Kaliumhydroxid (KOH). Diese Basen dissoziieren in wässriger Lösung vollständig in Hydroxidionen und die entsprechenden Kationen:

$$NaOH(aq) \rightarrow Na^+(aq) + OH^-(aq)$$

Es gibt aber auch Basen, die keine Hydroxidionen enthalten, sondern die in Wasser H^+-Ionen aus dem Wasser aufnehmen und damit OH^--Ionen bilden. Eine typische Base, die so wirkt, ist Ammoniak (NH_3):

$$NH_3(aq) + H_2O \rightarrow NH_4^+ + OH^-$$

Nur ein kleiner Teil des NH_3 bildet NH_4^+ in wässriger Lösung. Ammoniak ist also ein schwacher Elektrolyt.

Säuren und Basen, die in wässriger Lösung vollständig dissoziiert vorliegen, werden als *starke Säuren* bzw. *starke Basen* bezeichnet (▶Tabelle 5.2). Beispielsweise gehören zu den starken Säuren HCl, HNO_3 und zu den starken Basen NaOH und KOH. Diese Säuren und Basen sind damit auch starke Elektrolyte. Schwache Säuren und Basen liegen dagegen nur teilweise dissoziiert vor und sind daher auch nur schwache Elektrolyte.

Starke Säuren	Starke Basen
Chlorwasserstoffsäure HCl	Hydroxide der Alkalimetallkationen: LiOH, NaOH, KOH, RbOH, CsOH
Bromwasserstoffsäure HBr	Hydroxide der Erdalkalimetallkationen $Ca(OH)_2$, $Sr(OH)_2$, $Ba(OH)_2$
Iodwasserstoffsäure HI	
Perchlorsäure $HClO_4$	
Salpetersäure HNO_3	
Schwefelsäure H_2SO_4	
Mittelschwache und schwache Säuren	Schwache Basen
Essigsäure H_3CCOOH	Ammoniak NH_3
Phosphorsäure H_3PO_4	
Fluorwasserstoff HF	

Tabelle 5.2: Häufig verwendete starke und schwache Säuren und Basen

Gibt man Säuren und Basen zusammen, findet eine *Neutralisationsreaktion* statt. Die entstehende Lösung besitzt weder den Charakter einer Säure noch einer Base. Beim Mischen einer Salzsäurelösung mit einer Natriumhydroxidlösung in einem 1:1-Verhältnis beobachtet man folgende Reaktion:

$$HCl(aq) + NaOH(aq) \rightarrow H_2O + NaCl(aq)$$

Die Produkte einer solchen Reaktion sind also Wasser und Salz. Die Gleichung kann auch als Ionengleichung ausgedrückt werden, da es sich bei Salzsäure und bei Natriumhydroxid jeweils um eine starke Säure und Base handelt, die in wässriger Lösung vollständig dissoziiert vorliegen:

$$H^+(aq) + Cl^-(aq) + Na^+(aq) + OH^-(aq) \rightarrow H_2O + Na^+(aq) + Cl^-(aq)$$

Da in der Gleichung links und rechts Natriumkationen und Chloridanionen im gleichen Mengenverhältnis vorliegen, lautet die Nettoreaktion dieser Neutralisation:

$$H^+(aq) + OH^-(aq) \rightarrow H_2O(l)$$

Die letzte Gleichung ist die Zusammenfassung einer typischen Neutralisation. Protonen reagieren mit Hydroxidionen zu Wasser.

Manche Stoffe wirken in bestimmten Reaktionen als Säuren, in anderen als Basen. Ein typisches Beispiel ist Wasser. In der Reaktion mit HCl nimmt Wasser das Proton auf und wirkt somit als Base:

$$HCl + H_2O \rightarrow H_3O^+(aq) + Cl^-(aq)$$

Dagegen fungiert es in der Reaktion mit Ammoniak als Säure, es gibt ein Proton ab:

$$NH_3(aq) + H_2O \rightarrow NH_4^+(aq) + OH^-(aq)$$

Verbindungen, die sowohl als Säure als auch als Base wirken können bezeichnet man als amphotere Verbindungen.

Säuren und Basen treten in Reaktionen immer gemeinsam auf, da Protonen abgegeben und von der jeweiligen Base aufgenommen werden. Entsprechende Paare von Säuren und Basen bezeichnet man als *konjugierte Säure-Base-Paare*. Allgemein kann ein Protonenübergang folgendermaßen beschrieben werden:

$$HA + B \rightarrow A^- + HB^+$$

In dieser Gleichung wären sowohl HA und A⁻ als auch B und HB⁺ so genannte konjugierte Säure-Base-Paare. Zu jeder Säure existiert eine konjugierte Base und umgekehrt. In jeder Säure-Base-Reaktion können zwei konjugierte Säure-Base-Paare identifiziert werden.

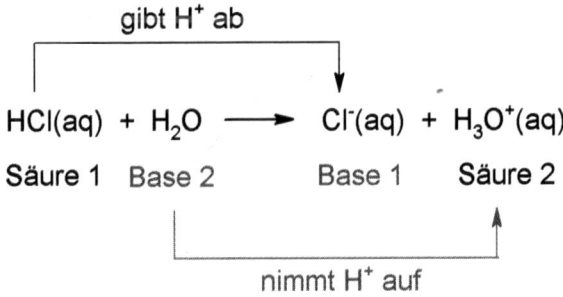

5.5.3 Ionenprodukt des Wassers

Wie bereits oben erwähnt, ist Wasser eine amphotere Verbindung. Es kann sich also wie eine Säure oder eine Base verhalten. Dies beruht darauf, dass Wasser in einem chemischen Gleichgewicht (siehe nächstes Kapitel) in Protonen und Hydroxidionen dissoziiert:

$$H_2O \rightleftharpoons H^+ + OH^-$$

Diesen Effekt bezeichnet man als *Autodissoziation* des Wassers. Da die Reaktionen in beiden Richtungen sehr schnell sind, verbleibt kein Molekül für längere Zeit in dissoziiertem Zustand. Die Konzentration von H^+- und OH^--Ionen in reinem Wasser ist sehr gering. Gerade einmal zwei von 10^9 Molekülen sind bei Raumtemperatur dissoziiert. Daher ist reines Wasser auch ein extrem schlechter Leiter.

Die Autodissoziation ist ein Gleichgewichtsprozess, daher kann die Gleichgewichtskonstante über folgenden Ausdruck berechnet werden:

$$K_W = c(H^+)c(OH^-)$$

oder in anderer Schreibweise:

$$K_W = [H^+][OH^-]$$

Eigentlich müsste die rechte Seite der Gleichung noch durch die Konzentration des Wassers dividiert werden, da aber diese im Vergleich zu den Konzentrationen an Protonen und Hydroxidionen viel höher ist, wird sie als konstant angesehen und in die Gleichgewichtskonstante einbezogen. Die Konstante bezieht sich speziell auf die Autodissoziation des Wassers, daher wird sie unter Verwendung des Symbols K_W als *Ionenprodukt* des Wassers bezeichnet. Bei 25 °C beträgt die Konstante $K_W = 1{,}0 \cdot 10^{-14}$ mol²/L².

Damit ergibt sich für $K_W = [H^+][OH^-] = 1{,}0 \cdot 10^{-14}$ mol²/L².

Wenn für die Konzentrationen $[H^+] = [OH^-]$ zutrifft, so bezeichnet man die Lösung als neutral. Steigt eine der beiden Konzentrationen, so muss die andere sich verringern, da ihr Produkt $1{,}0 \cdot 10^{-14}$ mol²/L² stets erhalten bleibt. In sauren Lösungen ist $[H^+] > [OH^-]$, in basischen Lösungen ist es genau umgekehrt. In reinem Wasser beträgt damit die Konzentration von $[H^+]$ und von $[OH^-]$ jeweils $1{,}0 \cdot 10^{-7}$ mol²/L².

Da die H^+-Konzentration in wässrigen Lösungen sehr niedrig ist, verwendet man zweckmäßigerweise statt der extrem niedrigen Zahlenwerte den negativen dekadischen Logarithmus, um die Konzentration anzugeben, und definiert diesen als den *pH-Wert*. Der *pH*-Wert ist also der negative dekadische Logarithmus der Protonenkonzentration:

$$pH = -\log [H^+]$$

Der *pH*-Wert von reinem Wasser ist damit $pH = -\log 10^{-7} = 7$. Eine Lösung mit diesem *pH*-Wert bezeichnet man als neutral. Ist die Konzentration der H^+-Ionen größer als 10^{-7} mol/L, so wird der *pH*-Wert kleiner als 7. Solche Lösungen bezeichnet man als sauer. Da die H^+-Konzentration und die OH^--Konzentration zusammenhängen, muss Letztere kleiner werden, wenn sich der *pH*-Wert verkleinert. Umgekehrt verhält es sich, wenn die Konzentration der H^+-Ionen kleiner als 10^{-7} mol/L wird, dann wird der *pH*-Wert größer als 7 und man bezeichnet die Lösung als basisch. Die Beziehung zwischen $[H^+]$, $[OH^-]$ und dem *pH*-Wert lautet demnach:

Art der Lösung	$[H^+]$ [mol/L]	$[OH^-]$ [mol/L]	*pH*-Wert
sauer	$>1{,}0 \cdot 10^{-7}$	$<1{,}0 \cdot 10^{-7}$	0 - <7
neutral	$=1{,}0 \cdot 10^{-7}$	$=1{,}0 \cdot 10^{-7}$	7
basisch	$<1{,}0 \cdot 10^{-7}$	$>1{,}0 \cdot 10^{-7}$	>7 - 14

Analog wie der *pH*-Wert kann auch der *pOH*-Wert definiert werden. Er ist der negative dekadische Logarithmus der Hydroxid-Ionenkonzentration. Durch das Ionenprodukt des Wassers kann folgende Definition getroffen werden:

$$pH + pOH = 14$$

Kennt man also den *pH*-Wert, so kann der *pOH*-Wert berechnet werden und umgekehrt.

Durch diese Definition lassen sich sehr viele Lösungen nach ihrem *pH*- bzw. *pOH*-Wert charakterisieren (▶Abbildung 5.9).

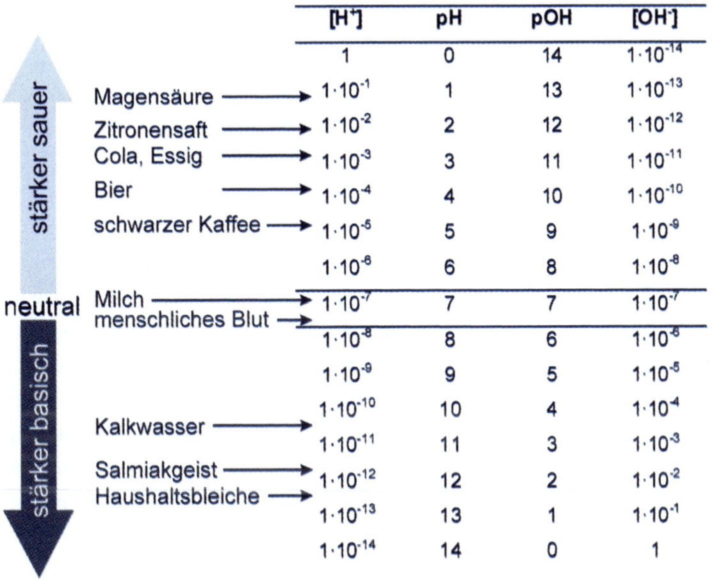

[H⁺] pH pOH [OH⁻]
1 0 14 1·10⁻¹⁴
Magensäure → 1·10⁻¹ 1 13 1·10⁻¹³
Zitronensaft → 1·10⁻² 2 12 1·10⁻¹²
Cola, Essig → 1·10⁻³ 3 11 1·10⁻¹¹
Bier → 1·10⁻⁴ 4 10 1·10⁻¹⁰
schwarzer Kaffee → 1·10⁻⁵ 5 9 1·10⁻⁹
1·10⁻⁶ 6 8 1·10⁻⁸
Milch → 1·10⁻⁷ 7 7 1·10⁻⁷
menschliches Blut →
1·10⁻⁸ 8 6 1·10⁻⁶
1·10⁻⁹ 9 5 1·10⁻⁵
1·10⁻¹⁰ 10 4 1·10⁻⁴
Kalkwasser → 1·10⁻¹¹ 11 3 1·10⁻³
Salmiakgeist → 1·10⁻¹² 12 2 1·10⁻²
Haushaltsbleiche → 1·10⁻¹³ 13 1 1·10⁻¹
1·10⁻¹⁴ 14 0 1
stärker sauer
neutral
stärker basisch

Abbildung 5.9: H^+- und OH^--Konzentrationen einiger gebräuchlicher Substanzen bei 25 °C mit den entsprechenden *pH*- und *pOH*-Werten

5.5.4 Messung des *pH*-Wertes

Der *pH*-Wert einer Lösung wird heute häufig mittels eines *pH-Meters* gemessen. Um die Funktion dieses Gerätes zu verstehen, müssen Grundlagen der Elektrochemie bekannt sein, die in Kapitel 7 genauer besprochen werden. Ein solches *pH*-Meter besteht aus einem Elektrodenpaar, das auf die H^+-Konzentration in der Lösung empfindlich mittels Änderung der Spannung reagiert. Durch Kalibrierung des Gerätes lassen sich so Spannungsdifferenzen mit *pH*-Werten assoziieren.

Eine andere Möglichkeit der *pH*-Wert-Messung ist die Verwendung von *Säure-Base-Indikatoren*. Dabei handelt es sich um Farbstoffe, die mit einer Farbänderung auf eine *pH*-Wert-Änderung reagieren. Die Farbumschlagbereiche der verschiedenen Indikatoren liegen bei verschiedenen *pH*-Werten. Lackmus beispielsweise weist einen Farbumschlag in der Nähe von *pH* = 7 auf. Die Farbänderung ist nicht sehr scharf ausgeprägt. Die Farbe Rot tritt bei einem *pH*-Wert von ca. 5 und die Farbe Blau bei *pH* = 8 auf. Andere Indikatoren ändern ihre Farbe bei anderen *pH*-Werten. Zur Bestimmung des *pH*-Wertes einer Lösung müsste man daher eine ganze Palette unterschiedlicher Säure-Base-Indikatoren einsetzen. Um dies zu vereinfachen, werden so genannte Universalindikatorpapiere eingesetzt. Es handelt sich dabei um Papierstreifen, die mit einer Mischung verschiedener Indikatoren getränkt sind. Benetzt man solche Papiere mit einer Lösung, so stellt sich eine bestimmte Farbschattierung ein. Durch Vergleich einer Farbskala mit dem gefärbten Indikatorpapier lässt sich der *pH*-Wert bestimmen.

5.5.5 Säure-Base-Eigenschaften von Salzlösungen

Bei der Besprechung der konjugierten Säure-Base-Paare konnten wir feststellen, dass Anionen als konjugierte Basen einer Säure betrachtet werden können. Z.B. ist das Chloridanion (Cl^-) die konjugierte Base von Chlorwasserstoff (HCl) oder das Acetatanion (H_3CCOO^-) ist die konjugierte Base der Essigsäure (H_3CCOOH). Diese Anionen können mit Wasser reagieren und somit wieder die Säure bilden. Dazu verbinden sie sich mit Protonen, die durch die Autodissoziation in Wasser vorhanden sind. In Abhängigkeit davon, ob die dabei entstehende Säure stark oder schwach ist, ist die Tendenz für diese Reaktion verschieden. Bei der Entstehung einer starken Säure, die ja wieder vollständig dissoziiert, ist die Tendenz, dass die Reaktion abläuft, gering. Ist allerdings das Anion die korrespondierende Base einer schwachen Säure, so kann die Reaktion ablaufen. Es stellt sich ein Gleichgewicht ein, wobei die Gleichgewichtslage von der Stärke der Säure abhängt:

$$X^-(aq) + H_2O \rightleftharpoons HX(aq) + OH^-(aq)$$

Durch die entstehenden OH^--Ionen wirkt die Lösung basisch. Eine solche Reaktion ist beispielsweise zu beobachten, wenn Salze der Essigsäure in Wasser gelöst werden:

$$H_3CCOO^-(aq) + H_2O \rightleftharpoons H_3CCOOH(aq) + OH^-(aq)$$

Ähnlich verhält es sich mit den konjugierten Säuren schwacher Basen. Ammoniumionen (NH_4^+) sind die Ionen, die entstehen, wenn die schwache Base Ammoniak (NH_3) Protonen aufnimmt. Löst man Salze, die Ammoniumionen enthalten, in Wasser auf, so entsteht eine saure Lösung:

$$NH_4^+(aq) + H_2O \rightleftharpoons NH_3(aq) + H_3O^+(aq)$$

Dabei ist zu beachten, dass die Alkalimetall- und Erdalkalimetallkationen keine solche Reaktion ergeben, da es sich bei ihnen um die Salze von starken Basen, wie z.B. NaOH oder KOH, handelt. Diese Kationen beeinflussen also den *pH*-Wert einer Lösung nicht.

5.6 Oxidationen und Reduktionen

Im vorigen Kapitel haben wir den Reaktionstyp der Säure-Base-Reaktionen kennen gelernt. Bei diesen Reaktionen werden Protonen von einem Reaktionspartner auf einen anderen übertragen. Im folgenden Kapitel soll eine Reaktionsart betrachtet werden, bei der Elektronen von einem Reaktionspartner auf einen anderen übertragen werden, die so genannten Reduktions-Oxidations-Reaktionen bzw. *Redoxreaktionen*.

Das Rosten von Eisen ist eine uns bekannte Reaktion, die eine Redoxreaktion darstellt. Man bezeichnet diese Reaktion im Fall der Metalle auch als *Korrosion*. Diese soll in einem späteren Kapitel behandelt werden.

Der ursprüngliche Begriff „Oxidation" wurde verwendet für Reaktionen, bei denen sich Sauerstoff mit anderen Substanzen verbindet. Als Reduktionen wurden dementsprechend Reaktionen bezeichnet, welche die Entfernung von gebundenem Sauerstoff aus einer Verbindung darstellten.

Allgemeiner wird eine Abgabe von Elektronen aus Atomen oder Molekülen während einer chemischen Reaktion als Oxidation bezeichnet. Beispielsweise reagieren viele Metalle mit Säuren unter Bildung der Metallionen und Wasserstoff. Bei dieser Reaktion wird das Metall zu seinem Metallion oxidiert.

$$Ca(s) + 2\,H^+(aq) \rightarrow Ca^{2+}(aq) + H_2(g)$$

Die bei dieser Reaktion freigesetzten Elektronen werden auf die Protonen übertragen. Jedes Proton nimmt ein Elektron auf und es entsteht molekularer Wasserstoff (H_2). Die Aufnahme von Elektronen durch Atome oder Moleküle bezeichnet man als Reduktion. Für obige Gleichung stellen sich also die Teilgleichungen für Oxidation und Reduktion folgendermaßen dar:

$$\textit{Oxidation:}\ Ca \rightarrow Ca^{2+} + 2\,e^-$$

$$\textit{Reduktion:}\ 2\,H^+ + 2\,e^- \rightarrow H_2$$

Die zwei Elektronen, die bei der Oxidation abgegeben wurden, konnten bei der Reduktion der Protonen aufgenommen werden. Als *Oxidationsmittel* wird in solchen Gleichungen der Stoff bezeichnet, der einen anderen zur Abgabe von Elektronen veranlasst. Das Oxidationsmittel wird dabei selbst reduziert, weil es die Elektronen aufnimmt. Im

Gegenzug bezeichnet man als *Reduktionsmittel* einen Stoff, der einen anderen zur Aufnahme der Elektronen veranlasst. Dieser Stoff wird bei der Reaktion selbst oxidiert. Allgemein kann eine Oxidation bzw. Reduktion folgendermaßen formuliert werden:

$$\text{Reduktionsmittel} \;\underset{\text{Reduktion}}{\overset{\text{Oxidation}}{\rightleftharpoons}}\; \text{Oxidationsmittel} + \text{Elektronen}$$

Oxidations- und Reduktionsprozesse sind immer aneinander gekoppelt, da die Elektronen, die bei der Oxidation freigesetzt werden, bei der Reduktion aufgenommen werden müssen. Diese gekoppelten Vorgänge werden als Redoxreaktionen bezeichnet.

5.6.1 Oxidationszahlen

Um zu erkennen, ob eine Reduktion oder Oxidation abläuft, ist eine Zuweisung von Elektronenübergängen zwischen einzelnen Atomen nötig. Es muss also möglich sein, innerhalb einer chemischen Reaktion die Veränderung der elektronischen Situation der beteiligten Elemente nachzuvollziehen. Jedem Atom wird dazu eine Oxidationszahl zugeordnet. Es handelt sich dabei um Ladungen oder fiktive Ladungen, die Atomen nach bestimmten Regeln zugewiesen werden. Man nimmt an, dass die Elektronen jeweils vollständig einem Atom angehören. Bei einer Redoxreaktion ändern sich die Oxidationszahlen einiger Atome.

Die Zuweisung der Oxidationszahlen erfolgt nach folgenden Regeln:

1. Die Oxidationszahl eines Atoms im elementaren Zustand ist null. Diesen Fall trifft man bei Elementen an, die atomar und molekular vorkommen, z.B. H_2, O_2, Cl_2, S_8, Al.

2. Bei einem einatomigen Ion entspricht die Oxidationszahl der Ionenladung. So hat K^+ die Oxidationszahl +1 und S^{2-} die Oxidationszahl −2. Diese Regel trifft auch auf Ionenverbindungen zu. So ist in NaCl die Oxidationszahl des Na^+-Ions +1 und die des Cl^--Ions −1.

3. Die Summe der Oxidationszahlen aller Atome in einer neutralen Verbindung ist 0. Die Summe der Oxidationszahlen eines mehratomigen Ions ist gleich der Ladung dieses Ions. Im Nitration (NO_3^-) ist beispielsweise die Oxidationszahl des N-Atoms +5, die des O-Atoms −2. Im Wasser (H_2O) ist die Oxidationszahl des Wasserstoffs +1, die des Sauerstoffs −2.

4. Fluor, das elektronegativste Element, hat in allen Verbindungen die Oxidationszahl −1. In den Verbindungen HF und ClF sind damit die Oxidationszahlen des H-Atoms und des Cl-Atoms jeweils +1.

5. Sauerstoff, das zweitelektronegativste Element, hat fast immer die Oxidationszahl −2. Ausnahmen von dieser Regel stellen Peroxidverbindungen wie z.B. Wasserstoffperoxid H_2O_2 dar. Hier besitzt der Sauerstoff die Oxidationszahl −1. Im Ion O_2^- hat Sauerstoff die Oxidationszahl −0,5 und in der Verbindung OF_2 +2.

6. Die Oxidationszahl von Wasserstoff ist +1, wenn er an Nichtmetalle gebunden ist, und −1 in Verbindungen mit Metallen, den so genannten Metallhydriden, z.B. LiH, MgH_2.

7. In den Verbindungen der Nichtmetalle ist die Oxidationszahl des elektronegativeren Elements negativ und entspricht der Ionenladung, die für Ionenverbindungen dieses Elements gilt. Beispielsweise sind die Oxidationszahlen der Elemente in PCl_3 +3 für Phosphor und −1 für Chlor.

Bei der Zuweisung von Oxidationszahlen arbeitet man diese Regeln von Punkt 1 bis Punkt 7 ab. In kovalenten Verbindungen kann die Zuweisung der Oxidationszahlen auch über eine gedankliche Aufteilung der Verbindung in Ionen geschehen. Dazu werden dem elektronegativeren Partner in einer Bindung die Elektronen zugeteilt. Sind an einer Bindung gleiche Bindungspartner beteiligt, erhalten beide die Hälfte der Bindungselektronen. Die Zuordnung erfolgt am einfachsten über eine Valenzstrichformel, in der man die entsprechenden Elektronenpaare den einzelnen Elementen zuordnet. Nachdem diese Zuordnung erfolgt ist, zählt man die dem einzelnen Atom zugeordneten Elektronen. Die Differenz der erhaltenen Elektronenzahl zu der Valenzelektronenzahl ergibt die Oxidationszahl. In Chlorwasserstoff (HCl) beispielsweise ist Chlor elektronegativer als der Wasserstoff. Dadurch erhält das Chloratom beide Bindungselektronen aus der kovalenten Bindung. Der Wasserstoff hat damit kein Elektron mehr. Als Atom würde er ein Elektron besitzen, daher erhält er die Oxidationszahl +1. Das Chloratom hat durch diese formale Zuordnung 8 Elektronen, als Atom besitzt es allerdings nur 7 und erhält damit die Oxidationszahl −1. Einige weitere Beispiele für diese Art der Ermittlung der Oxidationszahlen in kovalenten Verbindungen sind in ▶Abbildung 5.10 zu sehen.

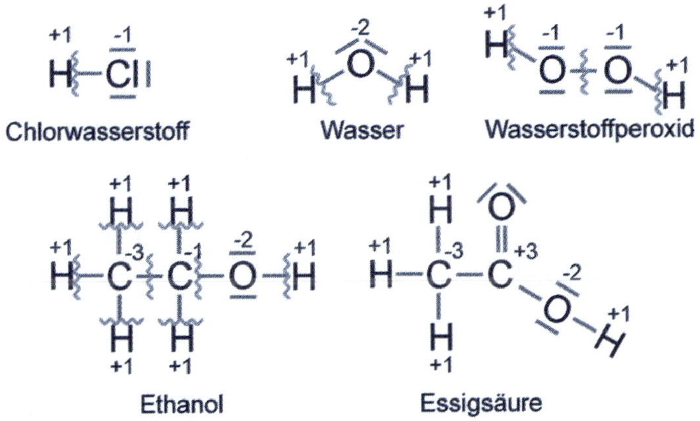

Abbildung 5.10: Zuordnung der Oxidationszahlen in kovalenten Verbindungen entsprechend der Elektronegativitätsunterschiede der beteiligten Atome

Die Oxidationszahlen der Elemente hängen von ihrer Stellung im Periodensystem der Elemente ab. Die höchste positive Oxidationszahl eines Elements kann nicht größer sein als die Gruppennummer dieses Elements. Die höchste Oxidationszahl der Alkalimetalle ist damit +1, der Erdalkalimetalle +2, der Elemente der 4. Hauptgruppe +4, der Halogene +7. Die maximale negative Oxidationszahl erhält man aus der Gruppennummer $N-8$. So besitzen Halogene, die Elemente der 7. Hauptgruppe, als maximale negative Oxidationszahl −1, die Chalkogene, wie z.B. Sauerstoff, −2 und die Elemente der 5. Hauptgruppe, wie z.B. Stickstoff, −3.

Aufgrund seiner besonderen Stellung im Periodensystem der Elemente kann Wasserstoff in den Oxidationszahlen +1, 0, −1 auftreten. Das elektronegativste Element Fluor kann keine positiven Oxidationszahlen besitzen. Bei der Betrachtung der Verbindungen der Elemente ist zu beachten, dass die meisten Elemente in mehreren Oxidationszahlen auftreten!

5.6.2 Aufstellen von Redoxgleichungen

Redoxreaktionen gehören zu den häufigsten und wichtigsten Reaktionen in der Chemie und sind die Grundlage vieler technologischer Prozesse. So zählen die Gewinnung von Metallen oder Halbmetallen aus *Erzen* zu den wichtigsten großindustriell durchgeführten Redoxreaktionen. In Erzen liegt das Metall ionisch gebunden als Kation vor. Es handelt sich bei den Erzen häufig um Oxide oder Sulfide der Metalle, z.B. stellt Hämatit (Fe_2O_3) das wichtigste Erz für die Eisenherstellung, und Zinkblende (ZnS) das wichtigste Erz für die Zinkgewinnung dar. Um aus diesen Erzen das elementare Metall zu gewinnen, müssen die Kationen Elektronen aufnehmen, also reduziert werden. Die Reduktionsprozesse in der Metallgewinnung laufen meist bei hohen Temperaturen unter Gegenwart eines Reduktionsmittels ab. Häufig wird Kohlenstoff, also Koks, als Reduktionsmittel verwendet. Das wohl typischste Beispiel ist die Gewinnung von metallischem Eisen im Hochofen. Das eigentliche Reduktionsmittel bei dieser Reaktion ist allerdings nicht der Kohlenstoff, sondern das Kohlenstoffmonoxid (CO), das bei der Verbrennung des Kohlenstoffs im Sauerstoffunterschuss entsteht:

$$2\ C(s)\ +\ O_2(g)\ \rightleftharpoons\ 2\ CO(g)$$

Dieser Prozess, der im Hochofen stattfindet, stellt eine Redoxreaktion dar. Dabei wird der elementare Kohlenstoff (Oxidationszahl 0) zu Kohlenstoffmonoxid (Oxidationszahl +2) oxidiert und gleichzeitig der elementare Sauerstoff (Oxidationszahl 0) zum Oxidanion (Oxidationszahl −2) reduziert. Damit können wir also die Teilgleichungen folgendermaßen formulieren:

$$\textit{Oxidation: }\ C\ \rightarrow\ C^{2+}\ +\ 2\ e^-$$

$$\textit{Reduktion: }\ O_2\ +\ 4\ e^-\ \rightarrow\ 2\ O^{2-}$$

Damit die Elektronenbilanz ausgeglichen ist, also die Anzahl der in der Oxidation abgegebenen Elektronen gleich der Anzahl der in der Reduktion aufgenommenen Elektronen entspricht, muss die Teilgleichung der Oxidation mit 2 multipliziert werden. Man erhält bei dieser Multiplikation als Ergebnis $2\ C\ \rightarrow\ 2\ C^{2+}\ +\ 4\ e^-$. Anschließend können die beiden Teilgleichungen aufsummiert werden, d.h., man addiert die Seiten links vom Reaktionspfeil und die Seiten rechts vom Reaktionspfeil, wodurch die Redoxgleichung erhalten wird:

$$\text{Redoxgleichung: } 2\,C + O_2 + 4\,e^- \rightarrow 2\,CO + 4\,e^-$$

Da sich bei der Reaktion Kohlenstoffmonoxid bildet, schreibt man nicht die Ionen, sondern die entstehende Verbindung auf der rechten Seite. Links und rechts vom Reaktionspfeil stehen jeweils 4 Elektronen, die ähnlich wie bei einer mathematischen Gleichung gekürzt werden können.

$$\text{Redoxgleichung: } 2\,C + O_2 \rightarrow 2\,CO$$

Als Redoxgleichung erhält man die oben schon beschriebene Gleichung. Das bedeutet, dass man durch die Formulierung der Redoxgleichung nicht nur die Oxidations- und Reduktionsprozesse miteinander koppeln kann, sondern bei ihrer richtigen Aufstellung auch die korrekten Koeffizienten vor den einzelnen Reaktionspartnern erhält.

Dies soll jetzt noch einmal an der eigentlichen Reaktion im Hochofen erläutert werden. Es erfolgt die Reduktion von Eisenkationen aus Hämatit durch Kohlenstoffmonoxid unter Bildung von elementarem Eisen und Kohlenstoffdioxid. Somit kann eine so genannte Bruttoformel aufgestellt werden, in der die Reaktanten und Produkte vorhanden sind, allerdings die stöchiometrischen Koeffizienten noch nicht stimmen, d.h. die korrekten Koeffizienten noch nicht vorhanden sind. Für die erwähnte Reaktion kann folgende Bruttoformel formuliert werden:

$$Fe_2O_3 + CO \rightarrow Fe + CO_2$$

Links und rechts sind unterschiedliche Mengen an Eisen und Sauerstoff vorhanden. Die richtigen Koeffizienten können durch die Formulierung der Redoxreaktion ermittelt werden.

Der erste Schritt bei jeder Aufstellung einer Redoxgleichung ist die Feststellung der Oxidationszahlen. Dazu können die Regeln aus dem vorherigen Abschnitt verwendet werden. Die Regel 1 sagt aus, dass Elemente im elementaren Zustand die Oxidationszahl 0 besitzen. Im vorliegenden Fall liegt Eisen auf der rechten Seite elementar vor. Es erhält also die Oxidationszahl 0. Die Regeln 2 und 4 können in dieser Reaktion nicht angewendet werden. Aus der Kombination der Regeln 3 und 5 können wir die Oxidationszahlen der anderen Atome bestimmen. Die Oxidationszahlen können direkt über die Atome in der Bruttoformel geschrieben werden.

$$\overset{+3\ -2}{Fe_2O_3} + \overset{+2\ -2}{CO} \rightleftharpoons \overset{0}{Fe} + \overset{+4\ -2}{CO_2}$$

Durch die Zuweisung der Oxidationszahlen ist es nun möglich, die Oxidations- und Reduktionsteilgleichungen aufzustellen. Dabei können zunächst die an der Redoxreaktion nicht beteiligten Sauerstoffatome ignoriert werden:

$$\textit{Oxidation: } C^{2+} \rightarrow C^{4+} + 2\,e^-$$

$$\textit{Reduktion: } Fe^{3+} + 3\,e^- \rightarrow Fe$$

In der Oxidationsreaktion werden 2 Elektronen abgegeben, während in der Reduktionsreaktion 3 Elektronen aufgenommen werden. Um die Elektronenbilanz auszugleichen, muss das kleinste gemeinsame Vielfache beider Zahlen gefunden und müssen die beiden Gleichungen mit dem entsprechenden Faktor multipliziert werden. Im vorliegenden Fall ist das kleinste gemeinsame Vielfache 6, d.h., die Oxidationsgleichung muss mit 3, die Reduktionsgleichung mit 2 multipliziert werden:

$$Oxidation:\ C^{2+} \rightarrow C^{4+} + 2\,e^-\ |\cdot 3$$

$$Reduktion:\ Fe^{3+} + 3\,e^- \rightarrow Fe\ |\cdot 2$$

Daraus wird folgende Redoxgleichung, unter Einbeziehung der Sauerstoffatome, die wir der Vereinfachung halber vorher weggelassen hatten, erhalten:

$$Fe_2O_3 + 6\,e^- + 3\,CO \rightarrow 2\,Fe + 3\,CO_2 + 6\,e^-$$

Die Gleichung kann noch vereinfacht werden, indem die Elektronen, die auf beiden Seiten der Reaktionsgleichung in gleicher Anzahl auftreten, gekürzt werden:

$$Fe_2O_3 + 3\,CO \rightarrow 2\,Fe + 3\,CO_2$$

Um am Schluss der Aufstellung einer Redoxgleichung deren Korrektheit zu überprüfen, verwendet man die Massen- und Ladungsbilanz. Das bedeutet, dass auf beiden Seiten des Reaktionspfeils die gleiche Anzahl an Atomen und Ladungen zu finden ist. In unserem Fall befinden sich links und rechts des Reaktionspfeils jeweils 2 Eisen-, 3 Kohlenstoff- und 6 Sauerstoffatome. Die Massenbilanz ist also ausgeglichen. Auf der linken Seite ist keine Ladung zu finden, da alle Edukte ladungsneutral sind, genauso wie auf der rechten Seite, d.h., die Ladungsbilanz ist auch ausgeglichen.

In Fällen, bei denen die Redoxreaktionen im wässrigen Medium oder unter Beteiligung von Wasser ablaufen, ist es häufig so, dass der *pH*-Wert des Mediums durchaus eine Rolle für die Redoxreaktion spielt. Dies wird auch beim Aufstellen der Redoxreaktionen klar. Zur Veranschaulichung soll hier die Reaktion zwischen Kupfer und Salpetersäure dienen. Kupfer löst sich in Salpetersäure (HNO_3) unter Bildung von Cu^{2+} auf, wobei Stickstoffdioxid entsteht. Die Bruttogleichung für diese Reaktion lautet:

$$Cu + HNO_3 \rightarrow Cu^{2+} + NO_2$$

Um die Teilgleichungen für Oxidation und Reduktion zu ermitteln, müssen die Oxidationszahlen zugewiesen werden:

$$\overset{0}{Cu} + \overset{+1\ +5\ -2}{HNO_3} \rightleftharpoons \overset{+2}{Cu^{2+}} + \overset{+4\ -2}{NO_2}$$

Aus dieser Gleichung geht hervor, dass Kupfer oxidiert und Stickstoff reduziert wird. Des Weiteren kann festgestellt werden, dass auf der linken Seite der Gleichung zwar Protonen vertreten sind, rechts jedoch nicht. Im wässrigen Medium liegt die Salpetersäure vollständig dissoziiert vor, wodurch wir lediglich die Nitrationen betrachten müssen. Die Teilgleichungen lauten:

$$Oxidation:\ Cu \rightarrow Cu^{2+} + 2\,e^-$$

$$Reduktion:\ NO_3^- + e^- \rightarrow NO_2$$

Die Oxidationsteilgleichung ist korrekt, da sowohl Ladungs- als auch Massenbilanz gewahrt sind: Links und rechts steht jeweils ein Kupferatom und keine Ladung (die Ladungen auf der rechten Seite werden addiert und ergeben 0). Dies ist bei der Reduktionsteilgleichung nicht der Fall. Links steht ein Sauerstoffatom mehr und 2 negative Ladungen. Da die gesamte Reaktion im Sauren stattfindet, können die negativen Ladungen mit Protonen H^+ ausgeglichen werden. Wir addieren also links zwei Protonen. Jetzt stimmt zwar die Ladungsbilanz, aber immer noch nicht die Massenbilanz. Die zwei Protonen auf der linken Seite werden durch Addition eines Wassermoleküls rechts ausgeglichen, womit auch die Massenbilanz links und rechts stimmt. Die korrekte Teilgleichung lautet also:

$$Reduktion: NO_3^- + e^- + 2\,H^+ \rightarrow NO_2 + H_2O$$

Nun muss noch die Elektronenbilanz zwischen den beiden Teilgleichungen richtiggestellt werden. Dazu wird die Reduktionsteilgleichung mit 2 multipliziert und die beiden Teilgleichungen aufsummiert. Dadurch wird die vollständige Redoxgleichung erhalten:

$$Cu + 2\,NO_3^- + 2\,e^- + 4\,H^+ \rightarrow Cu^{2+} + 2\,e^- + 2\,NO_2 + H_2O$$

Die Elektronen können links und rechts noch gekürzt werden. In der resultierenden Gleichung stimmt nun die Ladungs- und Massenbilanz:

$$Cu + 2\,NO_3^- + 4\,H^+ \rightarrow Cu^{2+} + 2\,NO_2 + H_2O$$

Ein ähnlicher Ladungsausgleich kann auch im alkalischen Medium geschehen. Dort werden OH^--Ionen verwendet, um negative Ladungen auszugleichen, und ebenfalls Wassermoleküle, um die Massenbilanz richtigzustellen.

Durch die erwähnten Schritte kann jede Redoxgleichung nach folgendem Schema gelöst werden:

1. Reaktanten und Produkte, die an der Reduktion und Oxidation beteiligt sind, sind alle anzugeben.

2. Für alle an der Reaktion beteiligten Atome werden die Oxidationszahlen ermittelt.

3. Die Bruttogleichung wird in Reduktions- und Oxidationsteilgleichungen aufgeteilt. Jede dieser Teilgleichungen muss die Ladungs- und Massenbilanz erfüllen. Wenn nötig, muss mit H^+, OH^- und Wasser ausgeglichen werden.

4. Wenn erforderlich, werden die Teilgleichungen mit ganzen Zahlen multipliziert, damit die Elektronenbilanz korrekt ist.

5. Die beiden Teilgleichungen werden aufsummiert und Teilchen, die auf beiden Seiten des Reaktionspfeils auftreten, werden gekürzt.

6. Die Massenbilanz wird überprüft, d.h., die Atomanzahl jedes Elements muss links und rechts gleich sein.

7. Die Ladungsbilanz links und rechts wird überprüft.

Die Punkte 6 und 7 dienen zum Überprüfen der vorherigen Schritte. Sollten die Ergebnisse dieser Auswertungen nicht korrekt sein, wurde in den vorherigen Punkten ein Fehler begangen.

ZUSAMMENFASSUNG

In chemischen Reaktionen werden die *Reaktanten* umgesetzt zu *Produkten*. Die Reaktionen verdeutlicht man, indem man die Ausgangsstoffe links und die Endstoffe rechts eines so genannten Reaktionspfeiles schreibt. Die Reaktanten zueinander sowie die Produkte zu den Reaktanten stehen dabei in einem bestimmten Zahlenverhältnis. In einer chemischen Reaktion muss dabei die *Massenbilanz* gewahrt bleiben, d.h., links und rechts vom Reaktionspfeil muss die gleiche Anzahl der jeweiligen Atome vorhanden sein. Neben dem Stoffumsatz ist bei jeder chemischen Reaktion auch ein *Energieumsatz* zu beobachten. Man unterscheidet unterschiedliche Energieformen. Die für chemische Reaktionen wichtigste Energie ist die *Reaktionsenthalpie*. Für viele Prozesse spielt auch die *Reaktionskinetik* eine wichtige Rolle, d.h. die Geschwindigkeit, mit der eine chemische Reaktion abläuft. Diese kann durch verschiedene *Geschwindigkeitsgesetze* beschrieben werden. Obwohl chemische Reaktionen häufig vom thermodynamischen Gesichtspunkt ablaufen müssten, d.h., die Energie der Produkte niedriger als die Energie der Ausgangsstoffe sein sollte, findet die Reaktion nicht statt. Der wesentliche Grund dafür ist eine hohe *Aktivierungsenergie*. Diese wird in vielen technologischen Prozessen durch die Verwendung eines *Katalysators* herabgesetzt.

Viele chemische Reaktionen laufen in *Lösungen* ab. Diese bilden sich durch einen Prozess, in dem sich eine Substanz in Abhängigkeit von ihrer Löslichkeit in einem Lösungsmittel löst. Ob sich eine Verbindung wie z.B. ein Salz in einer Flüssigkeit löst, hängt im Wesentlichen von der *Lösungsenthalpie* ab. Diese muss so groß sein, dass die intermolekularen Wechselwirkungen des Reinstoffes, der in Lösung gehen soll, überwunden werden. Die Stoffmengen, die in einem Lösungsmittel gelöst sind, bestimmen die *Konzentration* der Lösung. Von der Konzentration einer Lösung sind verschiedene Phänomene, wie z.B. die Gefrierpunktserniedrigung, Siedepunktserhöhung oder Osmose, abhängig, die man unter dem Begriff „kolligative Eigenschaften" einer Lösung zusammenfasst.

Ein wichtiger Reaktionstyp in Lösungen sind *Säure-Base-Reaktionen*, bei denen Protonen von einer Säure an eine Base abgegeben werden. Säure und Base treten dabei als konjugierte Paare auf. Wasser kann sowohl als Säure als auch als Base reagieren und ist damit *amphoter*. Die Säurestärke einer Lösung gibt man über die Konzentration der Protonen in der Lösung bzw. den *pH-Wert* an.

Eine weiterer wichtiger Reaktionstyp, der in Lösungen stattfinden kann, sind *Redoxreaktionen*. Hierbei handelt es sich um Elektronenübergänge zwischen Verbindungen, bei denen ein Reaktionspartner reduziert, der andere oxidiert wird.

Aufgaben

Verständnisfragen

1. Wie geht man systematisch beim Ausgleichen chemischer Gleichungen vor?

2. Was unterscheidet die innere Energie von der Enthalpie?

3. Welche Terme gehen in die Berechnung der Enthalpie ein?

4. Von welchen Parametern hängt die Geschwindigkeit einer chemischen Reaktion ab?

5. Wie lässt sich die Aktivierungsenergie einer chemischen Reaktion anhand eines Reaktionsverlaufs skizzieren?

6. Wie wirkt ein Katalysator?

7. Beschreiben Sie den Auflösungsprozess eines Salzkristalls in Wasser.

8. Welchen Zusammenhang beschreiben gibbssche Energie, Enthalpie und Entropie?

9. Welche Möglichkeiten stehen zur Verfügung, um Konzentrationen von Lösungen anzugeben?

10. Was sind kolligative Eigenschaften und wie können diese technologisch genutzt werden?

11. Welche Besonderheit zeigen kolloidale Lösungen im Vergleich zu echten Lösungen?

12. Wie sind starke Säuren und Basen bzw. schwache Säuren und Basen definiert?

13. Wie ist der *pH*-Wert definiert und in welchem Bereich spricht man von einer sauren bzw. basischen Lösung?

14. Was sind Redoxreaktionen?

15. Welche Regeln gelten bei der Zuweisung von Oxidationszahlen?

16. Wie stellt man eine Redoxgleichung auf?

Übungsaufgaben

1. Gleichen Sie folgende chemische Gleichungen aus:

a. $Al + O_2 \rightarrow Al_2O_3$

b. $CO_2 + H_2 \rightarrow CH_4 + H_2O$

c. $Al + CuO \rightarrow Al_2O_3 + Cu$

d. $K_2O + H_2O \rightarrow 2\,KOH$

e. $SnO_2 + H_2 \rightarrow Sn + H_2O$

f. $C_2H_6 + O_2 \rightarrow CO_2 + H_2O$

2. Ist die folgende Reaktion exo- oder endotherm?

$2\,Mg(s) + O_2(g) \rightarrow 2\,MgO(s) \quad \Delta H = -1204\ kJ$

Welche Wärmemenge entsteht, wenn 2,4 g Magnesium bei konstantem Druck reagieren?

5. Welche Konzentration besitzt eine Lösung, wenn 15 g KCl in 150 g Wasser bei 25 °C gelöst werden, a) in Massenprozent, b) als Molenbruch, c) als Molarität, d) in Molalität?

6. Identifizieren Sie die konjugierten Säure-Base-Paare:

a. $H_2SO_4 + H_2O \rightarrow HSO_4^- + H_3O^+$

b. $HCl + OH^- \rightarrow Cl^- + H_2O$

c. $HCl + NH_3 \rightarrow Cl^- + NH_4^+$

7. Welchen *pH*-Wert besitzen folgende Lösungen? a) 0,25 mol/L HCl; b) 0,25 mol/L NaOH; c) 1,5 g HCl in 250 mL Wasser

8. Weisen Sie in folgenden Verbindungen den Elementen ihre Oxidationszahlen zu: a) Fe_2O_3, b) Fe_3O_4; c) MgH_2; d) SF_6; e) HPO_4^{2-}; f) ClO_4^-; g) PCl_4^+

9. Stellen Sie für folgende Bruttogleichungen die korrekten Redoxgleichungen auf:

a. $Fe + HCl \rightarrow Fe^{2+} + H_2$

b. $MnO_4^- + Br^- \rightarrow MnO_2 + BrO_3^-$ (saure Bedingungen)

c. $Mn + HNO_3 \rightarrow Mn^{2+} + NO_2$ (saure Bedingungen)

d. $HNO_2 + I^- \rightarrow NO + I_2$ (saure Bedingungen)

e. $S^{2-} + I_2 \rightarrow SO_4^{2-} + I^-$ (basische Bedingungen)

Das chemische Gleichgewicht

6

6.1 Reversible und irreversible chemische
Reaktionen 185

6.2 Massenwirkungsgesetz 185

6.3 Aussagekraft der Gleichgewichtskonstanten 189

6.4 Heterogene Gleichgewichte 189

6.5 Das Prinzip von Le Chatelier 190

6.6 Säure-Base-Gleichgewichte 194

6.7 Löslichkeitsprodukt 202

6.8 Komplexverbindungen 207

6.9 Gasgleichgewichte 212

Zusammenfassung 216

Aufgaben 217

ÜBERBLICK

>> Bei vielen chemischen Vorgängen kommt es uns so vor, als würden sie nur in eine Richtung ablaufen, z.B. das Verbrennen von Holz führt zu Wärme, Licht, Rauch und Asche, aber wir wissen, dass wir aus der Asche nicht wieder Holz herstellen können. Umso mehr erstaunen uns dann Reaktionen, die wieder umkehrbar sind, obwohl es sich bei diesen Reaktionen wohl um die Mehrzahl der Fälle handelt.

Will man beispielsweise eine große Menge Zucker in Wasser lösen, so kann man einfach eine Packung Zucker in ein bestimmtes Volumen Wasser geben, bis sich kein Zucker mehr löst. Wir erhalten ein Wasser-Zucker-Gemisch, in dem am Boden des Gefäßes noch Zucker enthalten ist. Lassen wir dieses Gefäß bei gleicher Temperatur stehen, wird sich am Verhältnis ungelöster Zucker-Flüssigkeit nichts ändern. Allerdings besteht auf molekularer Ebene ein Gleichgewicht zwischen den Zuckermolekülen, die in Lösung gehen, und denen, die sich aus der Lösung wieder an die Kristalle anlagern. Wir können dieses Gleichgewicht beeinflussen. Erhitzen wir das Gefäß, so geht mehr Zucker in Lösung. Kühlen wir es ab, fällt wieder mehr fester Zucker aus. Wir sind umgeben von solchen Gleichgewichtsreaktionen. Diese sollen nun im folgenden Kapitel näher behandelt werden. <<

Wir haben schon einige chemische Systeme kennen gelernt, die sich im Gleichgewicht befinden. Beispielsweise befindet sich eine gesättigte Lösung mit dem Bodenkörper, d.h. dem nicht aufgelösten Salz, in einem dynamischen Gleichgewicht. Pro Zeiteinheit gehen genau so viele Ionen in Lösung, wie wieder auf der Kristalloberfläche abgeschieden werden. Im Fall des Wassers konnten wir feststellen, dass es in sehr geringen Mengen mit Protonen und Hydroxidionen im Gleichgewicht steht. Das bedeutet: Die Bildung dieser Ionen, der Zerfall des Wassers also, steht im Gleichgewicht mit nicht dissoziiertem Wasser. Generell stellt ein chemisches Gleichgewicht also gegenläufige Prozesse dar, die mit der gleichen Geschwindigkeit ablaufen. Im konkreten Fall bedeutet dies, dass die Geschwindigkeit, mit der die Produkte aus den Reaktanten gebildet werden, gleich der Geschwindigkeit ist, mit der die Reaktanten wieder aus den Produkten gebildet werden. Nachdem sich ein solches Gleichgewicht eingestellt hat, sieht es so aus, als sei die Reaktion gestoppt, da Aufbau- und Zerfallsprozesse mit der gleichen Geschwindigkeit ablaufen.

In vielen industriellen Prozessen spielen chemische Gleichgewichte eine wichtige Rolle. Insbesondere das Verschieben eines Gleichgewichtes in Richtung des gewünschten Produktes ist dabei wichtig.

6.1 Reversible und irreversible chemische Reaktionen

Wir sind in den vorherigen Kapiteln in vielen Fällen davon ausgegangen, dass chemische Reaktionen nur in eine Richtung verlaufen, also *irreversibel*, nicht mehr umkehrbar sind. Das wurde ausgedrückt, indem der Reaktionspfeil in der chemischen Gleichung nur in eine Richtung, nämlich von den Reaktanten in Richtung der Produkte zeigte. Tatsächlich treten häufig irreversible Prozesse auf. Zu diesen zählt beispielsweise das Verbrennen von einer kompliziert aufgebauten organischen Verbindung, wie z.B. Cellulose oder Papier. Aus den entstehenden Verbrennungsprodukten Kohlenstoffdioxid (CO_2), Wasser (H_2O) und Asche lässt sich keine Cellulose mehr zurückbilden. Tatsächlich laufen allerdings viele chemische Reaktionen reversibel ab. Eine solche Reaktion kann also bei Änderung der äußeren Bedingungen umgekehrt werden. Als Bedingung muss dabei natürlich gelten, dass die entsprechenden Substanzen nicht in einem offenen System vorliegen, aus dem die Reaktanten oder Produkte entweichen können. Als Beispiel soll hier die Reaktion zwischen Kohlenstoffmonoxid und Wasser bei hohen Temperaturen beschrieben werden. Diese Reaktion läuft bei 500 °C ab.

$$CO(g) + H_2O(g) \xrightarrow{500°C} CO_2(g) + H_2(g)$$

Erhöht man jedoch die Temperatur auf 2000 °C, so läuft die Reaktion in die entgegengesetzte Richtung ab.

$$CO(g) + H_2O(g) \xleftarrow{2000°C} CO_2(g) + H_2(g)$$

Reaktionen, die in die eine und andere Richtung ablaufen können, bezeichnet man als reversible Reaktionen. Sie bestehen aus einer so genannten Hin- und einer Rückreaktion. Die Symbolisierung dieser reversiblen Reaktionen erfolgt über einen Doppelpfeil. In unserem Beispiel also:

$$CO(g) + H_2O(g) \rightleftharpoons CO_2(g) + H_2(g)$$

Reversible Reaktionen tendieren dazu, in den Gleichgewichtszustand überzugehen. Dieser ist erreicht, wenn die *Hinreaktion* genauso schnell abläuft wie die *Rückreaktion*. Im dynamischen Gleichgewichtszustand läuft die Reaktion also nicht vollständig ab, sondern es sind Produkte und Edukte in einem bestimmten Verhältnis zueinander im System vorhanden.

6.2 Massenwirkungsgesetz

Gegenläufige Reaktionen führen also zu einem Gleichgewichtszustand. Eine technologisch sehr wichtige Reaktion ist die Synthese von Ammoniak aus Stickstoff und Wasserstoff:

$$N_2(g) + 3\,H_2(g) \rightleftharpoons 2\,NH_3(g) \qquad \Delta H = -92{,}5 \text{ kJ}$$

Diese Reaktion ist die Grundlage für das so genannte *Haber-Bosch-Verfahren*, benannt nach den beiden deutschen Chemikern *Fritz Haber* (1868–1934) und *Carl Bosch* (1874–1940), in dem aus Wasserstoff und Stickstoff bei hohen Drücken und Temperaturen in Gegenwart eines Katalysators Ammoniak hergestellt wird. Gibt man Stickstoff und Wasserstoff in den Reaktor, scheint die Reaktion nach einer gewissen Zeit zu stoppen. Das System liegt im Gleichgewicht vor und die Reaktanten und Produkte ändern ihre Konzentrationen nicht mehr (▶Abbildung 6.1). Das Gleichgewicht kann dabei von beiden Seiten erreicht werden, d.h. durch die Hinreaktion, also die Bildung von Ammoniak aus den Reaktanten, oder durch die Rückreaktion, den Zerfall von Ammoniak in Wasserstoff und Stickstoff. Im Gleichgewichtszustand sind die Konzentrationen der Reaktionspartner gleich.

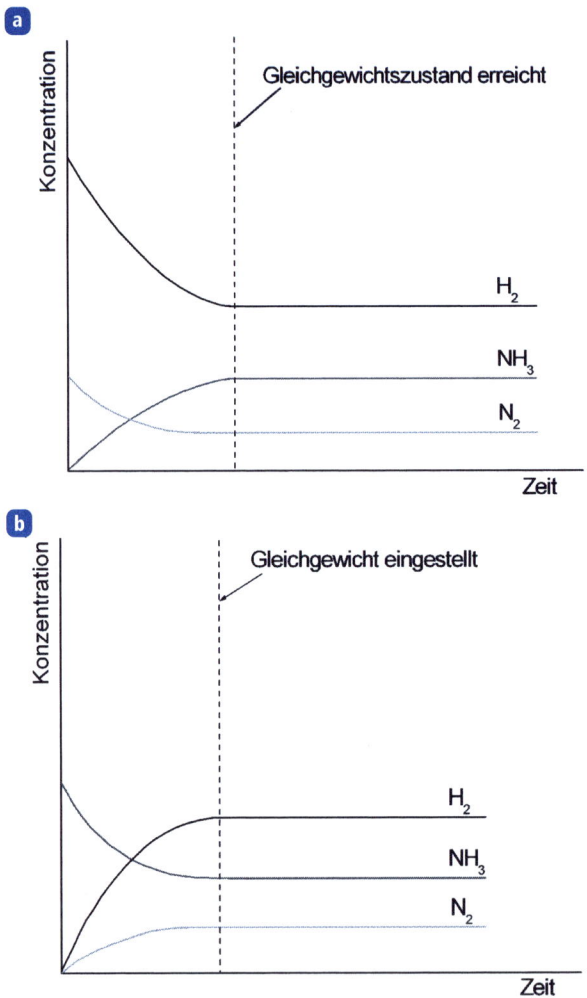

Abbildung 6.1: Konzentrationsänderungen der Reaktanten und des Produktes bei Annäherung an den Gleichgewichtszustand für a) die Hinreaktion $N_2(g) + 3\,H_2(g) \rightarrow 2\,NH_3(g)$ und b) die Rückreaktion $2\,NH_3(g) \rightarrow N_2(g) + 3\,H_2(g)$ bei der Herstellung von Ammoniak aus Stickstoff und Wasserstoff

Es existiert eine allgemeingültige Gesetzmäßigkeit zur Beschreibung chemischer Gleichgewichte, die als *Massenwirkungsgesetz* (MWG) bezeichnet wird. In ihm wird die Beziehung zwischen den Konzentrationen der Reaktanten und Produkte im Gleichgewichtszustand ausgedrückt.

Die mathematische Formulierung des Massenwirkungsgesetzes kann über die Reaktionsgeschwindigkeiten der beteiligten Hin- und Rückreaktionen hergeleitet werden. Im vorigen Kapitel wurde bereits erwähnt, dass die Geschwindigkeit, mit der eine chemische Reaktion abläuft, proportional zu den Konzentrationen der beteiligten Stoffe ist. Der Grund für diesen Zusammenhang ist die Proportionalität zwischen der Konzentration der Substanzen und der Wahrscheinlichkeit, dass die Stoffe zusammentreffen und miteinander reagieren. Für eine allgemein formulierte Reaktion müssten im Gleichgewichtszustand zwei Reaktionsgeschwindigkeiten betrachtet werden, die der Hinreaktion:

$$A + B \rightarrow AB$$

und die der Rückreaktion:

$$AB \rightarrow A + B$$

Bei konstanter Temperatur ist die Bildungsgeschwindigkeit v_1, für die Bildung von AB proportional dem Produkt der Konzentrationen der beiden Ausgangsstoffe A und B:

$$v_1 \sim [A][B], \text{ also } v_1 = k_1[A][B]$$

Hierbei ist v_1 die Bildungsgeschwindigkeit von Ammoniak, k_1 ist eine Proportionalitätskonstante und $[H_2]$ und $[N_2]$ sind die Konzentrationen der Reaktanten in mol/L. In gleicher Weise können wir den Zerfall von AB betrachten. Die Geschwindigkeit der Zerfallsreaktion ist:

$$v_2 \sim [AB], \text{ also } v_2 = k_2[AB]$$

In dieser Gleichung ist v_2 die Zerfallsgeschwindigkeit von AB, k_2 ist eine Proportionalitätskonstante und $[AB]$ ist die Konzentration von AB in mol/L.

Wenn wir den Verlauf der chemischen Reaktion betrachten (Abbildung 6.1), so ist die Bildungsgeschwindigkeit v_1 von AB am Beginn der Reaktion groß, da die Konzentrationen von A und B groß sind. Im Verlauf der Reaktion werden aber A und B verbraucht, folglich nimmt ihre Konzentration ab und die Bildungsgeschwindigkeit von AB sinkt. Allerdings kommt jetzt die Rückreaktion ins Spiel. Da die Konzentration von AB im Verlauf der Reaktion steigt, wächst auch die Zerfallsgeschwindigkeit v_2 von AB. Nach einer gewissen Zeit stellt sich eine Gleichgewichtslage ein. Die Bildungs- und Zersetzungsgeschwindigkeiten sind gleich groß ($v_1 = v_2$) und die Konzentrationen der am Gleichgewicht beteiligten Stoffe bleiben konstant. Im dynamischen Gleichgewicht liegen also ständige Bildungs- und Zersetzungsreaktionen vor.

Da im Gleichgewichtszustand $v_1 = v_2$ ist, diese beiden Werte aber über die Konzentrationen ausgedrückt werden können, gilt:

$$k_1[A][B] = k_2[AB]$$

Um einen Ausdruck zu erhalten, der auf der einen Seite lediglich die Konzentrationen aufweist, auf der anderen Seite die Proportionalitätskonstanten, kann die Gleichung auch umformuliert werden:

$$\frac{[AB]}{[A][B]} = \frac{k_2}{k_1} = K_c$$

K_c wird als *Gleichgewichtskonstante* oder Massenwirkungskonstante bezeichnet und ist definiert als das Produkt der Konzentrationen der Produkte dividiert durch das Produkt der Konzentrationen der Reaktanten. Die Gleichgewichtskonstante ist temperaturabhängig und besitzt einen charakteristischen Wert für ein Gleichgewicht bei einer gegebenen Temperatur. Um eine Gleichgewichtsreaktion korrekt zu formulieren, benötigen wir allerdings noch die stöchiometrischen Koeffizienten. Diese treten als Exponenten der Konzentrationen im Massenwirkungsgesetz auf. Somit kann allgemein formuliert werden:

$$a\,A + b\,B \rightleftharpoons c\,C + d\,D$$

Die kleinen Buchstaben stellen die stöchiometrischen Koeffizienten dar. Das Massenwirkungsgesetz für dieses chemische Gleichgewicht würde damit lauten:

$$\frac{[C]^c[D]^d}{[A]^a[B]^b} = K_c$$

Der Zahlenwert für die Gleichgewichtskonstante K_c wird experimentell ermittelt. Es ist Konvention, die Substanzen auf der Produkt-Seite in den Zähler des Bruches, die Substanzen auf der Seite der Reaktanten in den Nenner zu schreiben.

Für die weiter oben betrachtete Reaktion von Stickstoff und Wasserstoff zu Ammoniak lautet damit das Massenwirkungsgesetz:

$$N_2(g) + 3\,H_2(g) \rightleftharpoons 2\,NH_3(g)$$

$$\frac{[NH_3]^2}{[N_2][H_2]^3} = K_c$$

Der Ausdruck für das Massenwirkungsgesetz ist also nur abhängig von den *Mengenverhältnissen der Substanzen in* der Gleichung und nicht vom Mechanismus.

Der Wert der Gleichgewichtskonstanten bei gegebener Temperatur hängt nicht von den Ausgangsmengen der Reaktanten oder Produkte ab. Es stellt sich immer das Gleichgewicht zwischen den jeweiligen in der chemischen Gleichung beschriebenen Mengenverhältnissen ein. Auch die Anwesenheit von anderen Stoffen, die am Gleichgewicht nicht beteiligt sind, spielt keine Rolle. Der Wert der Gleichgewichtskonstanten hängt also lediglich von der betrachteten Reaktion und Temperatur ab.

Sind an einem chemischen Gleichgewicht nur Gase beteiligt, so können die Konzentrationsangaben durch die Partialdrücke des entsprechenden Gases ersetzt werden. Der Ausdruck für das Massenwirkungsgesetz ändert sich dementsprechend in:

$$\frac{(p_C)^c (p_D)^d}{(p_A)^a (p_B)^b} = K_p$$

Die Gleichgewichtskonstante erhält den tiefstehenden Index p, der verdeutlichen soll, dass ein Bezug zum Druck und nicht zur Konzentration vorhanden ist.

6.3 Aussagekraft der Gleichgewichtskonstanten

Die Gleichgewichtskonstante gibt Auskunft über die Lage des Gleichgewichts. Der Zahlenwert der Gleichgewichtskonstante kann sehr groß oder sehr klein sein. Die Größe der Konstante liefert wichtige Informationen über die Zusammensetzung des Gleichgewichtsgemisches. Ist die Gleichgewichtskonstante sehr groß, so bedeutet dies, dass der Zähler im Massenwirkungsgesetz sehr groß im Vergleich zum Nenner ist. Daher muss die Gleichgewichtskonzentration der Produkte höher als die Konzentration der Reaktanten sein. Man sagt dann, das Gleichgewicht liegt auf der rechten Seite. Eine sehr kleine Gleichgewichtskonstante sagt aus, dass das Gleichgewichtsgemisch größtenteils Reaktanten enthält. Wir sagen, das Gleichgewicht liegt auf der linken Seite. Es gilt somit generell:

$K \gg 1$: Gleichgewicht liegt auf Seite der Produkte

$K \ll 1$: Gleichgewicht liegt auf Seite der Reaktanten

Wie bereits weiter oben besprochen, kann man sich einem Gleichgewichtszustand von Seiten der Reaktanten oder von Seiten der Produkte nähern. Dementsprechend unterscheidet sich die Gleichgewichtskonstante. Es gilt aber ein einfacher Zusammenhang: Der Ausdruck für das Massenwirkungsgesetz für eine Reaktion in der einen Richtung ist der Kehrwert für die Reaktion in die andere Richtung. Entsprechend verhält es sich mit den Gleichgewichtskonstanten. Manchmal besteht eine Gesamtreaktion aus mehreren Teilreaktionen, die wiederum Gleichgewichte darstellen. Um die Gleichgewichtskonstante für die Gesamtreaktion zu erhalten, müssen einfach die Konstanten der Teilreaktionen miteinander multipliziert werden.

6.4 Heterogene Gleichgewichte

Sind an einer Gleichgewichtsreaktion nur Substanzen im gleichen Aggregatzustand beteiligt, so bezeichnet man das Gleichgewicht als homogenes Gleichgewicht. Im Gegensatz dazu bezeichnet man Systeme, in denen die Substanzen in unterschiedlichen Aggregatzuständen vorliegen, als heterogene Gleichgewichte. Als Beispiel soll hier das Gleichgewicht beim Auflösen von Silberchlorid (AgCl) in Wasser behandelt werden:

$$AgCl(s) \rightleftharpoons Ag^+(aq) + Cl^-(aq)$$

Dieses System besteht aus einem Festkörper AgCl im Gleichgewicht mit zwei gelösten Ionen. Hierbei stellt sich eine Frage: Wie kann die Konzentration einer festen Substanz ausgedrückt werden? Man nimmt dazu an, dass die Konzentration des Feststoffes konstant ist, da sie wesentlich größer als die Konzentrationen der gelösten Ionen ist. Daraus erwächst die Regel, dass immer dann, wenn ein reiner Festkörper oder eine reine Flüssigkeit an einem heterogenen Gleichgewicht beteiligt ist, die Konzentration als konstant angesehen in die Gleichgewichtskonstante einbezogen wird. Daher vereinfacht sich das Massenwirkungsgesetz für die Reaktion des Silberchlorids folgendermaßen:

$$\frac{[Ag^+][Cl^-]}{[AgCl]} = K_c$$

Die Konzentration von AgCl wird in die Gleichgewichtskonstante einbezogen und man erhält:

$$K_L = [Ag^+][Cl^-]$$

Der Gleichgewichtsausdruck reduziert sich zu einem Produkt der beiden Ionen, daher wird dieser als *Ionenprodukt* bezeichnet und durch K_L symbolisiert.

Ein weiteres Beispiel, das einen ähnlichen Zusammenhang zeigt, ist die Eigendissoziation des Wassers. Hier handelt es sich zwar nicht um ein heterogenes Gleichgewicht, aber auch hier liegt ein Stoff vor, das undissoziierte Wasser, dessen Konzentration kaum verändert wird. Das Gleichgewicht lautet, wie bereits im vorigen Kapitel gesehen:

$$H_2O \rightleftharpoons H^+(aq) + OH^-(aq)$$

Das Massenwirkungsgesetz für dieses Gleichgewicht lautet:

$$\frac{[H^+][OH^-]}{[H_2O]} = K_c = 1,8 \cdot 10^{-16}\,mol/L$$

Es sind also nur sehr wenige Wassermoleküle zu Ionen dissoziiert. Die Konzentration des Wassers (55,5 mol/L) bleibt praktisch unverändert und der Wert kann in die Gleichgewichtskonstante einbezogen werden. Daraus ergibt sich das bereits bekannte Ionenprodukt des Wassers:

$$[H^+][OH^-] = 10^{-14}\,mol^2/L^2 = K_W$$

6.5 Das Prinzip von Le Chatelier

Für viele technologische Prozesse, an denen Reaktionen beteiligt sind, die ein chemisches Gleichgewicht darstellen, wäre es eher von Nachteil, wenn es keine Einflussnahme auf das Gleichgewicht gäbe. Das würde nämlich bedeuten, dass man sich in der industriellen Produktion von Substanzen auf vermeidlich kleine Ausbeuten einstellen müsste, da Konzentrationen im Gleichgewicht durchaus gering sein können.

Zum Glück kann jedoch auf Gleichgewichte Einfluss genommen werden. Das Prinzip hat der französische Chemiker *Henry Louis Le Chatelier* (1850–1936) zum ersten Mal formuliert. Daher wird es nach ihm Prinzip von Le Chatelier oder das *Prinzip vom kleinsten Zwang* bezeichnet. Das Prinzip kann wie folgt ausgedrückt werden: Wird ein im Gleichgewicht befindliches System durch eine Änderung von äußeren Parametern (Temperatur, Druck, Konzentration der Reaktionsteilnehmer) gestört, so reagiert das Gleichgewicht des Systems derart, dass es dem äußeren Zwang entgegenwirkt. Wir wollen nun einige Parameter betrachten, die durch das Prinzip von Le Chatelier mit dem Gleichgewicht verknüpft sind.

6.5.1 Änderung der Konzentration

Ein System, das sich im Gleichgewicht befindet, ist in einem dynamischen Zustand. Eine Änderung von äußeren Parametern kann das Gleichgewicht stören. Das Gleichgewicht wird auf eine solche äußere Störung reagieren, bis der Gleichgewichtszustand wiederhergestellt ist. Das Prinzip von Le Chatelier besagt nun, dass die Reaktion des Gleichgewichts in die Richtung ablaufen wird, die die Wirkung von außen aufhebt. Wird die Konzentration einer Substanz, die in einem Gleichgewicht involviert ist, erhöht, so wird das Gleichgewicht so ausweichen, dass diese Substanz verbraucht wird. Wird dagegen umgekehrt eine Substanz aus dem Gleichgewicht entfernt, so reagiert das Gleichgewicht mit einer verstärkten Bildung dieser Substanz.

Betrachten wir unser bekanntes Beispiel der Synthese von Ammoniak:

$$N_2(g) + 3\,H_2(g) \rightleftharpoons 2\,NH_3(g)$$

Zugabe von Wasserstoff zu diesem Gleichgewicht würde bedeuten, dass mehr Ammoniak unter Verbrauch von Stickstoff gebildet wird, bis sich wieder die Gleichgewichtslage eingestellt hat. Diese ist, wie wir bereits wissen, durch einen fixen Quotienten zwischen Produktkonzentration und Reaktantenkonzentration, der Gleichgewichtskonstante, vorgegeben. Die Zugabe von mehr Stickstoff hat den gleichen Effekt. Leitet man Ammoniak ein, so wird das Gleichgewicht so ausweichen, dass die Rückreaktion, also die Bildung von Stickstoff und Wasserstoff, vermehrt abläuft. Eine Entfernung von Ammoniak hat eine vermehrte Nachbildung dieses Produktes zur Folge. Dies wird im Haber-Bosch-Verfahren ausgenutzt (▶ Abbildung 6.2). Um die Ausbeute an Ammoniak zu erhöhen, wird das gebildete Ammoniak kontinuierlich aus dem Gleichgewicht entfernt. Im genannten Verfahren wird dieser Effekt durch Verflüssigung des Ammoniaks, dessen Siedepunkt mit −33 °C weit über dem von Stickstoff (−196 °C) und Wasserstoff (−253 °C) liegt, erreicht. Die beiden Reaktanten werden wieder zurück in den Kreislauf geführt. Durch die ständige Entfernung des Produktes wird die Reaktion im Wesentlichen zum vollständigen Ablauf gezwungen.

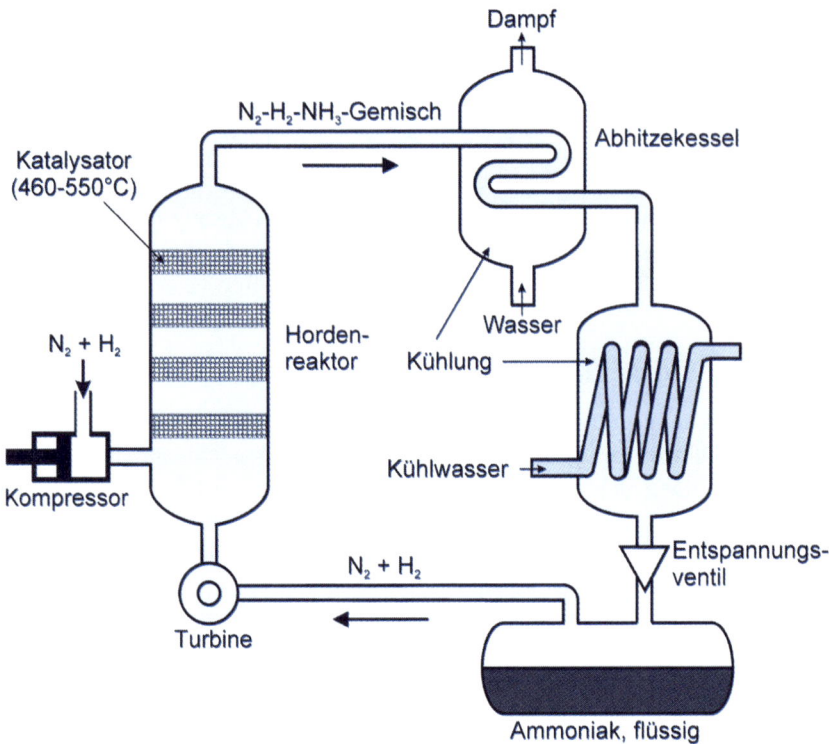

Abbildung 6.2: Schematische Darstellung der industriellen Produktion von Ammoniak nach dem *Haber-Bosch-Verfahren*

6.5.2   Volumen- oder Druckänderungen

Volumen- oder Druckänderungen sind in vielen industriellen Verfahren wichtige Parameter, die zur Verschiebung eines chemischen Gleichgewichtes führen können. In einer chemischen Reaktion, in der nur Gase beteiligt sind, sind die stöchiometrischen Koeffizienten direkt mit dem Volumen der Substanzen verknüpft. Wird die Gesamtzahl der Gasmoleküle im Laufe einer chemischen Reaktion kleiner, so wird gleichzeitig der Druck gesenkt. Wird also das Volumen verringert, so verschiebt sich die Reaktion in die Richtung, in der die Molzahl des Gases gesenkt wird. Am Beispiel der Reaktion von Stickstoff mit Wasserstoff zu Ammoniak sind auf der linken Seite des Gleichgewichts 4 Mol Gas zu finden, auf der rechten Seite nur 2 Mol. Die Reaktion der Bildung des Ammoniaks läuft also unter Volumenminderung ab. Bei einer Verringerung des Volumens würde sich das Gleichgewicht also so verlagern, dass die Reaktion in Richtung der Produktbildung abläuft. Umgekehrt, bei Volumenvergrößerung, würden mehr Stickstoff und Wasserstoff gebildet. Da Volumen und Druck miteinander verknüpft sind, können Druckveränderungen ähnliche Ergebnisse wie Volumenänderungen erzielen. So verschiebt sich ein Gleichgewicht bei einer Druckerhöhung in die Richtung, in der ein kleineres Volumen eingenommen wird, also im betrachteten Beispiel in Richtung des

Ammoniaks. Eine Erniedrigung des Drucks bewirkt das genaue Gegenteil. Bei diesen Veränderungen sind immer zwei Dinge zu beachten. Zum einen muss die Temperatur konstant bleiben, zum anderen sind Gleichgewichtsverschiebungen aufgrund von Druck und Volumenänderungen meist nur beim Vorhandensein von Gasen möglich, da im flüssigen oder festen Zustand diese Änderungen nahezu keine Bedeutung für die Gleichgewichtslage besitzen.

Der Gesamtdruck des Systems kann ohne Änderung des Volumens geändert werden. So kann beispielsweise der Druck erhöht werden, wenn zusätzliche Mengen eines der Reaktanten zugegeben werden. Damit würde sich die Konzentration eines Reaktanten erhöhen, was wiederum Auswirkungen auf das Gleichgewicht hätte. Eine andere Möglichkeit besteht in der Zugabe eines weiteren Gases, das nicht am Gleichgewicht beteiligt ist. Hier bieten sich Gase an, die chemisch unreaktiv sind, wie z.B. Edelgase. Argon kann beispielsweise zum Ammoniakgleichgewichtssystem zugegeben werden. Der Druck im System erhöht sich, ohne dass die Konzentration eines der Reaktanten erhöht wird.

6.5.3 Temperaturänderungen

Gleichgewichtskonstanten sind temperaturabhängige Größen. Daher ändert auch das Gleichgewicht seine Lage bei Temperaturänderung. Betrachten wir wieder unser Standardbeispiel, die Herstellung von Ammoniak aus Stickstoff und Wasserstoff. Die Reaktionsenthalpie dieser chemischen Reaktion ist kleiner 0 ($\Delta H < -92,5$ kJ), d.h., die Reaktion ist exotherm. Bei der Bildung von Ammoniak wird also Wärme frei. Der umgekehrte Prozess, also der Zerfall von Ammoniak in Stickstoff und Wasserstoff, ist demnach endotherm. Führt man nun Wärme von außen zu, so wird der Prozess bevorzugt werden, bei dem Wärme verbraucht wird, nämlich die endotherme Reaktion, also der Zerfall von Ammoniak. Umgekehrt wird bei Abkühlung die exotherme Reaktion bevorzugt ablaufen.

Im Fall der Ammoniakbildung ist es aber so, dass zum Ablauf der Reaktion zunächst einmal höhere Temperaturen benötigt werden, um die Aktivierungsenergie für die chemische Reaktion aufzubringen. Erhöht man die Temperatur jedoch zu sehr, so wird weniger Ammoniak gebildet. Durch eine Erhöhung des Drucks kann das Gleichgewicht auf die Seite des Ammoniaks verschoben werden. Dies ist der Grund, warum das Haber-Bosch-Verfahren bei einer Temperatur von 450 °C und einem Druck von 200 bar abläuft.

6.5.4 Wirkung von Katalysatoren

Für viele technologische Prozesse werden Katalysatoren eingesetzt, um die Aktivierungsenergien herabzusetzen (siehe Kapitel 5.3.2 bzw. Abbildung 5.4). Im Fall eines chemischen Gleichgewichts bedeutet dies, dass die Aktivierungsenergie für sowohl die Hin- als auch die Rückreaktion gesenkt wird. Daher erhöht ein Katalysator die Geschwindigkeit, mit der das Gleichgewicht sich einstellt, verändert aber nicht die Zusammensetzung des Gleichgewichtsgemisches. Der Wert der Gleichgewichtskonstante für eine Reaktion wird durch die Anwesenheit eines Katalysators nicht beeinflusst. Betrachten wir hier wieder die Reaktion von N_2 und H_2 zu Ammoniak. Da die Temperatur bei dieser Reaktion nicht zu hoch sein darf, da sonst die exotherme Reaktion – die Bildung von Ammoniak – herabgesetzt wird, wird ein Katalysator eingesetzt. In der Ammoniaksynthese findet Eisen in Mischung mit einigen anderen Metalloxiden Verwendung als Katalysator.

6.6   Säure-Base-Gleichgewichte

Bereits in Kapitel 5 wurden Säuren und Basen eingeführt und besprochen. Dort haben wir auch schon erfahren, dass Säuren und Basen Gleichgewichtsreaktionen bilden. Es gibt konjugierte Säure-Base-Paare und wir haben etwas über das Ionenprodukt des Wassers gehört. In diesem Kapitel soll nun noch einmal spezifisch auf Gleichgewichte zwischen Säuren und Basen eingegangen werden.

6.6.1   Elektrolytische Dissoziation

Jede Säure (HA) unterliegt im wässrigen Medium einer elektrolytischen Dissoziation in Protonen und ihre konjugierte Base (A^-), sie wirkt also als *Protonendonator*:

$$HA(aq) \rightleftharpoons H^+(aq) + A^-(aq)$$

Da es sich um ein chemisches Gleichgewicht handelt, können wir das Massenwirkungsgesetz formulieren:

$$\frac{[H^+][A^-]}{[HA]} = K_S$$

Die Gleichgewichtskonstante K_S wird als *Säuredissoziationskonstante* bezeichnet. Ihr Zahlenwert ist ein Maß für die Stärke einer Säure. In Kapitel 5 haben wir schon zwischen starken und schwachen Säuren unterschieden. Starke Säuren sind praktisch vollständig dissoziiert, d.h., K_S nimmt einen relativ großen Wert an. Schwache Säuren sind solche, die nicht vollständig dissoziieren, bei ihnen ist also K_S relativ klein. Im Allgemeinen bezeichnet man Säuren mit $K_S < 10^{-4}$ als schwache Säuren und solche mit $K_S > 10^{-4}$ als mittelstarke Säuren und jene, deren Wert weit größer als 10^{-4} ist, die also praktisch vollständig in Ionen zerfallen sind, als *starke* Säuren. Der Wert der Konstante K_S gibt damit die Tendenz einer Säure zur Dissoziation in Wasser an. Je größer der Wert K_S ist, desto stärker ist die Säure.

Bei *mehrprotonigen Säuren* findet man mehrere Dissoziationsreaktionen, die jeweils eine Gleichgewichtsreaktion darstellen, d.h., jedes dieser Gleichgewichte kann mit einer Säuredissoziationskonstante beschrieben werden. Dies soll am Beispiel der schwachen Säure *Kohlensäure* (H_2CO_3) gezeigt werden:

$$H_2CO_3(aq) \rightleftharpoons H^+(aq) + HCO_3^-(aq) \qquad\qquad K_{S1} = 4{,}3 \cdot 10^{-7}$$

Kohlensäure $\qquad\qquad$ Hydrogencarbonatanion

$$HCO_3^-(aq) \rightleftharpoons H^+(aq) + CO_3^{2-}(aq) \qquad\qquad K_{S2} = 5{,}6 \cdot 10^{-11}$$

Carbonatanion

Die beiden Säuredissoziationskonstanten der Gleichgewichte werden als K_{S1} und K_{S2} bezeichnet. Die erste Säuredissoziationskonstante K_{S1} ist immer größer als die zweite, da das im ersten Gleichgewicht entstehende Anion das Proton aufgrund der elektrostatischen Anziehung weitaus schwerer abgibt. Bei starken mehrprotonigen Säuren ist K_{S1} meist um Größenordnungen größer als K_{S2}. Beispielsweise ist der Wert von K_{S1} im Fall der *Schwefelsäure* (H_2SO_4) 10^3 und der Wert K_{S2} entsprechend $1{,}2 \cdot 10^{-2}$.

Ähnliche Betrachtungen können wir für Basen durchführen. Im allgemeinen Fall einer Base (B) lautet die Gleichgewichtsreaktion in wässriger Lösung:

$$B(aq) + H_2O \rightleftharpoons HB^+(aq) + OH^-(aq)$$

Die Gleichgewichtskonstante ergibt sich damit als:

$$\frac{[HB^+][OH^-]}{[B]} = K_B$$

Die Konstante K_B bezeichnet man als *Basenkonstante*. Diese Konstante bezieht sich stets auf eine Reaktion einer Base mit Wasser unter Bildung der konjugierten Säure und OH⁻-Ionen.

Ein Beispiel für eine schwache Base ist eine wässrige Lösung von Ammoniak (NH_3):

$$NH_3(aq) + H_2O \rightleftharpoons NH_4^+(aq) + OH^-(aq)$$

Die Gleichgewichtskonstante ergibt sich hier zu:

$$\frac{[NH_4^+][OH^-]}{[NH_3]} = K_B = 1{,}8 \cdot 10^{-5}$$

Starke Basen enthalten OH⁻-Ionen, z.B. *Natronlauge* (NaOH) oder *Kalilauge* (KOH). Schwache Basen sind weit schwieriger zu erkennen. Generell ist eine Base als *Protonenakzeptor* definiert. Für diese Eigenschaft muss sie dem Proton Elektronen für eine Bindung zur Verfügung stellen, d.h., Basen müssen ein freies, ungebundenes Elektronenpaar beinhalten. Das gilt sowohl für starke als auch für schwache Basen. Zum Beispiel sind viele Verbindungen, die ein Stickstoffatom enthalten, schwache Basen. Ein Beispiel haben wir gerade kennen gelernt, das Ammoniak. Eine weitere Möglichkeit, eine Base zu erkennen, leitet sich aus der Tatsache ab, dass sie Anionen von schwachen Säuren sind. Im oben beschriebenen Kohlensäuregleichgewicht bedeutet das, dass Carbonatanionen (CO_3^{2-}) als schwache Basen reagieren.

Kohlensäure – erfrischend, aber auch klimaschonend?

Die Spritzigkeit eines Softdrinks, von Mineralwasser oder eines frisch gezapften Bieres liegt in seinem Gehalt an Kohlenstoffdioxid. Kohlenstoffdioxid (CO_2) ist im Vergleich zu Sauerstoff oder Stickstoff relativ gut in Wasser löslich und reagiert zu einem geringen Anteil (etwa 0,2 %, je nach Temperatur) zu Kohlensäure (H_2CO_3):

$$CO_2(g) + H_2O(l) \rightleftharpoons H_2CO_3(aq)$$

Allerdings liegen über 99 % des Kohlenstoffdioxids im Wasser physikalisch gelöst vor, also auf der linken Seite des Gleichgewichts. Die gebildete Kohlensäure steht im Gleichgewicht mit Hydrogencarbonatanionen und Carbonatanionen, wie wir oben bereits gesehen haben. Man kann also das Gleichgewicht auch so formulieren:

$$CO_2(g) + H_2O(l) \rightleftharpoons H_2CO_3(aq) \rightleftharpoons 2\,H^+(aq) + CO_3^{2-}(aq)$$

Dieses Gleichgewicht ist also vom pH-Wert abhängig. Die Zugabe von Säuren stellt einen äußeren Zwang dar und führt dazu, dass das Dissoziationsgleichgewicht auf die Seite der Kohlensäure verschoben wird. Da Kohlensäure aber auch im Gleichgewicht mit Kohlenstoffdioxid und Wasser vorliegt, bedeutet die Konzentrationserhöhung für dieses Gleichgewicht eine Verschiebung auf die Seite des Kohlenstoffdioxids. Diesen Effekt kann man relativ einfach an einer geöffneten Colaflasche überprüfen. Gibt man etwas Zitronensaft, der *Zitronensäure* enthält, zur Cola hinzu, führt es zu heftigem Sprudeln. Es wird Kohlenstoffdioxid freigesetzt. Einen umgekehrten Effekt erzielt man, indem man die Lösung basisch macht. Daher lösen sich beispielsweise in Laugen auch größere Mengen an Kohlenstoffdioxid als in neutralem Wasser. Das Gleichgewicht ist, wie jedes Gleichgewicht, temperaturabhängig. Es löst sich mehr Kohlenstoffdioxid in kälterem Wasser. Daher schmecken Erfrischungsgetränke meist schal, wenn sie bei höheren Temperaturen offen herumstehen, denn sie haben einen Teil des gelösten Kohlenstoffdioxids bereits freigesetzt.

Normales Leitungswasser und Regenwasser besitzen aufgrund des gelösten Kohlenstoffdioxids meist einen schwach sauren Charakter ($pH = 5 - 6$).

Kohlenstoffdioxid trägt als Treibhausgas zur Erwärmung unserer Atmosphäre bei. Es ist daher wichtig, mögliche Kohlenstoffdioxidsenken – Systeme, in denen Kohlenstoffdioxid gebunden werden kann – zu kennen. Da der größte Teil der Erdoberfläche (71 %) von Wasser bedeckt ist, stellt dieses eine natürliche Senke für Kohlenstoffdioxid dar. Die Ozeane enthalten 65-mal so viel CO_2 wie die Atmosphäre. Da die Löslichkeit des Kohlenstoffdioxids temperaturabhängig ist, bedeutet eine Erwärmung der Weltmeere eine zusätzliche Emission. Allerdings sind die Weltmeere selbst sehr komplexe Systeme mit unterschiedlichen Strömungs- und Schichtstrukturen, so dass der Austausch von Kohlenstoffdioxid (Aufnahme und Abgabe) über die Wasseroberfläche mit der Atmosphäre ein äußerst kompliziertes Phänomen ist.

6.6.2 Säure-Base-Eigenschaften von Salzlösungen

Anionen sind die konjugierten Basen von starken oder schwachen Säuren. Ebenso können Kationen die konjugierten Säuren von Basen sein. Werden Salze, die diese Ionen enthalten, in Wasser aufgelöst, so kann es zur Bildung von Protonen $H^+(aq)$ oder Hydroxidionen $OH^-(aq)$ kommen. Der pH-Wert der Lösung ändert sich also beim Auflösen bestimmter Salze.

Ob sich der *pH*-Wert der Lösung ändert, hängt davon ab, ob das entsprechende Ion eine konjugierte Säure oder Base einer schwachen Base bzw. Säure ist. Ein Anion X⁻ kann mit Wasser folgendermaßen reagieren:

$$X^-(aq) + H_2O \rightleftharpoons HX(aq) + OH^-(aq)$$

Diese Reaktion erfolgt nur, wenn die konjugierte Säure (HX) zum Anion (X⁻) eine schwache Säure ist, da eine starke Säure praktisch vollständig dissoziiert vorliegt und damit das Anion X⁻ keine Tendenz hat, Protonen aufzunehmen, um das Säure-Base-Gleichgewicht zwischen ihm und seiner konjugierten Säure auszubilden. Chloridionen (Cl⁻) stellen beispielsweise die konjugierte Base von Salzsäure HCl) dar. Da es sich um eine starke Säure handelt, liegt sie vollständig in ihre Ionen dissoziiert in wässrigen Lösungen vor. Daher verändert sich der *pH*-Wert einer Lösung nicht, wenn Cl⁻-Ionen vorhanden sind. Gibt man beispielsweise Natriumchlorid (NaCl) in Wasser, bleibt der *pH*-Wert gleich. Dies stellt sich anders dar beim Acetatanion (H₃CCOO⁻). Dieses ist die konjugierte Base zur schwachen Säure Essigsäure (H₃CCOOH). Löst man Natriumacetat (H₃CCOONa) in Wasser, so sind Na⁺ und Acetationen in der Lösung vorhanden. Das Acetation wird mit Wasser unter Bildung von Essigsäure reagieren und dabei wird sich folgendes Säure-Base-Gleichgewicht einstellen:

$$H_3CCOO^-(aq) + H_2O \rightleftharpoons H_3CCOOH(aq) + OH^-(aq)$$

Anionen wie z.B. Hydrogencarbonat (HCO₃⁻) können in wässriger Lösung sauer oder basisch reagieren. Ist $K_S > K_B$, so reagiert die Lösung sauer, umgekehrt, wenn $K_B > K_S$, reagiert die Lösung basisch.

Mehratomige Kationen, die Protonen enthalten, können als konjugierte Säuren von schwachen Basen betrachtet werden. Beispielsweise ist das *Ammoniumion* (NH₄⁺) die konjugierte Säure der schwachen Base Ammoniak. Wird dieses Ion in Wasser gelöst, so stellt sich das Säure-Base-Gleichgewicht zwischen Ammoniak und Ammoniumionen ein und die Lösung reagiert sauer:

$$NH_4^+(aq) + H_2O \rightleftharpoons NH_3(aq) + H_3O^+(aq)$$

Viele hydratisierte Metallionen, $M^{z+}(aq)$, reagieren ebenso mit Wasser und senken den *pH*-Wert. Wir werden im nächsten Kapitel sehen, warum dies so ist. Eine Ausnahme stellen die Kationen der Alkali- und Erdalkalimetalle dar. Der Grund dafür ist, dass es sich bei ihnen um die Kationen von starken Basen handelt, wie z.B. NaOH, KOH oder Ca(OH)₂.

Löst man ein Salz in Wasser, so kann man qualitativ abschätzen, ob die entstehende Lösung sauer oder basisch reagiert. Sind Anion und Kation die Salze starker Säuren und Basen, z.B. wie im Fall von NaCl, so ändert sich der *pH*-Wert der Lösung nicht. Enthält die Lösung Anionen, die Salze schwacher Säuren sind, während die Kationen die Salze starker Basen darstellen, so erwartet man einen basischen *pH*, z.B. im Fall einer wässrigen Lösung von Natriumacetat (H₃CCOONa). Reagieren die Kationen mit Wasser unter Bildung von *Hydroniumionen* (H₃O⁺) und die Anionen sind Salze starker Säuren, so wird die Lösung sauer. Als Beispiel sei hier eine wässrige Lösung von *Ammoniumchlorid* (NH₄Cl) genannt. Sind sowohl das Kation als auch das Anion

Salze von schwachen Säuren und Basen, hängt der entstehende *pH*-Wert der Lösung von der Tendenz der jeweiligen Ionen zur Ausbildung der Gleichgewichtsreaktionen in Wasser ab.

Somit können folgende Regeln zur Voraussage über den sauren oder basischen Charakter von Salzlösungen aufgestellt werden:

1. Anionen, die konjugierte Basen starker Säuren sind, beeinflussen den *pH*-Wert einer Lösung nicht, z.B. Cl^-, Br^-, NO_3^-.

2. Anionen, die konjugierte Basen schwacher Säuren sind, erhöhen den *pH*-Wert einer Lösung, die Lösung wird basischer, z.B. H_3CCOO^-, CN^-.

3. Kationen, die konjugierte Säuren schwacher Basen sind, bewirken eine Abnahme des *pH*-Wertes, z.B. NH_4^+.

4. Kationen der Alkalimetalle und der schweren Elemente der Erdalkalimetalle (Ca^{2+}, Sr^{2+}, Ba^{2+}) verändern den *pH*-Wert einer Lösung nicht.

5. Andere Metallionen verursachen eine Abnahme des *pH*-Wertes, z.B. Fe^{2+}, Al^{3+}.

6. Enthält eine Lösung sowohl die konjugierte Base einer schwachen Säure als auch die konjugierte Säure einer schwachen Base, übt das Ion mit der größeren Gleichgewichtskonstante, K_S oder K_B, eine stärkere Wirkung auf den *pH*-Wert aus.

6.6.3 Lewis-Säuren und -Basen

Eine Verbindung reagiert als Base, wenn sie Protonen binden kann, also als Protonenakzeptor wirkt. Dazu ist es notwendig, ein freies Elektronenpaar zu besitzen. Beispielsweise reagiert Ammoniak mit Protonen unter Bildung von Ammoniumionen. Ammoniak stellt also sein freies Elektronenpaar am Stickstoff zur Verfügung, um das Proton zu binden:

$$
H^+ \;+\; \begin{array}{c} H \\ | \\ |N\!\!-\!\!H \\ | \\ H \end{array} \;\longrightarrow\; \left[\begin{array}{c} H \\ | \\ H\!\!-\!\!N\!\!-\!\!H \\ | \\ H \end{array} \right]^+
$$

Dieses Konzept ist generell für alle Basen anwendbar. Es wurde von dem US-amerikanischen Physikochemiker *Gilbert N. Lewis* (1875–1946) entwickelt. Er war der Erste, der Säure-Base-Eigenschaften auf die elektronische Struktur zurückführte. Ihm zu Ehren wird dieses Konzept daher als Lewis-Säure-Base-Konzept bezeichnet. Demnach ist eine *Lewis-Base* ein Elektronenpaardonator, eine *Lewis-Säure* ein Elektronenpaarakzeptor. Dieses Konzept ist das allgemeinste aller Säure-Base-Konzepte und die bereits besprochenen Säuren und Basen stellen Spezialfälle dieses Konzeptes dar. Beispielsweise sind Hydroxidionen (OH⁻) Lewis-Basen, weil sie als Elektronenpaardonator bei der Reaktion mit Protonen ein freies Elektronenpaar am Sauerstoffatom zur Verfügung stellen. Protonen (H^+) hingegen sind Lewis-Säuren, weil sie bereitwillig Elektronenpaare zur Bindungsbildung akzeptieren, wie im Fall der Reaktion von Protonen mit Ammoniak gezeigt.

Die Definition von Lewis erweitert jedoch den Säure-Base-Begriff und macht ihn unabhängig von Protonenübertragungen. Betrachten wir die beiden Verbindungen Ammoniak (NH_3) und Bortrifluorid (BF_3). Ammoniak stellt eine Lewis-Base dar, weil das freie Elektronenpaar zur Verfügung gestellt werden kann. Bortrifluorid ist eine so genannte Elektronenmangelverbindung. Das Boratom besitzt 3 Valenzelektronen, mit denen es drei Bindungen zu Fluoratomen eingeht, und zusätzlich ein freies Orbital. Durch die Bildung von drei kovalenten Bindungen mit Fluor entsteht rein formal ein Elektronensextett am Bor. Das Elektronenoktett der Edelgaskonfiguration wird nur durch die Reaktion mit einem Elektronenpaardonator erreicht. In einer Lewis-Säure-Base-Reaktion mit Ammoniak verhält sich BF_3 als Lewis-Säure, also Elektronenpaarakzeptor. Das Elektronenoktett wird durch eine Wechselwirkung des freien Elektronenpaars des Stickstoffs mit dem leeren Orbital am Bor erreicht.

Lewis-Base   Lewis-Säure

Viele einfache Kationen können sich ebenfalls als Lewis-Säuren verhalten. Beispielsweise reagieren Eisen(III)-Kationen (Fe^{3+}) mit Cyanidanionen (CN^-) zu dem Hexacyanoferration, $Fe(CN)_6^{3-}$. Die Cyanidanionen stellen dabei freie Elektronenpaare zur Verfügung, wirken also als Lewis-Basen und reagieren mit den leeren Orbitalen der Fe^{3+}-Kationen, welche die Lewis-Säuren sind.

Unter Anwendung der Lewis-Säure-Base-Theorie lässt sich auch das saure Verhalten von Metallkationen in wässrigen Lösungen erklären. Metallkationen bilden in wässriger Lösung eine *Hydrathülle* aus. Diese als *Hydratisierung* bezeichnete Reaktion ist wesentlich für die Löslichkeit von Salzen in Wasser. Der Hydratisierungsvorgang kann als Lewis-Säure-Base-Reaktion betrachtet werden. Die Metallkationen verhalten sich als Elektronenpaar-Akzeptoren und die Wassermoleküle binden an diese Lewis-Säuren mittels eines freien Elektronenpaares am Sauerstoff. Wasser agiert somit als Lewis-Base. Durch seine Bereitschaft, ein freies Elektronenpaar am Sauerstoff zur Verfügung zu stellen, wird die Elektronendichte an diesem Atom erniedrigt und der Sauerstoff versucht dies auszugleichen, indem er die Elektronen der O-H-Bindung stärker anzieht, was die Polarität der O-H-Bindung erhöht. Damit sind die Protonen in den an das Metallion gebundenen Wassermolekülen saurer als die freien Wassermoleküle und können leichter abgespalten werden:

$$[Fe(H_2O)_6]^{3+}(aq) \rightleftharpoons [Fe(H_2O)_5(OH)]^{2+}(aq) + H^+(aq)$$

Die Säurekonstante K_S für diese Reaktion beträgt $2 \cdot 10^{-3}$ und damit verhalten sich Fe^{3+}-Ionen in Lösung wie eine mittelstarke Säure. Die Säuredissoziationskonstanten von hydratisierten Metallkationen nehmen in der Regel mit stärkerer Ionenladung und mit kleinerem Ionenradius zu. Damit ist beispielsweise Cu^{2+} gegenüber Fe^{3+} aufgrund seines größeren Radius und seiner kleineren Ladung eine schwächere Säure. Große einwertige Ionen wie das Na^+ vollziehen keine Hydrolyse in wässriger Lösung.

6.6.4 Pufferlösungen

Eine Lösung, die eine schwache Säure oder Base und ihr korrespondierendes Anion bzw. Kation enthält, nennt man eine Pufferlösung. Diese zeigt eine hohe pH-Stabilität bei Zugabe von Säuren und Laugen. Der Effekt beruht auf dem chemischen Gleichgewicht zwischen den verschiedenen Komponenten und soll hier kurz an einem der bekanntesten Beispiele, dem so genannten Acetatpuffer, erklärt werden. Essigsäure ist eine schwache Säure und dissoziiert nach folgender Gleichung in Protonen und Acetatanionen:

$$H_3CCOOH(aq) \rightleftharpoons H_3CCOO^-(aq) + H^+(aq)$$

Gibt man zu einer Essigsäurelösung Acetatanionen, wird nach dem Prinzip des kleinsten Zwangs das Gleichgewicht auf die Seite der Essigsäure verschoben. Genau dies geschieht in einer Pufferlösung. Hier werden Essigsäure und Natriumacetat gemischt. Die Dissoziation der schwachen Säure (H_3CCOOH) nimmt ab.

Wenn man zu einer solchen Lösung eine Base gibt, so wird diese mit dem sauren Bestandteil des Puffers reagieren. Da aber ein Überschuss an konjugierter Base vorhanden ist, wird die schwache Säure dauernd nachgebildet, bis sich das Gleichgewicht wieder eingestellt hat. Daher wird sich der pH-Wert nicht viel ändern. Bei Zugabe von Säure wird diese mit dem basischen Bestandteil, den Acetationen, reagieren, wodurch Essigsäure gebildet wird, bis sich das Gleichgewicht wieder eingestellt hat. Ein Puffer hält also den pH-Wert relativ stabil. Dies gilt allerdings nur bis zu einer bestimmten Grenze, dann wird auch ein Puffer versagen.

Pufferlösungen bestehen generell immer aus zwei Stoffen: einem Stoff, der Protonen bindet, im Allgemeinen eine schwache Base oder das korrespondierende Anion einer schwachen Säure, und einer zweiten Substanz, die in der Lage ist, Hydroxidionen zu binden. Dies wird erreicht durch eine schwache Säure oder das korrespondierende Kation einer schwachen Base.

Der Essigsäure-Acetat-Puffer besteht aus gleichen Stoffmengen an Essigsäure und Natriumacetat. Der pH-Wert einer solchen Lösung im Verhältnis 1 : 1 ist immer 4,75. Bei anderen Stoffmengenverhältnissen kann der pH-Wert der Pufferlösung in bestimmten Grenzen variiert werden. Gibt man zu diesem Puffer Säuren oder Basen in nicht allzu großen Stoffmengen, sinkt bzw. steigt der pH-Wert nur sehr geringfügig.

Bei Zugabe von Protonen bildet sich wieder Essigsäure:

$$H_3CCOO^-(aq) + H^+(aq) \rightarrow H_3CCOOH(aq)$$

Bei Zugabe von Basen bilden sich Acetatanionen:

$$H_3CCOOH(aq) + OH^-(aq) \rightarrow H_3CCOO^-(aq) + H_2O$$

Als schwache Säure gibt Essigsäure Protonen zur Neutralisation der Hydroxidionen ab. Ihre korrespondierende Base wirkt als Protonenakzeptor.

Jeder Puffer besitzt zwei Kenngrößen, die Pufferkapazität und den pH-Bereich, in dem er wirkt. Die Pufferkapazität beschreibt die Säure- bzw. Basenmenge, die ein Puffer binden kann, bevor sich sein pH-Wert stark ändert. Sie hängt im Wesentlichen von den Säure- und Basenmengen ab, aus denen ein Puffer besteht. Der pH-Wert eines Puffers hängt vom K_S-Wert der Säure und den relativen Konzentrationen von Säure und Base ab. Die wichtigsten Puffersysteme sind der schon besprochene Essigsäure-Acetat-Puffer ($pH = 3{,}7 - 5{,}7$), der Phosphatpuffer (NaH_2PO_4/Na_2HPO_4) ($pH = 5{,}4 - 7{,}8$) und der Ammoniakpuffer (NH_3/NH_4Cl) ($pH = 8{,}2 - 10{,}2$).

Pufferlösungen werden überall dort eingesetzt, wo es darauf ankommt, den pH-Wert möglichst konstant zu halten, z.B. in der Biologie. Ein typisches Beispiel hierfür ist das menschliche Blut, das auf einen pH-Wert zwischen 7,35 und 7,45 gepuffert ist. Puffer finden auch Einsatz bei der Kalibrierung von pH-Messgeräten.

Mensch, bin ich sauer! pH-Wert und biologische Vorgänge

Säuren und Basen spielen nicht nur für viele chemische Vorgänge der unbelebten Natur eine wichtige Rolle, sondern sind auch in biologischen Systemen, wie in unserem Körper, von entscheidender Bedeutung. So sondert der menschliche Körper Flüssigkeiten ab, deren pH-Wert von stark sauer bis alkalisch reicht. Der sauerste Bereich mit einem pH-Wert von 1 bis 2 ist der Magen. Der Magensaft enthält hauptsächlich Salzsäure, eiweißspaltende Enzyme und einen die Magenschleimhaut schützenden Schleim. Von ihm werden täglich ca. 1 bis 3 L produziert. Dass der Magensaft nicht überall im Körper nur positive Reaktionen auslöst, merken wir beim Sodbrennen, bei dem ein Teil des Magensaftes in die untere Speiseröhre gelangt und zu lokalen Entzündungen führen kann. Die Symptome des Sodbrennens können durch Medikamente behandelt werden, die hauptsächlich schwache Basen freisetzen, die dafür sorgen, dass die Wirkung des sauren Magensafts abgepuffert wird.

Das Blut des Menschen weist einen pH-Wert von ca. 7,4 auf. Jede Abweichung von diesem Wert, z.B. bedingt durch Störung der Nierenfunktion, führt zu Schädigungen der Zellen, Gewebe und Gefäße. Alle im Blut wirksamen Enzyme können ihre Funktionen nur in einem engen pH-Wert-Bereich optimal entfalten. Daher sorgt der Körper mit einem Puffersystem dafür, dass der pH-Wert des Blutes in diesem Bereich bleibt.

Krankes Gewebe kann einen anderen pH-Wert aufweisen als gesundes. So liegt der pH-Wert in Tumoren um bis zu einer Einheit niedriger als im umgebenden gesunden Gewebe. Diese pH-Wert-Änderung kann zum Beispiel zur Bekämpfung von Tumoren ausgenutzt werden. Unser Körper ist somit ein sehr komplexes Gebilde, das sich in einem diffizilen Gleichgewicht befindet, welches einer dauernden Steuerung bedarf. ▶

sauer ($pH < 7$)		basisch ($pH > 7$)	
Magensaft:	1–2	Blut:	7,35–7,45
Schweiß:	5,0	Galle:	8,0–8,5
Urin:	5,5–7,0	Dünndarmsekret:	8,0
Speichel:	6,0–6,5	Bauchspeicheldrüse:	8,5–9,0
Stuhl:	6–7		

Tabelle 6.1: *pH*-Werte einiger Körperflüssigkeiten

6.7 Löslichkeitsprodukt

Wie wir bereits in Kapitel 5 gesehen haben, lösen sich feste Stoffe meist nur bis zu einem bestimmten Maximalwert in einer Flüssigkeit. Wird dieser Maximalwert der Löslichkeit bei einer bestimmten Temperatur erreicht, so liegt eine gesättigte Lösung vor. Gibt man zu einer gesättigten Lösung weiter den zu lösenden Feststoff zu, so erfolgt keine Erhöhung seiner Konzentration in der Lösung, da nichts mehr in Lösung gehen kann. Der zugegebene Feststoff wird also direkt als Niederschlag ausfallen. Wir haben auch bereits gesehen, dass zwischen der gesättigten Lösung und dem festen, ungelösten Bodenkörper sich ein dynamisches Gleichgewicht einstellt, d.h., pro Zeiteinheit gehen genauso viele Teile des Feststoffes in Lösung, wie sich jeweils aus der Lösung wieder als Feststoff abscheiden. An der Konzentration des Stoffes in der Lösung ändert sich dabei nichts.

Bei einem Salz entspricht der Maximalwert der Löslichkeit dem Produkt aus den Konzentrationen der das Salz bildenden Ionen in einer gesättigten Lösung des Salzes. Dieses Produkt bezeichnet man als *Löslichkeitsprodukt*. Die Konzentrationen der Produkte im Lösungsgleichgewicht des Salzes werden also multipliziert, wobei die stöchiometrischen Koeffizienten der ausgeglichenen chemischen Gleichung in Anlehnung an das Massenwirkungsgesetz potenziert werden. Für den allgemeinen Fall eines Salzes MA, das aus den Metallionen M^+ und den Anionen A^- besteht, ist dann das Löslichkeitsprodukt:

$$M_mA_a(s) \rightleftharpoons m\,M^{y+}(aq) + a\,A^{z-}(aq)$$

$$[M^{y+}]^m[A^{z-}]^a = L_{MA}$$

Bariumsulfat ($BaSO_4$) ist ein schwer lösliches Salz. Wird dieses Salz in Wasser gelöst, so bildet sich ein Gleichgewicht zwischen dem nicht gelösten Bodenkörper und den hydratisierten Ionen in der Lösung:

$$BaSO_4(s) \rightleftharpoons Ba^{2+}(aq) + SO_4^{2-}(aq)$$

Wir können für dieses Gleichgewicht eine Gleichgewichtskonstante berechnen. Diese lässt sich insofern vereinfachen, als die Konzentration von $BaSO_4$ im Feststoff gleich bleibt und somit in die Gleichgewichtskonstante mit einbezogen wird (siehe auch Kapitel 6.4). Dadurch vereinfacht sich die Gleichung auf das Löslichkeitsprodukt K_L für $BaSO_4$:

$$K_L = [Ba^{2+}][SO_4^{2-}]$$

Es ist wichtig, zwischen der Löslichkeit eines Stoffes und dem Löslichkeitsprodukt zu unterscheiden. Die Löslichkeit ist die Menge eines Stoffes, die sich in einer gesättigten Lösung befindet. Die Löslichkeit wird meist in Gramm pro Liter (g/L) oder Mol pro Liter (mol/L) angegeben. Das Löslichkeitsprodukt hingegen ist die Konstante des Gleichgewichts zwischen festem Bodenkörper und gesättigter Lösung.

6.7.1 Abscheidung von Kesselstein und Wasserhärte

Ein wichtiges Löslichkeitsprodukt ist das des Calciumcarbonats ($CaCO_3$). Calcium-carbonat ist nichts anderes als Kalk und entsteht beispielsweise beim Erhitzen von Wasser. Wenn Wasser viel Kalk beim Erhitzen abscheidet, bezeichnen wir es als *hartes Wasser*. Hartes Wasser enthält im Wesentlichen viele Calcium- bzw. Magnesiumionen (Ca^{2+}, Mg^{2+}) gelöst. Diese werden daher auch als Härtebildner bezeichnet. Sie stellen zwar keine Gesundheitsgefahr dar, sorgen jedoch dafür, dass das Wasser für manche technologischen oder industriellen Anwendungen nicht verwendet werden kann. Grund dafür ist beispielsweise, dass Wasser mit hohen Konzentrationen dieser Ionen mit Seifen unlösliche Verbindungen bildet. Bei Erhitzen von Wasser, das sowohl Ca^{2+}-Ionen als auch Carbonat- oder Hydrogencarbonationen enthält, entsteht unlösliches Calciumcarbonat (Kalk).

$$Ca^{2+}(aq) + CO_3^{2-}(aq) \rightleftharpoons CaCO_3(aq)$$

Der entstehende Kalk scheidet sich beispielsweise in Rohren von Heißwasseranlagen ab und wird dann als *Kesselstein* bezeichnet. Für die Bildung von Kesselstein sind damit auch die im Wasser enthaltenen Carbonat- bzw. Hydrogencarbonationen verant-wortlich, deren Bildung durch folgendes Gleichgewicht ausgedrückt wird:

$$H_2O(l) + CO_2(g) \rightleftharpoons H_2CO_3(aq) \rightleftharpoons H^+(aq) + HCO_3^-(aq) \rightleftharpoons 2\,H^+(aq) + CO_3^{2-}(aq)$$

Die einzelnen Gleichgewichte hängen in komplexer Weise zusammen. Wenn Wasser erhitzt wird, sinkt die Konzentration an CO_2, da die Löslichkeit des Gases Kohlen-stoffdioxid im wärmeren Wasser geringer wird. Darauf reagieren die Gleichgewichte nach dem Prinzip des kleinsten Zwangs: Kohlensäure zerfällt in Wasser und Kohlen-stoffdioxid und wird gleichzeitig nachgebildet. Hierdurch werden die Gleichgewichte zwischen den Protonen und den Carbonationen bzw. Hydrogencarbonationen beein-flusst. Eine Bildung von Kohlensäure erfordert eine Erniedrigung der Protonenkon-zentration. Dies hat wiederum zur Konsequenz, dass die Carbonatkonzentration ansteigt. Beim Überschreiten des Löslichkeitsproduktes kommt es zur Ausfällung von $CaCO_3$. Der gleiche Effekt kann erzielt werden, indem die OH^--Konzentration erhöht wird. Dadurch werden ebenfalls H^+-Ionen aus dem Gleichgewicht entfernt und $CaCO_3$ fällt aus. Dieses Verfahren wird beispielsweise in manchen Wasserwerken angewendet. Dort gibt man dem Wasser gebrannten Kalk (CaO) oder gelöschten Kalk ($Ca(OH)_2$) zu, was zur Bildung von Hydroxidionen führt und damit zur Fällung von Calciumcarbonat. Die Hydroxidionen reagieren dabei mit den Protonen zu Wasser.

Chemisch gesehen handelt es sich bei der Wasserhärte um die Konzentration der im Wasser gelösten Ionen der Erdalkalimetalle. Man unterscheidet zwischen temporärer und permanenter Härte. Härtebildner, die beim Erhitzen des Wassers als schwer lösliche Salze ausfallen (Kesselstein), bezeichnet man als temporäre Härte oder *Carbonathärte*. Daneben existiert noch die *permanente Härte*. Diese bezeichnet die Konzentration der Härtebildner, die auch beim Erhitzen noch in Lösung bleiben, da sie mit in der Lösung vorhandenen anderen Anionen keine unlöslichen Niederschläge bilden.

Die Angabe des Härtegrades erfolgt als Konzentration der Erdalkaliionen in Millimol pro Liter (mmol/L). Eine heute noch gebräuchliche Einheit ist das *Grad deutscher Härte* (°dH). 1°dH entspricht formal 10 mg CaO je einem Liter Wasser. Die anderen Härtebildner wie Magnesium werden als hierzu äquivalente Menge definiert. 1°dH sind 5,6 mmol Erdalkaliionen pro Liter. Gesetzlich sind die molaren Angaben gefordert.

Wie kann nun die Kalkabscheidung, die ja doch einigen Schaden an industriellen Anlagen anrichten kann, verhindert oder reduziert werden? Eine Möglichkeit haben wir bereits kennen gelernt, das Ausfällen von Calciumcarbonat mittels Zugabe von Basen. Generell wird jeder Prozess, der Calcium- bzw. Magnesiumionen aus dem Wasser entfernt, dazu führen, dass die Härte des Wassers herabgesetzt wird. Neben dem Ausfällen als Calciumcarbonat können auch Phosphationen (PO_4^{3-}) zugegeben werden. Diese bilden mit Calciumionen schwer lösliches *Calciumphosphat*, $Ca_3(PO_4)_2$, das ähnlich wie Calciumcarbonat aus der Lösung ausfällt.

Eine weitere Möglichkeit, das Calcium aus dem Gleichgewicht zu entfernen, ist die Verwendung von *Komplexbildnern*. Diese Verbindungen bilden mit den Calciumionen leicht lösliche *Komplexverbindungen*. In diesen Verbindungen sind die Calciumionen stark gebunden, gleichzeitig werden sie allerdings in Lösung gehalten, d.h., diese Verbindungen bilden dann keinen Niederschlag aus. Durch die Bindungsbildung mit den Komplexbildnern werden sie so aus dem Gleichgewicht der Bildung von Calciumcarbonat entfernt. Typische Beispiele für solche Verbindungen sind Metaphosphate, das sind Kondensationsprodukte der Phosphorsäure (H_3PO_4), oder organische Komplexbildner wie die Ethylendiamintetraessigsäure (EDTA). Metaphosphate wurden früher in großen Mengen Waschmitteln zugesetzt, um die Calciumionen zu binden und damit die Wasserhärte herabzusetzen. Dies führte zu einer besseren Waschwirkung der Waschmittel. Allerdings wurden die Phosphate mit dem Abwasser in die Umwelt eingetragen, was zu einer Überdüngung (*Eutrophierung*) der Gewässer führte, da Phosphate auch als Düngemittel eingesetzt werden. Heute werden den Waschmitteln stattdessen *Zeolithe* zugesetzt, die als Ionenaustauscher wirken (siehe unten).

6.7.2 Ionenaustauscher

Die oben genannten Verfahren eignen sich nicht für den großtechnischen Einsatz, da sie nur kleine Mengen an Ionen binden bzw. mit erheblichen Kosten für Chemikalien verbunden sind. Stattdessen können Calciumionen in einer wässrigen Lösung durch andere Ionen ersetzt werden, die keine Kalkablagerungen bilden können, z.B. Natriumionen. Dies geschieht technisch durch *Ionenaustauscher*. Es handelt sich dabei um Materialien, mit denen gelöste Ionen gegen andere Ionen gleichartiger Ladung (Kationen oder Anionen) ersetzt werden können. Die auszutauschenden Ionen werden am oder im Ionenaustauschermaterial gebunden, gleichzeitig wird die äquivalente Menge an bereits gebundenen Ionen abgegeben. So können beispielsweise in einem *Kationenaustauscher* in einer wässrigen Lösung enthaltene Calciumionen gegen Natriumionen ausgetauscht werden. Dieser Ionenaustausch wird beispielsweise für die Verminderung des Härtegrades von Wasser angewendet. Wenn ein Ionenaustauscher die vorhandenen Ionen ausgetauscht hat, muss er regeneriert werden. Dies geschieht dadurch, dass man die gebundenen Kationen durch eine möglichst hochkonzentrierte Lösung der ursprünglich vorhandenen Kationen wieder verdrängt. Im Beispiel wird der Ionenaustauscher durch Zugabe einer konzentrierten Natriumchloridlösung wieder regeneriert. Der Vorgang der Regenerierung wird auch als Beladen des Austauschers bezeichnet.

Das Prinzip des Ionentauschers beruht auf der *Bindungsaffinität* verschiedener Ionen an die funktionellen Gruppen des Ionentauschers. Eine Faustregel besagt, je höher die Ladung der Ionen und je kleiner ihr Ionenradius ist, desto besser binden sie an die vorhandenen Gruppen. Damit werden schwächer gebundene Ionen durch stärker gebundene verdrängt. Zum Beispiel wird Na^+ im Ionentauscher durch Ca^{2+} verdrängt, aber auch Ca^{2+} durch Al^{3+}. Für das Ionentauschermaterial bedeutet dies, dass das Ion, welches aus der Lösung entfernt werden soll, stärker gebunden wird als das Ion, das an den Ionenaustauscher gebunden ist. Weitere wichtige Einflussfaktor ist der *pH*-Wert der Lösung im Zusammenhang mit der Art und der Anzahl der Bindungsstellen des Ionenaustauschermaterials und die Stoffkonzentration.

Durch Erhöhung der Stoffkonzentration können beispielweise aufgenommene Ionen wieder vom Ionenaustauschmaterial verdrängt werden. Dieses Prinzip wird bei der Regeneration angewandt.

Die Möglichkeit der Regeneration beruht darauf, dass der Vorgang des Ionenaustauschs, wie die Mehrzahl chemischer Reaktionen, umkehrbar ist. Die Aufnahme und Abgabe von Ionen stellt daher ein chemisches Gleichgewicht dar. Werden Ionen am Ionentauscher gebunden, überwiegt die Hinreaktion. Das Erzwingen der Rückreaktion, also die Regeneration, ist nur möglich, indem ein Überschuss an schwächer bindenden Ionen zugegeben wird. Durch den großen Überschuss werden die stärker gebundenen Ionen verdrängt (Prinzip des kleinsten Zwangs).

Entsprechend der elektrischen Ladung der am Austausch beteiligten Ionen spricht man von *Kationen-* und *Anionenaustauscher*; Ionenaustauscher, die mit beiden Ionenarten wechselwirken, bezeichnet man als amphoter.

Beispiele für Ionenaustauschmaterialien:

Zeolithe (natürlich oder synthetisch hergestellt, z.B. Zeolith A [Sasil])

Tonmineralien wie der Montmorillonit

Aluminiumoxid

Kunstharz-Ionenaustauscher

Ionenaustauscher werden in Industrieanlagen hauptsächlich zur Bereitstellung von *vollentsalztem Wasser* (*entmineralisiertem Wasser*) verwendet. Dabei werden alle Kationen durch H^+-Ionen und alle vorhandenen Anionen durch OH^--Ionen ersetzt. In einer Neutralisationsreaktion reagieren die freien Ionen miteinander und es entsteht Wasser, das weitgehend von allen Ionen befreit ist und daher einen *pH*-Wert von 7 aufweist.

Bei den Ionenaustauschern, die hierfür verwendet werden, handelt es sich um Kunstharze, also vernetzte Polymere, die an ihrem Polymergerüst saure oder basische Gruppen tragen. Typische saure Gruppen sind dabei Sulfonsäure(SO_3H)- oder Carbonsäure ($COOH$)-Gruppen, als basische Gruppen werden Amine(NH_2)- oder Ammonium(NR_4^+)-Gruppen eingesetzt.

Diese Gruppen liegen in wässrigen Lösungen folgendermaßen vor:

$$R\text{-}SO_3H \rightarrow R\text{-}SO_3^-H^+$$

$$R\text{-}NH_2 \rightarrow R\text{-}NH_3^+OH^-$$

R soll hierbei das Polymergerüst darstellen. Die H^+- bzw. OH^--Ionen, die infolge ihrer Ladung an das Kunststoffgerüst des Austauscherharzes gebunden sind, stehen anschließend für den Austausch gegen andere gleichsinnig geladene Ionen zur Verfügung:

$$\text{Kationenaustauscher: } R\text{-}SO_3^-H^+ + M^+ \rightarrow R\text{-}SO_3^-M^+ + H^+$$

$$\text{Anionenaustauscher: } R\text{-}NH_3^+OH^- + A^- \rightarrow R\text{-}NH_3^+A^- + OH^-$$

Das Symbol M^+ soll für einfach geladene Metallkationen stehen, A^- hingegen für einfach geladene Anionen. Erschöpfte Kationenaustauscher können durch starke Säuren, erschöpfte Anionenaustauscher durch starke Basen wieder regeneriert werden. Eingetragene Handelsnamen für Austauscherharze, die auf diesem Prinzip arbeiten, sind: Amberlite, Levatite, Permutite, Wofatite.

In Entsalzungsanlagen werden Kationenaustauscher und Anionenaustauscher hintereinander geschaltet (►Abbildung 6.3). Als Ergänzung wird häufig noch ein Mischbettaustauscher nachgeschaltet, der sowohl Kationen als auch Anionen tauschen kann. Dieser dient als Nachreinigungsstufe.

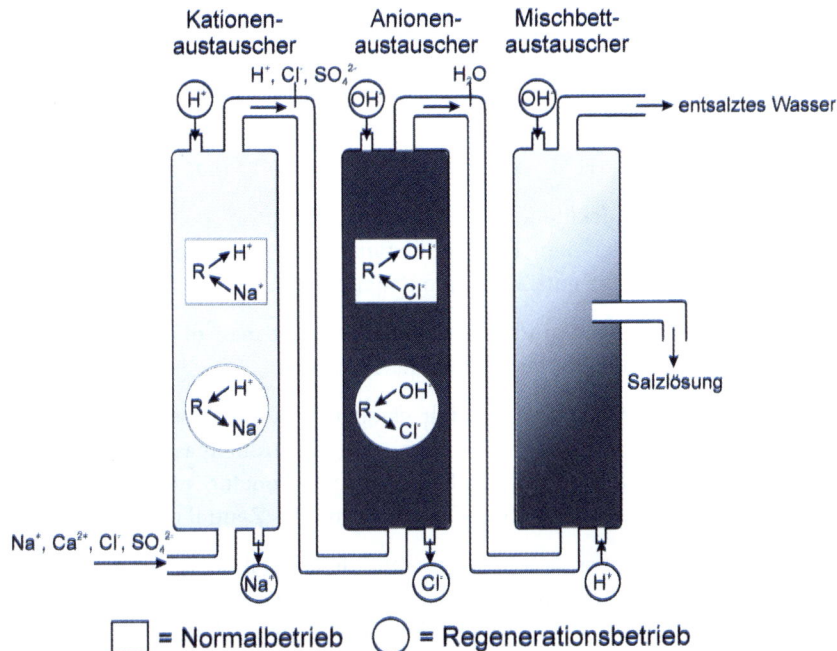

Abbildung 6.3: Ionenaustauscheranlage zur Entsalzung von Wasser

6.8 Komplexverbindungen

In einer Komplexverbindung, die auch als *Koordinationsverbindung* bezeichnet wird, ist ein *Zentralatom*, meist ein Metallion, von einem oder mehreren Molekülen oder Ionen, den *Liganden*, umgeben. Die Art der Bindung unterscheidet sich hierbei von typischen kovalenten Bindungen in der Weise, dass das Metallion in seiner Elektronenkonfiguration Lücken aufweist, z.B. nur teilbesetzte *d*-Orbitale, die durch freie Elektronenpaare am Liganden gefüllt werden können. D.h., der Ligand stellt mindestens ein freies Elektronenpaar zur Bindungsbildung zur Verfügung. Dieser Bindungstyp unterscheidet sich daher von der kovalenten Bindung, da hier jeweils ein Elektron von jedem Bindungspartner zur Verfügung gestellt wird. Man spricht von einer *Komplexbindung* oder einer *koordinativen Bindung*. Die im Fall eines Metalls als Zentralatom entstehenden Strukturen bezeichnet man als *Metallkomplexe*.

Dieser Bindungstyp ist uns nicht unbekannt. In Kapitel 5 konnten wir lernen, dass Salze sich in Wasser lösen, in dem ihre Ionen sich mit einer Hülle von Wassermolekülen umgeben. Diese Hydratisierung ist im Fall der Übergangsmetalle häufig mit einer Komplexbildung verbunden. Ein typisches Beispiel für eine solche Komplexbildung in Wasser ist das Auflösen von Kupfersulfat ($CuSO_4$) in Wasser. Dabei entsteht ein so genannter *Aquakomplex*, bei dem das Cu^{2+}-Ion von 4 Wassermolekülen umgeben ist. Die Wassermoleküle spielen die Rolle der Liganden, d.h., der Sauerstoff des Wassermoleküls wechselwirkt mit einem seiner freien Elektronenpaare mit dem Kupferion. In chemischen Gleichungen werden Komplexverbindungen immer durch rechteckige Klammern gekennzeichnet.

$$CuSO_4 + H_2O \rightarrow [Cu(H_2O)_4]^{2+}(aq) + SO_4^{2-}(aq)$$

Auch in biologischen Molekülen, wie z.B. dem sauerstofftransportierenden *Hämoglobin* in unserem Blut oder dem Energielieferanten der Pflanzen, dem *Chlorophyll*, haben Metallkomplexe eine entscheidende Bedeutung.

Viele Komplexverbindungen sind farbig, daher erkennt man die Komplexbildungs-reaktion häufig an einem Farbumschlag in der Lösung.

Bei der *Komplexbildungsreaktion* handelt es sich um eine klassische Lewis-Säure-Base-Reaktion. Das Zentralatom stellt dabei den Elektronenpaarakzeptor, also die Lewis-Säure, und der Ligand ist der Elektronenpaardonator, also die Lewis-Base. Dabei ist es meist so, dass sich mehrere Liganden um das Zentralatom anordnen.

Beim Zentralatom handelt es sich meist um ein (Metall-)Kation, es kann aber auch ein ungeladenes Metallatom oder in seltenen Fällen ein Anion sein. Im Rahmen dieser kurzen Einführung sollen nur neutrale Metalle und deren Kationen berücksichtigt werden. Typische Zentralatome sind:

kationische Zentralatome: Cu^{2+}, Mg^{2+}, Fe^{2+}, Fe^{3+}

neutrale Zentralatome: Fe, Cr, Mo

Alle diese Metalle und Metallionen besitzen leere Orbitale, die mit den freien Elektronenpaaren der Liganden wechselwirken können. Damit ein Molekül oder Ion als Ligand wirken kann, muss es freie Elektronenpaare zur Verfügung stellen können. Liganden können anorganischer oder organischer Natur sein, sie können als Anionen, neutrale Liganden oder Kationen auftreten:

anorganische Liganden:

Anionen: Cl^-, Cyanid CN^-, Thiocyanat SCN^-

neutral: H_2O, Ammoniak NH_3, Kohlenstoffmonoxid CO, Stickstoffmonoxid NO

Kationen: Nitrosyl-Ion NO^-

organische Liganden:

Porphin-Ringsystem (z.B. in Chlorophyll oder Hämoglobin vorhanden), Ethy-lendiamintetraessigsäure (EDTA) („Titriplex")

Die freien Orbitale des Kations werden durch Elektronen der Liganden besetzt. Die vom Kation gebundenen Liganden besitzen eine Edelgas-Elektronenkonfiguration, z.B. F^-, Cl^-, CN^-, H_2O, NH_3. Die im Komplex gebundenen Anionen bringen ihre negative Ladung in den Komplex ein. Wenn die Summe der negativen Ladungen größer als die positive Ladung des Kations ist, hat der Komplex eine negative Gesamtladung:

$$Fe^{2+}(aq) + 6\,CN^-(aq) \rightleftharpoons [Fe(CN)_6]^{4-}(aq)$$

Besitzen die Liganden hingegen keine Ladung, sind diese also neutrale Moleküle, so behält der Komplex die ursprüngliche Ladung des Kations:

$$Cu^{2+}(aq) \ + \ 4\,NH_3(aq) \ \rightleftharpoons \ [Cu(NH_3)_4]^{2+}(aq)$$

Die Anzahl der Liganden, die sich an das zentrale Kation anlagern, ist abhängig von den räumlichen Platzverhältnissen um das Kation herum und der Tendenz des Kations, durch zusätzlich von Liganden beigebrachten Elektronen die nächsthöhere Edelgaskonfiguration zu erreichen.

6.8.1 Benennung von Komplexverbindungen

Für die Benennung von Komplexen gibt es systematische Regeln. Die meisten Komplexe bilden Salze, die folgendermaßen benannt werden: Zuerst wird das Kation angegeben und dann das Anion. In unserem obigen Beispiel des Kupfer-Aquakomplexes ist $[Cu(H_2O)_4]^+$ das Kation und SO_4^{2-} das Anion. Die Benennung der Bestandteile einer Koordinationseinheit geschieht in folgender Reihenfolge:

1. Anzahl der Liganden: wird durch vorangestellte griechische Zahlwörter angegeben: *mono*, *di*, *tri*, *tetra*, *penta*, *hexa*, *hepta*, *octa* usw. Bei Liganden, die kompliziertere Namen tragen, oder zur Vermeidung von Mehrdeutigkeiten verwendet man die aus dem Griechischen abgeleiteten Multiplikatoren: *bis*, *tris*, *tetrakis*, *pentakis*, *hexakis*, *heptakis*, *octakis* usw.

2. Art der Liganden: Die verschiedenen Liganden werden ohne Berücksichtigung ihrer Anzahl und ihrer Ladung in alphabetischer Reihenfolge genannt. Anionische Liganden erhalten die Endung -o an ihrem Namen (z.B. Cyano CN^-, Chloro Cl^-, Sulfato SO_4^{2-}, Hydroxo OH^-). Die Namen neutraler oder kationischer Liganden werden nicht verändert. Ausnahmen von dieser Regel sind die Namen von Ammoniak (ammin), CO (carbonyl), NO (nitrosyl) und Wasser (aqua).

3. Zentralion: In einem komplexen Anion erhält das Zentralion (mit lateinischem Wortstamm) die Endung -at, z.B. $[Fe(CN)_6]^{3-}$ ist Hexacyanoferrat. Wenn der Komplex ein Kation oder ein neutrales Molekül ist, dann ändert sich der Name des Zentralions (mit deutscher Bezeichnung) nicht.

4. Ladung des Zentralions: Die Ladung des Zentralions (= Oxidationszahl) wird durch eine in runden Klammern gesetzte römische Ziffer angegeben und dem Namen der Koordinationseinheit nachgestellt. (Ein Pluszeichen wird nicht geschrieben; für null wird die arabische Ziffer 0 benutzt.)

Der vollständige Name der Koordinationseinheit wird in einem Wort geschrieben. Bis auf die Namen der Liganden aqua, ammin und nitrosyl werden die Namen aller neutralen Liganden in Klammern gesetzt. Die Namen anorganischer anionischer Liganden werden dann in runde Klammern gesetzt, wenn sie bereits numerische Vorsilben enthalten oder wenn dadurch Mehrdeutigkeiten vermieden werden. Im Namen von Komplexsalzen wird zwischen den Namen des Kations und des Anions ein Bindestrich geschrieben.

Beispiele zur Benennung von Komplexverbindungen:

$K_4[Fe(CN)_6]$: Kaliumhexacyanoferrat(II), Trivialname: „gelbes Blutlaugensalz"

$K_3[Fe(CN)_6]$: Kaliumhexacyanoferrat(III), Trivialname „rotes Blutlaugensalz"

$[Cu(H_2O)_4]SO_4 \cdot 5\ H_2O$: Tetraaquakupfer(II)-sulfat-Hydrat,
Trivialname „Kupfervitriol"

Das letzte Beispiel ist eine Verbindung, in der zusätzliche Wassermoleküle im Kristall vorkommen. Die Angabe der betreffenden Menge Kristallwasser erfolgt hinter der Salzformel durch einen Punkt getrennt, also z.B. $CuSO_4 \cdot 5H_2O$ = Kupfersulfat-Pentahydrat.

6.8.2 Komplexgleichgewichte

Komplexbildungsreaktionen sind Gleichgewichtsreaktionen, auf die das Massenwirkungsgesetz angewendet werden kann. Die resultierende Gleichgewichtskonstante wird als *Komplexbildungskonstante* K_A bezeichnet. Sie gibt an, wie stabil der Komplex ist bzw. ob er zur Dissoziation in das Zentralatom und die Liganden neigt. Der reziproke Wert der Komplexbildungskonstante wird als *Komplexdissoziationskonstante* K_D bezeichnet ($K_A^{-1} = K_D$).

Normalerweise sind an der Komplexbildung mehrere Liganden beteiligt, d.h., die Gesamtreaktion kann in einzelne Schritte der Anlagerung jedes einzelnen Liganden unterteilt werden. Das Produkt der Gleichgewichtskonstanten der einzelnen Elementarreaktionen zur Komplexbildung ergibt dann die Komplexbildungskonstante.

$$Cu^{2+}(aq) + 4\ NH_3(aq) \rightleftharpoons [Cu(NH_3)_4]^{2+}(aq)$$

$$\frac{[Cu(NH_3)_4]^{2+}}{[Cu^{2+}][NH_3]^4} = K_A$$

Unterschiedliche Liganden besitzen unterschiedliche Komplexbildungskonstanten für ein und dasselbe Kation. Dies hängt von der Stärke der koordinativen Bindung zwischen dem Liganden und dem Zentralatom ab. Durch die unterschiedliche Bindungsstärke kann eine Ligandenart durch eine andere aus der Komplexverbindung verdrängt werden. So kann man beispielsweise den hellblauen Kupfertetraaqua-Komplex $[Cu(H_2O)_4]^{2+}$ durch Zugabe von Ammoniak NH_3, das ein stärkerer Ligand für das Kupfer ist, im neutralen oder alkalischen Gebiet in den tiefblauen Kupfertetrammin-Komplex $[Cu(NH_3)_4]^{2+}$ überführen.

Komplexbildung an neutralen Atomen

Auch an neutralen Metallatomen kann es zur Komplexbildung kommen, da auch diese unbesetzte d-Orbitale enthalten können. Eine sehr häufige Komplexart sind dabei die so genannten *Metallcarbonyle*, die auch technologisch eingesetzt werden. Beim Grundtyp dieser Verbindungsklasse liegt das Metallatom formal in der Oxidationszahl 0 vor und ist umgeben von ungeladenen *Carbonyl-Liganden* CO. Es handelt sich dabei um Kohlenstoffmonoxid, das an ein Metallatom als Ligand gebunden ist. Die Ursache der

Komplexbildung liegt auch hier im Bestreben der Metalle, durch Wechselwirkung mit den freien Elektronenpaaren der Liganden die Elektronenkonfiguration des nächsthöheren Edelgases zu erreichen. Im Fall des Carbonyl-Liganden werden die freien Elektronenpaare am Kohlenstoffatom des CO zur Ausbildung der koordinativen Bindung zum Metall herangezogen. Die Valenzstrichformel des Kohlenstoffmonoxids kann durch zwei Grenzstrukturen beschrieben werden (▶Abbildung 6.4).

$$|C{=}\overset{..}{O} \longleftrightarrow |\overset{\ominus}{C}{\equiv}\overset{\oplus}{O}|$$

Abbildung 6.4: Valenzstrichformeln des Kohlenstoffmonoxids

Nur in der rechten Struktur erfüllen beide Atome die Oktettregel. Anhand dieser Struktur erkennt man, dass der Kohlenstoff eine negative Ladung besitzt, d.h. ein Elektronendichteüberschuss vorhanden ist. Daher bildet der Carbonyl-Ligand seine koordinative Bindung an das Metallzentrum über den Kohlenstoff aus. Typische Komplexverbindungen mit diesem Liganden sind Eisenpentacarbonyl $Fe(CO)_5$ mit einer trigonal-bipyramidalen Struktur und Nickeltetracarbonyl $Ni(CO)_4$ mit einer tetraedrischen Struktur (▶Abbildung 6.5). Die Herstellung solcher Carbonylverbindungen erfolgt durch die Einwirkung von Kohlenstoffmonoxid auf feinverteilte Metalle bei erhöhter Temperatur. Viele Carbonyle sind bei Raumtemperatur Flüssigkeiten mit relativ niedrigen Schmelz- und Siedepunkten. Die entsprechenden Werte für die beiden Verbindungen lauten:

$Ni(CO)_4$: Schmelzpunkt: −19,3 °C; Siedepunkt: 42 °C

$Fe(CO)_5$: Schmelzpunkt: −20,5 °C; Siedepunkt: 103 °C .

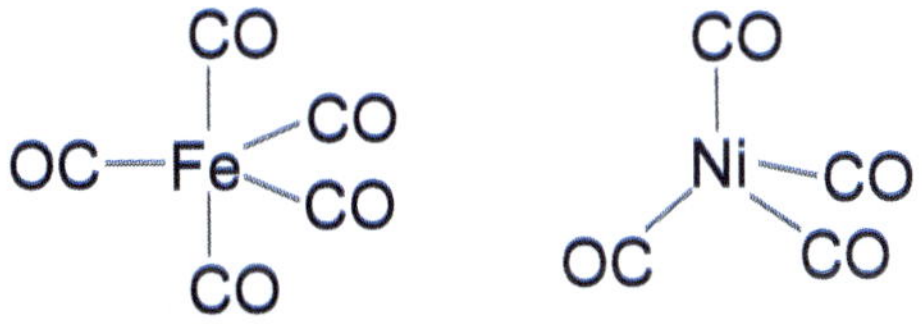

Abbildung 6.5: Zwei Prototypen von Carbonylverbindungen: trigonal-bipyramidal gebautes Eisenpentacarbonyl und tetraedrisch gebautes Nickeltetracarbonyl

Beim stärkeren Erhitzen zerfallen die Verbindungen wieder in Kohlenstoffmonoxid und in das betreffende Metall. Somit liegen die Komplexverbindungen in einem temperaturabhängigen Gleichgewicht vor. Im Fall des Nickels lautet dieses Gleichgewicht:

$$Ni(s) + 4\,CO(g) \rightleftharpoons Ni(CO)_4(l)$$

Die Flüchtigkeit der Carbonyle in Verbindung mit ihrer leichten Zersetzung in das Metall und Kohlenstoffmonoxid wird zur Reinigung der Metalle verwendet. So lässt sich Nickel als leicht flüchtiges Carbonyl von fast allen seinen Begleitmetallen trennen und durch Zersetzung des Carbonyls in sehr reiner Form herstellen. Dieses Verfahren, mit dem man hochreines Nickel erhält, wird nach dem deutsch-britischen Chemiker *Ludwig Mond* (1839–1909) als *Mond-Verfahren* bezeichnet.

6.9 Gasgleichgewichte

Gleichgewichte, an denen gasförmige Reaktanten und Produkte beteiligt sind, spielen für viele technologische Prozesse eine große Rolle. Wir wollen hier einige großtechnische Prozesse genauer analysieren und die Rolle des Massenwirkungsgesetzes in ihrer Beschreibung überprüfen.

Je nachdem, ob an den Gleichgewichten nur gasförmige Stoffe oder gasförmige und feste Stoffe beteiligt sind, spricht man von homogenen oder heterogenen Gleichgewichten.

6.9.1 Homogene Gasgleichgewichte

Homogene Gasgleichgewichte spielen eine wichtige Rolle in der Technik. An ihnen sind ausschließlich gasförmige Reaktanten beteiligt. Manche dieser Gleichgewichte benötigen jedoch Feststoffe als Katalysatoren.

Haber-Bosch-Verfahren

Am Haber-Bosch-Verfahren wurde schon die Wirkungsweise des Prinzips des kleinsten Zwangs in Kapitel 6.5 ausführlich besprochen. Die Entwicklung dieses Verfahrens stellt einen Meilenstein in der großchemischen Reaktionstechnik dar, da Ammoniak eine wichtige Grundchemikalie insbesondere zur Herstellung von Kunstdünger ist.

$$N_2(g) \; + \; 3\,H_2(g) \;\rightleftharpoons\; 2\,NH_3(g) \qquad \Delta H = -92{,}5 \text{ kJ}$$

Da an der Reaktion nur Gase beteiligt sind, kann das Massenwirkungsgesetz zweckmäßigerweise mit Partialdrücken anstelle von Konzentrationen aufgestellt werden.

$$K_p = \frac{p^2_{NH_3}}{p_{N_2} \cdot p^3_{H_2}}$$

Da es sich um eine exotherme und mit Volumenverminderung verlaufende Umsetzung handelt, lässt sich das Gleichgewicht auf die Seite des Ammoniaks mit fallender Temperatur und steigendem Druck verschieben. Eine praktisch vollständige Umsetzung würde man bei Raumtemperatur erwarten. Allerdings ist die Geschwindigkeit der Umsetzung bei dieser Temperatur unmessbar klein, da die Aktivierungsenergie der Reaktion zu hoch ist. Auch die verwendeten Katalysatoren wirken auf die Reaktion der Ammoniakbildung erst ab Temperaturen von 400 °C beschleunigend. Daher ist man gezwungen, bei Temperaturen über 400 °C zu arbeiten. Da bei diesen Temperaturen allerdings die Ausbeuten klein wären, muss man gleichzeitig hohe Drücke anwenden. Im Fall des Haber-Bosch-Verfahrens werden Reaktionsbedingungen von 450 bis 500 °C und Drücke von 200 bis 350 bar angewendet. Das Haber-Bosch-Verfahren zeigt, wie die geschickte Anwendung des Prinzips des kleinsten Zwangs zu einer Reaktionsoptimierung führen kann.

Dampfreformierung von Erdgas

Die Dampfreformierung (engl.: *steam reforming*) ist ein Verfahren zur Herstellung von *Synthesegas*, einer Mischung von Kohlenstoffmonoxid und Wasserstoff aus kohlenstoffhaltigen Energieträgern wie Erdgas, Leichtbenzin usw. Heißer Wasserdampf wird mit dem zu reformierenden Gas (z.B. Erdgas, das zu einem großen Anteil aus Methan (CH_4) besteht) vermischt und unter ständiger Energiezufuhr an einem heterogenen Katalysator, wie z.B. Nickel, in der Gasphase umgesetzt.

$$CH_4(g) + H_2O(g) \rightleftharpoons CO(g) + 3\,H_2(g) \qquad \Delta H = +205 \text{ kJ}$$

Das entstehende Synthesegas findet Verwendung zur Herstellung vieler wichtiger Rohstoffe, wie z.B. Alkohole, Aldehyde usw., und wird als Rohstoffquelle zur Gewinnung von Kohlenmonoxid und Wasserstoff verwendet.

Das Massenwirkungsgesetz für dieses homogene Gasgleichgewicht lautet:

$$K_p = \frac{p_{CO} \cdot p^3_{H_2}}{p_{CH_4} \cdot p_{H_2O}}$$

Es handelt sich bei der Reaktion um einen endothermen Prozess mit einer Vergrößerung der Molekülzahl. Wird das Prinzip des kleinsten Zwangs angewendet, so muss bei möglichst hoher Temperatur und geringem Druck gearbeitet werden, um das chemische Gleichgewicht auf die gewünschte Seite zu verschieben. Der Prozess läuft üblicherweise bei 850 °C und 25 bar ab.

6.9.2 Heterogene Gasgleichgewichte

An heterogenen Gleichgewichten sind nicht nur gasförmige, sondern auch feste Stoffe beteiligt. Einer der technologisch wichtigsten Prozesse, an dem heterogene Gleichgewichte beteiligt sind, ist die Gewinnung von Eisen über den *Hochofenprozess*. Ein Hochofen wird mit Koks und Eisenerz mit anderen Zuschlägen Schicht um Schicht gefüllt. Koks dient als Reduktionsmittel und aus ihm bildet sich ebenfalls während des Prozesses ein weiteres Reduktionsmittel, das Kohlenstoffmonoxid. Die Zuschläge dienen dazu, die Beimengungen des Erzes während des Hochofenprozesses in leicht schmelzbare Schlacken zu überführen. Zuschläge sind beispielsweise kalkhaltige Bestandteile (z.B. $CaCO_3$), die auch in die chemischen Reaktionen im Hochofen eingreifen können. Der für die Verbrennung benötigte Sauerstoff wird von unten in den Hochofen geblasen. Die heißeste Stelle des Ofens ist an der Einblasstelle der Luft (ca. 2300 °C) und der Ofen wird nach oben hin immer kälter. Durch verschiedene Reduktionsvorgänge wird im Hochofen aus Eisenerz Eisen gewonnen. Dabei stellt sich ein wichtiges Gleichgewicht zwischen Kohlenstoffdioxid (CO_2) und Kohlenstoffmonoxid (CO) bei der Umsetzung mit glühendem Kohlenstoff ein. Dieses Gleichgewicht wird nach seinem Entdecker *Octave Leopold Boudouard* (1872–1923) als Boudouard-Gleichgewicht bezeichnet:

$$CO_2(g) + C(g) \rightleftharpoons 2\,CO(g) \qquad \Delta H = +172{,}2 \text{ kJ}$$

Nach dem Prinzip des kleinsten Zwangs verschieben hohe Temperaturen das Gleichgewicht aufgrund der endothermen Reaktion auf die Seite des Kohlenstoffmonoxids. Eine Erhöhung des Drucks verschiebt es auf die Seite der Reaktanten, da die Anzahl der gasförmigen Moleküle dadurch abnimmt. Da fester Kohlenstoff einen äußerst geringen Dampfdruck besitzt, kann seine Konzentration bei der Formulierung des Massenwirkungsgesetzes als konstant angesehen und damit in die Gleichgewichtskonstante einbezogen werden. Damit vereinfacht sich das Massenwirkungsgesetz für dieses Gleichgewicht auf:

$$K_p = \frac{p^2_{CO}}{p_{CO_2}}$$

Bei 400 °C ist im Gleichgewicht praktisch nur CO_2, bei 1000 °C nur noch CO vorhanden (▶Abbildung 6.6). Da es im Hochofen unterschiedliche Temperaturbereiche gibt, ist die Konzentration des Reduktionsmittels Kohlenstoffmonoxid in verschiedenen Bereichen des Hochofens unterschiedlich. Das führt dazu, dass es zu unterschiedlichen chemischen Reaktionen in den verschiedenen Bereichen des Hochofens kommt (▶Abbildung 6.7). Im unteren Teil des Hochofens herrschen sehr hohe Temperaturen und daher findet sich dort fast ausschließlich Kohlenstoffmonoxid, was dazu führt, dass dort das flüssige Eisen vorliegt. Kohlenstoffmonoxid reduziert das Eisenerz (Eisenoxid) über mehrere Zwischenstufen zu metallischem Eisen und wird dabei selbst zum Kohlenstoffdioxid (CO_2) oxidiert. Die Gesamtgleichung der Reduktion des Eisenerzes in den heißen Schichten des Hochofens lautet damit:

$$Fe_2O_3(s) \ + \ 3\,CO(g) \ \rightleftharpoons \ 2\,Fe(s) \ + \ 3\,CO_2(g) \qquad \Delta H = -26{,}8 \ kJ$$

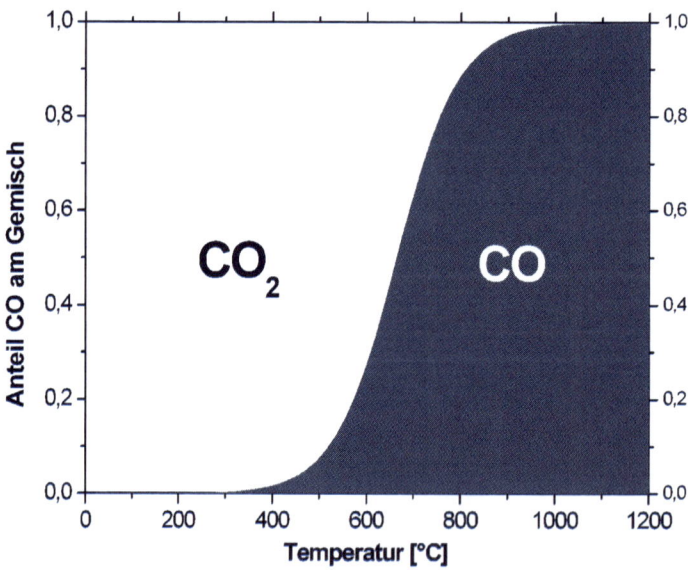

Abbildung 6.6: Das Boudouard-Gleichgewicht zwischen Kohlenstoffdioxid und Kohlenstoffmonoxid

Das bei diesem Prozess entstehende Kohlenstoffdioxid wird in der darüber liegenden Koksschicht wieder zu Kohlenstoffmonoxid reduziert. In den weniger heißen Schichten des Hochofens (500–900 °C) zerfällt CO gemäß Boudouard-Gleichgewicht unter Abscheidung von festem Kohlenstoff und Bildung von Kohlenstoffdioxid; entstehender feinverteilter Kohlenstoff reduziert ebenfalls das Eisenoxid:

$$Fe_2O_3(s) + 3\,C(s) \rightleftharpoons 2\,Fe(s) + 3\,CO(g) \qquad \Delta H = -490,1\ kJ$$

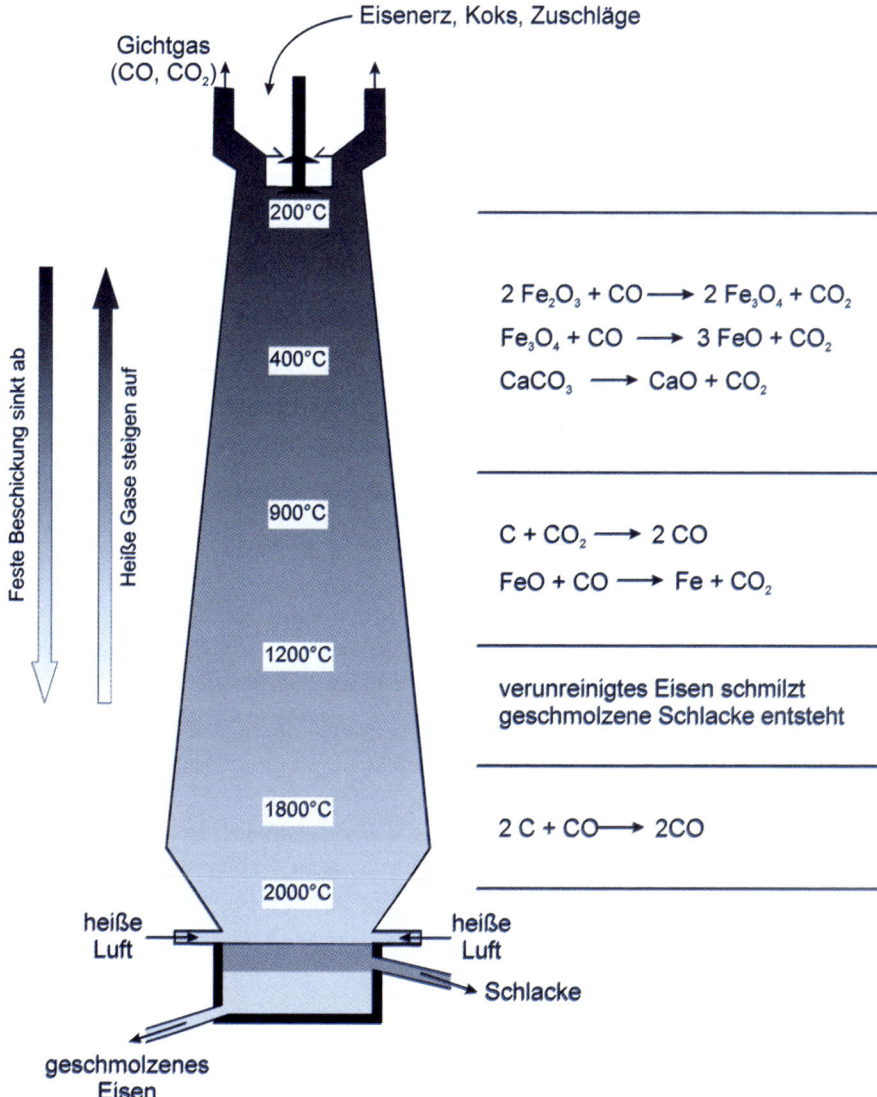

Abbildung 6.7: Aufbau eines Hochofens mit den wichtigsten Temperaturzonen und chemischen Reaktionen

ZUSAMMENFASSUNG

Ein Großteil der chemischen Reaktionen läuft nicht irreversibel in eine Richtung ab, sondern es handelt sich um reversible, sich im Gleichgewicht befindliche Reaktionen. Das *Massenwirkungsgesetz* erlaubt uns, über die Berechnung der *Gleichgewichtskonstanten* eine quantitative Aussage über die Lage solcher Gleichgewichte zu treffen. Durch die Anwendung des *Prinzip des kleinsten Zwangs* ist es möglich, ein Gleichgewicht in Richtung einer Erhöhung bestimmter Produktkonzentrationen zu verschieben. Damit können industrielle Prozesse, die auf Gleichgewichtsreaktionen basieren, in Richtung höherer Wirtschaftlichkeit verschoben werden. Entscheidende Parameter bei der Verschiebung von Gleichgewichten sind die Konzentrationen der Reaktanten, Volumina und Druckänderungen sowie Temperaturänderungen. Katalysatoren hingegen führen zwar zu einer schnelleren Einstellung des Gleichgewichts, aber nicht zu einer Veränderung der Gleichgewichtslage.

Eine wichtige Klasse von Gleichgewichtsreaktionen stellen *Säure-Base-Gleichgewichte* dar. Die Gleichgewichtskonstanten bei Säure-Basen-Gleichgewichten geben Auskunft über die Stärke von Säuren und Basen. Zu jeder Säure in einem Säure-Base-Gleichgewicht gibt es eine entsprechende Base und umgekehrt. Diesen Zusammenhang nennt man *korrespondierende Säure-Base-Paare*. Die Salze von schwachen Säuren und Basen reagieren in wässriger Lösung, im Unterschied zu den Salzen starker Säuren und Basen, nicht neutral. Durch die Mischung von schwachen Säuren/Basen und ihren Salzen in einer Lösung entstehen *Puffersysteme*, die in der Lage sind, den *pH*-Wert bei Zugabe von Säuren oder Laugen in bestimmten Grenzen stabil zu halten. Auch Löslichkeiten von Verbindungen lassen sich durch die Einflussnahme auf das Gleichgewicht, in dem sich beispielsweise ein Bodenkörper mit der gesättigten Lösung befindet, beeinflussen.

Eine besondere Bindungsform stellen *Koordinationsverbindungen* dar. Diese bilden *Komplexgleichgewichte*, in denen die Zentralatome mit den Liganden eine Gleichgewichtsreaktion eingehen. Eine technologisch sehr wichtige Gleichgewichtsart sind *Gasgleichgewichte*, da diese für viele Prozesse in der Großindustrie, wie z.B. dem Haber-Bosch-Verfahren oder dem Hochofenprozess, eine wichtige Rolle spielen.

Aufgaben

Verständnisfragen

1. Formulieren Sie das Massenwirkungsgesetz an einer Modellreaktion. Wie gehen die Koeffizienten in die Gleichung ein?

2. Welche Aussagen können durch die Gleichgewichtskonstante getroffen werden?

3. Wie finden heterogene Gleichgewichte Berücksichtigung im Massenwirkungsgesetz?

4. Wie kann ein chemisches Gleichgewicht verschoben werden?

5. Wodurch lassen sich starke und schwache Säuren und Basen unterscheiden?

6. Wieso kann sich das Lösen von Salzen auf den pH-Wert der entstehenden Lösung auswirken?

7. Wie werden Säuren und Basen nach der Theorie von Lewis definiert?

8. Warum können Pufferlösungen den pH-Wert in gewissen Bereichen konstant halten, obwohl eine Säure oder Base zur Lösung gegeben wurde?

9. Wodurch kann man die Löslichkeit einer schwer löslichen Verbindung erhöhen?

10. Wie arbeitet ein Ionenaustauscher?

11. Was unterscheidet Komplexverbindungen von anderen Bindungsarten?

Übungsaufgaben

1. Formulieren Sie für folgende chemischen Gleichgewichte das Massenwirkungsgesetz:

a. $CdS(s) \rightleftharpoons Cd^{2+}(aq) + S^{2-}(aq)$

b. $2\,SO_2(g) + O_2(g) \rightleftharpoons 2\,SO_3(g)$

2. Gleichen Sie die folgenden Reaktionsgleichungen aus und formulieren Sie das Massenwirkungsgesetz:

a. $NO(g) + O_2(g) \rightleftharpoons N_2O_3(g)$

b. $CH_4(g) + F_2(g) \rightleftharpoons CF_4(g) + HF(g)$

3. Die folgende Reaktion ist endotherm:

$$PCl_3(g) + Cl_2(g) \rightleftharpoons PCl_5(g)$$

Welchen Effekt auf das Gleichgewicht zeigen folgende Veränderungen?

a. Erhöhung des Gesamtdrucks

b. Zugabe von PCl_5

c. Vergrößerung des Volumens

d. Erhöhung der Temperatur

4. Wie wird eine Erhöhung der Temperatur folgende Reaktionen beeinflussen?

a. $H_2(g) + Cl_2(g) \rightleftharpoons 2\,HCl(g)$ $\Delta H = +92$ kJ

b. $H_2(g) + I_2(g) \rightleftharpoons 2\,HI(g)$ $\Delta H = -25$ kJ

5. Wie würden Sie das Volumen des Reaktionsgefäßes verändern, um maximale Ausbeute an Produkten in den folgenden Reaktionen zu erhalten?

a. $Fe_3O_4(s) + 4\,H_2(g) \rightleftharpoons 3\,Fe(s) + 4\,H_2O(g)$

b. $2\,C(s) + O_2(g) \rightleftharpoons 3\,CO(g)$

6. Bestimmen Sie in den folgenden Gleichgewichten die Säuren und Basen und geben Sie die konjugierten Säure-Base-Paare an:

a. $NH_3 + H_3PO_4 \rightleftharpoons NH_4^+ + H_2PO_4^-$

b. $CH_3O^- + NH_3 \rightleftharpoons CH_3OH + NH_2^-$

c. $H_2O + HS^- \rightleftharpoons OH^- + H_2S$

7. Berechnen Sie für eine Lösung, die 0,25 mol/L einer schwachen Säure enthält, die zu 3 % dissoziiert ist:

a. die Konzentration von H^+, den *pH*-Wert, die Konzentration von OH^- und den *pOH*-Wert der Lösung

b. die Säuredissoziationskonstante K_s

8. Erklären Sie mit Hilfe von Gleichungen, ob die Lösung der folgenden Salze sauer, basisch oder neutral reagiert: a) KBr; b) NH_4I; c) KCN; d) NaHS; e) $Zn(CH_3COO)_2$

9. Was sind Lewis-Säuren und was Lewis-Basen? a) Cu^{2+}; b) Cl^-; c) NH_3; d) CN^-; e) $AlCl_3$

Elektrochemie und Korrosion

7

7.1 Galvanische Zelle 220

7.2 Standard-Redoxpotentiale 223

7.3 Die galvanische Zelle unter Nichtstandard-
bedingungen 228

7.4 Elektroden erster und zweiter Art 229

7.5 Elektrochemische Stromerzeugung 233

7.6 Elektrolyse 243

7.7 Korrosion 247

Zusammenfassung 257

Aufgaben 258

ÜBERBLICK

>> Sehr viele Phänomene des Alltags sind auf elektrochemische Reaktionen zurückzuführen, obwohl dies häufig nicht offensichtlich ist. Am deutlichsten wird im Alltag, wenn wir Batterien verwenden, dass die Umsetzung von Stoffen elektrische Energie liefern kann. Meist ärgern wir uns, wenn gerade in dem Augenblick, in dem wir uns auf die elektrische Energie einer Batterie verlassen, diese keinen „Saft" mehr liefert – ob dies beim Anlassen des Autos ist oder beim Telefonieren. Zum Glück gibt es heute schon sehr ausgereifte Akkumulatoren, die wir einfach an der Steckdose wieder aufladen können. Aber warum ist dies nur mit Akkus möglich und nicht mit herkömmlichen Batterien auch?

Elektrochemische Prozesse spielen auch eine Rolle bei der Umsetzung von Chemikalien. Beispielsweise wird jedes Gramm Aluminium, das wir verwenden, durch eine elektrochemische Umsetzung seiner Erze erhalten. Aber auch Phänomene, die uns eher lästig sind, können elektrochemischen Ursprungs sein. Hier ist insbesondere das Rosten von Gegenständen zu erwähnen. Im folgenden Kapitel werden wir versuchen, diese Phänomene auf eine gemeinsame Basis zu stellen. <<

Elektrochemische Reaktionen zählen zu den wichtigsten chemischen Reaktionstypen, mit denen sich der Ingenieur tagtäglich auseinandersetzen muss. Sie besitzen Anwendungen in der Erzeugung oder Speicherung von elektrischer Energie in Batterien und Akkumulatoren. Neue Fahrzeugtechnologien vertrauen auf die Anwendung der Brennstoffzellentechnologie. In den genannten Anwendungen wird durch Umsetzung chemischer Elemente oder Verbindungen elektrische Energie gewonnen. Dieser Prozess kann auch umgekehrt genutzt werden. Wir können elektrische Energie dazu verwenden, um technisch wichtige Produkte durch Elektrolyse herzustellen. So erhalten wir aus einigen Erzen durch Elektrolyse die gewünschten Metalle. Auch die ungewollten elektrochemischen Prozesse spielen eine sehr wichtige Rolle für den Ingenieur, denn sie können zur Korrosion und damit zur Zerstörung von Werkstücken führen.

In dem nun folgenden Kapitel werden wir die chemischen Grundlagen der genannten Prozesse näher beleuchten. Zu den wichtigen Reaktionstypen, die hierbei eine Rolle spielen, gehören Redoxprozesse, die als Fundament für die zu betrachtenden Reaktionen gelten können; sie wurden bereits in Kapitel 4 behandelt.

7.1 Galvanische Zelle

Eine spontan ablaufende chemische Reaktion setzt Energie frei. Wie wir in den vorherigen Kapiteln gesehen haben, wird diese häufig als thermische Energie abgegeben. Es gibt aber auch Reaktionen, bei denen man die elektrische Energie in Form von elektrischer Arbeit nutzen kann. Dies geschieht in galvanischen Zellen, die nach dem italienischen Arzt *Luigi Galvani* (1737–1798) benannt sind. Es handelt sich dabei um Anordnungen, bei denen die chemische Reaktionsenergie in elektrische umgewandelt wird. Diese Vorrichtungen liefern also elektrischen Strom.

Ein typischer Vertreter eines solchen galvanischen Elements basiert auf der Reaktion von metallischem Zink mit Kupferionen. Taucht man einen Zinkstab in eine Lösung von Kupferionen, so findet folgende Redoxreaktion statt:

$$Zn(s) + Cu^{2+}(aq) \rightarrow Zn^{2+}(aq) + Cu(s)$$

Die Kupferionen werden zu elementarem Kupfer reduziert. Dies ist auch mit bloßem Auge deutlich zu erkennen, da der Zinkstab nach einer gewissen Zeit an denjenigen Teilen, die in die Kupferionenlösung geragt haben, einen dunklen Überzug erhält. Hier erfolgt der Elektronentransfer vom Zink zum Kupfer direkt an der Oberfläche des Zinkstabs. Trennt man den Vorgang der Reduktion und Oxidation in zwei so genannte *Halbzellen* und verbindet diese miteinander, so ist ein Stromfluss messbar (▶Abbildung 7.1). Hierzu taucht ein Zinkstab in eine Lösung seiner Ionen, beispielsweise eine Zinksulfat(ZnSO$_4$)-Lösung, und in einem zweiten Behälter taucht ein Kupferstab in eine Kupferionenlösung (z.B. CuSO$_4$). Beide metallischen Stäbe werden mittels eines leitfähigen Drahtes miteinander verbunden. Die Reduktion von Cu^{2+}-Ionen kann in dieser Anordnung nur stattfinden, wenn die Elektronen über den Draht vom Zinkstab zum Kupferstab fließen. Die beiden Metalle, die man über diesen externen Stromkreis verbindet, nennt man *Elektroden*. Die Elektrode, an der die Oxidation abläuft, ist als *Anode* definiert. Die Elektrode, an der die Reduktion abläuft, ist die *Kathode*. Im vorliegenden Beispiel bestehen die Elektroden aus einem Material, das an der Reaktion beteiligt ist. Mit der Zeit wird die Zinkelektrode langsam verbraucht, da irgendwann alle Zinkatome des elementaren Zinks als Zinkionen in Lösung gehen, und die Masse der Kupferelektrode nimmt zu, da sich Kupferionen aus der Lösung abscheiden, diese also immer verdünnter wird. In anderen Fällen stellt man die Elektroden aus Materialien her, die zwar die Elektronenübergänge während der Reaktion zulassen, die aber selbst nicht verbraucht werden. Solche *Elektroden*, z.B. aus Platin oder Graphit, werden *inerte Elektroden* genannt.

Im genannten Beispiel laufen in beiden Halbzellen folgende Reaktionen ab:

$$\textit{Anode:} \quad Zn(s) \rightarrow Zn^{2+}(aq) + 2\,e^-$$

$$\textit{Kathode:} \; Cu^{2+}(aq) + 2\,e^- \rightarrow Cu(s)$$

Die Oxidation von metallischem Zink an der Anode setzt Elektronen frei, die über den Draht zur Kathode gelangen, wo sie zur Reduktion von Cu^{2+}-Ionen zu elementarem Kupfer verwendet werden. In der einen Halbzelle steigt damit die Konzentration von Zn^{2+}-Ionen, in der anderen sinkt die Konzentration von Cu^{2+}-Ionen. Die Lösungen in beiden Halbzellen müssen aber elektrisch neutral bleiben, damit die Funktion der galvanischen Zelle aufrechterhalten wird. Daher muss ein Weg geschaffen werden, um den überschüssigen Ionen (Zn^{2+} und SO_4^{2-}) ein Wandern in die Richtung des Ionenunterschusses zu ermöglichen. Tatsächlich ist es so, dass ein messbarer Elektronenfluss erst dann stattfindet, wenn den Ionen diese Wanderung ermöglicht wird. Es gibt mehrere Möglichkeiten, wie dies durchgeführt werden kann. Entweder verwendet man eine poröse Membran, die für die Ionen durchlässig ist, oder es wird eine *Salzbrücke* verwendet. Die Salzbrücke besteht aus einem U-förmigen Rohr, das eine Elektrolytlösung enthält, deren Ionen nicht mit den anderen Ionen der Zellen oder mit den

Materialien der Elektrode reagieren. Im gewählten Beispiel könnte dies Natriumsulfat sein (Na_2SO_4). Der Elektrolyt wird häufig in ein Gel oder eine Paste eingebracht, damit er nicht aus dem U-Rohr ausläuft. Während der Oxidations- und Reduktionsreaktionen bewegen sich Ionen über die Brücke und gleichen somit die Ladungen in den beiden Halbelementen aus. Dabei fließen immer die Anionen in Richtung der Anode und die Kationen in Richtung der Kathode. Im externen Stromkreis fließen bei jeder galvanischen Zelle die Elektronen von der Anode zur Kathode.

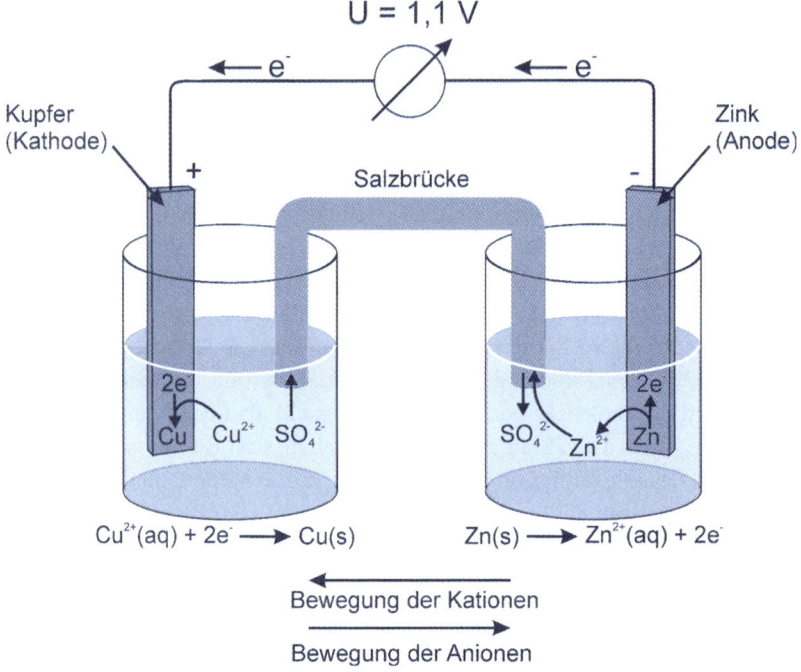

Abbildung 7.1: Aufbau einer galvanischen Zelle

Die Anode eines galvanischen Elements erhält ein negatives und die Kathode ein positives Vorzeichen, da die negativ geladenen Elektronen von der Anode zur Kathode fließen. Umgangssprachlich bezeichnet man die entsprechenden Elektroden aufgrund ihres Vorzeichens als Minus- bzw. Pluspol.

Verbindet man die beiden Metallstäbe über ein Messinstrument miteinander, so kann man eine Potentialdifferenz zwischen den beiden Elektroden in Form einer Spannung messen. Diese Potentialdifferenz wird auch als *elektromotorische Kraft* oder *EMK* bezeichnet. Da man die Potentialdifferenz ΔE_{Zelle} in Form einer Spannung misst, spricht man auch häufig von der so genannten *Zellspannung*. Für jede spontan ablaufende Reaktion, beispielsweise in einer galvanischen Zelle, ist diese Zellspannung per Definition positiv.

Die *EMK* einer bestimmten galvanischen Zelle hängt von den Reaktionen an Kathode und Anode, den Konzentrationen der Lösungen und der Temperatur ab. Unter Standardbedingungen, d.h. bei 25 °C und Konzentrationen der $CuSO_4$- und $ZnSO_4$-Lösungen von 1 mol/L, beträgt die Standard-EMK der Cu-Zn-Zelle +1,10 V.

7.2 Standard-Redoxpotentiale

Die EMK hängt von den elektrochemischen Reaktionen an Anode und Kathode ab. Im Prinzip könnte man alle möglichen Kombinationen von Halbzellen tabellarisch zusammenfassen. Dies wäre aber sehr mühsam und würde zu einer sehr langen Auflistung führen. Stattdessen legt man so genannte *Standard-Redoxpotentiale* oder *Normalpotentiale* fest und bezeichnet sie mit E^0.

Die Spannung einer Zelle ergibt sich aus der Differenz der Standard-Redoxpotentiale der Anodenreaktion und der Kathodenreaktionen:

$$\Delta E^0_{Zelle} = E^0(\text{Kathode}) - E^0(\text{Anode})$$

Da jede galvanische Zelle aus zwei Halbzellen besteht, ist es nicht möglich, das Normalpotential einer Halbzelle direkt zu messen. Es wird daher immer eine Vergleichszelle benötigt. Wir können jedoch eine Halbzelle als Referenz festlegen und alle anderen Halbzellen gegen diese Referenz messen. Man erklärt die Reduktion von $H^+(aq)$ zu $H_2(g)$ unter Standardbedingungen als Referenz-Halbreaktion und ordnet ihr das Potential 0 V zu:

$$2\,H^+(aq, 1\,\text{mol/L}) + 2\,e^- \rightleftharpoons H_2(g, 1\,\text{atm}) \qquad E^0 = 0\,\text{V}$$

Die Elektrode, an der diese Reaktion stattfindet, wird als *Standard-Wasserstoffelektrode* oder *Normal-Wasserstoffelektrode* bezeichnet. In ihr ragt ein Platindraht in eine Lösung von H^+-Ionen der Konzentration von 1 mol/L. Durch eine Glasglocke wird der Platindraht dauernd von Wasserstoffgas mit einem Druck von 1 atm umspült. Gegen diese Standard-Wasserstoffelektrode können nun die Normalpotentiale aller anderen Halbelemente gemessen werden. Eine solche Anordnung ist in ▶Abbildung 7.2 zu sehen.

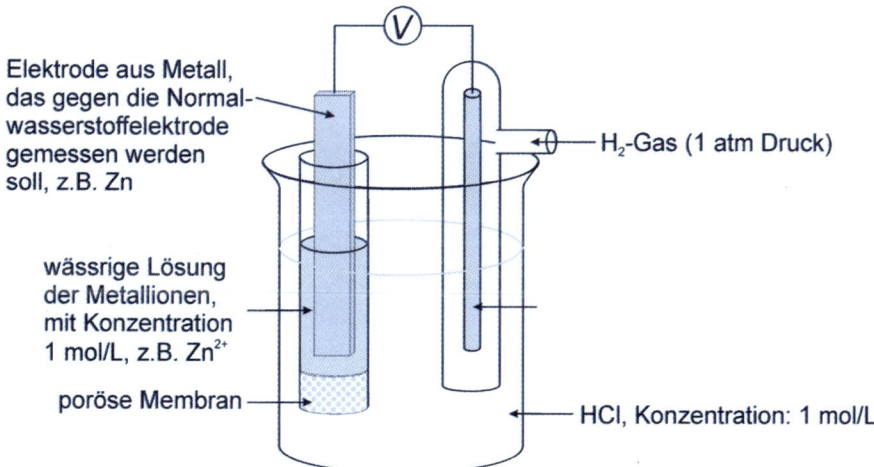

Abbildung 7.2: Messung des Normalpotentials des Zn/Zn^{2+}-Halbelements gegen eine Standard-Wasserstoffelektrode

Um eine Normierung der Messung zu garantieren, werden dabei immer Standard-bedingungen angewandt. So kann für jedes Halbelement ein Normalpotential ermittelt werden. Die erhaltenen Normalpotentiale charakterisieren das Reduktions- und Oxidationsvermögen des betrachteten Systems.

7.2.1 Die elektrochemische Spannungsreihe

Die Auflistung der Normalpotentiale der so bestimmten Halbelemente bezeichnet man als *elektrochemische Spannungsreihe* (▶Tabelle 7.1).

oxidierte Form $\rightleftharpoons$ reduzierte Form + z e$^-$	Standardpotential E^0 [V]
$F_2 + 2\,e^- \rightleftharpoons 2\,F^-$	+2,87
$S_2O_8^{2-} + 2\,e^- \rightleftharpoons 2\,SO_4^{2-}$	+2,00
$H_2O_2 + 2\,H_3O^+ + 2\,e^- \rightleftharpoons 4\,H_2O$	+1,78
$Au^+ + e^- \rightleftharpoons Au$	+1,69
$MnO_4^- + 8\,H^+ + 5\,e^- \rightleftharpoons Mn^{2+} + 4\,H_2O$	+1,51
$Cl_2 + 2\,e^- \rightleftharpoons 2\,Cl^-$	+1,36
$Cr_2O_7^{2-} + 14\,H^+ + 6\,e^- \rightleftharpoons 2\,Cr^{3+} + 7\,H_2O$	+1,33
$O_2 + 4\,H_3O^+ + 4\,e^- \rightleftharpoons 6\,H_2O$	+1,23
$Pt^{2+} + 2\,e^- \rightleftharpoons Pt$	+1,20
$Br_2 + 2\,e^- \rightleftharpoons 2\,Br^-$	+1,07
$NO_3^- + 4\,H^+ + 3\,e^- \rightleftharpoons NO + 2\,H_2O$	+0,96
$Hg^{2+} + 2\,e^- \rightleftharpoons Hg$	+0,85
$Ag^+ + e^- \rightleftharpoons Ag$	+0,80
$Fe^{3+} + e^- \rightleftharpoons Fe^{2+}$	+0,77
$MnO_4^- + 2\,H_2O + 3\,e^- \rightleftharpoons MnO_2 + 4\,OH^-$	+0,59
$I_2 + 2\,e^- \rightleftharpoons 2\,I^-$	+0,53
$Cu^+ + e^- \rightleftharpoons Cu$	+0,52
$Cu^{2+} + 2\,e^- \rightleftharpoons Cu$	+0,34
$Cu^{2+} + e^- \rightleftharpoons Cu^+$	+0,16
$2\,H^+ + 2\,e^- \rightleftharpoons H_2$	0

Tabelle 7.1: Elektrochemische Spannungsreihe für wässrige Lösungen unter Standardbedingungen

oxidierte Form $\rightleftharpoons$ reduzierte Form + z e$^-$	Standardpotential E^0 [V]
Fe^{3+} + 3 e$^-$ $\rightleftharpoons$ Fe	$-0{,}04$
Pb^{2+} + 2 e$^-$ $\rightleftharpoons$ Pb	$-0{,}13$
Sn^{2+} + 2 e$^-$ $\rightleftharpoons$ Sn	$-0{,}14$
Ni^{2+} + 2 e$^-$ $\rightleftharpoons$ Ni	$-0{,}23$
Cd^{2+} + 2 e$^-$ $\rightleftharpoons$ Cd	$-0{,}40$
Fe^{2+} + 2 e$^-$ $\rightleftharpoons$ Fe	$-0{,}41$
S + 2 e$^-$ $\rightleftharpoons$ S^{2-}	$-0{,}48$
Zn^{2+} + 2 e$^-$ $\rightleftharpoons$ Zn	$-0{,}76$
2 H_2O + 2 e$^-$ $\rightleftharpoons$ H_2 + 2 OH$^-$	$-0{,}83$
Cr^{2+} + 2 e$^-$ $\rightleftharpoons$ Cr	$-0{,}91$
V^{2+} + 2 e$^-$ $\rightleftharpoons$ V	$-1{,}17$
Mn^{2+} + 2 e$^-$ $\rightleftharpoons$ Mn	$-1{,}18$
Ti^{3+} + 3 e$^-$ $\rightleftharpoons$ Ti	$-1{,}21$
Al^{3+} + 3 e$^-$ $\rightleftharpoons$ Al	$-1{,}66$
Ti^{2+} + 2 e$^-$ $\rightleftharpoons$ Ti	$-1{,}77$
Be^{2+} + 2 e$^-$ $\rightleftharpoons$ Be	$-1{,}85$
Mg^{2+} + 2 e$^-$ $\rightleftharpoons$ Mg	$-2{,}38$
Na^+ + e$^-$ $\rightleftharpoons$ Na	$-2{,}71$
Ca^{2+} + 2 e$^-$ $\rightleftharpoons$ Ca	$-2{,}76$
Ba^{2+} + 2 e$^-$ $\rightleftharpoons$ Ba	$-2{,}90$
K^+ + e$^-$ $\rightleftharpoons$ K	$-2{,}92$
Li^+ + e$^-$ $\rightleftharpoons$ Li	$-3{,}05$

Tabelle 7.1: Elektrochemische Spannungsreihe für wässrige Lösungen unter Standardbedingungen (Forts.)

Aus der elektrochemischen Spannungsreihe lässt sich die maximale Spannung einer galvanischen Zelle aus zwei Halbelementen mit der bereits oben genannten Gleichung $\Delta E^0{}_{Zelle} = E^0$(Kathode) – E^0(Anode) berechnen. Für die Cu/Zn-Zelle also:

Normalpotential Cu^{2+}/Cu-Normalpotential Zn^{2+}/Zn = +0,34 V – (–0,76 V) = +1,10 V

Wollen wir Vorgänge untersuchen, die unter Nichtstandardbedingungen ablaufen, müssen wir die aktuellen Redoxpotentiale aus den Normalpotentialen mit der Nernst'schen Gleichung berechnen, die wir ein wenig später behandeln werden.

7.2.2 Abschätzung der Stärke von Reduktions- und Oxidationsmitteln

Anhand der Werte in der elektrochemischen Spannungsreihe kann man auch die Chemie von Redoxreaktionen in wässrigen Lösungen verstehen und vorhersagen, ob eine Reaktion abläuft oder nicht. Dazu müssen wir lediglich die Werte der Normalpotentiale betrachten. Je größer (positiver) E^0 einer Halbreaktion ist, desto stärker ist die Neigung des Ausgangsstoffes zur Aufnahme von Elektronen und somit zur Oxidation anderer Substanzen. Der Stoff mit der stärksten Neigung zur Aufnahme von Elektronen und somit das stärkste Oxidationsmittel ist F_2 mit $E^0 = +2{,}87$ V. Das Lithiumion hingegen ist der am schwierigsten zu reduzierende Stoff und damit das schwächste Oxidationsmittel mit $E^0 = -3{,}05$ V. Die Halbreaktionen mit den niedrigsten Normalpotentialen gehören zu den am leichtesten oxidierbaren Stoffen.

Im alkalischen Milieu sind viele Metalle als Hydroxide oder Salze mit komplexen Anionen löslich. Daher können bei der Veränderung des *pH*-Wertes die Normalpotentiale auch andere Werte aufweisen.

Die elektrochemische Spannungsreihe gibt also Auskunft über den möglichen Verlauf einer chemischen Reaktion. So kann ein Oxidationsmittel einen anderen Stoff nur dann oxidieren, wenn sein Normalpotential größer (positiver) ist als das Normalpotential des oxidierten Stoffes. Die reduzierende Wirkung eines Systems ist umso größer, je negativer sein Potential ist, wobei das Reduktionsmittel von der reduzierten in die oxidierte Form übergeht.

Reaktionen von Metallen mit Wasserstoffionen

Alle Metalle, die in saurer Lösung ein negatives elektrochemisches Potential besitzen, lösen sich in Säuren unter Bildung von Metallionen auf. Den Grund hierfür liefert die elektrochemische Spannungsreihe. Eine Säure mit der H^+-Ionenaktivität 1 mol/L besitzt ein Normalpotential von 0 V und vermag alle Metalle mit negativem Potential zu oxidieren. Diese allgemeine Aussage trifft allerdings nicht zu, wenn das Metall eine Schutzschicht aus dem betreffenden Metalloxid besitzt. Dies ist beispielsweise beim Aluminium der Fall. Hier bildet sich an Luft eine Schutzschicht aus Aluminiumoxid aus, welche die weitere Oxidation von darunter liegendem Aluminium verhindert. Die Ausbildung einer solchen Schicht bezeichnet man als Passivierung. Es können auch so genannte Überspannungen entstehen, die eine Oxidation der Metalle mit den Säuren verhindern.

Die Metalle können daher in zwei Klassen aufgeteilt werden. Edle Metalle besitzen ein positives Normalpotential, d.h., sie lösen sich nicht in Säuren der Konzentration 1 mol/L auf, während dies bei unedlen Metallen der Fall ist. Zink löst sich in einer 1 M Salzsäure unter Bildung von Wasserstoffgas auf:

$$Zn(s) \; + \; 2\,HCl(aq) \; \rightarrow \; ZnCl_2(aq) + H_2(g)$$

Kupfer wird hingegen von dieser Säure nicht angegriffen.

Betrachten wir Reaktionen in neutralem Wasser ($pH = 7$), dann ist aus dem Ionen-produkt des Wassers ableitbar, dass hier die Konzentration der H^+-Ionen lediglich 10^{-7} mol/L ist. Diese Konzentration liegt weit unter der einer 1 M Säure. Baut man eine Halbzelle auf, die eine abgewandelte Normal-Wasserstoffelektrode enthält, die nicht in eine 1 M Säure taucht, sondern in reines Wasser und misst diese gegen eine herkömmliche Normal-Wasserstoffelektrode, so erhält man einen Spannungswert von $-0{,}414$ V. Dieser Wert stellt also das Normalpotential der Reaktion $H_2 \rightarrow 2\,H^+ + 2e^-$ für neutrales Wasser dar. Daher können durch die Wasserstoffionen des neutralen Wassers alle Metalle zu Ionen oxidiert werden, deren Potential negativer als $-0{,}414$ V ist. Deshalb rostet Eisen in Gegenwart von Wasser und Natrium reagiert unter Wasser-stoffentwicklung mit Wasserstoffionen:

$$2\,Na(s) + 2\,H^+(aq) \rightarrow 2\,Na^+(aq) + H_2(g)$$

Die Metalle Magnesium, Aluminium, Mangan, Zink oder Chrom werden hingegen nicht durch Wasser angegriffen, obwohl diese Reaktion nach der elektrochemischen Span-nungsreihe zu erwarten wäre. Der Grund ist das Vorhandensein von oben bereits erwähn-ten zusammenhängenden, schützenden Oxidschichten, die sich in neutralem Medium, manchmal sogar in schwach saurem Medium nicht auflösen.

Auch edle Metalle können auch in 1-M-Säuren gelöst werden. Dazu muss es sich allerdings um *oxidierende Säuren* handeln. Das Normalpotential dieser Oxidations-reaktion muss damit einen positiveren Wert als das des betreffenden Metalls aufwei-sen. So löst beispielsweise Salpetersäure (HNO_3) die edlen Metalle Quecksilber, Silber und Kupfer.

Gold und Platin werden jedoch auch durch Salpetersäure nicht gelöst. Daher bezeich-net man ca. 50 %ige Salpetersäure auch als *Scheidewasser*, um Gold, welches in dieser Säure unlöslich ist, beispielsweise von Silber, welches in der Säure löslich ist, zu trennen. Gold mit seinem sehr positiven Normalpotential von $E^0 = +1{,}69$ V kann aber durch *Königswasser*, einem Gemisch von konzentrierter Salpetersäure und konzen-trierter Salzsäure (im Volumenverhältnis 1 : 3) gelöst werden. Durch Salpetersäure werden Metalle wie Aluminium, Chrom oder Eisen durch Ausbildung von schützen-den, zusammenhängenden Oxidschichten passiviert und damit in der oxidierenden Säure unlöslich gemacht.

Wie bereits erwähnt, kann der *pH*-Wert das elektrochemische Potential eines Metalls erheblich verändern. Beispielsweise ist Platin im alkalischen Milieu viel unedler als im neutralen oder sauren Medium. Daher besteht Gefahr, dass sich Platinmetall in stark alkalischen Medien auflöst.

Auch höhere Temperaturen können unter Umständen die Stellung der Metalle in der Spannungsreihe erheblich verändern. So ist beispielsweise Zink oberhalb von 63 °C edler als Eisen. Das hat durchaus praktische Bedeutung. So kann es bei der Verwen-dung von verzinktem Eisen für Anlagen in der Warmwasserzubereitung bei der Verlet-zung der Zinkschicht zur Korrosion des darunter liegenden Eisens kommen.

7.3 Die galvanische Zelle unter Nichtstandardbedingungen

Die *EMK* einer galvanischen Zelle wird unter Standardbedingungen aus der elektrochemischen Spannungsreihe berechnet. Jedoch werden während der ablaufenden Reaktionen in der galvanischen Zelle dauernd die Ausgangsstoffe aufgebraucht. Dabei verändert sich die EMK und fällt langsam auf $\Delta E = 0$ V ab. An diesem Punkt ist die galvanische Zelle entladen und inaktiv.

Soll eine galvanische Zelle unter Nichtstandardbedingungen betrieben werden, so müssen wir diese mittels einer Gleichung berücksichtigen, die auf den deutschen Chemiker *Walther Nernst* (1864–1941) zurückgeht.

Die *Nernst'sche Gleichung* stellt die mathematische Formulierung der Temperatur- und Konzentrationsabhängigkeit eines Elektrodenpotentials eines Redoxpaares dar. Sie lautet:

$$E = E^0 + \frac{R \cdot T}{z \cdot F} \cdot \ln \frac{c_{Ox}}{c_{Red}}$$

mit dem Elektrodenpotential E, dem Normalpotential für die betreffende Reaktion E^0, der universellen Gaskonstante R ($R = 8{,}31447$ J $\cdot$ mol$^{-1} \cdot$ K^{-1}), der Temperatur in Kelvin T, der Anzahl der abgegebenen oder aufgenommenen Elektronen z, der Faraday-Konstante F (96485 C $\cdot$ mol^{-1}) und der Konzentration für das Oxidationsmittel (c_{Ox}) und das Reduktionsmittel (c_{Red}) in mol/L. Wenn die Metallelektrode von der entsprechenden Metallsalzlösung umgeben ist, vereinfacht sich die Gleichung insofern, als die Konzentration des Reduktionsmittels (Metall in reduzierter, metallischer Form) als konstanter Wert bereits in der Konstante E^0 des Normalpotentials enthalten ist. Es gilt dann, wenn das Oxidationsmittel die Metallionen darstellen (Ox = M^{z+}):

$$E = E^0 + \frac{R \cdot T}{z \cdot F} \cdot \ln c_{M^{z+}}$$

Die Nernst'sche Gleichung lässt sich weiter vereinfachen. Indem man die Zahlenwerte für die Konstanten in die Gleichung einsetzt, eine Temperatur von 25 °C annimmt (298 K) und auf dekadischen Logarithmus übergeht, erhält man:

$$E = E^0 + \frac{0{,}0592}{z} \cdot \log \frac{c_{Ox}}{c_{Red}}$$

Bisher haben wir immer galvanische Zellen betrachtet, die zwei unterschiedliche Metalle in den Halbzellen miteinander verbunden haben. Die Nernst'sche Gleichung zeigt jedoch, dass wir auch zwei Halbzellen mit Elektroden aus dem gleichen Metall, die in Metallsalzlösungen mit gleicher Zusammensetzung eintauchen, miteinander verbinden können. Wenn diese von verschiedenen Metallionenkonzentrationen (c_1 und c_2) umgeben sind, ergibt sich ebenfalls ein messbarer Potentialunterschied. Eine Zelle, deren EMK auf einem Konzentrationsunterschied beruht, bezeichnet man als

Konzentrationszelle oder *Konzentrationskette*. Die Potentialdifferenz einer solchen Zelle lässt sich mit der Nernst'schen Gleichung berechnen:

$$\Delta E = E_1 - E_2 = \frac{0{,}0592}{z} \cdot \log \frac{c_1}{c_2}$$

Wir wollen eine solche Konzentrationszelle an einem repräsentativen Beispiel betrachten. Stellen Sie sich vor, Sie verbinden zwei Halbzellen, in denen Zinkstäbe in $ZnSO_4$-Lösungen tauchen. In der einen Lösung ist die Konzentration 0,1 M, in der anderen Lösung 1,0 M. Nach dem Prinzip des kleinsten Zwangs sollte die Tendenz zum Ablauf der Reaktion

$$Zn^{2+}(aq) + 2\ e^- \rightarrow Zn(s)$$

in der Lösung mit der höheren Zn^{2+}-Konzentration größer sein. Deshalb wird im Halbelement mit der höher konzentrierten $ZnSO_4$-Lösung die Reduktion eher ablaufen. Daher ergibt sich die Nernst'sche Gleichung zu

$$\Delta E = \frac{0{,}0592}{2} \cdot \log \frac{1{,}0}{0{,}1} = 0{,}0296V$$

7.4 Elektroden erster und zweiter Art

Bisher haben wir uns nur mit *Elektroden erster Art* beschäftigt. Dabei handelt es sich um Elektroden, deren Potential direkt von der Konzentration der sie umgebenden Elektrolytlösung abhängt. Als typische Beispiele haben wir Metalle kennen gelernt, die in eine Lösung ihrer Metallionen eintauchen. Für Messinstrumente, mit denen elektrochemische Potentialunterschiede bestimmt werden sollen, sind diese Elektroden ungeeignet. Der Grund dafür ist, dass sich ihr Potential mit sich verändernden Konzentrationen der Metallionen, die bei einem Messvorgang auftreten, z.B. bei der Messung des Potentials einer weiteren Elektrode, verändern. Daher benötigt man Elektroden, die von ihrer Elektrolytkonzentration weitgehend unabhängig sind. Solche Elektroden werden als *Elektroden zweiter Art* bezeichnet. Das relativ konstante Potential dieser Elektroden wird durch eine die Elektrode umgebende nahezu gleich bleibende Metallionenkonzentration erreicht. Diese ändert sich selbst bei geringem Stromfluss während einer Messung nicht, obwohl eigentlich jeder Stromfluss die Metallionenkonzentration beeinflussen müsste.

Bei diesen Elektroden besteht die Elektrolytlösung zum einen aus einer gesättigten Lösung eines schwer löslichen Salzes, dessen Kation aus dem gleichen Metall wie die Elektrode besteht. Zum anderen ist ein gut lösliches und genau konzentriertes Salz enthalten, welches das gleiche Anion wie das schwer lösliche Salz enthält.

7.4.1 Silber/Silberchloridelektrode (Ag/AgCl-Elektrode)

Bei der Silber/Silberchloridelektrode handelt es sich um eine metallische Silberelektrode, die von einer Aufschlämmung des schwer löslichen Salzes Silberchlorid (AgCl) umgeben ist. Als zweites Salz enthält die mit dem schwer löslichen Salz AgCl gesättigte Lösung noch Kaliumchlorid in genau definierter Konzentration.

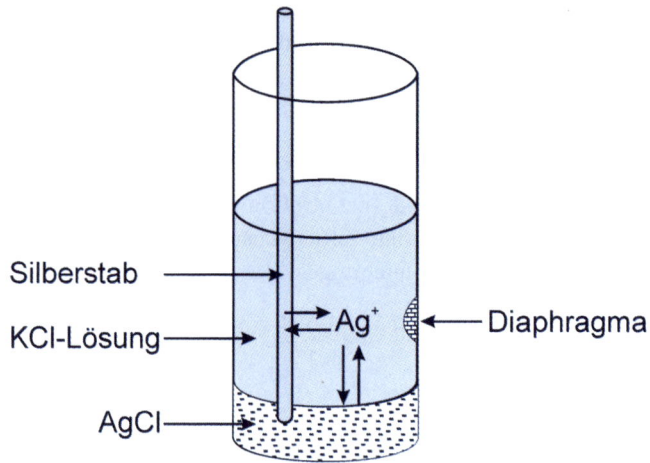

Abbildung 7.3: Aufbau einer Silber/Silberchloridelektrode

Die Funktionsweise dieser Elektrode basiert auf den Prinzipien des chemischen Gleichgewichts und damit dem Prinzip des kleinsten Zwangs. Während einer Messung mit der Silber/Silberchloridelektrode als Bezugselektrode, z.B. zur Bestimmung von elektrochemischen Potentialen, kann während der Messung ein geringer elektrischer Strom fließen, der die Silberionenkonzentration ändert:

$$Ag(s) \rightleftharpoons Ag^+(aq) + e^-$$

Sollten beim Stromfluss Ag^+-Ionen gebildet werden, so wird das Löslichkeitsprodukt durch die in Lösung in großem Überschuss vorhandenen Cl^--Ionen überschritten und festes AgCl wird ausfallen. Wenn im umgekehrten Fall metallisches Silber aus Silberionen abgeschieden werden würde, so könnten Ag^+-Ionen sofort wieder in Lösung gehen und durch eine entsprechende kleine Menge von festem AgCl ergänzt werden. Die dabei gleichzeitig in Lösung gehenden Chloridionen ändern die Gesamtkonzentration jedoch praktisch nicht, da nach obiger Beschreibung die Konzentration der Chloridionen um viele Zehnerpotenzen größer ist als die sich eventuell ändernden Mengen durch die Bindung im AgCl, d.h., die Chloridionenkonzentration bleibt praktisch konstant. Die konstante Silberionenkonzentration gewährleistet somit ein konstantes Bezugspotential der Messelektrode.

7.4.2 *pH*-Elektrode

Die *Glaselektrode* ist eine häufig eingesetzte Variante von *pH*-Elektroden und ermöglicht die Messung des *pH*-Wertes durch Messung des Normalpotentials von Redoxreaktionen, an denen Protonen beteiligt sind. Steht die Elektrode im Austausch mit einer sie umgebenden Lösung, die Protonen enthält, so wird das Potential verändert. Durch Kalibrierung der Glaselektrode mit Lösungen bekannten *pH*-Wertes lässt sich so bei Messungen des Spannungsunterschieds zu einer Bezugselektrode der *pH*-Wert bestimmen. Daher sind normalerweise zwei Elektroden erforderlich. Meistens wird jedoch eine Bauform gewählt, bei der beide Elektroden in einer so genannten *Einstabmesskette* vereint werden (▶Abbildung 7.4).

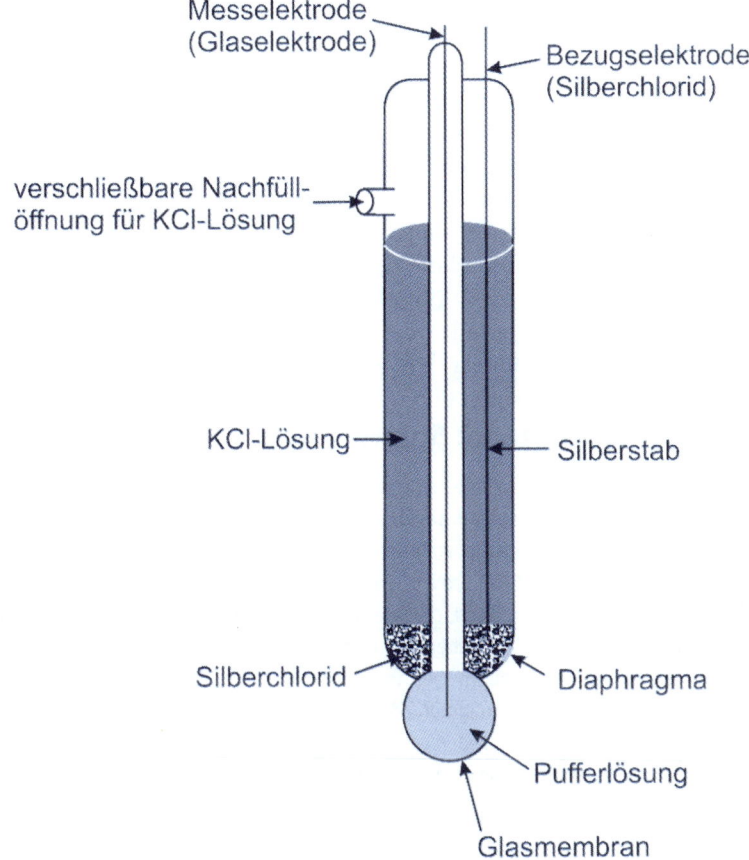

Abbildung 7.4: Aufbau einer *pH*-Elektrode

Eine solche Elektrode besteht aus einem inneren Rohr und einem äußeren Mantel. Im äußeren Mantel befindet sich die Bezugselektrode, bei der es sich normalerweise um eine Silber/Silberchloridelektrode handelt. Die Glaselektrode selbst besteht ebenfalls aus einem Silberdraht, Silberchlorid und Kaliumchloridlösung und enthält zusätzlich noch einen Puffer. Das innere Rohr ist über die Glasmembran mit der zu messenden Lösung verbunden, der äußere Mantel wiederum ist durch ein Diaphragma von der Probenlösung getrennt. Durch diese Anordnung entsteht eine elektrochemische Reihe. Die Referenzelektrode steht über das Diaphragma in elektrischem Kontakt mit der Messlösung, wobei das Diaphragma Stoffaustausch mit der Lösung aber weitgehend unterbindet, um das Potential der Referenzelektrode nicht durch Fremdionen zu verändern. In dem Messstab befindet sich die Messelektrode in einer auf $pH = 7$ eingestellten Phosphatpufferlösung. Durch die sehr dünne Glasmembran steht der Puffer in leitender Verbindung mit der Messlösung, an der das zur pH-Messung verwendete Potential entsteht. Die Glasoberfläche nimmt gegenüber einer Lösung ein reproduzierbares Potential an, das sich gesetzmäßig mit H^+-Ionenkonzentration in der Lösung ändert. Das Potential stellt sich dabei aufgrund von Ionenaustauschvorgängen an der Glasoberfläche ein. Die Glaselektrode ist für Dauergebrauch im pH-Bereich von 0 bis 10 einsetzbar, wird aber im stärker alkalischen Bereich und in Gegenwart von Fluoridionen angegriffen und sollte daher unter diesen Messbedingungen nicht eingesetzt werden. Die Glaselektrode muss allerdings häufig nachkalibriert werden, d.h., das Messgerät muss mit Hilfe von zwei Pufferlösungen, die in dem zu erwartenden pH-Messbereich liegen, genau eingestellt werden. Die Glaselektrode sollte vor dem Austrocknen geschützt und daher immer in einer Pufferlösung aufbewahrt werden.

Leitung ohne Widerstand: Supraleiter

Jedes Jahr geht eine sehr große Energiemenge beim Transport von elektrischer Energie verloren. Der Grund dafür ist der elektrische Widerstand. Durch ihn wird ein Teil der Energie in Wärme umgewandelt. Ideal wäre es, die elektrische Energie vom Ort der Produktion zum Verbraucher ohne Verlust zu transportieren. Dies könnte durch Kabel erreicht werden, die ein supraleitendes Material enthalten. Als Supraleiter bezeichnet man Materialien, deren elektrischer Widerstand beim Unterschreiten einer kritischen Temperatur T_c sprunghaft auf einen unmessbar kleinen Wert fällt. Die Temperatur T_c wird auch als *Sprungtemperatur* bezeichnet. Ihr Wert ist materialabhängig. Supraleiter zeigen noch einen zweiten interessanten Effekt, den so genannten *Meißner-Ochsenfeld-Effekt*, wonach Magnetfelder bis zu einer bestimmten Stärke aus dem Leiter verdrängt werden. Durch den Effekt kann ein kleiner Supraleiter im Magnetfeld zum Schweben gebracht werden.

Leider besitzen Supraleiter bisher immer noch sehr niedrige Sprungtemperaturen, was ihren Einsatz unter realen, alltäglichen Bedingungen unbrauchbar erscheinen lässt. Lange Zeit waren nur Supraleiter mit Sprungtemperaturen von < 30 K (−243 °C) bekannt. Beispielsweise zeigen die Elemente Aluminium eine Sprungtemperatur von 1,1 K, Quecksilber von 4,2 K oder Niob von 9,5 K. Binäre Verbindungen weisen teilweise beträchtlich höhere Sprungtemperaturen auf, wie z.B. die Verbindung Nb_3Ge einen Wert von 23 K. ▶

1986 wurde eine Verbindungsklasse entdeckt, die man als *Hochtemperatursupraleiter* bezeichnet. Es handelt sich dabei um keramische Verbindungen mit viel höheren Sprungtemperaturen. Technisch besonders interessant sind dabei Supraleiter mit Sprungtemperaturen über 77 K, da sie bereits bei der Siedetemperatur von Stickstoff Supraleitung zeigen. Der bekannteste Vertreter ist das Yttrium-bariumkupferoxid mit der Formel $YBa_2Cu_3O_7$ mit einer Sprungtemperatur von 93 K. Der derzeitige Rekord für die höchste Sprungtemperatur liegt bei 138 K ($-135\ °C$), was leider immer noch nicht für eine alltägliche Anwendung, selbst nicht im sibirischen Winter, ausreicht.

Dennoch wird das Phänomen der Supraleitung bereits vielfach in der Wissenschaft angewendet, nämlich bei der Erzeugung starker konstanter oder nur langsam variierender Magnetfelder. Will man starke Magnetfelder erzeugen, könnte man auch herkömmliche Elektromagnete verwenden. Diese erzeugen jedoch große Wärmemengen und damit einen großen Energieverlust. Stattdessen verwendet man Feldspulen, die aus Kabeln bestehen, die ein supraleitendes Material enthalten. Hierfür setzt man klassische Supraleiter ein, wie z.B. Legierungen von Niob. Die Supraleitung ermöglicht es, die von einem hohen Strom durchflossenen Feldspulen in sich zu schließen: Im Prinzip kann dadurch der Strom unendlich lange verlustfrei in der Spule erhalten bleiben. Zur Erhaltung des Feldes ist nur ein regelmäßiges Nachfüllen der Kühlmedien Helium und Stickstoff erforderlich.

7.5 Elektrochemische Stromerzeugung

Wie wir bei der Besprechung der galvanischen Zelle gesehen haben, kann die bei chemischen Prozessen freiwerdende Energie in Form von elektrischer Energie nutzbar gemacht werden. Im täglichen Leben dienen solche Vorrichtungen als Batterien oder Akkumulatoren in der mobilen Stromerzeugung. Die verschiedenen Anwendungsbereiche erfordern galvanische Zellen mit unterschiedlichen Eigenschaften. Beispielsweise muss eine *Autobatterie* in der Lage sein, kurzzeitig einen hohen elektrischen Strom zu liefern, während von einer Batterie eines Herzschrittmachers verlangt wird, über lange Zeiträume einen kontinuierlichen Strom zu liefern. Zukünftige Technologien denken über eine andere Art der Stromerzeugung nach, so sollen beispielsweise in Fahrzeugen der Zukunft Brennstoffzellen zum Einsatz kommen, die eine kontinuierliche Zuführung von Brennstoffen zur Produktion von elektrischer Energie benötigen. Im Wesentlichen unterscheidet man somit bei den elektrochemischen Stromquellen zwischen:

- nicht wieder aufladbaren *Primärelementen*,

- wieder aufladbaren *Sekundärelementen* (*Akkumulatoren*) und

- *Brennstoffzellen*.

Wir werden uns in diesem Kapitel den chemischen Vorgängen in diesen unterschiedlichen Vorrichtungen zur Stromerzeugung widmen.

7.5.1 Primärelemente

Die Primärelemente haben viel mit den klassischen galvanischen Zellen gemein. In ihnen lässt sich die Reaktion der chemischen Stoffe, welche die elektrische Energie erzeugen, nicht durch Umkehren der Stromrichtung wieder rückgängig machen. D.h., dieser Batterietyp liefert so lange Energie, bis die Stoffe, die in der Batterie enthalten sind, aufgebraucht bzw. umgesetzt wurden.

Zink-Braunstein-Zelle

Zink-Braunstein-Zellen sind der älteste Batterietyp. Sie wurden von dem französischen Chemiker *Georges Leclanché* (1839–1882) entwickelt und werden daher auch als *Leclanché-Element* bezeichnet. Bei ihnen ist die Anode ein Zinkbecher und die Kathode ein Kohlestab, der von einem fein verteilten Gemisch aus Braunstein (MnO_2) und Graphitpulver umgeben ist, das mit dem Elektrolyten, einer verdickten 20- bis 30%igen Ammoniumchloridlösung (NH_4Cl), umgeben ist (▶Abbildung 7.5).

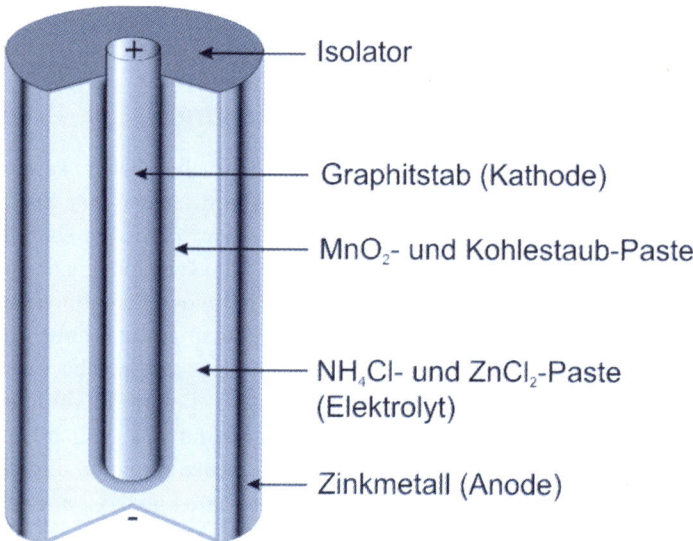

Abbildung 7.5: Aufbau eines Zink-Braunstein Elements

Zink-Braunstein-Zellen sind oft nicht auslaufsicher. Früher besaßen sie nur einen Pappmantel um den Zinkbecher. Heute wird die Auslaufsicherheit durch einen Stahlmantel, der den Zinkbecher umgibt, erhöht.

Bei Stromentnahme laufen in der Zink-Braunstein-Zelle folgende Reaktionen ab:

Anode: $\qquad Zn \rightarrow Zn^{2+} + 2\,e^-$

Kathode: $\qquad 2\,NH_4^+ + 2\,MnO_2 + 2\,e^- \rightarrow Mn_2O_3 + 2\,NH_3 + H_2O$

Gesamte Redoxreaktion: $Zn + 2\,NH_4^+ + 2\,MnO_2 \rightarrow Zn^{2+} + 2\,NH_3 + H_2O + Mn_2O_3$

Die letzte Gleichung ist eine Vereinfachung eines etwas komplizierteren Prozesses, der im Elektrolyten abläuft. Die Spannung, die durch eine Zink-Braunstein-Batterie erzeugt wird, liegt bei 1,5 V.

Die Nachteile der Zink-Braunstein-Zellen sind die relativ geringe spezifische Energie aufgrund der geringen Fläche der Zinkelektrode und der relativ geringen Leitfähigkeit des NH_4Cl-Elektrolyten.

Durch konsequente Weiterentwicklung der Zink-Braunstein-Elemente entstanden die *Alkali-Mangan-Zellen* (*Alkalinezellen*). Diese besitzen höhere Kapazitäten, bessere Belastbarkeit und längere Lagerfähigkeit als die Zink-Braunstein-Zellen und haben diese daher aus vielen Anwendungen verdrängt. In diesem Batterietyp befindet sich Zink als Paste in fein verteilter Form im Inneren der Zelle, wodurch eine Vergrößerung der Oberfläche erreicht wird. Als Elektrolyt dient Kalilauge (KOH).

Quecksilberoxid- und Silberoxid-Zellen

Quecksilberoxid- und Silberoxid-Zink-Batterien sind als *Knopfzellen* im Handel. Ihr Aufbau ist ähnlich der eines herkömmlichen Leclanché-Elements, auch hier findet die Oxidation von Zink an der Anode statt (▶Abbildung 7.6). An der Kathode erfolgt die Reduktion von Quecksilberoxid (HgO) bzw. Silberoxid (Ag_2O). Quecksilberoxid wird wegen seiner hohen Umweltgefährdung dabei mehr und mehr verdrängt, daher wollen wir hier auch nur die Silberoxid-Zellen besprechen. Der Elektrolyt ist eine gelartige Masse aus Kaliumhydroxid. Der Vorteil dieses Batterietyps ist, dass er eine äußerst konstante Spannung liefert. Im Fall des Silberoxid-Systems liegt diese bei 1,5 V.

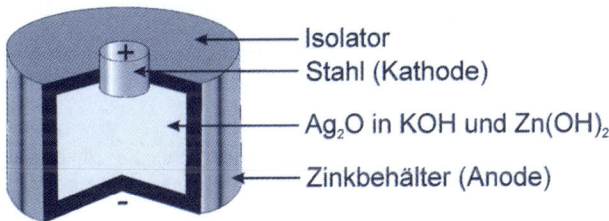

Isolator
Stahl (Kathode)
Ag_2O in KOH und $Zn(OH)_2$
Zinkbehälter (Anode)

Abbildung 7.6: Aufbau einer Silberoxid-basierten Knopfzelle

Bei diesem Batterietyp laufen folgende Reaktionen ab:

Anode: $\qquad Zn + 2\,OH^- \rightarrow Zn(OH)_2 + 2\,e^-$

Kathode: $\qquad Ag_2O + 2\,e^- + H_2O \rightarrow 2\,Ag + 2\,OH^-$

Gesamte Redoxreaktion: $Zn + 2\,OH^- + Ag_2O + H_2O \rightarrow Zn(OH)_2 + 2\,Ag + 2\,OH^-$

Zellen mit HgO- bzw. Ag_2O-Elektroden haben gegenüber den Zink-Braunstein-Zellen den Vorteil, dass die Spannung über den gesamten Entladungsvorgang konstant bleibt. Es tritt auch praktisch keine Selbstentladung ein, daher sind sie für den Einsatz in Anwendungen, die eine hohe Zuverlässigkeit erfordern, bestens geeignet, z.B. in Herzschrittmachern, Hörgeräten und Quarzuhren.

Lithium-Zellenvb

Bei den Lithium-Zellen handelt es sich um besonders langlebige und leistungskräftige Batterien. Dabei ist Lithium das aktive Material an der Anode. Der wesentliche Vorteil von metallischem Lithium als Anodenmaterial ist seine hohe negative Normalspannung (−3,05 V).

Da elementares Lithium heftig mit Wasser reagiert, können in Lithium-Batterien ausschließlich nicht wässrige Elektrolyte oder Festelektrolyte verwendet werden. Als Kathodenmaterial werden verschiedene Stoffe eingesetzt, sehr häufig wird Braunstein verwendet. Dabei laufen folgende Reaktionen ab:

$$Anode: Li \rightarrow Li^+ + e^-$$

$$Kathode: MnO_2 + e^- \rightarrow MnO_2^-$$

Lithium-Zellen zeichnen sich durch die hohen spezifischen Energien (W · h/kg), die hohe Zellspannung und die sehr lange Lagerfähigkeit aufgrund der geringen Selbstentladung aus. Sie finden Verwendung bei der Versorgung von Computerspeichern („Memorybackup"), Satelliten, Signalbojen und Herzschrittmachern.

Einige typische Daten von Primärelementen im Vergleich sind in ▶Tabelle 7.2 zusammengefasst.

Bezeichnung	U [V]	Energie-dichte [Wh/kg]	Besondere Merkmale	Anwendungen
Zink-Braunstein-Zelle (Lechlanché-Element)	1,5	40–70	weniger anspruchsvolle Anwendungen	Taschenlampen, Spielzeuge, Fernbedienungen
Alkali-Mangan-Zelle (Alkaline)	1,5	90–100	hohe Stromanforderung, relativ lange Leistung	tragbare Audiogeräte, Fotoapparate, Spiele
Silberoxid	1,55	120–190	hohe bis mittlere Belastbarkeit	Herzschrittmacher, Uhren, Hörgeräte
Lithium-Zelle	3,0	250–300	hohe Belastbarkeit, niedrige Selbstentladung	Fotoapparate mit hohem Strombedarf, elektronische Datenspeicher

Tabelle 7.2: Einige typische Kenndaten von Primärelementen

7.5.2 Sekundärelemente

Im Unterschied zu Primärelementen lassen sich Sekundärelemente, die auch als Akkumulatoren bezeichnet werden, durch elektrischen Gleichstrom wieder aufladen. Beim Aufladen wird elektrische Energie wieder in chemische Energie umgewandelt, die beim Entladevorgang in umgekehrter Weise wieder freigesetzt wird. Beim Auf- und Entladen von Akkumulatoren wird häufig Wärme freigesetzt, wodurch ein Teil der zum Aufladen aufgewandten Energie verloren geht.

Bleiakkumulator

Bleiakkumulatoren sind langlebig, zuverlässig und preisgünstig und werden hauptsächlich als Starterbatterie für Kraftfahrzeuge und Energiespeicher für Elektrofahrzeuge eingesetzt. Eine herkömmliche Autobatterie besteht aus sechs hintereinandergeschalteten Zellen. Jede Zelle enthält eine Bleianode und eine Bleioxidkathode. Als Elektrolyt dient Schwefelsäure (H_2SO_4) (▶Abbildung 7.7).

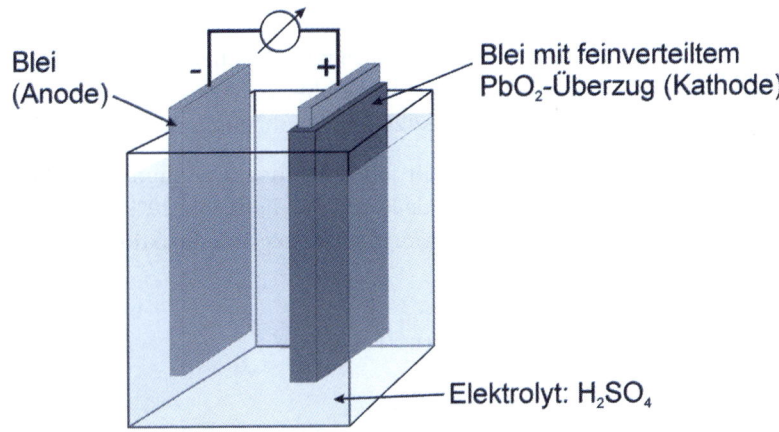

Abbildung 7.7: Aufbau eines Bleiakkumulators

Beim Lade- bzw. Entladevorgang laufen folgende Vorgänge ab:

$$\textit{Anode: } Pb + SO_4^{2-} \underset{\text{Laden}}{\overset{\text{Entladen}}{\rightleftarrows}} PbSO_4 + 2\,e^-$$

$$\textit{Kathode: } PbO_2 + 4\,H^+ + SO_4^{2-} + 2\,e^- \underset{\text{Laden}}{\overset{\text{Entladen}}{\rightleftarrows}} PbSO_4 + 2\,H_2O$$

$$\textit{Gesamte Redoxreaktion: } Pb + PbO_2 + 2\,H_2SO_4 \underset{\text{Laden}}{\overset{\text{Entladen}}{\rightleftarrows}} 2\,PbSO_4 + 2\,H_2O$$

Unter herkömmlichen Betriebsbedingungen liefert jede Zelle 2 V Spannung und damit der gesamte Akkumulator 12 V. Der Bleiakkumulator kann hohe Stromstärken für kurze Zeit zur Verfügung stellen. Diese werden im Auto für das Starten des Motors benötigt.

Aus den chemischen Gleichungen ist ersichtlich, dass im Bleiakkumulator beim Entladen Wasser gebildet und Schwefelsäure verbraucht wird. Da Schwefelsäure eine höhere Dichte als Wasser besitzt, kann der Ladezustand der Batterie durch Messen der Dichte des Elektrolyten überprüft werden. Die Dichte beträgt im geladenen Zustand je nach verwendeter Schwefelsäure 1,20 bis 1,28 g/cm³, im entladenen Zustand sinkt sie je nach Typ um 0,05 bis 0,13 g/cm³ ab. Das Starten eines Fahrzeugs bei tiefen Temperaturen erweist sich häufig als schwierig. Grund hierfür ist die Erhöhung der Viskosität des Elektrolyten. Damit die Batterie gut funktioniert, muss der Elektrolyt eine hohe Leitfähigkeit besitzen. In einer viskosen Flüssigkeit bewegen sich die Ionen allerdings viel langsamer. Dadurch erhöht sich der Widerstand des Elektrolyten und die Leistung der Batterie wird herabgesetzt.

Nickel-Cadmium-Akkumulator

Den Nickel-Cadmium-Akkumulator zeichnen seine Robustheit, Belastbarkeit und sein ausgezeichnetes Tieftemperaturverhalten aus. Daher wird er häufig in Elektrowerkzeugen eingesetzt. Dieser Batterietyp besitzt eine nominale Spannung von 1,3 V.

Im geladenen Zustand ist die Anode mit fein verteiltem Cadmium beladen und die Kathode mit Nickel(III)-oxidhydroxid. Als Elektrolyt dient eine 20%ige Kaliumhydroxidlösung. Beim Entlade- bzw. Ladevorgang laufen folgende Reaktionen an den Elektroden ab:

$$Anode: \text{Cd} + 2\,\text{OH}^- \underset{\text{Laden}}{\overset{\text{Entladen}}{\rightleftharpoons}} \text{Cd(OH)}_2 + 2\,\text{e}^-$$

$$Kathode: 2\,\text{NiOOH} + 2\,\text{H}_2\text{O} + 2\,\text{e}^- \underset{\text{Laden}}{\overset{\text{Entladen}}{\rightleftharpoons}} 2\,\text{Ni(OH)}_2 + 2\,\text{OH}^-$$

$$Gesamte\ Redoxreaktion: \text{Cd} + 2\,\text{NiOOH} + 2\,\text{H}_2\text{O} \underset{\text{Laden}}{\overset{\text{Entladen}}{\rightleftharpoons}} \text{Cd(OH)}_2 + 2\,\text{Ni(OH)}_2$$

Im Vergleich zum Bleiakkumulator benötigt der Nickel-Cadmium-Akkumulator praktisch keine Wartung und verträgt eine vollständige Entladung. Diese Vorzüge weist der Bleiakkumulator nicht auf.

Bei häufiger Teilentladung des Nickel-Cadmium-Akkumulators tritt ein Kapazitätsverlust auf, der so genannte *Memory-Effekt*. Dabei scheint sich der Akku den Energiebedarf zu merken und mit der Zeit statt der ursprünglichen nur noch die bei den bisherigen Entladevorgängen benötigte Energiemenge zur Verfügung zu stellen. Dies äußert sich vor allem in einem frühen Spannungsabfall und damit einer Verringerung der nutzbaren Kapazität des Akkumulators. Die Ursache des Memory-Effekts ist die Bildung von größeren Kristallen an der Cadmiumelektrode. Diese besitzen eine reduzierte Oberfläche und reagieren daher im Vergleich zu kleineren Kristallen beim

Entladen schlechter, was den Spannungseinbruch bewirkt. Der Memory-Effekt lässt sich durch mehrmaliges vollständiges Entladen und anschließendes Laden weitgehend rückgängig machen.

Nickel-Cadmium-Akkus enthalten das giftige Schwermetall Cadmium und müssen daher über besondere Rücknahmesysteme gesondert entsorgt werden. Da die Verwendung von Cadmium in der Europäischen Union verboten wurde, wird dieser Akkumulatortyp mit der Zeit keine Verwendung mehr finden.

Nickel-Metallhydrid-Akkumulator

Die Nickel-Cadmium-Akkumulatoren werden mehr und mehr von Nickel-Metallhydrid-Akkumulatoren abgelöst. Diese besitzen die Vorteile, dass sie frei vom giftigen Cadmium sind, eine höhere Energiedichte besitzen und praktisch keinen Memory-Effekt aufweisen. Allerdings besitzen sie eine niedrigere Zyklenfestigkeit, niedrigere maximale Lade- und Entladeströme und ein schlechteres Verhalten bei niedrigen Temperaturen.

Der Nickel-Metallhydrid-Akkumulator besitzt einen ähnlichen Aufbau wie der Nickel-Cadmium-Akkumulator, jedoch besteht die Anode aus einer wasserstoffspeichernden Nickellegierung (Metallhydrid = MH). Die elektrochemischen Vorgänge beim Entlade- bzw. Ladevorgang lauten folgendermaßen:

$$\textit{Anode: } MH + OH^- \underset{\text{Laden}}{\overset{\text{Entladen}}{\rightleftharpoons}} M + H_2O + e^-$$

$$\textit{Kathode: } NiOOH + H_2O + e^- \underset{\text{Laden}}{\overset{\text{Entladen}}{\rightleftharpoons}} Ni(OH)_2 + OH^-$$

$$\textit{Gesamte Redoxreaktion: } MH + NiOOH \underset{\text{Laden}}{\overset{\text{Entladen}}{\rightleftharpoons}} M + Ni(OH)_2$$

Nickel-Metallhydrid-Akkus werden vor allem in der mobilen Elektronik eingesetzt, z.B. in Mobiltelefonen oder Laptops. Auch als Batterien für den Betrieb von Elektrofahrzeugen finden sie Verwendung.

Lithium-Ionen-Akkumulator

Lithium-Ionen-Akkumulatoren zeichnen sich durch hohe Energiedichten und lange Lebensdauer aus. Sie versorgen tragbare Geräte mit hohem Energiebedarf, beispielsweise Mobiltelefone, Kameras oder Laptops. Auch in Elektrofahrzeugen wird dieser Akkumulatortyp eingesetzt. Einer ihrer wesentlichen Nachteile ist die Tieftemperaturempfindlichkeit.

Im Lithium-Ionen-Akkumulator wird die elektromotorische Kraft durch die Verschiebung von Lithiumionen erzeugt. Die Anode besteht dabei häufig aus Graphit. In die Zwischenräume zwischen den einzelnen Graphitschichten können Lithiumionen eingelagert werden. Die dabei entstehenden Einlagerungsverbindungen nennt man auch *Interkalationsverbindungen*. Die Kathode besteht aus einem Übergangsmetalloxid, wie z.B. Cobaltoxid (CoO_2), welches ebenfalls Lithiumionen aufnehmen kann. Die Aufnahme und Abgabe der Ionen in beiden Interkalationsverbindungen ist dabei reversibel (▶Abbildung 7.8). Da elementares Lithium sehr reaktiv ist und mit Wasser bzw. Feuchtigkeit reagiert, darf der Elektrolyt keine wässrige Verbindung sein. Daher handelt es sich meist um Mischungen aus organischen Verbindungen mit Lithiumsalzen.

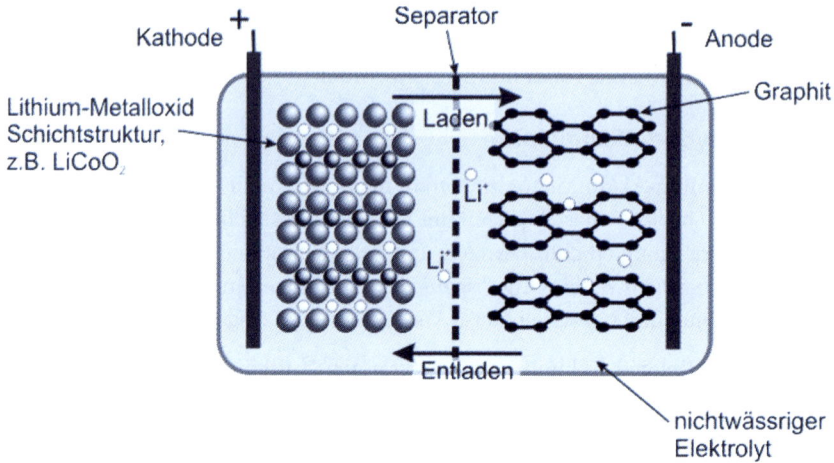

Abbildung 7.8: Aufbau eines Lithium-Ionen-Akkumulators

Im Lithium-Ionen-Akkumulator laufen beim Entlade- und Ladevorgang folgende Reaktionen ab:

$$\textit{Anode: } LiC \underset{\text{Laden}}{\overset{\text{Entladen}}{\rightleftharpoons}} Li^+ + C + e^-$$

$$\textit{Kathode: } Li^+ + CoO_2 + e^- \underset{\text{Laden}}{\overset{\text{Entladen}}{\rightleftharpoons}} LiCoO_2$$

$$\textit{Gesamte Redoxreaktion: } LiC + CoO_2 \underset{\text{Laden}}{\overset{\text{Entladen}}{\rightleftharpoons}} LiCoO_2 + C$$

Neben den Vorteilen einer hohen Zellspannung und einer hohen Energiedichte zeigen Lithium-Ionen-Akkumulatoren auch nur eine geringe Selbstentladung.

Die Weiterentwicklung des Lithium-Ionen-Akkus ist der Lithium-Polymer-Akku. Dieser enthält keinen flüssigen Elektrolyten, sondern einen Elektrolyten auf Polymerbasis, der als feste bis gelartige Folie vorliegt. Diese Akkus besitzen den großen Vorteil, dass sie als flexible Folien verwendet werden können und sich daher jeder Bauform anpassen lassen. Sie werden häufig in mobilen Geräten wie Mobiltelefonen, Laptops oder MP3-Playern eingesetzt.

7.5.3 Brennstoffzellen

Im Fall von Primär- und Sekundärelementen sind alle Substanzen, die für die Erzeugung der elektrischen Energie durch die Redoxreaktionen benötigt werden, im Batteriegehäuse enthalten. Wenn die Substanzen aufgebraucht sind, kann im Fall der Primärzellen keine elektrische Energie mehr erzeugt werden, im Fall der Sekundärelemente muss die Batterie erst wieder aufgeladen werden. In Brennstoffzellen hingegen wird die chemische Reaktionsenergie kontinuierlich über einen Brennstoff zugeführt. Dieser wird in der Zelle durch elektrochemische Reaktionen in elektrische Energie umgewandelt. Eine Brennstoffzelle ist somit kein Energiespeicher, sondern ein Energiewandler.

Eine Brennstoffzelle besteht aus zwei Elektroden, die entweder durch eine Membran oder durch einen Elektrolyten voneinander getrennt sind. Die Elektroden bestehen meist aus einem Metall, das mit einem Katalysator, der für die jeweilige Umsetzung benötigt wird, beschichtet ist, z.B. mit Platin oder Palladium. In Abhängigkeit vom Typ der Brennstoffzelle können als Elektrolyte gelöste Laugen oder Säuren, Alkalicarbonatschmelzen, Keramiken oder Membrane dienen.

Der bekannteste Typ einer Brennstoffzelle ist die *Wasserstoff-Sauerstoff-Zelle* mit einer *Protonenaustauschmembran* (*Proton Exchange Membrane Fuel Cell*, PEMFC) als Elektrolyt (▶Abbildung 7.9). In ihr wird Wasserstoff mit Sauerstoff zu Wasser umgesetzt. Daher laufen folgende Reaktionen in dieser Zelle ab:

Anode: $\quad\quad\quad\quad\quad\quad$ $2\,H_2 + 4\,H_2O \rightarrow 4\,H_3O^+ + 4\,e^-$

Kathode: $\quad\quad\quad\quad\quad$ $O_2 + 4\,H_3O^+ + 4\,e^- \rightarrow 6\,H_2O$

Gesamte Redoxreaktion: $2\,H_2 + O_2 \rightarrow 2\,H_2O$

Die Zellspannung einer solchen Brennstoffzelle liegt im Bereich von 0,5 bis 1 V pro Zelle. Um höhere Leistungen zu erzielen, werden daher mehrere Elemente hintereinandergeschaltet.

Als Alternative zur Energiegewinnung mit der Brennstoffzelle könnten Wasserstoff und Sauerstoff auch verbrannt werden. Jedoch besitzen Brennstoffzellen wesentlich höhere Wirkungsgrade als Wärmekraftanlagen. Des Weiteren weisen Wasserstoff-Sauerstoff-Zellen keine Emission an Schadstoffen auf. Allerdings ist bei mobilen Anwendungen, z.B. im PKW, die Speicherung von Wasserstoff problematisch. Jedoch können auch andere, weniger problematische Brennstoffe, wie z.B. Methanol oder Methan, in Brennstoffzellen umgesetzt werden.

Neben den Niedertemperatur-Brennstoffzellen mit Arbeitstemperaturen von < 100 °C, wurden auch Hochtemperatur-Brennstoffzellen die bei 600 bis 1000 °C arbeiten, entwickelt. Diese enthalten als Elektrolyt entweder Salzschmelzen oder ionenleitende keramische Feststoffe und sollen zukünftig insbesondere zur stationären Energieversorgung (Kraftwerke) eingesetzt werden.

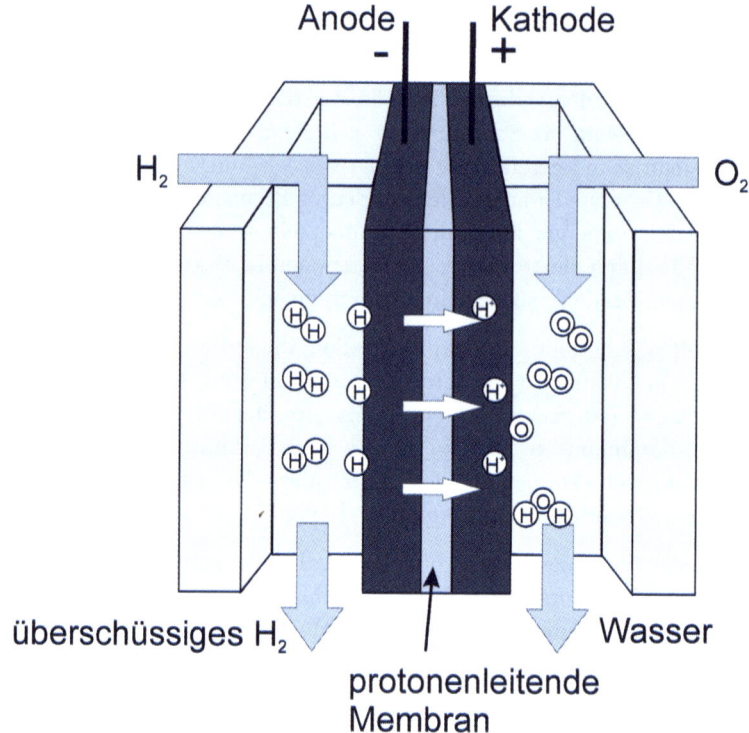

Abbildung 7.9: Aufbau einer Wasserstoff-Sauerstoff-Zelle mit einer Protonenaustauschmembran

Energie aus der Sonne

In Zeiten zunehmender Rohstoff- und Energieknappheit ist der Energielieferant Natur wieder mehr und mehr gefragt. Die wohl wichtigste Energiequelle ist dabei die Sonne, und der Nutzbarmachung der Sonnenenergie wird daher berechtigterweise mit viel Interesse nachgegangen. Die direkte Umwandlung von Sonnenenergie in elektrische Energie bezeichnet man als *Photovoltaik*. Sie beruht auf dem so genannten inneren photoelektrischen Effekt, unter dem man den Übergang von Elektronen, die durch Photonen angeregt wurden, vom Valenzband in das energetisch höher gelegene Leitungsband in Halbleitern versteht. Dazu muss das Photon eine Energie aufweisen, die mindestens so groß wie die Bandlücke ist. Um diesen Effekt für die Energieerzeugung auszunützen, muss eine Ladungstrennung stattfinden. Dieser Effekt ist Grundlage für die Funktionsweise von *Solarzellen*. Sie bestehen aus Halbleitermaterialien, die zunächst einmal über den *photoelektrischen Effekt* freie Ladungsträger erzeugen (Elektronen und Löcher). ▶

Damit aus den erzeugten Ladungen ein elektrischer Strom wird, ist ein internes elektrisches Feld nötig, das die erzeugten Ladungsträger in unterschiedliche Richtungen lenkt. Es wird durch einen Übergang zwischen p-dotierten und n-dotierten Bereichen im Halbleiter erzeugt. Dieser Übergang muss möglichst nahe an der Oberfläche liegen, da Licht nicht weit in das Material eindringt. An der Oberfläche wird gewöhnlich eine dünne, stark n-dotierte Schicht erzeugt, während die dicke Schicht darunter schwach p-dotiert ist. Fallen in diese Übergangszone nun Photonen ein, werden Elektronen-Loch-Paare gebildet. Durch das elektrische Feld werden die Löcher zum unten liegenden p-Material beschleunigt und umgekehrt die Elektronen zum n-Kontakt auf der Oberseite. Ein Teil der Ladungsträger rekombiniert und die Energie geht in Form von Wärme verloren. Der übrige Photostrom kann direkt an einen Verbraucher weitergeleitet werden.

Um die Struktur von Solarzellen so effizient wie möglich zu machen, d.h., dass möglichst viel Licht eingefangen wird, muss die Deckelektrode transparent sein. Zusätzlich wird auf der Oberseite der Solarzelle zur Verringerung der Reflexion eine Antireflektionsschicht aufgetragen.

Das am häufigsten verwendete Halbleitermaterial für Solarzellen ist Silicium. Siliciumsolarzellen besitzen einen Wirkungsgrad von 5 % (amorphes Silicium) bis 20 % (einkristallines Silicium).

7.6   Elektrolyse

Im Gegensatz zu spontan ablaufenden Redoxreaktionen, in denen chemische Energie in elektrische Energie umgewandelt wird und die die Grundlage für galvanische Elemente liefern, stellt die Elektrolyse einen Prozess dar, bei dem elektrische Energie dazu genutzt wird, um eine nicht spontan ablaufende chemische Reaktion zu erzeugen.

7.6.1   Elektrolyse von geschmolzenem Natriumchlorid

Im geschmolzenen Zustand kann die Ionenverbindung Natriumchlorid durch Elektrolyse in ihre elementaren Bestandteile, also Natriummetall und Chlorgas, zerlegt werden. Im geschmolzenen Zustand wandern die Ionen Na^+ und Cl^- zur Kathode bzw. Anode. An den Elektroden liegt eine Gleichspannung an. Die Spannungsquelle wirkt dabei wie eine Art von Elektronenpumpe, die von der Anode Elektronen zur Kathode pumpt. An der Anode werden die Chloridanionen oxidiert und an der Kathode die Natriumkationen reduziert (▶Abbildung 7.10). Es laufen also folgende Prozesse ab:

Anode: $2\,Cl^- \rightarrow Cl_2 + 2\,e^-$

Kathode: $2\,Na^+ + 2\,e^- \rightarrow 2\,Na$

Gesamte Redoxreaktion: $2\,Na^+ + 2\,Cl^- \rightarrow 2\,Na + Cl_2$

Aus der elektrochemischen Spannungsreihe kann man erkennen, dass für die Elektrolyse von Natriumchlorid eine Spannung von mindestens 4 V angelegt sein muss. In der Praxis liegt die Spannung jedoch weit höher, weil der Prozess relativ ineffektiv abläuft und Überspannungen auftreten, die weiter unten noch diskutiert werden.

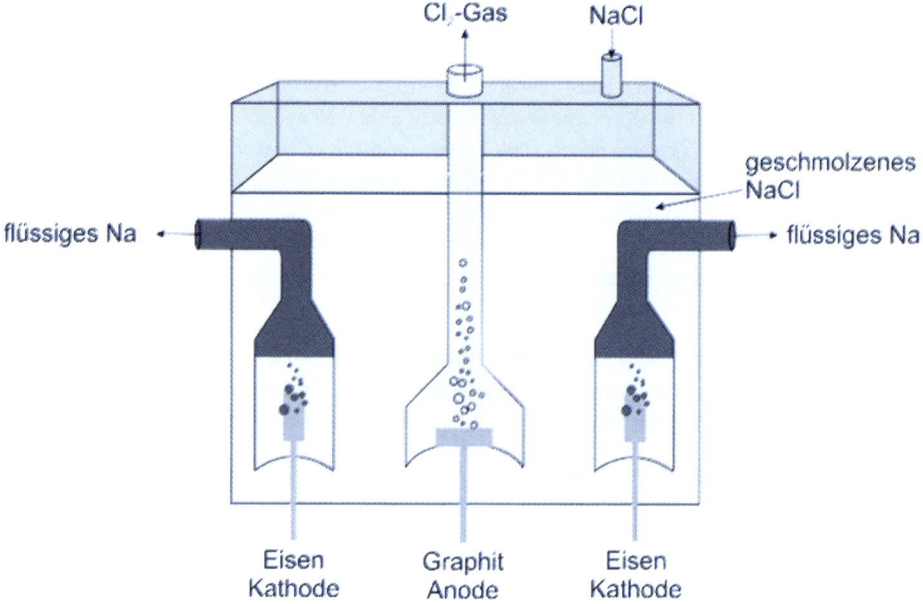

Abbildung 7.10: Aufbau einer Elektrolysezelle für die Elektrolyse einer Natriumchloridschmelze

7.6.2 Elektrolyse einer wässrigen Natriumchloridlösung

Verwendet man eine wässrige Natriumchloridlösung statt der Salzschmelze zur Elektrolyse, so erhält man zwar auch Chlorgas als Endprodukt, jedoch kein Natriummetall. Der Grund dafür ist, dass an dieser Elektrolyse auch noch Wasser beteiligt ist. Daher müssen wir als Oxidationsreaktionen folgende Reaktionen in Betracht ziehen:

$$2\,Cl^- \rightarrow Cl_2 + 2\,e^- \qquad\qquad E^0 = -1{,}36\ V$$

$$2\,H_2O \rightarrow O_2 + 4\,H^+ + 4\,e^- \qquad E^0 = -1{,}23\ V$$

Betrachtet man die Normalpotentiale für die Reaktionen, so stellt man fest, dass diese nicht stark voneinander abweichen. Jedoch sollte Wasser zuerst oxidiert werden. In der Praxis geschieht das allerdings nicht. An der Anode wird Chlorgas gebildet und kein Sauerstoff. In Elektrolyseprozessen ist manchmal die Spannung, die für eine Reaktion benötigt wird, wesentlich größer, als das Elektrodenpotential vermuten lässt. Diese so genannte *Überspannung* ist die Differenz zwischen dem Elektrodenpotential und der tatsächlich benötigten Spannung. Die Überspannung für die Sauerstoffbildung ist sehr hoch, daher wird an der Anode Chlorgas entwickelt.

An der Kathode können ebenfalls verschiedene Reaktionen ablaufen:

$$2\,H^+ + 2\,e^- \rightarrow H_2 \qquad\qquad E^0 = 0{,}00\ V$$

$$2\,H_2O + 2\,e^- \rightarrow H_2 + 2\,OH^- \qquad E^0 = -0{,}83\ V$$

$$Na^+ + e^- \rightarrow Na \qquad\qquad E^0 = -2{,}71\ V$$

Die Reduktion von Natrium kann dabei aufgrund des sehr negativen Normalpotentials ausgeschlossen werden. Die Reduktion von Protonen zu Wasserstoff sollte zwar bevorzugt ablaufen, aber man nimmt normalerweise an, dass die Reduktion von Wasser abläuft, da die Konzentration der Protonen im Wasser sehr gering ist.

Die daraus folgenden chemischen Prozesse bei der Elektrolyse einer wässrigen Natriumchloridlösung lauten:

Anode: $\qquad$ $2\,Cl^- \rightarrow Cl_2 + 2\,e^-$

Kathode: $\qquad$ $2\,H_2O + 2\,e^- \rightarrow H_2 + 2\,OH^-$

Gesamte Redoxreaktion: $\quad$ $2\,H_2O + 2\,Cl^- \rightarrow H_2 + Cl_2 + 2\,OH^-$

Während der Elektrolyse nehmen also die Konzentration von Cl^--Ionen ab und die von OH^--Ionen in der Lösung zu. Daher entsteht neben den Produkten H_2 und Cl_2 in dieser Elektrolyseapparatur auch noch das Nebenprodukt Natronlauge (NaOH). Deswegen nennt man diese Elektrolyse auch *Chlor-Alkali-Elektrolyse.*

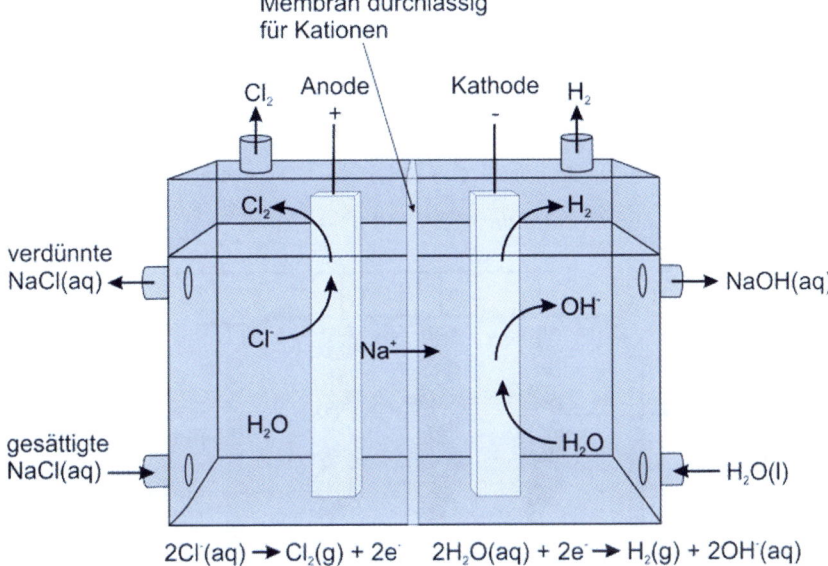

Abbildung 7.11: Aufbau einer Elektrolysezelle für die Chlor-Alkali-Elektrolyse

7.6.3 Weitere technische Verwendung von Elektrolyseverfahren

Elektrolyseverfahren finden in der Technik auch in folgenden Prozessen Anwendung:

- Herstellung von metallischen Schutzschichten auf korrosionsgefährdeten Metallen (Galvanisieren)

- elektrolytische Metallgewinnung aus wässriger Lösung bei Metallen, die gegenüber Wasser stabil sind: z.B. Cu, Zn, Cd, Ni, Sn; aus Salzschmelzen, z.B. Al, Mg, Na, K, Ca

- elektrolytische Reinigung von Metallen (in wässriger Lösung (Cu, Ag, Au, Pt, Ni) oder durch Elektrolyse von Salzschmelzen (Al)

Eine sehr wichtige technische Anwendung der Elektrolyse ist dabei die Herstellung von Aluminium aus geschmolzenem Aluminiumoxid Al_2O_3. Das Ausgangsmaterial für diesen Prozess ist das Erz Bauxit, das verschiedene Sauerstoffverbindungen des Aluminiums mit Verunreinigungen aus Eisenoxiden enthält. Nach Abtrennung der Verunreinigungen wird Aluminiumoxid gewonnen, das für die Aluminiumgewinnung eingesetzt werden kann. Wasserfreies Aluminiumoxid schmilzt allerdings bei über 2000 °C. Dies ist zu hoch für den Einsatz der Schmelzflusselektrolyse für die Aluminiumgewinnung. Daher löst man das gereinigte Aluminiumoxid in geschmolzenem Kryolit (Na_3AlF_6), das einen Schmelzpunkt von 1012 °C besitzt und ein guter Stromleiter ist. Als Anoden für die Elektrolyse werden Graphitstäbe eingesetzt, als Kathode dienen der Behälter und das geschmolzene Aluminium (▶Abbildung 7.12). Die Elektrodenreaktionen sind wie folgt:

$$Anode: \quad C + 2\,O^{2-} \rightarrow CO_2 + 4\,e^-$$

$$Kathode: \; Al^{3+} + 3\,e^- \rightarrow Al$$

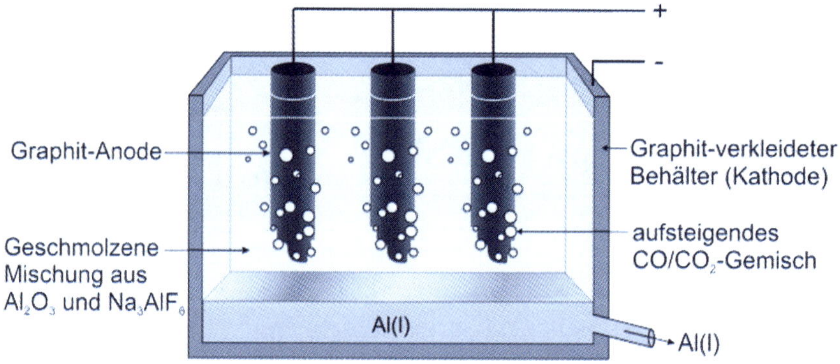

Abbildung 7.12: Aufbau einer Elektrolysezelle zur Gewinnung von Aluminium

7.6.4 Faraday'sche Gesetze

Die nach dem englischen Physiker und Chemiker *Michael Faraday* (1791–1867) benannten Faraday'schen Gesetze zeigen den Zusammenhang zwischen Ladung und abgeschiedener Stoffmenge und bilden daher die Grundlage für alle Stoffumsätze bei der Elektrolyse.

- **1. Faraday'sches Gesetz:** Die bei der Elektrolyse abgeschiedenen Stoffmengen sind proportional zu den durch den Elektrolyten geflossenen Ladungsmengen.
- **2. Faraday'sches Gesetz:** Die durch gleiche Strommengen abgeschiedenen Stoffmengen verhalten sich zueinander wie ihre Äquivalentmassen.

Zur Umsetzung eines Äquivalents einer Ionenart sind 96.485 Coulomb erforderlich. Wenn man also ein Mol eines einfach positiv geladenen Kations zu seinem Metall reduzieren möchte, benötigt man diese Ladungsmenge. Die Zahl wird auch als *Faraday-Konstante* bezeichnet und ist das Produkt aus Avogadro-Konstante und Elementarladung $(6{,}0221 \cdot 10^{23} \cdot 1{,}60218 \cdot 10^{-19}$ As $= 96485$ As$)$. Es handelt sich also um die Ladungsmenge eines Mols Elektronen.

Allgemein lässt sich das zweite Faraday'sche Gesetz folgendermaßen formulieren:

$$m = \frac{M \cdot Q \cdot a}{z \cdot F}$$

m = abgeschiedene Masse, M = molare Masse, Q = Ladungsmenge, z = Ionenladung, F = Faraday'sche Konstante, a = Stromausbeute. Letztere ist nur im Idealfall = 1; im Realfall ist $a < 1$.

7.7 Korrosion

Spontane Redoxprozesse sind die Basis von galvanischen Elementen. Jedoch gibt es auch unerwünschte spontan ablaufende Redoxprozesse, die beispielsweise zur Korrosion von Metallen führen. Unter Korrosion versteht man im Allgemeinen die Reaktion eines Werkstoffes mit seiner Umgebung, bei der eine messbare Veränderung des Werkstoffes erfolgt und die zu einer Beeinträchtigung der Funktion eines Bauteils oder Systems führen kann. Während uns der Begriff „Korrosion" hauptsächlich mit Metallen vertraut ist, wird er auch auf anderen Gebieten wie etwa der Geologie und der Medizin verwendet.

Für nahezu alle Metalle ist die Oxidation an der Luft bei Zimmertemperatur eine thermodynamisch günstige Reaktion. Die Wirkung der Oxidation kann dabei sehr zerstörerisch sein oder sie kann zur Ausbildung einer Schutzschicht auf der Oberfläche führen (Passivierung).

7.7.1 Korrosion von Eisen

Der bei weitem bekannteste Korrosionsprozess ist die Bildung von Rost auf Eisen. Für diesen Korrosionstyp müssen Sauerstoff und Wasser anwesend sein. Andere Faktoren, wie z.B. der *pH*-Wert der Lösung, die Anwesenheit von Salzen oder von Metallen, die schwerer oxidierbar sind als Eisen, oder mechanische Belastungen können den Korrosionsprozess beschleunigen.

Die Korrosion von Eisen ist ein elektrochemischer Vorgang und schließt nicht nur die Oxidations- bzw. Reduktionsvorgänge ein, sondern Eisen leitet auch den Strom. Bei der Korrosion von Eisen wird das Eisen durch den Sauerstoff oxidiert. Generell ist die Voraussetzung einer Oxidation eines Metalls durch Sauerstoff, dass das Redoxpaar des Metalls ein kleineres Normalpotential besitzt als das entsprechende Potential von O_2/H_2O. Beim Eisen ist dies der Fall:

$$\text{\textit{Kathode:}} \quad O_2(g) + 4\,H^+(aq) + 4\,e^- \rightarrow 2\,H_2O(l) \quad E^0 = 1{,}23\ \text{V}$$

$$\text{\textit{Anode:}} \quad Fe(s) \rightarrow Fe^{2+}(aq) + 2\,e^- \quad\quad\quad\quad E^0 = -0{,}44\ \text{V}$$

Die Oxidation von Fe zu Fe^{2+} findet in einer Zone des Eisens statt und bildet die Anode. Die abgegebenen Elektronen wandern durch das Eisen zu einer anderen Zone, in der O_2 reduziert wird, der Kathode (▶Abbildung 7.13). Zur Reduktion des Sauerstoffs sind Protonen nötig. Daher findet diese bei geringerer H^+-Konzentration, also höherem *pH*-Wert, nicht statt. In der Regel korrodiert Eisen nicht in Lösungen, deren *pH*-Wert größer als 9 ist.

Das entstehende Fe^{2+} wird weiter zu Fe^{3+} oxidiert und bildet hydratisiertes Eisen(III)oxid ($Fe_2O_3 \cdot x\,H_2O$; x: veränderlicher Wasseranteil), das wir als *Rost* kennen:

$$4\,Fe^{2+}(aq) + O_2(g) + 4\,H_2O(l) + x\,H_2O(l) \rightarrow 2\,Fe_2O_3 \cdot x\,H_2O(s) + 8\,H(aq)$$

Rost setzt sich oft kathodenseitig ab, weil dort im Allgemeinen die Zufuhr von O_2 am höchsten ist. Die verstärkte Korrosion in Anwesenheit von Salzen lässt sich dadurch verstehen, dass gelöste Salze einen guten Elektrolyten darstellen und wie in der galvanischen Zelle einen Ladungstransport übernehmen. Daher findet Korrosion verstärkt an Orten statt, die einen höheren Salzgehalt aufweisen, beispielsweise im Winter, wenn die Straßen gestreut sind, oder bei Meeresschiffen.

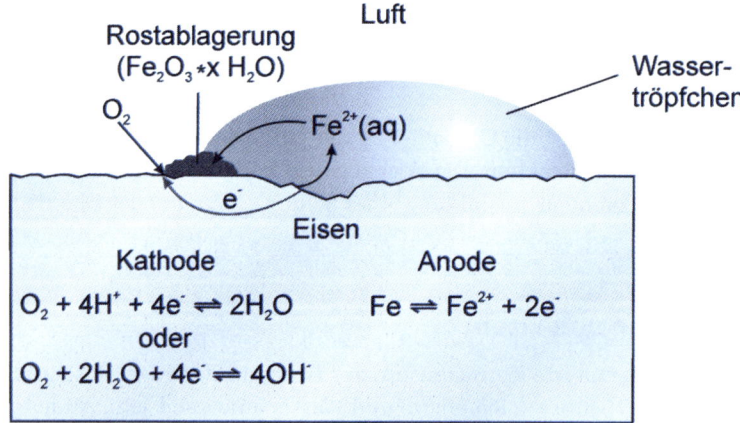

Abbildung 7.13: Korrosion von Eisen in Kontakt mit Wasser

7.7.2 Allgemeine Fakten zur Korrosion von Metallen

Die elektrochemische Korrosion bedingt das Vorhandensein von unterschiedlichen elektrochemischen Potentialen bei gleichzeitiger Anwesenheit eines Elektrolyten. Als Elektrolyt genügt häufig ein hauchdünner Feuchtigkeitsfilm, ein Wassertropfen, aber auch Handschweißflecken auf Werkstücken. Je niedriger der *pH*-Wert ist, d.h., je größer die Wasserstoffionenkonzentration (H^+), desto stärker ist die Aggressivität des wässrigen Elektrolyten. Dies ist aus den oben angeführten Gleichungen ersichtlich. Sind diese Gegebenheiten erfüllt, kann es zum elektrischen Stromfluss kommen. Dieser führt zur Korrosion der anodischen Bezirke des Werkstückes. Je größer die Differenz der Normalpotentiale der beteiligten Redoxsysteme, desto größer die Korrosionserscheinung. Diese Differenz kann z.B. hervorgerufen werden durch die Anwesenheit von Sauerstoff und einem unedlen Metall (wie beim Eisen beschrieben). Auch der Kontakt zwischen zwei Metallen kann zur Korrosion führen, oder unterschiedliche Elektrolytkonzentrationen. Wir wollen hier einige ausgewählte Beispiele für diese Korrosionsarten betrachten.

Korrosion aufgrund unterschiedlicher Normalpotentiale

Der Kontakt zwischen zwei Metallen mit unterschiedlichem Normalpotential führt häufig zu Korrosionserscheinungen. In der Praxis tritt dies beispielsweise ein, wenn unterschiedliche Metalle miteinander durch Schweißen oder Verschraubung verbunden werden. In Anwesenheit eines Elektrolyten, wie z.B. Wasser, kommt es in diesen Fällen zur Korrosion. Das unedlere Metall bildet dabei die Anode, die sich mit der Zeit auflöst, d.h., die Metallatome dieses Metalls gehen als Ionen in Lösung. Die allgemeine anodische Reaktion lautet also:

$$M \rightarrow M^{z+}(aq) + z\,e^-$$

In diesem Fall ist das edlere Metall die Kathode. In Abhängigkeit davon, ob genügend Sauerstoff vorhanden ist oder die Reaktion unter Sauerstoffmangel abläuft, treten zwei mögliche Reaktionen an der Kathode auf. Sauerstoffmangel und genügend hohe H^+-Konzentrationen können zur Bildung von elementarem Wasserstoff führen. Daher wird dieser Korrosionstyp als *Wasserstoffkorrosion* bezeichnet.

$$2\,H^+(aq) + 2\,e^- \rightarrow H_2(g)$$

Geringe H^+-Konzentrationen und Anwesenheit von Sauerstoff hingegen führen zur *Sauerstoffkorrosion*. Dabei entstehen an der Kathode OH^--Ionen (basische Reaktion) nach der Gleichung:

$$2\,H_2O(l) + O_2(g) + 4\,e^- \rightarrow 4\,OH^-(aq)$$

Unterschiedliche Elektrolytkonzentrationen

Bei den galvanischen Elementen haben wir so genannte Konzentrationsketten kennen gelernt. Bei diesen sind Anode und Kathode vom selben Metall, aber die Elektrolytkonzentrationen unterscheiden sich am Ort der Kathode und der Anode. Die entstehende Spannung konnte durch die Nernst'sche Gleichung berechnet werden. Solche unterschiedlichen Elektrolytkonzentrationen können auch zu Korrosionserscheinungen führen. Am häufigsten sind dabei Unterschiede im Sauerstoffgehalt, d.h., bei den entsprechenden Elementen handelt es sich um eine Sauerstoffkorrosion. Durch einen unterschiedlichen Sauerstoffgehalt im Elektrolyten bildet sich ein Sauerstoffkonzentrationselement, das auch als *Belüftungselement* bezeichnet wird. Zu diesem Korrosionstyp zählt auch die in Kapitel 7.6.1 behandelte Korrosion des Eisens. Im Wassertropfen herrscht dabei eine niedrigere O_2-Konzentration als am Rand.

7.7.3 Korrosionsarten

Korrosion kann in vielen unterschiedlichen Erscheinungsformen auftreten. Im Rahmen dieser kurzen chemischen Einführung wollen wir uns nur auf die Korrosion an metallischen Materialien beschränken, die meist elektrochemische Ursachen hat. Daneben tritt Korrosion auch an anderen Materialen auf, z.B. an Beton oder Kunststoffen. Neben der elektrochemischen Korrosion gibt es auch eine rein chemische und die mechanische Korrosion. Hier sollen einige wichtige Korrosionsarten kurz beleuchtet werden.

Lochfraßkorrosion

Bei der Lochfraßkorrosion handelt es sich um kleinflächige, aber tiefe Korrosionserscheinungen in Metallen. Sie tritt beispielsweise bei passivierten Metallen auf, bei denen die schützende Oxidschicht angegriffen wurde, z.B. durch Chloridionen im Elektrolyten. Die Stelle, an der die schützende Oxidschicht verletzt wurde, bietet eine Angriffsfläche für die Korrosion. Unter günstigen Umständen, wenn genügend Sauerstoff vorhanden ist, kann es zu einer Repassivierung kommen. Ansonsten schreitet die Lochkorrosion fort. Die Lochfraßkorrosion kann dadurch gefördert werden, wenn an die korrodierte Stelle weniger Sauerstoff kommt, wodurch die Repassivierung behindert wird. Da der Sauerstoffgehalt außerhalb des Lochs wesentlich größer ist als im Loch, bildet sich ein Konzentrationselement. Das kleine Loch bildet die Anode, die restliche Oberfläche übernimmt die Rolle der Kathode. Da die Korrosionsgeschwindigkeit durch die Größe der Kathode bestimmt wird, schreitet die Reaktion mit großer Geschwindigkeit voran.

Bildung von Lokalelementen durch Einschlüsse

Bei einer schlechten Verarbeitung eines Metalls kann es zur Bildung von Einschlüssen kommen, die ein anderes Normalpotential als das umgebende Metall besitzen. Dadurch entsteht ein örtliches Lokalelement, wie wir es schon vom Kontakt zweier unterschiedlicher Metalle kennen gelernt haben. Weitere Ursachen solcher Inhomogenitäten können Schweißnähte oder Lötstellen sein. In Anwesenheit eines Elektrolyten geht das unedlere Metall in Lösung.

Zerfall des Gefüges

In Legierungen kann es zu Korrosionserscheinungen kommen, bei denen einzelne Bestandteile der Legierung durch anodische Auflösung aus dem Gefüge herausgelöst werden. Dadurch wird der Zusammenhalt des gesamten Gefüges zerstört. Diese Korrosionsart ist besonders gefährlich, da sie häufig nicht sofort an äußerlichen Korrosionserscheinungen zu erkennen ist. Sie ist besonders gefährlich, weil die ursprünglichen Materialeigenschaften vollkommen verloren gehen. Unter diese Korrosionsart fallen:

1. Interkristalline Korrosion (Kornzerfall)

Die Korrosion erfolgt entlang der Korngrenzen im Metall. Als Korngrenzen bezeichnet man in einem Kristall Bereiche unterschiedlicher Ausrichtung mit ansonsten gleicher Kristallstruktur.

2. Selektive Korrosion

Bezeichnet die Korrosion eines Bestandteils einer Legierung. Ein Beispiel hierfür ist die Entzinkung von Messing. Messing ist eine Legierung aus Kupfer und Zink. Bei der Entzinkung wird das unedlere Zink anodisch aus dem Messing entfernt. Dieser Korrosionstyp tritt z.B. häufig bei Sanitärarmaturen auf.

3. Spongiose von Gusseisen

Spongiose ist eine Sonderform der selektiven Korrosion. Bei ihr bilden die eisenreichen Phasen die Anode und das im Gusseisen reichlich vorhandene Graphit die Kathode. Das Korrosionsprodukt ist Eisenoxidhydroxid (FeOOH), welches die entstandenen Zwischenräume im Graphitnetzwerk als poröse Masse ausfüllt. Dabei behält das Werkstück seine Form, verliert aber seine Festigkeit und ist mechanisch nicht mehr belastbar. Diese Form der Korrosion tritt vor allem bei erdverlegten gusseisernen Rohren auf.

Einige metallseitige Korrosionsformen sind in ▶Abbildung 7.14 zusammengefasst.

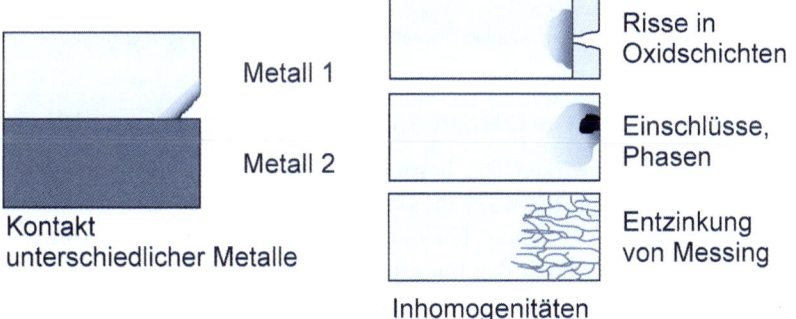

Abbildung 7.14: Übersicht über verschiedene metallseitige Korrosionsformen

Korrosion aufgrund verschiedener Elektrolytzusammensetzungen

Neben den metallseitigen Korrosionsformen gibt es auch jene, die auf das Medium, d.h. den Elektrolyten, und die Bildung von Lokalelementen durch unterschiedliche Sauerstoffkonzentrationen zurückzuführen sind. Meist geht diese Korrosionsart mit der metallseitigen Korrosion gemeinsam einher.

Häufig treten unterschiedliche Sauerstoffkonzentrationen im Elektrolyten aufgrund von mangelnder Aufnahmemöglichkeit von Luftsauerstoff auf, z.B. in Spalten, unter Nieten, unter Kunststoffabdeckungen. An diesen Stellen kommt es zur Verarmung an Sauerstoff, während andere Stellen des Elektrolyten eine höhere Sauerstoffaufnahme besitzen. Als Konsequenz kommt es zur Ausbildung eines Konzentrationselements. Einige Beispiele für die Ausbildung solcher Konzentrationsketten sind in ▶Abbildung 7.15 zu sehen.

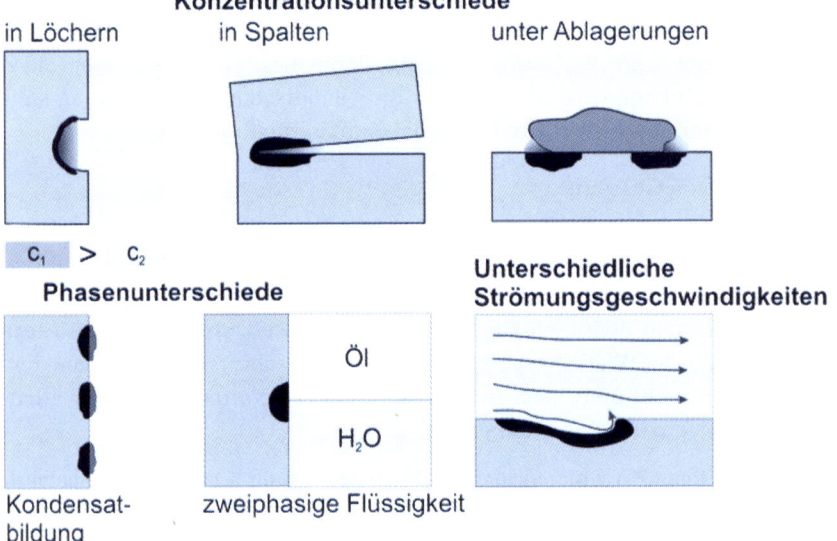

Abbildung 7.15: Ausbildung von Konzentrationselementen aufgrund von unterschiedlicher chemischer Umgebung im Bereich des Elektrolyten

Korrosion bei Auftreten von mechanischer Belastung – Spannungsrisskorrosion

Durch gleichzeitiges Einwirken von bestimmten, spezifisch wirkenden Elektrolyten und von Zugspannungen kann es zur interkristallinen, teilweise auch transkristallinen Rissbildung im Material kommen. Bei interkristalliner Spannungsrisskorrosion verläuft die Rissbildung zwischen den einzelnen Kristalliten des Metalls, bei der transkristallinen geht sie durch die Kristalle hindurch. Die Spannungsrisskorrosion wird durch Zugspannungen und durch Anwesenheit von unterschiedlichen elektrischen Potentialen auf der Metalloberfläche ausgelöst. Die für die Korrosion nötigen Potentialunterschiede bilden sich durch Unterschiede im Metall oder Konzentrationsunterschiede im Elektrolyten.

Bei der Spannungsrisskorrosion treten im Allgemeinen keine sichtbaren Korrosionsprodukte auf. Gegen die Spannungsrisskorrosion sind bestimmte Werkstoffgruppen empfindlich. Dazu gehören beispielsweise Kupfer-Zink-Legierungen (Messing), manche Aluminiumlegierungen und teilweise rost- und säurebeständige Stähle.

Für das Auftreten von Spannungsrisskorrosion müssen drei Bedingungen erfüllt sein:

- Der Werkstoff muss empfindlich gegen Spannungsrisskorrosion sein.
- Zugspannungen müssen vorliegen.
- Ein spezifisches Angriffsmittel muss vorhanden sein.

Spezifische Angriffsmittel bei rost- und säurebeständigen Stählen sind Chloride, bei Kupfer-Zink-Legierungen sowie bei Goldlegierungen mit Zinkanteil sind es Ammoniak, Amine, Ammoniumsalze, Schwefeldioxid, Stickoxide, Nitrit, Nitrat usw., bei Aluminium ebenfalls Chloride (Meerwasser).

Wasserstoff als Korrosionsursache

Neben den auf elektrochemischen Vorgängen beruhenden Korrosionsarten gibt es auch solche, die auf anderen Erscheinungen beruhen. Hierzu zählt beispielsweise die *Wasserstoffversprödung*, die auch manchmal als *Beizsprödigkeit* bezeichnet wird. Sie basiert auf der Tatsache, dass Wasserstoff sehr einfach in das Kristallgitter des Metalls diffundieren kann und sich, bei genügend hoher Konzentration, dort in den Zwischengitterplätzen ansammelt. Bei geeigneten Bedingungen kann es dann zu örtlichen Aufblähungen kommen. Die Wasserstoffversprödung kann auftreten, wenn durch Korrosion atomarer Wasserstoff entsteht, oder bei der Behandlung von metallischen Oberflächen mit Säuren, beispielsweise beim Beizen. Diffundiert der Wasserstoff schneller in den Werkstoff, als er sich an der Werkstoffoberfläche zu nicht diffusionsfähigen H_2-Molekülen zusammenfügt, kann es auch zur Wasserstoffversprödung kommen.

7.7.4 Korrosionsschutz

Um ein Werkstück vor Korrosion zu schützen, müssen die Korrosionsursachen vermieden werden. Dies beginnt bei der geeigneten Werkstoffauswahl. Nur sauber verarbeitete Rohmaterialien ohne Fremdeinschlüsse schützen vor einer Korrosion. Des Weiteren bietet die sachgemäße Werkstoffverarbeitung eine wichtige Möglichkeit, ein Werkstück vor Korrosion zu schützen. Dazu zählt beispielsweise die Herstellung glatter Oberflächen und einheitlicher Metallgefüge. Auch die richtige Materialkombination beim Zusammenfügen von verschiedenen Bauteilen verhindert die Entstehung von Lokalelementen, die häufig eine Ursache von Korrosion sind. Der Kontakt von Werkstoffen mit Elektrolyten reicht ebenfalls zur Korrosionsbildung aus, so führt häufig bereits das einfache Anfassen eines metallischen Werkstücks mit der bloßen Hand zum Aufbringen eines Feuchtigkeitsfilms, der eine Korrosion fördern kann.

Daneben existieren noch andere Möglichkeiten, um die Korrosionsgefahr herabzusetzen. Diese können in passive und aktive Korrosionsschutzarten aufgeteilt werden. Einen passiven Korrosionsschutz erreicht man durch einen geeigneten Überzug des Werkstoffes, um den Zugriff korrodierender Medien zu vermeiden. Dazu zählen organische Materialien wie Lack oder Gummi und anorganische Materialien wie *Email*, eine *Phosphatierung*, eine *Eloxalschicht* oder die *Chromatierung*. Eine häufig verwendete Methode ist das Galvanisieren, das im nächsten Kapitel besprochen wird.

Der passive Korrosionsschutz hat den Nachteil, dass die Schichten absolut dicht sein müssen – ansonsten findet an Poren unter Umständen sogar verstärkte Korrosion statt, da sich dort Lokalelemente ausbilden können.

Werkstoffseitig kann ein Korrosionsschutz erreicht werden, indem man schützende Bestandteile zum entsprechenden Metall zulegiert, z.B. Chrom oder Nickel zu Stahl, womit korrosionsbeständige Stähle entstehen.

Beim aktiven Korrosionsschutz wird das zu schützende Werkstück zur Kathode in einem Lokalelement und dadurch vor der anodischen Korrosion geschützt. Dies kann beispielsweise durch eine Beschichtung von Metallen mit unedleren Schichten erfolgen. Diese fungieren dabei als *Opfer-* oder *Schutzanode*, d.h., die Schutzschicht löst sich bevorzugt auf und erhält somit möglichst lang die Funktion des Bauteils (▶Abbildung 7.16). Das bekannteste Beispiel ist die Verzinkung von Stahl. Eine weitere Möglichkeit besteht durch die leitende Verbindung einer räumlich entfernt liegenden Opferanode mit den zu schützenden Werkstücken. Mit dieser Methode werden beispielsweise Wasserbauwerke wie z.B. Schiffe, Schleusen, Spundwände, Bootsteile und Schienen durch Opferanoden aus Zink-, Aluminium- oder Magnesiumlegierungen geschützt.

Auf dem gleichen Prinzip, also der Schaltung des zu schützenden Werkstücks als Kathode, beruht die Verwendung von Fremdstrom. So werden bei Erdöl-Pipelines im Abstand von einigen Kilometern Elektroden in einigen hundert Metern Abstand zur Pipeline im Boden versenkt und mit der Pipeline verbunden. An das dabei entstehende galvanische Element (Elektrolyt ist der Boden) wird eine Gegenspannung angelegt, meist in der Größenordnung von einigen Volt. Die Pipeline ist dabei die Kathode.

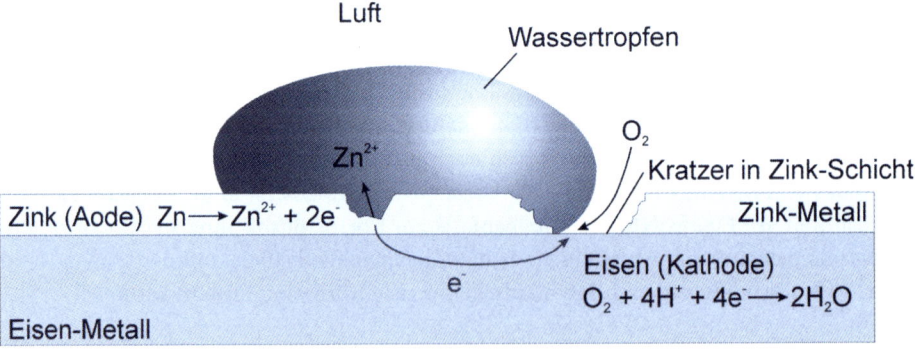

Abbildung 7.16: Wirkungsweise einer Zinkschutzschicht als Opferanode

Schutzschichten aus Metall

Das korrosionsgefährdete Metall wird durch Galvanisieren, Tauchverfahren und Plattieren mit Metallen mit einer korrosionsbeständigeren Metallschicht überzogen.

Galvanisieren Galvanisieren stellt die elektrochemische Abscheidung von metallischen Überzügen auf Gegenständen dar. Dabei schaltet man in einem elektrolytischen Bad das Werkstück als Kathode und das aufzubringende Metall als Anode. Der elektrische Strom löst dabei Metallionen von der Verbrauchselektrode ab und lagert sie durch Reduktion auf dem Werkstück ab. Dadurch wird der zu veredelnde Gegenstand allseitig gleichmäßig mit dem Metall beschichtet. Je länger sich der Gegenstand im Bad befindet und je höher der elektrische Strom ist, desto dicker wird die Metallschicht. Für galvanische Schutzschichten eignen sich die Metalle Kupfer, Silber, Gold, Nickel, Chrom, Zinn, Zink und Blei.

Tauchverfahren Die Metallschutzschicht wird durch Eintauchen des Werkstückes in eine Metallschmelze aufgebracht. Mit diesem Verfahren bringt man Metallschutzschichten aus Zink (Feuer- oder Heißverzinkung), Blei, Zinn und Aluminium auf.

Plattieren mit Metallen Beim Plattieren werden auf das zu schützende Grundmetall Überzüge eines zweiten Metalls aufgebracht. Durch Verwendung von hohen Drücken und Temperaturen soll eine möglichst innige Verbindung der beiden Metalle erzielt werden. So werden beispielsweise Bleche mit Kupfer auf Stahl, Silber oder Gold auf Messing (Doublé) erzeugt. Als Techniken verwendet man das Aufwalzen von dünnen Metallfolien, Aufschweißen oder das Sprengplattieren. Neben dem verbesserten Korrosionsschutz erreicht man durch diese Oberflächenveredelung auch eine höhere Oberflächenhärte und bessere Gleiteigenschaften.

Geeignete Metalle oder Legierungen als Schutzmetall im Plattierverfahren sind Gold, Silber, Kupfer, Nickel, Aluminium und Messing.

Anorganische Verbindungen als Schutzschichten

Als anorganische Schutzschichten sind insbesondere Oxide, Phosphate und Email in Verwendung.

Erzwungene Passivierung In vorherigen Kapiteln haben wir schon häufiger feststellen können, dass manche unedlen Metalle sich durch eine Passivierung spontan vor Korrosion schützen können. Der häufigste Fall ist dabei die spontane Ausbildung einer Oxidschicht an Luft, wie im Fall des Aluminiums. Ein weiteres Metall, das eine solche Schutzschicht ausbildet, ist Chrom. Obwohl Chrom von seinem Normalpotential her etwas unedler als Eisen ist, verhält es sich bei der Korrosion gegenüber Luft und Wasser fast wie ein Edelmetall. Dieser Effekt wird ganz deutlich bei den verchromten Armaturen im Bad. Obwohl sie sich in einer sehr feuchten Atmosphäre befinden, die den Korrosionsvorgang beschleunigen sollten, bleiben sie jahrzehntelang blank und glänzend. Dies ist auf eine sehr dünne, passivierende Oxidschicht zurückzuführen. Ähnliche Oxidschichten bilden Nickel, Titan, Blei, Zink und Silicium aus.

Bei manchen Metallen ist es sinnvoll, die Entstehung einer Passivierungsschicht durch ein definiertes Verfahren technisch zu erzeugen. Das bekannteste Beispiel hierfür ist Aluminium. Die beschleunigte Bildung einer Oxidschicht durch elektrochemische Vorgänge im Fall des Aluminiums bezeichnet man als *Eloxieren* (elektrochemische Oxidation). Dabei wird auf dem zu passivierenden Werkstück durch anodische Oxidation eine Oxidschicht (Eloxalschicht) hergestellt.

Chromatieren   Bei diesem Verfahren wird ein Werkstück über eine elektrogalvanische Methode mit einer chromhaltigen Schutzschicht versehen. Da es sich nicht um reines Chrom, sondern um chromhaltige Schutzschichten handelt, zählt dieses Verfahren nicht zu den galvanischen Verfahren, sondern zu den anorganischen Passivierungen. Das Chromatieren erfolgt meist in Lösungen von Chromsäure und verschiedenen Zusätzen.

Oxidschichten auf Eisen   Eisenoxidschichten auf Eisen bilden nur einen begrenzten Korrosionsschutz, sie vermindern lediglich die Korrosion, als dass sie sie verhindern, und bieten diesen Schutz auch nur dann, wenn sie rissfrei hergestellt werden. Das bekannteste Verfahren ist das *Brünieren*. Dabei werden die Werkstücke in saure bzw. alkalische Lösungen oder Salzschmelzen getaucht, wodurch sich Mischoxidschichten (Konversionsschicht) aus FeO und Fe_2O_3 von tiefschwarzer Farbe ausbilden. Wegen der Porosität der Brünierschicht besitzen sie einen nur geringen Korrosionsschutz. Dieser lässt sich aber durch Einölen oder Einfetten deutlich verbessern. Das Einsatzgebiet dieses Korrosionsschutzes liegt hauptsächlich im Maschinen- und Werkzeugbau oder bei der Herstellung von Handfeuerwaffen. Das Brünieren dient auch als Haftgrund für weitere Oberflächenbehandlungen wie dem Lackieren.

Phosphatieren   Bei der Phosphatierung werden die Metalloberflächen mit wässrigen Phosphatlösungen behandelt wodurch sich eine Schicht aus fest haftenden Metallphosphaten bildet. Die Phosphatschicht haftet sehr gut auf dem Untergrund und besitzt eine mikroporöse Struktur, die das Anhaften von nachfolgenden Beschichtungen verbessert. Daher werden Phosphatschichten sehr oft als Untergrund für nachfolgende Beschichtungen verwendet. Das Phosphatieren selbst liefert noch keinen dauerhaften Korrosionsschutz, aber einen temporären, der für das Lagern vor einem nachfolgenden Verarbeitungsschritt oft ausreicht. Häufig werden Zinkphosphatschichten auf Stahl abgeschieden, beispielsweise im Automobilbau. Diese bilden die Grundlage für die anschließende Lackbeschichtung der Bleche.

Emaillieren   Email ist ein Überzug, der aus glasbildenden Oxiden besteht. Die Emailüberzüge sind im sauren und neutralen Bereich beständig, lösen sich aber meist im alkalischen Milieu auf. Gegen organische Stoffe und Lösungsmittel zeigen solche Überzüge eine sehr große Beständigkeit. Der wesentliche Nachteil von Emailschichten ist die geringe Temperaturwechselbeständigkeit und die Schlagempfindlichkeit.

ZUSAMMENFASSUNG

Die bei Redoxreaktionen erzeugte elektrische Energie kann durch *galvanische Zellen* nutzbar gemacht werden. Durch die leitende Verbindung von zwei *Halbzellen* baut sich eine Spannung auf, die man auch als *elektromotorische Kraft* der entsprechenden Anordnung bezeichnet. Sie ist abhängig von der Differenz der *Standard-Redoxpotentiale* (*Normalpotentiale*) der beteiligten Oxidations- und Reduktionsreaktion. Diese Standard-Redoxpotentiale werden durch Messung einer Halbzelle gegen eine standardisierte Elektrode, die *Standard-Wasserstoffelektrode*, bestimmt. Die entsprechenden Werte können aus der tabellierten *elektrochemischen Spannungsreihe* abgelesen werden. Die Spannungsreihe ermöglicht auch die Vorhersage, ob eine bestimmte Redoxreaktion stattfindet oder nicht.

Weicht man von den Standardbedingungen ab, so ermöglicht die *Nernst'sche Gleichung* das Umrechnen von Normalpotentialen auf Nichtstandardbedingungen. Dadurch kann beispielsweise die elektromotorische Kraft von *Konzentrationszellen* berechnet werden.

Für viele elektrochemisch basierende Messungen benötigt man *Elektroden zweiter Art*, die im Unterschied zu *Elektroden erster Art* keine Veränderung ihres Potentials während eines elektrischen Stromflusses besitzen.

Galvanische Zellen ermöglichen die elektrochemische Stromerzeugung auch für viele mobile Einsatzzwecke. Die entsprechenden Vorrichtungen bezeichnet man häufig als *Batterien*. Man unterscheidet dabei *Primärelemente*, die nicht wieder aufgeladen werden können, und *Sekundärelemente* oder *Akkumulatoren*. Während Primär- und Sekundärelemente die zur Stromerzeugung benötigten Chemikalien in ihrem Gehäuse mit sich führen, muss bei *Brennstoffzellen* der Brennstoff, der die elektrochemische Reaktion ermöglicht, dauernd zugeführt werden.

Kehrt man den Prozess um und verwendet elektrische Energie, um chemische Reaktionen hervorzurufen, so bezeichnet man dies als *Elektrolyse*. Sie wird in vielen technologisch wichtigen Prozessen, wie z.B. der elektrolytischen Umsetzung von Natriumchlorid, der *Chloralkalielektrolyse,* oder der Herstellung von Reinmetallen wie Aluminium eingesetzt. Die quantitative Betrachtung, wie viel Stoff bei einer bestimmten Elektrolyse abgeschieden werden kann, erfolgt durch die *Faraday'schen Gesetze*.

Neben den erwünschten elektrochemischen Prozessen wie galvanischen Zellen oder der Elektrolyse gibt es auch unerwünschte spontan ablaufende Redoxreaktionen, die zur Zerstörung von Werkstoffen führen. Diese Prozesse bezeichnet man als *Korrosion*. Für einen Korrosionsprozess müssen eine Kathode, eine Anode und ein Elektrolyt vorhanden sein. Ob eine Korrosion einsetzt, hängt aber auch von Inhomogenitäten im Material und vor allem von der Materialoberfläche ab. Durch Verfahren des *Korrosionsschutzes* kann die Korrosion vermieden oder zumindest verzögert werden.

Aufgaben

Verständnisfragen

1. Wie ist eine galvanische Zelle aufgebaut? Warum müssen die zwei Halbzellen einer galvanischen Zelle voneinander getrennt sein?

2. Wie fließen in einer galvanischen Zelle die Elektronen und welche Polarität besitzen die Elektroden?

3. Ändert sich in einer galvanischen Zelle mit zunehmender Reaktionszeit die Spannung und warum?

4. Wie kann man die Spannung einer galvanischen Zelle bestimmen, ohne dass man sie tatsächlich in Betrieb nimmt?

5. Wie wird das Normalpotential eines elektrochemischen Elements bestimmt?

6. Wie lautet die Nernst'sche Gleichung?

7. Wie unterscheiden sich Primär-, Sekundärelemente und Brennstoffzellen voneinander?

8. Wie kann man aus Natriumchlorid Natriummetall und Chlorgas erhalten? Welche Produkte erhält man, wenn man statt der Schmelze eine wässrige Lösung einsetzt, und warum?

9. Wie kann man bei der Elektrolyse im Voraus berechnen, wie viel Produkt entsteht?

10. Welche Bedingungen müssen vorhanden sein, damit eine Korrosion stattfinden kann?

11. Nennen Sie einige typische Korrosionsarten und worauf sie beruhen.

12. Wie kann man ein metallisches Werkstück vor Korrosion schützen?

Übungsaufgaben

1. Berechnen Sie die elektromotorische Kraft einer Zelle, welche bei 25 °C die Redox-systeme der Halbzellen Mg/Mg^{2+} und Cu/Cu^{2+} verwendet. Welche chemische Reaktion findet unter Standardbedingungen statt?

2. Kann Fe^{3+} I^- unter Standardbedingungen zu I_2 oxidieren?

3. Welches der folgenden Reagenzien kann H_2O zu $O_2(g)$ unter Standardbedingungen oxidieren? $H^+(aq)$, $Cl^-(aq)$, $Cl_2(g)$, $Cu^{2+}(aq)$

4. Welche der folgenden Redoxreaktionen finden statt?
   $Ca(s) + Ni^{2+}(aq) \rightarrow Ca^{2+}(aq) + Ni(s)$
   $2\,I^-(aq) + Sn^{2+}(aq) \rightarrow I_2(aq) + Sn(s)$
   $Cu^+(aq) + Fe^{3+}(aq) \rightarrow Cu(s) + Fe^{2+}(aq)$

5. Wie lautet das Potential einer Zelle, die bei 25 °C aus Zn/Zn^{2+}- und Cu/Cu^{2+}-Halbzellen besteht, wenn $[Zn^{2+}] = 0,25$ M und $[Cu^{2+}] = 0,15$ M sind?

6. Die Halbreaktion an einer Elektrode lautet:
   $Al^{3+}(\text{geschmolzen}) + 3\,e^- \rightarrow Al(s)$
   Wie viel Gramm Aluminium kann man durch das Zuführen von 1,00 F erhalten?

7. Berechnen Sie die Mengen an Cu und Br_2, die in 1 Stunde an zwei inerten Elektroden aus einer Lösung von $CuBr_2$ bei einer Stromstärke von 4,5 A erhalten werden können.

8. Stahlwerkstoffe, wie z.B. Nieten, werden häufig mit einer dünnen Cadmium-schicht überzogen. Erklären Sie die Rolle des Cadmiums.

Streifzug durch das Periodensystem: Wichtige chemische Elemente und Verbindungen

8.1   Metalle... 262

8.2   Metallische Elemente im Überblick 271

8.3   Nichtmetalle.................................... 277

      Zusammenfassung 299

      Aufgaben 299

8

ÜBERBLICK

>> Gleichgültig, welche Tätigkeit wir vollführen, ob wir uns gerade die Zähne putzen, unsere Medikamente oder unsere Nahrung zu uns nehmen, im Auto fahren, an unserem Computer arbeiten oder uns eine CD anhören – alle diese Tätigkeiten haben eines gemein: Wir verwenden Elemente oder Verbindungen, welche die unterschiedlichsten Aufgaben in den eingesetzten Materialien übernehmen. So vielfältig das Periodensystem mit seinen Elementen ist, so vielfältig sind auch die Verbindungen dieser Elemente untereinander. Die Menschheit musste lernen, aus den Reinelementen verschiedene Verbindungen zu erzeugen, häufig inspiriert durch die Natur. Heute sind uns Millionen Verbindungen bekannt und jährlich kommen Tausende neue hinzu, die in den unterschiedlichsten Lebensbereichen eingesetzt werden. Das folgende Kapitel kann nur ein kleines Spektrum an Elementen, deren Erscheinen in der Natur, die Erzeugung aus natürlichen Vorkommen und die Weiterverarbeitung zu verschiedenen Verbindungen aufzeigen. Wir begeben uns auf einen Streifzug durch die schier unendliche Vielfalt der Eigenschaften. <<

Das Periodensystem enthält sehr viele Informationen zum Aufbau der Materie. In ihm erscheinen die Elemente in ihrer geordneten Reihenfolge, und aus ihm lassen sich jede Menge Daten herausziehen, wenn man es richtig zu lesen versteht. Auch der Ingenieur, der eher mit der technologischen Anwendung der Elemente beschäftigt ist, sollte grundlegende Zusammenhänge kennen. In diesem Kapitel sollen wichtige chemische Elemente und Verbindungen, die auch technologisch eine große Rolle spielen, näher beleuchtet werden.

8.1   Metalle

In Kapitel 3.3 konnten wir schon einiges über die Bindungen in Metallen erfahren. Wir haben gelernt, dass es zwei unterschiedliche Betrachtungsweisen der metallischen Bindung gibt, das Elektronengasmodell und das Energiebändermodell. In Kapitel 4.4 haben wir gelernt, wie die einzelnen Metallatome im Festkörper angeordnet sind. Wir wollen in diesem Kapitel noch einmal genauer die wichtigsten Eigenschaften metallischer Elemente betrachten. In Kapitel 11 wird die Werkstoffklasse der Legierungen genauer betrachtet.

Metalle unterscheiden sich durch vier wesentliche Merkmale von vielen anderen Elementen des Periodensystems:

- elektrische Leitfähigkeit, die mit steigender Temperatur abnimmt
- hohe *Wärmeleitfähigkeit*
- *Duktilität*
- metallischer Glanz

Alle diese Eigenschaften sind durch die metallische Bindung erklärbar und aufgrund dieser Eigenschaften ist unser tägliches Leben ohne Metalle kaum vorstellbar.

Chemisch gesehen sind Metalle Elemente, die sich im Periodensystem der Elemente links und unterhalb einer gedachten Trennungslinie von Bor bis Polonium befinden. Daher sind etwa 80 % der chemischen Elemente Metalle. Zwischen den Metallen und Nichtmetallen ist allerdings ein fließender Übergang zu beobachten, der über die Halbmetalle, die auch als Metalloide bezeichnet werden, führt.

Man unterscheidet bei den Metallen zwischen Hauptgruppenmetallen und Metallen in der Nebengruppe, die auch als *Übergangsmetalle* bezeichnet werden. Diese Unterscheidung spiegelt sich in der unterschiedlichen Elektronenkonfiguration ihrer Vertreter wider. Bei den Hauptgruppenmetallen werden die s- und p-Orbitale in der Valenzschale mit Elektronen gefüllt (ns^1 - ns^2np^6), während bei den Übergangsmetallen die d-Orbitale mit Elektronen gefüllt (ns^2nd^1 - ns^2nd^{10}) werden.

Aus Kapitel 4.4 und aus der Bindungstheorie der Metalle wissen wir, dass sich die Atome im Festkörper in Metallgittern anordnen. Die Elektronen sind über das gesamte Gitter verteilt und frei beweglich. Die Eigenschaften der Metalle lassen sich auf diese besondere Bindungssituation zurückführen.

Der metallische Glanz, der auch als Spiegelglanz bezeichnet wird, resultiert daher, dass die frei beweglichen Elektronen nahezu die gesamte eingestrahlte Energie – also alle Wellenlängen – wieder unverändert emittieren. Dadurch entstehen der Glanz und der Spiegeleffekt. Die Reflexion an der Oberfläche bewirkt zugleich, dass Licht das Metall nicht durchdringen kann und dass Metalle undurchsichtig sind.

Die gute elektrische Leitfähigkeit lässt sich auf die frei beweglichen Elektronen zurückführen. Die Elektronen tragen auch zur guten thermischen Leitfähigkeit bei. Die thermische Leitfähigkeit eines Festkörpers lässt sich auf die Veränderung der Eigenbewegung der Atomrümpfe zurückführen, die nichts anderes als Schwingungen sind. Die freien Elektronen im metallischen Festkörper tragen zur Wärmeübertragung im Metallgitter bei, so besitzen beispielsweise gute elektrische Leiter wie Kupfer bessere Wärmeleitfähigkeiten als schlechte elektrische Leiter wie z.B. Eisen. Die Duktilität (Verformbarkeit) der Metalle geht auf die einfache Verschiebbarkeit der Atomlagen im Metallgitter zurück. Der relativ hohe Schmelzpunkt hat seine Ursache in den allseitig gerichteten Bindungskräften zwischen den Kationen und den frei beweglichen Elektronen.

Viele der makroskopischen Eigenschaften der Metalle lassen sich also auf die elektronische Struktur zurückführen. Auch die Struktur des Metallgitters spielt eine entscheidende Rolle.

8.1.1 Kristallstrukturen der Metalle

Metallische Elemente kristallisieren in Metallgittern. Einige Typen von Einheitszellen (▶Abbildung 8.1), in denen Metalle vorkommen, konnten wir bereits in Kapitel 4.4 kennen lernen. Zu diesen gehören die kubisch-primitiven Zellen, die in jeder der acht Ecken eines Würfels je ein Atom enthalten. Es gibt nur einige Elemente, die im *kubisch-primitiven Gitter* kristallisieren. Zwei weitere Gittertypen sind zum einen das *kubisch-innenzentrierte Gitter* (engl.: *body-centered cubic*, *bcc*). In diesem Strukturtyp befindet sich im Zentrum des Würfels der Einheitszelle ein weiteres Atom. Den zweiten Strukturtyp stellen die *kubisch-flächenzentrierten Gitter* dar. In diesem befindet sich ein weiteres Atom in jedem Zentrum der sechs Flächen des Würfels.

Ein weiterer auftretender Strukturtyp ist das *hexagonal dichtgepackte Gitter* (engl.: *hexagonal close packed*, *hcp*). In diesem Strukturtyp ist jedes Atom in einer Fläche umgeben von sechs weiteren Atomen in den Ecken eines Sechsecks.

Eine wichtige, aber weit weniger vorkommende Festkörperstruktur für Elemente ist die *Diamantstruktur*. Dieser Strukturtyp wird neben Silicium auch von Zinn in einer seiner Festkörperformen eingenommen. Hier soll gleich angemerkt werden, dass sich unterschiedliche Festkörperstrukturen von Elementen durchaus ineinander umwandeln lassen. So können höhere Temperaturen oder Drücke eine Phase in eine andere transformieren. Der *tetragonale Gittertyp* wird erhalten, indem die kubisch-primitive Struktur in einer Dimension komprimiert wird. Die Betrachtungsweise ist vergleichbar mit dem Unterschied zwischen Quadrat und Rechteck. Zinn weist den tetragonalen Strukturtyp bei Raumtemperatur auf. Die Unterschiede der mechanischen und elektrischen Eigenschaften von Zinn in seinen zwei Kristallstrukturen sind auf die unterschiedliche Anordnung der Zinnatome in diesen beiden Strukturen zurückzuführen.

Die Gitterstrukturen einiger metallischer Elemente sind in Abbildung 8.1 zu sehen.

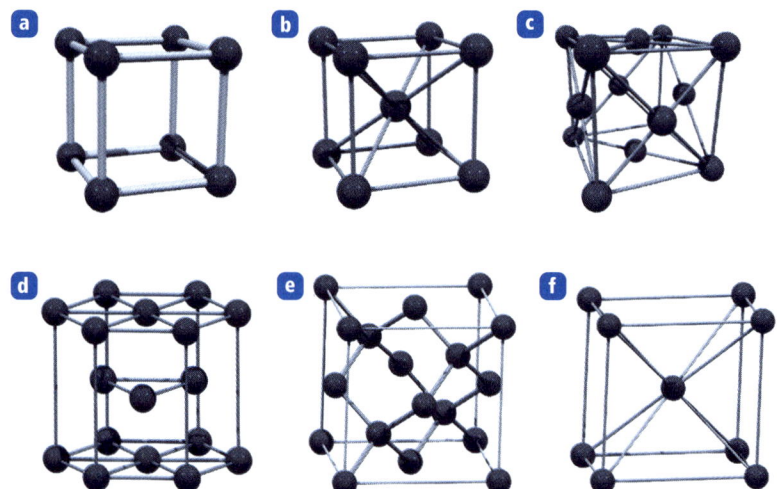

Abbildung 8.1: Die Einheitszellen für Kristallgitter der Metalle: a) kubisch-primitiv, b) kubisch-innenzentriert, c) kubisch-flächenzentriert, d) hexagonal dichteste Packung, e) Diamantstruktur, f) tetragonaler Gittertyp

Die meisten Metalle kristallisieren in hexagonal dichtester oder in kubisch-flächenzentrierter Packung. In beiden Strukturen sind hexagonale Lagen von Atomen vorhanden. Hexagonal gepackte Gitter werden auch als dichtgepackte Gitter bezeichnet.

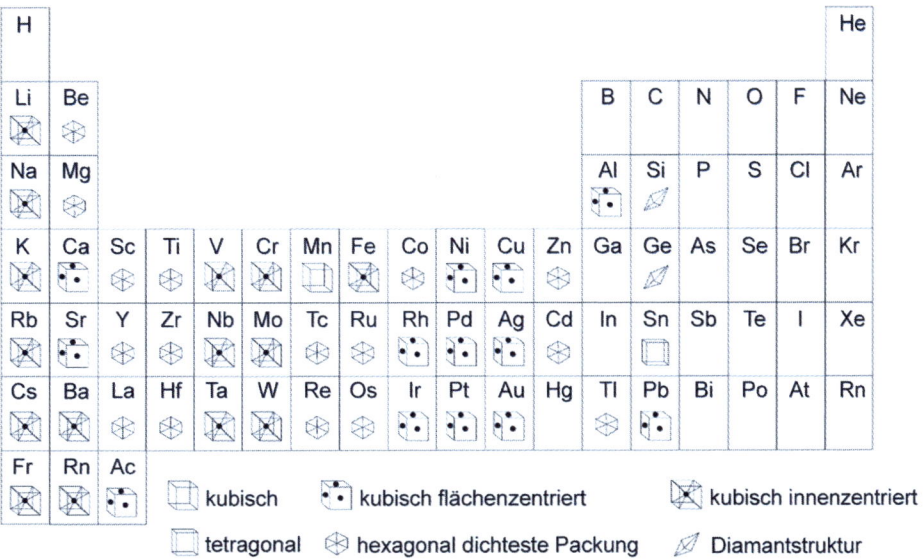

Abbildung 8.2: Gitterstrukturtypen einiger ausgewählter metallischer Elemente

Die verschiedenen Strukturtypen zeichnen sich durch unterschiedliche *Packungs-dichte* aus. Beispielsweise besitzen die kubisch-flächenzentrierte und die hexagonal dichteste Packung beide eine hohe Raumerfüllung. In beiden Strukturen sind 74 % des Raums mit Materie gefüllt. Im Fall des kubisch-innenzentrierten Strukturtyps sind es lediglich 68 %. Auch die Koordinationszahlen jedes Atoms unterscheiden sich in den unterschiedlichen Strukturtypen. Bei der kubisch-innenzentrierten Struktur ist jedes Element von 8 nächsten Nachbarn umgeben, beim kubisch-flächenzentrierten bzw. hexagonal dichtesten Strukturtyp sind es 12.

8.1.2 Vorkommen

Metalle besitzen ein niedriges Ionisierungspotential und eine niedrige Elektronegativität. In Verbindungen kommen sie also meist als Kationen vor. Da sie so leicht ihre Elektronen zur Verfügung stellen, kommen die meisten Metalle in der Natur gebunden in Mineralien vor (▶Tabelle 8.1). Enthält ein Mineral einen genügend hohen Anteil am gewünschten Metall, um diesen wirtschaftlich nutzen zu können, so bezeichnet man es als Erz. Es gibt nur einige wenige Metalle, die in der Natur rein, also in elementarer Form, vorkommen. Diese Vorkommen bezeichnet man auch als gediegen.

Die häufigsten Metalle, die in der Erdkruste vorkommen, sind Aluminium, Eisen, Calcium, Magnesium, Natrium, Kalium, Titan und Mangan. Meerwasser enthält große Mengen an gelösten Na^+-, Mg^{2+}- und Ca^{2+}-Ionen.

Mineralienart	Beispiele
Gediegene Metalle	Ag, Au, Bi, Cu, Pd, Pt
Carbonate	$BaCO_3$ (Witherit), $CaCO_3$ (Calcit), $MgCO_3$ (Magnesit), $CaCO_3 \cdot MgCO_3$ (Dolomit), $PbCO_3$ (Cerussit), $ZnCO_3$ (Smithsonit)
Halogenide	CaF_2 (Fluorit), $NaCl$ (Halit), KCl (Sylvin), Na_3AlF_6 (Kryolith)
Oxide	$Al_2O_3 \cdot H_2O$ (Bauxit), Al_2O_3 (Korund), Fe_2O_3 (Hämatit), Fe_3O_4 (Magnetit), Cu_2O (Cuprit), MnO_2 (Pyrolusit), SnO_2 (Kassiterit), TiO_2 (Rutil), ZnO (Zinkit)
Phosphate	$Ca_3(PO_4)_2$ (Calciumphosphat), $Ca_5(PO_4)_3(OH)$ (Hydroxyapatit)
Silicate	$Be_3Al_2Si_6O_{18}$ (Beryll), $ZrSiO_4$ (Zirkon), $NaAlSi_3O_8$ (Albit), $Mg_3(Si_4O_{10})(OH)_2$ (Talk)
Sulfide	Ag_2S (Silberglanz), CdS (Cadmiumblende), Cu_2S (Kupferglanz), FeS_2 (Pyrit), HgS (Zinnober), PbS (Bleiglanz), ZnS (Zinkblende)
Sulfate	$BaSO_4$ (Baryt), $CaSO_4$ (Anhydrit), $PbSO_4$ (Bleivitriol), $SrSO_4$ (Cälestin), $MgSO_4 \cdot 7H_2O$ (Epsomit)

Tabelle 8.1: Mineralienarten und Beispiele von Mineralien, die Metalle enthalten. In der Klammer sind die Namen der Mineralien vermerkt.

8.1.3 Metallurgische Prozesse

Metallurgie ist die Wissenschaft und Technologie der Gewinnung von Metallen aus ihren natürlichen Vorkommen und ihre Vorbereitung für die Anwendung als Werkstoff, wie z.B. als Legierung. Letztere werden in Kapitel 11 noch näher beschrieben. Die vier wesentlichen Schritte in der Metallurgie sind:

1. die Aufbereitung des Erzes

2. die Erzeugung des Metalls aus dem Erz

3. die Reinigung des Metalls

4. die Mischung des Metalls mit anderen Elementen, um seine Eigenschaften zu modifizieren

Aufbereitung des Erzes

In einem Aufbereitungsschritt wird das gewünschte Mineral von seinen unerwünschten Verunreinigungen, die auch als *Gangart* bezeichnet werden, getrennt. Ein Verfahren, das hier z.B. angewendet wird, ist die *Flotation*. Dabei wird das Erz fein gemahlen und Wasser zugegeben, das Öl und verschiedene Detergenzien enthält. Die Flotationsmischung wird durch Einblasen von Luft oder starkes Rühren aufgeschäumt. Das Öl benetzt dabei hauptsächlich die metallhaltigen Bestandteile, die somit oben schwimmen. Die Gangart setzt sich ab. Mit diesem Verfahren werden beispielsweise Blei-, Zink- und Kupfer- und Wolframerze aufbereitet.

Ein weiteres Anreicherungsverfahren ist die Verwendung von starken Magneten bei magnetischen Mineralien, wie z.B. Magnetit (Fe_3O_4) oder Cobaltmineralien.

Quecksilber bildet mit verschiedenen Metallen so genannte *Amalgame*. Ein Amalgam ist eine Legierung zwischen Quecksilber und einem oder mehreren anderen Metallen. Wenn sich die Metalle unter Amalgambildung lösen, können sie zur *Extraktion* der Metalle aus dem Erz verwendet werden. Gold und Silber werden beispielsweise mit diesem Verfahren aus ihren Erzen gewonnen.

Herstellung des Metalls aus dem Erz

Da die Metalle in ihren Erzen immer als Kationen vorkommen, ist die Herstellung eines Reinmetalls immer eine Reduktion. In manchen Fällen muss das Erz zunächst in eine chemische Verbindung umgewandelt werden, die besser für die Reduktion geeignet ist. Beispielsweise werden einige Erze zunächst geröstet (Erhitzen unter Luftzufuhr bei 500–1100 °C), um flüchtige Verbindungen zu entfernen und gleichzeitig die Sulfide oder Carbonate in die entsprechenden Oxide überzuführen, die dann in vielen Reduktionsverfahren bevorzugt Verwendung finden. Ein Beispiel für eine Reaktion, die dabei stattfindet, ist das *Rösten* von Bleiglanz:

$$2\,PbS(s) + 3\,O_2(g) \rightarrow 2\,PbO(s) + 2\,SO_2(g)$$

Welche Reduktionsmethode bei der Herstellung des Reinmetalls angewandt wird, hängt vom Standardpotential des Metalls ab (▶Tabelle 8.2). Die meisten heutzutage verwendeten metallurgischen Prozesse laufen bei hohen Temperaturen ab. Daher nennt man die Verfahren auch *Pyrometallurgie*. Die Reduktion wird dabei entweder durch chemische oder elektrochemische Prozesse erwirkt.

Zunahme des Standardpotentials	Metalle	Reduktionsprozesse
	Lithium, Natrium, Magnesium, Calcium	elektrolytische Reduktion der geschmolzenen Salze
	Aluminium	elektrolytische Reduktion des wasserfreien Oxids
	Chrom, Mangan, Titan, Vanadium, Eisen, Zink	Reduktion des Metalloxids mit einem elektropositiveren Metall, mit Kohle oder Kohlenmonoxid
	Quecksilber, Silber, Platin, Kupfer, Gold	Metalle existieren gediegen oder können durch Rösten ihrer Erze erhalten werden

Tabelle 8.2: Reduktionsprozesse für einige Metalle

Chemische Reduktion

Ein elektropositiveres Metall kann zur Reduktion des elektronegativeren Metalls bei hohen Temperaturen verwendet werden:

$$TiCl_4(g) + 2\,Mg(l) \rightarrow Ti(s) + 2\,MgCl_2(l)$$

$$Cr_2O_3(s) + 2\,Al(s) \rightarrow 2\,Cr(l) + Al_2O_3(s)$$

In einigen Fällen wird Wasserstoff als Reduktionsmittel eingesetzt, beispielsweise in der Herstellung von Wolfram aus Wolframoxid:

$$WO_3(s) + 3\ H_2(g) \rightarrow W(s) + 3\ H_2O(g)$$

Elektrolytische Reduktion

Einige Beispiele für die elektrolytische Reduktion von Metallen haben wir bereits in Kapitel 7 kennen gelernt. Dieser Prozess wird normalerweise mit den wasserfreien geschmolzenen Oxiden oder Metallhalogeniden als Ausgangssubstanzen durchgeführt. Allgemeine Beispielgleichungen für diesen Prozess sind:

$$2\ MO(l) \rightarrow 2\ M\ (\text{an der Kathode}) + O_2\ (\text{an der Anode})$$

$$2\ MCl(l) \rightarrow 2\ M\ (\text{an der Kathode}) + Cl_2\ (\text{an der Anode})$$

Stahlherstellung

Die Herstellung von Roheisen haben wir bereits in Kapitel 6 besprochen. Roheisen findet allerdings als Werkstoff kaum Verwendung, da es noch viele Verunreinigungen enthält. Dazu zählen üblicherweise 0,6–1,2 % Silicium, 0,4–2,0 % Mangan und kleinere Mengen Phosphor und Schwefel. Zusätzlich enthält Roheisen erhebliche Mengen Kohlenstoff. Diese Verunreinigungen werden beim industriell wichtigsten Veredelungsprozess von Roheisen, der Stahlherstellung, durch Oxidation entfernt. *Stahl* enthält neben Eisen als Hauptbestandteil noch Kohlenstoff in einem Verhältnis von 0,03 bis ca. 1,5 % und weitere Zusätze. Die vielen unterschiedlichen mechanischen Eigenschaften von Stahl werden hauptsächlich durch die chemische Zusammensetzung und die Hitzebehandlung hervorgerufen.

Die Stahlherstellung erfolgt in einem so genannten *Konverter*, in dem die Oxidation der Verunreinigungen unter Zuführung von reinem Sauerstoff oder mit Argon verdünntem Sauerstoff erfolgt. Da Luft ein Gemisch aus Stickstoff und Sauerstoff ist (ca. 78 Vol-% N_2 und 21 Vol-% O_2) und bei der Verwendung dieses Gemisches unerwünschtes Eisennitrid entstehen würde, wird Sauerstoff in den Konverter eingeblasen und oxidiert dabei in einer exothermen Reaktion die Elemente Kohlenstoff, Silicium und andere Metallverunreinigungen. Kohlenstoff und Schwefel werden als gasförmige Produkte CO, CO_2 und SO_2 ausgetrieben. Silicium wird zu SiO_2 oxidiert und geht in die geschmolzene Schlacke. Metalloxide reagieren mit dem gebildeten SiO_2 zu Silicaten. In Abhängigkeit von den enthaltenen Verunreinigungen können auch noch Zusätze eingebracht werden. Gebrannter Kalk (CaO) wird beispielsweise zugesetzt, um Silicium und Phosphor in Schlacke zu überführen. Daher rührt auch die Bezeichnung basischer Sauerstoffprozess für dieses Verfahren.

$$SiO_2(s) + CaO(s) \rightarrow CaSiO_3(l)$$

$$P_4O_{10}(l) + 6\ CaO(s) \rightarrow 2\ Ca_3(PO_4)_2(l)$$

Wenn Mangan die wesentliche Verunreinigung ist, wird SiO_2 zugesetzt, um dieses in der Schlacke zu binden:

$$MnO(s) + SiO_2(s) \rightarrow MnSiO_3(l)$$

Fast der gesamte in den Konverter geblasene Sauerstoff wird in Oxidationsreaktionen verbraucht. Durch Überwachung der Sauerstoffkonzentration im Gas aus dem Konverter kann bestimmt werden, wann die Oxidation der im Eisen vorhandenen Verunreinigungen im Wesentlichen vollendet ist. Normalerweise dauert dies nicht länger als 20 Minuten. Wenn die gewünschte Zusammensetzung des Stahls erreicht wurde, wird der Konverter gekippt und der Stahl wird von der Schlacke abgetrennt.

Die Eigenschaften von Stahl sind nicht nur von seiner chemischen Zusammensetzung, sondern auch von seiner Temperaturbehandlung abhängig. Bei hohen Temperaturen bilden Eisen und Kohlenstoff im Stahl Eisencarbid (Fe_3C), das auch als *Zementit* bezeichnet wird:

$$3\ Fe(s)\ +\ C(s)\ \rightleftharpoons\ Fe_3C(s)$$

Die Bildungsreaktion von Zementit ist endotherm, so dass hohe Temperaturen diese Reaktion nach rechts verschieben. Wenn Stahl, der Zementit enthält, langsam abgekühlt wird, verschiebt sich das Gleichgewicht nach links und der Kohlenstoff trennt sich vom Eisen in Form von kleinen Graphitpartikeln, was dem Stahl eine graue Farbe verleiht. Wenn der Stahl schnell abgekühlt wird, kann sich das Gleichgewicht nicht einstellen und der Kohlenstoff bleibt in Form von Zementit im Stahl enthalten. Stahl, der Zementit enthält, besitzt eine hellere Farbe, ist härter und spröder als der Stahl, der Graphit enthält. Der Vorgang des Erhitzens von Stahl auf eine bestimmte Temperatur und des schnellen Abkühlens, um bestimmte gewünschte mechanische Eigenschaften zu erzielen, wird als *Tempern* bezeichnet. Durch dieses Verfahren kann das Verhältnis zwischen Graphit und Zementit im Stahl über einen weiten Bereich variiert werden.

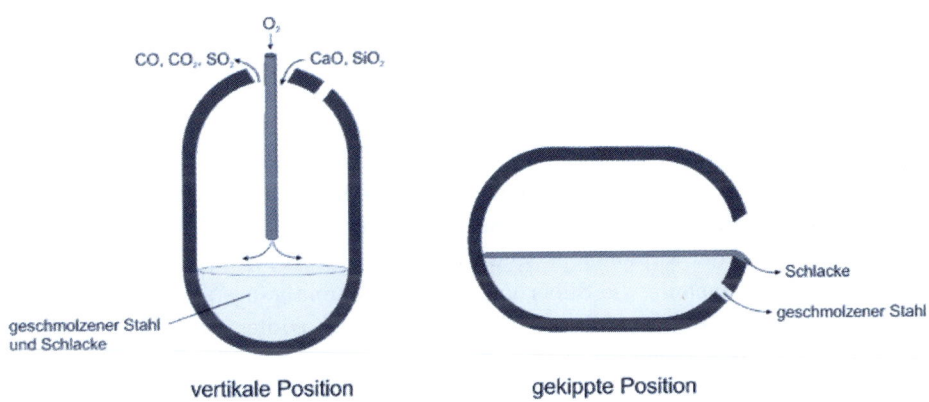

Abbildung 8.3: Stahlherstellung in einem Konverter

Reinigung der Metalle

Metalle, die mittels Reduktion hergestellt wurden, benötigen normalerweise weitere Reinigungsverfahren, um Verunreinigungen zu entfernen. Das Ausmaß der Reinigung hängt von der späteren Verwendung des Metalls ab. Die drei wesentlichen Reinigungsverfahren sind die Reinigung durch Überführung in die Gasphase, Elektrolyse oder Zonenschmelzen.

Reinigung durch Überführung in die Gasphase   Metalle mit niedrigen Siedepunkten, wie z.B. Quecksilber, Magnesium oder Zink, können von anderen Metallen durch fraktionierte Destillation getrennt werden. Sollten die Metalle selbst keinen niedrigen Siedepunkt besitzen, so können sie in Verbindungen überführt werden, die einen solchen besitzen. Dazu zählen beispielsweise die *Metallcarbonyle* mit der allgemeinen Formel $M(CO)_n$. Diese Verbindungen sind im Vergleich zum Metall leicht flüchtig und lassen sich so relativ einfach in die Gasphase überführen. Gleichzeitig können sie bei hohen Temperaturen wieder zersetzt werden und das Metall elementar freisetzen. Dieses Prinzip wird bei der Reinigung von Nickel mit dem Mond-Verfahren verwendet (siehe auch Kapitel 6.8.2). Kohlenstoffmonoxid wird dabei über das verunreinigte Nickel bei ca. 70 °C geleitet. Dabei bildet sich das leicht flüchtige Nickeltetracarbonyl $(Ni(CO)_4)$, das durch eine so genannte *chemische Transportreaktion* in der Gasphase von seinen weniger flüchtigen Verunreinigungen getrennt wird:

$$Ni(s) + 4\,CO(g) \rightarrow Ni(CO)_4(g)$$

Reines metallisches Nickel wird anschließend durch Zersetzen des Gases bei 200 °C erhalten:

$$Ni(CO)_4(g) \rightarrow Ni(s) + 4\,CO(g)$$

Das entstehende Kohlenstoffmonoxid wird in den Prozess wieder zurückgeführt.

Elektrolyse   Die Elektrolyse wurde in Kapitel 7 ausführlich besprochen. Sie wird z.B. verwendet, um Kupfer zu reinigen, da das Rohkupfer, das meist durch pyrometallurgische Verfahren erhalten wird, für elektrische Anwendungen nicht geeignet ist, da Verunreinigungen die elektrische Leitfähigkeit herabsetzen. Das Reinigen von Metallen mittels Elektrolyse wird als *Elektroraffination* bezeichnet. Die Reinigung von Kupfer erfolgt so, dass in einer elektrochemischen Zelle große Platten des zu reinigenden Kupfers als Anode dienen und dünne Bleche von reinem Kupfer als Kathoden. Der Elektrolyt besteht aus einer sauren Lösung von $CuSO_4$. Das Anlegen einer passenden Spannung an die Elektroden führt zur Oxidation von Kupfermetall an der Anode und zur Reduktion von Cu^{2+} an der Kathode. Dieses Verfahren kann eingesetzt werden, weil Kupfer sowohl leichter oxidiert als auch leichter reduziert wird als Wasser. Verunreinigungen der Kupferanode sind Blei, Zink, Nickel, Arsen, Selen, Tellur und verschiedene Edelmetalle wie Silber und Gold. Verunreinigungen von Metallen, die unedler als Kupfer sind, werden ebenfalls an der Anode oxidiert, scheiden sich allerdings nicht an der Kathode ab, da ihre Normalpotentiale negativer als die des Cu^{2+}-Ions sind. Edelmetalle wie Gold und Silber scheiden sich nicht an der Kathode ab, sondern sammeln sich unterhalb der Anode als Schlamm, der anschließend aufgearbeitet wird, um die Edelmetalle zu gewinnen.

Zonenschmelzen   Das Zonenschmelzverfahren haben wir bereits in Kapitel 4 kennen gelernt. Es dient der Herstellung von Elementen mit sehr hoher Reinheit.

8.2 Metallische Elemente im Überblick

8.2.1 Alkalimetalle

Die Gruppe der Alkalimetalle (Gruppe 1) repräsentieren die elektropositivsten Elemente. Wie in jeder Gruppe des Periodensystems besitzen die Elemente in dieser Gruppe ähnliche chemische Eigenschaften. Aufgrund ihrer Elektronenkonfiguration ns^1 ist die Oxidationszahl der Alkalimetalle in ihren Verbindungen +1, da die einfach positiv geladenen Kationen die Elektronenkonfiguration des nächstniedrigeren Edelgases besitzen.

Alkalimetalle besitzen einen niedrigen Schmelzpunkt und sind so weich, dass sie mit einem Messer geschnitten werden können. Sie liegen alle in einer kubisch-innenzentrierten Struktur vor. Dies führt zu einer niedrigen Dichte dieser Metalle. Lithium ist das leichteste bekannte Metall. Die Alkalimetalle sind aufgrund ihrer niedrigen Ionisationspotentiale extrem reaktiv. Die Reaktivität nimmt innerhalb der Gruppe von oben nach unten zu. Aufgrund ihrer hohen Reaktivität kommen die Alkalimetalle in der Natur nur in Verbindungen vor, beispielsweise mit Halogenid-, Sulfat-, Carbonat- oder Silicationen. Francium, das schwerste Element der Gruppe, ist radioaktiv. Das wichtigste Verfahren zur Gewinnung der Alkalimetalle aus ihren Salzen ist die Schmelzelektrolyse (siehe Kapitel 7).

Die wichtigsten Vertreter dieser Gruppe sind Lithium, Natrium und Kalium, wobei speziell die beiden letzten Elemente sehr breite Verwendung finden. Hier sollen kurz einige beispielhafte Reaktionen vor allem der Elemente Natrium und Kalium aufgezeigt werden.

Alkalimetalle reagieren heftig mit Wasser und bilden dabei die entsprechenden Hydroxide unter Bildung von Wasserstoffgas:

$$2\,Na(s) \;+\; 2\,H_2O(l) \;\rightarrow\; 2\,NaOH(aq) \;+\; H_2(g)$$

Oxide des Natriums und Kaliums

Natrium verbrennt bei einem Unterschuss von Sauerstoff zu Natriumoxid (Na_2O), während es bei Sauerstoffüberschuss zur Bildung von Natriumperoxid kommt:

$$2\,Na(s) \;+\; O_2(g) \;\rightarrow\; Na_2O_2(s)$$

Natriumperoxid reagiert mit Wasser unter Bildung von Wasserstoffperoxid und Natriumhydroxid:

$$Na_2O_2(s) \;+\; H_2O(l) \;\rightarrow\; 2\,NaOH(aq) \;+\; H_2O_2(aq)$$

Ähnlich wie Natrium bildet auch Kalium bei Verbrennung an Luft das Peroxid. Zusätzlich bildet sich aber auch das Superoxid aus:

$$K(s) \;+\; O_2(g) \;\rightarrow\; KO_2(s)$$

Kaliumsuperoxid reagiert mit Wasserdampf und Kohlenstoffdioxid zu Kaliumhydrogencarbonat und Sauerstoff. Diese Reaktion kann dazu ausgenutzt werden, veratmete Luft, die mit Kohlenstoffdioxid und Wasserdampf angereichert ist, umzusetzen und Sauerstoff freizugeben:

$$4\,KO_2(s)\ +\ 2\,H_2O(g)\ +\ 4\,CO_2(g)\ \rightarrow\ 4\,KHCO_3(s)\ +\ 3\,O_2(g)$$

Die Reaktion findet daher beispielsweise in Raumstationen, U-Booten oder in Atemrettungsgeräten eine technologische Anwendung.

Natriumcarbonat

Natriumcarbonat (Na_2CO_3) wird in vielen industriellen Prozessen verwendet, wie z.B. Wasseraufarbeitung, Herstellung von Seifen, Detergenzien und Pharmazeutika, sowie als Lebensmittelzusatzstoff. Die Hälfte allen produzierten Natriumcarbonats wird in der Glasindustrie verbraucht. Eines der wichtigsten Verfahren der Herstellung von Natriumcarbonat ist das nach dem belgischen Chemiker *Ernest Solvay* (1838–1922) benannte *Solvay-Verfahren*, in dem zunächst Ammoniak in einer gesättigten Lösung von NaCl gelöst wird. Anschließend wird Kohlenstoffdioxid durch die Lösung geleitet, wodurch Natriumhydrogencarbonat ($NaHCO_3$) ausfällt. Diese schwer lösliche Verbindung ist auch unter dem Begriff „Natron" landläufig bekannt. Die tatsächlich ablaufenden Reaktionen sind sehr komplex und hier soll nur eine Summengleichung wiedergegeben werden:

$$NH_3(aq)\ +\ CO_2(aq)\ +\ NaCl(aq)\ +\ H_2O(l)\ \rightarrow\ NaHCO_3(s)\ +\ NH_4Cl(aq)$$

Das Natriumhydrogencarbonat wird anschließend erhitzt, wobei Natriumcarbonat, Wasser und Kohlenstoffdioxid entstehen.

$$2\,NaHCO_3(s)\ \rightarrow\ Na_2CO_3(s)\ +\ H_2O(g)\ +\ CO_2(g)$$

Natriumhydrogencarbonat findet Verwendung im Backpulver und gibt beim Backen in einer Reaktion wie oben beschrieben CO_2 frei, was zur Auflockerung des Teiges führt.

Natrium- und Kaliumhydroxide

Die Eigenschaften beider Hydroxide sind sehr ähnlich. Sie werden über die in Kapitel 7 beschriebene Chloralkalielektrolyse hergestellt. Beide Verbindungen sind starke Basen und lösen sich sehr gut in Wasser. NaOH wird in der Herstellung von Seifen und vieler anorganischer und organischer Verbindungen benötigt. KOH wird als Elektrolyt in Batterien verwendet und eine wässrige KOH-Lösung findet Anwendung in der Entfernung von CO_2 und SO_2 aus Luft.

Natrium- und Kaliumnitrate

Natriumnitrat ($NaNO_3$) ist das wichtigste natürlich vorkommende Nitrat. Hauptfundort ist Chile, daher auch der Trivialname *Chilesalpeter*. Der Name Salpeter leitet sich davon ab, dass die Nitratanionen das Salz der Salpetersäure (HNO_3) sind.

Kaliumnitrat (KNO_3) wird aus $NaNO_3$ hergestellt:

$$KCl(aq) + NaNO_3(aq) \rightarrow KNO_3(aq) + NaCl(aq)$$

Es handelt sich dabei um eine Gleichgewichtsreaktion. Bei höheren Temperaturen kristallisiert NaCl, bei tieferen KNO_3 als schwerer lösliche Komponente aus. Diese Art der Gewinnung von Einzelkomponenten aus einem Gemisch durch Kristallisation bezeichnet man auch als *fraktionierte Kristallisation*.

Kaliumnitrat findet als Düngemittel und als Bestandteil von *Schießpulver* Verwendung. Schießpulver ist eine Mischung aus Kaliumnitrat, Holzkohle und Schwefel im Massenverhältnis 6 : 1 : 1. Wird Schießpulver erhitzt, findet folgende Reaktion statt:

$$10\ KNO_3(s) + 4\ S(l) + 16\ C(s) \rightarrow K_2CO_3(s) + 4\ K_2SO_4(s) + 5\ N_2(g) + 15\ CO(g)$$

Diese sehr vereinfachte Reaktionsgleichung berücksichtigt allerdings nicht den Einfluss von Restfeuchtigkeit sowie Sauerstoff-, Wasserstoff- und Ascheanteil in der Holzkohle. Sie soll nur exemplarisch zeigen, dass aus nicht gasförmigen Substanzen mit niedrigem Eigenvolumen plötzlich 20 Mol Gas gebildet werden, was eine gewaltige Volumenausdehnung und damit eine Explosion darstellt.

8.2.2 Erdalkalimetalle

Die Erdalkalimetalle besitzen eine geringfügig höhere Elektronegativität als die Alkalimetalle, sie sind also weniger elektropositiv und damit weniger reaktiv im Vergleich zu den Alkalimetallen. Mit Ausnahme des ersten Elements dieser Gruppe, des Berylliums, das in seinen Eigenschaften eher dem Aluminium gleicht, weisen die Erdalkalimetalle ähnliche chemische Eigenschaften auf. Ihre M^{2+}-Ionen besitzen die stabile Elektronenkonfiguration der vorstehenden Edelgase. Radium, das schwerste Element der Gruppe, ist radioaktiv.

Magnesium

Magnesium ist das sechsthäufigste Element in der Erdkruste (ca. 2,5 Massenprozent). Die wichtigsten Magnesiumerze sind Brucit ($Mg(OH)_2$), Dolomit ($CaCO_3 \cdot MgCO_3$) und Epsomit ($MgSO_4 \cdot 7\ H_2O$). Meerwasser enthält ungefähr 1,3 g Magnesium pro Kilogramm. Metallisches Magnesium wird – wie die meisten Alkali- und Erdalkalimetalle – durch Schmelzelektrolyse erzeugt, im Fall des Magnesiums durch Elektrolyse von geschmolzenem $MgCl_2$.

Magnesium reagiert nicht mit kaltem Wasser, aber mit Wasserdampf unter Bildung von Magnesiumoxid und Wasserstoff:

$$Mg(s) + H_2O(g) \rightarrow MgO(s) + H_2(g)$$

Es brennt mit gleißender Flamme in Luft unter Bildung von Magnesiumoxid (MgO) und Magnesiumnitrid (Mg_3N_2):

$$2\ Mg(s) + O_2(g) \rightarrow 2\ MgO(s)$$

$$3\ Mg(s) + N_2(g) \rightarrow Mg_3N_2(s)$$

Aufgrund dieser Eigenschaft wurde Magnesium in den Einwegblitzen in der Fotografie eingesetzt. Es wird heute noch in Fackeln verwendet, z.B. jenen Fackeln, die unter Wasser brennen.

Magnesiumoxid reagiert sehr langsam mit Wasser unter Bildung von Magnesiumhydroxid ($Mg(OH)_2$), einer weißen milchigen Suspension. Diese dient als Säureregulator, beispielsweise in Medikamenten gegen Sodbrennen.

$$MgO(s) + H_2O(l) \rightarrow Mg(OH)_2(s)$$

Magnesiumhydroxid ist eine starke Base, wie nahezu alle Erdalkalimetallhydroxide. Eine Ausnahme stellt Berylliumhydroxid ($Be(OH)_2$) dar, das ähnlich wie Aluminiumhydroxid ($Al(OH)_3$) amphoter reagiert.

Die Hauptanwendungsgebiete von Magnesium sind leichte Strukturlegierungen, als Opferanode (siehe Kapitel 7), in der chemischen Industrie und in Batterien. Magnesium ist ein essentielles Element in der Pflanzen- und Tierwelt. Ein durchschnittlicher Erwachsener nimmt die erforderliche Tagesdosis von 0,3 g Magnesiumionen durch ausgewogene Ernährung zu sich. Magnesium ist ein wichtiger Bestandteil der intrazellulären und extrazellulären Flüssigkeiten. Es ist wichtig für die Wirkung einiger Enzyme. In der Pflanzenwelt besteht seine größte Bedeutung vor allem als Metall im *Chlorophyll*, das eine entscheidende Bedeutung in der Photosynthese besitzt.

Calcium

Die Erdkruste enthält 3,4 Massenprozent Calcium. Es kommt in Sandstein, Calcit, Kreide und Marmor als $CaCO_3$ vor. Weitere mineralische Vorkommen sind Dolomit ($CaCO_3 \cdot MgCO_3$), Gips ($CaSO_4 \cdot 2\,H_2O$), und Fluorit (CaF_2), Metallisches Calcium wird durch Schmelzelektrolyse von Calciumchlorid ($CaCl_2$) gewonnen.

Beim Magnesium konnten wir erfahren, dass der metallische Charakter innerhalb der Gruppe von oben nach unten zunimmt. Calcium ist also reaktiver als Magnesium und reagiert bereits mit kaltem Wasser unter Bildung von Calciumhydroxid ($Ca(OH)_2$) und Wasserstoff. Allerdings ist die Reaktion noch wesentlich langsamer als bei den Erdalkalimetallen:

$$Ca(s) + 2\,H_2O(l) \rightarrow Ca(OH)_2(aq) + H_2(g)$$

Calciumhydroxid wird auch als *gelöschter Kalk* bezeichnet.

Eine Verbindung, die eng mit dem gelöschten Kalk verwandt ist, ist der gebrannte Kalk, das Calciumoxid (CaO). Dieses ist eines der ältesten von Menschen verwendeten Materialien. Es wird durch das so genannte *Kalkbrennen* aus Kalkstein ($CaCO_3$) erhalten:

$$CaCO_3(s) \rightarrow CaO(s) + CO_2(g)$$

Aus dem gebrannten Kalk erhält man gelöschten Kalk durch Zugabe von Wasser:

$$CaO(s) + H_2O(l) \rightarrow Ca(OH)_2(aq)$$

Gebrannter Kalk wird in der Bauindustrie als Mörtelzusatz verwendet. Ein wesentlicher Einsatzbereich ist die Entschwefelung von Roheisen, wo Schwefel bei der Stahlerzeugung im Konverter gebunden werden muss. Dabei wird CaO beigemischt. Der Kalk verbindet sich mit Schwefel zu Calciumsulfid (CaS) und bildet im Gemisch mit anderen Substanzen die Schlacke.

In der Landwirtschaft wird Kalk verwendet, um den Boden zu entsäuern. Metallisches Calcium findet nur wenig Verwendung.

Calcium ist ein wichtiges Element in Organismen. Es ist der Hauptbestandteil von Knochen und Zähnen und ist darin in einem komplexen Phosphatsalz, dem Hydroxylapatit ($Ca_5(PO_4)_3OH$), enthalten.

8.2.3 Aluminium

Aluminium ist das am häufigsten vorkommende Metall und das dritthäufigste Element in der Erdkruste. Als unedles Metall tritt es nur in Verbindungen auf. Das wichtigste Erz ist Bauxit ($Al_2O_3 \cdot 2\,H_2O$). Andere Mineralien, die Aluminium enthalten, sind Beryl ($Be_3Al_2Si_6O_{18}$), Kryolith (Na_3AlF_6) und Korund (Al_2O_3).

Aluminium wird in den meisten Fällen aus Bauxit gewonnen. Dieses Erz enthält als Verunreinigungen häufig Siliciumdioxid (SiO_2), Eisenoxide und Titanoxid. Das Erz wird daher zunächst mit Natriumhydroxid erhitzt, um die Silicate löslich zu machen:

$$SiO_2(s) + 2\,OH^-(aq) \rightarrow SiO_3^{2-}(aq) + H_2O(l)$$

Bei dieser Reaktion wird gleichzeitig Aluminiumoxid in das lösliche Natriumaluminat überführt:

$$Al_2O_3(aq) + 2\,NaOH(aq) + 3\,H_2O(l) \rightarrow 2\,Na[Al(OH)_4](aq)$$

Das Eisen hingegen bildet schwer lösliches Eisenhydroxid, welches abfiltriert wird. Danach wird die Temperatur abgesenkt und mit Aluminiumhydroxid als Kristallisationskeimen angeimpft, wodurch Aluminiumhydroxid ausfällt:

$$Na[Al(OH)_4](aq) \rightarrow Al(OH)_3(s) + NaOH(aq)$$

Das entstandene feste Aluminiumhydroxid wird in Drehrohr- oder Wirbelschichtöfen bei Temperaturen von 1200 bis 1300 °C gebrannt, wobei Aluminiumoxid entsteht:

$$2\,Al(OH)_3(s) \rightarrow Al_2O_3(s) + 3\,H_2O(g)$$

Das erhaltene wasserfreie Aluminiumoxid wird anschließend in einer Schmelzflusselektrolyse zu Aluminium reduziert. Diese elektrochemische Reaktion wurde bereits in Kapitel 7 besprochen.

Aluminium ist eines der am meisten verwendeten Metalle. Es besitzt eine niedrige Dichte (2,7 g/cm^3) und eine hohe Zugfestigkeit. Aluminium kann auch gut verarbeitet werden. Es kann gemahlen oder in dünne Folien gewalzt werden. Seine elektrische Leitfähigkeit ist ebenfalls sehr hoch und liegt bei ca. 65 % der Leitfähigkeit von Kupfer. Auch wenn Aluminium hauptsächlich im Flugzeugbau eingesetzt wird, ist es zu weich, um den hohen mechanischen Anforderungen zu genügen. Daher wird es mit Metallen wie Kupfer, Magnesium, Mangan oder Silicium legiert. Die entstehenden Legierungen besitzen weit bessere mechanische Eigenschaften.

Im Vergleich zu den wesentlich reaktiveren Alkali- und Erdalkalimetallen zeigt Aluminium eine gewisse Reaktionsträgheit. So reagiert es beispielsweise nicht mit Wasser. Mit starken Säuren und starken Basen reagiert es wie folgt:

$$2\,Al(s) + 6\,HCl(aq) \rightarrow 2\,AlCl_3(aq) + 3\,H_2(g)$$

$$2\,Al(s) + 2\,NaOH(aq) + 6\,H_2O(l) \rightarrow 2\,Na[Al(OH)_4](aq) + 3\,H_2(g)$$

Die letztere Reaktion wird in chemischen Abflussreinigern ausgenutzt. Die Wirkung dieses Reinigungsmittels beruht dabei auf der Reaktion von Natronlauge mit Fetten (Zersetzung durch Verseifung), der stark exothermen Reaktion (Hitze) und der Entwicklung von Gas, welches dabei hilft, die Verstopfung aufzulockern.

Aluminium bildet an Luft das Oxid Al_2O_3:

$$4\,Al(s) + 3\,O_2(g) \rightarrow 2\,Al_2O_3(s)$$

Ein dünner Film dieses Oxids überzieht das metallische Aluminium und schützt es vor Korrosion (Passivierung). Dieser Film ist auch häufig für die stark herabgesetzte Reaktivität des Aluminiums verantwortlich. Allerdings kann dieser Film auch angegriffen werden.

Die schützende Oxidschicht kann durch Komplexbildungsreaktionen aufgelöst werden. In neutraler wässriger Lösung bildet Aluminium beispielsweise mit Chloridionen einen stabilen und wasserlöslichen Komplex:

$$Al_2O_3(s) + 2\,Cl^-(aq) + 3\,H_2O(l) \rightleftharpoons 2\,[Al(OH)_2Cl](aq) + 2\,OH^-(aq)$$

Diese Reaktion geschieht bevorzugt an Stellen, an denen die Oxidschicht des Aluminiums bereits geschädigt ist. Dort kann es dadurch zur Bildung von Löchern in der Oxidschicht und damit zur Lochfraßkorrosion kommen. Dringt die chloridische Lösung dann an die freie Metalloberfläche, kann Aluminium unter Komplexierung oxidiert werden:

$$Al(s) + 4\,H_2O(l) + Cl^-(aq) \rightarrow [Al(OH)_2Cl](aq) + 3\,e^- + 2\,H_3O^+(aq)$$

Aluminium besitzt eine hohe Affinität zu Sauerstoff, was sich in exothermen Reaktionsenthalpien äußert. Diese Affinität wird auch technologisch ausgenutzt, z.B. beim *Thermit-Prozess*, welcher beim aluminothermischen Schweißen eingesetzt wird. Eine Mischung von Eisen(III)oxid und Aluminiumpulver wird dabei entzündet, wobei flüssiges Eisen entsteht:

$$2\,Al(s) + Fe_2O_3(s) \rightarrow Al_2O_3(s) + 2\,Fe(l) \qquad \Delta H = -822{,}8\ kJ$$

Bei dieser Reaktion können Temperaturen von bis zu 2500 °C erzeugt werden. Der Thermit-Prozess wurde früher zum Verschweißen von Schienen eingesetzt.

Aluminiumhydroxid reagiert wie Beryliumhydroxid Be(OH)$_2$ amphoter:

$$Al(OH)_3(s) + 3\,H^+(aq) \rightarrow Al^{3+}(aq) + 3\,H_2O(l)$$

$$Al(OH)_3(s) + OH^-(aq) \rightarrow Al(OH)_4^-(aq)$$

Metallische Verbindungen und Legierungen – moderne Materialien mit interessanten Eigenschaften

Auch wenn Metalle bereits eine sehr alte Materialklasse sind, zeigen moderne Entwicklungen, dass immer noch ein großes Entwicklungspotential bei diesen Werkstoffen vorhanden ist.

Formgedächtnis-Legierung

Diese spezielle Art von Legierungen wird auch oft als Memorymetall bezeichnet, da sie sich an eine frühere Formgebung trotz starker Verformung scheinbar „erinnern" kann. Die bekannteste dieser Verbindungen ist das *Nitinol*, eine Nickel-Titan-Legierung. Diese besitzt zwei Festkörperstrukturen, die eine unterschiedliche Anordnung der Atome im Gitter aufweisen. Eine dieser Strukturen ist bei hohen Temperaturen vorhanden (Austenit) und eine bei niedrigen Temperaturen (Martensit). Durch Temperaturänderung oder mechanische Spannung kann eine dieser Strukturen in die andere umgewandelt werden. Wurde eine mechanische Verformung durchgeführt, kann diese beispielsweise durch Erwärmen wieder rückgängig gemacht werden. Dieser Effekt kann fast unendlich häufig durchgeführt werden, dadurch eignen sich diese Legierungen auch für viele technische Anwendungen, z.B. in so genannten Aktoren. Dazu wird den Bauteilen bei einer niedrigen Temperatur eine Form gegeben (Martensit-Phase). An diese erinnert das Bauteil wieder. Einige Formgedächtnis-Legierungen zeigen auch ein pseudoelastisches Verhalten. Das Material kehrt nach einer mechanischen Verformung beim Entlasten durch seine innere Spannung wieder in seine Ausgangsform zurück (ohne Erwärmen). Ein Beispiel für eine technische Anwendung dieser so genannten Superelastizität sind biegsame, unzerbrechliche Brillengestelle oder Drähte, die in der Medizintechnik eingesetzt werden.

Ferrofluid

Ein Ferrofluid ist eine Flüssigkeit, die auf ein magnetisches Feld reagiert. Die Stoffe bestehen aus wenige Nanometer großen magnetischen Partikeln, meist aus Magnetit (Fe$_3$O$_4$), die in einer Trägerflüssigkeit kolloidal suspendiert sind. Dazu werden die Nanopartikel durch eine Oberflächenbehandlung stabilisiert. Makroskopisch handelt es sich um viskose Flüssigkeiten, die durch Magnetfelder bewegt werden können. Ferrofluide werden in Lautsprechern verwendet, um die Wärme zwischen Schwingungsspule und der Magnetanordnung abzuleiten und um die Membranbewegung zu dämpfen. Weitere Anwendungen sind schaltbare Dichtungen oder Dämpfungen. In der Medizin werden Ferrofluide zur Krebserkennung und -therapie eingesetzt.

8.3 Nichtmetalle

Nur 25 der 118 bekannten Elemente sind Nichtmetalle. Im Unterschied zu den Metallen, die häufig sich ähnelnde Eigenschaften besitzen, zeigt die Chemie der Nichtmetalle eine größere Bandbreite. Die meisten in biologischen Systemen aktiven Elemente sind Nichtmetalle. Auch die Gruppe der unreaktivsten Elemente – die Edelgase – ist den Nichtmetallen zuzuordnen. Ein Element, der Wasserstoff, lässt sich aufgrund seiner einmaligen Eigenschaften nur schwer in diese Gruppe eingliedern.

Generell sind Nichtmetalle chemische Elemente, die hohe Ionisierungspotentiale und hohe Elektronenaffinitäten besitzen, d.h., die Abgabe von Elektronen ist energetisch eher gehemmt, während die Aufnahme von Elektronen bevorzugt ist. Sie besitzen relativ hohe Elektronegativitäten. Die Nichtmetalle, mit Ausnahme des Wasserstoffs, sind rechts oben im Periodensystem zu finden. Im Allgemeinen leiten Nichtmetalle den Strom nicht. Es gibt einige wenige Modifikationen der Nichtmetalle, die dies doch tun. So leitet Graphit den Strom, während Diamant ein typischer Isolator ist. Eine kleine Gruppe von Elementen wird als *Metalloide* bezeichnet, da sie sowohl metallische als auch nichtmetallische Eigenschaften besitzen. Sie befinden sich an der Grenzlinie zwischen den metallischen und den nichtmetallischen Elementen. Es handelt sich hauptsächlich um die Elemente Bor, Silicium, Germanium und Arsen, die auch als *Halbleiter* bezeichnet werden. Die höhere Bandbreite an Eigenschaften der Nichtmetalle ist auch in ihren Aggregatszuständen ersichtlich. Einige Nichtmetalle kommen bei Normalbedingungen elementar als Gase vor, z.B. Wasserstoff, Stickstoff, Sauerstoff, Fluor und Chlor, sowie alle Edelgase. Das einzige Nichtmetall, das als Flüssigkeit unter Normalbedingungen auftritt, ist Brom. Alle anderen Elemente dieser Kategorie sind Feststoffe.

Die wichtigsten Nichtmetallgruppen sind die Gruppen 14 bis 18, also die Kohlenstoffgruppe, die Stickstoffgruppe, die Chalkogene, die Halogene und die Edelgase. Wasserstoff nimmt, wie bereits erwähnt, eine Sonderstellung ein. Im Rahmen dieser Einführung soll nur eine Auswahl der wichtigsten Nichtmetalle besprochen werden.

8.3.1 Wasserstoff

Wasserstoff ist das einfachste und leichteste chemische Element. Seine weitestverbreitete Form enthält ein Proton im Kern und ein Elektron in der Hülle. Daneben existieren noch die Isotope mit einem zusätzlichen Neutron im Kern $_1^2H$, das auch Deuterium genannt wird, und mit zwei zusätzlichen Neutronen im Kern $_1^3H$ (Tritium).

Wasserstoff ist das häufigste Element im Universum, jedoch nicht in der Erdrinde. Es ist Bestandteil von Wasser und der meisten organischen Verbindungen und kommt daher in sämtlichen lebenden Organismen vor. Wasserstoff tritt nur unter extremen Bedingungen atomar auf, normalerweise existiert Wasserstoff in molekularer Form H_2 als farb- und geruchloses Gas. Es besitzt bei einem Normaldruck von 1013 hPa einen Siedepunkt von −252,9 °C.

Es wird angenommen, dass Wasserstoff etwa 75 % der gesamten Masse des Universums ausmacht. Auf der Erde liegt der Massenanteil auf das Gesamtgewicht bezogen etwa bei 0,12 %, auf die Erdkruste bezogen bei 2,9 %. Der irdische Wasserstoff liegt überwiegend gebunden vor. Von keinem anderen chemischen Element sind so viele Verbindungen bekannt; die mit Abstand häufigste Verbindung in der Erdkruste ist Wasser.

Die Elektronenkonfiguration des Grundzustands ist $1s^1$. Diese Elektronenkonfiguration stimmt mit der der Alkalimetalle überein, daher kann der Wasserstoff auch dieser Gruppe zugeordnet werden, obwohl seine chemischen Eigenschaften mit Ausnahme der leichten Oxidierbarkeit zu H$^+$ nicht zu den Alkalimetallen passen. Dies wird deutlich, da Wasserstoff unter Aufnahme von einem Elektron zum Hydridanion H$^-$ wird, wodurch die Elektronenkonfiguration des Edelgases in dieser Periode 1s^2, des Heliums, erreicht wird. Aus dieser Sichtweise heraus könnte Wasserstoff ebenso den Halogenen zugeordnet werden.

Wasserstoff spielt eine wichtige Rolle in vielen industriellen Prozessen. 95 % des produzierten Wasserstoffs wird direkt wieder in industriellen Prozessen eingesetzt. Vielleicht wird sich dieses Verhältnis jedoch in Zukunft ändern, sollte Wasserstoff als Energieträger eingesetzt werden.

Die Synthese von Wasserstoff erfolgt über unterschiedliche Prozesse. Im industriellen Maßstab wird Wasserstoff durch die Reaktion von Propangas (aus Erdgas bzw. aus der Raffination von Erdöl) und Wasserdampf in Gegenwart eines Katalysators gewonnen:

$$C_3H_8(g) + 3\,H_2O(g) \rightarrow 3\,CO(g) + 7\,H_2(g)$$

In einem weiteren Prozess wird Wasserdampf über glühende Kohle geleitet:

$$C(s) + H_2O(g) \rightarrow CO(g) + H_2(g)$$

Die Mischung von Kohlenstoffmonoxid und Wasserstoff wird als *Wassergas* bezeichnet. Aufgrund der Tatsache, dass sowohl CO als auch H$_2$ unter Luft brennen, wurde das Gemisch lange Zeit als Brennstoff im Stadtgas eingesetzt. Dieses wurde in großen Anlagen erzeugt und der Koks weiter verarbeitet. Da aber Kohlenstoffmonoxid sehr giftig ist, wurde das Stadtgas mit der Zeit durch Erdgas ersetzt.

Kleine Mengen an Wasserstoff können, beispielsweise im Labor, durch das Einwirken von starken Säuren auf unedle Metalle erzeugt werden. Die Reaktion von Zink mit Salzsäure ist dafür ein typisches Beispiel:

$$Zn(s) + 2\,HCl(aq) \rightarrow ZnCl_2(aq) + H_2(g)$$

Auch die Reaktion von Alkali- oder Erdalkalimetallen mit Wasser liefert Wasserstoff. Allerdings sind diese Reaktionen sehr heftig und daher nicht gut handhabbar.

Eine weitere Methode zur Herstellung von Wasserstoff ist die Elektrolyse von Wasser, welches mit Hilfe von elektrischem Strom in Wasserstoff und Sauerstoff gespalten wird:

$$2\,H_2O(l) \rightarrow 2\,H_2(g) + O_2(g)$$

Meist wird dem Wasser ein wenig Säure zugesetzt, um die Reaktion zu katalysieren. Bei dieser Reaktion entsteht Wasserstoffgas an der Kathode und Sauerstoffgas an der Anode, im Mol- und Volumenverhältnis 2 : 1.

Chemische Reaktivität

Bei Zündung reagiert Wasserstoff sowohl mit Sauerstoff als auch mit Chlor heftig. Ansonsten ist er aber vergleichsweise beständig und wenig reaktiv. Unter Anwendung höherer Temperaturen wird das Gas reaktionsfreudiger und geht mit Metallen und Nichtmetallen gleichermaßen Verbindungen ein.

Mit Sauerstoff reagiert Wasserstoff in der so genannten *Knallgasreaktion* zu Wasser:

$$O_2(g) + 2\,H_2(g) \rightarrow 2\,H_2O(g)$$

In einer analogen Reaktion, der *Chlorknallgasreaktion*, reagiert Wasserstoff mit Chlor zu Chlorwasserstoffgas, das gelöst in Wasser Salzsäure ergibt:

$$Cl_2(g) + H_2(g) \rightarrow 2\,HCl(g)$$

Beide Reaktionen bedürfen einer Zündung und sind exotherm.

Wasserstoff geht mit vielen chemischen Elementen Verbindungen mit der allgemeinen Summenformel EH_n (n = 1, 2, 3, 4) ein. Wasserstoff kann in diesen Verbindungen sowohl positive als auch negative Partialladungen besitzen, was im Wesentlichen vom Bindungspartner abhängig ist. Besitzt der Bindungspartner eine höhere Elektronegativität als Wasserstoff (2,2), so besitzt Letzterer eine positive Partialladung und umgekehrt. Beispielsweise ist in den Wasserstoffverbindungen der Elemente Bor, Silicium, Germanium, Zinn und Blei sowie allen links davon der Wasserstoff negativ polarisiert. In diesen Verbindungen besitzt Wasserstoff also hydridischen Charakter.

Negativ geladene Wasserstoffionen (Hydridionen, H^-) sind insbesondere in Wasserstoffverbindungen der Alkali- und Erdalkalimetalle zu finden. Metallhydride reagieren sehr heftig mit Wasser unter Freisetzung von molekularem Wasserstoff (H_2) und können sich an der Luft selbst entzünden, wobei sich Wasser und das Metalloxid bilden.

Neben seinen chemischen Eigenschaften ist eine wichtige physikalische Eigenschaft des Wasserstoffs seine geringe molekulare Größe und seine geringe Masse, was ihm bei Raumtemperatur das höchste Diffusionsvermögen aller Gase einbringt. Bedingt durch den geringen Molekülquerschnitt ist die Mobilität des Wasserstoffs in einer festen Matrix ebenfalls sehr hoch. Wasserstoff diffundiert durch Materialien wie Polyethylen, Eisen, Platin und einige andere Übergangsmetalle. Dadurch tritt *Wasserstoffversprödung* ein und es ergeben sich technische Probleme beim Transportieren, Lagern und Verarbeiten von Wasserstoff und Wasserstoffgemischen.

Wasserstoff als Energiespeicher

In Zeiten, in denen fossile Brennstoffe immer knapper werden, wird Wasserstoff häufig als „Energieträger der Zukunft" gehandelt, da bei seiner Verbrennung keinerlei schädliche Emissionen, insbesondere kein Kohlenstoffdioxid, entsteht. Des Weiteren kann Wasserstoff als Brennstoff in Brennstoffzellen verwendet werden. Das Endprodukt einer Verbrennung von Wasserstoff ist Wasser:

$$2\,H_2(g) + O_2(g) \rightarrow 2\,H_2O(l)$$

Die wichtigsten Probleme, die in einer Wasserstoff-basierten Welt zu lösen wären, sind die kosten- und energiegünstige Produktion von Wasserstoff und dessen Speicherung. Wasserstoff enthält im Vergleich zu anderen Energieträgern zwar eine hohe Energiedichte, muss aber aufwendig erzeugt werden. Dabei ist die Elektrolyse von Wasser mit ökologisch hochwertigen Energieerzeugern wie Windkraft oder Sonnenenergie nicht die beste Lösung, da die Elektrolyse zu viel Energie benötigt. Stattdessen wird derzeit intensiv an Lösungen geforscht, die eine direkte Spaltung von Wasser an einer Katalysatoroberfläche mit Hilfe von Sonnenlicht ermöglichen.

Als Speichermedium zum Transport von Wasserstoff können Metallhydride verwendet werden. Diese können reversibel Wasserstoff aufnehmen und speichern. Eine weitere Möglichkeit stellen hochporöse Materialien dar, in denen Wasserstoff eingelagert werden kann.

8.3.2 Kohlenstoff und Silicium

Kohlenstoff

Kohlenstoff ist das erste Element der 4. Hauptgruppe (Gruppe 14 in neuer IUPAC Nomenklatur). Es kommt in der Natur sowohl elementar als auch chemisch gebunden vor. Elementar kommt Kohlenstoff in zwei Modifikationen, so genannten *Allotropen*, vor, dem *Graphit* und dem *Diamant*. Bei diesen beiden Formen des Kohlenstoffs handelt es sich um dreidimensionale Gitter, in denen die Kohlenstoffatome nur durch kovalente Bindungen (Diamant) oder in Schichten durch kovalente Bindungen und zwischen den Schichten durch schwächere Wechselwirkungen zusammengehalten werden (Graphit) (▶Abbildung 8.4). Eine weitere Modifikation des Kohlenstoffs stellen diskrete Moleküle die *Fullerene*, die aus 5er- und 6er-Ringen von miteinander verbundenen Kohlenstoffatomen aufgebaut sind, dar. Der einfachste Vertreter dieser Klasse ist das C_{60} mit einer fußballartigen Struktur.

Kohlenstoff ist das wichtigste Element der Biosphäre, es ist in Lebewesen nach Sauerstoff gewichtsmäßig das häufigste Element. Geologisch zählt es dagegen nicht zu den häufigsten Elementen. Neben seinen Allotropen Graphit und Diamant findet man Kohlenstoff auch in Form von anorganischen Carbonatgesteinen mineralisch gebunden. Die wichtigsten Carbonatmineralien sind Calciumcarbonat (z.B. Kalkstein, Kreide, Marmor, $CaCO_3$), Calcium-Magnesium-Carbonat (Dolomit) ($CaCO_3 \cdot MgCO_3$), Eisencarbonat (Eisenspat, $FeCO_3$) und Zinkcarbonat (Zinkspat, $ZnCO_3$).

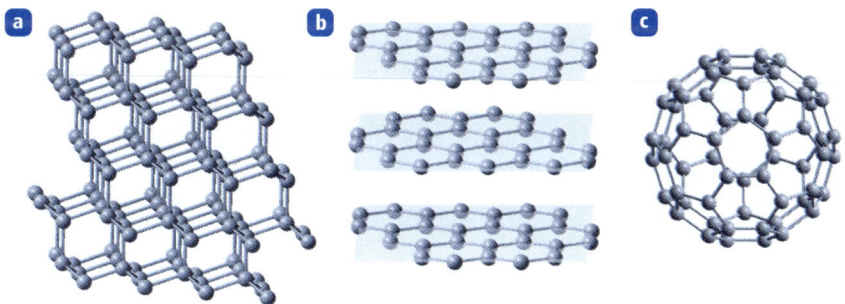

Abbildung 8.4: Die drei Modifikationen des Kohlenstoffs: a) Diamant, b) Graphit, c) Fullerene

In den fossilen Kohlenstoffvorkommen wie Kohle, Erdöl und Erdgas liegt der Kohlenstoff in Mischungen aus vielen verschiedenen organischen Verbindungen vor. Die fossilen Vorkommen entstanden durch Umwandlung pflanzlicher (Kohle) und tierischer (Erdöl, Erdgas) Überreste unter hohem Druck.

Kohlenstoff ist in Form von Kohlenstoffdioxid auch ein Bestandteil der Luft (ca. 0,04 %). Es entsteht bei der Atmung von Lebewesen und beim Verbrennen kohlenstoffhaltiger Verbindungen.

Aufgrund seiner Elektronenkonfiguration $2s^2 2p^2$, der Möglichkeit der Hybridisierung (siehe Kapitel 9) und der Ausbildung von sehr stabilen Bindungen zu verschiedenen Elementen besitzt er die Fähigkeit zur Ausbildung einer hohen Anzahl komplexer Verbindungen und weist von allen chemischen Elementen die größte Vielfalt an chemischen Verbindungen auf. Kohlenstoffverbindungen bilden die molekulare Grundlage allen irdischen Lebens. Der besonderen Rolle, die Kohlenstoff spielt, wurde Rechnung getragen, indem ein eigenes Teilgebiet der Chemie sich ausschließlich mit den Verbindungen des Kohlenstoffs beschäftigt, die organische Chemie. Eine Einführung in dieses Teilgebiet ist in Kapitel 9 zu finden.

Von den zwei natürlich vorkommenden Kohlenstoffmodifikationen ist Graphit unter Normalbedingungen die thermodynamisch stabilere Modifikation. Diamant wandelt sich also langsam in Graphit um. Dieser Prozess geht allerdings sehr langsam vor sich. Ein Diamant benötigt einige Millionen Jahre, bis er sich vollständig in Graphit umgewandelt hat. Besitzer von Brillanten können also aufatmen.

Synthetischer Diamant wird aus Graphit unter Anwendung von sehr hohen Drücken und Temperaturen erhalten. Ein anderes Verfahren stellt die Schockwellendiamantsynthese dar, die bei Drücken arbeitet, wie sie bei Explosionen auftreten. Auch dünne Diamantschichten werden für verschiedene Anwendungen auf unterschiedlichen Substraten erzeugt. Synthetischen Diamanten fehlen meist die optischen Eigenschaften von natürlichen Diamanten. Sie werden daher nicht in der Schmuckindustrie verwendet, sondern in der Oberflächenbeschichtung von Bohr- und Schleifwerkzeugen sowie als Zugabe in Polierpasten, wobei man sich ihre große Härte, Verschleißfestigkeit und ihr Wärmeleitvermögen zu Nutze macht.

Carbide und Cyanide Kohlenstoff kann mit einigen Metallen ionische Verbindungen eingehen, den so genannten Carbiden. Beispiele hierfür sind Calciumcarbid (CaC_2) und Berylliumcarbid (Be_2C), in denen der Kohlenstoff in Form von C_2^{2-}- und C_4^{4-}-Ionen vorliegt. Diese ionischen Verbindungen reagieren heftig mit Wasser unter Bildung von Hydroxidanionen und Ethin (Acetylen, C_2H_2) bzw. Methan (CH_4):

$$C_2^{2-}(s) + 2\,H_2O(l) \rightarrow 2\,OH^-(aq) + C_2H_2(g)$$

$$C^{4-}(s) + 2\,H_2O(l) \rightarrow 4\,OH^-(aq) + CH_4(g)$$

Siliciumcarbid SiC ist hingegen ein kovalent gebundenes Carbid:

$$SiO_2(s) + 3\,C(s) \rightarrow SiC(s) + 2\,CO(g)$$

Siliciumcarbid ist nahezu so hart wie Diamant und besitzt auch eine ähnliche Festkörperstruktur. Jedes Kohlenstoffatom ist tetraedrisch von vier Siliciumatomen umgeben und umgekehrt. Es wird hauptsächlich für Schneidwerkzeuge und zum Polieren von Metallen und Gläsern eingesetzt.

Eine weitere wichtige Klasse anorganischer Kohlenstoffverbindungen sind die Cyanide, die das Anion $|C{\equiv}N|^-$ enthalten. Cyanidionen sind sehr giftig, da sie nahezu irreversibel an das Eisen(III)-Ion in der Cytochrom-Oxidase binden, einem Enzym der Atmungskette. Blausäure (HCN) ist sogar noch gefährlicher, da diese sehr leicht flüchtig ist (Siedepunkt 26 °C) und schon unter einem Prozent dieses Stoffes in Luft zum Tod in wenigen Minuten führen kann. Blausäure ist einer der Aromastoffe der Bittermantel und ist in ihr in sehr geringen Konzentrationen enthalten. Sie entsteht z.B., wenn Natriumcyanid mit einer Säure reagiert:

$$NaCN(s) + HCl(aq) \rightarrow NaCl(aq) + HCN(aq)$$

Cyanide finden technische Verwendung bei der Extraktion von Gold und Silber aus Erzen anderer Metalle. Das Verfahren wird *Cyanidlaugerei* genannt. Gold löst sich in sauerstoffhaltiger Natriumcyanidlösung als Komplexverbindung. Dazu werden in einem ersten Schritt die metallhaltigen Sande staubfein gemahlen und dann mit der Extraktionslösung unter freiem Luftzutritt versetzt. Die entsprechende Gleichung lautet:

$$4\,Au(s) + 8\,CN^-\,(aq) + O_2(g) + 2\,H_2O(l) \rightarrow 4\,[Au(CN)_2]^-(aq) + 4\,OH^-(aq)$$

Das Komplexion $[Au(CN)_2]^-$ findet sich in der entstehenden hochgiftigen Lösung. Nach Filtration wird die Lösung mit Zinkstaub reduziert, wobei sich wieder Gold bildet:

$$Zn(s) + 2\,[Au(CN)_2]^-(aq) \rightarrow [Zn(CN)_4]^{2-}(aq) + 2\,Au(s)$$

Die hochgiftigen Cyanidlaugen werden normalerweise in Kreislaufprozessen wiederverwendet. Dennoch passieren immer wieder Unfälle oder es entweichen Blausäure und ihre Salze in die Umwelt.

Oxide des Kohlenstoffs Die wichtigsten Oxide des Kohlenstoffs sind Kohlenstoffmonoxid CO und Kohlenstoffdioxid CO_2. Kohlenstoffmonoxid ist ein farb- und geruchloses, giftiges Gas, das bei der unvollständigen Verbrennung von Kohlenstoff oder kohlenstoffhaltigen Verbindungen entsteht:

$$2\,C(s) + O_2(g) \rightarrow 2\,CO(g)$$

Kohlenstoffmonoxid wird in metallurgischen Prozessen zur Reinigung von Metallen, z.B. von Nickel, verwendet. Es findet ebenfalls Verwendung in der Herstellung organischer Verbindungen. Industriell wird es hergestellt durch das Überleiten von Wasserdampf über Koks. Kohlenstoffmonoxid verbrennt vollständig in einer Sauerstoffatmosphäre zu Kohlenstoffdioxid:

$$2\,CO(g) + O_2(g) \rightarrow 2\,CO_2(g) \qquad \Delta H = -566\ kJ$$

Kohlenstoffdioxid ist ein farb- und geruchloses Gas. Im Unterschied zu Kohlenstoffmonoxid ist es nicht giftig. Kohlenstoffdioxid entsteht bei der vollständigen Verbrennung von Kohlenstoff oder kohlenstoffhaltigen Verbindungen. Es findet Verwendung in der Getränkemittelindustrie, in Feuerlöschern und in der Herstellung von Backpulver ($NaHCO_3$). Überkritisches Kohlenstoffdioxid wird als Extraktionsmittel, zum Beispiel bei der Extraktion von Koffein in der Herstellung von koffeinfreiem Kaffee, eingesetzt. Die feste Form des Kohlenstoffdioxids (Trockeneis) findet Verwendung als Kühlmittel.

Silicium

Silicium ist nach dem Sauerstoff das zweithäufigste Element der Erdkruste. Es tritt in silicatischen Mineralien oder als reines Siliciumdioxid (SiO_2) auf. Sand besteht beispielsweise vorwiegend aus Siliciumdioxid und Quarz ist reines SiO_2. Viele Halbedelsteine und Schmucksteine bestehen aus SiO_2 und mehr oder weniger Beimengungen anderer Stoffe, z.B. Rosen- und Rauchquarz, Achat, und Opal.

Silicium ist ein klassisches Metalloid und weist daher sowohl Eigenschaften von Metallen als auch von Nichtmetallen auf. Elementares Silicium hat eine grauschwarze Farbe und weist einen typisch metallischen Glanz auf.

Silicium spielt insbesondere in der Halbleiterindustrie eine große Rolle. Dafür wird hochreines Silicium benötigt. Das Reinigungsverfahren ist aufwendig und beinhaltet Prozesse wie das Tiegelziehen und das Zonenschmelzen, die bereits in Kapitel 4 besprochen wurden.

Elementares Silicium erhält man durch Reduktion von SiO_2 mit Kohlenstoff im Lichtbogenofen bei Temperaturen über 2000 °C:

$$SiO_2(l) + 2\,C(s) \rightarrow Si(l) + 2\,CO(g)$$

Das so erhaltene industrielle *Rohsilicium* besitzt eine für metallurgische Zwecke ausreichende Reinheit und findet Verwendung als Legierungsbestandteil für Weißblech und Stähle. Es wird auch als Ausgangsstoff für die Silanherstellung über das *Müller-Rochow-Verfahren* verwendet. Dieses dient vor allem zur Herstellung von *Silikonen*.

Viele photovoltaische Anwendungen benötigen Silicium höherer Reinheit, das so genannte *polykristalline Solarsilicium*. Dieses kann durch einen weiteren Reinigungsschritt erhalten werden. Dazu wird das Rohsilicium mit Chlorwasserstoff bei Temperaturen von 300 bis 350 °C in einem Wirbelschichtreaktor zu *Trichlorsilan* umgesetzt:

$$Si(s) + 3\,HCl(g) \rightleftharpoons H_2(g) + HSiCl_3(g)$$

Trichlorsilan kann destillativ gereinigt werden und wird anschließend in Anwesenheit von Wasserstoff in einer Umkehrung der obigen Reaktion bei 1000 bis 1200 °C an beheizten Reinstsiliciumstäben wieder thermisch zersetzt. Das elementare Silicium wächst dabei Schicht für Schicht auf die Stäbe auf. Der entstehende Chlorwasserstoff wird wieder in den Kreislauf zurückgeführt. Das bei diesem Prozess erhaltene Silicium besitzt eine genügend hohe Reinheit, um in Photovoltaik-Elementen verwendet werden zu können.

Siliciumverbindungen sind ebenfalls wichtige Bestandteile vieler Materialien, die uns umgeben. Beispielsweise ist Silicium in Beton, Zement oder Glas enthalten.

Wasserstoffverbindungen des Siliciums Die Wasserstoffverbindungen des Siliciums sind die *Silane*. Sie bestehen aus einem Siliciumgrundgerüst und Wasserstoffatomen und sind damit verwandt mit den *Alkanen* aus der Klasse der *Kohlenwasserstoffe* (siehe Kapitel 9), jedoch sind sie wesentlich instabiler als letztere Verbindungsklasse. Der einfachste Vertreter der Silane ist das dem Methan (CH_4) vergleichbare *Monosilan* (SiH_4).

Man erhält ein Gemisch aus verschiedenen Silanen durch die Zersetzung von Magnesiumsilicid (Mg_2Si) unter sauren Bedingungen und Luftausschluss:

$$Mg_2Si(s) + H^+(aq) \rightarrow \text{Silangemisch}$$

Das erhaltene Gemisch kann destillativ getrennt werden.

Eine gezielte Synthese von Monosilan ist durch die Umsetzung von Siliciumtetrachlorid ($SiCl_4$) mit Lithiumhydrid (LiH) in einer Salzschmelze möglich:

$$SiCl_4(l) + 4\,LiH(l) \rightarrow SiH_4(g) + 4\,LiCl(l)$$

Die niedrigen Silane, d.h. die Silane mit ein bis vier Siliciumatomen, sind sehr unbeständig und können sich an der Luft selbst entzünden. Monosilan reagiert hierbei mit Sauerstoff zu Siliciumdioxid und Wasser:

$$SiH_4(g) + 2\,O_2(g) \rightarrow SiO_2(g) + 2\,H_2O(g)$$

Verbindungen des Siliciums mit Halogenen Die wohl wichtigsten Verbindungen von Silicium mit Halogenen sind die Chlorsilane. Diese dienen als Ausgangsstoffe für viele weitere Verbindungen, insbesondere der Silikone. Chlorsilane werden über das nach dem amerikanischen Chemiker *Eugene G. Rochow* (1909–2002) und dem deutschen Chemiker *Richard Müller* (1903–1999) benannte *Müller-Rochow-Verfahren* hergestellt. In diesem Verfahren wird ein Gemisch aus Methylchlorsilan, Chlorsilanen und Tetrachlorsilan aus Methylchlorid und Silicium bei Temperaturen von ca. 300 bis 400 °C über einen Kupferkatalysator hergestellt:

$$CH_3Cl(g) + Si(s) \longrightarrow CH_3Cl(g) + (CH_3)SiCl_3(g) + HSiCl_3(g)$$
$$+ (CH_3)HSiCl_2(g) + (CH_3)_3SiCl(g) + SiCl_4(g)$$

Das Gemisch wird anschließend destillativ getrennt und die Reinverbindungen werden weiteren Prozessen zugeführt.

Oxide des Siliciums Da sich Silicium in der gleichen Gruppe befindet wie der Kohlenstoff, könnte man annehmen, dass seine Oxide denen des Kohlenstoffs, also Kohlenstoffdioxid (CO_2) und Kohlenstoffmonoxid (CO), ähnlich sind. Jedoch ist dem nicht so. Siliciummonoxid (SiO) ist eine sehr instabile Verbindung und existiert molekular nur in der Gasphase. Dennoch besitzt es eine wirtschaftliche Bedeutung in der Veredelung von Linsen, wozu es aus der Gasphase auf die Oberfläche von Gläsern abgeschieden wird. Weit stabiler ist Siliciumdioxid (SiO_2). Dieses bildet jedoch keine diskreten Moleküle aus wie Kohlenstoffdioxid, sondern kommt in Form einer dreidimensionalen Festkörperstruktur vor. In seiner kristallinen Form, dem Quarz, ist dabei jedes Siliciumatom von vier Sauerstoffatomen umgeben.

Siliciumdioxid ist eine Verbindung, die in unserem täglichen Leben aufgrund seiner vielfältigen Verwendungen eine große Rolle spielt. Es ist in Farben und Lacken, Kunst- und Klebstoffen, in pharmazeutischen und kosmetischen Produkten enthalten. Es dient als Füllstoff für viele Kunststoffe. Die mengenmäßig größte Bedeutung kommt dem SiO_2 in Mischung mit anderen Bestandteilen in Form von Glas zu.

8.3.3   Stickstoff und Phosphor

Stickstoff

Molekularer Stickstoff ist mit einem Anteil von 78 Vol-% Hauptbestandteil der Luft. Die wichtigsten mineralischen Vorkommen von Stickstoff sind *Salpeter* (KNO_3) und *Chilesalpeter* ($NaNO_3$). Stickstoff ist ein wichtiges Element in vielen biologischen Systemen, beispielsweise in Proteinen und Nukleinsäuren.

Molekularer Stickstoff wird durch die fraktionierte Destillation von verflüssigter Luft nach dem Linde-Verfahren erhalten (siehe Kapitel 4). Im Labor kann man Stickstoff durch thermische Zersetzung von Ammoniumnitrit bei etwa 70 °C erhalten:

$$NH_4NO_2(s) \rightarrow N_2(g) + 2\,H_2O(g)$$

Die Stickstoffatome im N_2-Molekül sind über eine Dreifachbindung miteinander verbunden und das Molekül ist damit sehr stabil in Bezug auf eine Dissoziation in einzelne Stickstoffatome. Stickstoff bildet dennoch eine große Anzahl von Verbindungen mit Wasserstoff und Sauerstoff, in denen die Oxidationszahl des Stickstoffs von −3 bis +5 variieren kann. Die meisten Stickstoffverbindungen sind kovalente Verbindungen. Jedoch kann Stickstoff, wenn er mit bestimmten Metallen erhitzt wird, ionische *Nitride* ausbilden, die ein N^{3-}-Ion enthalten:

$$6\,Li(s) + N_2(g) \rightarrow 2\,Li_3N(s)$$

Das Nitridion ist eine starke Base und reagiert mit Wasser unter Bildung von Ammoniak und Hydroxidionen:

$$N^{3-}(aq) + 3\,H_2O(l) \rightarrow NH_3(g) + 3\,OH^-(aq)$$

Ammoniak   Ammoniak ist eine der technologisch wichtigsten Stickstoffverbindungen. Es wird großindustriell über das Haber-Bosch-Verfahren hergestellt. Im Labor kann es über die Reaktion zwischen Ammoniumchlorid und Natronlauge hergestellt werden:

$$NH_4Cl(aq) + NaOH(aq) \rightarrow NaCl(aq) + H_2O(l) + NH_3(g)$$

Ammoniak ist ein farbloses Gas (Siedepunkt −33,4 °C) mit einem stechenden Geruch. Das meiste produzierte Ammoniak wird in der Herstellung von Kunstdünger verbraucht.

Flüssiges Ammoniak zeigt wie Wasser eine Autodissoziation:

$$2\,NH_3 \rightleftharpoons NH_4^+ + NH_2^-$$

NH_2^- wird als Amidion bezeichnet. Sowohl H^+ als auch NH_2^- sind durch Ammoniak-moleküle solvatisiert. Das Ionenprodukt $[H^+][NH_2^-]$ ist ca. $1 \cdot 10^{-33}$ und damit sehr viel kleiner als das des Wassers ($1 \cdot 10^{-14}$).

Hydrazin Eine weitere wichtige Wasserstoffverbindung des Stickstoffs ist das Hydrazin:

$$
\begin{array}{ccc}
H & & H \\
\diagdown & & \diagup \\
& |N{-}N| & \\
\diagup & & \diagdown \\
H & & \underline{H}
\end{array}
$$

Die Reaktion von Hydrazin mit Sauerstoff ist sehr exotherm:

$$N_2H_4(l) \;+\; O_2(g) \;\rightarrow\; N_2(g) \;+\; 2\,H_2O(l) \qquad \Delta H = -666{,}6 \text{ kJ}$$

Hydrazin findet daher als Raketentreibstoff Verwendung. Es wird auch in der Synthese von Polymeren und Pestiziden angewandt.

Oxide und Sauerstoffsäuren des Stickstoffs Die wichtigsten Oxide des Stickstoffs sind Distickstoffmonoxid (N_2O), Stickstoffmonoxid (NO), und Stickstoffdioxid (NO_2).

Distickstoffmonoxid ist auch unter seinem Trivialnamen *Lachgas* bekannt. Es handelt sich um ein farbloses Gas mit einem süßlichen Geruch. Es kann durch kontrollierte thermische Zersetzung von Ammoniumnitrat (NH_4NO_3) erhalten werden:

$$NH_4NO_3(s) \;\rightarrow\; N_2O(g) \;+\; 2\,H_2O(g)$$

N_2O ist ein Treibhausgas. Als solches trägt es dazu bei, ein sonst zum Weltall hin offenes Strahlungsfenster, das Wärmestrahlung der Erde emittiert, zu schließen. Es ist ebenfalls am Ozonabbau beteiligt.

N_2O findet Verwendung in der Medizin und Zahnmedizin als nebenwirkungsarmes Narkosemittel. In der Nahrungsmitteltechnik wird Lachgas aufgrund seiner sterilisierenden Wirkung als Treibgas benutzt, beispielsweise zum Aufschäumen von Schlagsahne.

Stickstoffmonoxid (NO) ist ein farbloses Gas. Es kann durch die Reaktion zwischen N_2 und O_2 in der Atmosphäre gebildet werden:

$$2\,N_2(g) \;+\; O_2(g) \;\rightleftharpoons\; 2\,NO(g) \qquad \Delta H = 173{,}4 \text{ kJ}$$

Die Gleichgewichtskonstante für diese Reaktion ist bei Raumtemperatur sehr gering, d.h., es bildet sich nur wenig NO. Sie steigt aber mit zunehmender Temperatur an. So kann NO beispielsweise bei Verbrennungsprozessen im Motor durchaus in größeren Mengen entstehen. Auch bei Blitzen in der freien Natur entsteht NO. Im Labor kann NO durch die Reduktion von verdünnter Salpetersäure mit Kupfer erhalten werden:

$$3\,Cu(s) \;+\; 8\,HNO_3(aq) \;\rightarrow\; 3\,Cu(NO_3)_2(aq) \;+\; 4\,H_2O(l) \;+\; 2\,NO(g)$$

Stickstoffmonoxid enthält ein ungepaartes Elektron, seine Valenzelektronenstruktur kann also folgendermaßen beschrieben werden: $\underline{\dot{N}} = \overline{\underline{O}}$. Das Molekül erfüllt daher die Oktettregel nicht.

NO ist ein Zwischenprodukt bei der technischen Herstellung von Salpetersäure. Zudem besitzt es einige physiologisch interessante Wirkungen und wird daher in der Medizin eingesetzt.

Stickstoffdioxid ist ein rotbraunes, stechend riechendes, toxisches Gas. Im Labor wird es durch die Einwirkung von konzentrierter Salpetersäure auf Kupfer erzeugt:

$$Cu(s) + 4\,HNO_3(aq) \rightarrow 3\,Cu(NO_3)_2(aq) + 2\,H_2O(l) + 2\,NO_2(g)$$

Stickstoffdioxid besitzt, ähnlich wie das Stickstoffmonoxid, ein ungepaartes Elektron und neigt zur Dimerisierung. Es steht sowohl in der Gasphase als auch in der kondensierten Phase im Gleichgewicht mit seinem Dimer Distickstofftetroxid (N_2O_4):

$$2\,NO_2 \rightleftharpoons N_2O_4$$

Stickstoffdioxid wird zur Herstellung von Salpetersäure (HNO_3) verwendet. Dazu wird es in Wasser eingeleitet:

$$2\,NO_2(g) + H_2O(l) \rightarrow HNO_2(aq) + HNO_3(aq)$$

Bei dieser Reaktion handelt es sich um eine Disproportionierung, die Oxidationszahl des Stickstoffs ändert sich von +4 (NO_2) auf +3 (HNO_2) und +5 (HNO_3).

Salpetersäure ist eine der wichtigsten Oxosäuren. Salpetersäure ist in reinem Zustand farblos. Konzentrierte Salpetersäure zersetzt sich jedoch leicht (besonders unter Lichteinwirkung):

$$4\,HNO_3(l) \rightarrow 4\,NO_2(g) + 2\,H_2O(l) + O_2(g)$$

Aufgrund des gelösten Stickstoffdioxids (NO_2) besitzt HNO_3 häufig einen gelblichen oder rötlichen Farbton. Reine Salpetersäure, die freies Stickstoffdioxid enthält, wird auch rauchende Salpetersäure genannt. Sie enthält über 90 Gew-% HNO_3 und wirkt sehr stark oxidierend. In ihr ist Stickstoff in seiner höchsten Oxidationsstufe, +5, enthalten.

Salpetersäure löst die meisten Metalle auf. Während nicht oxidierende Säuren lediglich die unedlen Metalle, die ein negatives Normalpotential in der Spannungsreihe besitzen, auflösen, kann Salpetersäure auch edle Metalle lösen. Ausnahmen sind Gold, Platin und Iridium. Jedoch widerstehen auch Aluminium, Titan, Zirconium, Hafnium, Niob, Tantal und Wolfram einen Angriff von Salpetersäure. Der Grund hierfür ist die *Passivierung* durch Salpetersäure. Hierbei bildet sich auf dem Metall eine fest haftende, undurchlässige Oxidschicht. Auch Eisen ist infolge der Passivierung resistent gegenüber kalter, Chrom gegenüber heißer HNO_3. Mittels Salpetersäure können Gold und Silber getrennt werden, da sich Letzteres darin auflöst. Daher wurde HNO_3 früher auch *Scheidewasser* genannt. Ein Gemisch aus konzentrierter Salpetersäure und konzentrierter Salzsäure (1:3-Volumenverhältnis), das *Königswasser* genannt wird, vermag auch die von HNO_3 nicht angegriffenen Edelmetalle aufzulösen. Gold löst sich beispielsweise nach folgender Reaktion in Königswasser auf:

$$Au(s) + 3\,HNO_3(aq) + 4\,HCl(aq) \rightarrow HAuCl_4(aq) + 3\,H_2O(l) + 3\,NO_2(g)$$

Phosphor

In der Natur kommt Phosphor ausschließlich gebunden vor. Häufige Mineralien sind die *Apatite*, $Ca_5(PO_4)_3(F,Cl,OH)$, insbesondere der Fluorapatit ($Ca_5(PO_4)_3F$). Elementaren Phosphor erhält man durch Erhitzen von Calciumphosphat mit Koks und Quarzsand bei 1400 °C. Der Kohlenstoff im Koks ist dabei das Reduktionsmittel und das SiO_2 dient als Schlackebildner:

$$2\,Ca_3(PO_4)_2(s) + 10\,C(s) + 6\,SiO_2(s) \rightarrow 6\,CaSiO_3(s) + 10\,CO(g) + 4\,P(s)$$

Es gibt mehrere allotrope Modifikationen des Phosphors, von denen der weiße und der rote Phosphor die wichtigsten sind. Weißer Phosphor besteht aus tetraedrisch gebauten P_4-Molekülen. Weißer Phosphor ist ein in Wasser unlöslicher, hochgiftiger Feststoff (Schmelzpunkt 44,2 °C), entzündet sich an Luft von selbst und muss daher unter Wasser aufbewahrt werden. Bei der vollständigen Verbrennung an Luft entsteht Phosphor(V)oxid:

$$P_4(s) + 5\,O_2(g) \rightarrow P_4O_{10}(s)$$

Die hohe Reaktivität des weißen Phosphors ist auf die strukturelle Spannung der P-P-Bindungen in den P_4-Tetraedern zurückzuführen. Weißer Phosphor kann durch langsames Erhitzen unter Ausschluss von Luft in roten Phosphor umgewandelt werden:

$$n\,P_4(\text{weiß}) \rightarrow (P_4)_n(\text{rot})$$

Roter Phosphor hat eine polymere Struktur und besitzt eine höhere Stabilität als weißer Phosphor.

Der größte Teil des hergestellten weißen Phosphors (ca. 80 %) wird in der Synthese von Phosphoroxiden verwendet, die dann als Ausgangsmaterial für die Herstellung von Phosphorsäure sowie für die Darstellung verschiedener Phosphate dienen. Der sehr giftige und selbstentzündliche weiße Phosphor wird in Brandmunition eingesetzt. Roter Phosphor wird in der Streichholzherstellung verwendet.

Wasserstoffverbindungen des Phosphors Die wichtigste Wasserstoffverbindung des Phosphors ist *Phosphan* (PH_3), ein farbloses, sehr giftiges Gas, das bei Erhitzen von weißem Phosphor in konzentrierter Natronlauge entsteht:

$$P_4(s) + 3\,NaOH(aq) + 3\,H_2O(l) \rightarrow 3\,NaH_2PO_2(aq) + PH_3(g)$$

Phosphan ist einigermaßen gut wasserlöslich, allerdings reagiert es in wässriger Lösung im Unterschied zu Ammoniak neutral. Es ist ein starkes Reduktionsmittel und reduziert Metallsalze zu den entsprechenden Metallen. Das Gas brennt in Luft:

$$PH_3(g) + O_2(g) \rightarrow H_3PO_4(s)$$

Oxide des Phosphors Es gibt zwei wichtige Oxide des Phosphors, in denen der Phosphor in zwei unterschiedlichen Oxidationsstufen vorliegt: das Phosphor(III)oxid (P_4O_6) und das Phosphor(V)oxid (P_4O_{10}), mit Phosphor in seiner höchsten Oxidationsstufe (+5). Die beiden Oxide entstehen, wenn weißer Phosphor im Sauerstoffunterschuss bzw. im Sauerstoffüberschuss verbrannt wird:

$$P_4(s) + 3\,O_2(g) \rightarrow P_4O_6(s)$$

$$P_4(s) + 5\,O_2(g) \rightarrow P_4O_{10}(s)$$

Beide Oxide sind sauer, d.h., sie reagieren zu Säuren in Gegenwart von Wasser. Die Verbindung P_4O_{10} besitzt eine hohe Affinität zu Wasser:

$$P_4O_{10}(s) + 6\,H_2O(l) \rightarrow 4\,H_3PO_4(aq)$$

Aus diesem Grund wird Phosphor(V)oxid häufig als Trockenmittel für Gase oder Lösungsmittel eingesetzt.

Es gibt viele verschiedene Sauerstoffsäuren des Phosphors, die wohl wichtigste ist Phosphorsäure (H_3PO_4). Bei ihr handelt es sich um eine mittelstarke dreiprotonige Säure. Industriell wird Phosphorsäure meist durch Aufschluss phosphorhaltiger Mineralien mit Schwefelsäure hergestellt:

$$Ca_3(PO_4)_2(s) + 3\,H_2SO_4(aq) \rightarrow 2\,H_3PO_4(aq) + 3\,CaSO_4(s)$$

Phosphorsäure besitzt folgende Struktur:

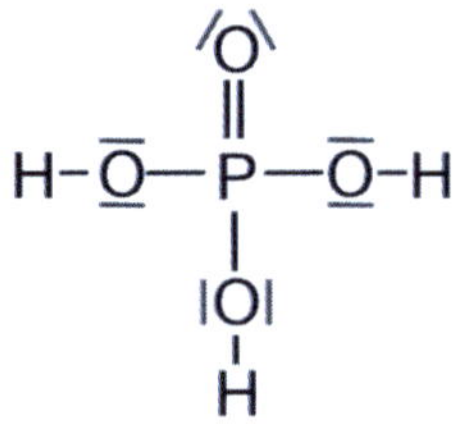

Abbildung 8.5: Phosphate (PO_4^{3-}) sind die Salze der Phosphorsäure

Phosphorsäure dient als Ausgangsstoff zur Herstellung phosphathaltiger Dünger, von Rostentfernern und Rostumwandlern, von Waschmitteln sowie zur Passivierung von Eisen und Zink zum Schutz vor Korrosion. In hoher Konzentration wirkt Phosphorsäure ätzend. In verdünnter Form wird sie in der Lebensmittelindustrie als Säuerungs- und Konservierungsmittel eingesetzt, beispielsweise in Cola-Getränken. In der Biologie wird sie zur Herstellung von Pufferlösungen verwendet.

8.3.4 Sauerstoff und Schwefel

Sauerstoff

Sauerstoff ist mit 46 % Massenanteil das bei weitem häufigste Element in der Erdkruste. Zusätzlich enthält die Atmosphäre rund 21 Vol-% Sauerstoff. Ähnlich wie Stickstoff ist Sauerstoff im ungebundenen Zustand ein zweiatomiges Molekül (O_2). Im Labor wird Sauerstoff durch Erhitzen von Kaliumchlorat ($KClO_3$) hergestellt:

$$2\,KClO_3(s) \rightarrow 2\,KCl(s) + 3\,O_2(g)$$

Eine weitere Möglichkeit, um reinen Sauerstoff herzustellen, ist die Elektrolyse von Wasser. Industriell wird Sauerstoff durch die fraktionierte Destillation von nach dem Linde-Verfahren verflüssigter Luft erhalten. Sauerstoff ist ein farb- und geruchloses Gas. Sauerstoff ist ein wichtiger Baustein des Lebens. Etwa ein Viertel aller Atome in Biomolekülen sind Sauerstoffatome. Es ist das wichtigste Oxidationsmittel im Metabolismus.

Sauerstoff besitzt zwei Allotrope, O_2 und O_3. Wenn wir über molekularen Sauerstoff sprechen, meinen wir normalerweise O_2. Ozon O_3 ist weniger stabil. Die Strukturen von O_2 und O_3 werden durch folgende Valenzstrichformeln ausgedrückt:

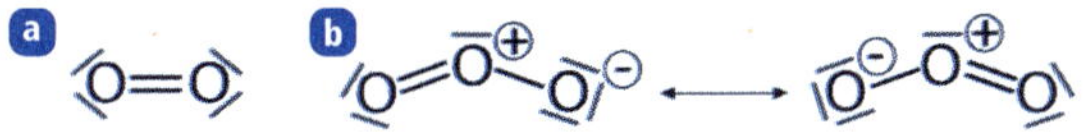

Abbildung 8.6: Strukturen von a) molekularem Sauerstoff und b) Ozon. Beim Ozon liegt die korrekte Beschreibung der Elektronenverteilung zwischen den beiden abgebildeten Resonanzstrukturen.

Sauerstoff ist eines der am meisten industriell verwendeten Elemente. Es wird eingesetzt in der Stahlindustrie oder als Bleichmittel für die Papierindustrie. In der chemischen Industrie wird Sauerstoff meist zur Oxidation von verschiedenen Grundstoffen verwendet. In der Umwelttechnik wird Sauerstoffgas zur Aufbereitung von Abwässern verwendet.

Oxide, Peroxide, Superoxide Sauerstoff bildet drei Arten von Oxiden: die gewöhnlichen Oxide (generell nur als Oxide bezeichnet), sie enthalten das O_2^{2-}-Ion, Peroxide, die das O_2^{2-}-Ion enthalten, und Superoxide mit dem O_2^--Ion:

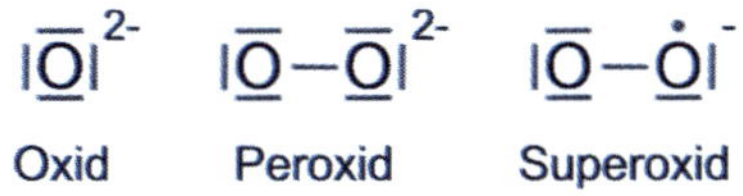

Die Natur der Bindung in oxidischen Verbindungen ändert sich innerhalb des Periodensystems. Oxide der Elemente auf der linken Seite des Periodensystems, wie z.B. die Alkali- und Erdalkalimetalle, sind generell ionische Feststoffe mit hohen Schmelzpunkten. Die Oxide der Metalloide und der metallischen Elemente in der Mitte des Periodensystems sind immer noch Feststoffe, aber mit weit weniger ionischem Charakter. Oxide von Nichtmetallen sind kovalente Verbindungen, die häufig als Gase oder Flüssigkeiten bei Raumtemperatur auftreten. Der saure Charakter der Oxide nimmt von links nach rechts im Periodensystem zu, d.h., die Oxide links im Periodensystem reagieren mit Wasser unter Bildung von OH^--Ionen, während die Oxide rechts im Periodensystem H^+-Ionen bei der Hydrolyse bilden.

Das bekannteste Peroxid ist Wasserstoffperoxid (H_2O_2). Es ist eine farblose, sirupartige Flüssigkeit (Schmelzpunkt $-0,9$ °C), die im Labor durch die Reaktion von Schwefelsäure mit Bariumperoxid-Oktahydrat entsteht:

$$BaO_2 \cdot 8\,H_2O(s) + H_2SO_4(aq) \rightarrow BaSO_4(s) + H_2O_2(aq) + 8\,H_2O(l)$$

In Wasserstoffperoxid sind die zwei Sauerstoffatome über eine Einfachbindung miteinander verbunden. Die Oxidationszahl der O-Atome beträgt –1:

$$H\diagdown \overline{\underline{O}}-\overline{\underline{O}} \diagdown H$$

Wasserstoffperoxid zersetzt sich vollständig beim Erhitzen bzw. bei Belichtung mit Sonnenlicht in Gegenwart von Staubpartikeln oder bestimmten Metallen wie Eisen oder Kupfer nach folgender Reaktion:

$$2\ H_2O_2(l) \rightarrow 2\ H_2O(l) + O_2(g) \qquad \Delta H = -194{,}6\ kJ$$

Wasserstoffperoxid ist in jedem Verhältnis mit Wasser mischbar aufgrund seiner Fähigkeit, Wasserstoffbrückenbindungen auszubilden. Verdünnte Wasserstoffperoxidlösungen (bis zu 3 % Massengehalt) werden als antiseptische Lösungen verwendet. Konzentriertere Lösungen werden als Bleichmittel für Textilien und Haare eingesetzt. Aufgrund seiner Zersetzungsenergie wird es auch als Raketentreibstoff eingesetzt.

Wasserstoffperoxid ist ein starkes Oxidationsmittel. Es oxidiert beispielsweise Fe^{2+}-Ionen zu Fe^{3+}-Ionen in saurer Lösung:

$$H_2O_2(aq) + 2\ Fe^{2+}(aq) + 2\ H^+(aq) \rightarrow 2\ Fe^{3+}(aq) + 2\ H_2O(l)$$

Aber es kann auch als Reduktionsmittel für Substanzen wirken, die ein stärkeres Oxidationsmittel sind:

$$H_2O_2(aq) + Ag_2O(aq) \rightarrow 2\ Ag(s) + H_2O(l) + O_2(g)$$

Ozon Ozon ist ein relativ toxisches Gas. In hohen Konzentrationen hat es einen stechenden Geruch, der häufig in der Nähe von elektrischen Anlagen, in denen elektrische Entladungen stattfinden, zu riechen ist. Ozon kann aus molekularem Sauerstoff entweder photochemisch oder durch elektrische Entladung entstehen:

$$3\ O_2(g) \rightarrow 2\ O_3(g) \qquad \Delta H = 326{,}8\ kJ$$

Ozon ist weit instabiler als Sauerstoff. Es besitzt eine gewinkelte Struktur (siehe ▶Abbildung 8.5). Es wird hauptsächlich bei der Wasseraufbereitung oder als Bleichmittel eingesetzt.

Ozon ist ein starkes Oxidationsmittel. Seine Oxidationskraft wird nur von der von molekularem Fluor übertroffen. Daher oxidiert es alle Metalle außer Silber und Gold.

Ozon bildet sich auch in der Atmosphäre, z.B. durch die Einwirkung von energiereicher Sonnenstrahlung auf Sauerstoffmoleküle in der Stratosphäre. In Erdnähe bildet sich Ozon aus einer Reaktion zwischen Stickstoffdioxid (NO_2) und Sauerstoff (O_2) unter dem Einfluss von UV-Strahlung. In der Stratosphäre absorbiert das Ozon teilweise UV-Strahlung.

Schwefel

Schwefel kommt in der Natur im elementaren Zustand, in großen Lagerstätten, oder gebunden vor. Typische Mineralien, die Schwefel enthalten, sind Pyrit (FeS_2), Kupferkies ($CuFeS_2$), Bleiglanz (PbS), Zinkblende (ZnS) oder Gips ($CaSO_4 \cdot 2\,H_2O$).

Elementarer Schwefel kann durch das von dem deutsch-amerikanischen Chemiker *Hermann Frasch* (1851–1914) entwickelte *Frasch-Verfahren* abgebaut werden. Hierbei wird überhitztes Wasser unter Druck in das schwefelhaltige Gestein gepresst. Dabei schmilzt der Schwefel und wird mit heißer Pressluft nach oben befördert. Durch dieses Verfahren erhält man Schwefel mit sehr hoher Reinheit. Heute fällt jedoch der meiste Schwefel als Abfallprodukt bei der Entschwefelung von Erdöl an. Dazu wird der *Claus-Prozess* angewendet. In diesem wird der in der Aufarbeitung von fossilen Brennstoffen anfallende Schwefelwasserstoff (H_2S) zu Schwefel umgesetzt. Dabei wird ein Drittel des Schwefelwasserstoffes zu Schwefeldioxid verbrannt:

$$2\,H_2S(g)\ +\ 3\,O_2(g)\ \rightarrow\ 2\,SO_2(g)\ +\ 2\,H_2O(g)$$

Der restliche Schwefelwasserstoff reagiert mit dem entstehenden SO_2 zu Schwefel und Wasser:

$$8\,SO_2(g)\ +\ 16\,H_2S(g)\ \rightarrow\ 3\,S_8(s)\ +\ 16\,H_2O(l)$$

Bei diesem Verfahren muss das Verhältnis zwischen den Reaktanten genau eingehalten werden, da überschüssiges SO_2 bzw. H_2S die Umwelt extrem belasten würden. Im Abgasstrom noch vorhandenes Schwefeldioxid kann durch das so genannte *SCOT-Verfahren* (*Shell Claus Offgas Treating*) zu H_2S hydriert werden:

$$SO_2(g)\ +\ 3\,H_2(g)\ \rightarrow\ H_2S(g)\ +\ 2\,H_2O(l)$$

Das entstehende H_2S wird anschließend in den Claus-Prozess zurückgeführt.

Es sind mehrere allotrope Modifikationen des Schwefels bekannt. Die bei Raumtemperatur stabilste Modifikation ist der orthorhombisch kristallisierende α-Schwefel. Dieser ist geruch- und geschmackslos und hat die typische schwefelgelbe Farbe. Er besteht aus S_8-Ringen. Beim Erhitzen über 150 °C brechen die Ringe auf und es entstehen kettenförmige Moleküle.

Ähnlich wie Stickstoff kommt auch Schwefel in vielen unterschiedlichen Oxidationsstufen vor. Mit Wasserstoff bildet Schwefel den Schwefelwasserstoff. Dieser entsteht beispielsweise bei der Reaktion einer Säure mit einem Metallsulfid:

$$FeS(s)\ +\ H_2SO_4(aq)\ \rightarrow\ FeSO_4(aq)\ +\ H_2S(g)$$

Schwefelwasserstoff ist ein farbloses, giftiges Gas, das nach faulen Eiern riecht. Der Geruch der faulen Eier kommt tatsächlich vom Schwefelwasserstoff, welcher bei der bakteriellen Zersetzung von schwefelhaltigen Eiweißstoffen entsteht.

Oxide des Schwefels Es gibt zwei wichtige Oxide des Schwefels: Schwefeldioxid (SO_2) (Oxidationszahl des Schwefels: +4) und Schwefetrioxid (SO_3) (Oxidationszahl des Schwefels: +6). Schwefeldioxid wird beim Verbrennen von Schwefel an Luft gebildet:

$$S(s)\ +\ O_2(g)\ \rightarrow\ SO_2(g)$$

Schwefeldioxid ist ein farbloses, stechend riechendes und sauer schmeckendes, giftiges Gas. Es entsteht vor allem bei der Verbrennung von fossilen Brennstoffen, die bis zu 4 % Schwefel enthalten können. Daher trägt dieses Gas in erheblichem Ausmaß zur Luftverschmutzung bei.

Mit Wasser reagiert SO_2 unter Bildung von schwefliger Säure. Man bezeichnet es daher als *Anhydrid* der schwefligen Säure:

$$2\,SO_2(g) + H_2O(l) \rightleftharpoons H_2SO_3(aq)$$

Schwefeldioxid wird langsam zu Schwefeltrioxid oxidiert. Die Reaktionsgeschwindigkeit kann durch Katalysatoren extrem beschleunigt werden:

$$2\,SO_2(g) + O_2(g) \rightarrow 2\,SO_3(g)$$

Schwefeltrioxid reagiert mit Wasser zu Schwefelsäure (H_2SO_4):

$$SO_3(g) + H_2O(l) \rightarrow H_2SO_4(aq)$$

Schwefeldioxid ist eine der hauptverantwortlichen Substanzen für den sauren Regen.

Schwefelsäure Schwefelsäure ist eine starke zweiprotonige Säure. Sie ist eine farblose, viskose Flüssigkeit. Konzentrierte Schwefelsäure enthält 98 Massen-% H_2SO_4. Schwefelsäure ist ähnlich wie Salpetersäure eine oxidierende Säure. Ihre Oxidationsstärke wird verbessert, wenn sie heiß ist. In einer solchen Lösung ist das Sulfation der oxidierende Bestandteil und weniger die hydratisierten Protonen. Kupfer reagiert beispielsweise mit konzentrierter Schwefelsäure in folgender Reaktion:

$$Cu(s) + 2\,H_2SO_4(aq) \rightarrow CuSO_4(aq) + SO_2(g) + 2\,H_2O(l)$$

Konzentrierte Schwefelsäure oxidiert auch Nichtmetalle. So reagiert sie mit Kohlenstoff unter Bildung von CO_2 und mit Schwefel unter Bildung von SO_2:

$$C(s) + 2\,H_2SO_4(aq) \rightarrow CO_2(g) + 2\,SO_2(g) + 2\,H_2O(l)$$

$$S(s) + 2\,H_2SO_4(aq) \rightarrow 3\,SO_2(g) + 2\,H_2O(l)$$

8.3.5 Halogene

Die Halogene – *Fluor, Chlor, Brom* und *Iod* (*Astat* ist ein radioaktives Element und soll hier nicht weiter behandelt werden) – sind sehr reaktive Elemente. Sie besitzen alle die Elektronenkonfiguration ns^2np^5 und benötigen daher nur ein Elektron, um die stabile Elektronenkonfiguration der Edelgase zu erreichen. Daher haben sie auch hohe Elektronenaffinitäten und hohe Ionisationspotentiale. Das benötigte einzelne Elektron erhalten die Halogene, wenn keine anderen Elemente zugegen sind, von einem weiteren Halogenatom durch Bildung einer kovalenten Bindung. Daher kommen die Halogene im elementaren Zustand auch nur molekular als F_2, Cl_2, Br_2 und I_2 vor. Aufgrund ihrer hohen Reaktivität findet man die Halogene in der Natur nur in gebundener Form. Die Reaktivität der Edelgase nimmt vom Fluor zum Iod hin ab, wobei Fluor unter den Halogenen eine Sonderstellung einnimmt:

Fluor ist das reaktivste Halogen. Der Reaktivitätsunterschied zwischen Fluor und Chlor ist stärker als der zwischen Chlor und Brom. Das ist darauf zurückzuführen, dass die Bindung im F_2 wesentlich schwächer als im Cl_2 ist. Grund dafür ist, dass sich die freien Elektronenpaare beim kleinen Fluor näher kommen können als im Chlor und damit die Abstoßung dieser Elektronenpaare größer ist, was zu einer schwächeren Bindung führt.

Fluorwasserstoff (HF) besitzt, ähnlich wie Wasser, sehr starke Wasserstoffbrücken-bindungen und einen ungewöhnlich hohen Siedepunkt (19,5 °C), während alle anderen Halogenwasserstoffe weit niedrigere Siedepunkte besitzen.

Fluorwasserstoff ist eine schwache Säure, während alle anderen Halogenwasserstoffe (HCl, HBr, HI) starke Säuren sind.

Fluor reagiert mit kalter Natronlauge zu Sauerstoffdifluorid (OF_2), der einzigen Verbindung, in der Sauerstoff die Oxidationszahl +2 besitzt.

$$2\,F_2(g) + 2\,NaOH(aq) \rightarrow 2\,NaF(aq) + H_2O(l) + OF_2(g)$$

Die gleiche Reaktion mit Chlor oder Brom erzeugt ein Hypohalit:

$$2\,X_2(g) + 2\,NaOH(aq) \rightarrow 2\,NaX(aq) + NaXO(l) + H_2O(g)$$

X steht hier für Chlor oder Brom. Iod reagiert unter diesen Bedingungen nicht.

Silberfluorid (AgF) ist wasserlöslich, während alle anderen Silberhalogenide sehr schwer löslich sind (AgCl, AgBr, AgI).

Halogene kommen in der Natur hauptsächlich als einfach negativ geladene Anionen in Salzen vor. Das Kation ist meist ein Alkali- oder Erdalkalimetall, insbesondere die Natriumsalze der Halogene sind häufig anzutreffen. Aus diesen können dann die Halogene mittels Elektrolyse gewonnen werden (siehe Kapitel 7). Ein beträchtlicher Teil der Halogenide liegt im Meerwasser gelöst vor.

Verbindungen der Halogene Die Verbindungen der Halogene können in zwei Gruppen unterteilt werden. Die Fluoride und Chloride vieler metallischer Elemente, insbesondere jener, die zu den Alkali- und Erdalkalimetallen gehören, sind ionische Verbindungen. Verbindungen mit Nichtmetallen, wie z.B. Schwefel oder Phosphor, sind kovalenter Natur. Die Oxidationszahlen von Halogenen können dabei zwischen −1 und +7 variieren. Die einzige Ausnahme stellt das Fluor dar, welches als elektronegativstes Element ausschließlich in der Oxidationszahl −1 vorkommt.

Halogenwasserstoffe

Die Halogenwasserstoffe stellen eine wichtige Klasse von Halogenverbindungen dar. Sie können direkt aus den Elementen gebildet werden:

$$2\,H_2(g) + X_2(g) \rightleftharpoons 2\,HX(g)$$

X ist dabei ein Halogenatom. Diese Reaktionen, insbesondere die mit Fluor und Chlor, können explosionsartig vonstatten gehen. In der Industrie wird *Chlorwasserstoff* (HCl) als Nebenprodukt in der Herstellung von chlorierten Kohlenwasserstoffen, wie z.B. in der Reaktion von Ethan mit Chlorgas, gewonnen:

$$C_2H_6(g) + 2\,Cl_2(g) \rightarrow C_2H_5Cl(g) + HCl(g)$$

Im Labor können Fluor- und Chlorwasserstoff durch die Reaktion von Metallhalogeniden mit konzentrierter Schwefelsäure gewonnen werden:

$$CaF_2(s) + H_2SO_4(aq) \rightarrow 2\,HF(g) + CaSO_4(s)$$

$$2\,NaCl(s) + H_2SO_4(aq) \rightarrow 2\,HCl(g) + Na_2SO_4(aq)$$

Brom- und Iodwasserstoff können nicht über diesen Weg erhalten werden, sondern benötigen kompliziertere Reaktionen.

Fluorwasserstoff, dessen wässrige Lösung auch als *Flusssäure* bezeichnet wird, reagiert mit Siliciumdioxid (SiO_2) und Silicaten:

$$6\,HF(aq) + SiO_2(s) \rightarrow 2\,H_2SiF_6(aq) + H_2O(l)$$

Daher wird Fluorwasserstoff zum Ätzen von Glas, das ja ein silicatisches Material ist, verwendet. Diese Reaktion macht auch klar, warum Fluorwasserstoff unter keinen Umständen in Glasgefäßen aufbewahrt werden darf.

Wässrige Lösungen der Halogenwasserstoffe sind sauer. Die Säurestärke nimmt in folgender Reihenfolge zu:

$$HF \ll HCl < HBr < HI$$

Verwendung von Halogenen

Fluor

Halogene finden viele Anwendungen in der Industrie und im täglichen Leben. Aufgrund seiner hohen Reaktivität und des schwierigen Umgangs kann elementares Fluor nur eingeschränkt verwendet werden. Daher kommen hauptsächlich seine Verbindungen mit anderen Elementen zum Einsatz.

Der größte Teil des elementaren Fluors wird für die Herstellung von Uranhexafluorid (UF_6) verwendet. Dieses ist eine wichtige Verbindung, um die Isotope des Urans zu trennen und damit das gewünschte ^{235}U für die Verwendung in Kernreaktoren anzureichern.

Fluor wird auch benötigt, um das Polymer Polytetrafluorethylen herzustellen, besser bekannt unter dem Namen *Teflon*: $-(-CF_2-CF_2-)_n-$.

Fluoride sind in Zahnpasten zu finden. In diesen kann es vor Karies schützen und den Zahnschmelz härten. Durch den Einbau von geringen Mengen Fluorid anstatt von Hydroxid in den Hydroxylapatit der Zähne entsteht Fluorapatit. Dieses Mineral ist schwerer wasserlöslich und damit stabiler gegenüber dem Speichel. Fluorid wirkt durch die geringe Löslichkeit des Fluorapatits remineralisierend, indem der durch Säuren aufgelöste Apatit in Anwesenheit von Fluorid wieder ausgefällt wird. Daher wird Natriumfluorid in manchen Ländern sogar dem Trinkwasser zugesetzt.

Chlor

Chlor ist ein wichtiges biologisches Element. In Form von Chloridionen ist es in vielen Körperflüssigkeiten zu finden. Industriell wird es als Bleichmittel für Papier und Textilien eingesetzt. Haushaltsbleiche enthält als aktive Verbindung Natriumhypochlorit, das durch Reaktion von Chlorgas mit einer wässrigen Natriumhydroxidlösung entsteht:

$$Cl_2(g) + 2\,NaOH(aq) \rightarrow NaCl(aq) + NaClO(aq) + H_2O(l)$$

Chlor wird auch für die Reinigung und Desinfektion von Wasser eingesetzt. Löst man Chlorgas in Wasser, kommt es zu folgender Reaktion:

$$Cl_2(g) + H_2O(l) \rightarrow HCl(aq) + HClO(aq)$$

Hypochlorit (ClO^-) zerstört Bakterien und wirkt daher desinfizierend.

Chlorierte Kohlenwasserstoffe, wie z.B. Chloroform oder Tetrachlorkohlenstoff, sind wichtige organische Lösungsmittel. Chlor wird auch in der Produktion von Insektiziden, wie z.B. *DDT*, verwendet. Aufgrund der Gesundheitsgefahren wurden aber diese Verbindungen weitgehend von anderen Verbindungsklassen zurückgedrängt. Chlor wird auch in der Herstellung von Polymeren, wie z.B. Polyvinylchlorid (*PVC*), verwendet.

Brom und Iod werden nur in kleinerem Maße industriell angewendet und sollen hier nicht weiter besprochen werden.

8.3.6 Edelgase

Die Edelgase besitzen die Elektronenkonfiguration ns^2np^6. Eine Ausnahme stellt Helium dar, das die Elektronenkonfiguration ns^2 besitzt. In allen Fällen ist jedoch die Valenzelektronenschale abgeschlossen. Diese Elektronenkonfiguration ist sehr stabil, daher sind die Edelgase die unreaktivsten Elemente, die wir kennen. Ihre Ionisationspotentiale gehören zu den höchsten im Periodensystem und sie besitzen keine Affinität, weitere Elektronen aufzunehmen. Edelgase kommen elementar einatomig vor. Bis in die Mitte des 20. Jahrhunderts waren keine Verbindungen der Edelgase bekannt. Die wenigen Verbindungen, die heute bekannt sind, sind solche zwischen den schwereren Edelgasen Xenon oder Krypton mit sehr elektronegativen Elementen wie Fluor oder Sauerstoff. Jedoch haben diese Verbindungen keine industrielle Bedeutung.

Helium ist nach Wasserstoff das zweithäufigste Element im Universum. Auf der Erde kommen Edelgase in der Luft vor. Das mit Abstand häufigste Edelgas in der Luft ist Argon mit 0,934 Vol-%. Alle anderen Edelgase können lediglich im ppm-Bereich in der Natur gefunden werden. Die Edelgase werden bei der Luftverflüssigung gewonnen. Helium wird bei der Erdgasproduktion erhalten. In Erdgas sind bis zu 8 % Helium vorhanden. Bei der Abkühlung des Erdgases auf Temperaturen unter −205 °C bleibt nur Helium gasförmig zurück. Argon fällt als Nebenprodukt beim Haber-Bosch-Verfahren an, da es sich mit ca. 10 % im Gasgemisch anreichert.

Helium ist das Edelgas mit der niedrigsten Atommasse und damit auch mit dem niedrigsten Siedepunkt (−269 °C). Als einziger Stoff wird Helium unter Normaldruck auch bei noch so niedrigen Temperaturen nicht fest, und es muss selbst nahe am absoluten Nullpunkt ein Druck von mindestens 24,5 bar angewendet werden, um flüssiges Helium zu verfestigen.

Neon ist nach Helium und Wasserstoff das drittleichteste aller Gase. Es ist insbesondere aus der Beleuchtungstechnik bekannt, da es in Leuchtröhren scharlachrotes Licht emittiert.

Argon ist das häufigste und daher preiswerteste Edelgas und besitzt eine Dichte, die nur etwas über der von Sauerstoff und Stickstoff liegt, die mit 21 Vol-% beziehungsweise 78 Vol-% praktisch den Restanteil der Luft ausmachen.

Krypton ist schwerer als Luft und damit auch leichter zu verflüssigen (Siedepunkt um −153,4 °C).

Xenon ist eines der seltensten Elemente der Erde. Es ist über dreimal schwerer als Luft. Xenon wirkt in bestimmten Konzentrationsbereichen narkotisierend und wird derzeit als Alternative zu bisherigen Narkosemitteln getestet.

Radon ist das schwerste elementare Gas in der Erdatmosphäre (Dichte 99,73 kg/m³ bei 0 °C) und auch das seltenste Gas überhaupt. In fester und flüssiger Form luminesziert es aufgrund seiner Radioaktivität. Auch die Zerfallsprodukte von Radon sind radioaktiv, dennoch werden winzige Radonspuren bei der Radontherapie angewendet.

Edelgase werden für Leuchtreklame in Gasentladungsröhren verwendet, da sie in charakteristischen Farben erstrahlen, nämlich Helium rosa, Neon orange, Argon blau, Krypton gelbgrün und Xenon violett.

Beim Tauchen setzt man ein Gemisch aus Helium, Sauerstoff und Stickstoff ein. Der Vorteil liegt darin, dass He unabhängig vom Umgebungsdruck kein Narkosepotential besitzt, während Stickstoff beim Tauchen schon als Narkosegas wirken kann (Tiefenrausch). Argon dient in großen Mengen als Schutzgas beim Schweißen.

Helium wird außerdem als unbrennbares Gas zum Befüllen von Ballons verwendet und in Apparaturen, in denen extrem niedrige Temperaturen erforderlich sind, als Kühlmittel.

ZUSAMMENFASSUNG

Metalle zählen zu den meistverwendeten Werkstoffen, sie besitzen eine hohe elektrische Leitfähigkeit, hohe Wärmeleitfähigkeit, Duktilität und metallischen Glanz. Sie unterscheiden sich durch diese Eigenschaften von den *Nichtmetallen*. Die chemische Reaktivität der Metalle wird hauptsächlich durch das niedrige Ionisationspotential und die besondere Bindungssituation der Metalle bestimmt. Die gewöhnlichen *Festkörperstrukturen* der Metalle bei Raumtemperatur untergliedern sich in kubische, hexagonale Gitter und Gitter mit Diamantstruktur. Durch ihre hohe chemische Reaktivität kommen die meisten Metalle in der Natur nur gebunden in Mineralien vor, aus denen sie durch *metallurgische Prozesse* als reine Metalle gewonnen werden können. Die wichtigsten Gruppen im Periodensystem, die nur Metalle enthalten, sind die *Alkalimetalle*, die *Erdalkalimetalle* und die *Übergangsmetalle*. In allen anderen Gruppen sind sowohl Metalle bzw. *Metalloide* und Nichtmetalle enthalten. Das Element *Wasserstoff* besitzt eine Sonderstellung im Periodensystem, auch seine Verbindungen besitzen herausragende Eigenschaften. Die Nichtmetalle besitzen hohe Elektronenaffinitäten und unterscheiden sich deutlich in ihren Eigenschaften von den Metallen. Einige der Nichtmetalle kommen elementar in *allotropen Modifikationen* vor.

Aufgaben

Verständnisfragen

1. Was sind die wichtigsten makroskopischen Eigenschaften der Metalle und wie lassen sich diese auf die Bindungssituation der Metalle zurückführen?

2. Wie kommen Metalle in der Natur vor und wie kann man die reinen Metalle aus diesen Erzen erhalten?

3. Welche chemischen Prozesse finden bei der Herstellung von Stahl aus Eisenerz statt?

4. Welche besonderen chemischen Eigenschaften besitzen Alkali- und Erdalkalimetalle?

5. Was unterscheidet Nichtmetalle von Metallen im Hinblick auf elektronische Struktur, chemische Reaktivität und elementares Auftreten?

6. Wieso kann Wasserstoff nicht den Alkalimetallen zugerechnet werden?

7. Kohlenstoff und Silicium befinden sich in der gleichen Gruppe; wie unterscheiden sich ihre Wasserstoffverbindungen und Oxide voneinander?

8. Wie unterscheiden sich Stickstoff und Phosphor in ihrer elementaren Struktur?

9. Welche allotropen Modifikationen besitzt Sauerstoff und wie unterscheiden sich diese?

10. Was sind die wichtigsten Sauerstoffsäuren des Stickstoffs und des Schwefels?

11. Wie ändert sich die Säurestärke von Halogenwasserstoffen?

12. Warum sind Edelgase so unreaktiv und wie liegen sie elementar vor?

Übungsaufgaben

1. Geben Sie drei Metalle an, die in der Natur gediegen vorkommen, und weitere drei, die nur in Verbindungen vorkommen. Welches Kriterium kann herangezogen werden, um diese Unterscheidung zu treffen?

2. Welche der folgenden chemischen Verbindungen benötigen Elektrolyse, um das reine Metall daraus zu gewinnen? Ag_2S, $NaCl$, $CaCl_2$, Fe_2O_3, Al_2O_3, $TiCl_4$.

3. Vervollständigen und gleichen Sie die folgenden chemischen Gleichungen aus:

a. $Na(s) + O_2(g) \rightarrow$

b. $Na(s) + H_2O(l) \rightarrow$

c. $Mg(s) + H_2O(g) \rightarrow$

4. Helium enthält genau so viele Elektronen in seiner äußeren Schale wie die Erdalkalimetalle. Erklären Sie, warum Helium unreaktiv ist, während die Erdalkalimetalle reaktiv sind.

5. Zählen Sie einige der wichtigsten Eigenschaften des Aluminiums auf, die es zu einem der wichtigsten Metalle machen.

6. Erklären Sie anhand von Verbindungen des Aluminiums den Begriff „amphotere Verbindungen".

7. Erklären Sie, warum Wasserstoff eine einzigartige Position im Periodensystem besitzt.

8. Die Elemente Ca und Cl bilden Verbindungen mit Wasserstoff. Formulieren Sie die Summenformeln der jeweiligen Verbindungen und beschreiben Sie ihr chemisches Verhalten in Wasser.

9. Erklären Sie die physikalischen Unterschiede der allotropen Modifikationen des Kohlenstoffs anhand ihrer Strukturen.

10. Wie werden Cyanidionen in der Metallurgie verwendet?

11. Was kann in Abhängigkeit der Stöchiometrie entstehen, wenn SiO_2 mit Kohlenstoff umgesetzt wird? Formulieren Sie die entsprechenden Gleichungen.

12. Wie unterscheiden sich die Oxide des Siliciums von denen des Kohlenstoffs?

13. Wie treten Stickstoff und Phosphor elementar auf? Was ist die jeweilige molekulare Struktur?

14. Warum besitzt NH_3 einen höheren Siedepunkt als PH_3?

15. Warum löst sich Aluminium in konzentrierter Salpetersäure, obwohl es ein unedles Element ist, nicht auf?

16. Welche allotropen Modifikationen des Sauerstoffs kennen Sie? Wie sehen die Lewis-Formeln aus?

17. Warum ist Wasserstoffperoxid ein Oxidationsmittel und Wasser nicht?

18. Welche verschiedenen Oxide des Schwefels sind bekannt und wie lassen sie sich herstellen?

19. Warum kann Flusssäure nicht in Glasflaschen aufgehoben werden?

Grundlagen der organischen Chemie

9.1   **Eigenschaften organischer Verbindungen**   305

9.2   **Verbindungsklassen der organischen Chemie**   309

9.3   **Wichtige funktionelle Gruppen**.   321

9.4   **Erdöl, seine Verarbeitung und die Produkte**   329

      Zusammenfassung   340

      Aufgaben   341

9

ÜBERBLICK

》 Sehen wir den Ausdruck „organische Chemie", assoziieren wir damit wohl zunächst einmal eine Chemie, die irgendwie mit lebenden Organismen zusammenhängt. Dies war auch die ursprüngliche Bedeutung des Begriffs. Erst im 19. Jahrhundert wurde klar, dass Verbindungen, die man bis dahin nur aus biologischen Quellen kannte, auch künstlich hergestellt werden konnten. Heute stellt die organische Chemie mit ihrer riesigen Anzahl an Verbindungen das größte Teilgebiet der Chemie dar. Das Erstaunliche daran ist, dass sie nur auf der Bindungsbildung weniger Elemente aufbaut. Kohlenstoff, Wasserstoff, Sauerstoff und Stickstoff reichen bereits aus, um Hunderttausende verschiedener Verbindungen zu erzeugen. Dabei können mit ein und derselben Anzahl von Atomen der verschiedenen Elemente, aber unterschiedlicher räumlicher Anordnung, die unterschiedlichsten physikalischen und chemischen Eigenschaften erzeugt werden. Beispielsweise die Verbindung mit der Zusammensetzung C_2H_6O ist zum einen Ethanol, eine Verbindung, die uns aus alkoholischen Getränken bekannt ist, die einen Siedepunkt von 78,4 °C besitzt. Ethanol gehört zur Klasse der Alkohole. C_2H_6O ist aber auch die Zusammensetzung von Dimethylether, einer Verbindung, die zur Verbindungsklasse der Ether gehört und einen Siedepunkt von −23 °C hat. Diese Unterschiede der Eigenschaften können aus der Struktur und den Eigenschaften der Substanzklasse abgeleitet werden, wie wir im folgenden 《 Kapitel sehen.

Die organische Chemie ist die Lehre vom Aufbau und den Eigenschaften von den Verbindungen des Kohlenstoffs. Das Wort „organisch" wurde von Chemikern im 18. Jahrhundert verwendet, um Verbindungen zu beschreiben, die von Lebewesen – Pflanzen und Tieren – stammen. Man glaubte lange Zeit, dass nur Organismen organische Verbindungen herstellen konnten.

Diese Betrachtungsweise erfuhr 1828 einen bedeutenden Wandel. In diesem Jahr stellte der deutsche Chemiker *Friedrich Wöhler* (1800–1882) Harnstoff ($(NH_2)_2C=O$) aus anorganischen Vorstufen her. Das war der Beweis, dass organische Substanzen auch aus Verbindungen der unbelebten – anorganischen – Chemie hergestellt werden konnten.

Die organische Chemie umfasst alle Verbindungen des Kohlenstoffs mit anderen Elementen. Davon ausgenommen sind die Verbindungen Kohlenstoffmonoxid (CO), Kohlenstoffdioxid (CO_2), Kohlensäure (H_2CO_3) und ihre Carbonate (CO_3^{2-}) sowie Cyanide und Isocyanide (CN^-), Cyanate und Isocyanate (NCO^-) von Metallen, die der anorganischen Chemie zugerechnet werden. Die organische Chemie umfasst eine nahezu unfassbar große Anzahl von Verbindungen. Derzeit sind knapp 20 Millionen Verbindungen bekannt und täglich kommen weitere hinzu. Viele dieser Verbindungen werden in Forschungslaboratorien und der chemischen Industrie überall auf der Welt hergestellt. Allerdings ist auch ein beträchtlicher Teil der in der Natur vorkommenden organischen Verbindungen noch gar nicht untersucht.

9.1 Eigenschaften organischer Verbindungen

Kohlenstoff nimmt eine Sonderstellung unter den chemischen Elementen ein. Er besitzt vier Bindungselektronen und kann mit diesen unpolare, stabile Bindungen mit ein bis vier weiteren Kohlenstoffatomen eingehen. Durch diese Möglichkeit können lineare oder verzweigte Kohlenstoffketten sowie Kohlenstoffringe entstehen. Die weiteren nicht an C-C-Bindungen beteiligten Elektronen des Kohlenstoffs können mit Wasserstoff und anderen Elementen (z.B. Sauerstoff, Stickstoff, Schwefel, Phosphor) Bindungen eingehen. Dadurch können sehr große und komplexe Moleküle gebildet werden, was die riesige Vielfalt der organischen Moleküle erklärt. Im Vergleich zu anderen Elementen ist die Anzahl von Verbindungen des Kohlenstoffs weit größer. Das in der gleichen Gruppe des Periodensystems stehende ebenfalls vierbindige Silicium beispielsweise besitzt auch eine große Anzahl Verbindungen. Die Vielfalt ist aber bei Weitem nicht so groß wie beim Kohlenstoff. Ein Grund hierfür ist die sehr hohe Stabilität der kovalenten Bindungen des Kohlenstoffs im Vergleich mit anderen Elementen.

Die physikalischen und chemischen Eigenschaften organischer Substanzen werden sehr stark von ihrer dreidimensionalen Molekülstruktur geprägt. Da Kohlenstoff über vier Valenzelektronen verfügt (Elektronenkonfiguration: $[He]2s^2 2p^2$) bildet er in nahezu allen seinen Verbindungen vier kovalente Bindungen aus. Handelt es sich dabei um vier Einfachbindungen, so sind die Elektronenpaare *tetraedrisch* um das Kohlenstoffatom angeordnet. Um vier gleichartige Bindungen auszubilden, müssen die Elektronen alle die gleiche Energie besitzen. Dies ist bei der gegebenen Elektronenkonfiguration allerdings nicht der Fall, da das $2s$-Atomorbital bereits mit 2 Elektronen besetzt ist, während zwei der drei $2p$-Atomorbitale nur mit einem Elektron besetzt sind. Diese Elektronenkonfiguration würde nur eine kovalente Bindungsbildung der zwei Orbitale mit je einem Elektron erlauben. Dies steht aber im Gegensatz zu der Ausbildung von vier gleichartigen kovalenten Bindungen des Kohlenstoffs. Daher müssen wir eine Betrachtungsweise einführen, die uns hilft, diese Bindungssituation zu verstehen.

9.1.1 Hybridorbitale und Strukturen organischer Verbindungen

Zur Erklärung von Strukturen und Bindungen in Molekülen nehmen wir an, dass Atomorbitale an einem Atom sich miteinander mischen, um für die Bindungsbildung neue Orbitale, so genannte Hybridorbitale, zu bilden. Die Form eines Hybridorbitals unterscheidet sich von der ursprünglichen Form des Atomorbitals. Der Vorgang der Mischung von Atomorbitalen zur Bildung von Bindungen wird *Hybridisierung* genannt. Für die Hybridisierung von Atomorbitalen ist Energie notwendig, die aus der Bindungsbildung der Hybridorbitale erhalten wird. Die entstehenden Hybridorbitale besitzen bestimmte räumliche Ausrichtungen und helfen daher auch, Strukturen von Molekülen zu erklären. Insbesondere viele Strukturen von organischen Verbindungen können durch die Hybridisierung im Zusammenhang mit den räumlichen Strukturen von Molekülen (Kapitel 3.5) erklärt werden.

Die Hybridisierung beim Kohlenstoffatom findet zwischen *s*- und *p*-Orbitalen statt. Durch Kombination eines *s*-Orbitals und eines *p*-Orbitals erhalten wir zwei *sp-Hybridorbitale*. Die räumliche Struktur dieser Orbitale resultiert aus einer Addition der quantenmechanischen Wellenfunktionen. Da ein *p*-Orbital eine Knotenebene durch den Atomkern besitzt (Vorzeichenwechsel der Wellenfunktion), während ein *s*-Orbital keine solche Knotenebene besitzt, sind die entstehenden Hybridorbitale aus einem großen und einem kleinen „Orbitallappen" aufgebaut (►Abbildung 9.1). Wichtig dabei ist, dass die Anzahl der entstehenden Hybridorbitale immer gleich der Anzahl der ursprünglichen Atomorbitale ist. Die Bezeichnung der entstehenden Hybridorbitale leitet sich von der Beteiligung der Atomorbitale ab. So bilden ein *s*- und ein *p*-Orbital zwei *sp*-Hybridorbitale.

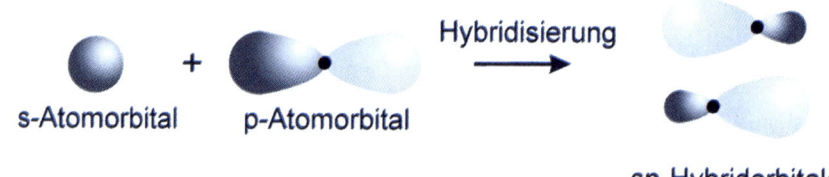

Abbildung 9.1: Bildung von zwei *sp*-Hybridorbitalen aus einem *s*- und einem *p*-Atomorbital

Energetisch betrachtet entstehen aus den ursprünglichen *s*- und *p*-Atomorbitalen *sp-Hybridorbitale*, die auf der Energieskala zwischen den *s*- und *p*-Orbitalen liegen. Beide *sp*-Orbitale sind jeweils mit einem Elektron besetzt und können nun gleichartige, kovalente Bindungen ausbilden. Die beiden weiteren Elektronen des Kohlenstoffs befinden sich in den verbleibenden zwei *p*-Orbitalen, die nicht an der Hybridisierung beteiligt sind (►Abbildung 9.2). Für den Hybridisierungsprozess wird Energie benötigt, diese Energie wird durch die Ausbildung der kovalenten Bindungen durch die entstehenden Hybridorbitale aufgebracht.

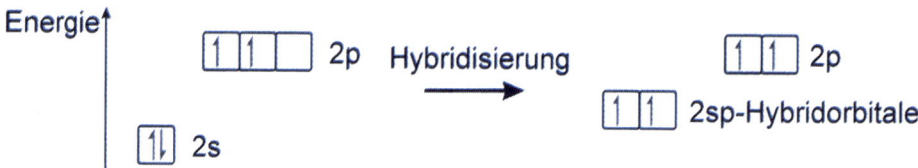

Abbildung 9.2: Energetische Betrachtung der Bildung zweier *sp*-Hybridorbitale

Bezüglich ihrer räumlichen Ausrichtung weisen die großen Orbitallappen der beiden *sp*-Hybridorbitale in genau entgegengesetzten Richtungen. Werden sie zur Bindung herangezogen, so ist die Bindungsbildung am Kohlenstoffatom also linear. Die beiden *sp*-Hybridorbitale können zur Bildung von σ-Bindungen verwendet werden. Es bleiben noch zwei einzelne Elektronen in den *p*-Orbitalen übrig. Die räumliche Ausrichtung dieser *p*-Orbitale ist senkrecht zu den *sp*-Hybridorbitalen. Sie können zur weiteren Ausbildung von π-Bindungen herangezogen werden.

Analog zu der Bildung von sp-Hybridorbitalen können aus einem s- und zwei p-Orbitalen auch sp^2-Hybridorbitale entstehen. Dabei kommt es zur Bildung von drei hybridisierten Orbitalen und ein einfach besetztes p-Orbital bleibt übrig (▶Abbildung 9.3). Die drei sp^2-Hybridorbitale weisen in die Ecken eines gleichseitigen Dreiecks und besitzen untereinander einen Winkel von 120°. Diese Anordnung bezeichnet man als trigonal-planar. Das mit einem Elektron besetzte p-Orbital steht senkrecht zu der Ebene, die die drei sp^2-Hybridorbitale aufspannen.

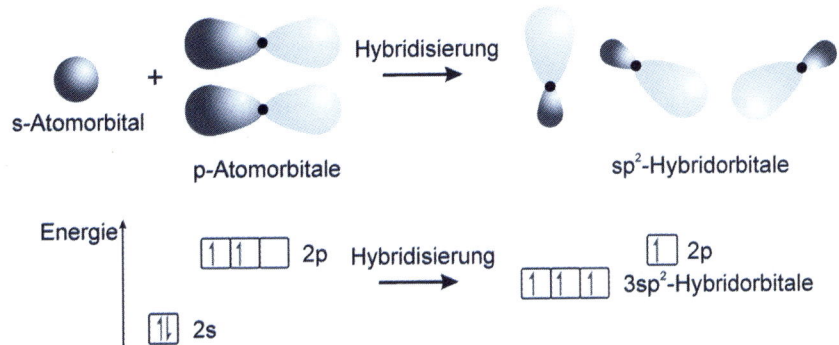

Abbildung 9.3: Bildung von drei sp^2-Hybridorbitalen aus einem s- und einem p-Atomorbital

Eine Kombination aus einem s-Orbital und drei p-Orbitalen führt zur Bildung von vier sp^3-Hybridorbitalen. Diese können vier gleichartige σ-Bindungen um ein Kohlenstoffatom in einer tetraedrischen Anordnung aufbauen (▶Abbildung 9.4). Bei dieser Hybridisierung bleiben keine Elektronen in p-Orbitalen mehr übrig. Daher können auch keine weiteren π-Bindungen mehr ausgebildet werden.

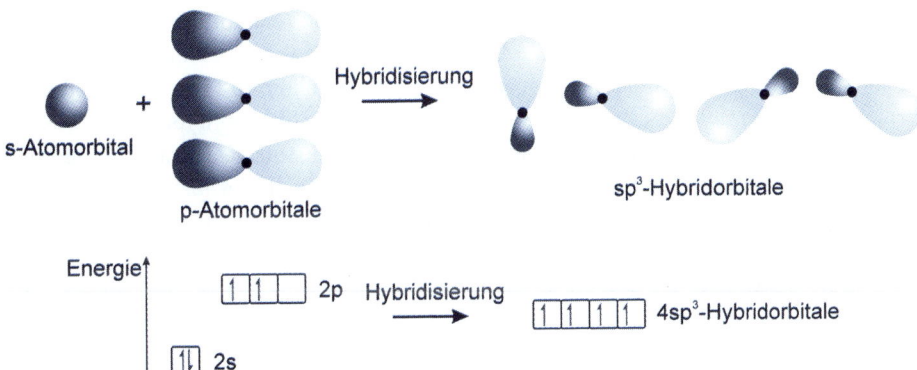

Abbildung 9.4: Bildung von vier sp^3-Hybridorbitalen aus einem s- und drei p-Atomorbitalen

Die unterschiedlichen dreidimensionalen Anordnungen der Hybridorbitale um ein Kohlenstoffatom sind in ▶Abbildung 9.5 zu sehen.

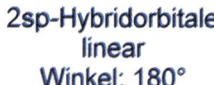

2sp-Hybridorbitale
linear
Winkel: 180°

3sp²-Hybridorbitale
trigonal planar
Winkel: 120°

4sp³-Hybridorbitale
tetraedrisch
Winkel: 109,5°

Abbildung 9.5: Dreidimensionale Anordnungen der Hybridorbitale um ein Kohlenstoffatom

Nahezu alle organischen Verbindungen verfügen neben C-C-Bindungen auch über C-H-Bindungen. Da Wasserstoff nur ein Elektron besitzt, kann es auch nur eine kovalente Bindung eingehen. Daher können Wasserstoffatome niemals zwischen Kohlenstoffatomen angeordnet sein, sondern nur außen als endständige Bindungspartner. Die Kohlenstoffatome bilden somit das Skelett oder Rückgrat der organischen Verbindungen und die Wasserstoffatome sitzen in der Peripherie.

Die Bindungssituation der Kohlenstoffatome hat einen Einfluss auf die Struktur der Moleküle, wie wir bereits bei der Besprechung der Hybridisierung gesehen haben. Die Molekülstruktur hat wiederum einen Einfluss auf die Reaktionsfähigkeit und -geschwindigkeit. Zudem werden viele physikalische Eigenschaften stark von der Molekülstruktur beeinflusst.

9.1.2 Stabilität und Löslichkeit organischer Substanzen

Die häufig in organischen Molekülen vorkommenden Bindungen, wie z.B. C–H, C–C, C–N, C–O und C=O, besitzen meist eine sehr hohe thermodynamische Stabilität. Kohlenstoff besitzt auch eine außergewöhnliche Fähigkeit, die ihn von vielen anderen Elementen unterscheidet, mit sich selbst Bindungen einzugehen und somit eine Vielzahl verschiedener Moleküle mit Ketten oder Ringen aus Kohlenstoffatomen zu bilden. Dabei treten nicht nur σ-Bindungen auf, sondern Kohlenstoff besitzt auch eine hohe Tendenz, π-Bindungen mit sich selbst einzugehen. Daher findet man in der organischen Chemie auch viele Systeme mit C=C-Doppelbindungen und C≡C-Dreifachbindungen. Die Bindungsstärke zwischen den Kohlenstoffatomen nimmt dabei in der Reihenfolge C–C < C=C < C≡C zu. Damit geht eine Änderung der Bindungslänge zwischen den C-Atomen in der Reihenfolge C–C > C=C > C≡C einher.

Bei Raumtemperatur ist eine Vielzahl der organischen Verbindungen stabil. Jedoch können sie bei genügend hoher Aktivierungsenergie sehr leicht oxidiert werden. Jeder von uns weiß dies aus der Verbrennung von Methan (CH_4). Dieses Molekül ist als Gas relativ stabil, doch bei Anwesenheit von Sauerstoff und einer Flamme kann es sehr leicht unter Wärmefreisetzung zu CO_2 und H_2O verbrannt werden. Viele organische Verbindungen oxidieren (verbrennen) ebenfalls in Anwesenheit von Luft und einer Flamme.

Die Reaktivität von organischen Verbindungen hängt, neben der Struktur der Kohlenstoffkette und der Verknüpfung zwischen den Kohlenstoffatomen, auch von der Anwesenheit weiterer Elemente im Molekül ab. Die Elemente binden sich dabei in unterschiedlicher Weise an die Kohlenstoffatome und bilden so genannte *funktionelle Gruppen*. Eine funktionelle Gruppe ist eine Atomgruppe in einem organischen Molekül, die die Stoffeigenschaften und Reaktivität der Verbindung maßgeblich bestimmt. Die Reaktivität dieser Bindungen und damit des Moleküls hängt häufig von der Polarität der Bindungen ab. Eine C-C-Bindung ist unpolar, da beide Kohlenstoffatome die gleiche Elektronegativität (EN = 2,5) besitzen. Auch C-H-Bindungen sind recht unpolar, da der Unterschied der Elektronegativitäten zwischen Wasserstoff (EN = 2,2) und Kohlenstoff gering ist. Anders stellt sich dies bei Elementen wie Sauerstoff (EN = 3,5) oder Stickstoff (EN = 3,1) dar. Gehen diese Elemente eine Bindung mit Kohlenstoff ein, so ist das Element negativ und das Kohlenstoffatom positiv polarisiert, wodurch sich Reaktivitäts- und Löslichkeitsunterschiede ergeben.

Sind in einem Molekül nur weitgehend unpolare Bindungen mit C- und H-Atomen vorhanden, so ist das Molekül selbst ebenfalls unpolar. Solche Moleküle sind dann in unpolaren Lösungsmitteln löslich, jedoch in Wasser, einem sehr polaren Medium, relativ unlöslich. Befinden sich dagegen polare Gruppen hauptsächlich an der Peripherie der organischen Moleküle, so erhöht sich ihre Löslichkeit in polaren Lösungsmitteln.

Funktionelle Gruppen verändern ebenfalls den sauren oder basischen Charakter von organischen Molekülen. Die wichtigste saure funktionelle Gruppe stellt die Carbonsäuregruppe (-COOH) dar, die wichtigsten basischen Gruppen sind Amine (-NH$_2$, -NHR oder -NR$_2$). Hierbei soll der Buchstabe R auf einen weiteren organischen Rest hinweisen, der unterschiedlich aufgebaut sein kann.

9.2 Verbindungsklassen der organischen Chemie

In den folgenden Abschnitten wollen wir auf verschiedene Verbindungsklassen der organischen Chemie genauer eingehen. Die Verbindungsklassen der organischen Chemie können anhand ihrer vorhandenen funktionellen Gruppen unterschieden werden. Unterschiedliche Moleküle, die die gleiche funktionelle Gruppe tragen, reagieren dabei häufig ähnlich. Daher kann man durch Erlernen der Eigenschaften einiger funktioneller Gruppen häufig die chemische Reaktivität von ganzen Verbindungsklassen besser verstehen. Jedoch müssen wir uns zunächst einmal mit den einfachsten Verbindungsklassen, die lediglich C-H- und C-C-Bindungen enthalten, beschäftigen.

9.2.1 Kohlenwasserstoffe

Kohlenwasserstoffe (KWs) bestehen nur aus Kohlenstoff- und Wasserstoffatomen. Sie stellen damit die einfachste Verbindungsklasse der organischen Chemie dar. In ihnen sind die Kohlenstoffatome über Einfach-, Doppel- oder Dreifachbindungen miteinander verbunden. In Abhängigkeit von den im Molekül vorhandenen C-C-Bindungen unterscheidet man zwischen verschiedenen Verbindungsklassen. Wie in allen anderen organischen Verbindungen verfügt jedes Kohlenstoffatom in diesen Verbindungs-klassen über vier Bindungen. Es kann sich dabei um vier Einfachbindungen, eine Doppelbindung und zwei Einfachbindungen oder eine Dreifachbindung und eine Ein-fachbindung handeln. Zusätzlich gibt es noch eine sehr stabile Verbindungsklasse, die *aromatischen Verbindungen*, die sich von den herkömmlichen, den so genannten *ali-phatischen Verbindungen* unterscheiden. Berücksichtigt man noch, dass die Kohlen-wasserstoffe Ringe oder Ketten ausbilden können, so lässt sich zwischen vier Verbin-dungsklassen unterscheiden (▶Abbildung 9.6):

- *acyclische (nichtcyclische) Kohlenwasserstoffe*, die nur Einfachbindungen enthalten. Man bezeichnet diese Verbindungen als *gesättigte Moleküle*, im Gegensatz zu *unge-sättigten Molekülen*, in denen Doppel- oder Dreifachbindungen auftreten. Die Verbin-dungen werden als *Alkane* bezeichnet und wurden früher auch *Paraffine* genannt.

- ungesättigte acyclische Kohlenwasserstoffe. Dabei handelt es sich um kettenförmige Kohlenwasserstoffe mit Doppelbindungen (*Olefine* oder *Alkene*) oder Dreifachbin-dungen (*Acetylene* oder *Alkine*).

- *alicyclische (ringförmige, nicht aromatische) Kohlenwasserstoffe*. Die gesättigten Vertreter werden als *Cycloalkane*, die ungesättigten Vertreter entweder als *Cycloal-kene* oder *Cycloalkine* bezeichnet.

- *aromatische Kohlenwasserstoffe*. Sie besitzen spezielle Elektronen-Resonanzstruk-turen, die zu einer hohen Stabilität dieser Verbindungen führen.

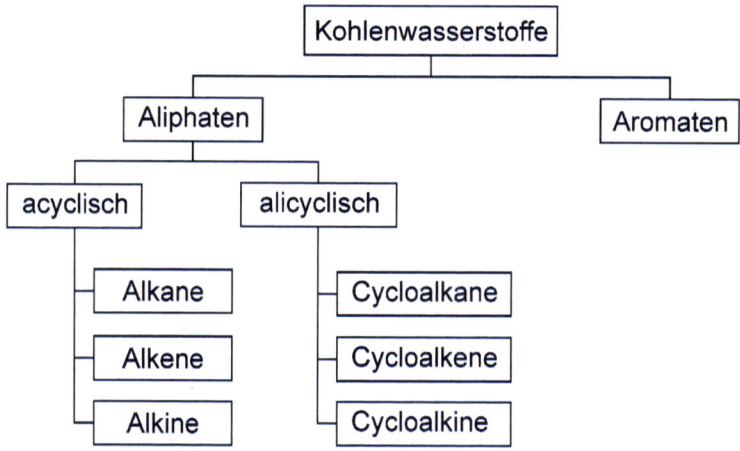

Abbildung 9.6: Einteilung der Kohlenwasserstoffe

Die Kohlenwasserstoffgruppen unterscheiden sich teilweise erheblich in ihren chemi-schen Eigenschaften voneinander. Ihre physikalischen Eigenschaften sind jedoch in vielerlei Hinsicht ähnlich. Gemeinsam ist ihnen, dass sie alle unpolar sind und daher zwar in unpolaren Lösungsmitteln löslich, in Wasser aber nahezu unlöslich sind.

Alkane

Alkane besitzen die allgemeine Formel C_nH_{2n+2} mit n = 1, 2, 3, … Sie weisen nur Einfachbindungen in ihrem Molekulargerüst auf und werden auch als gesättigte Kohlenwasserstoffe bezeichnet, weil sie die maximale Anzahl an Wasserstoffatomen haben, die mit den vorhandenen Kohlenstoffatomen binden kann. In ihrem systematischen Namen tragen sie als Endung immer ein *-an*, z.B. Methan, Ethan, usw. Die Strukturformeln der einfachsten Vertreter dieser Verbindungsklasse sind in ▶Abbildung 9.7 zu sehen.

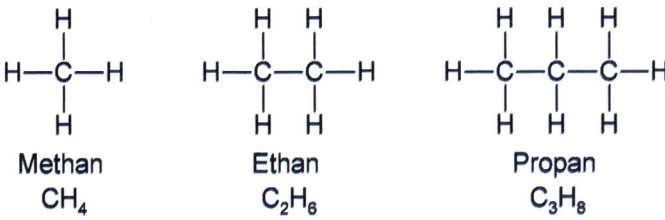

Abbildung 9.7: Struktur der einfachsten Alkane von C_nH_{2n+2} mit n = 1 Methan bis n =3 Propan

Viele Alkane sind uns aus unserem täglichen Leben nicht unbekannt. So ist Methan der Hauptbestandteil von Erdgas und Propan von Flüssiggas. Auch die höheren einfachen Alkane sind wichtige Brennstoffe. Butan (C_4H_{10}) wird in Einwegfeuerzeugen verwendet und in Benzin kommen Alkane mit 5 bis 12 Kohlenstoffatomen vor. Die wichtigsten Vertreter der unverzweigten Alkane (wir werden noch sehen, dass es auch verzweigte Formen gibt) sind in ▶Tabelle 9.1 mit ihrem Namen, Schmelz- und Siedepunkten sowie einer verkürzten Schreibweise zusammengefasst. Letztere zeigt, wie die Atome aneinander gebunden sind, ohne dass explizit alle Bindungen gezeichnet werden müssen.

Name	Summen-formel	Verkürzte Strukturformel	Schmelz-punkt [°C]	Siede-punkt [°C]
Methan	CH_4	CH_4	−182,5	−164
Ethan	C_2H_6	CH_3CH_3	−172	−88
Propan	C_3H_8	$CH_3CH_2CH_3$	−190	−42
n-Butan	C_4H_{10}	$CH_3CH_2CH_2CH_3$	−135,0	−0,5
n-Pentan	C_5H_{12}	$CH_3CH_2CH_2CH_2CH_3$	−129,7	+36
n-Hexan	C_6H_{14}	$CH_3CH_2CH_2CH_2CH_2CH_3$	−95,3	+69
n-Heptan	C_7H_{16}	$CH_3CH_2CH_2CH_2CH_2CH_2CH_3$	−90,6	+98
n-Octan	C_8H_{18}	$CH_3CH_2CH_2CH_2CH_2CH_2CH_2CH_3$	−56,8	+126
n-Nonan	C_9H_{20}	$CH_3CH_2CH_2CH_2CH_2CH_2CH_2CH_2CH_3$	−54	+151
n-Decan	$C_{10}H_{22}$	$CH_3CH_2CH_2CH_2CH_2CH_2CH_2CH_2CH_2CH_3$	−29,7	+174

Tabelle 9.1: Die einfachsten unverzweigten Alkane mit ihren Schmelz- und Siedepunkten

Die Schmelz- und Siedetemperaturen der Alkane erhöhen sich mit zunehmendem Molekulargewicht der Verbindungen (▶Abbildung 9.8). Da die Wechselwirkungen der Alkane untereinander nur Van-der-Waals-Wechselwirkungen sind, besitzen die leichtesten Alkane sehr niedrige Schmelz- und Siedepunkte und erst ab einer Kettenlänge von fünf Kohlenstoffatomen sind die Alkane bei Raumtemperatur flüssig.

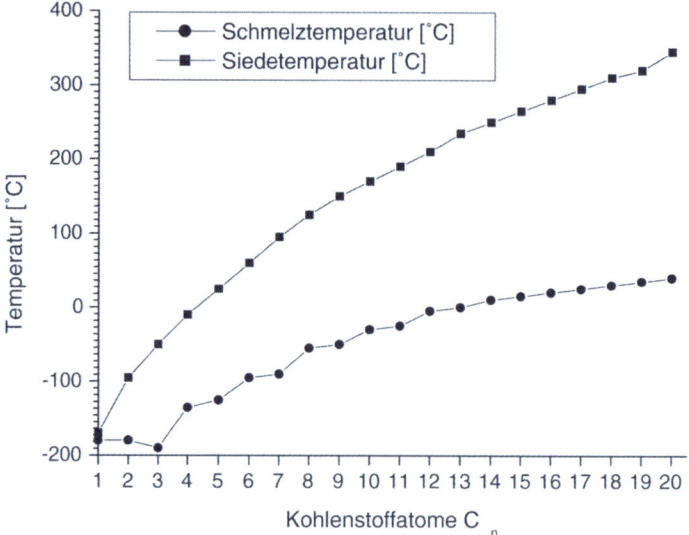

Abbildung 9.8: Grafische Auftragung der Schmelz- und Siedetemperaturen der unverzweigten Alkane

Struktur der Alkane Die vereinfachten Strukturformeln der Alkane enthalten keine Informationen über den dreidimensionalen Aufbau dieser Substanzen. Dieser lässt sich aus den Bemerkungen über die Hybridisierung der Kohlenstoffatome ableiten. Jedes C-Atom, das nur von Einfachbindungen umgeben ist, ist sp^3-hybridisiert und besitzt eine tetraedrische Umgebung. Das einfachste Molekül Methan besitzt also ein Kohlenstoffatom im Zentrum des Tetraeders und vier Wasserstoffatome in den Ecken (▶Abbildung 9.9).

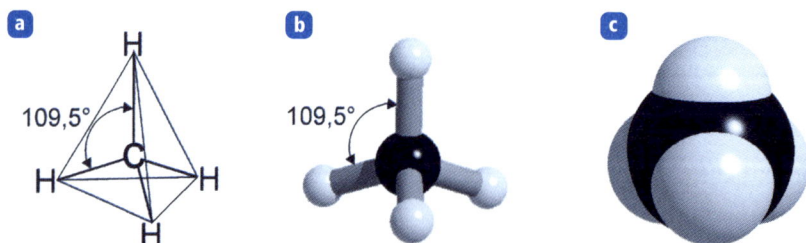

Abbildung 9.9: Darstellungsmöglichkeiten der tetraedrischen Anordnung des Methanmoleküls:
a) Strichzeichnung, b) Kugelmodell, c) Kalottenmodell

Generell ist die Rotation um C-C-Einfachbindungen relativ ungehindert möglich und läuft bei Raumtemperatur sehr schnell ab. Die bisher gezeigten einfachen Valenzstrichformeln (siehe Abbildung 9.7) geben daher eine starke Vereinfachung der Strukturen der Alkane wieder.

Strukturisomere Bisher sind wir immer von unverzweigten kettenförmigen Kohlenwasserstoffen ausgegangen. In der Realität können wir aber ab einer Kettenlänge von vier Kohlenstoffatomen, also dem Butan, andere Strukturformeln der Kohlenwasserstoffe formulieren, die zwar die gleiche Kohlenstoff- und Wasserstoffatomanzahl aufweisen, aber eine unterschiedliche dreidimensionale Struktur besitzen. Dies soll am Beispiel des Butans (C_4H_{10}) erläutert werden. Bei diesem Molekül treten eine unverzweigte und eine verzweigte Version auf (▶Abbildung 9.10). Die beiden unterschiedlichen Strukturen bezeichnet man als *Strukturisomere* des Butans. Beim Alkan mit fünf Kohlenstoffatomen, dem Pentan (C_5H_{12}), sind sogar drei Strukturisomere bekannt. Die Strukturisomere eines bestimmten Alkans besitzen zwar die gleiche Summenformel und damit auch das gleiche Molekulargewicht, unterscheiden sich aber in ihren physikalischen Eigenschaften, z.B. den Schmelz- und Siedetemperaturen, voneinander. Die Anzahl der möglichen Strukturisomere nimmt mit der Anzahl der im Alkan vorhandenen Kohlenstoffatome stark zu. So hat Butan zwei, Pentan drei, Hexan 5, Heptan 9, Octan bereits 18 und Decan 75 Strukturisomere. Das Alkan mit der Formel $C_{30}H_{62}$ besitzt über 400 Millionen mögliche Strukturisomere.

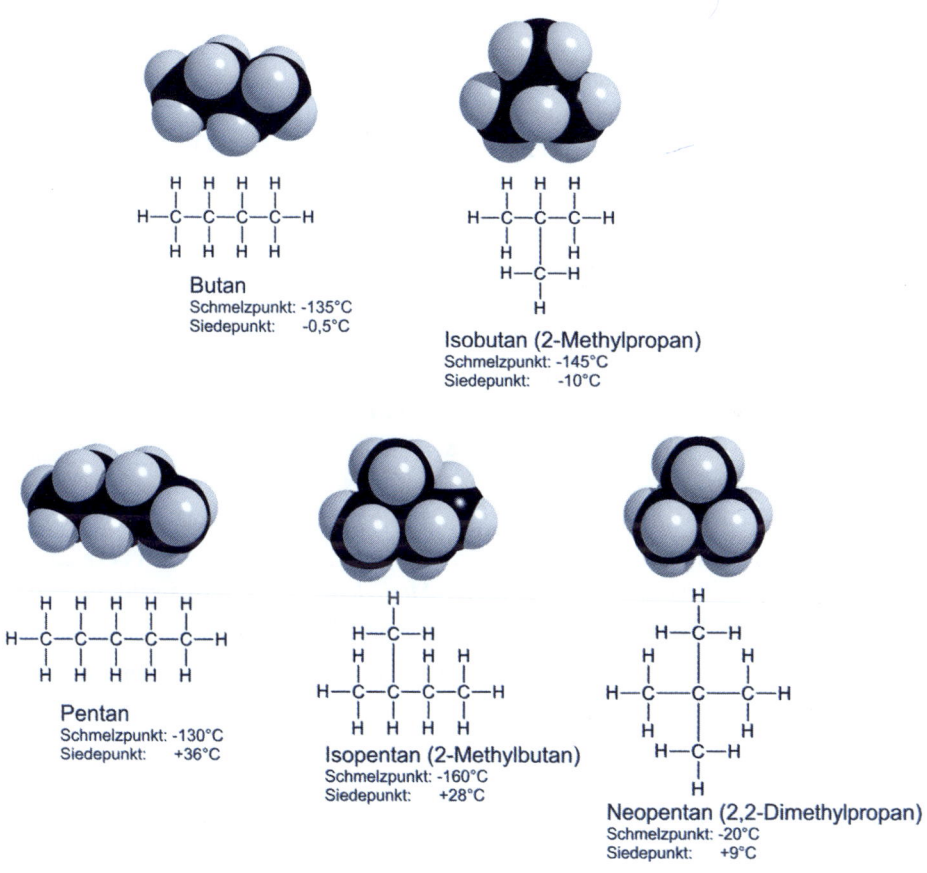

Butan
Schmelzpunkt: -135°C
Siedepunkt: -0,5°C

Isobutan (2-Methylpropan)
Schmelzpunkt: -145°C
Siedepunkt: -10°C

Pentan
Schmelzpunkt: -130°C
Siedepunkt: +36°C

Isopentan (2-Methylbutan)
Schmelzpunkt: -160°C
Siedepunkt: +28°C

Neopentan (2,2-Dimethylpropan)
Schmelzpunkt: -20°C
Siedepunkt: +9°C

Abbildung 9.10: Strukturisomere des Butans und Pentans

Nomenklatur der Alkane In Abbildung 9.10 wurde den Molekülen Namen zugewiesen. Die zuerst genannten Namen sind die so genannten *Trivialnamen*, z.B. Isopropan oder Neopentan. Dabei handelt es sich um Namen für Stoffe, die nicht der systematischen chemischen Nomenklatur entsprechen und keine Rückschlüsse auf die Zusammensetzung oder Struktur einer chemischen Verbindung erlauben. Jedoch wäre es unvorstellbar schwierig, sich hunderttausende Trivialnamen von Molekülen zu merken. Daher gibt es in der Chemie eine systematische Nomenklatur. Regeln für die Benennung von Molekülen werden von der *International Union of Pure and Applied Chemistry* (IUPAC) festgelegt. Die entsprechenden Benennungen von Molekülen werden daher als IUPAC-Namen bezeichnet. Die IUPAC-Namen der Strukturisomere in Abbildung 9.10 wurden in Klammern hinter den Trivialnamen angegeben.

Der systematische Name von organischen Molekülen besteht aus drei Teilen:

1. Art und Anzahl der Substituenten

2. Anzahl der Kohlenstoffatome

3. Familie

Hier soll eine kurze Vorgangsweise zur Benennung von Alkanen wiedergegeben werden, die die systematische Nomenklatur in der organischen Chemie deutlich macht. Die Namen anderer organischer Verbindungen werden auf ähnliche Weise bestimmt.

Zunächst muss die längste Kette aus Kohlenstoffatomen bestimmt werden. Diese Kette gibt den Stammnamen der Verbindung an. Im folgenden Beispiel besteht die längste Kette aus sieben C-Atomen. Es handelt sich daher um ein Heptan.

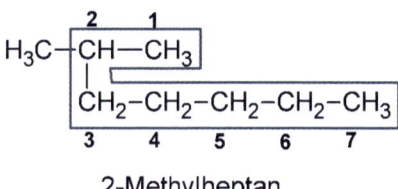

2-Methylheptan

Gruppen, die an die Hauptkette gebunden sind, werden als Substituenten bezeichnet. Im vorliegenden Fall ist der Substituent eine *Methylgruppe*. Eine Auswahl an weiteren möglichen Substituenten ist in ▶Tabelle 9.2 zusammengefasst.

Die längste Kette des Moleküls wird durchnummeriert. Man beginnt damit an dem Ende, das sich am nächsten an einem Substituenten befindet.

Gruppe	Name
H_3C-	Methyl-
H_3CH_2C-	Ethyl-
$H_3CH_2CH_2C-$	Propyl-
$H_3CH_2CH_2CH_2C-$	Butyl-
$\begin{array}{c} CH_3 \\ \| \\ H-C- \\ \| \\ CH_3 \end{array}$	Isopropyl-
$\begin{array}{c} CH_3 \\ \| \\ H_3C-C- \\ \| \\ CH_3 \end{array}$	*tertiär*-Butyl oder *tert*-Butyl

Tabelle 9.2: Verkürzte Strukturformeln und Trivialnamen verschiedener Alkylgruppen, die als Substituenten häufig in organischen Molekülen auftreten

Anschließend erfolgen die Benennung der Substituentengruppen und die Angabe von deren Positionen an der längsten Kohlenstoffkette. Substituentengruppen, durch die ein H-Atom durch ein Alkan ersetzt wird, werden Alkylgruppen genannt. Die Benennung der Alkylgruppen erfolgt, indem man die Endung des entsprechenden Alkans durch -*yl* ersetzt (siehe Beispiele Tabelle 9.2). Der Name 2-Methylheptan zeigt das Vorhandensein einer Methylgruppe am zweiten Kohlenstoffatom der längsten Kette an.

Wenn zwei oder mehr Substituenten vorhanden sind, werden diese in ihrer alphabetischen Reihenfolge aufgeführt. Sind zwei oder mehr Substituenten des gleichen Typs vorhanden, so wird die Anzahl der Substituenten durch ein Präfix angegeben: di- (zwei), tri- (drei), tetra- (vier), penta- (fünf) usw. Hier nochmals ein komplexeres Beispiel:

Diese Verbindung trägt den Namen 6-Ethyl-2,3,5,5-pentamethyloctan.

Cycloalkane (Alicyclen)

Cycloalkane enthalten ein ringförmiges Kohlenstoffgerüst. Der Begriff „Alicyclen" umfasst alle ringförmigen Moleküle, die nicht zur Klasse der Aromaten oder *Heterocyclen* gehören. Die allgemeine Summenformel der Cycloalkane lautet C_nH_{2n} (n = 3, 4, 5, ...). Cycloalkane werden häufig vereinfacht als Polygone geschrieben (▶Abbildung 9.11). Jede Ecke des Polygons steht dabei für eine CH_2-Gruppe. Cycloalkane werden nach dem Alkan mit der gleichen Anzahl von Kohlenstoffatomen benannt und dem Namen wird ein *Cyclo-* vorangestellt.

Kleine Cycloalkane mit n = 3-5 besitzen eine Ringspannung, weil der C-C-C-Winkel in ihnen kleiner als der *Tetraederwinkel* von 109,5° ist. Das einfachste Cycloalkan ist Cyclopropan. Es besitzt die Struktur eines gleichseitigen Dreiecks mit einem Winkel zwischen den Kohlenstoffatomen von 60°. Aufgrund seiner hohen Ringspannung besitzt es eine sehr hohe Reaktivität, die wesentlich größer ist als die Reaktivität seines geradlinigen Homologen Propan. Auch bei Cyclobutan und Cyclopentan ist die Ringspannung noch vorhanden, nimmt aber bei größeren Ringen immer mehr ab.

Generell besitzen Cycloalkane ähnliche Eigenschaften wie Alkane mit Ausnahme der kleinen Ringe mit hoher Ringspannung.

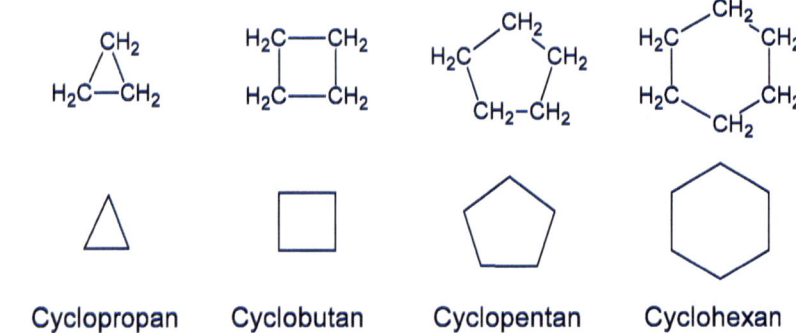

Abbildung 9.11: Strukturformeln von kleinen Cycloalkanen

Reaktionen von Alkanen

Die Mehrzahl der Alkane ist relativ unreaktiv, weil lediglich C-C- und C-H-Bindungen vorhanden sind. Sie reagieren bei Raumtemperatur beispielsweise nicht mit Säuren, Basen oder starken Oxidationsmitteln. Ihre geringe Reaktivität ergibt sich aus der Stärke und geringen Polarität der C-C- und C-H-Einfachbindungen.

Sie sind jedoch nicht vollständig inert. Die kommerziell bedeutendste Reaktion ist die Verbrennung an Luft. Die Alkane sind wesentlicher Bestandteil von Treibstoffen wie Erdgas, Flüssiggas, Benzin, Diesel und Kerosin. Bei Anwesenheit von ausreichenden Mengen Sauerstoff kommt es zur vollständigen Verbrennung, wobei Kohlenstoffdioxid und Wasser entstehen. Die Verbrennung ist stark exotherm und wird daher zur Energiegewinnung genutzt. Die vollständige Verbrennung von Methan verläuft z.B. nach folgender Reaktionsgleichung:

$$CH_4(g) + 2\,O_2(g) \rightarrow CO_2(g) + 2\,H_2O(g) \qquad \Delta H = -891\ kJ$$

9.2.2 Ungesättigte Kohlenwasserstoffe

Die Anwesenheit von einer oder mehreren Mehrfachbindungen bewirkt Veränderungen in Struktur und Reaktivität der ungesättigten Kohlenwasserstoffe im Vergleich zu den Alkanen.

Alkene (Olefine)

Alkene sind ungesättigte Kohlenwasserstoffe, die eine oder mehrere C=C-Doppelbindungen enthalten. Die allgemeine Summenformel für Alkene, die eine Doppelbindung beinhalten, lautet C_nH_{2n}. Das einfachste Alken ist das Ethen C_2H_4. Das nächste Mitglied der Reihe der Alkene ist das Propen $CH_3-CH=CH_2$. Bei Molekülen mit mehr als drei Kohlenstoffatomen gibt es für jede Molekülformel mehrere Isomere. Dabei ist die Anzahl der Strukturisomere eine andere als im Fall der gesättigten Kohlenwasserstoffe. Der Grund dafür ist, dass die freie Drehbarkeit um die Doppelbindung eingeschränkt ist. So ergeben sich für das Buten (C_4H_8) z.B. vier Strukturisomere (▶Abbildung 9.12), die sich in der Stellung der Doppelbindung und in der Stellung der Substituenten an der Doppelbindung unterscheiden. Auch die physikalischen, wie z.B. Siedepunkte, und chemischen Eigenschaften der Strukturisomere unterscheiden sich voneinander.

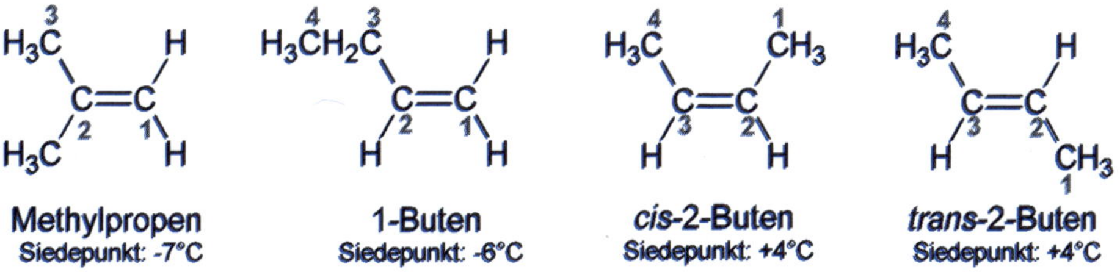

Methylpropen
Siedepunkt: -7°C

1-Buten
Siedepunkt: -6°C

cis-**2-Buten**
Siedepunkt: +4°C

trans-**2-Buten**
Siedepunkt: +4°C

Abbildung 9.12: Strukturisomere von Buten (C_4H_8) mit den vollständigen Namen und ihren Siedepunkten

Der Name eines Alkens leitet sich von der längsten ununterbrochenen Kohlenstoffkette ab, die die Doppelbindung enthält. Der Name dieser Kette wird vom Namen des entsprechenden Alkans abgeleitet, nur erhält die Verbindung die Endung *-en*. Eine Zahl vor dem Namen des Alkens deutet die Stellung der Doppelbindung an. Die Nummerierung der Kette wird an dem Kohlenstoffatom begonnen, dem die Doppelbindung am nächsten ist. Enthält eine Verbindung mehr als eine Doppelbindung, so wird dem Namen ein *-dien* (zwei), *-trien* (drei) usw. angehängt. Die Verbindung $CH_3=CH-CH=CH_3$ besitzt damit den Namen 1,3-Butadien.

Doppelbindungen bestehen aus einer σ- und einer π-Bindung. Die Kohlenstoffatome, die an einer Doppelbindung beteiligt sind, sind sp^2-hybridisiert. Dabei bilden die Orbitallappen der sp^2-Hybridorbitale die Bindung zum zweiten Kohlenstoffatom, das noch an der Doppelbindung beteiligt ist, und zu zwei weiteren Substituenten aus. Das p-Orbital, das senkrecht zu den sp^2-Hybrdiorbitalen steht, bildet die π-Bindung mit einem p-Orbital am benachbarten C-Atom aus. Die entstehende π-Bindung verhindert die freie Drehbarkeit der C=C-Doppelbindung, die bei C-C-Einfachbindungen, z.B. im Fall der

Alkane, vorhanden ist. Dadurch entsteht die *cis-trans-Isomerie*. Weitere Substituenten, die sich an einer Doppelbindung befinden, können entweder auf der gleichen Seite der Bindung stehen (*cis*-Isomer) oder auf verschiedenen Seiten (*trans*-Isomer).

Die Doppelbindung in den Alkenen besitzt eine höhere chemische Reaktivität als die C-C-Einfachbindung. Daher sind Alkene im Allgemeinen chemischen Reaktionen eher zugänglich. Einen wichtigen Reaktionstyp stellt die Umsetzung mit Wasserstoff, die so genannte *Hydrierung*, dar. Dabei wird H_2 an eine Doppelbindung addiert und aus der Doppelbindung wird eine Einfachbindung. Die beiden Kohlenstoffatome, die vorher die Doppelbindung miteinander ausgebildet haben, sind nun sp^3-hybridisiert. Damit ist aus der ungesättigten Verbindung eine gesättigte geworden. Den umgekehrten Prozess bezeichnet man als *Dehydrierung*. Hydrierungen benötigen normalerweise die Anwesenheit eines Katalysators. Das einfachste Beispiel einer Hydrierung ist die Umsetzung von Ethen mit Wasserstoff unter Bildung von Ethan:

$$H_2C{=}CH_2 \ + \ H_2 \ \underset{\text{Dehydrieren}}{\overset{\text{Hydrieren}}{\rightleftharpoons}} \ H_3C\text{-}CH_3$$

Alkine

Alkine sind ungesättigte Kohlenwasserstoffe mit mindestens einer C≡C-Dreifachbindung. Einfache Alkine, also solche mit nur einer Dreifachbindung, besitzen die allgemeine Summenformel C_nH_{2n-2}. Das einfachste Alkin ist das hochreaktive Molekül Ethin (C_2H_2), das auch unter dem Namen *Acetylen* bekannt ist. Die Verbrennung von Acetylen mit Sauerstoff in einem Schweißbrenner erzeugt Temperaturen von über 3000 °C. Aufgrund ihrer hohen Reaktivität spielen Alkine in der chemischen Industrie eine große Rolle als Ausgangsstoffe für verschiedene Verbindungen.

Die Moleküle werden nach der längsten ununterbrochenen Kohlenstoffkette benannt. Dabei erhält das entsprechende Alkan die Endung *-in*, wie z.B. beim Ethin. Die Nummerierung der Kette wird an dem Kohlenstoffatom begonnen, dem die Dreifachbindung am nächsten ist.

Die an einer C≡C-Dreifachbindung beteiligten Kohlenstoffatome sind *sp*-hybridisiert. Die Hybridorbitale ermöglichen die Ausbildung einer σ-Bindung zum benachbarten Kohlenstoffatom und einer weiteren Bindung zu einem Substituenten. Die zwei nicht hybridisierten *p*-Orbitale werden zur Bildung von zwei π-Bindungen herangezogen.

Arene (aromatische Verbindungen)

Aromatische Kohlenwasserstoffe stellen eine große und bedeutende Substanzklasse dar. Der bekannteste Vertreter dieser Gruppe ist das Benzol (C_6H_6). Die Struktur des Benzols ist ein planares Sechseck von C-Atomen, an die jeweils ein H-Atom gebunden ist. Die Struktur des Benzols lässt eigentlich auf eine Verbindung mit mehreren C=C-Doppelbindungen schließen. Daher sollte dieses Molekül auch eine ähnliche chemische Reaktivität wie herkömmliche ungesättigte Verbindungen aufweisen. Tatsächlich unterscheidet sich jedoch das chemische Verhalten des Benzols von dem der Alkene oder Alkine. Benzol und andere aromatische Kohlenwasserstoffe sind sehr viel stabiler als Alkene und

Alkine. Der Grund dafür ist in der elektronischen Struktur begründet. Jedes Kohlenstoff-atom im Ring ist sp^2-hybridisiert. Die Hybridorbitale bilden zwei σ-Bindungen mit benachbarten C-Atomen und einem H-Atom aus. Ein p-Orbital bleibt somit übrig, wel-ches π-Bindungen zu zwei benachbarten Atomen ausbilden kann. Diese p-Orbitale sind mit je einem Elektron gefüllt. Da die beiden benachbarten C-Atome im Ring ebenfalls je ein p-Orbital besitzen, entsteht eine so genannte *Elektronendelokalisation* über den gesamten Ring. Im Benzol existieren also keine drei einzelnen lokalisierten π-Bindun-gen, sondern die Elektronen dieser Bindungen sind über den gesamten Ring verteilt.

Die Delokalisation der Elektronen stellt einen energetisch begünstigten Vorgang dar. Daher sind die ungesättigten Bindungen in aromatischen Molekülen wesentlich unre-aktiver als in herkömmlichen Alkenen und Alkinen. Die Valenzstrichformel des Ben-zolmoleküls drückt die wirkliche Situation in dieser Verbindung nur unbefriedigend aus, da hier die Doppelbindungen lokalisiert sind. Deswegen behilft man sich, indem man die zwei Grenzfälle der lokalisierten Bindungen schreibt und mit einem Doppel-pfeil verbindet. Diese Schreibweise soll ausdrücken, dass die tatsächliche elektroni-sche Situation zwischen diesen beiden Grenzfällen liegt (▶Abbildung 9.13). Die Erscheinung, dass die in einem Molekül oder mehratomigen Ion vorliegenden Bindungsverhältnisse nicht durch eine einzige Strukturformel dargestellt werden können, sondern nur durch mehrere Grenzformeln, wird auch als *Mesomerie* oder *Resonanz* bezeichnet. Im Fall der aromatischen Verbindungen findet noch eine wei-tere Schreibweise Anwendung: Man zeichnet einen Ring in die Mitte des Sechsecks. Dieser soll die Delokalisation der Elektronen über alle C-Atome deutlich machen. Ein Indiz dafür, dass die Elektronen delokalisiert sind, ist auch in der Struktur des Mole-küls zu finden. Alle C-C-Bindungen im Benzolmolekül sind nämlich gleich lang und die Bindungslänge liegt zwischen der einer Einfach- und Doppelbindung.

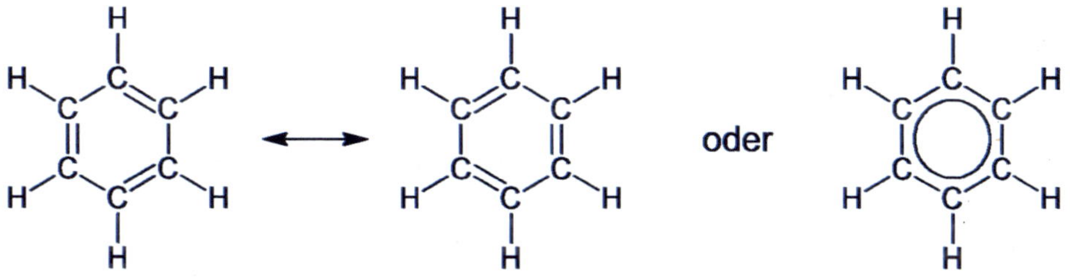

Abbildung 9.13: Schreibweisen, welche die Elektronendelokalisation im Benzol ausdrücken

Es gibt eine große Anzahl von aromatischen Verbindungen. Viele dieser Substanzen besitzen Trivialnamen. Sie können sich von einfachen Aromaten durch Substituenten unterscheiden, d.h., ein oder mehrere H-Atome am Ringsystem sind durch andere Gruppen ersetzt. Im Fall einer Substitution eines H-Atoms am Benzolring gegen eine Methylgruppe entsteht das *Toluol* (▶Abbildung 9.14). Ein weiteres technisch wichtiges substituiertes Benzol ist das *Styrol*. Es dient als Monomer bei der Herstellung von Poly-meren (Polystyrol). Bei mehrfach substituierten Aromaten werden die Kohlenstoffatome des Rings durchnummeriert, beginnend an einem substituierten Kohlenstoffatom, und die Position der Substituenten wird durch vorangestellte Zahlen vor dem Namen gekennzeichnet. Bei Benzol ist noch ein weiteres Verfahren gebräuchlich: eine 1,2-Substitution wird als *ortho-Substitution*, eine 1,3- als *meta-Substitution* und eine 1,4- als *para-Substitution* bezeichnet.

Einfach substituiertes Benzol

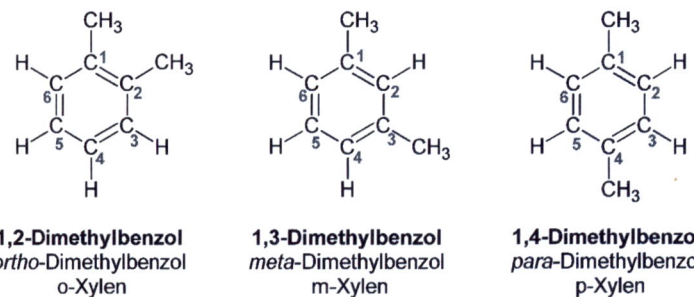

Toluol	Styrol

Mehrfach substituiertes Benzol

1,2-Dimethylbenzol
ortho-Dimethylbenzol
o-Xylen

1,3-Dimethylbenzol
meta-Dimethylbenzol
m-Xylen

1,4-Dimethylbenzol
para-Dimethylbenzol
p-Xylen

Abbildung 9.14: Benennung verschieden substituierter Benzole

Neben den substituierten Aromaten sind auch *kondensierte aromatische Verbindungen* bekannt. Dabei handelt es sich um planare Verbindungen, die aus mehreren aromatischen Grundkörpern mit delokalisierten Elektronen bestehen und bei denen jeweils zwei Kohlenstoffatome zwei aromatischen Grundkörpern angehören. Die Elektronen sind bei diesen Verbindungen über alle C-Atome delokalisiert. Die einfachsten Vertreter dieser Verbindungsklasse sind das *Naphthalin*, das *Anthracen* und das *Phenanthren*. In ▶Abbildung 9.15 sind die verkürzten Strukturformeln dieser Verbindungen dargestellt.

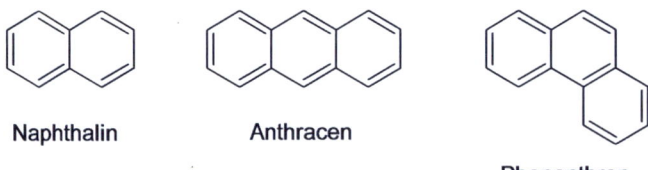

Naphthalin   Anthracen

Phenanthren

Abbildung 9.15: Verkürzte Strukturformeln von einfachen kondensierten Aromaten

9.3 Wichtige funktionelle Gruppen

Die Reaktivität von organischen Verbindungen kann häufig einzelnen Atomen oder Atomgruppen innerhalb eines Moleküls zugewiesen werden. Das Reaktivitätszentrum eines organischen Moleküls wird als *funktionelle Gruppe* bezeichnet. Durch die funktionelle Gruppe werden die Stoffeigenschaften und das Reaktionsverhalten der sie tragenden Verbindungen maßgeblich bestimmt. Chemische Verbindungen, die die gleichen funktionellen Gruppen tragen, werden aufgrund ihrer oft ähnlichen Eigenschaften in Stoffklassen zusammengefasst. Wichtige funktionelle Gruppen sind in ▶ Tabelle 9.3 zusammengefasst.

Funktionelle Gruppe	Verbindungsart	Suffix oder Präfix	Beispiel	Systematischer Name (Trivialname)
C=C	Alken	-en	C=C	Ethen (Ethylen)
—C≡C—	Alkin	-in	H—C≡C—H	Ethin (Acetylen)
—C—OH	Alkohol	-ol	H—C—OH	Methanol (Methylalkohol)
—C—O—C—	Ether	-ether	H—C—O—C—H	Dimethylether
—C—X X = Halogen	Halogenalkan	Halogen-	H—C—Cl	Chlormethan (Methylchlorid)
—C—N—	Amin	-amin	H—C—C—N—H	Ethylamin
—C—H (O)	Aldehyd	-aldehyd	H—C—C—H (O)	Ethanal (Acetaldehyd)
—C—C—C— (O)	Keton	-keton	H—C—C—C—H (O)	Propanon (Aceton)
—C—C—OH (O)	Carbonsäure	-säure	H—C—C—OH (O)	Ethansäure (Essigsäure)
—C—C—O—C— (O)	Ester	-oat	H—C—C—O—C—H (O)	Methylethanoat (Methylacetat)
—C—C—N— (O)	Amid	-amid	H—C—C—N—H (O)	Ethanamid (Acetamid)

Tabelle 9.3: Wichtige funktionelle Gruppen organischer Verbindungen

Man kann sich organische Moleküle als Alkylgruppen vorstellen, an die verschiedene funktionelle Gruppen gebunden sind. Die Alkylgruppen, die aus C-C- und C-H-Einfachbindungen bestehen, machen den am wenigsten reaktiven Teil des organischen Moleküls aus. Daher verwendet man bei der Beschreibung von allgemeinen Eigenschaften organischer Verbindungen zur Darstellung von Alkyl- oder anderen wenig reaktiven Gruppen den Buchstaben R in einer vereinfachten Schreibweise. Beispielsweise werden einfache Alkohole, die eine -OH Gruppe enthalten, mit R-OH abgekürzt. Wenn ein Molekül mehr als einen solchen Rest enthält, werden diese mit R', R'', R''' usw. gekennzeichnet.

9.3.1   Alkohole (R-OH)

Alkohole sind Derivate von Kohlenwasserstoffen, in denen mindestens ein Wasserstoffatom durch eine *Hydroxylgruppe* (OH-Gruppe) ersetzt ist. Einige wichtige Alkohole sind in ▶Abbildung 9.16 zusammengefasst. Der Name eines Alkohols leitet sich vom Namen des entsprechenden Alkans unter Zusatz der Endung *-ol* ab. Mit der Zahl vor dem Namen wird die Stellung der Hydroxylgruppe festgelegt.

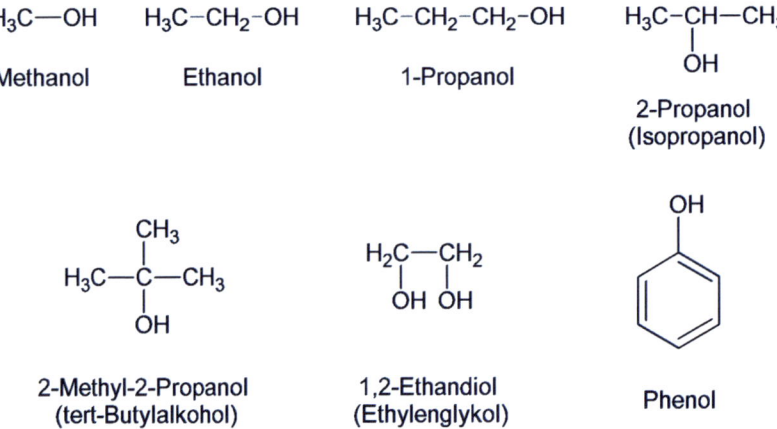

Abbildung 9.16: Strukturformeln einiger ausgewählter Alkohole

Die O-H-Bindung ist polar, daher sind Alkohole in polaren Lösungsmitteln wie Wasser besser löslich als Kohlenwasserstoffe. Zusätzlich kann sich die OH-Gruppe an Wasserstoffbrückenbindungen beteiligen. Daher sind die Siedepunkte der Alkohole wesentlich höher als die der entsprechenden Alkane.

Niedrige Alkohole mit kurzen Alkylketten sind aufgrund ihrer Polarität und der Ausbildung von Wasserstoffbrückenbindungen in jedem Verhältnis mit Wasser mischbar. Mit zunehmender Länge der Alkylkette nimmt die Ähnlichkeit zu Alkanen zu, die polare OH-Gruppe bestimmt immer weniger die Eigenschaften der Verbindung und die Alkohole werden weniger wasserlöslich.

Der einfachste Alkohol Methanol hat viele wichtige industrielle Anwendungen und wird in großem Maßstab hergestellt. Beispielsweise liefert die Reaktion zwischen Kohlenstoffmonoxid und Wasserstoff in Anwesenheit eines Metalloxidkatalysators Methanol:

$$CO(g) + H_2(g) \xrightarrow[400°C]{200\text{-}300\ atm} CH_3\text{-}OH(g)$$

Ethanol ist ein Produkt der *Fermentation* von Kohlenhydraten wie Zucker oder Stärke. In Abwesenheit von Sauerstoff wandeln Hefezellen Kohlenhydrate in ein Gemisch aus Ethanol und CO_2 um. Diesen Prozess bezeichnet man als alkoholische Gärung.

Unter den Alkoholen mit mehr als einer OH-Gruppe ist 1,2-Ethandiol (Ethylenglykol) die bekannteste Verbindung. Es ist der Hauptbestandteil von Frostschutzmitteln für Autos.

Phenol ist die einfachste Verbindung, in der sich eine OH-Gruppe an einem aromatischen Ring befindet. Das Phenol ist im Vergleich zu den herkömmlichen Alkoholen eine schwach saure Verbindung, d.h., es spaltet das Proton der OH-Gruppe relativ leicht ab. Es dient als Rohstoff für Phenolharze.

Ähnliche funktionelle Gruppen wie der Sauerstoff bildet auch der Schwefel, der in der gleichen Gruppe des Periodensystems steht, aus. Diese Verbindungen bezeichnet man als *Alkanthiole* oder kurz als *Thiole* (R-SH).

9.3.2 Ether (R-O-R)

Verbindungen, in denen zwei Kohlenstoffatome an ein Sauerstoffatom gebunden sind, werden als Ether bezeichnet. Im Unterschied zu Wasser und Alkoholen können Ether untereinander keine Wasserstoffbrückenbindungen ausbilden. Ether besitzen daher tiefere Siedepunkte als Alkohole gleicher Summenformel.

Ether sind weniger reaktiv als Alkohole und mit Wasser kaum mischbar. Sie werden häufig als Lösungsmittel eingesetzt. Neben den kettenförmigen Ethern spielen dabei auch zyklische Ether eine wichtige Rolle:

$$H_3C\text{-}CH_2\text{-}O\text{-}CH_2\text{-}CH_3$$

Diethylether   **Tetrahydrofuran**

Die Benennung der Ether erfolgt durch die Benennung der Alkylgruppen, die am Sauerstoff gebunden sind, und durch die Endung *-ether*. Zyklische Ether besitzen häufig Trivialnamen.

9.3.3 Verbindungen mit einer Carbonylgruppe

Geht ein Kohlenstoffatom mit einem Sauerstoffatom eine Doppelbindung ein, so bezeichnet man die entstehende C=O-Gruppe als Carbonylgruppe. Diese Gruppe bildet zusammen mit weiteren Atomen, die sich am gleichen Kohlenstoffatom befinden, einige bedeutende funktionelle Gruppen, die wir in diesem Kapitel übersichtsartig behandeln wollen. Der Kohlenstoff in der Carbonylgruppe ist wie in Alkenen sp^2-hybridisiert.

$$\text{Aldehyde (R}\overset{\displaystyle O}{\overset{\displaystyle \|}{-\text{C}}}\text{-H) und Ketone (R}\overset{\displaystyle O}{\overset{\displaystyle \|}{-\text{C}}}\text{-R')}$$

In Aldehyden befindet sich an der Carbonylgruppe mindestens ein Wasserstoffatom. Beispiele für Aldehyde sind:

$$H\overset{\displaystyle O}{\overset{\displaystyle \|}{-\text{C}}}H \qquad\qquad H_3C\overset{\displaystyle O}{\overset{\displaystyle \|}{-\text{C}}}H$$

Methanal   **Ethanal**
(Formaldehyd)   **(Acetaldehyd)**

Die Benennung der Aldehyde erfolgt durch die Verwendung der Endung *-al* hinter dem Namen des entsprechenden Alkans. Industriell ist Formaldehyd der weitaus bedeutendste Aldehyd. Er wird beispielsweise als Desinfektionsmittel (Formalinlösung) und zur Herstellung organischer Verbindungen verwendet. Ein Großteil des Formaldehyds geht in die Kunststoffindustrie und wird dort zu Amino- und Phenoplasten weiterverarbeitet.

In Ketonen befindet sich die Carbonylgruppe in der Mitte einer Kohlenstoffkette und ist daher von Kohlenstoffatomen umgeben:

$$H_3C\overset{\displaystyle O}{\overset{\displaystyle \|}{-\text{C}}}CH_3 \qquad\qquad H_3C\overset{\displaystyle O}{\overset{\displaystyle \|}{-\text{C}}}CH_2\text{-}CH_3$$

Propanon   **2-Butanon**
(Aceton)   **(Methylethylketon)**

Die Benennung von Ketonen erfolgt durch die Endung *-on* hinter dem Namen des entsprechenden Alkans. Die Zahl vor dem Namen deutet auf die Stellung der Carbonylgruppe hin. Ketone sind chemisch unreaktiver als Aldehyde und werden oft als Lösungsmittel eingesetzt.

Carbonsäuren (R—$\overset{\overset{\textstyle O}{\|}}{C}$—OH)

Carbonsäuren enthalten eine Carboxygruppe (–COOH) als funktionelle Gruppe. Es handelt sich um schwache Säuren, die in der Natur weit verbreitet sind und in vielen Produkten des täglichen Lebens vorkommen. Die Carboxygruppe dissoziiert als Säure in ein Carboxylatanion (-COO⁻) und ein Proton. Carbonsäuren können durch Oxidation von Alkoholen gewonnen werden. Dabei entsteht zunächst ein Aldehyd. Durch weitere Oxidation entsteht die entsprechende Carbonsäure (▶Abbildung 9.17).

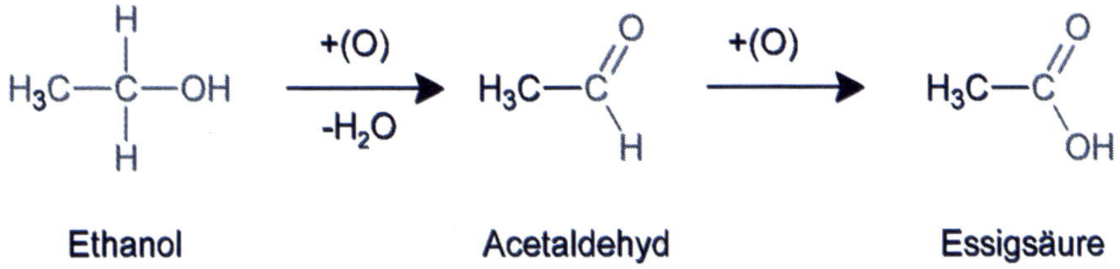

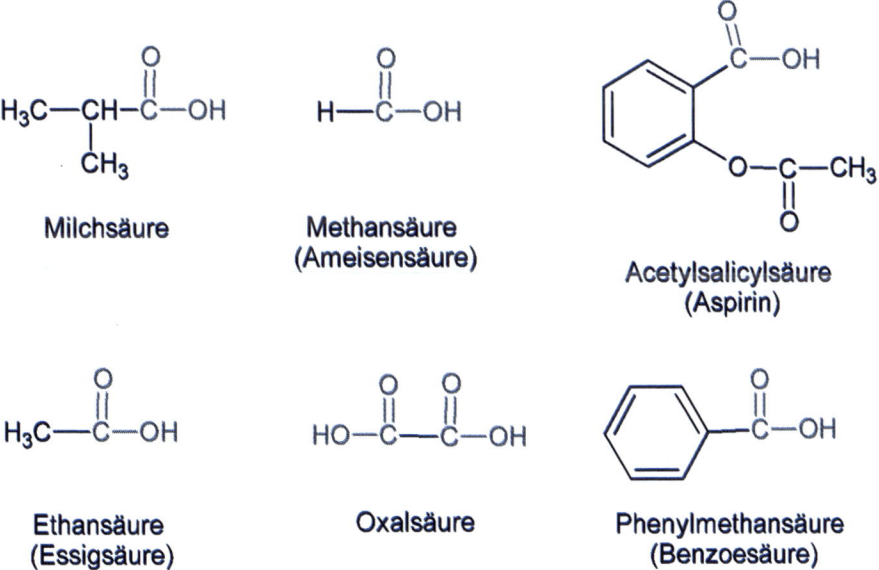

Abbildung 9.17: Oxidation von Ethanol zum Acetaldehyd und anschließend zur Essigsäure. (O) steht für ein Oxidationsmittel, das Sauerstoffatome liefert.

Die Oxidation von Ethanol zu Essigsäure an Luft ist verantwortlich dafür, dass Weine sauer werden und sich in Essig umwandeln.

Die Benennung der Carbonsäuren erfolgt durch Anhängen der Endung *-säure* an den Namen des Alkans mit gleicher Kettenlänge. Jedoch sind viele Carbonsäuren eher unter ihren Trivialnamen bekannt.

Abbildung 9.18: Strukturformeln einiger geläufiger Carbonsäuren

Die unverdünnten Säuren besitzen höhere Siedepunkte, als nach ihrer Molekülmasse zu erwarten wäre. Der Grund dafür ist eine Assoziation der Moleküle durch Wasserstoffbrückenbindungen:

Ester (R—C(=O)—O—R')

Carbonsäuren können durch *Kondensationsreaktionen*, bei denen Wasser entsteht, mit Alkoholen zu Estern reagieren. Die umgekehrte Reaktion, d.h., die Spaltung eines Esters in die Säure und den Alkohol, bezeichnet man als *Verseifung*.

Ester leiten sich strukturell von Carbonsäuren ab. In ihnen ist das H-Atom der Carbonsäure durch eine Kohlenwasserstoffgruppe ersetzt.

Ester, speziell die Ester von kurzkettigen Carbonsäuren mit kurzkettigen Alkoholen, besitzen meist einen sehr angenehmen Geruch. Sie sind größtenteils für den Geruch von Früchten verantwortlich und werden daher auch in der Lebensmittelindustrie als Fruchtaromen eingesetzt.

Für die Verseifung muss der Ester in einer wässrigen Lösung mit einer Säure oder Base behandelt werden. Natürlich vorkommende Ester bestehen häufig aus Fetten und Ölen. Im Verseifungsprozess wird ein tierisches Fett oder Pflanzenöl mit einer starken Base, wie z.B. NaOH, erhitzt. Dabei bildet sich eine Seife, die aus einem Gemisch von Natriumsalzen langkettiger Carbonsäuren, so genannter Fettsäuren, besteht.

9.3.4 Amine und Amide

Amine sind organische Basen. Sie besitzen die allgemeine Formel R_3N, wobei R ein H-Atom oder eine Kohlenwasserstoffgruppe sein kann:

Amine, bei denen am Stickstoff ein Wasserstoffatom gebunden ist, können in Kondensationsreaktionen mit Carbonsäuren zu Amiden reagieren:

$$H_3C-\overset{\overset{\displaystyle O}{\|}}{C}-OH \;+\; H-N(CH_3)_2 \;\longrightarrow\; H_3C-\overset{\overset{\displaystyle O}{\|}}{C}-\underset{\underset{\displaystyle CH_3}{|}}{N}-CH_3 \;+\; H_2O$$

Die Amidgruppe kann aus einer Carbonsäure abgeleitet werden, indem die OH-Gruppe gegen eine NR_2-Gruppe ersetzt wird.

Worauf beruht die Reinigungswirkung von Seifen?

Seifen entstehen durch die Spaltung tierischer und pflanzlicher *Fette* durch Einwirkung von starken Basen wie z.B. NaOH oder KOH. Fette sind die Ester des dreiwertigen Alkohols *Glycerin* (Propan-1,2,3-triol) mit drei meist verschiedenen, überwiegend geradzahligen und unverzweigten langkettigen Carbonsäuren, den so genannten Fettsäuren. Tierische Fette enthalten meist gesättigte, pflanzliche Fette auch ungesättigte Fettsäuren:

allgemeine Struktur eines Fettes   typisches pflanzliches Fett mit ungesättigten Fettsäuren

Die Verseifung erfolgt durch Spaltung der Esterbindungen unter Hitzeeinwirkung mittels starker Basen. Wird Natronlauge (NaOH) verwendet, so entstehen hauptsächlich harte Seifen wie z.B. *Kernseife*, bei Verwendung von Kalilauge (KOH) entstehen *Schmierseifen*. Calciumhydroxid ($Ca(OH)_2$) wird nicht zur Verseifung verwendet, da die entstehenden Seifen schwer löslich sind. Dies ist auch der Grund, warum sich beim Händewaschen in Gebieten mit hoher Wasserhärte (hoher Ca^{2+}-Gehalt des Wassers) ein weißer Überzug im Waschbecken bildet, der aus der schwer löslichen Verbindung zwischen Ca-Ionen und der Seife besteht. Die allgemeine Gleichung für die Verseifung lautet:

Seifen besitzen eine sehr gute Reinigungswirkung aufgrund ihrer besonderen Struktur. Ein Seifen-molekül besteht aus einer negativ geladenen deprotonierten Carbonsäuregruppe, einer so genannten Carboxylatgruppe, und einer langen Alkylkette. Die Carboxylatgruppe ist gut wasserlöslich (hydro-phil), während die lange Alkylkette hydrophob ist:

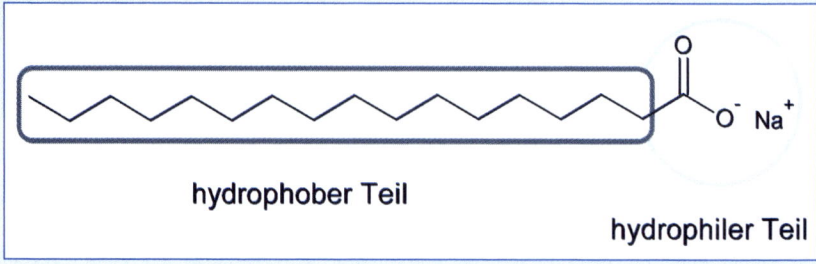

hydrophober Teil

hydrophiler Teil

Die hydrophobe Alkylkette versucht, möglichst nicht in Kontakt zu Wasser zu gelangen. Daher reichern sich Seifen zunächst als dünner Film auf der Wasseroberfläche an, wobei die langkettige hydrophobe Alkylkette vom Wasser abgekehrt ist. Stoffe, die ein solches oberflächenaktives Verhalten zeigen, wer-den auch als *Tenside* bezeichnet. Durch die Anordnung der Seifenmoleküle an der Oberfläche wird die Oberflächenspannung des Wassers herabgesetzt. Erhöht man die Konzentration der Seifenmoleküle, so bilden sich im Wasser *Mizellen* aus. Dabei handelt es sich um Aggregate der Seifenmoleküle, bei denen die hydrophoben Alkylketten versuchen, möglichst keinen Kontakt zum Wasser zu bekommen, und dadurch eine Kugelgestalt annehmen. Die hydrophilen Carboxylatgruppen sitzen auf der Oberfläche der Mizelle. Solche Aggregate vermögen auch Öl oder anderen hydrophoben Schmutz zu umgeben. Dabei wechselwirken die hydrophoben Alkylketten mit den ebenfalls hydrophoben Öltröpfchen und die anio-nischen Gruppen ermöglichen eine stabile Suspension dieser Öltröpfchen im Wasser (▶Abbildung 9.19).

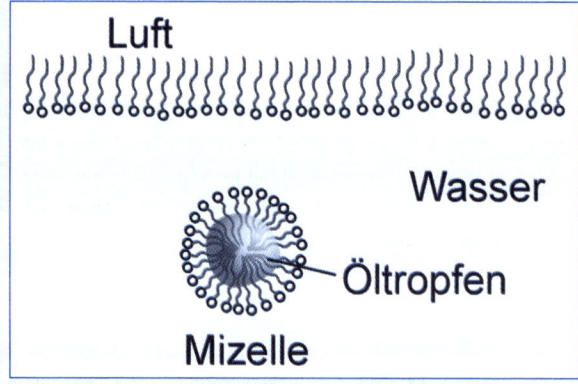

Abbildung 9.19: Wirkungsweise von Seifenmolekülen in Wasser

Die Seifen sind die ältesten und am weitesten verbreiteten Tenside. Neben diesen oberflächenaktiven Substanzen natürlichen Ursprungs existieren noch viele synthetische Tenside, die sich nach der Art ihrer hydrophilen Einheit unterscheiden lassen. *Anionische Tenside*, zu denen auch die Seifen gehören, besitzen negativ geladene Kopfgruppen, z.B. $-COO^-$, $-SO_3^-$, $-O\text{-}SO_3^-$, $-O\text{-}PO_3^-$. *Kationische Tenside* hingegen besitzen positiv geladene hydrophile Gruppen, z.B. Ammoniumgruppen $-NR_4^+$. Nichtionische Tenside tragen keine geladenen hydrophilen Gruppen, stattdessen beruht ihre Wechselwirkung mit Wassermolekülen auf Wasserstoffbrückenbindungen zu Sauerstoffatomen von Polyethergruppen. Einige Beispiele von technisch verwendeten Tensiden sind in ▶Abbildung 9.20 zu sehen.

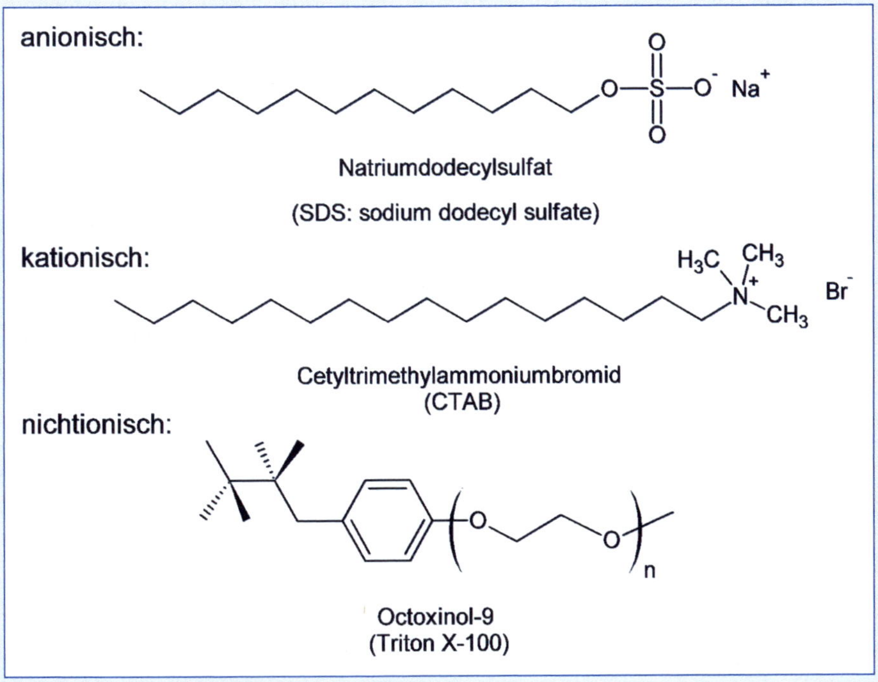

Abbildung 9.20: Beispiele für verschiedene Tenside

9.4 Erdöl, seine Verarbeitung und die Produkte

Erdöl ist ein in der Erdkruste eingelagertes, hauptsächlich aus Kohlenwasserstoffen bestehendes hydrophobes (lipophiles) Stoffgemisch. Es enthält mehrere tausend Bestandteile, deren Zusammensetzung stark vom Fundort abhängig ist. Es stellt den wohl wichtigsten Rohstoff der modernen Industriegesellschaft dar. Neben der Erzeugung von Energie ist es ein wichtiger Rohstoff für Grundchemikalien der chemischen Industrie. Seine Entstehung lässt sich auf die anaerobe (unter Ausschluss von Sauerstoff) Zersetzung von tierischen und pflanzlichen Organismen bei hohem Druck und hoher Temperatur über Jahrmillionen zurückführen.

Nicht verarbeitetes Erdöl ist eine viskose dunkelbraune bis tiefschwarze Flüssigkeit. Neben den Kohlenwasserstoffen wie Alkanen, Alkenen, Cycloalkanen und aromatischen Verbindungen enthält Erdöl ebenfalls Anteile von stickstoff-, sauerstoff- und schwefelhaltigen organischen Verbindungen.

Auch wenn Erdöl aus Tausenden unterschiedlichen Verbindungen besteht, können diese klassifiziert werden. Da die Aufarbeitung von Erdöl durch fraktionierte Destillation erfolgt, führt man zweckmäßigerweise die Klassifizierung anhand des Siedepunktes der verschiedenen Fraktionen durch. Die Destillate enthalten unterschiedliche Kettenlängen der organischen Verbindungen und werden verschiedenen Anwendungen zugeführt (▶ Tabelle 9.4).

Fraktion	Anzahl der C-Atome der enthaltenen Moleküle	Siedepunktbereich [°C]	Verwendung
Gas	C_1 bis C_4	−161 bis 20	Brennstoff, Produktion von H_2
Petrolether	C_5 bis C_6	30 bis 60	Lösungsmittel für organische Verbindungen
Benzin	C_6 bis C_{12}	30 bis 180	Motortreibstoff
Kerosin	C_{11} bis C_{16}	170 bis 290	Raketen und Flugzeugtreibstoff
Heizöl	C_{14} bis C_{18}	260 bis 350	Hausbrand, Brennstoff in Kraftwerken, Cracken
Schmieröle	C_{15} bis C_{24}	300 bis 370	Schmierung von Automobilen und Maschinen
Paraffine	C_{20} und höher	niedrig schmelzende Festkörper	Kerzen, Streichhölzer
Asphalt	C_{36} und höher	gummiartige Rückstände	Straßenbeläge

Tabelle 9.4: Kohlenwasserstofffraktionen des Erdöls

9.4.1 Raffinierung

Nach Entsalzung und Entwässerung des Erdöls besteht der erste Schritt in der Veredelung (Raffinierung) im Allgemeinen darin, das Rohöl gemäß dem Siedepunkt seiner Bestandteile in Fraktionen aufzuspalten. Dies erfolgt in Rektifikationskolonnen (siehe Kapitel 4.5.3). Dabei ist Benzin das kommerziell bedeutendste Produkt, weswegen die Ausbeute dieser Fraktion durch verschiedene Methoden erhöht wird.

Nach der fraktionierten Destillation enthält das Erdöl noch schwefel-, sauerstoff- und stickstoffhaltige Verbindungen sowie andere Verunreinigungen, z.B. mehrfach ungesättigte und zyklische Kohlenwasserstoffe. Diese unerwünschten Bestandteile führen zu Emissionen während der Verbrennung, z.B. zur Bildung von Schwefeldioxid, und bei Schmierstoffen schon nach kurzem Gebrauch zu Alterungserscheinungen wie Dunkelfärbung, Zunahme der Viskosität, Entstehung von Säuren bzw. der Bildung von Ölschlamm. Daher werden die schwefel-, sauerstoff- und stickstoffhaltigen Verbindungen bei der Raffinierung durch chemische Reaktion mit Wasserstoff entfernt. Dieses Verfahren bezeichnet man als *Hydrotreating*. Dabei wird ein heißes Gemisch aus Rohöl und Wasserstoff in einen mit Katalysatoren aus Nickel, Molybdän oder Cobalt auf Aluminiumoxid gefüllten Reaktor geleitet. In diesem reagiert der Wasserstoff mit den Schwefel-, Stickstoff- und Sauerstoffverbindungen bei Temperaturen von ca. 350 °C zu Schwefelwasserstoff, Ammoniak und Wasser:

- Umsetzung von Alkanthiolen: $\quad$ R-SH + H$_2$ $\rightarrow$ R-H + H$_2$S
- Umsetzung von Alkoholen: $\quad$ R-OH + H$_2$ $\rightarrow$ R-H + H$_2$O
- Umsetzung von Aminen: $\quad$ R-NH$_2$ + H$_2$ $\rightarrow$ R-H + NH$_3$

Der anfallende Schwefelwasserstoff wird mit Luftsauerstoff in einem weiteren Reaktor verbrannt. Dadurch lässt sich reiner Schwefel gewinnen:

$$6\,H_2S + 3\,O_2 \rightarrow 6\,S + 6\,H_2O$$

Katalytisches Reforming

Das erhaltene Rohbenzin besitzt eine zu niedrige Octanzahl und würde daher zum „Klopfen" während der Verbrennung im Ottomotor neigen. Das katalytische Reforming, welches auch als *Platforming* (aus Platin und Reforming) bezeichnet wird, hat zum Ziel, die Octanzahl zu erhöhen. Dies wird durch Bildung von aromatischen Kohlenwasserstoffen aus den Verbindungen, die im Rohbenzin erhalten sind, erreicht. Das Reforming läuft bei ca. 500 °C und 5–40 bar in einem Reaktor ab. Dabei wird auch Wasserstoff gebildet, der wiederum dem Hydrotreating zugeführt wird.

Typische Reaktionen, die beim Reforming ablaufen, sind:

- Ringschluss: Alkane $\rightarrow$ Cycloalkane + H$_2$

n-Heptan $\qquad$ Methylcyclohexan

- Dehydrierung: Cycloalkane $\rightarrow$ Aromaten + H$_2$

Methylcyclohexan $\qquad$ Toluol

■ Isomerisierung: n-Alkane → Isoalkane

n-Octan   2,5-Dimethylhexan

Cracken

Beim Cracken werden längerkettige Kohlenwasserstoffe in kürzerkettige gespalten. Grund dafür ist, dass mehr kurzkettige als langkettige Kohlenwasserstoffe aus dem Erdöl benötigt werden, da diese die Hauptbestandteile in Benzin, Diesel und leichtem Heizöl sind, während langkettige Erdölprodukte, wie z.B. schweres Heizöl, am Markt kaum noch gefordert werden. Auch die erhöhte Nachfrage nach Ethen und Propen aus der Kunststoffindustrie führt dazu, dass das Cracken von höher siedenden Fraktionen des Rohöls zu einer wichtigen Methode in der Aufarbeitung von Erdöl wurde.

Es gibt im Wesentlichen zwei Verfahren beim Cracken: die thermischen und die katalytischen Verfahren. Beim thermischen Cracken werden keine Katalysatoren eingesetzt, sondern die zu bearbeitende Fraktion wird bei hohen Temperaturen unter Luftausschluss behandelt. Da keine Katalysatoren eingesetzt werden, können dem thermischen Cracken auch Rückstände der Erdöldestillation zugeführt werden, die wegen ihres Gehalts an Schwermetallen und Schwefel den Katalysator beim katalytischen Cracken beschädigen würden. Zum thermischen Cracken zählt auch das *Steamcracken*, bei dem aus Mineralölprodukten unter Zusatz von Wasserdampf chemische Rohstoffe, wie z.B. Alkene, gewonnen werden.

Katalytische Crackverfahren haben gegenüber den thermischen Verfahren die Vorteile, dass sie niedrigere Temperaturen oder niedrigere Drücke benötigen und mit höheren Geschwindigkeiten ablaufen. Es werden zwei katalytische Crackverfahren unterschieden: *Hydrocracken* und *Fluidized-Bed-Catalytic-Cracken* (FCC). Letzteres verwendet Temperaturen zwischen 450 und 550 °C, einen Reaktordruck von 1,4 bar und einen *Zeolith-Katalysator* (Aluminiumsilikat). Bei diesem Verfahren fallen hauptsächlich *Olefine* an. Beim Hydrocracken wird im Unterschied zum FCC die Olefinbildung vermieden, da dem Prozess Wasserstoff zugeführt wird, der verhindert, dass sich ungesättigte Bindungen ausbilden. Bei diesem Verfahren werden langkettige Kohlenwasserstoffe bei hohen Temperaturen (300 bis 470 °C) und hohen Wasserstoffdrücken (70 bis 100 bar) in kurzkettige Kohlenwasserstoffe gespalten. Das Verfahren hat den Vorteil, dass man je nach Katalysator und Betriebsbedingungen das Ausgangsmaterial fast ausschließlich in Benzin oder vorwiegend in Dieselkraftstoff und leichtes Heizöl umwandeln kann. Allerdings machen hoher Wasserstoffbedarf und hoher Druck den Prozess sehr aufwendig.

Neben der Spaltung der Moleküle kommt es beim Cracken auch zu Isomerisierungen. Die dabei entstehenden Kohlenwasserstoffe sind gute Benzinkomponenten, da sie hohe Octanzahlen aufweisen.

9.4.2 Schmierstoffe

Schmierstoffe sind Substanzen, die Reibung und Verschleiß zwischen festen Körpern vermindern; sie dienen der Wärme- oder Kraftübertragung und dem Korrosionsschutz. Grobe Schätzungen gehen davon aus, dass etwa die Hälfte der erzeugten Energie zur Überwindung von Reibung gebraucht wird. Die Aufgabe der Schmierung ist es, diese Verluste zu minimieren. Schmierung erreicht man, indem man bewegliche Moleküle in den Spalt zwischen die Reibpartner bringt. Dabei wird die äußere Reibung, die zwischen den Oberflächen der beiden Reibpartner herrscht, durch eine innere Reibung im Schmierstoff ersetzt (▶Abbildung 9.21). Bei Schmierstoffen unterscheidet man zwischen:

- Schmierölen (flüssigen Schmierstoffen)

- Schmierfetten (halbfesten Schmierstoffen)

- Festschmierstoffen (festen, meist pulverförmigen Schmierstoffen)

- gasförmigen Schmierstoffen (z.B. Luft)

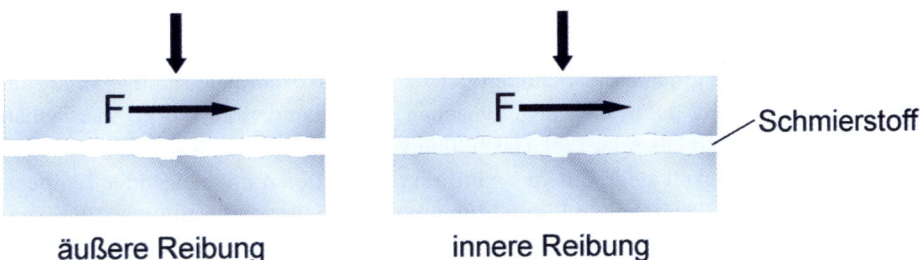

Abbildung 9.21: Vergleich zwischen äußerer und innerer Reibung. Ein Schmierstoff, der in den Spalt zwischen zwei Oberflächen, die aneinander reiben eingebracht wird, vermindert die Reibung, da die Reibung der Oberflächen aneinander durch eine innere Reibung im Schmierstoff ersetzt wird.

Schmieröle

Schmieröle sind die wichtigsten technischen Schmierstoffe. Sie bilden zwischen bewegten Flächen einen Gleitfilm aus. Die wesentlichen Anwendungsgebiete für Schmieröle sind:

- Motorenöle (Getriebeöle, Turbinenöle, Kompressoröle)

- Hydrauliköle (Maschinenöle. Stoßdämpferöle, Bremsflüssigkeiten)

- Arbeitsflüssigkeiten (Isolieröle, Wärmeträgeröle, Trennöle, Korrosionsschutzöle)

- Bearbeitungsöle (Kühlschmierstoffe)

Mineralöle Man unterscheidet zwischen Mineralölen und synthetischen Ölen. Der größte Teil der Schmieröle wird aus Erdöl gewonnen. Diese werden als Mineralöle bezeichnet. Das Destillatöl, das direkt aus dem Erdöl durch Destillation gewonnen wird, kann nicht direkt als Schmieröl eingesetzt werden, da es noch zu viele Verunreinigungen enthält, die während des Betriebs im Motorraum mit der Zeit verharzen können und Ölschlämme bilden. Die Ursache dieser Alterungserscheinungen ist der Gehalt des Destillatöls an aromatischen und ungesättigten Verbindungen. Letztere können sich während der Destillation bei hohen Temperaturen bilden. Beide Verunreinigungen sind reaktionsfreudiger als die gewünschten langkettigen Alkane und können mit sich selbst oder mit Sauerstoff unter Polymerisation reagieren.

Daher werden die Destillatöle einer Raffinierung zugeführt. In zwei Schritten wird das Grundöl entaromatisiert, d.h., reaktionsfreudigste Aromaten und alle Olefine werden entfernt und anschließend wird das Öl noch entparaffiniert. In diesem Schritt werden langkettige Alkane ($> C_{20}$), die einen hohen Schmelzpunkt besitzen, entfernt. Der Grund dafür ist, dass diese Verbindungen dazu führen würden, dass das Öl bei tiefen Temperaturen sehr schnell eine hohe Viskosität aufweist und damit sein Schmierverhalten stark beeinträchtigt wird. In einem anschließenden Hydrierungsschritt (Hydrofinishing) werden die ungesättigten Bindungen abgesättigt. Die erhaltenen Raffinate bilden Grundöle, die durch Mischung verschiedener Raffinate auf eine bestimmte Viskosität eingestellt werden. Jedoch erfüllen diese Grundöle nicht die Anforderungen an moderne Schmierstoffe, wie z.B. Motoröle. Daher werden noch weitere Zusätze (Additive) dem Schmieröl beigemischt. Diese Zusatzmittel verstärken erwünschte und vermindern unerwünschte Eigenschaften. Im Fall von Schmierölen erhöhen Additive vor allem die Alterungsbeständigkeit und den Korrosionsschutz.

Die wichtigste Kenngröße eines Schmieröls ist seine *Viskosität*. Die richtige Viskosität ist die Voraussetzung dafür, dass sich zwischen den reibenden Festkörperoberflächen ein Schmierfilm ausreichender Dicke ausbilden kann. Da aber die Viskosität eine starke Temperaturabhängigkeit zeigt, indem sie indirekt proportional mit steigender Temperatur abfällt, ist eine ausreichende Filmbildung nur innerhalb von bestimmten Temperaturgrenzen gewährleistet. Dies ist auch der Grund, warum im Fall von Motorenölen eine Klassifizierung nach *SAE-Viskositätsklassen* (SAE: Society of Automotive Engineers) erfolgte. So genannte *Einbereichsöle* haben eine Kennung im Format „SAE xx" oder „SAE xxW" (W = Winter). Kleinere Zahlenwerte stehen dabei für dünnflüssige, größere für zähere Öle. Moderne Motorenöle sind *Mehrbereichsöle*. Bei diesen lautet die Bezeichnung „SAE xxW-yy". Diese Schreibweise bedeutet, dass das betreffende Öl bei 0 °F (ca. −18 °C) die Eigenschaften eines Einbereichsöls der Viskosität SAE xxW besitzt, bei 210 °F (ca. 99 °C) dagegen einem SAE yy-Öl entspricht. Diese Eigenschaft der Mehrbereichsöle wird durch Zugabe von Viskositätsindex-Verbesserern (VI-Verbesserer) erreicht. Es handelt sich dabei um Polymere, die ihre räumliche Struktur temperaturabhängig ändern. Vereinfacht dargestellt sind die Moleküle dieser Additive in kaltem Öl zusammengeknäuelt, mit steigender Temperatur strecken sich die Moleküle immer mehr und erhöhen dadurch die Reibung zwischen den Teilchen. Dadurch wird das Viskositätsverhalten zwischen hohen und tiefen Temperaturen etwas angepasst.

Weitere Additive von Motorenölen sind *Detergenzien* und *Dispergiermittel*. Diese grenzflächenaktiven Stoffe dispergieren Schmutzstoffe und verhindern Ablagerungen.

Verschleißschutzstoffe reagieren mit der Metalloberfläche und bilden auf diesen einen Schutzfilm gegen Korrosion. Dazu werden vor allem Phosphate eingesetzt.

Als Alterungsschutzstoffe werden insbesondere *Oxidationsinhibitoren* und *Antioxidantien* verwendet, die eine Oxidation des Grundöls, speziell bei höheren Temperaturen, verhindern sollen.

Synthetische Schmieröle Im Vergleich zu Mineralölen besitzen synthetische Schmieröle den Vorteil, dass ihre Komponenten gezielt nach den Anforderungen der Anwendungen synthetisiert werden können. Daher sind für diese Schmieröle auch weniger Additive nötig. Die Grundstoffe solcher Öle sind meist Polymere, wie z.B. Polyalphaolefine (PAO), Polyisobutene (PIB), Polyglykolether oder Polysiloxane. Für besondere Anwendungen werden auch vollfluorierte Kohlenwasserstoffe eingesetzt.

Polyalphaolefine und Polyisobutene eignen sich als Leichtlaufmotorenöle für extrem lange Ölwechselintervalle bis 100.000 km, z.B. in LKW-Motoren. Polyether finden Anwendung als Hydrauliköle, z.B. in Bremsflüssigkeiten. Siliconöle besitzen eine geringe Neigung zur Schaumbildung und ein sehr gutes Viskositätsverhalten über einen weiten Temperaturbereich. Sie werden ebenfalls als Hydraulikflüssigkeiten und zur Schaumdämpfung in Schmierölen eingesetzt. Vollfluorierte Perfluoralkylether sind chemisch außerordentlich beständig. Daher werden sie häufig als Pumpenöle eingesetzt.

Feste Schmierstoffe

Feste Schmierstoffe finden Verwendung unter extremen Bedingungen, z.B. bei hohen Temperaturen, da die Flüchtigkeit anderer Schmierstoffe unter diesen Bedingungen zu hoch ist. Als fester Schmierstoff kann jede Substanz, welche die Reibung zwischen zwei Oberflächen herabsetzt, verwendet werden. Hier soll nur auf zwei Beispiele von so genannten strukturellen Schmierstoffen eingegangen werden. Diese besitzen eine Schichtstruktur, in der in der Schicht sehr starke chemische Bindungen vorhanden sind, während zwischen den Schichten die Wechselwirkungen relativ gering sind. So können die Schichten in den Substanzen gegeneinandergleiten. Die wichtigsten Beispiele solcher strukturellen Schmierstoffe sind Graphit und Molybdänsulfid (MoS_2).

Schmierfett

Schmierfette sind, im Unterschied zu den weitgehend flüssigen Schmierölen, pastöse Schmierstoffe. Sie bestehen aus einem Schmieröl und einem Verdickungsmittel. Als Grundöle dienen meist mineralische, synthetische oder biologische Öle. Als Verdickungsmittel werden hauptsächlich Seifen, organische Verbindungen (z.B. Polyharnstoff, Teflon, Polyethylen) oder anorganische Verbindungen (z.B. Bentonite, Aerosile, Graphit) verwendet. Am Beispiel der Seife soll die Rolle des Verdickungsmittels erläutert werden. Die Seife baut ein Gerüst aus fadenförmigen Aggregaten auf, in dem das Schmieröl kapillar gebunden ist. Bei hohem Schergefälle bricht das Gitter reversibel zusammen und die Mischung hat die Eigenschaften des Schmieröls. In Ruhe gelassen, baut sich das Seifengerüst wieder auf und das Schmierfett besitzt einen pastösen Charakter. Die Schmierung mit Fett bietet folgende Vorteile:

- einfachere Konstruktion der zu schmierenden Teile
- einfachere Wartung
- die Schmierstelle ist immer abgedichtet, da sich ein Schmierfettkragen als Dichtung um die Lagerstelle bildet. Im Gegensatz dazu bringt Öl immer Schmutzstoffe ins Lager.

Der wesentliche Nachteil der Anwendung von Schmierfett ist die weitaus geringere Wärmeabfuhr im Vergleich zu Schmieröl. Daher sind mit Flüssigkeitsschmierung größere Gleitgeschwindigkeiten und damit höhere Drehzahlen möglich.

9.4.3 Treibstoffe und Brennstoffe

Als Kraftstoff oder Treibstoff wird ein chemischer Stoff bezeichnet, dessen Energieinhalt meist durch Verbrennung oder durch andere Energieumwandlungsformen zur Krafterzeugung oder Erzeugung eines Antriebs in technischen Systemen nutzbar gemacht wird. Die bekanntesten Kraftstoffe sind die aus Erdöl gewonnenen Produkte Benzin, Kerosin oder Diesel. Daneben wird auch Erdgas zu einem immer bedeutenderen Teil als Treibstoff eingesetzt. Zur Krafterzeugung verwendet man im Allgemeinen die Verbrennung, d.h. die Oxidation des Treibstoffs mittels Luftsauerstoff. Neben der Verwendung zum Antrieb von Maschinen, die entweder der Fortbewegung oder der Elektrizitätsgewinnung dienen, können diese Verbindungen auch als Brennstoffe zur Erzeugung von Wärme eingesetzt werden.

Verbrennungsvorgänge im Ottomotor

In Verbrennungsmotoren wie dem Ottomotor wird die Ausdehnung der Verbrennungsgase in mechanische Arbeit umgesetzt. Dabei soll das in den Kolben eingespritzte gasförmige Gemisch aus Kohlenwasserstoffen und Luft möglichst vollständig zu Wasser und Kohlenstoffdioxid verbrannt werden.

Im Wesentlichen finden in einem Ottomotor folgende Vorgänge statt:

1. Vergaser/Direkteinspritzung: Erzeugung eines Kohlenwasserstoff-Luft-Gemisches, dessen Zusammensetzung innerhalb der „Explosionsgrenzen" für den Kohlenwasserstoff liegt.

2. Verdichtung auf 1/7 bis 1/10 des ursprünglichen Volumens. Dabei erhitzt sich das Gasgemisch auf 300 bis 450 °C und der Druck steigt auf 15 bis 20 bar. Unter diesen Bedingungen darf das Luft-Benzin-Gemisch nicht selbständig zünden.

3. Zündung und Umsetzung in mechanische Energie und Wärme. Dabei steigt der Druck im Zylinder auf ca. 40 bar an. Die Temperatur der Flammenfront kann bis zu 2500 °C betragen.

Der Siedebereich von Treibstoffen für Ottomotoren liegt ca. zwischen 30 und 215 °C. Typische Treibstoffe enthalten ca. 200 bis 300 verschiedene Kohlenwasserstoffe zwischen C_4 bis C_{12}. Octan (C_8H_{18}) ist daher ein typisches Molekül mit mittlerer Kohlenstoffanzahl, das in Benzin vorhanden ist. Die vollständige Verbrennung von n-Octan liefert Kohlenstoffdioxid und Wasser:

$$C_8H_{18} + 12,5\,O_2 \rightarrow 8\,CO_2 + 9\,H_2O$$

Wir wollen nun einmal kurz nachvollziehen, wie viel Luft für die vollständige Verbrennung von einem Kilogramm Octan benötigt wird. Octan besitzt eine molare Masse von 114 g/mol. Die Stoffmenge von 1 kg Octan beträgt damit 8,77 mol. Für diese Stoffmenge wird die 12,5-fache Stoffmenge an Sauerstoff benötigt, d.h. 109,6 mol. Diese Menge entspricht bei einer molaren Masse von O_2 von 32 g/mol 3,5 kg. Man benötigt also für die Verbrennung von 1 kg Octan 3,5 kg Sauerstoff. Die Luft enthält allerdings nur ca. 23,2 Gew-% Sauerstoff. Daher werden ca. 15 kg Luft für die Verbrennung von 1 kg Octan benötigt. Unter der Annahme, dass Octan ein Alkan im typischen mittleren Bereich der Kettenlänge aller Kohlenwasserstoffe im Benzin ist, liegt der theoretische Luftbedarf zur vollständigen Verbrennung von Benzin, der als AF-Wert (= air fuel ratio) bezeichnet wird, bei 14,7 bis 15 kg Luft pro kg Benzin. Da 1 mol Gas unter Normalbedingungen ein Volumen von 22,4 Liter einnimmt, benötigt man für die vollständige Verbrennung von 1 mol Octan 280 L O_2 oder 1333 L Luft.

Eine weitere Größe, die in diesem Zusammenhang eine Rolle spielt, ist der *Lambdawert*. Dieser Wert, der auch als Luftzahl bezeichnet wird, beschreibt den Quotienten aus zugeführter Luftmenge zu theoretischem Luftbedarf zur vollständigen Verbrennung. Für ein zündfähiges Gemisch liegt λ für Ottomotoren zwischen 0,6 und 1,4. Ein Wert $\lambda < 1$ beschreibt einen Luftmangel, also ein fettes Gemisch. Ein Wert $\lambda > 1$ zeigt einen Luftüberschuss an und damit ein mageres Gemisch. Dieselmotoren werden im Unterschied zu Ottomotoren mit hohem Luftüberschuss betrieben, um die Abgaswerte herabzusetzen. Bei ihnen bewegt sich λ zwischen 1,20 und 6. Der Lambdawert wird in modernen Fahrzeugen kurz vor dem Katalysator mit der Lambdasonde dauernd bestimmt und an die Elektronik der Einspritzanlage weitergegeben. Dort wird das Gemisch so verändert, dass dauernd mit einem optimalen Lambdawert gefahren wird.

Damit ein Verbrennungsmotor die Energie während der Verbrennung in mechanische Arbeit umsetzen kann, muss im Kolben des Ottomotors eine explosionsartige Verbrennung stattfinden. Für diese müssen zwei Bedingungen erfüllt sein: Die Reaktion muss stark exotherm sein, d.h., es muss Wärme frei werden, und die Molzahl des Gases und damit das Volumen muss sich im Reaktionsverlauf erhöhen. In der beschriebenen Reaktion der Octanverbrennung erhöht sich die Molzahl und damit das Gasvolumen von 13,5 (Octan + Sauerstoff) auf 17 (Kohlenstoffdioxid + Wasser). Eine explosionsartige Verbrennung läuft meist über extrem schnelle chemische Reaktionen ab. Typischerweise handelt es sich dabei um *Radikalreaktionen*. An diesen Reaktionen sind Zwischenprodukte beteiligt, die einsame einzelne Elektronen besitzen. Solche Verbindungen bezeichnet man als *Radikale*. Sie sind sehr reaktiv, da der Zustand eines ungepaarten einzelnen Elektrons thermodynamisch nicht sehr stabil ist. Das einzelne Elektron strebt daher nach der Ausbildung einer kovalenten Bindung. Solche *Ketten-*

reaktionen laufen sehr schnell ab und sind häufig der chemische Mechanismus von explosionsartigen Verbrennungen. Die Verbrennungsreaktion von Kraftstoff mit Luftsauerstoff führt zu einer großen Anzahl komplizierter Verbrennungsprodukte. Daher soll hier der Verlauf des Mechanismus einer Radikalreaktion anhand der Knallgasreaktion, der explosionsartigen Verbrennung eines Wasserstoff-Sauerstoff-Gemisches, beschrieben werden. Der Mechanismus einer Radikalreaktion lässt sich in vier Stufen unterteilen (die einzelnen Punkte an den chemischen Formeln bedeuten, dass es sich um ein Radikal handelt):

- Kettenstart (Zündung): $H_2 + O_2 \rightarrow 2\,\cdot OH$
- Kettenfortpflanzung: $\cdot OH + H_2 \rightarrow H_2O + \cdot H$
- Kettenverzweigung: $\cdot H + O_2 \rightarrow \cdot OH + \cdot O$

  $\cdot O + H_2 \rightarrow \cdot OH + \cdot H$

- Kettenabbruch: $2\,\cdot H \rightarrow H_2$

Ein Kettenabbruch kann auch durch heterogene Abbruchreaktionen vonstatten gehen, z. B. durch Energieübertragung auf die Wand des Reaktionsraums oder durch homogene Abbruchreaktionen, die bei einer Energieübertragung auf einen unreaktiven Stoßpartner auftreten, z.B. Stickstoff.

Kettenabbruchreaktionen im Motorraum treten vor allem bei unvollständigen Verbrennungsreaktionen auf, z.B. unter Sauerstoffmangel oder bei kaltem Motor. Dabei können unter Umständen giftige oder umweltschädliche Abbauprodukte entstehen.

Generell unterscheidet man zwischen zwei Arten der explosionsartigen Verbrennung:

- Deflagration: Diese Art tritt üblicherweise im Kolben auf. Hierbei breitet sich die Flammenfront mit der Diffusionsgeschwindigkeit der Radikale aus.
- Detonation: Die Druckwelle führt zur Selbstzündung des Gas-Luft-Gemisches, bevor die Flammenfront eintrifft. Im Kolben des Ottomotors wird dies durch ein Klopfen bemerkbar.

Klopfende Verbrennung Eine klopfende Verbrennung beschreibt eine *Selbstzündung* an verschiedenen Stellen im Kolbenraum. Das Klopfen setzt die Lebensdauer und den Wirkungsgrad des Motors herab. Da der Wirkungsgrad eines Motors mit dem Verdichtungsverhältnis ansteigt, ist man bemüht, Motoren mit möglichst großem Verdichtungsverhältnis zu konstruieren. Allerdings bedeuten hohe Verdichtungsverhältnisse auch eine Erhöhung der Gefahr, dass ein Klopfen auftritt. Dem kann man auf Seiten des Kraftstoffes durch eine erhöhte Klopffestigkeit entgegentreten. Diese ist ein Maß für die Zündunwilligkeit des Treibstoffes gegen Selbstzündung. Die Klopffestigkeit eines Treibstoffes wird in Abhängigkeit vom Kraftstofftyp (Benzin, Diesel) durch die Octan- oder Cetanzahl charakterisiert.

Der Zahlenwert der *Octanzahl* (OZ) gibt an, wie hoch der %-Volumenanteil von Isooctan, 2,2,4-Trimethylpentan, C_8H_{18} (OZ = 100) in einer Mischung mit n-Heptan C_7H_{16} (OZ = 0) sein muss, damit dieser die gleiche Klopffestigkeit in einem Prüfmotor aufweist wie der zu prüfende Kraftstoff. Z.B. würde eine Octanzahl von 95 eines Benzins bedeuten, dass die Klopffestigkeit des Benzins einem Gemisch aus 95 Vol.-% Isooctan und 5 Vol-% n-Heptan entspricht.

Isooctan ist relativ klopffest, während n-Heptan relativ schnell den Motor zum Klopfen bringt. Grund dafür ist, dass das n-Heptan unkontrolliert schon beim Verdichtungsvorgang durch die Verdichtungswärme im Zylinder zündet. Isooctan kann relativ stark verdichtet werden, ohne dass es zur Selbstzündung kommt. Bei den Kraftstoffen unterscheidet man zwischen Normalbenzin (OZ = 91), Super (OZ = 95) und SuperPlus (OZ = 98).

Dem Benzin werden dabei häufig *Antiklopfmittel* beigesetzt. Diese bringen die Kettenreaktionen bei Selbstzündung zum Abbruch. Früher wurden hauptsächlich Bleitetraalkyle (PbR_4) als Antiklopfmittel eingesetzt. Diese wurden aber verboten, da ihre Rückstände die Abgaskatalysatoren vergiften und das Austragen von Blei in den Abgasen zu Umweltproblemen führt. Heute werden Kraftstoffe zum einen durch Isomerisierung (Platforming) klopffester hergestellt, zum anderen werden ungefährlichere Antiklopfmittel, dabei handelt es sich hauptsächlich um rein organische Verbindungen, dem Kraftstoff zugesetzt.

Im Unterschied zu Kraftstoffen für Ottomotoren ist bei Dieselmotoren, die ja Eigenzünder sind, d.h. ohne Zündkerze auskommen, die Zündung des Kraftstoffes im Normalbetrieb durch Kompressionswärme erwünscht. Dieselkraftstoffe müssen also zündfreudig sein. Das Maß für Zündwilligkeit von Dieselkraftstoffen ist die Cetanzahl (CZ). Ähnlich wie für die Octanzahl wurden zwei willkürliche Bezugspunkte festgelegt, um die Cetanzahl zu bestimmen. Reines n-Hexadecan ($C_{16}H_{34}$) besitzt eine Cetanzahl von 100 und ist sehr zündwillig, während reines a-Methylnaphthalin eine Cetanzahl von 0 hat und zündunwillig ist. Die Cetanzahl für Dieselkraftstoffe sollte mindestens 45 betragen, optimal ist 50. Die Bestimmung der Cetanzahl erfolgt mit ähnlichen Verfahren wie bei der Octanzahl.

Fossile Brennstoffe und die Umweltproblematik

Bei einer idealen vollständigen Verbrennung von fossilen Kraftstoffen mit Sauerstoff enthält das Abgas nur N_2, Edelgase (beides aus der Luft), CO_2 und H_2O (aus der Verbrennung). Aufgrund nichtidealer Bedingungen treten im Abgas eines Motors ohne Katalysator folgende für die Umwelt problematischen Gase auf:

- Kohlenstoffdioxid (CO_2): ca. 3–12 Vol-%
- Kohlenstoffmonoxid (CO): ca. 100–20000 ppm
- unverbrannte Kohlenwasserstoffe: ca. 50–600 ppm
- Stickoxide (NO_x): ca. 1000–5000 ppm
- Schwefeldioxid (SO_2): treibstoffabhängig (stärker bei Dieselabgasen)
- Partikel: 20–150 mg · m^{-3} (nur bei Dieselabgasen)

Kohlenstoffmonoxid entsteht bei der unvollständigen Verbrennung unter Luftmangel oder bei niedrigen Temperaturen. ▶

Als Beispiel sei hier die vollständige Verbrennung von Methan:

$$CH_4 + 2\,O_2 \;\rightarrow\; CO_2 + 2H_2O$$

der unvollständigen Verbrennung gegenübergestellt:

$$CH_4 + O_2 \;\rightarrow\; CO + H_2O$$

Die Entstehung von Kohlenstoffmonoxid kann durch eine Erhöhung des Luftanteils im Kraftstoff-Luft-Gemisch und durch Oxidation im Autoabgaskatalysator herabgesetzt werden.

Teilverbrannte Kohlenwasserstoffe entstehen bei verzögertem Brennverlauf und bei Verbrennungs-störungen (wie z.B. Zündaussetzern). Sie können durch geeignete Motorenwartung vermindert wer-den. Zudem werden sie auch im Abgaskatalysator oxidiert.

Hochleistungsmotoren mit hohem Verdichtungsgrad zeigen einen erhöhten Ausstoß von Stickoxiden (NO_x), die sich bei Luftüberschuss (N_2 aus der Luft) und hoher Temperatur bilden.

Wesentliche Einflussfaktoren auf die Abgasentstehung sind die Kraftstoffzusammensetzung, die Motor-konstruktion (z.B. das Verdichtungsverhältnis, Brennraumform, Ventilsteuerung, Kraftstoffeinspritzung, Zündsystem usw.), die Betriebsbedingungen (Drehzahl, Motorlast, Geschwindigkeit, Beschleunigung usw.), das Kraftstoff-Luft-Gemisch (Luftzahl λ), und die Abgasbehandlung.

Außer den genannten Schadstoffen, die sich durch technologische Verbesserungen und Anpassung des Fahrverhaltens unterdrücken lassen, entsteht natürlich bei jeder Verbrennung unvermeidlich Koh-lenstoffdioxid, das für den *Treibhauseffekt* verantwortlich gemacht wird. Eine vollkommen emissions-freie Verbrennung wird daher niemals möglich sein.

ZUSAMMENFASSUNG

Die *organische Chemie* beschäftigt sich mit dem Aufbau und den Eigenschaften der Verbindungen des Kohlenstoffs. Dieses Element nimmt im Periodensystem eine Sonderstellung ein, weil es eine so große Anzahl an unterschiedlichen Verbin-dungen bildet. Ein Grund hierfür ist die hohe Stabilität der kovalenten Bindungen am Kohlenstoffatom und die Bereitschaft, mit sich selbst Bindungen einzugehen. Voraussetzung dafür bildet unter anderem die *Hybridisierung* der Atomorbitale am Kohlenstoffatom. Die Bindungen zwischen den Kohlenstoffatomen untereinander und mit anderen Atomen bestimmen auch die Stabilität und Löslichkeit der entste-henden Verbindungen. Die organischen Verbindungen teilt man in verschiedene Verbindungsklassen in Abhängigkeit von ihren *funktionellen Gruppen* ein. Die ein-fachste Verbindungsklasse stellen die *Kohlenwasserstoffe* dar, die nur Kohlenstoff-und Wasserstoffatome enthalten. Man unterscheidet dabei zwischen *acyclischen* und *cyclischen* Systemen, zwischen *gesättigten*, *ungesättigten* und *aromatischen* Verbindungen. Wichtige weitere Verbindungsklassen sind die *Alkohole, Ether, Car-bonsäuren, Aldehyde, Ketone* und *Amine*. Alle diese Verbindungen unterscheiden sich durch die spezifischen Reaktivitäten der Substanzklasse, die im Wesentlichen durch die funktionellen Gruppen bestimmt werden.

Technologisch und kommerziell stellt das Kohlenwasserstoffgemisch des *Erdöls* eine der wichtigsten Rohstoffquellen unserer Gesellschaft dar. Dieses komplexe Gemisch fossilen Ursprungs muss vor der weiteren Verwendung zunächst durch *Raffinierung* aufgearbeitet werden. Dabei werden die Kohlenwasserstoffe durch fraktionierte Destillation voneinander getrennt und durch weitere chemische Behandlung an die Bedürfnisse der Verwendungen angepasst. Wichtige Veredelungsschritte sind dabei vor allem das *Cracken* von langkettigen in kurzkettige Kohlenwasserstoffe und die *Isomerisierung* der erhaltenen Verbindungen. Die Verwendung als *Treib- und Brennstoffe* ist dabei wohl die wichtigste Anwendung der erhaltenen Produkte.

Aufgaben

Verständnisfragen

1. Wie kann erklärt werden, dass Kohlenstoff trotz seiner Elektronenkonfiguration von [He]$2s^2 2p^2$ vier gleichartige kovalente Bindungen ausbilden kann?

2. Wie kann das Auftreten von Doppel- und Dreifachbindungen durch Hybridorbitale erklärt werden?

3. Was unterscheidet aliphatische von aromatischen Verbindungen?

4. Welche Art von Strukturisomerie kann bei Alkanen auftreten?

5. Wie lauten die Regeln in der systematischen Benennung der Alkane?

6. Zusätzlich zur Strukturisomerie der Alkane – welche Isomerie kann bei Alkenen auftreten?

7. Warum sind aromatische Verbindungen stabiler als Alkene?

8. Welche funktionellen Gruppen enthalten Sauerstoff als Element?

9. Wie erhält man aus Ethanol eine Carbonsäure?

10. Welche Eigenschaften muss ein Tensid besitzen, um eine Reinigungswirkung in einem Waschmittel zu erzielen?

11. Aus welchen unterschiedlichen Fraktionen besteht Erdöl?

12. Welche Prozesse werden bei der Raffinierung von Erdöl verwendet?

13. Was ist die Ursache des Klopfens in einem Ottomotor?

Übungsaufgaben

1. Zeichnen Sie alle Strukturisomere des Alkans C_7H_{16}.

2. Welche der folgenden Summenformeln können Alkane, Cycloalkane, Alkene oder Alkine sein? Bestimmen Sie die Zugehörigkeit zu einer dieser Gruppen, ohne die Strukturen zu zeichnen: a) C_6H_{12}, b) C_4H_6, c) C_5H_{12}, d) C_7H_{14}, e) C_3H_4

3. Benennen Sie die folgenden Verbindungen:

a)
```
         CH3
         |
  H3C-CH-CH2-CH2-CH3
```

b)
```
       CH3 CH3 CH3
       |   |   |
  H3C-CH-CH-CH-CH3
```

c)
```
         CH3
         |
  H3C-CH-CH-CH2-CH3
            |
          H2C-CH2-CH3
```

d)
```
            CH3
            |
  H2C=CH-CH-CH=CH2
```

4. Schreiben Sie die Strukturformeln für folgende Verbindungen: a) 3-Methylhexan, b) 2,3-Dimethylpentan, c) 3,4,5-Trimethyloctan, d) *trans*-2-Penten, e) 2-Ethyl-1-Buten, f) 1,2,4,5-Tetramethylbenzol

5. Zeichnen Sie die Strukturformel und benennen Sie jeweils eine Verbindung aus folgenden Verbindungsklassen: a) Alkohole, b) Ether, c) Carbonsäuren, d) Aldehyde, e) Ketone

6. Zu welcher Verbindungsklasse gehören die folgenden Verbindungen?

a) $H_3C-O-CH_2-CH_2-CH_3$

b) $H_3C-CH_2-NH_2$

c)
```
                     O
                    //
  H3C-CH2-CH2-C
                    \
                     OH
```

d)
```
       O
       ||
  H3C-C-CH2-CH3
```

e)
```
     O
     ||
  H-C-CH2-CH3
```

7. Stellen Sie sich vor, Sie bohren einen Brunnen in Ihrem Garten und stoßen auf Erdöl. Welche Raffinierungsmethoden müssten Sie anwenden, um vor Ihrem Haus eine Tankstelle betreiben zu können, in der Sie das Erdöl aus Ihrem Garten als Benzin verkaufen? Welche weiteren Produkte könnten Sie anbieten?

Polymere

10.1 Allgemeine Begriffsbestimmung 344

10.2 Herstellung von Polymeren. 347

10.3 Eigenschaften von Polymeren 356

    Zusammenfassung 361

    Aufgaben 362

ÜBERBLICK

10

>> In unserer Wegwerfgesellschaft sind Substanzen, die in großen Mengen zur Verfügung stehen, wenig wert. Auch wenn ihre Entwicklung Jahrzehnte Arbeit und vielen Wissenschaftlergenerationen Kopfzerbrechen bereitet hat. Ein typisches Beispiel sind Polymere. Wir bezeichnen diese Verbindungsklasse oft abwertend als Plastik. Gegenstände aus Plastik werden häufig als billige Massenprodukte erachtet. Dennoch steckt hinter ihrer Herstellung eine Technologie auf höchstem Niveau, die keineswegs etwas mit billiger Produktion zu tun hat. Erst im letzten Jahrhundert haben es Chemiker verstanden, Polymere gezielt herzustellen, davor war es dem Menschen lediglich vergönnt, polymere Naturprodukte, wie z.B. natürlich vorkommende Fasern, zu verarbeiten. Seit den ersten gezielten Polymersynthesen ist die Anzahl verschiedenartiger Polymere geradezu explosionsartig angestiegen. Heute können die Polymereigenschaften nahezu jeder gewünschten Werkstoffeigenschaft angepasst werden, ob es Plastiktüten oder schusssichere Westen sind. Es gibt nahezu kein Anwendungsgebiet, in dem nicht auch Polymere eine Rolle spielen. Im folgenden Kapitel soll eine übersichtsartige Zusammenstellung einiger wichtiger chemischer Aspekte von Polymeren und deren Eigenschaften gegeben werden. <<

Polymere sind sehr große Moleküle, die aus Hunderten oder Tausenden von Atomen bestehen. Die Menschheit hat Polymere seit Jahrtausenden verwendet und Chemiker stellen sie gezielt seit dem letzten Jahrhundert her. Natürliche Polymere sind die Basis von allen Lebensprozessen und viele unserer heutigen Technologien sind abhängig von synthetischen Polymeren. Die polymeren Werkstoffe können als Fasern (*Kunstfasern*) oder Formteile (*Kunststoffe*) vorliegen. Nach der Rohstoffbasis unterscheidet man zwischen:

- natürlich vorkommenden makromolekularen Stoffen: Cellulose, Naturkautschuk, Proteine, Stärke
- abgewandelten Naturstoffen: Vulkanisation von Naturgummi, Kunstseide, Papier
- vollsynthetischen Kunststoffen: Polyethylen, Polystyrol, Polyamid

In diesem Kapitel werden wir uns ausschließlich mit synthetischen Polymeren beschäftigen und die natürlichen Polymere nicht behandeln.

10.1 Allgemeine Begriffsbestimmung

Polymere sind große chemische Moleküle (*Makromoleküle*), die aus gleichartigen Baueinheiten, den so genannten *Monomeren*, aufgebaut sind. In der Strukturformel wird eine polymere Struktur deutlich gemacht, indem man die sich wiederholende Einheit in Klammern setzt und einen tiefgestellten lateinischen Buchstaben dahinter schreibt, der die Anzahl der gleichartigen Bausteine indiziert. In einfachen Polymerstrukturen verwendet man dafür meist den Buchstaben n. Dieser soll andeuten, dass sich der monomere Baustein n-mal im Polymer wiederholt. Im Fall des Polystyrols ist das Monomer Styrol, das in einer Polymerisationsreaktion zum Polystyrol reagiert:

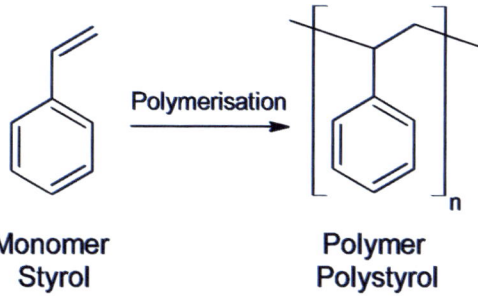

Monomer
Styrol

Polymer
Polystyrol

Die Zahl n gibt den *Polymerisationsgrad* eines Polymers an. Dieser ist definiert als die Anzahl der monomeren Einheiten in einem Polymer. Nicht alle Polymerketten sind gleich lang, daher gibt man im Allgemeinen den mittleren Polymerisationsgrad an. Kennt man das mittlere Molekulargewicht (siehe auch weiter unten) des Polymers, so lässt sich der mittlere Polymerisationsgrad einfach berechnen:

$$DP = \frac{M_{Polymer}}{M_{Monomer}}$$

DP bezeichnet dabei den Polymerisationsgrad (DP = *degree of polymerisation*), $M_{Polymer}$ das mittlere Molekulargewicht des Polymers und $M_{Monomer}$ das Molekulargewicht des Monomers.

Wenn n zwischen 10 und 30 liegt, spricht man nicht von einem Polymer, sondern von einem *Oligomer*. Bei noch geringerem n spricht man von Dimeren ($n = 2$), Trimeren ($n = 3$), Tetrameren ($n = 4$) usw.

Die Mehrzahl der Polymere besitzt eine lineare kettenartige Struktur. Es sind aber auch andere Morphologien möglich, wie z.B. verzweigte Anordnungen (▶Abbildung 10.1). Daneben existieren auch vernetzte Systeme. Sie unterscheiden sich von unvernetzten Systemen dadurch, dass Vernetzungspunkte existieren, die das Polymer unlöslich machen und eine zusätzliche mechanische Stabilität im Werkstoff erzeugen.

Es wird zwischen *Homopolymeren* und *Copolymeren* unterschieden. Homopolymere besitzen nur eine Art von Monomereinheit, die sich in der Polymerstruktur wiederholt, während es bei Copolymeren zwei oder noch mehr sind. In Copolymeren können die Monomereinheiten wiederum rein statistisch, alternierend, in Blöcken oder mit einem Gradienten auftreten. Auch dabei sind wieder unterschiedliche Morphologien, wie verzweigte Strukturen, möglich. Ein Strukturtyp, der bei Copolymeren ebenfalls zu finden ist, sind die so genannten *Pfropfpolymere*, bei denen mehrere Polymerketten an ein Polymerrückgrat geknüpft sind.

Auch die Zusammensetzung des Polymerrückgrats besitzt eine Variationsmöglichkeit. So können in der Polymerkette entweder nur Kohlenstoffatome enthalten sein, wie z.B. beim bereits erwähnten Polystyrol, oder Kohlenstoffatome und weitere Nichtkohlenstoffatome (die auch als Heteroatome bezeichnet werden), wie bei *Polyethylenglykolen* (Monomereinheit: $-[CH_2CH_2O]_n-$), oder nur Nichtkohlenstoffatome, wie bei den *Poly-*

siloxanen (*Silikonen*), die abwechselnd Si- und O-Atome enthalten. Letztere bezeichnet man daher auch als anorganische Polymere. Durch die verschiedenen Anordnungs-möglichkeiten der Elemente in der Kette und die unterschiedlichen Morphologien ergibt sich eine sehr große Anzahl an verschiedenen Strukturtypen und ein breites Eigenschaftsspektrum für polymere Materialien. Polymere lassen sich somit jeder tech-nologischen Anwendung ideal anpassen.

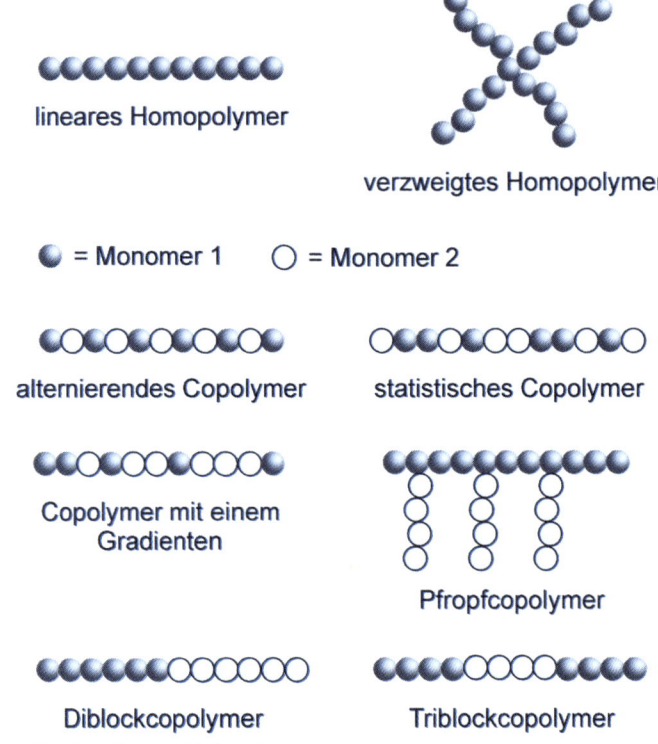

Abbildung 10.1: Morphologien verschiedener Polymere

Sollten bestimmte Eigenschaften mit einem Polymertyp nicht erhalten werden können, so erlaubt die Mischung verschiedener Polymere eine Eigenschaftsanpassung. Solche Polymermischungen werden *Polymer-Blends* genannt. Die Bildung dieser Mischungen ist mit der Herstellung von metallischen Legierungen vergleichbar. Eine wichtige Grundvoraussetzung ist dabei, dass die Polymere generell miteinander mischbar sind. Die Systeme bilden dabei *interpenetrierende Netzwerke* (*IPNs*), in denen die Polymere physikalisch miteinander verflochten sind.

Die wichtigsten herausragenden Eigenschaften von Polymeren im Vergleich zu ande-ren Werkstoffen sind:

- geringe Dichte z.B. im Vergleich zu Metallen
- hohe chemische Beständigkeit z.B. gegen Säuren und Basen, aber teils geringe Beständigkeit gegenüber manchen Lösungsmitteln, die die Polymere auflösen

- flexibles Elastizitätsmodul und Zugfestigkeiten. Je nach Zusammensetzung des Polymers bzw. der Kombination verschiedener Polymere in einem Material lassen sich sehr elastische oder sehr starre Materialien erzeugen. Das Verhalten ist dabei teilweise stark temperaturabhängig.

- niedrige elektrische und thermische Leitfähigkeit

- niedrige Verarbeitungstemperaturen (normalerweise <300 °C)

10.2 Herstellung von Polymeren

Es gibt eine Vielzahl von Synthesemethoden für Polymere, die sich im Wesentlichen durch den Mechanismus und die entstehenden Polymersysteme unterscheiden lassen. Die drei großen Bereiche die man unterscheidet, sind:

- *Polymerisationen* (Additionspolymerisation mit Kettenmechanismus)

- *Polyadditionen* (Additionspolymerisationen mit Stufenmechanismus)

- *Polykondensationen*

In diesem Kapitel werden die verschiedenen Polymerisationsmechanismen nur übersichtsartig vorgestellt.

10.2.1 Radikalische Polymerisationen

Eine der am häufigsten verwendeten Polymerisationsmethoden ist die radikalische Polymerisation. Diese Methode ist sehr robust, da sie in den unterschiedlichsten Medien durchgeführt werden kann. Für jede Polymerisation benötigt man ein Ereignis, das einen Kettenstart hervorruft. Im Fall der radikalischen Polymerisation ist dies die Bildung eines reaktiven Radikals, das anschließend an ungesättigte Moleküle addiert und dabei eine Polymerkette bildet. Prinzipiell lässt sich jede Polymerisationsreaktion in drei Stufen untergliedern, den *Kettenstart*, das *Kettenwachstum* und den *Kettenabbruch*. Wir wollen diese drei wichtigen Schritte für den Fall der radikalischen Polymerisation genauer betrachten.

Kettenstart

Für den Kettenstart müssen Radikale gebildet werden. Dies geschieht meist durch die Zersetzung von Molekülen, die unter *homolytischer Bindungsspaltung* abläuft. Darunter versteht man eine Spaltung einer kovalenten Bindung in zwei Radikale (ungepaarte Elektronen) durch Energieeinwirkung. Allgemein kann man diesen Vorgang folgendermaßen formulieren:

$$A\text{-}B \xrightarrow{E} A^{\bullet} + {}^{\bullet}B$$

Um eine Polymerisation gezielt zu starten, verwendet man Moleküle, die zu einer Radikalbildung unter Zuführung von Energie (Erhöhung der Temperatur, Verwendung von Licht) besonders neigen. Weil diese Moleküle eine Polymerisation initiieren, bezeichnet man sie als *Initiatoren*.

Am häufigsten wird die *Thermolyse*, also die thermische Zersetzung, bei der Initiation von Polymerisationen eingesetzt. Hierbei macht man sich die thermische Spaltung von chemischen Bindungen mit niedriger Bindungsenergie zu Nutze. Die gängigsten thermolytischen Initiatormoleküle beruhen auf *Peroxo-* und *Azoverbindungen*. Zwei Initiatoren, die hierbei häufig eingesetzt werden, sind *Dibenzoylperoxid* (*DBPO*) und *Azo-bis-(isobutyronitril)* (*AIBN*). Beide zerfallen bei Temperaturen <100 °C nach folgenden Mechanismen:

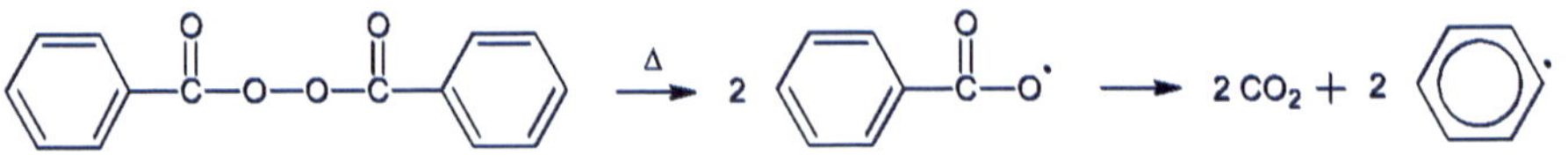

Dibenzoylperoxid (DBPO)

Phenylradikal

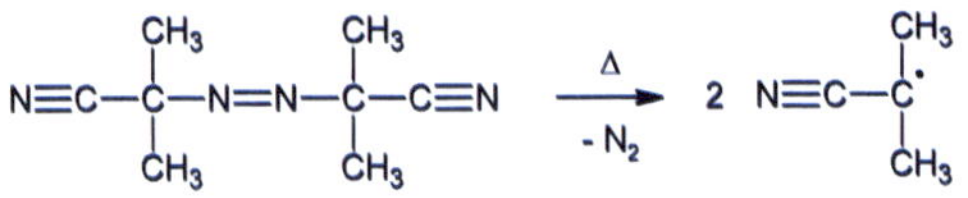

Azobisisobutyronitril (AIBN)

Isobutyronitrilradikal

Das Symbol Δ über dem Reaktionspfeil soll verdeutlichen, dass für die Reaktion Wärme notwendig ist.

Neben der Thermolyse werden auch folgende weitere Mechanismen zur Erzeugung von Radikalen für die Initiation der Polymerisation verwendet:

- Photolyse: Bindungsspaltung durch Einwirkung von Licht
- Radiolyse: Bindungsspaltung durch sehr energiereiche Strahlung
- Redoxprozesse
- Elektrolyse

Die entstehenden Radikale (R·) addieren an eine ungesättigte Bindung und initiieren den Kettenstart:

$$R\cdot + H_2C{=}CH(R) \longrightarrow R{-}CH_2{-}CH^{\bullet}(R)$$

Kettenwachstum

Das während des Kettenstarts erzeugte Radikal kann nun seinerseits mit einem Monomer unter Bildung einer um ein Monomer verlängerten Kette reagieren:

$$R{-}CH_2{-}CH^{\bullet}(R) + H_2C{=}CH(R) \longrightarrow R{-}CH_2{-}CH(R){-}CH_2{-}CH^{\bullet}(R)$$

Das entstehende Radikal lagert sich an ein weiteres an und der Vorgang des Kettenwachstums wiederholt sich so lange, bis das Makroradikal gebildet wird.

$$R-\left[CH_2-\underset{\underset{R}{|}}{CH}\right]_n CH_2-\underset{\underset{R}{|}}{\overset{\bullet}{CH}}$$

Kettenabbruch

Am Ende der Polymerisation, wenn beispielsweise alle Monomere aufgebraucht sind, kommt es zum Kettenabbruch. Dieser geschieht teilweise auch schon früher, wenn sich zwei Radikale so nahe kommen, dass sie unter Ausbildung einer kovalenten Bindung miteinander kombinieren. Man unterscheidet beim Kettenabbruch im Wesentlichen zwei Mechanismen, die Kombination von Radikalen (z.B. zwei wachsende Ketten oder eine wachsende Kette und ein Startradikal) und die Disproportionierung.

1. Kombination zweier Radikale:

$$R-CH_2-\underset{\underset{R}{|}}{CH}-CH_2-\underset{\underset{R}{|}}{\overset{\bullet}{CH}} + R'\cdot \longrightarrow R-CH_2-\underset{\underset{R}{|}}{CH}-CH_2HC-\underset{\underset{R}{|}}{R'}$$

2. Disproportionierung:

Bei der Disproportionierung gehen definitionsgemäß zwei Atome mit gleicher Oxidationszahl in eines mit höherer und eines mit niedrigerer Oxidationszahl über. Für einen Kettenabbruch einer Radikalreaktion wäre ein typischer Verlauf folgendermaßen zu formulieren:

$$R-\left[CH_2-\underset{\underset{CH_3}{|}}{\overset{-2}{CH}}\right]_n \overset{-1}{CH_2}-\underset{\underset{CH_3}{|}}{\overset{-1}{\overset{\bullet}{CH}}} + R-\left[CH_2-\underset{\underset{CH_3}{|}}{\overset{-2}{CH}}\right]_n \overset{-1}{CH_2}-\underset{\underset{CH_3}{|}}{\overset{-1}{\overset{\bullet}{CH}}} \longrightarrow$$

$$R-\left[CH_2-\underset{\underset{CH_3}{|}}{\overset{-1}{CH}}\right]_n \overset{-1}{CH}=\underset{\underset{CH_3}{|}}{\overset{-1}{CH}} + R-\left[CH_2-\underset{\underset{CH_3}{|}}{\overset{-2}{CH}}\right]_n \overset{-2}{CH_2}-\underset{\underset{CH_3}{|}}{\overset{-2}{CH_2}}$$

Die Kettenabbruchreaktionen treten rein zufällig auf, daher entstehen während der Polymerisation längere und kürzere Ketten mit unterschiedlichem Molekulargewicht. Dies ist der Grund, dass man für Polymere lediglich ein mittleres Molekulargewicht und einen mittleren Polymerisationsgrad erhält. In der radikalischen Polymerisation lässt sich dennoch das Molekulargewicht in gewissen Grenzen beeinflussen. Setzt man beispielsweise viel Initiator zu und lässt die Polymerisation bei hohen Temperaturen ablaufen, so kommt es zu häufigeren Kettenabbruchreaktionen und damit kürzeren Polymerketten mit niedrigerem Molekulargewicht. Niedrige Initiatorkonzentrationen und tiefere Temperaturen bevorzugen dagegen höhere mittlere Molekulargewichte.

Zusätzlich kann man auch *Reglermoleküle* zusetzen. Diese bewirken einen Transfer eines Radikals von einer auf eine andere Kette. Über die Menge des zugesetzten Reglers kann somit die mittlere Kettenlänge gesteuert werden.

Inhibitoren können ebenfalls einen frühzeitigen Kettenabbruch bewirken. Es handelt sich dabei um Moleküle, die reaktive Radikale in weniger reaktive Spezies umwandeln. Inhibitoren werden auch reaktiven Monomeren, wie z.B. Acrylaten oder Styrol, beigesetzt, um eine ungewollte Polymerisation zu vermeiden.

Nach dem radikalischen Mechanismus können unter anderem z.B. Polyvinylchlorid (PVC, R' = Cl), Polystyrol (PS, R' = C_6H_5) und Polyvinylacetat (PVA, R' = O-CO-CH_3) hergestellt werden.

10.2.2 Strukturisomerien in Makromolekülen

Die Monomere können unterschiedlich miteinander verknüpft werden, wodurch verschiedene *Konstitutionsisomere* entstehen. Man kann dabei, in Abhängigkeit davon, an welchem C-Atom der Substituent R' hängt und wie die Monomere verknüpft sind, zwischen drei Fällen unterscheiden. Um die Bezeichnung zu vereinfachen, wird das C-Atom, an dem der Substituent R' hängt, als Kopf bezeichnet, das andere C-Atom als Schwanz. Damit kann man unterscheiden zwischen:

1. Kopf-Schwanz-Verknüpfungen:

$$\text{wwwCH}_2\text{–CH–CH}_2\text{–CH–CH}_2\text{wwww}$$
$$\quad\quad\quad\;\; \text{R'}\quad\quad\;\; \text{R'}$$

2. Kopf-Kopf-Verknüpfungen:

$$\text{wwwCH}_2\text{–CH——CH–CH}_2\text{wwww}$$
$$\quad\quad\quad\;\; \text{R'}\;\; \text{R'}$$

3. Schwanz-Schwanz-Verknüpfungen:

$$\text{wwwCH——CH}_2\text{–CH}_2\text{–CHwwww}$$
$$\quad\; \text{R'}\quad\quad\quad\quad\quad\; \text{R'}$$

Eine weitere Strukturisomerie kann durch die Lage der Substituenten R' entlang der Polymerkette auftreten. Man bezeichnet diese Isomerie als *Konfigurationsisomerie*, im Fall der Polymere als *Taktizität*. Im Regelfall geht bei einer Polymerisation die vollständig freie Drehbarkeit der Polymerkette verloren. Dadurch können sich die Ketten durch die Lage der Substituenten unterscheiden. Eine Polymerkette folgender Struktur soll uns dazu als Beispiel dienen:

$$\left[\text{CH}_2\text{–CH}\atop{\quad\;\;\text{R'}}\right]_n$$

Nimmt man an, dass das Polymerrückgrat in der Papierebene liegt, so können aufgrund der tetraedrischen Anordnung der Substituenten an jedem C-Atom die Reste R' entweder nach vorne (oberhalb der Papierebene) oder nach hinten (unterhalb der Papierebene) zeigen. Dies wird in einer Strukturzeichnung verdeutlicht, indem man die entsprechende Bindung als ausgefülltes Dreieck (nach vorne) oder gestricheltes Dreieck (nach hinten) zeichnet. In Abhängigkeit davon, wie sich die Reste an benachbarten Monomereinheiten verhalten, können wir zwischen drei Fällen unterscheiden:

1. *Isotaktische Struktur*: Alle Substituenten R' stehen in derselben Richtung:

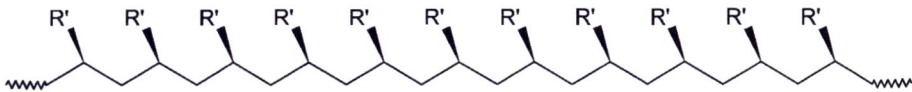

2. *Syndiotaktische Struktur*: Die Substituenten R' sind abwechselnd unter- und oberhalb der C-C-Kette angeordnet:

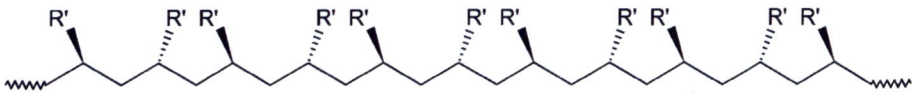

3. *Ataktische Struktur*: völlig regellose räumliche Anordnung der Substituenten R':

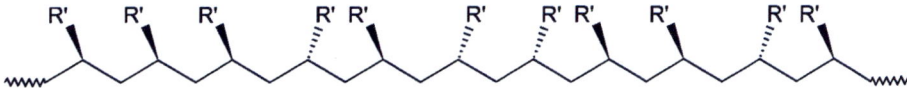

Die Taktizität kann einen erheblichen Einfluss für die physikalischen Eigenschaften der Polymere spielen. Beeindruckend lässt sich dies am Polypropylen (PP) (R' = CH$_3$) zeigen. Ataktisches Polypropylen ist amorph und weist einen niedrigen Schmelzbereich von ca. 120 bis 130 °C auf. Isotaktisches Polypropoylen zeigt aufgrund seiner regelmäßigen Anordnung eine hohe Kristallinität und einen hohen Schmelzbereich von 165 bis 175 °C. Syndiotaktisches Polypropylen zeigt weniger Kristallinität und einen tieferen Schmelzbereich (ca. 155–160 °C).

Polypropylen wird aus Propen durch eine Polymerisationsmethode hergestellt, die eine Koordination der Monomere an einer Komplexverbindung, die als Katalysator dient, beinhaltet. Die Taktizität lässt sich in diesem Fall gut durch den gezielten Einsatz bestimmter Verbindungen als Katalysatoren steuern. In der radikalischen Polymerisation lässt sich die Taktizität weniger gut steuern.

10.2.3 Ionische Polymerisationen

Polymerisationen von Alkenen können auch über ionische Mechanismen ablaufen. Je nachdem, ob der Initiator ein Anion oder ein Kation ist, bezeichnet man die Polymerisation als *anionische* oder *kationische Polymerisation*. Entsprechend der Initiation besitzen auch die Kettenenden eine kationische oder anionische Ladung. Hier sollen nur exemplarisch die entsprechenden Kettenwachstumsreaktionen dargestellt werden:

Kationische Polymerisationen:

$$R \left[CH_2-CH \right]_n CH_2-CH^+ \ + \ H_2C{=}CH \ \longrightarrow \ R \left[CH_2-CH \right]_{n+1} CH_2-CH^+$$
$$\underset{R'}{|} \underset{R'}{|} \underset{R'}{|} \underset{R'}{|} \underset{R'}{|}$$

Anionische Polymerisationen:

$$R \left[CH_2-CH \right]_n CH_2-CH^- \ + \ H_2C{=}CH \ \longrightarrow \ R \left[CH_2-CH \right]_{n+1} CH_2-CH^-$$
$$\underset{R'}{|} \underset{R'}{|} \underset{R'}{|} \underset{R'}{|} \underset{R'}{|}$$

Eine technische Anwendung einer kationischen Polymerisation ist die Herstellung des synthetischen Kautschuks Polyisobutylen aus Isobuten. Bortrifluorid lagert sich dabei an die Doppelbindung des Monomers an und erzeugt so ein Kation, welches das Kettenwachstum initiiert.

$$n \ H_2C{=}C\overset{CH_3}{\underset{CH_3}{\big\langle}} \quad \xrightarrow[\text{-40 bis -100°C}]{BF_3} \quad \left[CH_2-\underset{CH_3}{\overset{CH_3}{\underset{|}{\overset{|}{C}}}} \right]_n$$

Isobuten   Polyisobutylen (PIB)

Anionisch polymerisieren beispielsweise 2-Cyanacrylsäureester in *Einkomponentenklebern*. Die Polymerisation wird dabei durch OH⁻-Gruppen initiiert. Dazu reichen bereits kleine Mengen, die durch die Dissoziation des Wassers in der Luft (Luftfeuchtigkeit) gebildet werden.

$$n \ H_2C{=}C\overset{COOR'}{\underset{C{\equiv}N}{\big\langle}} \quad \xrightarrow[\text{Raumtemp.}]{OH^-} \quad \left[CH_2-\underset{CN}{\overset{COOR'}{\underset{|}{\overset{|}{C}}}} \right]_n$$

2-Cyanacrylsäure-ester   Polycyanoacrylate

Im Vergleich zu radikalischen Polymerisationen besitzen ionische Polymerisationen einen entscheidenden Vorteil, ihre Kettenenden reagieren nicht miteinander, da sich gleichnamige Ladungen abstoßen. Übertragungsreaktionen auf Verunreinigungen lassen sich durch sauberes Arbeiten minimieren. Die Polymerisation ist daher erst beendet, wenn sämtliches Monomer verbraucht ist. Selbst dann ist das Kettenende noch aktiv, gibt man weiteres Monomer hinzu, so startet das Kettenwachstum von Neuem. Dies geschieht allerdings nur, wenn das Kettenende vor Umwelteinflüssen geschützt wird. Eine solche Polymerisationsmethode bezeichnet man als *lebende Polymerisation*. Sie wird gestoppt, wenn die anionischen Kettenenden mit Kationen reagieren und umgekehrt.

10.2.4 Polykondensationen

In Polykondensationsreaktionen wird durch wiederholte Reaktion von bi- oder multifunktionellen Monomeren unter Abspaltung kleiner einfacher Moleküle (z.B. H_2O, ROH, HCl) ein Polymer erzeugt. Dabei reagieren zunächst zwei Monomere miteinander, die nach erfolgter Kondensation wieder in der Peripherie funktionelle Gruppen besitzen, die zur Kondensation befähigt sind. So bauen sich aus den Monomeren stufenweise Polymere auf. Daher bezeichnet man diesen Polymerisationstyp als *Stufenpolymerisation*. Polykondensationen und Polyadditionen sind Stufenpolymerisationen. Abhängig vom eingesetzten Monomer und den Versuchsbedingungen ist die Bildung von linearen, verzweigten oder vernetzten Polymeren möglich.

Polyamide

Carbonsäuren reagieren mit Aminen zu Amiden. Wenn sowohl die Carbonsäure als auch das Amin anstelle von einer zwei dieser funktionellen Gruppen enthält, so kann die Reaktion ein Polyamid bilden.

Das wohl bekannteste Polyamid ist das *Nylon*. Es entsteht durch die Reaktion von *1,6-Diaminohexan* mit Hexandisäure (*Adipinsäure*) unter Abspaltung von Wasser:

1,6-Diaminohexan   Adipinsäure   Nylon

Für den vollständigen Ablauf der Polymerisationsreaktion ist es notwendig, dass Wasser kontinuierlich aus dem Reaktionsgemisch entfernt wird. Da es sich um eine Gleichgewichtsreaktion handelt, kann durch die Entfernung des Wassers das Gleichgewicht auf die Seite des Polyamids verschoben werden.

Polyester

Polykondensationen werden auch in der Synthese von Polyestern eingesetzt. Ein bekannter Vertreter der Polyester ist das Polyethylenterphthalat (*PET*). Es lässt sich z.B. durch Abspaltung von Methanol aus der Reaktion von Terephthalsäuredimethylester mit Ethylenglykol (1,2-Ethandiol) gewinnen:

Therephthalsäuredimethylester   Ethylenglykol   Polyethylenterphthalat (PET)

Polysiloxane

Polysiloxane, die im täglichen Sprachgebrauch als Silicone bezeichnet werden, enthalten im Polymerrückgrat abwechselnd Si- und O-Atome. Die restlichen Valenzen am Silicium werden durch Kohlenwasserstoffreste abgesättigt. Polysiloxane entstehen aus Polykondensationsreaktionen nach der Hydrolyse von Dichlorsilanen. Diese liefert Si-Atome, die zwei Kohlenwasserstoffreste und zwei OH-Gruppen besitzen. Letztere sind jedoch nicht stabil und reagieren unter Polykondensation zu den Polysiloxanen:

$$
\text{Cl}-\underset{\underset{\text{CH}_3}{|}}{\overset{\overset{\text{CH}_3}{|}}{\text{Si}}}-\text{Cl} \ + 2\,\text{H}_2\text{O} \longrightarrow \text{HO}-\underset{\underset{\text{CH}_3}{|}}{\overset{\overset{\text{CH}_3}{|}}{\text{Si}}}-\text{OH} \ + 2\,\text{HCl}
$$

$$
\text{n HO}-\underset{\underset{\text{CH}_3}{|}}{\overset{\overset{\text{CH}_3}{|}}{\text{Si}}}-\text{OH} \longrightarrow \left[\underset{\underset{\text{CH}_3}{|}}{\overset{\overset{\text{CH}_3}{|}}{\text{Si}}}-\text{O}\right]_n \ + \text{n H}_2\text{O}
$$

Polydimethylsiloxan
(PDMS)

Die Si-O-Kette der Polysiloxane besitzt eine hohe thermische Stabilität und ist chemisch relativ inert. Die Kohlenwasserstoffgruppen der Seitenketten sorgen für einen hydrophoben Charakter. Das bekannteste Polysiloxan ist das Polydimethylsiloxan (PDMS), das zwei Methylgruppen als Substituenten am Si-Atom trägt.

Melamin-Formaldehyd-Kunstharze (MF)

Besitzen die Monomere mehr als zwei funktionelle Gruppen, so können durch Polykondensation dreidimensional vernetzte Strukturen gebildet werden. Eine der bekanntesten so gebildeten Strukturen sind Melamin-Formaldehyd-Kunstharze. Sie entstehen durch Polykondensation von Melamin (2,4,6-Triamino-1,3,5-triazin) mit Formaldehyd. Unter Austritt von Wasser kommt es dabei zu einer zunehmenden Vernetzung der Melamingruppen durch Methylenbrücken.

Diese Vernetzungspolymerisation ist zunächst nicht vollständig. Durch Anwendung erhöhter Temperaturen wird eine endgültige Vernetzung durchgeführt. Neben Formaldehyd wird auch Harnstoff ((NH_2)CO) zur Vernetzung eingesetzt. Der größte Anteil dieser Kunstharze wird in der Herstellung von Spanplatten verwendet.

Melamin   Formaldehyd

Mealmin-Formaldehyd-
Kunstharz

Phenol-Formaldehyd-Kunstharze (PF)

Phenol-Formaldehyd-Kunstharze werden ebenfalls durch Polykondensationsreaktionen zwischen Phenol und Formaldehyd in Gegenwart von Säuren oder Basen hergestellt. Diese werden umgangssprachlich häufig als Phenoplaste bezeichnet.

Phenol   Formaldehyd

Phenol-Formaldehyd-
Kunstharze

Phenol-Formaldehyd-Kunstharze finden vor allem Einsatz in Pressmassen: vermischt mit verschiedenen Füllstoffen wie z.B. Holzmehl, Graphit, oder Textilfasern. So können beispielsweise Schichtpressmassen zu Faserverbundwerkstoffen verarbeitet werden.

Polyadditionen

Bei der Polyaddition addieren sich Monomere zu Polyaddukten. Die Reaktion läuft zwischen verschiedenartigen Molekülen mit mindestens zwei funktionellen Gruppen unter Übertragung von Protonen von einer Gruppe zur anderen ab. Eine Voraussetzung dabei ist, dass die funktionellen Gruppen einer Molekülsorte Doppelbindungen enthalten. Im Gegensatz zur Polykondensation entstehen bei der Polyaddition keine niedermolekularen Nebenprodukte, wie z.B. Wasser.

Ein wichtiges Produkt aus der Polyaddition sind Polyurethane. Diese entstehen durch Additionsreaktionen von Diolen mit Diisocyanaten. Die allgemeine Reaktionsgleichung dafür lautet:

Polyurethane werden industriell auch als Schäume verarbeitet. Das dazu nötige schaumbildende Gas kann aus dem Diisocyanat selbst erzeugt werden. So reagieren Diisocyanate mit Wasser unter Bildung von Kohlenstoffdioxid:

Die Polyurethanschäume, die in der Bauindustrie eingesetzt werden, werden allerdings mit Treibmitteln, wie z.B. n-Pentan, aufgeschäumt.

10.3 Eigenschaften von Polymeren

10.3.1 Molekulargewichtsverteilung

Wie bereits weiter oben erwähnt, besitzen Polymerketten kein einheitliches Molekulargewicht, sondern eine Molekulargewichtsverteilung. Diese ist abhängig von der Art des Polymers und der Synthesemethode. In der Mehrzahl der radikalischen Polymerisationen kommt es während der Polymerisation zu Kettenabbruchreaktionen durch Kombination von Radikalen oder Disproportionierungen. Dies führt zu einer Vergrößerung der Molekulargewichtsverteilung. Bei ionischen Polymerisationen sind diese Abbruchreaktionen ausgeschlossen, daher sind die Molekulargewichtsverteilungen auch sehr viel enger.

Die mittleren molaren Massen technischer Kunststoffe können sehr unterschiedlich sein. Im Allgemeinen bewegen sie sich zwischen einigen zehntausend g/mol bis einigen hunderttausend oder Millionen g/mol. Mit zunehmender Kettenlänge verändern sich die Eigenschaften der Kunststoffe in folgender Weise:

■ Die mechanische Festigkeit sowie die thermische und chemische Beständigkeit nehmen zu.

■ Die Kunststoffschmelzen werden zähflüssiger und lassen sich daher schwerer verarbeiten.

■ Der Kristallinitätsgrad nimmt ab, der amorphe Zustand überwiegt.

10.3.2 Kristallinitätsgrad

Die meisten Polymere besitzen eine amorphe glasartige Struktur, d.h., man findet keine oder nur geringe geordnete, also kristalline Bereiche im Festkörper (▶Abbildung 10.2). Dies ist insbesondere bei Polymeren der Fall, die auch auf molekularer Ebene wenig Ordnung zeigen, d.h. beispielsweise bei ataktischen Polymeren. Besitzen Polymere höhere Ordnungsgrade, so kann sich auch Kristallinität ausbilden. Polymere können allerdings nie einen Kristallinitätsgrad von 100 % erreichen, sondern allenfalls 80 %. Diese Angabe ist der prozentuale Anteil des kristallisierten Volumens bezogen auf das gesamte Volumen.

Wechselwirkungen zwischen den einzelnen Polymerketten können den Kristallinitätsgrad erhöhen. Wasserstoffbrückenbindungen, beispielsweise zwischen Polyamidketten, stellen solche Wechselwirkungen dar, die eine erhöhte Kristallinität induzieren können. Neben der Struktur und Zusammensetzung der Polymere beeinflusst auch die Verarbeitung (z.B. Ziehen, Verspinnen) die Kristallinität des Materials.

Der Kristallinitätsgrad beeinflusst auch die Gebrauchseigenschaften der Kunststoffe:

■ Je höher die Kristallinität, desto höher ist die Dichte des Kunstoffes, wodurch höhere Festigkeitswerte und höhere Temperaturbeständigkeit resultieren können.

■ Eine höhere Kristallinität führt zu verringerter Lichttransparenz.

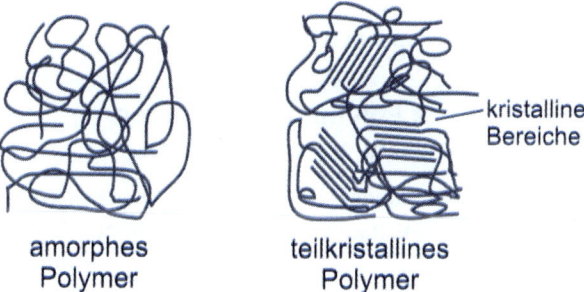

amorphes Polymer   teilkristallines Polymer   kristalline Bereiche

Abbildung 10.2: Schematischer Vergleich der Kettenstruktur von amorphen Polymeren mit teilkristallinen Polymeren

10.3.3 Temperaturabhängige Eigenschaften

Polymere zeigen ein sehr spezifisches thermisches Verhalten. Sie weisen dabei drei charakteristische Temperaturen auf. Es handelt sich um die Glasübergangstemperatur T_g, die Schmelztemperatur T_m und die Zersetzungstemperatur T_z.

Glasübergangstemperatur T_g

Bei der Glasübergangstemperatur T_g, die auch als Erweichungstemperatur bezeichnet wird, findet die Umwandlung einer mehr oder weniger harten, amorphen glasartigen oder teilkristallinen Polymerprobe in einen weichen, hochviskosen und plastischen Zustand statt. Die Glasübergangstemperatur hat ihre Ursache auf molekularer Ebene in der Erhöhung der freien Drehbarkeit längerer Kettensegmente im Polymerrückgrat. Beim Erreichen der Glasübergangstemperatur ändern sich die Viskosität und andere physikalische Kenngrößen der Polymere wie Härte, Modul und Volumen, Enthalpie und Entropie.

Schmelztemperatur T_m

Teilkristalline Polymere besitzen neben der Glasübergangstemperatur, unterhalb derer die amorphe Phase „einfriert", auch eine Schmelztemperatur, bei der die kristalline Phase „schmilzt". Das Schmelzen von teilkristallinen Polymeren erfolgt dabei über ein breites Temperaturintervall, daher sollte man besser nicht über die Schmelztemperatur, sondern über das Schmelzintervall sprechen. Je höher der Kristallinitätsgrad eines Polymers ist, desto höher ist auch die Schmelztemperatur anzusiedeln. Dabei korrelieren die Glasübergangstemperatur und die Schmelztemperatur miteinander.

Zersetzungstemperatur T_z

Die Zersetzungstemperatur eines Polymers ist die Temperatur, bei der die thermische Zersetzung des Polymers eintritt. Meist erfolgt dabei eine chemische Veränderung des Polymers in der Weise, dass kovalente Bindungen aufgebrochen werden.

10.3.4 Klassifizierung von Polymeren nach ihren thermisch-mechanischen Eigenschaften

Polymere können nach verschiedenen Klassifizierungsprinzipien unterteilt werden. Bisher haben wir die Polymere hauptsächlich nach chemischen Gesichtspunkten unterteilt. In der Technologie ist eine Unterteilung der Polymere nach ihren thermisch-mechanischen Eigenschaften gebräuchlich.

Thermoplaste

Polymere, die sich in einem bestimmten Temperaturbereich verformen lassen, bezeichnet man als Thermoplaste. Der Vorgang ist reversibel, d.h., durch Abkühlung und Wiedererwärmung bis in den schmelzflüssigen Zustand kann der Vorgang beliebig oft wiederholt werden. Thermoplaste können nach dem Erwärmen in einen fließfähigen Zustand verformt und dann unter Druck geformt werden. Nach Gebrauch lassen sie sich wieder einschmelzen und erneut formen. Daher sind sie grundsätzlich recyclingfähig. Der Temperaturbereich, in dem die Verformung stattfinden kann, liegt bei amorphen Polymeren zwischen der Glasumwandlungstemperatur und der Zersetzungstemperatur, bei kristallinen Systemen zwischen der Schmelztemperatur und der Zersetzungstemperatur. Im weichen Zustand lassen sich die Thermoplaste in beliebige Formen bringen.

Thermoplaste bestehen aus linearen oder wenig verzweigten Polymerketten, zwischen denen nur schwache Wechselwirkungen vorhanden sind. Zu dieser Polymergruppe zählen Polyethylen (PE), Polypropylen (PP), Polystyrol (PS), Polyvinylchlorid (PVC), Polyamide und Polyester.

Duroplaste

Duroplaste sind Polymere, die nach ihrer Aushärtung nicht mehr verformt werden können. Es handelt sich bei ihnen um harte, glasartige Polymerwerkstoffe, bei denen die Polymerketten chemisch stark miteinander vernetzt sind. Aufgrund dieser Vernetzung lassen sich Duroplaste bei Temperaturerhöhung nicht schmelzen und behalten ihre mechanischen Eigenschaften bis nahe der Zersetzungstemperatur bei. Duroplaste werden häufig aus thermoplastischen Polymeren durch Vernetzung gebildet. Dadurch, dass die Vernetzung nicht reversibel ist, können Duroplaste nur beschränkt wiederverwertet werden.

Zur Klasse der Duroplaste zählen die Phenol-Formaldehyd-Kunstharze und die Melamin-Formaldehyd-Kunstharze.

Elastomere

Elastomere weisen ein gummiartiges Verhalten auf, d.h., sie können bei Anlegen einer äußeren Kraft stark gedehnt werden und nach dem Nachlassen der Kraft nehmen sie wieder ihre ursprüngliche Form an. Strukturell handelt es sich um weitmaschig vernetzte, hochpolymere Werkstoffe. Die weitmaschige Vernetzung ermöglicht eine Lageänderung der einzelnen Ketten gegeneinander, aber verhindert ein thermoplastisches Verhalten, d.h. ein Aneinandervorbeifließen der einzelnen Ketten. Die Glasübergangstemperatur von Elastomeren liegt im Allgemeinen unter 0 °C. Elastomere werden durch verschiedene chemische Vernetzungsverfahren hergestellt. Eines der bekanntesten dieser Verfahren stellt die Vulkanisation von natürlichen und synthetischen Kautschuken dar. Die meisten Elastomere werden zu Reifen und Gummiartikeln verarbeitet.

Der strukturelle Unterschied zwischen Thermo- und Duroplasten sowie Elastomeren ist in folgendem Schema ersichtlich:

 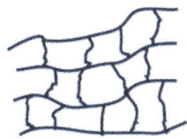 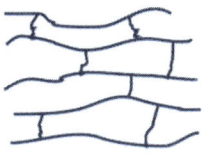

Thermoplaste
(keine oder nur sehr
schwache Wechselwirkung
zwischen Polymerketten)

Duroplaste
(hoher kovalenter
Vernetzungsgrad)

Elastomere
(meist niedriger
Vernetzungsgrad)

Teflon und Kevlar – beeindruckende Beispiele von Makromolekülen

Kein angebrannter Reis und kaum Fett zum Braten nötig. Zwei durchaus brauchbare Eigenschaften im alltäglichen Leben, die uns eine einfache Polymerbeschichtung eines Topfes ermöglicht. Das Polymer, das dazu verwendet wird, trägt den Namen Polytetra-fluorethylen. Viel geläufiger ist es uns unter seinem Handelsnamen *Teflon* der Firma DuPont. Es handelt sich um ein vollfluoriertes Polymer mit der Strukturformel

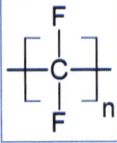

Um gleich mit einer landläufigen Legende aufzuräumen: Teflon ist kein Produkt der Weltraumforschung, sondern wurde 1938 zufällig entdeckt. Lange Zeit war es für eine großtechnische Produktion aufgrund der hohen Kosten für seine Herstellung und der schwierigen Handhabung uninteressant. So wurden erst 1954 die ersten Töpfe damit beschichtet.

Teflon ist eine sehr reaktionsträge Substanz. Der Grund dafür liegt in der besonders stabilen C-F-Bin-dung. Viele chemische Substanzen vermögen nicht diese Bindungen aufzubrechen und damit mit dem Polymer zu reagieren. Eine weitere besondere Eigenschaft ist der geringe Reibungskoeffizient von Tef-lon, wodurch zwei teflonbeschichtete Werkstücke ganz einfach gegeneinandergleiten können. Des Weiteren existieren nahezu keine Materialien, die an diesem Polymer haften bleiben, da seine Ober-flächenspannung so extrem niedrig ist. Ein ideales Polymer also für die verschiedensten Anwendun-gen, wie z.B. für chemische Gefäße und Chemieanlagen, als Beschichtung für Lager oder medizinische Implantate, in Antihaftbeschichtungen oder in *Gore-Tex*-Materialien.

Mit Kunststoffen verbinden wir immer eine gewisse Weichheit und eher schlechte mechanische Eigenschaf-ten. Dass es auch ganz andere Polymere gibt, zeigt das Beispiel der Aramide (aromatische Polyamide).

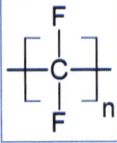

Diese werden als Folien oder als Fasern hergestellt. Letztere sind unter dem Markennamen *Kevlar* bekannt. Sie zeichnen sich durch sehr hohe Schlagzähigkeit, sehr hohe Festigkeit, gute Schwingungs-dämpfung und hohe Beständigkeit gegenüber Säuren und Laugen aus. Darüber hinaus sind sie extrem hitze- und feuerbeständig.

Die bekanntesten Anwendungen für Kevlar sind schusssichere Westen und Panzerungen für Fahr-zeuge.

ZUSAMMENFASSUNG

Als Polymere bezeichnet man *Makromoleküle*, die sich wiederholende gleichartige Baueinheiten, so genannte *Monomere*, zu langen Ketten miteinander verbinden. Durch die vielfältigen Möglichkeiten der Verwendung verschiedener Monomere und Polymerisationsmechanismen lässt sich ein vielfältiges Spektrum unterschiedlichster Polymerstrukturen aufbauen, die auch die unterschiedlichsten Eigenschaften besitzen.

Polymere lassen sich über verschiedene Mechanismen herstellen, die wichtigsten sind *radikalische und ionische Polymerisationen*, *Polykondensationen* und *Polyadditionen*. Bei den Kettenwachstumspolymerisationen, wie z.B. der radikalischen Polymerisation, unterscheidet man zwischen *Kettenstart*, *Kettenwachstum* und *Kettenabbruch*.

Eines der wichtigsten Strukturmerkmale ist ihre *Taktizität*, welche die Stellung von Substituenten entlang des Polymerrückgrats definiert.

In *Polykondensationen* reagieren bi- oder multifunktionelle Monomere miteinander unter Ausbildung von kovalenten Bindungen und Abspaltung von Wasser. Die Reaktionen gleichen denen der niedermolekularen Chemie, es bilden sich aus zwei Monomeren eine größere Einheit, die sich wieder wie ein Monomer verhält. Diesen Reaktionstyp bezeichnet man als *Stufenpolymerisation*. Dabei können in Vernetzungsreaktionen *Kunstharze* entstehen. In *Polyadditionen* reagieren bi- oder multifunktionelle Monomere ebenfalls unter Ausbildung kovalenter Bindungen. Dabei werden aber keine kleinen Moleküle freigesetzt.

Die Polymerketten der entstehenden Polymere besitzen kein einheitliches Molekulargewicht, sondern eine *Molekulargewichtsverteilung*. In Abhängigkeit von der Struktur der Polymere können Kunststoffe mit unterschiedlichem *Kristallinitätsgrad* entstehen.

Polymere zeichnen sich durch spezifische thermische Eigenschaften aus. Man unterscheidet dabei zwischen der *Glasübergangstemperatur*, der *Schmelztemperatur* und der *Zersetzungstemperatur*. In der Technologie unterscheidet man die Kunststoffe nach ihrem thermisch-mechanischen Verhalten. Es existieren *Thermoplaste*, *Duroplaste* und *Elastomere*.

Aufgaben

Verständnisfragen

1. Welche unterschiedlichen Polymerstrukturen gibt es?

2. Wie lauten die drei wesentlichen Polymerisationsmechanismen, zwischen denen man unterscheiden kann?

3. Erklären Sie den mechanistischen Verlauf einer radikalischen Polymerisation.

4. Welche Strukturisomerien treten bei Polymeren auf?

5. Wie unterscheiden sich radikalische und ionische Polymerisationen?

6. Welche und wie viele funktionelle Gruppen müssen die Monomere bei einer Poly-kondensation besitzen?

7. Wo liegen die Unterschiede im Mechanismus einer Polykondensation und einer Polyaddition?

8. Wieso erhält man bei einer Polymerisation nicht Polymerketten, die alle das gleiche Molekulargewicht besitzen?

9. Wie verändert die Kristallinität eines Polymers seine Eigenschaften?

10. Welche spezifischen thermischen Eigenschaften zeichnen Polymere aus?

11. Was ist der Unterschied zwischen einem Elastomer und einem Duroplast?

Übungsaufgaben

1. Zeichnen Sie einen Ausschnitt aus der Polymerkette, die man aus folgenden Monomeren erhält. Geben Sie dabei einen möglichen Mechanismus der Polymerisation an.

a) $H_2C{=}CHF$

b) $HO-\overset{\overset{\displaystyle O}{\|}}{C}\!\!\left(CH_2\right)_{\!\!4}\!\overset{\overset{\displaystyle O}{\|}}{C}-OH$ + $HO-CH_2-\overset{\overset{\displaystyle CH_3}{|}}{\underset{\underset{\displaystyle CH_3}{|}}{C}}-CH_2-OH$

c)

H_3C — (Benzolring) — $N{=}C{=}O$

+ $HO-CH_2-CH_2-OH$

(am Ring unten: $N{=}C{=}O$)

d)

$H_2C\!\!\underset{\underset{\displaystyle O{=}\!C{-}OH}{}}{\overset{\overset{\displaystyle CH_3}{}}{{=}C}}$

2. Zeichnen Sie jeweils die Struktur des Monomers oder der Monomere, die für die
Synthese folgender Polymere nötig sind. Über welchen Mechanismus könnten
die Polymere entstanden sein?

a)

$\left[CH_2-\underset{\underset{\displaystyle CH_2CH_3}{|}}{CH}\right]_{\!4}$

b)

$\left[NH-\bigcirc-NH-\bigcirc-\overset{\overset{\displaystyle O}{\|}}{C}\!\!\left(CH_2\right)_{\!\!6}\!\overset{\overset{\displaystyle O}{\|}}{C}\right]_{\!n}$

c)

$\left[CH_2-\underset{\underset{\displaystyle \bigcirc}{|}}{\overset{\overset{\displaystyle CH_3}{|}}{C}}\right]_{\!n}$

d)

$\left[\overset{\overset{\displaystyle O}{\|}}{C}-\bigcirc-\overset{\overset{\displaystyle O}{\|}}{C}-O-\bigcirc-\underset{\underset{\displaystyle CH_3}{|}}{\overset{\overset{\displaystyle CH_3}{|}}{C}}-\bigcirc-O\right]_{\!n}$

3. Mit welchen Polymerisationsmethoden kann Polystyrol hergestellt werden? Was geschieht, wenn Sie der Polymerisation 1,4-Divinylbenzol zusetzen? Welche Art von Kunststoff (Thermoplast, Duroplast oder Elastomer) erhalten Sie?

Polystyrol

1,4-Divinylbenzol

Ausgewählte Werkstoff-klassen

11.1 Legierungen 366

11.2 Keramische Werkstoffe 375

11.3 Gläser 383

    Zusammenfassung 385

    Aufgaben 386

11

ÜBERBLICK

>> Die Menschheit war in der Besiedelung der Welt sicher so erfolgreich, weil sie es verstanden hat, immer wieder neue Materialien zu entwickeln und zu verwenden, die es ihr erlaubten, neue Lebensräume zu erschließen. Die Vielfalt der unterschiedlichen Materialien, die der Mensch entwickelt hat, ist überwältigend. Zukünftige Technologien wie die Nanotechnologie und die moderne Kommunikationselektronik, aber auch alternative Mobilitätssysteme und die Erschließung des Weltraums stellen völlig neue Anforderungen an Werkstoffe. Dabei ist das Wissen über den Aufbau und die Eigenschaften bekannter Materialien die Grundlage für zukünftige Entwicklungen. Für den Ingenieur spielt die Entscheidung bei der Auswahl des Werkstoffes für die zukünftigen Eigenschaften des Werkstücks eine entscheidende Rolle. Das folgende Kapitel möchte Ihnen einen kleinen Einblick in die Eigenschaften einiger ausgewählter Materialklassen geben. <<

11.1 Legierungen

Metalle stellen eine wichtige Werkstoffklasse dar, die im Bau- und Transportwesen und in der mannigfaltigen Infrastruktur unserer modernen Gesellschaft eine Rolle spielt. Schauen Sie sich um und Sie werden die verschiedenen Anwendungen von Metallen sofort bemerken: Werkzeuge, Nägel, Schrauben, Küchengeräte, Automobile, Schiffe, Flugzeuge etc. Können Sie sich ein Leben ohne Metalle vorstellen? Die wichtigsten Eigenschaften, die dieser Werkstoffklasse zum Erfolg verholfen haben, sind ihre Flexibilität, Dichte, Leitfähigkeit und ihr relativ hoher Schmelzpunkt. Alle diese Eigenschaften lassen sich auf die Elektronenkonfiguration der metallischen Elemente und ihre Bindung im Festkörper zurückführen. Diese wurden in den Kapiteln 3.3, 4.4 und 7.1 schon näher besprochen. Viele technische Anwendungen sind jedoch mit reinen Metallen nicht möglich, da sie beispielsweise die mechanischen Eigenschaften des benötigten Werkstoffes nicht erfüllen oder nicht korrosionsbeständig genug sind. Einen Ausweg aus diesem Dilemma stellen das Zumischen von anderen Metallen im metallurgischen Prozess und die damit verbundene Legierungsbildung dar. Es existiert eine Vielzahl von unterschiedlichen Legierungen und im Rahmen dieses Kapitels sollen nur die Grundprinzipien der Legierungsbildung vermittelt werden. Für einen tiefer gehenden Einblick empfiehlt sich das Studium von Lehrbüchern aus dem Gebiet der Werkstoffwissenschaften.

11.1.1 Mechanische Eigenschaften von Metallen und Legierungen

Der Einsatz der Metalle als Werkstoffe im Ingenieurwesen beruht hauptsächlich auf ihren mechanischen Eigenschaften, sie sind duktil, überaus verformbar und biegsam.

Metalle weisen zwei Formen der Elastizität auf. Die Einwirkung einer moderaten Kraft führt zur *elastischen Deformation*. Makroskopisch ist diese gekennzeichnet durch ein Wiederherstellen des ursprünglichen Zustandes, nachdem die Kraft nachgelassen hat. I-förmige Stahlträger in Gebäuden zeigen diese elastische Deformation unter normalen Bedingungen. Erhöht man die Kraft auf ein entsprechendes metallisches Bauteil, kommt es zur *plastischen Deformation*. Dies geschieht beispielsweise, wenn man Kupferdraht um eine Schraube legt, um damit einen elektrischen Kontakt herzustellen. Beide Deformationsarten besitzen einen direkten Bezug zur metallischen Bindung. Bei der elastischen Deformation wird die räumliche Anordnung der Atome im Gitter leicht gestört, d.h., die Bindungen werden durch die anliegenden Kräfte leicht gedehnt oder komprimiert und das Gleiche gilt für die Winkel im Gitter. Lässt die angelegte Kraft wieder nach, so wird die im Gitter gespeicherte Energie wieder freigesetzt und die Atome kehren in ihre Ausgangsposition wieder zurück. Atome, die starr mit ihren Nachbarn über unflexible Bindungen und Winkel verknüpft sind, weisen ein hohes *Elastizitätsmodul* (E-Modul) auf. Der Betrag des Elastizitätsmoduls ist umso größer, je mehr Widerstand ein Material seiner Verformung entgegensetzt. Materialien, deren Bindungen zwischen den Atomen sich leichter verformen lassen, d.h., bei denen weniger Kraft zur Verformung nötig ist, weisen ein niedrigeres Elastizitätsmodul auf. Gummi weist beispielsweise einen um vier Größenordnungen niedrigeren Elastizitätsmodul als die Metalle auf.

Bei der plastischen Deformation hingegen beginnen die einzelnen Atomlagen im metallischen Festkörper sich gegeneinander zu bewegen. Das Einmischen von Fremdatomen in den metallischen Festkörper, also die Herstellung von *Legierungen*, verändert diese gegenseitige Bewegung und führt dazu, dass Legierungen andere mechanische Eigenschaften besitzen als die ursprünglichen Metalle. Auch andere Eigenschaften, wie z.B. die elektrische und Wärmeleitfähigkeit, können sich durch das Bilden von Legierungen ändern.

11.1.2 Legierungsbildung

Intermetallische Phasen

In den ersten Kapiteln dieses Buches haben wir gelernt, dass Ionenverbindungen und kovalente Verbindungen meist stöchiometrisch zusammengesetzt sind. Die Zusammensetzung der Verbindungen wird im Verhältnis kleiner ganzer Zahlen ausgedrückt, z.B. $NaCl$, H_2SO_4, CO_2. Die chemische Gesetzmäßigkeit, auf der diese Betrachtungsweise beruht, ist das Gesetz der konstanten Proportionen. Für Verbindungen zwischen Metallen ist diese Gesetzmäßigkeit häufig nicht erfüllt. Die Zusammensetzung kann zwischen weiten Grenzen schwanken. Als Beispiel sei hier die Verbindung Cu_5Zn_8 genannt. Die Formel stellt nur eine idealistische Zusammensetzung des Zahlenverhältnisses zwischen den beiden Metallen dar. Tatsächlich schwankt das Verhältnis zwischen Cu und Zn in diesen Verbindungen innerhalb der Grenzen $Cu_{0,34}Zn_{0,66}$ bis $Cu_{0,42}Zn_{0,58}$. Diese Verbindungen bezeichnet man häufig als intermetallische Phasen. Sie zeigen im Unterschied zu Legierungen Gitterstrukturen, die sich von denen der ursprünglichen Metalle unterscheiden. In ihrem Gitter herrscht eine Bindung zwischen den Metallen, die sich aus einem metallischen Bindungsanteil und geringeren Atombindungs- bzw. Ionenbindungsanteilen zusammensetzt. Intermetallische Phasen können mit stöchiometrischer Zusammensetzung gemäß den üblichen Wertigkeiten der Metalle auftreten oder mehr oder weniger ausgedehnte Homogenitätsbereiche im Phasendiagramm besitzen (siehe unten).

Intermetallische Phasen besitzen häufig eine hohe Härte, Sprödigkeit und Festigkeit und sind auch chemisch recht beständig. Das macht sie z.B. für den Korrosionsschutz interessant. In der Regel weisen sie einen hohen Schmelzpunkt auf und ihr elektrischer Widerstand ist meist um Größenordnungen höher als bei reinen Metallen. Intermetallische Phasen zeigen teilweise Halbleitereigenschaften und einige Verbindungen dieser Substanzklasse zeichnen sich durch besondere magnetische oder Supraleitungseigenschaften aus. Diese teilweise von den herkömmlichen Metallen sehr verschiedenen Eigenschaften resultieren aus der, im Vergleich zur reinen metallischen Bindung, starken Bindung zwischen den ungleichartigen Atomen. Daher nehmen sie eine Zwischenstellung zwischen metallischen Legierungen und eher kovalent gebundenen Werkstoffen, wie z.B. den Keramiken, ein.

Bekannte Beispiele für intermetallische Phasen sind NiTi (Nitinol) aufgrund seiner Eigenschaften als Formgedächtnis-Legierung, $SnCo_5$ das ein überaus starker *Permanentmagnet* ist, oder auch Nb_3Sn, das ein *Supraleiter* ist. Auch *Bronze* und *Messing*, beides Kupferlegierungen, bestehen aus intermetallischen Phasen. Diese bilden sich jedoch in Abhängigkeit vom Mischungsverhältnis unterschiedlich stark aus. Wird das exakte Mischungsverhältnis für die Bildung der intermetallischen Phase nicht eingehalten, so bilden sich klassische Legierungen (Mischkristalle), die allerdings aus den verschiedenen intermetallischen Phasen, die dem Mischungsverhältnis am nächsten liegen, bestehen. Der Anteil an intermetallischen Phasen einer Legierung steigert aufgrund der Eigenschaften der intermetallischen Phasen die Härte und Festigkeit der Legierung.

Die intermetallischen Phasen zählen sicherlich zur umfangreichsten Gruppe anorganischer Verbindungen. Allerdings sind die Beziehungen zwischen Struktur und chemischer Bindung vielfach unklar aufgrund der komplexen chemischen Bindungsverhältnisse.

Legierungstypen

Mischkristallbildung   Bereits 3500 v. Chr. entdeckten Menschen in der *Bronzezeit*, dass eine Mischung aus Kupfer und Zinn (Bronze) wesentlich bessere mechanische Eigenschaften besitzt, als die Metalle Kupfer und Zinn allein vorweisen können. Bronze ist ein klassisches Beispiel für eine Legierung. Als Legierung bezeichnet man einen metallischen ein- oder mehrphasigen Werkstoff, der aus zwei oder mehr chemischen Elementen aufgebaut ist. Im Fall einer einphasigen Legierung bildet das legierende Element mit dem Grundelement eine *feste Lösung* aus, die durch ein einheitliches Kristallgitter gekennzeichnet ist. Bei diesen Legierungen werden die Eigenschaften im Wesentlichen durch die chemische Zusammensetzung bestimmt. Die Atome des legierenden Elements (LE) können Atome des Grundelements im Kristallgitter ersetzen. Es bilden sich Mischkristalle aus. Bronze ist eine solche Legierung, die hauptsächlich aus Kupfer besteht, das teilweise in seinem Kristallgitter durch Zinn ersetzt wurde (▶Abbildung 11.1). Dadurch ändern sich die mechanischen Eigenschaften, die man von reinem Kupfer kennt. Die Besetzung der Gitterplätze durch Zinn erfolgt rein statistisch. Damit ein Atom ein anderes vollkommen gleichwertig im Gitter ersetzen kann, müssen die beiden Elemente ähnliche Eigenschaften besitzen. Es gibt gewisse Regeln, die erfüllt sein müssen, damit eine Mischkristallbildung in allen Mischungsverhältnissen möglich ist. Dazu müssen die beiden Elemente:

- im gleichen Kristallgitter kristallisieren,
- die Atomradien dürfen nur um maximal 15 % differieren,
- sie müssen gleiche Wertigkeit und
- ähnliche Elektronegativitäten besitzen.

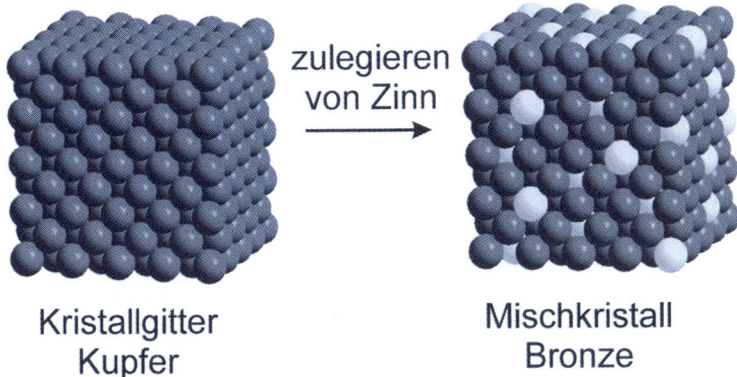

Abbildung 11.1: Die Bildung eines Mischkristalls am Beispiel von Bronze

Ein solcher Mischkristall besitzt einheitliche physikalische und chemische Eigenschaften. Größere Abweichungen von den Regeln führen zu einer begrenzten Löslichkeit des zu legierenden Elements im Grundmetall. Kupfer weist eine vollständige Mischbarkeit mit Nickel, Platin und Gold auf. Die Daten dieser Elemente sind in ▶Tabelle 11.1 aufgeführt.

Eigenschaft	Cu	Legierendes Element (LE)		
		Ni	Pt	Au
Atomradius [pm]	128	124	138	144
Kristallgitter	fcc	fcc	fcc	fcc
Elektronegativität	1,8	1,8	1,4	1,4

Tabelle 11.1: Legierungssysteme mit vollständiger Mischbarkeit Cu + LE (*fcc*: kubisch-flächenzentriertes Gitter)

Am Beispiel einer Cu-Ni-Legierung wollen wir uns das Verhalten einer Mischung mit vorgegebenem Mischungsverhältnis bei verschiedenen Temperaturen ansehen. Wir betrachten dazu eine Mischung aus 50 % Cu mit 50 % Ni. Cu besitzt einen Schmelzpunkt von 1085 °C und Ni schmilzt bei 1455 °C. Die Mischung liegt also über der Schmelztemperatur von Ni als homogene geschmolzene Lösung vor. Was geschieht nun beim Abkühlen? Der Schmelzpunkt von Ni liegt um knapp 400 °C höher als der von Cu. Daraus wird klar, dass der Feststoff, der zunächst beim Abkühlen entsteht, mehr Ni als Cu enthält, obwohl es sich um eine homogene Lösung von Cu und Ni handelt. In einem Zweiphasengebiet, das sich innerhalb bestimmter Temperaturgrenzen befindet, liegt der Feststoff zusammen mit der geschmolzenen Lösung vor. Wenn die gesamte Lösung bei weiterer Temperaturabnahme fest wird, hat sich ein homogener einphasiger Feststoff ausgebildet. Wir können diese Temperaturabhängigkeit der Phasenzusammensetzung in einem *Phasendiagramm* ausdrücken (▶Abbildung 11.2). Aus diesen Auftragungen lassen sich für alle Legierungen eines Systems die Art und Zusammensetzung der Phasen und ihr Anteil am Ganzen in Abhängigkeit von der Temperatur der Mischung ermitteln. In unserem Beispiel zeigt die gestrichelte Linie die Zusammensetzung 50 % Cu und 50 % Ni an. Wenn wir von hohen Temperaturen kommend das System abkühlen, wird zunächst die *Liquiduskurve* erreicht, in den Temperaturbereichen über dieser Kurve sind alle Legierungen flüssig (einphasig). Beim Durchwandern der Linie von hohen Temperaturen kommend, beginnt die Kristallisation. Nach Überqueren der Liquiduskurve befindet man sich im Erstarrungsbereich, in diesem sind alle Legierungen zweiphasig und bestehen aus Schmelze und Mischkristallen. Durch weiteres Abkühlen erreicht man die *Soliduskurve*, beim Überqueren dieser Kurve ist die Kristallisation beendet. Unterhalb der Kurve liegt der Mischkristall vor. Die Phasendiagramme für Legierungen gelten für eine sehr langsame Abkühlung, bei der eine homogene Legierung aus einzelnen Kristalliten entsteht, die an ihren Korngrenzen zusammengewachsen sind. Allerdings sind die Abkühlraten in der Praxis viel schneller, wodurch in der Legierung schichtartige Kristallite entstehen, die im Innern höhere Konzentrationen an Nickel besitzen und in den äußeren Schichten reicher an Kupfer sind (▶Abbildung 11.3).

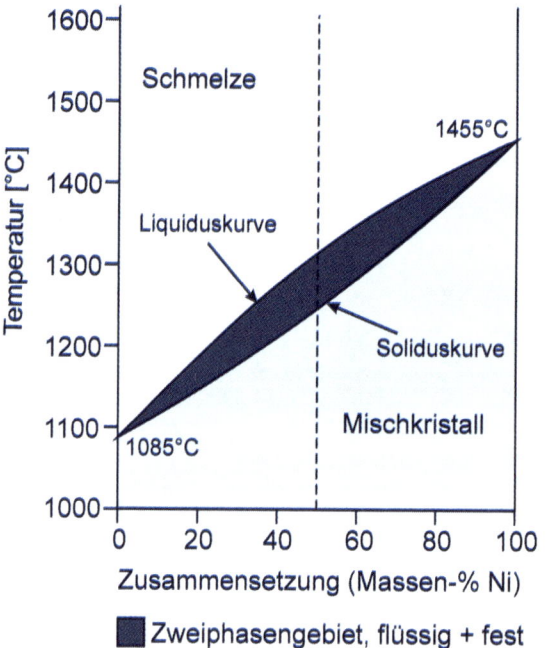

Abbildung 11.2: Das *Cu-Ni*-Phasendiagramm zeigt, dass *Cu* und *Ni* über alle Mischungsverhältnisse hinweg eine homogene feste Lösung bilden.

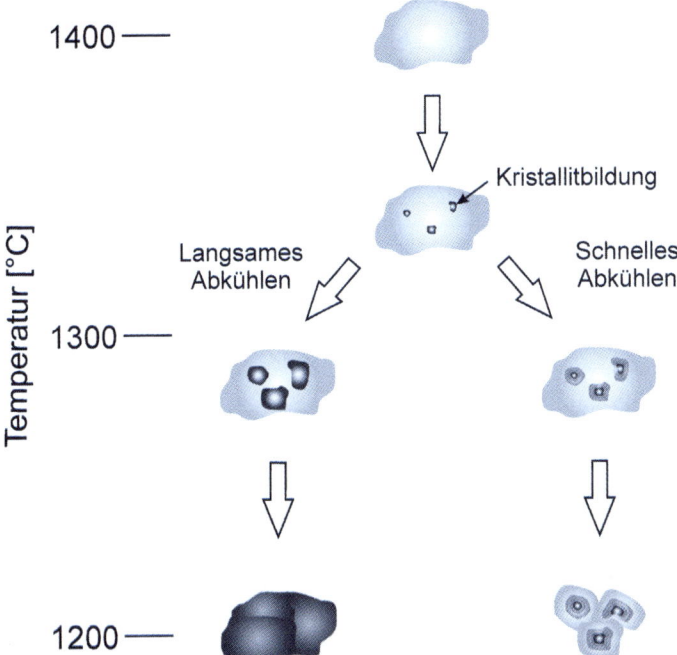

Abbildung 11.3: Morphologie der Legierung in Abhängigkeit von der Abkühlgeschwindigkeit

Aus einem Phasendiagramm kann auch leicht die Zusammensetzung des Systems im Zweiphasengebiet festgestellt werden. Die beiden Phasen in diesem Gebiet besitzen nämlich nicht die gleiche Zusammensetzung. Als Beispiel soll wieder die 50/50 Cu-Ni-Legierung dienen (▶Abbildung 11.4). Diese beginnt bei 1325 °C einen Feststoff zu bilden. Zieht man bei 1325 °C eine horizontale Linie, so erkennt man, dass in den flüssigen Teilen des Phasendiagramms Konzentrationen von Nickel von 0 bis 50 % möglich sind. Die feste Phase muss bei dieser Temperatur aber eine Konzentration an Nickel im Bereich von 64 bis 100 % besitzen. Die Schmelze einer 50/50 Cu-Ni-Mischung besteht bei 1325 °C (Punkt A) aus 50 % Cu und 50 % Nickel (L_1) und es ist ein kleiner Anteil an Feststoff mit einer Konzentration 64 % Ni und 36 % Cu (MK_1) vorhanden. Kühlt man weiter ab, befindet man sich im Zweiphasengebiet (Punkt B). In diesem Gebiet besitzt die Schmelze eine Konzentration an 40 % Ni und 60 % Cu (L_2) und die Mischkristalle eine Konzentration von 60 % Ni und 40 % Cu (MK_2). Bei weiterer Abkühlung überquert man die Soliduskurve. Der Mischkristall besitzt nun 50 % Ni und 50 % Cu (MK_3). Es ist nur noch wenig Schmelze mit einer geringen Konzentration an Ni vorhanden (L_3). Die Mischkristalle müssen also während des Wachstums ständig ihre Zusammensetzung ändern. Dies geschieht allerdings nur bei sehr langsamem Abkühlen, damit die Diffusion von Atomen zwischen Mischkristallen und Schmelze erfolgen kann. Bei technischen Prozessen erfolgt meist eine schnelle Abkühlung und man erhält die oben erwähnten schichtartigen Kristallite.

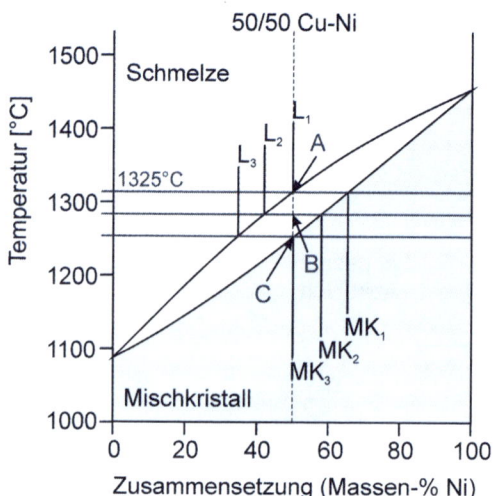

Abbildung 11.4: Abkühlung der Legierung Cu-Ni 50/50 und die entsprechende Zusammensetzung der Phasen

Die mechanischen Eigenschaften einer Legierung werden durch die Zusammensetzung und die Abkühlrate bestimmt. Neben den mechanischen Eigenschaften werden während der Legierungsbildung auch andere Eigenschaften, wie z.B. der elektrische Widerstand, beeinflusst.

Eutektische Legierungssysteme Anders als Cu-Ni-Legierungen, die eine vollständige Mischbarkeit über alle Konzentrationsverhältnisse zwischen Cu und Ni zeigen, besitzen die meisten festen Lösungen nur einen begrenzten Bereich, in dem eine homogene Zusammensetzung gewährleistet ist. Bekannte Beispiele sind *Blei-* oder *Zinnlote*. Die begrenzte Mischbarkeit dieser Metalle hat einen außerordentlich erwünschten Effekt auf den Schmelzpunkt der Legierung. Blei und Zinn unterscheiden sich in ihren Atomradien und Elektronegativitäten geringfügig, aber in ihren Kristallgittern deutlich voneinander. Blei kristallisiert im kubisch-flächenzentrierten Gitter, während Zinn im tetragonalen Gitter kristallisiert. Dadurch behindern sich beide Elemente gegenseitig bei der Kristallisation, was zu einem niedrigeren Erstarrungspunkt der Mischung führt, der unterhalb des Schmelzpunktes jedes einzelnen Metalls liegt. Eine solche Legierung wird als *eutektische Legierung* oder *Eutektikum* bezeichnet. Das Phasendiagramm einer Pb-Sn-Mischung ist in ▶Abbildung 11.5 zu sehen. Die Liquiduskurve in diesem System ist v-förmig. Sie beginnt an den Schmelzpunkten der beiden Komponenten und fällt von beiden Seiten bis zum eutektischen Punkt ab. Dieser liegt bei 183 °C und ist Schmelz- und Erstarrungspunkt des so genannten Eutektikums, das genau 61,9 % Sn enthält. Im Festkörper findet man zwei Phasen. Die α-Phase sind Pb-Mischkristalle mit maximal 19 % Sn und die β-Phase sind Sn-Mischkristalle mit maximal 2,5 % Pb. Technisch werden verschiedene eutektische Legierungen eingesetzt. Sie zeigen alle niedrigere Schmelzpunkte als ihre entsprechenden Ausgangsmetalle (▶Tabelle 11.2). Die Absenkung des Schmelzpunktes wird auch häufig in anderen technologischen Prozessen eingesetzt, z.B.:

- die Verwendung von Hochofenzuschläge aus $CaCO_3$, SiO_2 oder Al_2O_3, um dünn-flüssige Schlacken zu erhalten
- die Herabsetzung des Schmelzpunktes von Al_2O_3 durch Zugabe von Kryolith in der Al-Schmelzflusselektrolyse
- beim Löten werden Flussmittel zum Lösen der Metalloxide zugesetzt

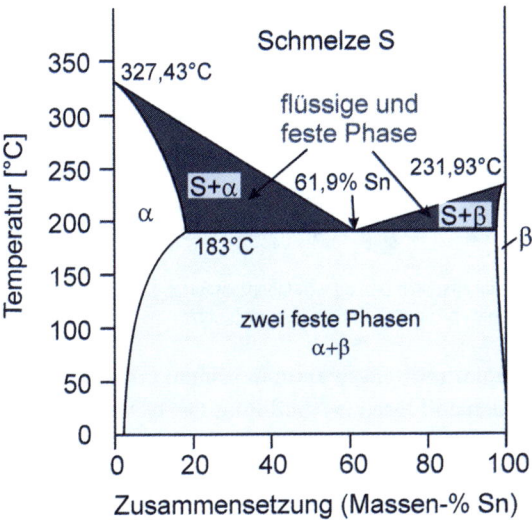

Abbildung 11.5: Phasendiagramm Blei-Zinn

Legierung	Komponente A		Komponente B		Eutektische Legierung
	A%	T_m [°C]	A%	T_m [°C]	T_m [°C]
Weichlot	Sn 60	232	Pb 40	327	183
Silberlot	Cu 55	1083	Ag 45	961	620
Hartblei	Pb 87	327	Sb 13	630	274
Gusseisen	Fe 96	1538	C 3-4		1200

Tabelle 11.2: Technisch wichtige eutektische Legierungen (T_m: Schmelzpunkt)

Einlagerungsmischkristalle Stahl ist eine der wichtigsten Legierungen, in denen eine begrenzte Mischbarkeit zwischen den Legierungsbestandteilen, nämlich Eisen und Kohlenstoff, herrscht. Es bildet sich im Fall von Stahl auch kein klassischer Misch-kristall aus. Sind nämlich die Atome der zu legierenden Atome sehr klein, so können sie auch in Plätzen zwischen den Gitterplätzen des Grundmetalls sitzen (▶Abbildung 11.6). Solche Mischkristalle bezeichnet man als Einlagerungsmischkristalle oder *inter-stitielle Mischkristalle*. Sie treten insbesondere bei Nichtmetallatomen als Legierungs-bestandteilen auf, wie z.B. Kohlenstoff oder Stickstoff, da diese wesentlich kleiner als die das Gitter bildenden Metalle sind. In diesen Fällen ist die Löslichkeit auch sehr gering und bleibt meist unter 1 %. Die Bedingungen für die Bildung von Einlagerungs-mischkristallen lauten:

- Basisgitter aus Übergangsmetallen
- Radienverhältnis $r_{LE}/r_{Bas} < 0{,}41$ (B, C, N, O)

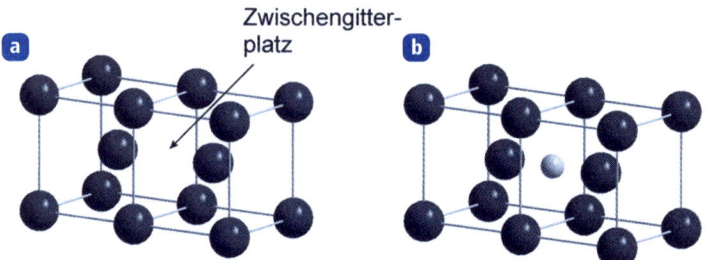

Abbildung 11.6: a) Zwei Einheitszellen des kubisch-innenzentrierten Kristallgitters des Eisens; b) im Stahl werden diese Zwischengitterplätze teilweise durch Kohlenstoffatome besetzt

Eisen-Kohlenstoff-Legierung Eisen kann in seinem kubisch-innenzentrierten Kristallgitter bis ca. 2 % Kohlenstoff lösen (▶Abbildung 11.7). Diese Phase wird zum Gedenken an den britischen Metallurgen *Sir William Chandler Roberts-Austen* (1843–1902) als *Austenit* bezeichnet. Sie ist allerdings nur in Temperaturbereichen von 700 bis 1400 °C stabil. Kühlt man Austenit weiter ab, so bilden sich zwei Phasen, *Ferrit* (α-Fe mit geringen Verunreinigungen an Kohlenstoff) und festes *Zementit* (Fe$_3$C). Ferrit ist relativ weich und korrosionsanfällig. Um die Phasenseparation zu vermeiden, muss man Eisen sehr rasch abkühlen. Diesen Vorgang bezeichnet man als *Abschrecken*. Durch diese Methode wird die zufällige Verteilung zwischen Kohlenstoff und Eisen eingefroren. Bei niedrigeren Temperaturen bildet sich durch Abschrecken *Martensit*. Dieses ist weniger regelmäßig gebaut als Austenit. Während Austenit ein kubisch-flächenzentriertes Gitter besitzt, kristallisiert Martensit in einem tetragonal-verzerrt-raumzentrierten Gitter. Die Terminologie „Austenit" für eine kubische Hochtemperaturphase und „Martensit" als Bezeichnung für eine weniger geordnete Niedrigtemperaturphase wird auch für viele andere Legierungen verwendet, z.B. für Nitinol.

Die Martensitphase enthält immer auch einen Anteil an Austenit. Diese gemischte Phase liefert einen extrem harten Stahl mit hoher Elastizität. Je höher der Kohlenstoffgehalt des Martensits ist, desto höher ist die Härte.

Bei Kohlenstoffgehalten von 2 % und höher bezeichnet man die Legierung als *Gusseisen*. Meist enthält Letzteres auch noch Anteile von Silicium und weitere Bestandteile wie Mangan, Chrom oder Nickel. Generell unterscheidet man zwischen grauem Gusseisen (*Grauguss*), in dem der Kohlenstoff in Form von Graphit vorliegt, und weißem Gusseisen, in dem der Kohlenstoff in Form von Zementit gebunden vorliegt. Gusseisen besitzt eine deutlich niedrigere Dichte als Eisen und Stahl und im eutektischen Bereich mit etwa 1150 °C einen deutlich geringeren Schmelzpunkt als Stahl. Allerdings lässt es sich wegen seines hohen Kohlenstoffgehalts nicht mehr schmieden, daher wird es durch Gießen in die gewünschte Form gebracht. Gusseisen besitzt eine sehr gute Temperaturwechselbeständigkeit und eine hohe Wärmeleitfähigkeit, daher wird es vor allem in thermisch beanspruchten Bauteilen, wie z.B. Abgaskrümmern, Abgasturboladergehäusen, verwendet.

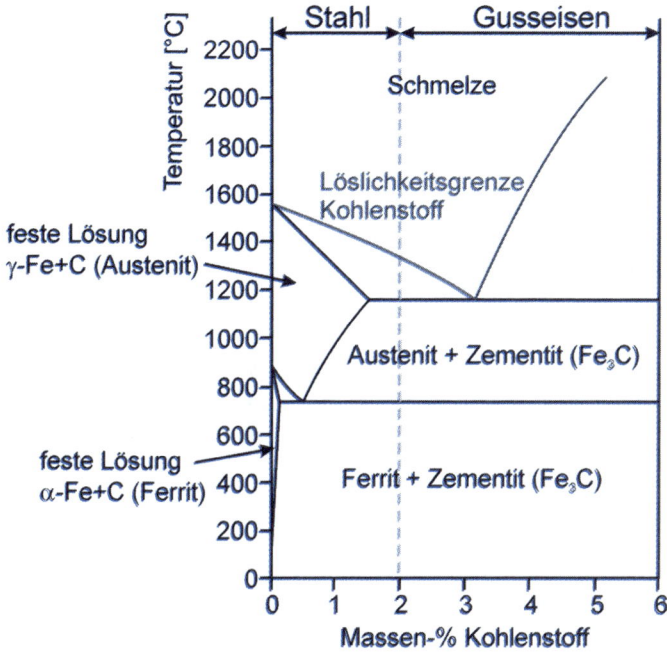

Abbildung 11.7: Ausschnitt aus dem Phasendiagramm Eisen-Kohlenstoff

11.2 Keramische Werkstoffe

Im Alltag verwenden wir Keramik hauptsächlich in Form von Steinzeug, Tongegenständen oder Porzellan. Diese keramischen Erzeugnisse haben jedoch nur noch wenig mit den Funktionen von modernen *Hochleistungskeramiken* zu tun.

Die Mehrzahl der keramischen Werkstoffe ist anorganisch, nichtmetallisch und polykristallin. Keramiken sind überwiegend hart und spröde, was sich auf ihre ionischen und kovalenten Bindungen zurückführen lässt. Die meisten dieser Werkstoffe basieren auf Oxiden, Carbiden, Nitriden und Boriden.

Keramiken unterscheiden sich von Verfahren der traditionellen Metallverarbeitung und der Kunststoffverarbeitung dadurch, dass der Rohstoff ein Pulver ist, das zunächst in eine vorgegebene Form verpresst werden muss, um anschließend bei hohen Temperaturen zu einem Werkstück gesintert zu werden. Unter *Sintern* versteht man das Fertigen von Formteilen aus gepressten Pulvermassen unter Umgehung der flüssigen Phase. Bei den keramischen Verfahren werden Methoden eingesetzt, die auch in der *Pulvermetall-urgie*, einem Zweig der Metallurgie, der sich mit der Herstellung von Metallpulvern und deren Weiterverarbeitung befasst, Anwendung finden. Die wichtigsten Verfahrens-schritte in der Herstellung eines keramischen Bauteils sind:

- Pulverherstellung
- Pulveraufbereitung
- Formgebung: Verdichtung des Pulvers zu so genannten *Grünlingen* in Presswerk-zeugen unter hohem Druck
- eventuelle Nachbearbeitung des Grünlings
- Wärmebehandlung unterhalb der Schmelztemperatur zum Verdichten und Aushärten sowie zur Vertreibung von Dispersions- und Bindemitteln
- Sintern des Grünlings zum *Weißkörper*
- eventuelle Nachbearbeitung des Weißkörpers

Keramiken erschließen immer neue Anwendungsbereiche aufgrund ihrer besonderen Eigenschaften. Die wichtigsten Eigenschaften von Keramiken sind:

- Hitzebeständigkeit
- Abrieb- und Verschleißfestigkeit
- hohe Härte
- chemische Beständigkeit (Korrosionsbeständigkeit)
- Biokompatibilität
- geringe thermische Ausdehnung
- niedrige Dichte
- hohe mechanische Festigkeit, allerdings niedrige Bruchzähigkeit
- Formstabilität
- je nach Typ niedrige oder hohe Wärmeleitfähigkeit
- ferroelektrische Eigenschaften
- in Abhängigkeit von chemischer Zusammensetzung: elektrische Isolatoren, Halb-leiter oder Supraleiter

Die Einteilung von keramischen Werkstoffen kann nach verschiedenen Kriterien erfolgen. Die beiden bedeutendsten Einteilungen sind die nach der chemischen Zusammensetzung oder nach der Funktion. In diesem Kapitel wird die Einteilung nach der chemischen Zusammensetzung vorgenommen. Entsprechend können die Keramiken in die drei fol-genden Gruppen aufgeteilt werden:

- Silicatkeramiken
- Oxidkeramiken
- Nichtoxidkeramiken

Dieser Aufteilung folgend sollen im Rahmen dieser Übersicht exemplarisch die wich-tigsten Untergruppen behandelt werden.

11.2.1 Silicatkeramik

Die Silicatkeramiken zählen eigentlich auch zu den Oxidkeramiken, jedoch verwendet man den Begriff „Oxidkeramik" hauptsächlich für hochschmelzende Oxide, während tiefer schmelzende Systeme mit einem SiO_2-Anteil von >20 % meist zur Silicatkeramik gezählt werden. Außerdem sind die Rohstoffe für Silicatkeramik meist mineralischen Ursprungs, während die Rohstoffe für Oxid- und Nichtoxidkeramiken meist chemisch synthetisierte Verbindungen sind.

Die Silicatkeramik kann in *Grobkeramik* und *Feinkeramik* unterteilt werden. Zu der Grobkeramik zählen künstliche Baustoffe wie Ziegel, Klinker und feuerfeste Steine (Schamotte, Silimanit, Mullit, Forsterit). Als Feinkeramik bezeichnet man Porzellan (Geschirr, Dentalporzellan, technisches Porzellan), Steinzeug (Sanitärwaren, Fließen), Steingut (Fließen, Geschirr) und Irdengut (Töpferei).

Auch die *Glaskeramik* ist der Klasse der Silicatkeramiken zuzurechnen. Sie kombiniert die kristalline Natur von Keramiken mit Glas und entsteht aus Gläsern, die durch Keramisierung, d.h. gesteuerte Kristallisation durch Temperaturbehandlung, in einen polykristallinen Festkörper umgewandelt wurden. Das fertige Glaskeramikprodukt zeichnet sich durch mechanische und thermische Widerstandsfähigkeit aus, die weit über der von konventionellen Keramiken liegt. Die hervorstechendsten Eigenschaften dieser Werkstoffe sind die sehr kleinen Wärmeausdehnungskoeffizienten, wie sie z.B. für optische Anwendungen als Teleskop- oder Laserspiegel benötigt werden, und sehr hohe Temperaturwechselbeständigkeiten sowie eine gewisse Unempfindlichkeit gegenüber Stößen. Neben dem genannten Einsatz in der Optik findet man sie auch in Herdplatten, Hochspannungsisolatoren, Laborausstattungen oder als Knochenersatz.

Die Rohstoffe für die Herstellung von *Porzellan* sind ein Gemisch aus *Kaolin*, *Quarz* und *Feldspat*. Porzellan ist ein dichtes und porenfreies Material, das gegen Temperaturwechsel widerstandsfähiger als Glas ist. Der prozentuelle Anteil der verwendeten Hauptrohstoffe Kaolin (hydratisiertes Aluminiumsilicat der Formel $Al_2O_3 \cdot 2\ SiO_2 \cdot 2\ H_2O$ bzw. $Al_2(OH)_4[Si_2O_5]$, Feldspat ($K_2O \cdot Al_2O_3 \cdot 6\ SiO_2$ mit 0,5–5% Na_2O und bis zu 2 % CaO oder MgO) und Quarz (SiO_2) schwankt nach Qualität und Verwendungszweck des Porzellans erheblich. Mischungen, die etwa 40 % Kaolin, 24 % Quarz und 36 % Feldspat enthalten, bilden *Weichporzellan*. Enthält die Grundmasse dagegen als Hauptbestandteil Kaolin (z.B. 50 % Kaolin, 25 % Feldspat und 25 % Quarz), entsteht das hochschmelzende, gegen Temperaturwechsel beständigere *Hartporzellan*. Dabei ist zu beachten, dass die Begriffe Hart- und Weichporzellan nichts mit der tatsächlichen Härte des Materials zu tun haben, sondern die beiden Porzellanarten unterscheiden sich in ihrer Brenntemperatur und damit in ihrem Sinterverhalten. Verwendung findet Porzellan als Geschirr, für Laborgerät, in der Bauindustrie, als Isoliermaterial in der Elektroindustrie, für künstliche Zähne usw.

Mullit ist der kristalline Hauptbestandteil vieler Feuerfestmaterialien (Mullitsteine, Schamotte) und wird häufig als Katalysatorträger eingesetzt. Die Herstellung als Sintermullit oder Schmelzmullit erfolgt durch Erhitzen von Kaolin und Quarz. Die technische Bedeutung von Mullit beruht auf seinen hervorragenden mechanischen Hochtemperatureigenschaften, wie etwa der niedrigen Kriechrate oder dem geringen Festigkeitsverlust, der guten chemischen Stabilität, der niedrigen Dichte sowie dem niedrigen thermischen Ausdehnungskoeffizienten.

11.2.2 Oxidkeramik

Oxidkeramik sind hochschmelzende oxidische Werkstoffe, die keinen oder einen sehr geringen Anteil an Silicaten aufweisen. Die meisten Rohstoffe für die Oxidkeramik sind durch chemische Synthesen hergestellte sehr reine Oxide. Bedingt durch den Elektronegativitätsunterschied zwischen Sauerstoffatomen und den Metallen besitzen die Bindungen in Oxidkeramiken einen ausgeprägt ionischen Charakter. Die hohe thermodynamische Stabilität der Oxide bedingt eine gewisse Inertheit gegenüber äußeren Einflüssen. Durch die hohe Temperaturstabilität zählen die Oxidkeramiken zu den Hochtemperaturwerkstoffen. Neben Oxidkeramiken, die neben dem Sauerstoff nur ein weiteres Metall besitzen, sind auch Systeme mit mehr als zwei Komponenten bekannt. Zu den technologisch wichtigsten Oxidkeramiken zählen Aluminiumoxid (Al_2O_3), Zirconiumdioxid (ZrO_2), Magnesiumoxid (MgO) und Titanoxid (TiO_2). Wichtige Oxidkeramiken mit mehr als einem Metall sind Aluminiumtitanat ($Al_2O_3 + TiO_2$) und Bariumtitanat ($BaO + TiO_2$).

Aluminiumoxid (Al_2O_3)

Aluminiumoxid ist die am weitesten verbreitete Oxidkeramik. Als Rohstoff dient meist das natürlich vorkommende Bauxit, das durch weitere Aufarbeitungsverfahren in hochreines Al_2O_3 umgewandelt wird. Die wichtigste kristalline Modifikation stellt α-Al_2O_3 (*Korund*) dar. Der pulverförmige Rohstoff kann im Temperaturbereich von ca. 1350 bis 1650 °C gesintert werden.

Die wichtigsten Eigenschaften von dichtgesintertem α-Al_2O_3 (*Sinterkorund*) sind seine sehr hohe Härte, seine hohe chemische Beständigkeit, ein großer Verschleißwiderstand sowie ein hervorragendes elektrisches Isolationsvermögen bei gleichzeitig hoher thermischer Leitfähigkeit.

Sinterkorund wird in vielen technologischen Anwendungen eingesetzt, z.B. in Zündkerzen, in korrosionsbeständigen Teilen im chemischen Apparatebau oder für Schneidewerkzeuge und als Schleifmittel usw.

Zirconiumdioxid (ZrO_2)

Zirconiumdioxid kommt als Mineral Baddeleyit in der Natur vor. Da dieses Mineral aber nur in geringen Mengen vorkommt, wird als Rohstoff für die Herstellung der Hochleistungskeramik häufig Zirconsilicat ($ZrSiO_4$) verwendet, das durch verschiedene Aufbereitungsschritte von Verunreinigungen getrennt und in pulverförmiges Zirconiumdioxid überführt wird. Zirconiumdioxid besitzt einen sehr hohen Schmelzpunkt (2700 °C) und eine hohe Widerstandsfähigkeit gegen chemische, thermische und mechanische Einflüsse.

ZrO_2 kommt in drei kristallinen Modifikationen vor. Bei Raumtemperatur ist die monokline Phase die stabilste, oberhalb 1100 °C die tetragonale und oberhalb 2300 °C die kubische Phase. Beim Übergang von der monoklinen zur tetragonalen Phase erfolgt eine Volumenverminderung. Dies führt bei der Abkühlung von Sinterkörpern zu einer Volumenvergrößerung, die zu Rissen und Sprüngen im Material führen kann. Durch Zugabe von verschiedenen anderen Oxiden als Sinterzusätze, z.B. MgO, CaO oder Y_2O_3, kann jedoch die kubische Hochtemperaturmodifikation stabilisiert werden.

ZrO_2 zählt auch zur Gruppe der oxidkeramischen Ionenleiter und dient als Feststoffelektrolyt in Brennstoffzellen sowie als Sonde zur Messung von O_2-Partialdrücken, z.B. in der λ-Sonde in Kfz-Abgaskatalysatoren. Metallschmelzen benetzen ZrO_2 nur schlecht, daher wird es häufig als Material für Schmelztiegel in metallurgischen Prozessen verwendet. Weitere Anwendungen dieser Oxidkeramik sind prothetische Materialien in der Medizintechnik oder als Weißpigment.

Ferrite

Ferrite zählen zu den mehrkomponentigen Oxidkeramiken. Sie sind elektrisch schlecht oder nicht leitend und weisen magnetische Dipole auf. Durch ihren hohen elektrischen Widerstand treten keine Wirbelströme auf, was sie zu idealen Materialien in der Hochfrequenztechnik macht.

Rohstoff für die Mehrzahl der Ferrite ist das Hämatit (Fe_2O_3). Man unterscheidet zwischen *weichmagnetischen und hartmagnetischen Ferriten*. Weichmagnetische Ferrite, deren Haupteinsatzgebiet in der Elektrotechnik bzw. Elektronik als Transformator- und Spulenkerne liegt, besitzen die allgemeine Formel $MO \cdot Fe_2O_3 = MFe_2O_4$ (M = Metall, z.B. Ni, Zn, Mn) und werden durch Zusatz der entsprechenden Metallverbindungen, wie z.B. Nickel-, Zink oder Manganoxide oder -carbonate, beim Erhitzen von α-Fe_2O_3-Pulver hergestellt.

Hartmagnetische Ferrite werden als *Dauermagnetwerkstoff* eingesetzt. Sie besitzen die allgemeine Formel $MO \cdot 6\,Fe_2O_3 = MFe_{12}O_{19}$, wobei das Metall M = Ba, Sr oder Pb sein kann. Analog zu den Weichferriten werden die Hartferrite durch Umsetzung von α-Fe_2O_3-Pulver mit dem Carbonat des gewünschten Metalls erhalten.

Titanate

Titanate sind die bedeutendsten *ferroelektrischen Werkstoffe*. Diese zeichnen sich dadurch aus, dass sie durch Anlegen eines äußeren elektrischen Feldes die Richtung ihrer spontanen Polarisation ändern. Die wichtigste ferroelektrische Keramik aus der Klasse der Titanate ist das Bariumtitanat ($BaTiO_3$). Es besitzt piezoelektrische Eigenschaften und eine sehr hohe Dielektrizitätskonstante. Der Werkstoff wird bei Temperaturen von ca. 1200 °C aus Bariumcarbonat und Titandioxid hergestellt:

$$BaCO_3 + TiO_2 \rightarrow BaTiO_3 + CO_2$$

Bariumtitanat wird als Werkstoff in der Ultraschalltechnik und zum Bau von Kondensatoren verwendet.

PZT-Keramik

PZT-Keramiken (Blei-Zirkonat-Titanat, $Pb(Zr,Ti)O_3$) besitzen ausgeprägte optische ferro- und piezoelektrische Eigenschaften. Sie werden durch Heißpressen bei ca. 1300 °C und Drücken zwischen 100 und 500 bar aus Mischungen der pulverförmigen Oxide hergestellt:

$$2\,PbO + TiO_2 + ZrO_2 \rightarrow PbTiO_3/PbZrO_3$$

Die allgemeine Formel der Werkstoffe lautet $Pb(Zr_xTi_{1-x})O_3$ mit $0 \leq x \leq 1$.

PZT-Keramiken finden Verwendung in der Hochfrequenztechnik (Ultraschall), als Drucksensoren und Aktuatoren.

11.2.3 Nichtoxidkeramik

In den Nichtoxidkeramiken treten, im Unterschied zu den Oxidkeramiken, eher kovalente Bindungen zwischen den Atomen auf. Sie besitzen eine sehr hohe Härte, eine ausgezeichnete Festigkeit und chemische Resistenz. Allerdings ist ihre Herstellung im Vergleich zu den Oxidkeramiken wesentlich teurer und aufwendiger. Dies liegt zum einen an den hohen Rohstoffpreisen, zum anderen aber auch an den Herstellungsverfahren, bei denen explizit Sauerstoff ausgeschlossen werden muss. Außerdem besitzen die Substanzen eine geringere Sinterfähigkeit als die Oxidkeramiken, was spezielle Techniken nötig macht, um dichtgesinterte Bauteile zu erhalten.

Carbidkeramik

Zu den wichtigsten Carbidkeramiken zählt das Siliciumcarbid (SiC), das in seiner Struktur und seinen Eigenschaften dem Diamant ähnelt. Es wird vorwiegend durch die Reaktion von SiO_2 mit Koks bei ca. 2400 °C gewonnen:

$$SiO_2 + C \rightarrow SiC + 2\,CO$$

Technisch gewonnenes Siliciumcarbid ist schwarz, hochreines SiC ist farblos. Es besitzt eine hohe Verschleißfestigkeit sowie eine hohe Wärmeleitfähigkeit und chemische und thermische Beständigkeit.

Anwendung findet Siliciumcarbid vor allem aufgrund seiner Härte und des hohen Schmelzpunktes (>2300 °C). Es wird für Schleifmittel- und werkzeuge (*Carborundum*), für Brennrohre und -düsen sowie für Heizelemente und Tiegel für metallurgische Prozesse eingesetzt. Da SiC Halbleitereigenschaften aufweist, wird es auch in Varistoren oder anderen elektronischen Bauteilen eingesetzt.

Borcarbid (B_4C) ist ebenfalls eine Hartkeramik und wird als verschleißbeständiges Material genutzt. Großtechnisch wird Borcarbid durch Umsetzung von Boroxid (B_2O_3) in elektrischen Graphitöfen bei ca. 2500 °C hergestellt:

$$2\,B_2O_3 + 7\,C \rightarrow B_4C + 6\,CO$$

Da dieses Verfahren oberhalb des Schmelzpunktes von Borcarbid arbeitet, erhält man grobe schwarz glänzende Kristalle, die aufwendig wieder zerkleinert werden müssen. Ein feinkristallines Pulver erhält man dagegen bei der Reduktion von Boroxid mit Magnesium in Gegenwart von Kohlenstoff bei 1000 bis 1800 °C:

$$2\,B_2O_3 + 6\,Mg + 7\,C \rightarrow B_4C + 6\,MgO$$

Borcarbid ist nach Diamant und kubischem Bornitrid der dritthärteste Werkstoff. Es ist sehr temperaturstabil (Schmelzpunkt: 2720 °C) und verschleißarm. Technische Verwendung findet es als Schleifmittel, als Schneidstoff in der Werkzeugbearbeitung, als Neutronenabsorber in Kernkraftwerken und als Werkstoff für die Herstellung von Sandstrahldüsen.

Übergangsmetallcarbide sind neben den Carbiden der Hauptgruppenelemente die zweite technisch wichtige Werkstoffklasse. Das technisch wichtigste metallische Carbid ist das Wolframcarbid (WC). Es wird direkt aus metallischem Wolfram unter Umsetzung mit Kohlenstoff bei ca. 1500 °C gewonnen. Es handelt sich um eine metallisch grau glänzende Keramik mit einem Zersetzungspunkt von ca. 2800 °C. Die Verbindung ist etwa so hart wie Diamant und wird daher auch als *Widia* bezeichnet. Neben dem Wolframcarbid mit der Zusammensetzung WC existiert auch noch eines mit der Zusammensetzung W_2C, das etwa ähnliche Eigenschaften aufweist. Anwendung findet Wolframcarbid hauptsächlich in Hartmetalllegierungen für Schneid- und Bohrwerkzeuge. Aber auch so manche Kugel in der Mine eines Kugelschreibers ist aus Wolframcarbid gefertigt.

11.2.4 Nitridkeramik

Im Vergleich zu den Carbiden weisen Nitride einen geringeren kovalenten Bindungsanteil auf. Dies resultiert aus der höheren Elektronegativität des Stickstoffs im Vergleich zum Kohlenstoff.

Siliciumnitrid (Si_3N_4) kann über verschiedene Methoden hergestellt werden. Eine Möglichkeit liegt beispielsweise in der Direktsynthese aus Silicium und Stickstoff bei etwa 1100 bis 1400 °C:

$$3\,Si + 2\,N_2 \rightleftharpoons Si_3N_4$$

Kristallines Si_3N_4 existiert in zwei Modifikationen, einer Tieftemperaturmodifikation α-Si_3N_4 die sich bei Temperaturen von 1650 °C in die Hochtemperaturmodifikation β-Si_3N_4 umwandeln lässt. Jedoch wird für die Herstellung von keramischen Werkstoffen die Tieftemperaturmodifikation bevorzugt, da diese eine erheblich bessere Sinteraktivität aufweist.

Siliciumnitrid besitzt eine hohe Härte, eine extrem hohe mechanische Festigkeit bis ca. 1200 °C, eine sehr gute Temperaturwechselbeständigkeit und eine hohe Korrosions- und Verschleißbeständigkeit. Verwendet wird es im chemischen Apparatebau und als Konstruktionsmaterial im Maschinen-, Motoren- und Turbinenbau.

Das technisch bedeutendste Herstellungsverfahren für Bornitrid (BN) ist die Umsetzung von Boroxid mit Ammoniak bei Temperaturen zwischen 800 und 1200 °C:

$$B_2O_3 \; + \; 2\,NH_3 \; \rightarrow \; 2\,BN \; + \; 3H_2O$$

Andere Herstellungsverfahren liefern teilweise reinere Produkte. Das nach dem in obiger chemischer Formel beschriebenen Verfahren synthetisierte Bornitrid kristallisiert in einem hexagonalen Schichtengitter, das dem des Graphits sehr ähnlich ist (▶Abbildung 11.8(a)). Die Schichten in diesem α-BN lassen sich wie im Graphit gegenseitig verschieben. Daher zeigt diese Modifikation keine große Härte und wird als Schmierstoff eingesetzt. Im Unterschied zu Graphit findet man in den Schichten keine beweglichen Elektronen und daher auch keine elektrische Leitfähigkeit.

Hexagonales BN lässt sich, analog wie Graphit in Diamant, bei hohen Temperaturen (1600–2000 °C) und hohen Drücken (5–9 GPa) in Gegenwart von Katalysatoren in eine kubische Modifikation, das β-BN, überführen. Dieses kristallisiert in einem diamantartigen Gitter (▶Abbildung 11.8(b)). Es ist nach Diamant das zweithärteste Material. Dieser „anorganische Diamant" ist im Vergleich zur Modifikation des Kohlenstoffs in Luftatmosphäre bis zu Temperaturen von ca. 1400 °C wesentlich oxidationsbeständiger.

Bornitrid wird insbesondere für die Herstellung von Schneidewerkzeugen und als Schleifmittel eingesetzt. Mit BN-Fasern können Kunststoffe und keramische Matrizen verstärkt werden.

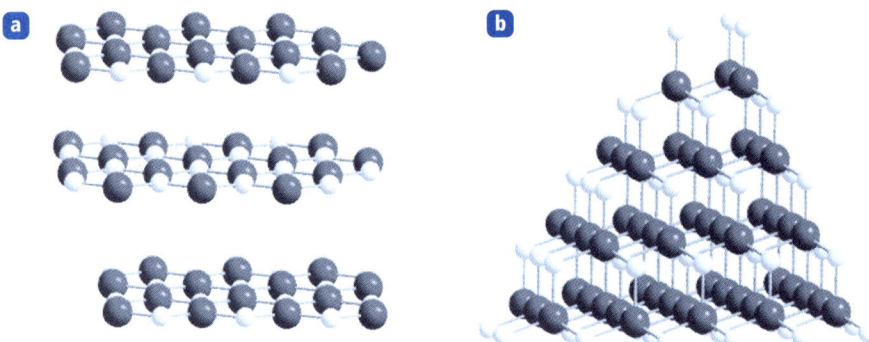

Abbildung 11.8: Vergleich der schichtartigen Struktur von hexagonalem Bornitrid a) mit der diamantartigen Struktur von kubischem Bornitrid b)

Aluminiumnitrid (AlN) wird direkt aus den Elementen bei Temperaturen oberhalb von 1200 °C gewonnen:

$$2\,Al \; + \; N_2 \; \rightarrow \; 2\,AlN$$

Aluminiumnitrid besitzt eine besonders hohe Wärmeleitfähigkeit und ein gutes elektrisches Isolationsvermögen. Daraus resultiert auch seine Anwendung als Werkstoff für Gehäusematerialien von elektronischen Bauteilen.

11.3 Gläser

Glas ist ein amorpher Feststoff, der gewöhnlich durch Schmelzen und anschließendes Abkühlen oder Abschrecken erzeugt wird. Dabei tritt im Fall des Glases keine Kristallisation ein. Glas lässt sich physikalisch-chemisch auch als gefrorene, unterkühlte Flüssigkeit auffassen, in der keine Fernordnung (Kristalle) besteht, sondern lediglich eine inselartige Nahordnung zwischen den Baueinheiten. Im engeren Sinne bezeichnet man als Glas einen anorganischen, meist oxidischen Feststoff, der eine hohe Lichttransparenz, äußerst geringe thermische und elektrische Leitfähigkeiten, hohe Korrosionsbeständigkeit und eine große Sprödigkeit aufweist.

Ähnlich wie die Polymere zeigen Gläser beim Abkühlen aus der Schmelze bzw. beim Erhitzen keine scharfen Erstarrungs- und Schmelztemperaturen, sondern einen kontinuierlichen Transformationsbereich, den man als Glasübergangstemperatur bezeichnet.

Polymere Werkstoffe wie Polymethylmethacrylat (PMMA), das auch als *Plexiglas* bezeichnet wird, fallen wegen ihrer physikalisch-chemischen Eigenschaften (amorpher Aufbau, Glasübergang usw.) ebenfalls in die Kategorie Gläser, obwohl sich ihre chemische Zusammensetzung völlig von jener der anorganischen Gläser unterscheidet.

Die am meisten verbreiteten Gläser sind Oxidgläser. Als *Glasbildner*, die die molekulare Grundstruktur des Glases formen, kommen SiO_2, B_2O_3, P_4O_{10}, GeO_2 und As_2O_5 zum Einsatz, wobei der mit Abstand wichtigste Glasbildner Siliciumdioxid ist, welches den Ausgangsstoff für Silicatgläser darstellt. Die strukturelle Baueinheit in diesen Gläsern bildet der $[SiO_4]$-Tetraeder, in dessen Zentrum ein Siliciumatom sitzt, das von vier Sauerstoffatomen umgeben ist. Aus diesen Baueinheiten wird ein dreidimensionales Netzwerk durch Eckenverknüpfung der Tetraeder aufgebaut. Die kristalline Form von SiO_2 ist Quarz, bei dem eine Fernordnung vorhanden ist (▶Abbildung 11.9a)). In einer glasartigen Form wäre die Fernordnung aufgehoben (▶Abbildung 11.9b)).

Neben den Glasbildnern enthalten Oxidgläser noch *Glaswandler*. Dafür werden meist basische Oxide der Alkali- und Erdalkalimetalle wie z.B. Na_2O, K_2O, CaO und BaO eingesetzt. Diese brechen die Si-O-Si-Verknüpfungen auf und wechselwirken mit den zwei gebildeten anionischen Kettenenden über elektrostatische Bindungen (▶Abbildung 11.9c)):

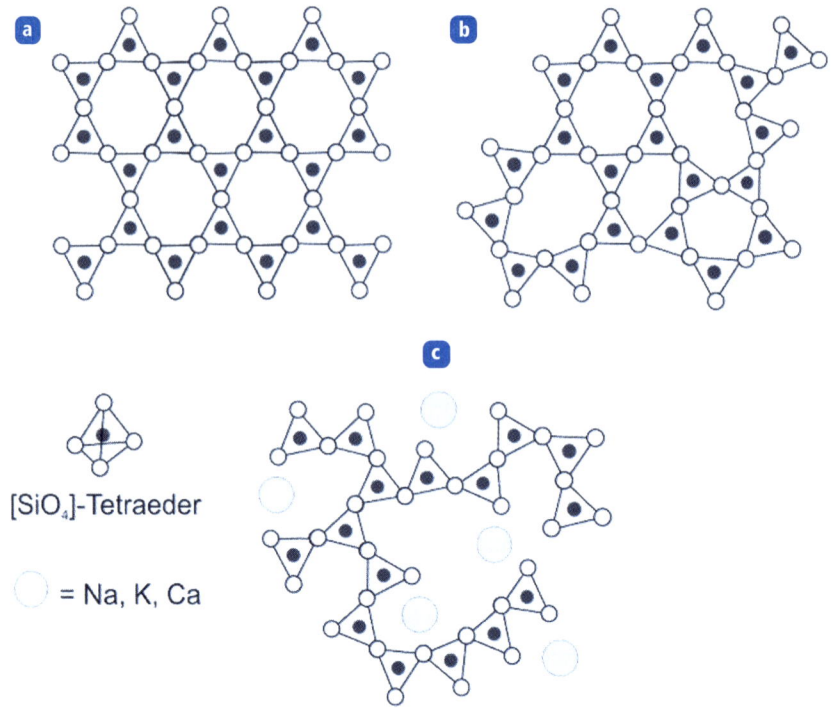

[SiO$_4$]-Tetraeder

= Na, K, Ca

Abbildung 11.9: Struktureller Aufbau von a) kristallinem SiO$_2$ (Quarz), b) glasigem SiO$_2$, in dem die Fernordnung verloren gegangen ist, und c) in Glas, das mit Glaswandlern behandelt worden ist

Die Einwirkung von Glaswandlern erhöht die mechanische und chemische Beständigkeit der gebildeten Gläser. Die Zusammensetzung des Glases bestimmt somit seine Eigenschaften. Ein hoher SiO$_2$-Gehalt macht das Glas korrosionsbeständiger gegenüber Laugen und erhöht den Schmelzpunkt. Hohe Anteile an Glaswandlern zeigen genau die gegenteiligen Effekte.

Silicatgläser werden durch starke Laugen angegriffen. Dabei kommt es zur Bindungsspaltung von Si-O-Si-Bindungen. Bei der längeren Einwirkung starker Laugen können damit aus dem Silicatgerüst wasserlösliche Silicate herausgelöst werden:

$$-\!O\!-\!\underset{\underset{\displaystyle |}{O}}{\overset{\overset{\displaystyle |}{O}}{Si}}\!-\!O\!-\!\underset{\underset{\displaystyle |}{O}}{\overset{\overset{\displaystyle |}{O}}{Si}}\!-\!O\!-\; +\; OH^- \quad \longrightarrow \quad -\!O\!-\!\underset{\underset{\displaystyle |}{O}}{\overset{\overset{\displaystyle |}{O}}{Si}}\!-\!O^-\; +\; HO\!-\!\underset{\underset{\displaystyle |}{O}}{\overset{\overset{\displaystyle |}{O}}{Si}}\!-\!O\!-$$

Starke Säuren vermögen dagegen nicht die Si-O-Si-Bindungen zu spalten. Dennoch sind Gläser empfindlich gegenüber einer Säure, nämlich der Flusssäure (HF). Diese vermag ebenfalls die Bindungen im SiO$_2$ zu spalten:

$$4\,HF\; +\; SiO_2 \;\rightarrow\; SiF_4\; +\; 2\,H_2O$$

Die Anwendungen von Glas sind vielfältig und abhängig von der Zusammensetzung. Im Wesentlichen beruhen die meisten Anwendungen auf seiner optischen Transparenz (Fensterglas, Glas für optische Linsen usw.), seiner guten Verarbeitbarkeit (Glasflaschen, Weingläser usw.) und seiner hervorragenden chemischen Beständigkeit (Laborgeräte, chemischer Anlagenbau usw.).

ZUSAMMENFASSUNG

Reine Metalle besitzen häufig Eigenschaften, die für technologische Anwendungen nicht ausreichen, daher werden sie durch die Bildung von *Legierungen* veredelt. Bei der Legierungsbildung können unterschiedliche Bindungstypen auftreten. Zum einen können *intermetallische Phase* gebildet werden, in denen neben der herkömmlichen metallischen Bindung auch ionische und kovalente Wechselwirkungen zwischen den Metallen auftreten. Des Weiteren kann man bei den Legierungen zwischen *Mischkristallen* unterscheiden, bei denen das Metall im Kristallgitter durch das legierende Element teilweise ersetzt wird, und *Einlagerungsmischkristallen*, bei denen das legierende Element in freien Zwischengitterplätzen sitzt. Die Zusammensetzung der Legierung kann man durch *Phasendiagramme* beschreiben. Es gibt nur einige wenige Legierungssysteme, die eine vollständige Mischbarkeit der Metalle besitzen. In vielen Fällen treten *Mischungslücken* auf. Die beiden Metalle können sich auch so beeinflussen, dass ein *Eutektikum* entsteht, das eine niedrigere Schmelztemperatur besitzt als die Ausgangsmetalle. Von großer technologischer Bedeutung ist die Legierungsbildung zwischen Eisen und Kohlenstoff.

Keramische Werkstoffe sind aus der alltäglichen Welt, aber auch aus der Technik nicht mehr wegzudenken. Insbesondere ihre Verschleißfestigkeit und hohe Temperaturbeständigkeit machen sie zu idealen Werkstoffen für vielfältige Anwendungen. Man unterscheidet bei ihnen zwischen *Silicatkeramiken*, *Oxidkeramiken* und *Nichtoxidkeramiken*. Die Oxid- und Nichtoxidkeramiken unterscheiden sich in ihrer Bindungsstruktur. Während die Oxidkeramiken einen höheren ionischen Bindungsanteil besitzen, der sie insbesondere sehr stabil gegenüber hohen Temperaturen macht, besitzen die Nichtoxidkeramiken einen höheren kovalenten Anteil.

Gläser sind amorphe Feststoffe, die auch als unterkühlte Flüssigkeiten bezeichnet werden können. Sie werden von Glasbildnern aufgebaut, unter denen dem SiO_2 die wichtigste Bedeutung zukommt. Durch den Einsatz von Glaswandlern können die Eigenschaften des Glases extrem verändert werden.

Aufgaben

Übungsaufgaben

1. Erklären Sie die Begriffe „plastische" und „elastische Deformation" sowie „Elastizitätsmodul".

2. Was unterscheidet intermetallische Phasen von Legierungen?

3. Welche Regeln müssen erfüllt sein, damit sich ein Mischkristall ausbildet?

4. Wie lässt sich in der Struktur einer Legierung erkennen, ob sie sehr langsam oder schnell abgekühlt wurde?

5. Warum gibt es Legierungen, die unterhalb des Schmelzpunktes der Metalle, aus denen die Legierung besteht, schmelzen?

6. Welche Bedingungen müssen gelten, damit sich ein Einlagerungsmischkristall bildet?

7. Erklären Sie das Phasendiagramm von Kohlenstoff und Eisen bei niedrigen Kohlenstoffkonzentrationen.

8. Wie kommt man vom keramischen Pulver zum Werkstück?

9. Wie unterscheiden sich Silicatkeramiken, Oxidkeramiken und Nichtoxidkeramiken voneinander?

10. Wieso kann man die Hochleistungskeramik Bornitrid als Schmiermittel und als Hartkeramik verwenden?

Glossar

A

Aggregatzustände Physikalische Zustände von Stoffen, die temperatur- und druckabhängig sind; klassisch: fest, flüssig und gasförmig; nichtklassisch: Plasma und Bose-Einstein-Kondensat.

Aktivierungsenergie Energiewert, der aufgebracht werden muss, um chemische Reaktion einzuleiten.

Aliphatischen Verbindungen Organische Kohlenwasserstoffe, die nicht zur Verbindungsklasse der aromatischen Verbindungen gehören. Aromatische und aliphatische Verbindungen sind daher komplementäre Substanzklassen.

Allotropie Erscheinung, dass ein chemisches Element in zwei oder auch mehr Strukturformen im gleichen Aggregatzustand auftritt, die sich physikalisch und auch in ihrer chemischen Reaktionsbereitschaft voneinander unterscheiden.

Amalgam Legierung zwischen Quecksilber und einem oder mehreren anderen Metallen.

Anhydrid Verbindung, die durch Abspaltung von Wasser aus einer anderen Verbindung entsteht.

Anode Elektrode, an der die Oxidation abläuft.

Aromatischen Verbindungen Planare, cyclische Verbindungen mit konjugierten Doppelbindungen und einer daraus resultierenden besonderen Stabilität.

Atomkern Kern eines Atoms, der aus Protonen und Neutronen besteht und damit die gesamte positive Ladung in sich vereinigt.

Avogadrozahl Anzahl der Objekte in einem Mol.

B

Bandlücke *Siehe* Verbotene Zone.

Basenkonstante Gleichgewichtskonstante für das Gleichgewicht zwischen der Base und Wassermolekülen, bei dem Hydroxidionen gebildet werden.

Bindungsdissoziationsenergie Energie, die nötig ist, um Bindung zu spalten.

C

Chemie Naturwissenschaft, die sich mit der Eigenschaft, der Zusammensetzung und der Umwandlung der Elemente und ihrer Verbindungen sowie mit der daran beteiligten Energie beschäftigt.

Copolymere Polymere, die mehrere verschiedene Arten von Monomeren enthalten.

D

Destillation   Trennung zweier flüssiger Substanzen aufgrund ihres unterschiedlichen Siedepunktes.

Duktilität   Eigenschaft eines Werkstoffes, sich bei mechanischer Belastung stark plastisch zu verformen, z.B. sind Metalle wie Stahl oder Gold duktil.

E

Edukte   Ausgangsstoffe, die während einer chemischen Reaktion zu den Produkten umgesetzt werden.

Einfachbindung   Entsteht durch Kombination zweier sich überlappender Atomorbitale von benachbarten Atomen und ist rotationssymmetrisch bezüglich der Verbindungsachse zweischen den beiden Kernen.

Einlagerungsmischkristalle   Kristallgitter, in denen die eingelagerten Atome nicht auf Gitterplätzen sitzen, sondern auf Zwischengitterplätzen.

Elektrochemische Spannungsreihe   Auflistung von Redox-Paaren nach ihrem Normalpotenzial.

Elektrolyte   (Gelöster) Stoff, der beim Anlegen einer Spannung unter dem Einfluss des dabei entstehenden elektrischen Feldes elektrischen Strom leitet. Die elektrische Leitfähigkeit und der Ladungstransport beruhen auf der gerichteten Bewegung von Ionen.

Elektromotorische Kraft   Potenzialdifferenz zwischen den beiden Halbzellen einer galvanischen Zelle.

Elektronegativität   Empirisches Maß für die Fähigkeit eines Atoms, in einer chemischen Bindung die Bindungselektronen an sich zu ziehen.

Elektronen   Negativ geladenes Elementarteilchen, das Bestandteil der Elektronenhülle ist, mit der Ruhemasse von 1/1836 u.

Elektronenaffinität   Maß für die Energie, die benötigt wird, um einem neutralen Atom im Gaszustand ein Elektron anzulagern. Bei diesem Prozess entsteht ein negativ geladenes Anion.

Elektronenhülle   Hülle eines Atoms, die aus Elektronen aufgebaut wird.

Elektronenmangelverbindungen   Kovalente Verbindungen, denen noch Elektronen bis zum Erreichen des Elektronenoktetts fehlen.

Elektroneutralitätsprinzip   Es kann keine Körper geben, die nur eine Art von Ladung aufbauen.

Elementarladung   Naturkonstante; kleinste frei existierende Ladung.

Elementarzelle   Kleinste Wiederholungseinheit eines Kristallgitters.

Elemente   Reinstoffe, die sich chemisch nicht weiter zerlegen lassen und ausschließlich aus Atomen einer Art bestehen.

Emulsionen   Fein verteiltes Gemisch zweier verschiedener, normalerweise nicht mischbarer Flüssigkeiten ohne sichtbare Entmischung.

Eutektikum Legierung oder Lösung, deren Bestandteile in einem solchen Verhältnis zueinander stehen, dass sie als Ganzes bei einer bestimmten Temperatur (Schmelzpunkt) flüssig bzw. fest wird.

F

Formalladung Wird Atomen in chemischen Formeln zugeordnet, um die Differenz zwischen der positiven Kernladung und den diesem Atom zugeteilten Elektronen anzugeben.

Funktionelle Gruppe Atomgruppe in einem organischen Molekül, die die Stoffeigenschaften und Reaktivität der Verbindung maßgeblich bestimmt.

G

Galvanische Zelle Vorrichtung zur spontanen Umwandlung von chemischer in elektrischer Energie.

Gemische Stoffmischungen die aus mindestens zwei reinen Stoffen bestehen; man unterscheidet homogene und heterogene Gemische.

Gesetz der konstanten Proportionen In einer chemischen Verbindungen sind stets die gleichen Elemente im gleichen Massenverhältnis enthalten.

Gesetz der multiplen Proportionen Können aus zwei Elementen A und B mehrere unterschiedliche Verbindungen entstehen, so ist das Verhältnis der Massen von A und B in den verschiedenen Verbindungen zueinander ein ganzzahliger Zahlenwert.

Gesetz von der Erhaltung der Masse Die Masse aller Stoffe, die nach einer chemischen Reaktion erhalten werden, stimmt mit der Masse aller Stoffe, die vor der Reaktion vorhanden waren, überein.

Gleichgewicht, dynamisches Liegt vor, wenn in einem System zwei entgegengesetzt verlaufende Prozesse sich in ihrer Wirkung gerade aufheben.

Gleichgewichtskonstante Produkt der Konzentrationen der Produkte dividiert durch das Produkt der Konzentrationen der Reaktanten in einem chemischen Gleichgewicht.

H

Halbzellen Teil eines galvanischen Elements, bei dem eine Metallelektrode in seine entsprechende Metallsalzlösung taucht.

Homolytische Bindungsspaltung Spaltung einer kovalenten Bindung unter Bildung von zwei Bruchstücken mit jeweils einem ungepaarten Elektron (Radikal).

Homopolymere Polymere, die nur eine Art von Monomeren enthalten.

Hund'sche Regel Bei der Besetzung von energiegleichen Orbitalen mit Elektronen wird zunächst jedes Orbital mit einem Elektron besetzt.

Hybridorbitale Orbitale, die durch die mathematische Linearkombination von Atomorbitale entstehen.

Hydrierung Addition von H_2 an eine ungesättigte Bindung.

I

Initiator   Molekül, das einen Kettenstart für eine Polymerisation initiiert.

Intermetallische Phasen   Homogene chemische Verbindung aus zwei oder mehr Metallen. In ihren Bindungen besitzen sie metallische Bindungsanteile und geringe Atombindungs- bzw. Ionenbindungsanteile.

Ionen   Atome oder Moleküle, die eine elektrische Ladung tragen.

Ionenaustauscher   Materialien, mit denen gelöste Ionen gegen andere Ionen gleichartiger Ladung (Kationen oder Anionen) ersetzt werden können.

Ionisierungsenergie   Aufzuwendende Energie, um einem Atom im Grundzustand das am schwächsten gebundene Elektron zu entreißen.

Isotonisch   Lösungen, die den gleichen osmotischen Druck besitzen.

Isotope   Atome gleicher Ordnungszahl und verschiedener Massenzahl, die durch eine unterschiedliche Anzahl von Neutronen im Kern entsteht.

K

Katalysator   Substanz, welche die Geschwindigkeit einer chemischen Reaktion erhöht, ohne während der Reaktion selbst verbraucht zu werden.

Kathode   Elektrode, an der die Reduktion abläuft.

Kinetische Energie   Energie, die in der bewegten Masse eines Körpers enthalten ist. Sie hängt von dessen Masse und von der Geschwindigkeit des bewegten Körpers ab.

Koeffizienten   Zahlenwerte in einer chemischen Gleichung, die vor den Namen der beteiligten Stoffe stehen und die Stoffmengen repräsentieren, die miteinander reagieren.

Kohlenwasserstoffe   Verbindungen, die nur aus Kohlenstoff- und Wasserstoffatomen aufgebaut sind.

Kolloide   Bezeichnung für Stoffe, die feinverteilt mit Teilchengrößen zwischen 100 und 1 nm vorliegen.

Komplexverbindung   Verbindung, die aus einem Zentralatom besteht, das von Liganden umgeben ist. Das Zentralatom wirkt dabei als Elektronenpaarakzeptor (Lewis-Säure), die Liganden wirken als Elektronenpaardonatoren (Lewis-Base).

Konzentrationszelle   Galvanische Zelle, deren elektromotorische Kraft auf einem Konzentrationsunterschied beruht.

Korrosion   Reaktion eines Werkstoffs mit seiner Umgebung, bei der eine messbare Veränderung des Werkstoffs erfolgt, die zu einer Beeinträchtigung der Funktion eines Bauteils oder Systems führen kann.

L

Legierung   Metallischer ein- oder mehrphasiger Werkstoff, der aus zwei oder mehr chemischen Elementen aufgebaut ist.

Leitungsband   Beschreibt im Energiebändermodell zur Erklärung der elektronischen Struktur von Metallen das Band, das energetisch über dem Valenzband liegt und nur teilweise oder gar nicht mit Elektronen besetzt ist.

Lewis-Base   Elektronenpaardonator.

Lewis-Säure   Elektronenpaarakzeptor.

Liganden   Moleküle oder Ionen, die mindestens ein freies Elektronenpaar für die Bildung einer Komplexverbindung zur Verfügung stellen können.

Löslichkeitsprodukt   Produkt aus den Konzentrationen der Ionen in einer gesättigten Lösung eines Salzes, die dem Maximalwert der Löslichkeit entspricht.

M

Massendefekt   Massenunterschied zwischen der tatsächlichen Masse eines Atoms und der stets größeren Summe der Massen der in ihm enthaltenen Elementarteilchen.

Massenwirkungsgesetz   Zusammenhang zwischen den Konzentrationen der Reaktanten und der Produkte einer sich im chemischen Gleichgewicht befindlichen Reaktion.

Mehrfachbindungen   Zwei Atome verfügen in einer kovalenten Bindung über mehr als ein gemeinsames Elektronenpaar.

Mehrprotonige Säuren   Säuren, die bei ihrer Dissoziation mehr als ein Proton abgeben können.

Mesomerie   Erscheinung, dass die in einem Molekül oder mehratomigen Ion vorliegenden Bindungsverhältnisse nicht durch eine einzige Strukturformel dargestellt werden können, sondern nur durch mehrere Grenzformeln.

Metalloide   Elemente, die sowohl metallische als auch nichtmetallische Eigenschaften besitzen, z.B. Bor, Silicium, Germanium und Arsen.

Metallurgie   Wissenschaft und Technologie des Gewinnens von Reinmetallen aus ihren Erzen und der Herstellung von Legierungen.

Mischkristalle   Kristallgitter, in denen eine Atomsorte durch eine andere ersetzt wurde.

Mizellen   Aggregate aus grenzflächenaktiven Substanzen, die sich in einem Dispersionsmedium spontan zusammenlagern.

Molalität   Konzentrationsangabe: Stoffmenge des gelösten Stoffes pro Kilogramm Lösungsmittel, Einheit: mol/kg.

Molarität   Konzentrationsangabe: Stoffmenge des gelösten Stoffes pro Volumeneinheit Lösung, Einheit: mol/L.

Moleküle   Chemische Verbindungen, die aus Atomen bestehen, die über kovalente Bindungen miteinander verknüpft sind.

Molekülmasse   Summe der relativen Atommassen unter Berücksichtigung der Indices der Elemente in einer Verbindung.

Molekülorbital   Orbital, das durch Kombination zweier Atomorbitale entsteht.

N

Naturkonstanten   Physikalische Größen, deren numerischer Wert sich nicht ändert.

Nernst'sche Gleichung   Mathematische Formulierung der Temperatur- und Konzentrationsabhängigkeit eines Elektrodenpotenzials eines Redoxpaares.

Neutron   Ungeladenes Elementarteilchen, das Bestandteil des Kerns sein kann, mit der Ruhemasse von ca. 1 u.

Nukleonen   Bestandteile des Kerns, also Protonen und Neutronen.

O

Oktettregel   Atome neigen in chemischen Bindungen zur Aufnahme, Abgabe oder zum Teilen von Elektronen, bis sie die Elektronenkonfiguration des am nächsten gelegenen Edelgases erreichen, das – bis auf Helium – acht Valenzelektronen besitzt.

Ordnungszahl   Anzahl der Protonen im Kern. Sie bestimmt, um welches Element es sich handelt, und damit die Stellung des betrachteten Atoms im Periodensystem.

Organische Chemie   Lehre vom Aufbau und von den Eigenschaften der Verbindungen des Kohlenstoffs.

Oxidationsmittel   Stoff, der einen anderen zur Abgabe von Elektronen veranlasst und dabei selbst reduziert wird.

Oxidationszahlen   Ladungen oder fiktive Ladungen, die Atomen nach bestimmten Regeln zugewiesen werden und die in Redoxreaktionen die Elektronenübergänge deutlich machen.

P

Partialladung   Gibt die Ladungsverteilung in einer polaren Bindung an.

Pauli-Prinzip   Es dürfen keine zwei Elektronen in einem Atom in allen vier Quantenzahlen übereinstimmen.

Phase   Abgegrenzte Menge eines einheitlichen Stoffes.

pH-Wert   Negativer dekadischer Logarithmus der Protonenkonzentration einer Lösung.

Polymerisationsgrad   Anzahl der Monomere in einer Polymerkette.

Präfix   Vorsätze für Maßeinheiten, die dazu dienen, Vielfache oder Teile von Maßeinheiten zu bilden, und damit die umständliche Verwendung von sehr großen oder kleinen Zahlen mit vielen Stellen vermeiden.

Prinzip vom kleinsten Zwang   Wird ein im Gleichgewicht befindliches System durch eine Änderung von äußeren Parametern (Temperatur, Druck) gestört, so reagiert das Gleichgewicht des Systems derart, dass es dem äußeren Zwang entgegenwirkt.

Proton   Positiv geladenes Elementarteilchen, das Bestandteil des Atomkerns ist, mit der Ruhemasse von ca. 1 u.

Protonenakzeptor   Verbindung, die Protonen aufnehmen kann, beispielsweise eine Base.

Protonendonator   Verbindung, die Protonen abgeben kann, beispielsweise eine Säure.

Pufferkapazität   Beschreibt die Säure- bzw. Basenmenge, die ein Puffer binden kann, bevor sich sein pH-Wert stark ändert.

R

Reaktanten   *Siehe* Edukte.

Reduktionsmittel   Stoff, der einen anderen zur Aufnahme der Elektronen veranlasst und dabei selbst oxidiert wird.

S

Salzbrücke   Vorrichtung, die es den Ionen in galvanischen Zellen ermöglicht, von einer Halbzelle zur anderen zu wandern und somit die Elektroneutralitätsbedingung zu wahren.

Salze   Chemische Verbindungen, die aus positiv geladenen Kationen und negativ geladenen Anionen aufgebaut sind. Diese Ionen ziehen sich elektrostatisch an; zwischen ihnen liegen so genannte ionische Bindungen vor.

Säuredissoziationskonstante   Gleichgewichtskonstante für das Dissoziationsgleichgewicht einer Säure.

Schmelzenthalpie   Bei konstantem Druck benötigte Wärmemenge, um einen Stoff zu schmelzen.

SI-Einheiten   Internationales Einheiten-System, das auf dem metrischen System beruht und physikalische Einheiten zu ausgewählten Größen festlegt.

Solvatation   Wechselwirkung, die zwischen gelösten Teilchen und dem Lösungsmittel in direkter Umgebung um die gelösten Teilchen auftritt.

Standard-Redoxpotenziale   Gemessenes Potenzial einer Halbzelle gegen die Standard-Wasserstoffelektrode unter Standardbedingungen.

Stöchiometrie   Arbeitsgebiet der Chemie, das sich mit der Aufstellung von chemischen Gleichungen und der mathematischen Berechnung chemischer Umsetzungen, d.h. mit der mengenmäßigen Beschreibung chemischer Reaktionen, befasst.

Strukturisomere   Moleküle mit gleicher Summenformel aber unterschiedlicher Anordnung der Atome.

Substituenten   Atome oder Atomgruppen in einem Molekül, die neu an der Stelle eines anderen Atoms oder einer Atomgruppe eingefügt wurden und dieses/diese somit ersetzen (substituieren).

Summenformel   Gibt die Anzahl der gleichartigen Atome eines Moleküls oder die Formeleinheit eines Salzes an und somit das Teilchenzahlenverhältnis.

Supraleiter   Materialien, deren elektrischer Widerstand beim Unterschreiten einer kritischen Temperatur sprunghaft auf einen unmessbar kleinen Wert fällt.

Suspensionen   Gemisch von unlöslichen, fein verteilten Feststoffteilchen (dispergierte Phase) in einer Flüssigkeit (kontinuierliche Phase).

T

Tenside   Substanzen, die die Oberflächenspannung in einer Flüssigkeit oder die Grenzflächenspannung zwischen zwei Phasen herabsetzen und die Bildung von Dispersionen ermöglichen oder unterstützen.

Thermodynamik   Lehre der Energie und ihrer Umwandlungen.

Trivialnamen   Namen für Stoffe, die nicht der systematischen chemischen Nomenklatur nach IUPAC-Regeln entsprechen und keine Rückschlüsse auf die Zusammensetzung oder Struktur einer chemischen Verbindung oder eines Stoffes erlauben.

U

Überspannung   Differenz zwischen dem Elektrodenpotenzial und der tatsächlich benötigten Spannung.

Unschärferelation   Es ist unmöglich, den Impuls und den Aufenthaltsort eines Elektrons gleichzeitig zu bestimmen.

V

Valenzband   Beschreibt im Energiebändermodell zur Beschreibung der elektronischen Struktur von Metallen das Band mit der höchsten Energie, das voll mit Elektronen besetzt ist.

Valenzelektronen   Äußerste Elektronen eines Elements. Diese sind hauptsächlich für die chemische Reaktivität des Elements verantwortlich.

Van-der-Waals-Gleichung   Zustandsgleichung eines realen Gases unter Berücksichtigung der gegenseitigen Wechselwirkung der Atome oder Moleküle und ihrem Eigenvolumen.

Verbindungen   Substanzen, die aus zwei oder mehreren Elementen aufgebaut sind. Sie besitzen wie die chemischen Elemente einheitliche physikalische und chemische Eigenschaften.

Verbotene Zone   Energetischer Abstand zwischen Valenz- und Leitungsband – wird auch als Bandlücke bezeichnet.

Verdampfungsenthalpie   Bei konstantem Druck erforderliche Wärmemenge, um eine Substanz zu verdampfen.

Namensregister

A

Allred, Albert L. 61
Avogadro, Amedeo 116
Avogadro, Lorenzo Romano Amedeo Carlo 106

B

Bohr, Niels 43
Bosch, Carl 186
Boudouard, Octave Leopold 213
Boyle, Robert 114
Broglie, Louis-Victor de 47
Brown, Robert 166

C

Charles, Jacques 114

D

Dalton, John 32
Demokrit 32
Döbereiner, Johann Wolfgang 56

F

Faraday, Michael 246
Frasch, Hermann 293

G

Galvani, Luigi 220
Gay-Lussac, Joseph Louis 114

H

Haber, Fritz 186
Heisenberg, Werner 47
Hund, Friedrich 52

J

Joule, James Prescott 117, 145

L

Le Chatelier, Henry Louis 191
Leclanché, Georges 234
Lewis, Gilbert N. 70, 198
Libby, Willard Frank 41
Linde, Carl von 118

M

Mariotte, Edme 114
Mendelejew, Dimitri 56
Meyer, Lothar 56
Mond, Ludwig 211
Müller, Richard 285

N

Nernst, Walther 228
Newlands, John Alexander Reina 56

P

Pauli, Wolfgang 50
Pauling, Linus 61
Proust, Joseph-Louis 33

R

Roberts-Austen, William Chandler 374
Rochow, Eugene G. 61, 285

S

Schrödinger, Erwin 48
Solvay, Ernest 272

T

Thomson, William 117
Tyndall, John 129, 166

V

van der Waals, Johannes Diderik 98

W

Wöhler, Friedrich 304

Sachregister

Numerisch

1,2-Ethandiol 323
1,6-Diaminohexahn 353

A

Abflussreiniger 276
Abgaskatalysator 155
Abschrecken 374
Acetylen 75, 282, 310, 318
acyclische Kohlenwasserstoffe 310
Additive 334
Adipinsäure 353
Aggregatszustand
    Bose-Einstein-Kondensat 21
    fest 21
    flüssig 21
    gasförmig 21
    Plasma 21
Aggregatzustandsänderungen 130
air fuel ratio 337
Akkumulator 233, 237
Aktivierungsenergie 151, 193
Albit 266
Aldehyde 324
Alicyclen 316
alicyclische Kohlenwasserstoffe 310
aliphatische Verbindungen 310
Alkali-Mangan-Zellen 235
Alkalimetalle 55, 271
Alkalinezellen 235
Alkane 285, 310, 311
    Struktur 312
Alkanthiole 323
Alkene 310, 317
Alkine 310, 318
Alkohole 322
Allotrope 281, 289, 291
Alterungsbeständigkeit 334
Aluminium 275
Aluminiumhydroxid 274
Aluminiumnitrid 382
Aluminiumoxid 89, 246, 378
Amalgam 267
Amide 326
Amid-Ion 287
Amine 206, 309, 326
Aminoplasten 324
Ammoniak 73, 93, 96, 100, 185, 191, 197, 199, 286
Ammonium 206
Ammoniumchlorid 197
Ammoniumgruppen 329
Ammoniumion 197
Ammoniumnitrat 287
amphoter 205
anaerobe Zersetzung 329
angeregter Zustand 45
Anhydrit 266, 294
Anion 58, 80
Anionenaustauscher 205
anionische Polymerisation 352
Anode 221
Anomalie des Wassers 132
anorganischer Diamant 382
Anthracen 320
antibindende Wechselwirkung 71
Antiklopfmittel 339
Antioxidantien 335
Apatit 289
Aquakomplex 207
Aräometer 163
Arbeitsflüssigkeiten 333
Arene 318
aromatische Kohlenwasserstoffe 310, 318
Asbest 125
Astat 294
Ataktische Struktur 351
Atombau 31
Atomdurchmesser 34, 57
Atomkern 34
Atommasse 42
Atommasseneinheit 35
Austenit 277, 374
Autobatterie 233, 237
Autodissoziation 170
Avogadro, Gesetz von 115
Avogadro-Kontante 247
Avogadrozahl 106
Azeotrop 136
Azo-bis-(isobutyronitril) 348
Azoverbindungen 348

B

Baddeleyit 378
Bahndrehimpuls 49
Bandlücke 87, 242
Bariumsulfat 202
Bariumtitanat 126, 379
barotrope Flüssigkristalle 121

Baryt 266
Basen 168
Basenkonstante 195
Bauxit 246, 266, 275, 378
Bearbeitungsöle 333
Benzin 311, 316, 332, 336
Benzol 318
Beryll 266, 275
Berylliumcarbid 282
Berylliumhydroxid 274
bindendes Elektronenpaar 70
Bindung
    chemische 57
    ionische 80
    kovalente 69
    metallische 83
    polare 80, 309
Bindungsaffinität 205
Bindungsdissoziationsenergie 61
Bindungspolarität 62
Bindungsradius 57
Blausäure 283
Bleiakkumulator 237
Bleiglanz 266, 293
Bleilot 372
Bleioxid 237
Bleitetraalkyle 339
Bleivitriol 266
Blei-Zirkonat-Titanat 126
body-centered cubic 264
Bohrsches Atommodell 43
Borcarbid 380
Boride 375
Bornitrid 89, 382
Bortrichlorid 96
Bortrifluorid 79, 93, 199, 352
Bose-Einstein-Kondensat 21, 112
Boudouard-Gleichgewicht 213
Boyle-Mariotte, Gesetz von 113
Braunstein 234
Bravais-Gitter 122
Brennbarkeit 21
Brennstoffe 336
Brennstoffzellen 233, 241, 379
Brom 294
Bronze 368
Bronzezeit 368
Brownsche Molekularbewegung 165
Brucit 273
Brünieren 256
Butan 313
Buten 317

C

Cadmiumblende 266
Calcit 266
Calcium 274
Calciumcarbid 282
Calciumcarbonat 203, 281
Calciumhydroxid 274
Calcium-Magnesium-Carbonat 281
Calciumoxid 274
Calciumphosphat 204, 266
Calciumsulfid 275
Cälestin 266
Carbide 282, 375
Carbidkeramik 380
Carbonate 304
Carbonatgestein 281
Carbonathärte 204
Carbonation 78
Carbonsäure 206, 325
Carbonsäuregruppe 309
Carbonylgruppe 324
Carbonyl-Liganden 210
Carborundum 380
Carboxylatgruppe 328
Cäsiumfluorid 91
Cellulose 344
Cerussit 266
Cetanzahl 339
Chalkogene 55
chemische Bindung 67
chemische Kinetik 148
chemische Transportreaktion 270
Chilesalpeter 272, 286
Chlor 294, 297
Chlor-Alkali-Elektrolyse 245
Chlorknallgasreaktion 280
Chlormethan 93
Chlorophyll 208, 274
Chlorwasserstoff 296
cholesterische Mesophase 120
Chromatieren 254, 256
cis-trans-Isomerie 318
Claus-Prozess 293
Cobaltoxid 239
Copolymere 345
Cracken 332
Cuprit 266
Cyanat 304
Cyanide 282, 304
Cyanidlaugerei 283
Cycloalkane 310, 316
Cycloalkene 310
Cycloalkine 310

Cyclobutan 316
Cyclopentan 316
Cyclopropan 316
Czochralski-Verfahren 125

D

Dampfdruck 119
Dampfdruckerniedrigung 163
Dampfdruckkurve 132
Dampfreformierung 213
Dauermagnetwerkstoff 379
DDT 297
Deflagration 338
Dehydrierung 318
Destillation 23, 134
Detergentien 266, 334
Detonation 338
Deuterium 40, 278
Diamant 101, 121, 124, 281
Diamantstruktur 264
Dibenzoylperoxid 348
Dichte 19
dichte Kugelpackung 85
Diesel 316, 332, 336
Dieselmotoren 339
Diisocyanat 356
Dimere 345
Diol 356
Dipolmoment 92
Dipol-Wechselwirkung 97
Dispergiermittel 334
Disproportionierung 349
Distickstoffmonoxid 287
DNA 101
Dolomit 266, 273, 274, 281
Doppelbindung 70, 75, 95, 308, 324
d-Orbital 50
Dotieren 88
Dreifachbindung 75, 308, 318
Drei-Wege-Katalysatoren 155
Duktilität 84, 262
Duroplaste 359
dynamisches Gleichgewicht 161, 184

E

Edelgase 55, 277, 297
Edelgaskonfiguration 53, 68
Edukte 143
Eigenschaften
    chemische 21
Einbereichsöle 334
Einfachbindung 69, 95
Einkomponentenkleber 352

Einlagerungsmischkristalle 373
einprotonige Säuren 167
Einstabmesskette 231
Eisencarbonat 281
Eisen-Kohlenstoff-Legierung 374
Eisenpentacarbonyl 211
elastische Deformation 366
Elastizität 366
Elastizitätsmodul 347, 367
Elastomere 359
elektrische Leiter 88
elektrische Leitfähigkeit 262
Elektrochemie 219
elektrochemische Spannungsreihe 224
elektrochemische Stromerzeugung 233
Elektroden 221
    erster Art 229
    zweiter Art 229
Elektrolyse 243, 269, 348
Elektrolyt 157
Elektrolytische Dissoziation 194
elektromotorische Kraft 222
Elektronegativität 61, 80, 278, 309
Elektronegativitätsdifferenz 69, 91
Elektronen 34
Elektronenaffinität 61, 68, 81, 278
Elektronendelokalisation 319
Elektronendichte 80, 91
Elektronengasmodell 84
Elektronenhülle 34
Elektronenkonfiguration 52
Elektronenmangelverbindungen 79
Elektronenpaar
    bindendes 70
    freies 70, 95
Elektronenpaarakzeptor 208
Elektronenpaardonor 208
Elektronenvolt 59
Elektroneutralitätsprinzip 85
Elektroraffination 270
elektrostatische Kräfte 80
Elementarladung 34, 247
Elementarteilchen 34
Elementarzelle 85, 121
Elemente 19
Eloxalschicht 254, 256
Eloxieren 256
Email 254
Emaillieren 256
EMK 222
E-Modul 367
Emulsionen 128
endergonisch 161
endothermer Prozess 146

Energie
 innere 145
  kinetische 119, 145
  potenzielle 145
Energiebänder-Modell 87
Energieumsatz 144
entaromatisieren 334
Enthalpie 146
entmineralisiertes Wasser 206
entparaffinieren 334
Entropie 130, 159, 160
Epsomit 266, 273
Erdalkalimetalle 55, 273
Erdgas 213, 282, 311, 316, 336
Erdöl 282, 329
Erweichungstemperatur 358
Erz 176
Ester 326
Ethanol 128, 323
Ethen 75, 317
Ethin 75, 282, 318
Ethylendiamintetraessigsäure 204, 208
Ethylenglykol 323, 353
Eutektikum 372
Eutrophierung 204
exergonisch 160
exothermer Prozess 146
Extraktion 267

F

Faraday'sche Gesetze 246
Faraday-Konstante 228, 247
Faserverbundwerkstoffe 356
Feinkeramik 377
Feldspat 21, 377
Ferrit 374
Ferrite 379
ferroelektische Werkstoffe 379
Ferrofluid 277
feste Lösung 368
feste Schmierstoffe 335
Festkörper 121
 amorphe 127
Fette 327
Flotation 266
Flotationsverfahren 129
Fluidized-Bed-Catalytic-Cracken 332
Fluor 80, 294, 296
Fluorapatit 289
Fluorit 266, 274
Fluorwasserstoff 80, 295
Flüssiggas 311, 316
Flüssigkeit 119
Flüssigkristalle 120
Flussmittel 373

Flusssäure 296, 384
Formaldehyd 96, 324, 354
Formalinlösung 324
Formalladung 77, 78
Formgedächtnis-Legierung 90, 277, 368
fraktionierte Destillation 134
Frasch-Verfahren 293
freie Enthalpie 160
freies Elektronenpaar 70, 95, 207
Fruchtaromen 326
Fullerene 281
Fundamentalkonstante 24
funktionelle Gruppe 309, 321

G

Galvanische Zelle 220
Galvanisieren 255
Gangart 266
Gasgesetze 113
Gasgleichgewichte 212
Gasgleichung, allgemeine 113
Gay-Lussac, Gesetz von 114
gebrannter Kalk 274
gediegen 265
Gefrierpunktserniedrigung 163
Gefriertrocknung 132
gelöschter Kalk 274
Gemische 19, 127
 heterogene 20
 homogene 20
gesättigte Kohlenwasserstoffe 311
gesättigte Lösung 158
gesättigte Moleküle 310
Geschwindigkeitsgesetz 150
Gesetz der konstanten Proportionen 367
Gesetz der Oktaven 56
Gesetz der Winkelkonstanz 121
Gibbs'sche Gleichung 160
Gibbs-Energie 160
Gips 274, 293
Gitterparameter 121
Glasbildner 383
Glaselektrode 231
Glaskeramik 377
Glasübergangstemperatur 358
Glaswandler 383
Gleichgewicht, dynamisches 119
Gleichgewichtskonstante 188, 193
Glimmer 21
Glühlampe 46
Glycerin 327
Gore-Tex® 360
Grad deutscher Härte 204
Granit 21
Graphit 124, 281, 335

Grauguss 374
Grenzfläche 128
Grobkeramik 377
Grundzustand 45
Grünling 376
Gruppe 54
Gusseisen 373, 374

H

Haber-Bosch-Verfahren 186, 191, 193,
   212, 286
Halbleiter 88, 125
Halbzellen 221
Halit 266
Halogene 55, 294
Halogenlampen 46
Hämatit 176, 266, 379
Hämoglobin 208
Harnstoff 304
Hartblei 373
hartes Wasser 203
hartmagnetische Ferrite 379
Hartporzellan 377
Hauptgruppenelemente 54
Hauptquantenzahl 48
Heizöl 332
Heptan 338
Heterogene Gasgleichgewichte 213
Heterogene Gemische 128
Hexadecan 339
hexagonal close packed 264
hexagonal dichteste Kugelpackung 85, 264
Hinreaktion 185
Hochleistungskeramiken 375
Hochofenprozess 213
Hochtemperatursupraleiter 233
homogene Gasgleichgewichte 212
homogene Gemische 127
homolytische Bindungsspaltung 347
Homopolymere 345
Hund'sche Regel 51, 52, 71, 72
Hybridisierung 305
Hybridorbitale 305
Hydrathülle 199
Hydratisierung 199, 207
Hydrauliköle 333, 335
Hydrazin 287
Hydridionen 280
Hydrierung 318, 334
Hydrocracken 332
Hydrofinishing 334
Hydroniumionen 197
hydrophil 156
hydrophob 156
Hydrotreating 331

Hydroxidionen 168, 184
Hydroxylapatit 266, 275, 296
Hydroxylgruppe 322
hypertonisch 164
Hypochlorit 297
hypotonisch 164

I

Ideale Gase 113
Impfkristall 125
inerte Elektroden 221
Inhibitor 350
Initiatoren 347
innere Energie 130, 145
Interkalationsverbindungen 239
intermetallische Phasen 367
International Union of Pure and
   Applied Chemistry 36, 314
interpenetrierende Netzwerke 346
interstitielle Mischkristalle 373
Iod 294
Ionen 35, 58
Ionenaustauscher 205
Ionenbindung 80
Ionendurchmesser 57
Ionenkristall 82, 101
Ionenprodukt 170, 190, 194
ionische Bindung 80
ionische Polymerisationen 352
Ionisierungsenergie 59, 81
Ionisierungspotenzial 68, 278
irreversible chemische Reaktionen 185
Isocyanate 304
Isocyanide 304
Isolator 88
Isomerisierung 332, 339
Isooctan 338, 339
Isopropan 314
isotaktische Struktur 351
isotonisch 164
Isotope 40
isotopenreine Elemente 40
IUPAC 36, 104, 314

J

Joule 145

K

Kalilauge 195
Kaliumchlorat 290
Kaliumhydrogencarbonat 272
Kaliumhydroxid 272
Kaliumnitrat 272

Kaliumsuperoxid 272
Kalk 203
Kalkbrennen 274
Kalkstein 281
Kalorie 145
Kalottenmodell 312
Kaolin 377
Kassiterit 266
Katalysator 152, 186, 193
Katalysatorgift 154
Katalyse 152
    heterogene 153
    homogene 153
Katalytisches Reforming 331
Kathode 221
Kation 58, 80
Kationenaustauscher 205
kationische Polymerisation 352
Kelvin 117
Keramiken 89
keramische Werkstoffe 375
Kernreaktion 40
Kernseife 327
Kerosin 316, 336
Kesselstein 203
Ketone 324
Kettenabbruch 349
Kettenreaktionen 338
Kettenstart 347
Kettenwachstum 348
Kevlar® 360
kinetische Energie 145
klopfende Verbrennung 331, 338
Knallgasreaktion 280
Knopfzellen 235
Knotenebene 50, 71, 306
Kochsalz 81
Koeffizienten 143
Kohle 282
Kohlensäure 194, 196, 304
Kohlensäuregleichgewicht 195
Kohlenstoff 281
Kohlenstoff, -oxide 283
Kohlenstoffdioxid 75, 93, 96, 185, 196, 304
Kohlenstoffdioxidsenke 196
Kohlenstoffmonoxid 279, 304
Kohlenwasserstoffe 155, 285, 309
    gesättigte 311
    ungesättigte 317
kolligative Eigenschaften 163
kolloidale Systeme 129
Kolloide 165
Kolonnendestillation 135
Komplexbildner 204
Komplexbildungskonstante 210
Komplexbildungsreaktion 208

Komplexbindung 207
Komplexdissoziationskonstante 210
Komplex-Gleichgewichte 210
Komplexverbindung 204, 207
Kompressabilitätsfaktor 116
Kompressorkühlmaschinen 117
Kondensation 119
Kondensationspunkt 98
Kondensationsreaktion 326
kondensierte aromatische Verbindungen 320
Konfigurationsisomerie 350
Königswasser 227, 288
konjugierte Säure-Base-Paare 169, 172, 194
Konstitutionsisomere 350
Konverter 268
Konzentrationskette 229
Konzentrationszelle 229
Koordinationsverbindung 207
Koordinationszahl 82
koordinative Bindung 207
Korrosion 219, 247
    von Eisen 247
Korrosionsarten 250
Korrosionsschutz 253, 334
Korund 266, 275, 378
kovalente Bindung 69
Kovalenzradius 57
Kreide 281
Kristall 58, 125
Kristallgitter 82, 121
Kristallhydrate 83
Kristallinitätsgrad 357
Kristallstruktur 121, 263
Kristallwasser 83
kritische Temperatur 117, 132
kritischer Druck 117, 132
kritischer Punkt 132
Kryolith 246, 266, 275, 373
kubisch dichteste Kugelpackung 85
kubisch flächenzentrierte Kugelpackung 86
kubisch flächenzentriertes Gitter 122
kubisch innenzentriertes Gitter 122, 264
kubisch primitives Gitter 122, 263
kubische Elementarzelle 122
Kugelmodell 312
Kunstfasern 344
Kunstseide 344
Kunststoffe 344
Kupferglanz 266
Kupferkies 293
Kupferlegierungen 368
Kupfersulfat 207
Kupfertetraaqua-Komplex 210
Kupfertetrammin-Komplex 210

L

Lachgas 287
Lambda-Wert 155, 337
LCD 120
lebende Polymerisation 353
Leclanché-Element 234
LED 47
Legierung 90, 128, 366, 367
Legierungsbildung 367
Legierungstypen 368
Leitfähigkeit 156
Leitungsband 87, 242
Leuchtstoffröhre 46
Lewis-Base 198, 208
Lewis-Formel 70
    Zeichnen von 75
Lewis-Säure 198, 208
Lewis-Säure-Base-Reaktion 208
Lichtquant 45
Ligand 207
Linde-Verfahren 118
lipophil 156
Liquiduskurve 370
Lithiumhydrid 285
Lithium-Ionen-Akkumulator 239
Lochfraßkorrosion 250, 276
Löslichkeit 156, 158
Löslichkeitsprodukt 202
Lösungen 155
Lösungsenthalpie 159
Lösungsmittel 155
Luft 127
Luftzahl 337
lyotrope Flüssigkristalle 121

M

Magnesit 266
Magnesium 273
Magnesiumnitrid 273
Magnesiumoxid 273
Magnetit 266, 277
Magnetquantenzahl 49
Makromoleküle 344
Marmor 281
Martensit 277, 374
Maßeinheiten 23
Massendefekt 42
Massenverhältnis 19
Massenwirkungsgesetz 185, 187
Massenzahl 40
Materie 19
Meerwasserentsalzung 165
Mehrbereichsöle 334
Mehrfachbindung 70
mehrprotonige Säuren 167, 194

Meißner-Ochsenfeld-Effekt 232
Melamin 354
Melamin-Formaldehyd-Kunstharze 354, 359
Memory-Effekt 238
Memorymetalle 90
Mesomerie 319
Mesophase 120
Messing 368
Metallcarbonyle 210, 270
Metallgewinnung 176
Metallionen 197
metallische Bindung 83
metallischer Glanz 102, 262
Metallkomplexe 207
Metalloide 278, 284
Metallurgie 266
Metaphosphate 204
meta-Substitution 320
Methan 96, 282, 285
Methanol 100, 323
Methylgruppe 314
Methylnaphthalin 339
Mineralöle 333
Mischkristallbildung 368
Mischkristalle 368
Mizellen 328
Mol 105
Molalität 161
molare Masse 105
Molarität 161
Molekulargewicht
    mittleres 345
Molekulargewichtsverteilung 356
Moleküle 69
Molekülmasse 105
Molekülorbital 69, 87
Molekülsymmetrie 92
Molybdänsulfid 335
Mond-Verfahren 211
Monomer 319, 344
Monosilan 285
Motorenöle 333
Müller-Rochow-Verfahren 284, 285
Mullit 377
Myonen 34

N

Nanotechnologie 102
Naphthalin 320
Natriumcarbonat 272
Natriumchlorid 81, 91
Natriumhydroxid 271, 272
Natriumnitrat 272
Natriumoxid 271
Natriumperoxid 271

Natron 272
Natronlauge 195
Naturkautschuk 344
Naturkonstanten 27
Nebengruppenelemente 54
Nebenquantenzahl 49
nematisch 120
nematische Mesophase 120
Neopentan 314
Nernst'sche Gleichung 225, 228, 249
Neutralisationsreaktion 168
Neutrinos 34
Neutronen 34
n-Halbleiter 89
Nichtelektrolyt 157
Nichtmetalle 277
Nichtoxidkeramik 380
Nickel-Cadmium-Akkumulator 238
Nickel-Metallhydrid-Akkumulator 239
Nickeltetracarbonyl 211, 270
Nitinol 90, 277, 368, 374
Nitride 286, 375
Nitridkeramik 381
Nomenklatur 103, 314
Normalpotenziale 223
Normal-Wasserstoffelektrode 223
Nukleonen 35
Nylon 353

O

Octanzahl 331, 338
oktaedrische Struktur 95
Oktettregel 68
Olefine 310, 317
Oligomer 345
Öl-in-Wasser-Emulsion 128
Opferanode 254, 274
Orbital 48
Orbitalbesetzung 51
Orbitalenergieniveau 51
Ordnungszahl 40
organische Chemie 303
ortho-Substitution 320
Osmose 163
Ottomotor 336
Oxidation 173
Oxidationsinhibitoren 335
Oxidationsmittel 173
Oxidationszahlen 174
Oxide 291, 375
oxidierende Säuren 227
Oxidkeramik 378
Oxoniumion 167
Oxosäuren 288
Ozon 78, 291, 292

P

Packungsdichte 265
Papier 344
Paraffine 310
para-Substitution 320
Partialladung 80
Passivierung 247, 276, 288
Pauli-Prinzip 50, 69, 71, 72
PDMS 354
Pentan 313
Perfluoralkylether 335
Periode 54
Periodensystem der Elemente 53
permanente Härte 204
Permanentmagnet 368
Peroxide 291
Peroxoverbindungen 348
Pfropfpolymere 345
p-Halbleiter 88
Phase 21, 112
Phasendiagramm 131, 370
Phasengrenze 21, 128
pH-Elektrode 231
Phenanthren 320
Phenol 323
Phenol-Formaldehyd-Kunstharze 355, 359
Phenolharze 323
Phenoplaste 324, 355
pH-Meter 172
Phosphan 289
Phosphatieren 254, 256
Phosphation 80
Phosphor 286, 289
Phosphor(III)oxid 289
Phosphor(V)oxid 289
Phosphorpentachlorid 80
Phosphorsäure 204, 290
photoelektrischer Effekt 242
Photolyse 348
Photovoltaik 242
pH-Wert 170
Piezoeffekt 126
Piezokristalle 126
Plasma 21, 46, 113
plastische Deformation 366
Platforming 331, 339
Plattieren 255
Plexiglas® 383
polare Atombindung 91
polare Bindungen 80, 309
Polyadditionen 356
Polyalphaolefine 335
Polyamide 344, 353, 359
Polydimethylsiloxan 354
polydispers 128

Polyester 353, 359
Polyethylen 344, 359
Polyethylenglykol 345
Polyethylenterphthalat 353
Polyglykolether 335
Polyisobutene 335
Polyisobutylen 352
Polykondensationen 353
polykristallines Solarsilicium 284
Polymer-Blends 346
Polymere 319
Polymerisationsgrad 345
    mittlerer 345
Polymersynthesen 347
Polypropylen 351, 359
Polysiloxane 335, 346, 354
Polystyrol 319, 344, 350, 359
Polytetrafluorethylen 296, 360
Polyurethane 356
Polyvinylacetat 350
Polyvinylchlorid 297, 350, 359
p-Orbital 50
Porzellan 377
potenzielle Energie 145
Präfixe 25
Primärelement 233
Prinzip vom kleinsten Zwang 191
Prinzip von Le Chatelier 190
Produkte 143
Propen 317
Proteine 101, 344
Protonen 34
Protonenakzeptor 168, 195
Protonenaustauschmembran 241
Protonendonator 167, 194
Pufferkapazität 201
Pufferlösungen 200
Pulvermetallurgie 376
PVA 350
PVC 297, 350
Pyknometer 163
Pyrit 266, 293
Pyrometallurgie 267
PZT 126
PZT-Keramik 380

Q

Quantenmechanik 45
Quantenzahlen 48
Quarks 34
Quarz 21, 377
Quecksilberoxid-Zelle 235

R

Radikale 337
radikalische Polymerisationen 347
Radikalreaktionen 337
Radiokarbon-Methode 41
Radiolyse 348
Raffinerie 135
Raffinierung 330
Raumgitter 122
Reaktanten 143
Reaktion
    chemische 22
Reaktionsenthalpie 147
Reaktionsgeschwindigkeit 148
Reaktionskinetik 148
reale Gase 116
Redoxprozesse 348
Redox-Reaktion 173
Reduktion 173
Reduktionsmittel 174
Reinigung von Metallen 269
Reinstoffe 19
Rektifikation 135, 330
Repassivierung 250
Resonanz 319
Resonanzstrukturformel 78
reversible chemische Reaktionen 185
Roheisen 268
Rohsilicium 284
Rost 248
Rösten 267
Rückreaktion 185
Rutil 266

S

SAE-Viskositätsklassen 334
Salpeter 286
Salpetersäure 272
Salzbrücke 221
Salze 83
Salzlösungen 196
Salzschmelze 244
Sauerstoff 290
Sauerstoffdifluorid 295
Sauerstoffkorrosion 249
Säure-Base-Gleichgewichte 194
Säure-Base-Indikator 172
Säuredissoziationskonstante 194
Säuren 167
Scheidewasser 288
Schießpulver 273
Schlacke 268
Schmelzelektrolyse 273
Schmelzenthalpie 130

Schmelzpunkt 19
Schmelztemperatur 358
Schmierfett 335
Schmieröle 333
    synthetische 335
Schmierseifen 327
Schmierstoffe 333
Schrödinger-Gleichung 48
Schutzanode 254
schwache Basen 168
schwache Säuren 168
Schwefeldioxid 293
Schwefelhexafluorid 80
Schwefelsäure 195, 294
Schwefeltrioxid 293
Schwefelwasserstoff 293
Schweißbrenner 318
SCOT-Verfahren 293
Sedimentation 129
Seife 327, 335
Sekundärelement 233, 237
Selbstzündung 338
semipermeable Membran 163
Siedediagramm 134
Siedekurve 132, 134
Siedepunkt 19
Siedepunkterhöhung 163
Siedetemperatur 119
Silane 285
Silber/Silberchloridelektrode 230
Silberfluorid 295
Silberglanz 266
Silberlot 373
Silberoxid-Zelle 235
Silicate 296
Silicatkeramik 377
Silicium 88, 284
Siliciumcarbid 89, 282, 380
Siliciumdioxid 125, 285, 296
Siliciumnitrid 381
Siliciumtetrachlorid 285
Silicone 284, 346, 354
Siliconöle 335
Sinterkorund 378
Sintern 89, 375
SI-System 23
smektische Mesophase 120
Society of Automotive Engineers 334
Solarzellen 242
Soliduskurve 370
Solvatation 157
Solvay-Verfahren 272
λ-Sonde 379
s-Orbital 50
sp^2-Hybridorbitale 307
sp^3-Hybridorbitale 307

Spannungsrisskorrosion 252
Spanplatten 354
Spektrallinien 44
sp-Hybridorbitale 306
Spiegelglanz 263
Spinquantenzahl 49, 72
Spongiose 251
Sprungtemperatur 232
Stahl 268
Stahlherstellung 268
Standardpotenzial 267
Standard-Redoxpotenziale 223
Standard-Wasserstoffelektrode 223
Stärke 344
starke Basen 168
starke Säuren 168
Steam Reforming 213
Steamcracken 332
Stickstoff 185, 286
Stickstoffdioxid 287
Stickstoffmonoxid 287
Stöchiometrie 142
Stoffe 19
Stoffgemenge 19
Stoffgemische 19
Stoffmengengehalt 161
Stofftrennung 21
Struktur
    räumliche 94
Strukturisomere 313, 350
Stufenpolymerisation 353
Styrol 319, 344
Sublimationskurve 132
Substituenten 314
Sulfation 80
Sulfonsäure 206
Summenformel 81, 103
Superoxide 291
Supraleiter 90, 232, 368
Suspensionen 129, 166
Sylvin 266
syndiotaktische Struktur 351
Synthesegas 213
synthetische Öle 333

T

Taktizität 350
Talk 266
Taukurve 134
Teflon 296, 360
Temperatur-Energie-Diagramm 130
Tempern 269
Tenside 328
    anionische 329
    kationische 329
    nichtionische 329

Terephthalsäuredimethylester 353
Tetrachlorkohlenstoff 93
Tetraederwinkel 316
tetraedrische Struktur 95
tetragonales Gitter 264
Tetramere 345
Thermit-Prozess 276
thermochemische Gleichung 148
Thermodynamik 144
    erster Hauptsatz 145
Thermolyse 348
Thermoplaste 358
thermotrope Flüssigkristalle 121
Thiole 323
Tiegelziehen 125, 284
Titanate 379
Toluol 319
Treibhauseffekt 340
Treibhausgas 196
Treibstoffe 336
Triadensystem 56
Trichlorsilan 284
trigonal bipyramidale Struktur 95
trigonal planare Struktur 95, 307
Trimere 345
Tritium 40, 278
Trivialnamen 314, 319
Tyndall-Effekt 129, 166

U

Übergangsmetalle 263
Überspannung 244
Umkehrosmose 165
Umsetzung
    chemische 22
    physikalische 21
ungesättigte Kohlenwasserstoffe 317
ungesättigte Moleküle 310
unpolare Bindung 91
Unschärferelation 47
Uranhexafluorid 42, 296

V

Valenzband 87, 242
Valenzelektronen 53, 70, 305
Valenzstrichformel 70
Van-der-Waals-Gleichung 117
Van-der-Waals-Radius 57
Van-der-Waals-Wechselwirkung 97, 312
Verbindungen 19
verbotene Zone 87
Verdampfungsenthalpie 130
Verdickungsmittel 335

Verdunstung 119
Verseifung 326
Viskosität 334
Viskositätsindex-Verbesserer 334
vollentsalztes Wasser 206
Volumenarbeit 130
Vulkanisation 344

W

Wärmeleitfähigkeit 262
Wasser 93, 96, 185
Wassergas 279
Wasser-in-Öl-Emulsion 128
Wasserstoff 80, 185, 277, 278
Wasserstoffbrücken 97, 322, 323, 329
Wasserstoffkorrosion 249
Wasserstoffperoxid 271, 291
Wasserstoff-Sauerstoff-Zelle 241
Wasserstoffversprödung 253, 280
Weichlot 373
weichmagnetische Ferrite 379
Weichporzellan 377
Weißkörper 376
wellenmechanisches Atommodell 48
Welle-Teilchen-Dualismus 47
Widia® 381
Witherit 266
Wolframcarbid 381

Z

Zellspannung 222
Zementit 269, 374
Zentralatom 207
Zeolithe 204
Zeolith-Katalysator 332
Zersetzungstemperatur 358
Zinkblende 176, 266, 293
Zink-Braunstein-Zelle 234
Zinkcarbonat 281
Zinkit 266
Zinnlot 372
Zinnober 266
Zirconiumoxid 378
Zirconsilicat 378
Zirkon 266
Zitronensäure 196
Zonenschmelzen 269, 284
Zonenschmelzverfahren 125
Zugfestigkeit 347
Zustandsgleichung 113
Zustandsgröße 113
Zweiphasengebiet 369
zwischenmolekulare Wechselwirkungen 97

**informit.de, Partner von
Pearson Studium, bietet aktuelles
Fachwissen rund um die Uhr.**

www.informit.de

**In Zusammenarbeit mit den Top-Autoren von
Pearson Studium, absoluten Spezialisten ihres
Fachgebiets, bieten wir Ihnen ständig
hochinteressante, brandaktuelle deutsch- und
englischsprachige Bücher, Softwareprodukte,
Video-Trainings sowie eBooks.**

wenn Sie mehr wissen wollen ...

www.informit.de

Die komplette Mathematik für Ingenieure in zwei Bänden

Mathematik für Ingenieure 1
Armin Hoffmann; Bernd Marx; Werner Vogt
ISBN 978-3-8273-7113-3
49.95 EUR [D]

Mathematik für Ingenieure 2
Armin Hoffmann; Bernd Marx; Werner Vogt
ISBN 978-3-8273-7114-0
49.95 EUR [D]

Kein Fachstudium der Ingenieurwissenschaften kommt ohne eingehende Kenntnisse der Mathematik aus. Dieses 2-bändige Lehrwerk bietet eine anschauliche Darstellung der Ingenieurmathematik mit geeigneten Anwendungsbeispielen aus der Praxis. Band 1 behandelt mathematische Grundlagen, Lineare Algebra, Analysis sowie numerische Methoden. Band 2 beschäftigt sich mit Vektoranalysis, Integraltransformationen und Differentialgleichungen und gibt eine Einführung in die Stochastik. Zahlreiche Zusatzmaterialien auf den Companion Websites wie beispielsweise Maple- und Matlab-Files zu allen Beispielen aus den Büchern runden das Lehrwerk ab.

Pearson-Studium-Produkte erhalten Sie im Buchhandel und Fachhandel
Pearson Education Deutschland GmbH
Martin-Kollar-Str. 10-12 • D-81829 München
Tel. (089) 46 00 3 - 222 • Fax (089) 46 00 3 -100 • www.pearson-studium.de

Das „physikalische" Doppelpack für Ingenieure

Physik für Ingenieure
Gebhard von Oppen; Frank Melchert
ISBN 978-3-8273-7161-4
29.95 EUR [D]

4-farbig

Physik
Douglas C. Giancoli
ISBN 978-3-8273-7157-7
69.95 EUR [D]

Diese beiden Lehrbücher bieten die physikalischen Grundlagen für Ingenieure im Doppelpack. Das Lehrbuch „Physik für Ingenieure" fasst die Physik für Studenten der Ingenieurwissenschaften von der klassischen Mechanik bis zu den Quantengasen zusammen und eignet sich damit in besonderer Weise für die verpflichtenden Grundstudiumsvorlesungen zur Experimentalphysik. Das Lehrbuch „Physik" präsentiert die gesamte klassische und moderne Physik für Naturwissenschaftler und Ingenieure in einem Band. Zahlreiche Zusatzmaterialien auf den Companion Websites runden die beiden Lehrbücher ab.

Pearson-Studium-Produkte erhalten Sie im Buchhandel und Fachhandel
Pearson Education Deutschland GmbH
Martin-Kollar-Str. 10-12 • D-81829 München
Tel. (089) 46 00 3 - 222 • Fax (089) 46 00 3 -100 • www.pearson-studium.de

Tutorien zur Physik:
Ideal für Gruppen- und Übungsarbeit

Das Übungsbuch „Tutorien zur Physik" besteht aus Arbeitsmaterialien und Aufgaben-
blättern und enthält zudem Vortests und Klausuraufgaben. Es eignet sich damit ideal zur
Einübung des Lehrstoffs in Einzel- sowie Gruppenarbeit. Das Übungsbuch ist angepasst
an das moderne Modulsystem in der Physik und den Ingenieurwissenschaften und setzt
den aktuellen Forschungsstand zu Lernproblemen und Verständnisschwierigkeiten in der
Physik um. In Kombination mit dem Lehrbuch „Physik" von Douglas C. Giancoli (ISBN
978-3-8273-7157-7) bildet das Übungsbuch das perfekte Rundumsorglospaket der
Physik.

Tutorien zur Physik

Lillian C. McDermott; Peter S. Shaffer
ISBN 978-3-8273-7322-9
39.95 EUR [D]

Pearson-Studium-Produkte erhalten Sie im Buchhandel und Fachhandel
Pearson Education Deutschland GmbH
Martin-Kollar-Str. 10-12 • D-81829 München
Tel. (089) 46 00 3 - 222 • Fax (089) 46 00 3 -100 • www.pearson-studium.de